CHEMISCHE TECHNOLOGIE

IN EINZELDARSTELLUNGEN

HERAUSGEBER: PROF. DR. A. BINZ, BERLIN

SPEZIELLE CHEMISCHE TECHNOLOGIE

DAS ACETYLEN

SEINE EIGENSCHAFTEN
SEINE HERSTELLUNG UND VERWENDUNG

*

UNTER MITWIRKUNG VON
DR. ANTON LEVY-LUDWIG–BERLIN
PROFESSOR HERMANN RICHTER–HAMBURG
DR.-ING. ARMIN SCHULZE–ALTENBURG
DR.-ING. STEIL–BERLIN
VON
PROFESSOR DR. J. H. VOGEL-BERLIN

ZWEITE, VERMEHRTE AUFLAGE

MIT 180 FIGUREN IM TEXT

SPRINGER-VERLAG BERLIN HEIDELBERG GMBH
1923

ISBN 978-3-662-33726-4 ISBN 978-3-662-34124-7 (eBook)
DOI 10. 1007/978-3-662-34124-7

Ursprünglich erschienen bei Otto Spamer, Leipzig 1923
Softcover reprint of the hardcover 2nd edition 1923

Druck der Spamerschen Buchdruckerei in Leipzig.

Vorwort zur ersten Auflage.

In der vorliegenden Abhandlung wird zum ersten Male der Versuch gemacht, Wesen, Eigenschaften und die vielseitigen Verwendungsgebiete des Acetylens in gedrängter Form für den Chemiker so darzustellen, daß er sich über den jetzigen Stand unseres Wissens hinreichend unterrichten kann und zugleich die Grundlagen für eine weitere wissenschaftliche und insbesondere industrielle Ausnutzung dieses so interessanten und so außerordentlich reaktionsfähigen Körpers gewinnt. Nachdem man die Vorgänge bei der Herstellung des Calciumcarbids so zu leiten und beherrschen lernte, daß dieses dauernd in jeder beliebigen Menge zu billigem Preise im Handel zu haben ist, ist der Zeitpunkt für eine solche Ausnutzung weitesten Umfanges, deren allererste Anfänge in dieser Abhandlung mit beschrieben sind, gekommen.

Zur Erreichung des Zieles konnte es natürlich nicht genügen, dem Chemiker eine Schilderung der chemischen und physikalischen Eigenschaften des Acetylens zu geben. Er mußte vor allen Dingen auch vertraut gemacht werden mit der sachgemäßen Herstellungsweise des Acetylens, die ebenso kompliziert ist, wie sie dem Laien einfach erscheint, und ferner mit Art, Umfang und Bedeutung der jetzigen Verwendungsgebiete des Acetylens, insbesondere als Mittel zur autogenen Metallbearbeitung, sowie als Ausgangsprodukt für die Herstellung chemischer Präparate. Selbstverständlich mußten dabei alle Unterlagen gegeben werden, die es dem Chemiker ermöglichen, sich sein Acetylen nicht nur selbst in beliebigen Mengen herzustellen, sondern auch es gleichzeitig verschiedenen, räumlich möglicherweise weit auseinanderliegenden Verwendungsstellen zuzuleiten. Das bedingte die bis ins einzelne gehende Beschreibung einer vollständigen Acetylenanlage, wie sie heute in jedem kleinen und kleinsten Orte zu Beleuchtungszwecken in vielfach allerdings mangelhafter Ausführungsart zu finden ist. Diese Gesichtspunkte führten schließlich dahin, daß in diesem Buche auch alles das niedergelegt wurde, was die zahlreichen Berufszweige interessiert, die sich mit dem Acetylen wissenschaftlich, technisch, administrativ oder auch als Apparatebauer befassen. Sie alle werden in diesem Buche Unterlagen und Hinweise finden, auf denen sie bei ihren Arbeiten fußen können. Soweit das unter Wahrung des Hauptzweckes, ein Buch für Chemiker zu schreiben, möglich und durchführbar war, ist deshalb das Bestreben nach einer auch dem Laien verständlichen Ausdrucksweise niemals außer acht gelassen worden.

Hauptaugenmerk wurde auch darauf gerichtet, die allerneuesten Fortschritte zu berücksichtigen und insbesondere den Stand der Wissenschaft und der Technik bis zum heutigen Tage vollständig darzustellen.

Dem gemeinsam vom Herausgeber und Verleger geäußerten Wunsche, die Anfertigung dieses Buches zu übernehmen, konnte ich erst Folge leisten, nachdem ich mich der mir unentbehrlich erscheinenden Mitarbeit von Fachgenossen vergewissert hatte, nachdem mir insbesondere zwei so bewährte Kämpen auf dem Gebiete des Acetylens, wie es die Herren Dr. *Anton Levy* (*Ludwig*) und Dr. *Paul Wolff* sind, bereitwilligst ihre Mitarbeit zugesagt hatten. Ersterer, ein langjähriger Praktiker auf dem Gebiete des Apparatenbaues, dem wir wesentlich mit die Erkennung der für die Konstruktion von Acetylenapparaten zu befolgenden Grundsätze verdanken, hat den Abschnitt „Technische Herstellung des Acetylens", und Dr. *Paul Wolff* hat sein Spezialgebiet, das „gelöste Acetylen", bearbeitet. Mein Assistent und Mitarbeiter, Herr Dr.-Ing. *Armin Schulze*, hat in steter Fühlungnahme mit mir die physikalischen und chemischen Eigenschaften, sowie die Abschnitte über Ausbeute, Verunreinigungen, Reinigung und Analyse des Acetylens, einzelne Teile über das Schweißen, über Glühlicht, über Löten und Kochen mit Acetylen sowie über die Verwendung desselben zum Treiben von Motoren und im Laboratorium bearbeitet. Die zahlreichen Experimentaluntersuchungen, deren Ergebnisse an den verschiedensten Stellen des Buches niedergelegt sind, hat er in Gemeinschaft mit mir in der meiner Leitung unterstellten Prüfungs- und Untersuchungsstelle des Deutschen Acetylenvereins durchgeführt, auch hat er mir beim Lesen der Korrekturen mit großer Sorgfalt und Bemühung beigestanden.

Herr Ingenieur *Alfred Schneider*, der seit Jahren auf dem Gebiete des Baues von Acetylenanlagen praktisch tätig ist, hat den Abschnitt über die Installation geschrieben.

Ihnen allen sei an dieser Stelle für ihre eifrige Mitarbeit aufrichtigst gedankt.

Dankbar muß ich schließlich noch gedenken der Mitarbeit meines wissenschaftlichen Hilfsarbeiters, des Herrn *Walter le Coutre*, der die Literaturübersicht zusammenstellte und mich auch sonst bei der Ausarbeitung mehrerer Abschnitte mit Eifer und Geschick unterstützt hat.

Berlin, den 31. Dezember 1910.

J. H. Vogel.

Vorwort zur zweiten Auflage.

Nur schweren Herzens folgte ich der Aufforderung von Herausgeber und Verleger zur Bearbeitung der zweiten Auflage. Wußte ich doch, daß das für einen sehr großen Teil des Buches eine vollständige Neubearbeitung nötig machte, da sich das Anwendungsgebiet des Acetylen in den letzten 10 Jahren wesentlich erweiterte und sich unsere Kenntnis über Wesen und Eigenschaft des Acetylens entsprechend vertiefte. Erst als ich mich wieder der Mitarbeit bewährter Fachgenossen versichert hatte, konnte ich daran denken, die Arbeit zu übernehmen. Von den Mitarbeitern der ersten Auflage waren es die Herren Patentanwalt Dr. Anton Levy (Ludwig), Berlin und Dr.-Ing. Armin Schulze, Chemiker in Altenburg, die mich bereitwilligst in weitgehender Weise unterstützt haben. Außerdem gewann ich als neue Mitarbeiter die Herren Professor Hermann Richter, Oberlehrer an den Technischen Staatslehranstalten in Hamburg, und Dr.-Ing. Steil, Fabrikdirektor in Berlin.

Der Abschnitt „Technische Herstellung des Acetylens“ ist wieder von Herrn Dr. Levy übernommen und hat eine weitgehende Umarbeitung gefunden. Seit Erscheinen der ersten Auflage ist man nämlich mit behördlicher Billigung in großem Umfange dazu übergegangen, Acetylenapparate unmittelbar in Arbeitsräumen aufzustellen. Das bedingte ganz neue Bauarten, die in der neuen Auflage eingehende Berücksichtigung fanden. Ferner hat Dr. Levy den Abschnitt „Bestimmung der Ausbeute des Rohacetylens aus Calciumcarbid“ auf Grund seiner reichen Erfahrungen weiter ausgestaltet. Er hatte nämlich in den letzten Kriegsjahren bereitwilligst meiner Bitte Folge geleistet, mich bei den Arbeiten in der Prüfstelle des Deutschen Acetylenvereins zu unterstützen, und hier reichlich Gelegenheit, sowohl neuere Apparatetypen für Arbeitsräume zu prüfen, als auch Calciumcarbid zu untersuchen. Auch hat er während seiner Tätigkeit in der Prüfstelle zahlreiche Acetylenlampen auf ihre Brauchbarkeit geprüft. Das gab ihm auf mein Ersuchen Anlaß zur Ausarbeitung der erstmalig in diese Auflage aufgenommenen „Normen für Acetylenlampen“ und „Vorschriften für die Prüfung von Acetylenlampen“.

Herr Dr. Schulze, der lange Jahre hindurch mein Mitarbeiter war, hat folgende Abschnitte zum Teil völlig neu bearbeitet, zum Teil dem Stande unserer heutigen Kenntnisse angepaßt und entsprechend erweitert: Die physikalischen, chemischen und hygienischen Eigenschaften, Verunreinigungen, Reinigung und Analyse des Acetylens, Aufstellung, Betrieb und

Unterhaltung der Acetylenanlagen, Verwendung des Acetylens zu Beleuchtungszwecken, als Koch- und Heizgas, zum Betrieb von Motoren, als Ausgangsmaterial für Produkte der chemischen Industrie, im chemischen Laboratorium, Verwertung der Kalkrückstände. Insbesondere sei darauf hingewiesen, daß er in diesem Buche eine eingehende Zusammenfassung der Verfahren zur Herstellung von Acetaldehyd, Essigsäure, Alkohol und deren Abkömmlinge aus Acetylen bringt, eine Zusammenfassung, wie sie meines Wissens bis jetzt überhaupt noch nicht erschienen ist. Diese mühevolle Bearbeitung ist um so verdienstvoller, als sich mehr und mehr herausstellt, daß ich im Rechte war, wenn ich schon seit weit mehr als einem Jahrzehnt auf jeder Hauptversammlung des Deutschen Acetylenvereins immer wieder zum Ausdruck brachte, daß bei aller Anerkennung der Bedeutung des Acetylens für .die autogene Metallbearbeitung und ähnliche Verfahren doch eines Tages die Weiterverarbeitung zu anderen chemischen Produkten die Hauptrolle bei der Verwendung des Acetylens spielen würde.

Darüber hinaus hat Herr Dr. Schulze mich aber in so weitgehender Weise unterstützt und so zahlreiche Anregungen gegeben, daß mir ohne seine sorgsame Mühewaltung die Herausgabe des ganzen Buches aus Zeitmangel unmöglich geworden wäre. Er hat sämtliche Korrekturen nicht nur in üblicher Weise gelesen, sondern mit seiner Sachkunde auch Sorge getragen, daß Widersprüche und Gegensätze vermieden wurden, die sich angesichts der Arbeitsteilung bei der rastlos fortschreitenden Erweiterung des Verwendungsgebietes des Acetylens sonst leicht hätten einschleichen können.

Vollständig neu bearbeitet sind von Herrn Professor Richter die Abschnitte über das Schweißen und Schneiden mittels der Acetylen-Sauerstoffflamme und von Herrn Dr. Steil der Abschnitt über das gelöste Acetylen. Beide Herren sind auf diesen ihren Spezialgebieten seit langen Jahren an hervorragender Stelle tätig, so daß sie über alle Fortschritte und Neuerungen, die zum Teil von ihnen selbst ausgegangen sind, auf das eingehendste unterrichtet sind.

Wenn ich meinen Mitarbeitern auch an dieser Stelle meinen aufrichtigen Dank für ihre weitgehende Hilfeleistung sage und dabei der Tätigkeit des Herrn Dr. Schulze ganz besonders gedenke, so darf ich doch nicht schließen, ohne diesen Dank auch auf Herausgeber und Verleger zu erweitern. Namentlich der letztere hat trotz der bestehenden wirtschaftlichen Schwierigkeiten allen meinen Wünschen bereitwilligst entsprochen. Er hat nicht nur einer bedeutenden Erweiterung des Textes zugestimmt (409 Druckseiten gegen 281 der ersten Auflage), sondern auch sehr viele neue Bildstöcke anfertigen lassen, so daß ich in der Lage war, wohl nahezu restlos alle wichtigen Neuerungen bildlich vorzuführen.

Berlin, den 3. Mai 1923.

J. H. Vogel.

Inhaltsverzeichnis.

Einleitung.

Ende des Jahres 1894 brachte *Armin Tenner* das erste von *Wilson* in Amerika im elektrischen Ofen hergestellte technische Calciumcarbid nach Deutschland, mit dem unter Verwendung einiger von *Lewes* in London konstruierter Brenner die ersten Versuche zur Benutzung des Acetylens für Beleuchtungszwecke angestellt wurden, und schon im Frühjahr 1895 bildeten sich in Berlin Gesellschaften zur industriellen Ausnutzung des Acetylens für Beleuchtungszwecke. Die scheinbar so einfache Herstellung des technischen Acetylens und das glänzende Licht, das damit zu erzielen war, veranlaßten in den folgenden Jahren eine Schar von Erfindern mit zumeist völlig ungenügenden Vorkenntnissen, sich auf die Konstruktion von Acetylenapparaten und deren Vertrieb für Beleuchtungszwecke zu werfen. Ein Taumel erfaßte damals weite Kreise, die in dem Acetylen das Licht der Zukunft sahen, das insbesondere auch das Steinkohlengas rasch verdrängen würde. Das Erwachen aus diesem Traume folgte den ersten Installationen von Acetylenanlagen auf dem Fuße. Dabei stellte sich nämlich heraus, daß man dem Publikum etwas völlig Unfertiges in die Hand gegeben hatte. Man kannte weder die physikalischen und chemischen Vorgänge, welche sich bei der Zersetzung des Carbides mit Wasser abspielen, noch die Eigenschaften des Acetylens, und war deshalb zunächst gar nicht imstande, brauchbare Acetylenapparate zu konstruieren. Dazu kam, daß das erste, von *Tenner* mitgebrachte Carbid verhältnismäßig rein gewesen war, so daß man auch eine Reinigung des Acetylens vor seiner Verbrennung zunächst nicht für erforderlich hielt und gelegentlich auftretende Belästigungen beim Verbrennen von Acetylen aus inzwischen in Deutschland hergestelltem Carbide als etwas Anormales ansah. Unter solchen Umständen flaute die große Begeisterung für das Acetylen ebenso rasch wieder ab, zumal inzwischen auch eine Reihe von Explosionen weitere Kreise auf die große Gefahrenquelle beim unvorsichtigen Umgehen mit Acetylen aufmerksam gemacht hatte. Zieht man schließlich in Erwägung, daß die Tonne Carbid damals mit etwa 600 Mk., d. h. etwa dreimal so hoch, als vor dem Kriege bezahlt wurde, das Acetylenlicht also sehr teuer war, so wird es verständlich, daß Ende des Jahres 1896 die Bemühungen zur industriellen Verwertung des Acetylens auch in urteilsfähigen Kreisen vielfach für völlig aussichtslos gehalten wurden. Allein rascher, als man damals glaubte, wurden die ersten Schwierigkeiten überwunden. Schon im Jahre 1897 wurden Apparate zur Entwicklung des Acetylens in den Handel gebracht, die nach solchen Grundsätzen konstruiert waren, welche man noch heute für richtig halten muß. Gleichzeitig waren brauchbare

Reinigungsmassen zur Beseitigung der dem Rohacetylen stets anhaftenden Verunreinigungen aufgefunden und Brenner hergestellt worden, welche neben einer guten Lichtausbeute ein rußfreies Verbrennen des Acetylens gestatteten. Seitdem hat sich das Acetylenlicht Schritt für Schritt seinen Platz unter den modernen Beleuchtungsmitteln erobert. Die physikalischen und chemischen Eigenschaften des Acetylens wurden einem sorgsamen Studium unterzogen, dessen Ergebnisse die Grundlage zu behördlichen Sicherheitsmaßregeln für die Herstellung und Verwendung des Acetylens bildeten. Man lernte die Vorgänge bei der Herstellung des Calciumcarbides beherrschen, so daß dessen Preis mehr und mehr zurückging, man überwand die großen Schwierigkeiten, welche sich zunächst der Konstruktion von Glühlichtbrennern entgegenstellten, und man fand auch in kurzer Zeit Mittel und Wege zur Herstellung so dichter Rohrleitungen, wie sie angesichts des hohen Wertes des Acetylens für dessen wirtschaftliche Ausnutzung insbesondere in Zentralanlagen durchaus erforderlich sind. Man erkannte aber auch, daß das Acetylenlicht nicht dazu berufen sein konnte, die modernen Beleuchtungsarten zu verdrängen, daß es vielmehr nur neben ihnen einen immerhin bescheidenen Platz dort ausfüllen durfte, wo man sich bis dahin nur des Petroleums bedienen konnte, d. h. in kleinen Ortschaften und in Einzelhäusern. Hier findet es im Wettbewerb mit anderen modernen Beleuchtungsarten mehr und mehr Eingang, so daß Anfang 1910 in Deutschland doch immerhin rund 34 000 Einzelanlagen im Betriebe waren, darunter 150 Ortszentralen. Die Zahl der letzteren ist inzwischen bis auf 115 im Jahre 1922 heruntergegangen. Über die Einzelanlagen gibt es zur Zeit leider keine zuverlässige Statistik. Nach dem in den letzten Kriegsjahren angeforderten Carbidbedarf dürfte ihre Zahl kaum größer geworden sein.

Da inzwischen auch die Herstellung brauchbarer Koch- und Heizapparate für Acetylen sowie diejenige von Acetylenmotoren gelungen ist, so wird das in diesen Anlagen gewonnene Acetylen nicht mehr ausschließlich zu Beleuchtungszwecken verwendet, sondern auch in einem allerdings noch sehr bescheidenen Umfange zu Heiz-, Koch- und Kraftzwecken.

Daneben findet das Acetylen in sehr großem Umfange in kleinen und kleinsten Apparaten (Lampen) zu zahlreichen Sonderzwecken, für Fahrräder, Automobile, in Bergwerken, Schaubuden usw. Verwendung. Vielfach wird es zu solchen Zwecken nicht mehr an Ort und Stelle im Augenblick seiner Verwendung, sondern in größeren Zentralanlagen hergestellt, in Aceton gelöst, in Stahlflaschen gepreßt und so gebrauchsfertig in den Handel gebracht (gelöstes Acetylen, auch Dissousgas oder Autogas genannt).

Seit dem Jahre 1906 wird das Acetylen mittels Heizbrenner im Gemenge mit Sauerstoff im ausgedehnten Umfange zum Schweißen und Schneiden von Metallen benutzt (autogene Metallbearbeitung). Beide Verfahren haben überall Eingang in der Technik gefunden und geradezu eine Umwälzung in der Metallbearbeitung hervorgerufen. Diese Art der Verwendung des Acetylens ist inzwischen zu einer viel größeren Bedeutung gelangt als diejenige für Beleuchtungszwecke.

Nicht minder aussichtsreich ist die Verwendung des Acetylens als Ausgangsprodukt zur Herstellung neuer Körper. Das Acetylen ist durch besondere Reaktionsfähigkeit ausgezeichnet. Wenngleich diese Tatsache längst bekannt ist, einsichtsvolle Chemiker auch früh darauf hingewiesen haben, so dauerte es doch lange, bis das Versuchsstadium auf diesem Gebiete verlassen und mit der technischen Verarbeitung des Acetylens begonnen wurde. Seit einigen Jahren dient jedoch das Acetylen als Ausgangsprodukt zahlreicher wichtiger Stoffe, von denen hier nur unter Hinweis auf die weiter unten gegebenen Einzelbeschreibungen Trichloräthylen, Essigsäure, Alkohol und Aceton erwähnt seien.

Schließlich sei noch erwähnt, daß das Acetylen im chemischen Laboratorium mit Vorteil als Reagens zur Ausfällung und als Brenngas Verwendung gefunden hat.

Physikalische Eigenschaften des Acetylens.

Das Acetylen ist bei gewöhnlicher Temperatur und gewöhnlichem Druck ein gasförmiger Kohlenwasserstoff. Aus seiner chemischen Zusammensetzung, $HC \equiv CH$, ergibt sich, daß das Acetylen zu den ungesättigten Kohlenwasserstoffen der Reihe C_nH_{2n-2} gehört. Die Bildung aus seinen Elementen erfolgt nur unter dauernder Zufuhr von Wärme. Es enthält daher mehr freie Energie als die Ausgangsstoffe und ist mithin weniger beständig als diese. Die Zerlegung in seine Bestandteile erfolgt unter Abgabe von Wärme. Acetylen ist mithin eine endothermische Verbindung. Die molekulare Bildungswärme des Acetylens aus seinen Elementen beträgt bei konstantem Druck und konstantem Volumen — 53,2 Cal.[1]. Aus der Bildungsgleichung

$$C_2 \text{ (Diamant)} + H_2 = C_2H_2 \text{ (Gas)}$$

ergibt sich die Bildungswärme zu — 64,0 Cal.[2]. Nach Analogie mit anderen endothermischen Verbindungen, z. B. Chlorstickstoff, müßte man annehmen, daß die Zerlegung des Acetylens, wenn sie an einem Punkte eingeleitet wird, sich durch die ganze Gasmenge fortpflanzen und bis zur Explosion steigern würde. Dies ist jedoch bei reinem Acetylen keineswegs der Fall, vielmehr erfolgt der Zerfall bei gewöhnlichem Druck nur an der Stelle, an der der Anstoß zur Zerlegung gegeben wird[3]. Wird dagegen das Gas unter einen Druck gesetzt, der zwei Atmosphären überschreitet, so verbreitet sich die an einem Punkte eingeleitete Zersetzung (durch einen elektrischen Funken oder einen glühenden Draht) ungeschwächt mit größter Geschwindigkeit durch die ganze Masse fort, wobei sich eine Zersetzungstemperatur von ungefähr 3000° ergibt[4]. Wenn hierbei das Gas in einem konstanten Volumen eingeschlossen ist, tritt durch die starke Temperaturerhöhung eine ebenso starke Druckerhöhung ein[5], so daß dann der Zerfall des Acetylens als Explosion vor sich geht. Zur Erklärung dieses Verhaltens nimmt man an, daß der erhöhte Druck die einzelnen Moleküle einander nähert und dadurch die Fortpflanzung des an einer Stelle eingeleiteten Zerfalles begünstigt[6]. Daß ledig-

---

[1] *Thomsen:* Thermochemische Untersuchungen, S. 476.

[2] *Berthelot:* Compt. rend. de l'Acad. des Sc. **82**, 24.

[3] Vgl. *Berthelot:* Compt. rend. de l'Acad. des Sc. **62**, 905; Annales de Chim. et de Phys. **51**, 36; *Lewes:* Handb. f. Acetylen 1900, 83; *Thenard:* Compt. rend. de l'Acad. des Sc. **78**, 219; *Haber:* Experimentaluntersuchungen über Zersetzungen und Verbrennung von Kohlenwasserstoffen (München 1896), S. 72; *Maquenne* u. *Dixon:* Compt. rend. de l'Acad. des Sc. **121**, 424.

[4] Versuche von *Berthelot* u. *Vieille*; *Gerdes:* Glasers Annalen **40**, 14.

[5] Vgl. *Caro:* Verhandl. d. Ver. z. Förd. d. Gewerbefl. 1906.

[6] Vgl. *Mixter:* Amer. Journ. of Sc. (4) **91**, 8.

lich die Annäherung der einzelnen Moleküle die Explosionswirkung ausübt, läßt sich einerseits dadurch beweisen, daß flüssiges Acetylen, bei dem die Annäherung der Moleküle besonders groß ist, bei gewöhnlicher Temperatur durch glühenden Platindraht, Knallquecksilber, Kompressionswärme, Reibungswärme zur Explosion gebracht wird[1]. Andererseits verliert stark komprimiertes Acetylen die Explosivität, wenn die einzelnen Moleküle durch geeignete Mittel voneinander entfernt werden. Dies kann man dadurch erreichen, daß man das Acetylen mit anderen an sich nicht explosiven oder Explosionen mit Acetylen nicht bewirkenden Gasen, z. B. mit Wasserstoff[2], Leuchtgas oder Ölgas[3] mischt, oder wenn man unter Druck gelöstes Acetylen durch Kieselgur aufsaugen läßt[4]. Diese Verdünnungsmittel üben eine Art Kühlwirkung aus, da sie teils selbst zu ihrem Zerfall Wärme verbrauchen[5].

Die Druckgrenze, bei der eine Explosion des Acetylens stattfindet, verschiebt sich bei steigendem Wasserstoffgehalt immer mehr nach oben. Ein Gemenge von 33,3% Acetylen und 66,7% Wasserstoff explodiert bei einem Anfangsdruck von 10,8 Atm, ein gleiches Gemenge von 33,3% Acetylen und 66,7% Steinkohlengas erst bei einem Anfangsdruck von 23,1 Atm[6].

Ein Gemisch von Ölgas mit 20 bis 40% Acetylen kann unter einem Druck von 7 Atm der Einwirkung eines Holzfeuers ausgesetzt werden, ohne zu explodieren. Ein Gemisch von 50% Acetylen und 50% Ölgas wird durch einen glühenden Platindraht bei einem Drucke bis zu 10 Atm nicht zersetzt, ebenso ein Gemisch von 30% Acetylen und 70% Ölgas bei einem Drucke bis zu 15 Atm. Acetylen-Steinkohlengasmischungen im Verhältnis 1 : 1 können ohne Gefahr auf 7 bis 8 Atm komprimiert werden[7]. Auch durch Abkühlung wird die Explosionsfähigkeit verringert[8]. Bei — 80° kann Acetylen unter keinem Druck durch glühenden Platindraht zur Explosion gebracht werden[9].

Ebenso wirken flüssige Stoffe, indem sie die Explosionsgrenze des Acetylens heraufsetzen. So kann eine Lösung von Acetylen in Aceton bis 10 Atm Druck weder direkt durch Knallquecksilber, noch indirekt durch Explosion der angrenzenden Acetylenatmosphäre zur Zersetzung gebracht werden. Über dieser Grenze jedoch — deutlich bei 20 Atm — überträgt sich die letzte erwähnte Explosion auch auf die Lösung, wobei auch das Lösungsmittel an der Explosion teilnimmt[10]. Wird dagegen Acetylen mit Gasen, wie Chlor, Sauerstoff oder Luft, gemischt, die mit ihm unter Freiwerden großer Wärmemengen reagieren, so kann schon bei einem geringen Anlaß eine Explosion eintreten.

[1] *Berthelot* u. *Vieille:* Compt. rend. de l'Acad. des Sc. **124**, 1000.
[2] *Berthelot* u. *Vieille:* Compt. rend. de l'Acad. des Sc. **128**, 782.
[3] *Gerdes:* Glasers Annalen **43**, 113.
[4] *Janet:* Zeitschr. f. Calciumcarbid u. Acetylen 1901, 237; vgl. auch weiter unten S. 144.
[5] Vgl. *Misteli:* Journ. f. Gasbel. **48** (1905), 802.
[6] *Berthelot* u. *Vieille:* Compt. rend. de l'Acad. des Sc. **128**, 782.
[7] *Schläpfer:* Mitteilungen aus der Eidgenössischen Prüfungsanstalt f. Brennstoffe. Zürich. Mitteilungen d. Schweiz. Acetylenvereins 1917, Nr. 4, S. 68.
[8] *Berthelot* u. *Vieille:* Compt. rend. de l'Acad. des Sc. **124**, 1002.
[9] *Claude:* Compt. rend. de l'Acad. des Sc. **128**, 303.
[10] *Caro:* Handb. f. Acetylen 1904.

Ein Acetylen-Chlorgemisch explodiert schon, wenn es dem Sonnenlicht oder der Bestrahlung durch Magnesiumlicht oder einer Steinkohlengasflamme ausgesetzt wird[1]. Für die Praxis ist dies bei der Herstellung der Chlorderivate[2] des Acetylens sowie chlorkalkhaltiger Reinigungsmassen[3] von besonderer Wichtigkeit.

Sauerstoff und Acetylen reagieren nach der Formel:

$$2\,C_2H_2 + 5\,O_2 = 4\,CO_2 + 2\,H_2O \text{ (flüssig)},$$

wobei 321 Cal.[4] frei werden und sich eine Verbrennungstemperatur von 3210 bis 4951° ergibt[5].

Ein Acetylen-Sauerstoffgemisch explodiert in den Grenzen 2,8 bis 93%[6]. Die Lage der unteren Explosionsgrenze des Acetylens wird ebenso wie die anderer Brenngase und brennbarer Dämpfe von der Konzentration des Sauerstoffs in der explosiven Gasmischung praktisch kaum beeinflußt, jedoch erfährt die obere Explosionsgrenze eine ganz bedeutende Verschiebung derart, daß mit wachsendem Sauerstoffgehalt der Gasmischung das Explosionsbereich bedeutend erweitert wird, wie die nachstehende Aufstellung zeigt[7].

Sauerstoffgehalt i. d. angewandten Sauerstoff-Stickstoffmischung	Volumen-% des Brenngases in den Gasmischungen an den Explosionsgrenzen				Bemerkungen
	Untere Grenze		Obere Grenze		
	keine Expl.	Explosion	keine Expl.	Explosion	
			Wasserstoff		
21	9,4	9,5	65,3	65,2	
40,1	—	—	81,2	81,1	
41,0	9,2	9,3	—	—	
56,2	—	—	86,4	86,3	
59,4	9,2	9,3	—	—	
96,0	9,1	9,2	—	—	
98,3	—	—	91,7	91,6	
			Kohlenoxyd		
21	15,55	15,65	71,0	70,9	
37,8	—	—	83,6	83,4	
40,9	15,85	15,95	—	—	
50,8	—	—	87,7	87,6	
59,2	15,86	15,95	—	—	
95,6	16,63	16,73	—	—	
98,3	—	—	93,60	93,50	

[1] *Berthelot:* Liebigs Annalen **67**, 52; *Ahrens:* Metallcarbide, S. 20; *Schlegel:* Liebigs Annalen **226**, 155.

[2] Vgl. S. 221.

[3] Vgl. S. 60 und 61.

[4] *Berthelot:* Compt. rend. de l'Acad. des Sc. **82**, 24.

[5] *Berthelot* u. *Vieille:* Compt. rend. de l'Acad. des Sc. **98**, 545 u. 601.

[6] *Le Chatelier:* Compt. rend. de l'Acad. des Sc. **121**, 1144; *Gréhant:* daselbst **122**, 832; *Clowes:* Journ. Soc. Chem. Ind. **15**, 418.

[7] *Terres, Schneider, Knickenberg, Peinert* u. *Krager:* Journ. f. Gasbeleuchtung **63**, (1920) Nr. 49, S. 785 bis 792; Nr. 50, S. 805 bis 811; Nr. 51, S. 820 bis 825; Nr. 52, S. 836 bis 840.

Sauerstoffgehalt i. d. angewandten Sauerstoff-Stickstoffmischung	Volumen-% des Brenngases in den Gasmischungen an den Explosionsgrenzen				Bemerkungen
	Untere Grenze		Obere Grenze		
	keine Expl.	Explosion	keine Expl.	Explosion	
		Wassergas			
21	12,35	12,45	66,2	66,1	
38,6 }	—	—	81,3	81,2	
41,0 }	12,45	12,55	—	—	
52,7 }	—	—	86,1	86,0	
59,2 }	12,55	12,65	—	—	
95,7 }	12,55	12,65	—	—	
98,3 }	—	—	92,1	92,0	
		Methan			
21	6,05	6,26	12,08	11,91	
45,23	6,26	6,32	29,7	29,5	
62,22	6,30	6,37	38,6	38,3	
86,25	6,44	6,49	47,75	47,6	
98,3 }	6,39	6,50	—	—	
98,9 }	—	—	52,1	51,9	
		Äthylen			
21	3,8	4,0	14,2	14,0	
40,4	4,0	4,2	33,95	33,75	Rußabscheid.
59,5	4,0	4,1	47,65	47,55	desgl.
74,7	4,0	4,2	56,40	56,2	desgl.
93,7	4,0	4,1	62,0	61,8	desgl. Acetylenbildung
		Äthan			
21	3,9	4,2	9,6	9,5	
37,4	3,8	4,1	21,85	21,7	ganz geringe Rußabscheid.
59,5	3,9	4,2	33,55	33,35	
74,7	3,8	4,2	39,70	39,35	geringe Rußabscheidung
93,7	3,9	4,1	46,20	45,80	
		Acetylen			
21	3,4	3,5	52,5	52,3	
40,5	3,4	3,5	74,4	74,0	Rußabscheid.
58,0	3,4	3,6	82,4	82,0	desgl.
78,5	3,4	3,6	87,4	87,0	desgl.
96,8	3,4	3,5	90,0	89,4	desgl.
		Leuchtgas			
21	9,6	9,8	25,0	24,8	
40,5	9,8	10,0	45,2	45,4	
58,0	9,8	10,0	57,6	57,4	
96,8	9,8	10,0	73,8	73,6	
		Benzindampf			
21	1,8	2,1	5,15	5,0	
44,0	1,8	2,1	14,10	13,95	
59,5	2,1	2,2	19,20	18,80	
74,7	1,8	2,1	23,60	23,40	geringe Rußabscheid.
93,7	1,9	2,1	28,80	28,40	

Sauerstoffgehalt i. d. angewandten Sauerstoff-Stickstoffmischung	Volumen-% des Brenngases in den Gasmischungen an den Explosionsgrenzen				Bemerkungen
	Untere Grenze		Obere Grenze		
	keine Expl.	Explosion	keine Expl.	Explosion	
			Benzoldampf		
21	2,6	2,8	7,2	6,8	
40,5	—	—	15,5	15,2	
58,0	2,6	2,8	21,0	20,5	
78,5	—	—	27,5	27,2	
96,9	2,6	2,8	30,1	29,9	Rußabscheid.

Die Explosion tritt also selbst dann noch ein, wenn das Acetylen-Sauerstoffgemisch durch Stickstoff oder andere Gase verdünnt ist. Ein Acetylen-Luftgemisch, bei dem ja Stickstoff als Verdünnungsmittel zugegen ist, ist explosiv, wenn es 2,8 bis 65% Acetylen enthält[1].

Die Explosionserscheinung ist zum größten Teil von Rußabscheidung und zum geringen Teil von Bildung trockener Destillationsprodukte begleitet. Die Grenze der Rußbildung liegt zwischen 9,33 und 58,65% Acetylen im Gasluftgemisch. Die untere Explosionsgrenze des Acetylens liegt zwischen 1,53 und 1,77%, die obere zwischen 57,95 und 58,65%[2].

Für verschiedene Acetylengasgemische wurden nachstehende Explosionsgrenzen ermittelt oder berechnet[3].

Gas		untere Explosionsgrenze Vol. %	obere Explosionsgrenze Vol. %
Ölgas		6	14
Steinkohlengas		8	22
Acetylen		3,5	52,2
Mischgas		6	16
Acetylen- + Steinkohlengas			
$33^1/_2$%	$66^2/_3$%	5,6	27,5
40%	60%	5,3	28,9
50%	50%	4,9	31,3
75%	25%	4,1	39,3

Nach Untersuchungen von *Delépine*[4] entzünden sich Gemische von Acetylen mit 25,4 bis 31% Luft bis zu einem Drucke von $1^1/_2$ Atm nicht, wenn ein Induktionsfunke von 2 mm Länge durchgeleitet wird. Auch durch glühenden Eisen- oder dünnen Platindraht werden die Gemische nicht entflammt, wenngleich bei Verwendung eines dickeren und längeren Platindrahtes eine gewisse Wirkung erzielt wird. *Delépine* folgert daraus, daß nicht

[1] *Le Chatelier:* Compt. rend. de l'Acad. des Sc. **121**, 1144; *Eitner:* Journ. f. Gasbel. **45** (1902), Nr. 1 bis 6, 13 bis 16; vgl. Versuche d. bosn. Elektrizitäts-Aktiengesellschaft; Zeitschr. d. bayer. Revisionsvereins 1909, Nr. 6 u. 21; Carbid u. Acetylen 1909, 89; 1910, 26.

[2] *Teklu:* Journ. f. prakt. Chemie (2) **75**, 212 bis 223.

[3] *Schläpfer:* a. a. O. S. 69.

[4] Chem. Ztg. **36** (1912), Nr. 125, S. 1214; s. a. Carbid u. Acetylen 1912, S. 266; 1913, S. 40.

die Temperatur allein bei der Zündung maßgebend ist, sondern auch die Größe der heißen Oberfläche. Knallquecksilber als Zündung ist wirksam. Die auftretende Zündung ist auf drei aufeinander folgende Erscheinungen zurückzuführen. Zunächst zersetzt sich unter dem Einfluß des Zünders ein bestimmtes Volumen Acetylen, wobei das zersetzte Gas durch das gleiche Volumen Wasserstoff ersetzt wird. Im nächsten Zeitteilchen verbinden sich Wasserstoff und Luft zu einem explosiven Gemisch. Wird dieses in genügender Menge in sehr kurzer Zeit gebildet, so kann es infolge der großen Geschwindigkeit seiner Explosionswelle im folgenden Zeitteilchen die Entflammung in nicht zersetztem Gemisch verbreiten und in ihm eine merkliche Acetylenzersetzung bewirken.

Die untere Explosionsgrenze eines Acetylen-Luftgemisches liegt bei 2,8 bis 3%, die obere bei 73%; sie kann aber heruntergehen auf 50%. Es scheint, daß bei Acetylen-Luftgemischen der Druck unter dem das Gemisch steht, keinen Einfluß auf die Explosionsgrenzen ausübt. Reines Acetylen explodierte bei Berührung mit einem heißen Platindraht bei 5 Atm und mittels des Funkens eines Induktors schon bei 3 Atm[1].

In der Explosionsempfindlichkeit steht das Acetylen obenan. Methan ist um 2,1, Steinkohlengas um 2,8 und Wasserstoff um 6,4 mal weniger reaktionsfähig; das Explosionsgebiet hat beim Methan den kleinsten Umfang, beim Steinkohlengas ist es 4,21, beim Wasserstoff 12,7 und beim Acetylen 13,5 mal größer[2].

Läßt man ein Acetylen-Luftgemisch nicht in weiten Gefäßen, sondern in Röhren explodieren, so werden die Explosionsgrenzen enger, so daß sie in Röhren mit immer geringerem Durchmesser immer mehr abnehmen.

Wird Acetylen mit Luft gemischt, so treten je nach dem Gehalt an Acetylen folgende Erscheinungen ein[2]: Bei geringerem Gehalt des Acetylen-Luftgemisches an Acetylen, etwa bis zu 6,38 bis 7,03%, tritt bei der Explosion eine Kontraktion des Gemisches ein; zwischen 7,03 und 41,92% ist eine Vergrößerung des Volumens zu bemerken. Zwischen 41,92 und 49,79% ist weder eine Kontraktion noch eine Ausdehnung nachzuweisen. Bis zur Explosionsgrenze (58,65) tritt wiederum schwache Kontraktion ein.

Die physikalischen Konstanten des reinen Acetylens sind folgende: Molekulargewicht: 26,024[3], Molekularvolumen (bezogen auf Sauerstoff): 0,8132[3], Dichte (bezogen auf Luft): 0,9056[3], Dichte (bezogen auf Wasser von 4°): 0,001194[4], Dichte (bezogen auf Wasser von 17°): 0,001115[4]. Die wahren Ausdehnungskoeffizienten bei konstantem Druck sind unter dem kritischen Druck 3759×10^{-6}, unter Atmosphärendruck: 3772×10^{-6}, der wahre Ausdehnungskoeffizient bei konstantem Volumen unter Atmosphärendruck 3741×10^{-6} [3].

---

[1] Versuche d. Bureau of Mines. Dinglers polyt. Journ. s. a. Carbid u. Acetylen 1917, S. 64.

[2] *Teclu:* Journ. f. prakt. Chemie (2) **75**, 212 bis 223.

[3] *Leduc:* Annales de Chim. et de Phys. (7) **15**, 1; Compt. rend. de l'Acad. des Sc. **148**, 1173 bis 1175.

[4] *Kanonnikow:* Journ. f. prakt. Chemie (2) **31**, 361.

100 ccm Acetylen wiegen 0,117 g und enthalten rund 100 ccm Wasserstoff neben 0,108 g Kohlenstoff[1].

Die Verbrennungswärme von 1 Mol. Acetylen (durch Verbrennen mit Sauerstoff bestimmt) beträgt nach *Berthelot* 317,5 Cal.[2], während *Redgrove*[3] 308,6 gefunden hat. *Pier*[4] hat die Wärmetönung des Acetylens calorimetrisch in der *Berthelot*schen Bombe bestimmt zu 289 Cal.

Der obere Heizwert eines Liters Acetylen bei 0° und 760 mm im *Junker*schen Gascalorimeter bestimmt, ist 13 800 bis 14 100 Cal.[5].

Im Unioncalorimeter wurden als oberer Heizwert von technischem, gereinigtem Acetylen i. M. 13 828 WE, im Gräfeschen Calorimeter als unterer i. M. 11 044 WE gefunden[6].

Die Temperatur einer entleuchteten Acetylenflamme fand *Berkenbusch* bei einem Acetylengehalte von 7,7, 12,2 und 17% zu 2420, 2260 und 2100° C[7]. *Nichols*[8] gibt die Temperatur einer leuchtenden Acetylenflamme zu 1900° an, während sie nach anderen 2350° betragen soll[9]. Die Temperatur einer Acetylensauerstofflamme, wie sie bei der autogenen Metallbearbeitung benutzt wird, soll nach einigen Angaben über 3000°[10] betragen, während *Wiss* für das zu Schweißzwecken günstigste Gemisch von 0,6 Vol. Acetylen auf 1 Vol. Sauerstoff nur 2340° ermittelt hat[11].

1 cbm Acetylen liefert beim Verbrennen 2 cbm Kohlensäure und 1 cbm Wasserdampf. Zur Verbrennung eines Kubikmeters Acetylen sind 2,5 cbm Sauerstoff oder 12,5 cbm Luft erforderlich.

Für 100 HK entstehen demnach: 120 l Kohlensäure, 600 l Wasserdampf, Luftverbrauch 750 l, entwickelte Wärme 780 w.

Die Entzündungstemperatur[12], das ist die Temperatur, bis zu welcher das Gas vorgewärmt werden muß, um beim Zusammentreffen mit Luft oder Sauerstoff von derselben Temperatur entzündet zu werden, wurde für Acetylen im Sauerstoff zu 416 bis 440 (i. M. 428), für Acetylen in Luft zu 406 bis 440 (i. M. 429) ermittelt, während *Fiesel* als niedrigste Entflammungstemperatur 386° C und bei katalytisch eingeleiteter Entflammung 365° C gefunden hat[13].

Das Maximum der Entzündungsgeschwindigkeit reinen Acetylens in Mischung mit Luft beträgt 113,5 cm/sek und liegt bei 8,7% Acetylen[14].

---

[1] *Erdmann:* Lehrb. d. Chemie 1906.

[2] Annales de Chim. et de Phys. (5) **13**, 14.

[3] Chem. News **95**, 301; **98**, 25.

[4] Zeitschr. f. Elektrochemie **16** (1910), 898.

[5] *Caro:* Über die Explosionsursachen von Acetylen. Verhandl. d. Ver. z. Förd. d. Gewerbefl. 1906.

[6] *A. Schulze*, eigene Versuche.

[7] Zeitschr. f. Naturw. 1900, 359.

[8] The Phys. Review. 1900, 214 bis 252.

[9] *Schaar:* Gaskalender 1910.

[10] *Haber* u. *Hodsmann:* Zeitschr. f. physikal. Chemie **67**, 343.

[11] Zeitschr. d. bayer. Revisionsvereins 1909, 30.

[12] *Dixon* u. *Coward:* Journ. Chem. Soc. **95**, 514.

[13] Carbid u. Acetylen 1920, S. 97.

[14] *Ubbelohde* u. *Hofsäß:* Journ. f. Gasbel. **56**, (1913) Nr. 50 u. 51; s. a. Carbid u. Acetylen 1914, Nr. 4.

Das Acetylen ist in vielen Flüssigkeiten löslich. Bei normalem Druck (760 mm) vermag 1 l Wasser folgende Acetylenmengen aufzunehmen[1]:

Temperatur des Wassers	Acetylen gelöst
0° C	1,73 l
2° „	1,63 „
4° „	1,53 „
6° „	1,45 „
8° „	1;37 „
10° „	1,31 „
12° „	1,24 „
14° „	1,18 „
16° „	1,13 „
18° „	1,08 „
20° „	1,03 „
22° „	0,99 „
24° „	0,95 „
26° „	0,91 „
28° „	0,87 „
30° „	0,84 „

Die Löslichkeit des Acetylens nimmt also mit steigender Temperatur ab. Während bei 15° 1 l Wasser ungefähr die gleiche Menge Acetylen aufzunehmen vermag, wird bei 50° nur etwa die Hälfte Acetylen gelöst. Die Löslichkeit nimmt zu bei steigendem Druck und sinkender Temperatur. In anderen Lösungsmitteln beträgt sie nach verschiedenen Beobachtern:

In 100 T.	Salzwasser	6 T. Acetylen
„ 100 „	Kalkmilch	75 „ „
„ 100 „	Schwefelkohlenstoff	100 „ „
„ 100 „	Wasser	110 „ „
„ 100 „	Terpentinöl	200 „ „
„ 100 „	Tetrachlorkohlenstoff	200 „ „
„ 100 „	Chloroform	400 „ „
„ 100 „	Benzol	400 „ „
„ 100 „	Alkohol[2]	600 „ „
„ 100 „	Aceton[3]	2500 „ „

Bei einem Druck von etwa 1,5 Atm sollen 100 l Alkohol von 95% 1600 l Acetylen aufnehmen können[4].

Aus obiger Zusammenstellung ist zu ersehen, daß Aceton das Acetylen weitaus am besten löst. Nach *Kremann* und *Hönel*[5] nimmt die Löslichkeit des Acetylens in Aceton durch Wasserzusatz bei 25° und 0° zuerst rasch ab, von einem Gehalt von über 50 Vol.% nur noch langsam bis zum Wert von reinem Wasser.

---

[1] Versuche der Eidgen. Prüfungsanstalt f. Brennstoffe, Zürich. Mitt. d. Schweiz. Acetylenvereins 1919, Nr. 2.

[2] *Berthelot:* Annales de Chim. et de Phys. (4) **9**, 425.

[3] *Claude* u. *Heß:* Compt. rend. de l'Acad. des Sc. **124**, 626.

[4] D. R. P. 302122, s. a. Chem. Ztg. **42** (1918) Nr. 20/21; Carbid u. Acetylen 1918, S. 77.

[5] Wiener Monatshefte **34** (1913) S. 1089—1094; s. a. Zeitschr. f. angew. Chem. **26**, (1913) Nr. 90, S. 679; Carbid u. Acetylen 1913, S. 271.

1 l Aceton vermag bei 12 Atm Druck etwa 300 l Acetylen aufzunehmen, also ungefähr die aus 1 kg Carbid entwickelte Menge. Die Aufnahme erfolgt hierbei unter Volumenvergrößerung der aufnehmenden Flüssigkeit, so daß bei einem Druck von 12 Atm 1 l mit Acetylen gesättigtes Aceton rund $1^1/_2$ l Raum einnimmt[1]. Durch Druck oder Kälte kann Acetylen leicht in den flüssigen Zustand übergeführt werden. Nach *Cailletet*[2] verflüssigt sich Acetylen unter einem Drucke von

48	Atm	bei	1°
50	„	„	2,5°
63	„	„	10,0°
94	„	„	25°
103	„	„	31°

nach Angaben von *Ansdell*[3] unter einem Drucke von

11,01	Atm	bei	— 23°
67,96	„	„	+ 36,9°

Andere Forscher geben hierfür ebenfalls Zahlen an[4].

Die kritische Temperatur des Acetylens beträgt 37°, der kritische Druck 67,0 Atm[5]. Das flüssige Acetylen ist farblos, leicht beweglich und besitzt ein großes Brechungsvermögen. Der Siedepunkt beträgt bei gewöhnlichem Druck —82,4 bis —83,8[6], nach *O. Maass* und *Mc. Intosh* —102,5°[7]. Das spez. Gewicht beträgt bei —7°: 0,460, bei 20,6°: 0,413, bei 35,8°: 0,364[8], beim Siedepunkt 0,5650[7].

Der Dampfdruck des Acetylens bei einer Temperatur unter seinem normalen Siedepunkt ermittelt, beträgt 760 mm bei 189,1° (abs.) und 1 mm bei 129,9° (abs.)[9].

Verdunstet flüssiges Acetylen an der Luft, oder wird es in flüssiger Luft abgekühlt, so erstarrt es zu einer festen Masse.[10] Da der Schmelzpunkt des festen Acetylens (—81,5°) und der Sublimationspunkt (—83,8)[11] in der Nähe des Siedepunktes des flüssigen liegt, verdampft das feste Acetylen bei gewöhnlicher Temperatur, ohne zu schmelzen[12].

---

[1] *Claude* u. *Heß:* Compt. rend. de l'Acad. des Sc. **124**, 626; vgl. Handb. f. Acetylen 1904, 752.

[2] Compt. rend. de l'Acad. des Sc. **85**, 851.

[3] Chem. News **40**, 136.

[4] *Villard:* Annales de Chim. et de Phys. **10**, 396; *Willson* u. *Suckert:* Journ. Franklin-Inst. **139**, 327; *Pictet:* L'Acetylene (Genf 1896).

[5] *Leduc:* Compt. rend. de l'Acad. des Sc. **124**, 183.

[6] *Ladenburg* u. *Krügel:* Berichte d. Deutsch. chem. Ges. **32**, 1818; **33**, 637.

[7] Journ. Americ. Soc. **36** (1914) S. 737 bis 742; s. a. Chem. Ztg. **39**, (1915) Nr. 58/59, S. 189.

[8] *Ansdell:* Proc. Roy. Soc. **29**, 209.

[9] Journ. Americ. Soc. **37** (1915) S. 2482 bis 2486; s. a. Zeitschr. f. angew. Chem. **29**. (1916) II, S. 241.

[10] *Ladenburg:* Berichte d. Deutsch. chem. Ges. **31**, 1968; *Villard:* Compt. rend. de l'Acad. des Sc. **120**, 1262.

[11] *Mc. Intosh:* Journ. of physikal. Chem. **11**, 306.

[12] *Villard:* Bulletin de la Soc. chim. (3) **13**, 997; *Ladenburg*: a. a. O.

Durch die Einwirkung eines Funkens, durch einen glühenden Platindraht oder durch Knallquecksilber kann, wie schon erwähnt, flüssiges Acetylen zur Explosion gebracht werden[1]. Erfolgt die Verflüssigung des Acetylens bei tiefer Temperatur (—80°); so ist die Gefahr einer Explosion nicht vorhanden, da bei dieser nach *Pictet* die Reaktionsfähigkeit und mithin die Explosibilität überhaupt aufhört[2]. Durch Einleiten von trockenem Acetylen in flüssige Luft erhält man eine breiige Masse, die schon durch Berührung mit einer Flamme explodiert und die nach *Anschütz*[3] das weitaus stärkste Sprengmittel darstellen soll.

Der Zerfall des flüssigen Acetylens, das in Stahlflaschen eingeschlossen ist, geht nur dann vor sich, wenn an irgendeiner Stelle die zur Zündung notwendige Temperatur herbeigeführt wird, während gefüllte Stahlflaschen durch Stoß oder Schlag allein nicht explodieren, jedoch führt die heftige Erschütterung bei der Zertrümmerung der Gefäßwand durch einen Sprengstoff die Explosion des verflüssigten Gases stets herbei[4].

---

[1] *Bertholet* u. *Vieille:* Compt. rend. de l'Acad. des Sc. **124**, 1002.
[2] *Altschul:* Acetylen in Wissenschaft und Industrie 1899, S. 357.
[3] *Moye,* Chem. Ztg. **46** (1922) Nr. 8, S. 69; vgl. a. *Hofmann,* Lehrbuch der anorg. Chemie 1920. S. 335.
[4] *Rasch:* Acetylen in Wissenschaft und Industrie 1901, S. 180.

Chemische Eigenschaften des Acetylens.

Bildungsweisen des Acetylens.

Die technische Herstellungsweise des Acetylens gründet sich auf das Verhalten der Carbide gegen Wasser. Die Reaktion verläuft hierbei nach der Gleichung:

$$MeC_2 + H_2O = C_2H_2 + MeO,$$

d. h. aus dem Carbid bilden sich Acetylen und das Oxyd des betreffenden Metalles.

Von den durch Wasser zersetzbaren Carbiden liefern reines Acetylen diejenigen von Kalium, Natrium[1], Lithium[2], Calcium[3], Barium[4], Strontium[5]. Aus 1 kg Lithiumcarbid erhielt *Moissan* 587 l reines Acetylen. Die Carbide von Cer, Lanthan, Yttrium und Thorium liefern dagegen Gasgemische mit größeren oder kleineren Mengen Acetylen.

Ein Gemisch von Acetylen und Allylen wird mit Wasser aus einem Produkt entbunden, das man erhält, wenn man metallisches Magnesium der Einwirkung von Dämpfen organischer Verbindungen, wie Äther, Benzol, Hexan, Steinkohlengas, Petroleum, Cyan, Acetylen oder Kohlenoxyd aussetzt. Es entsteht als Reaktionsprodukt eine schwarze Masse, die mit Wasser Allylen entwickelt. Kamen bei der Einwirkung wasserstoffreie Gase oder Dämpfe zur Anwendung, so war die Ausbeute an Allylen gering, während Acetylen in größeren Mengen auftrat. Es ist mithin wahrscheinlich, daß das als schwarze Masse erhaltene Produkt ein Magnesiumallylid oder ein Gemisch dieses mit Magnesiumcarbid (MgC_2) darstellt[6].

Ferner entsteht Acetylen durch Zersetzung der Metallverbindungen, die man durch Einleiten von Acetylen in Salzlösungen, z. B. Silbernitratlösung erhält. Bei der Zersetzung der Kupferacetylenverbindung durch Salzsäure entsteht ein mit Vinylchlorid und Polyacetylenen verunreinigtes Gas[7], während durch Zersetzung mit Cyankalium ein äußerst reines Gas erhalten wird, so daß diese Methode zur Darstellung von chemisch reinem Acetylen dienen kann[8].

---

[1] *Berthelot:* Annales de Chim. et de Phys. (4) **9**, 385.

[2] *Moissan:* Elektr. Ofen.

[3] *Travers:* Proc. Chem. Soc. 6. Febr. 1893; *Moissan:* Compt. rend. de l'Acad. des Sc. 12. Dez. 1892; Elektr. Ofen.

[4] *Maquenne:* Annales de Chim. et de Phys. (6) **28**, 257; *Moissan:* Elektr. Ofen.

[5] *Moissan:* Elektr. Ofen.

[6] *Keiser* u. *Le Roy Mc. Master:* Journ. Amer. Chem. Soc. **32**, 388 bis 391.

[7] *Zeisel:* Liebigs Annalen **191**, 368; *Römer:* daselbst **233**, 182.

[8] *Baeyer:* Berichte d. Deutsch. chem. Ges. **18**, 2273; vgl. auch Journal für Gasbeleuchtung und Wasserversorgung **63** (1920) Nr. 51, 822.

Von den Verbindungen der Reihe C_nH_{2n-2}, welche Acetylen geben, ist noch die Acetylendicarbonsäure zu erwähnen, die leicht Kohlensäure abspaltet und dabei Acetylen liefert[1].

$$\begin{array}{l} C - COOH \\ \| \\ C - COOH \end{array} = 2\,CO_2 + C_2H_2\,.$$

Das Acetylen aus seinen beiden Komponenten direkt zu erhalten, ist zuerst *Berthelot*[2] gelungen, indem er Wasserstoff zwischen zwei Kohlenelektroden, die er durch den elektrischen Strom zum Glühen brachte, hindurchleitete. Das entstandene Gas wurde durch Absorption in einer Kupferchlorürlösung nachgewiesen[3]. *Dewar*[4] stellte Acetylen aus seinen Elementen dar, indem er Wasserstoff durch ein Rohr aus Retortenkohle leitete, das durch den elektrischen Strom zur Weißglut erhitzt wurde. Spuren von Acetylen entstehen aus den Elementen schon bei 1700°; die Menge wächst proportional der Temperatursteigerung bis 2800°[5].

Acetylen bildet sich unter dem fortgesetzten Einfluß der Rotglühhitze aus den meisten organischen Verbindungen, so aus Äthylen, Methylalkohol, Aldehyd und besonders aus Äther.

Berthelot hat festgestellt, daß bei der trockenen Destillation organischer Substanzen, wie Alkohol, Äther, Aldehyd, Methylalkohol, Methan, Styrol, sich stets Acetylen bildet[6]. Diese Bildung ist auch von vielen anderen Forschern beobachtet worden[7].

Acetylen läßt sich nachweisen, wenn ein Induktionsfunken auf Sumpfgas, Äthylen oder ein Gemisch von Cyan und Wasserstoff, auf Alkohol, Petroleum, Pentan einwirkt[8]. Acetylen wird ferner erhalten bei der Zersetzung von Kohlenwasserstoffen, z. B. Benzol und Toluol, von Äther u. a. durch den elektrischen Induktionsfunken[9].

Durch die Eigenschaft des Acetylens, sich bei der Zersetzung organischer Verbindungen zu bilden, ist auch die Gegenwart dieses Gases im Steinkohlen-

---

[1] *Lossen:* Liebigs Annalen **272**, 140.

[2] Annales de Chim. et de Phys. (3) **67**, 52; Compt. rend. de l'Acad. des Sc. **54**, 640 u. 1042; Liebigs Annalen **123**, 214.

[3] Vgl. *Lepsius:* Berichte d. Deutsch. chem. Ges. **23**, 1638.

[4] Proc. Roy. Soc. **30**, 88; *Lewes*: Handbuch f. Acetylen 1900.

[5] *Pring* u. *Hutton:* Journ. Chem. Soc. **89**, 1591 bis 1601; Proc. Chem. Soc. **22**, 260; *v. Wartenberg:* Zeitschr. f. anorg. Chemie **52**, 299.

[6] Annales de Chim. et de Phys. (4) **9**, 385, 413 bis 428; Compt. rend. de l'Acad. des Sc. **50**, 805; **56**, 515.

[7] *Böttger:* Liebigs Annalen **109**, 351; *Quet:* Liebigs Annalen **108**, 116; Compt. rend. de l'Acad. des Sc. **46**, 903; *Vohl:* Jahresber. üb. d. Fortschr. d. Chemie 1865, 841.

[8] *Berthelot:* Annales de Chim. et de Phys. (3) **67**, 52; Liebigs Annalen **123**, 207; Compt. rend. de l'Acad. des Sc. **54**, 515; *Quet:* Compt. rend. de l'Acad. des Sc. **46**, 903; *Bredig:* Zeitschr. f. Elektrochemie **4** (1898), 514; *Vohl:* Dinglers Polytechn. Journ. **177**, 58.

[9] *Truchot:* Compt. rend. de l'Acad. des Sc. **84**, 717; *Destrem:* daselbst **99**, 138; *Pizarello:* Gazetta chimica ital. **15**, 233.

gas zu erklären. Es findet sich darin allerdings nur in geringen Mengen (0,06 bis 0,07%)[1].

Auch durch Erhitzen gasförmiger Kohlenwasserstoffe wie Äthylen oder eines Gemisches von Sumpfgas und Kohlenoxyd auf hohe Temperaturen wird Acetylen erhalten[2]. Über diese Bildung des Acetylens haben Untersuchungen weiterhin ausgeführt: *Davy*[3], *Norton* und *Noyes*[4] und *Bone*[5].

De Wilde hat nachgewiesen, daß bei Einwirkung des elektrischen Funkens auf Äthylen sich neben Wasserstoff Acetylen zuerst bildet, um dann weiter in Kohlenstoff und Wasserstoff zu zerfallen[6].

Bone[7] hat Versuche ausgeführt, in denen Äthylen in Porzellanröhren längere Zeit eingeschlossen oder in Zirkulationsröhren auf die gewünschten hohen Temperaturen erhitzt wurde. Bei der Untersuchung der Zersetzungsprodukte konnte nachgewiesen werden, daß sich Acetylen vorzugsweise bildet. Auch er nimmt an, daß bei der Spaltung des Äthylens das Acetylen wahrscheinlich das erste Zerfallprodukt ist.

Es ist eine bekannte Tatsache, daß sich bei einem mit Steinkohlengas gespeisten zurückgeschlagenen Bunsenbrenner unter den Verbrennungsgasen Acetylen in einer Menge bis zu 0,8% befindet. Auf dieser Erscheinung beruhte lange Zeit die Gewinnung des Acetylens[8]. *Berthelot*[9] hatte hierfür einen besonderen Apparat konstruiert, der späterhin von anderen verbessert wurde.

Aus den Halogenverbindungen der Kohlenwasserstoffe höherer Sättigungsreihen kann das Acetylen erhalten werden, wenn diesen das Halogen entzogen wird, wobei sich Acetylen durch Zusammenschluß der Kohlenwasserstoffreste bildet. So erhielt *Miasnikoff*[10] Acetylen, wenn er Bromvinyl oder Chlorvinyl in Dampfform durch heiße Ätzkalilösung leitete, während *Sawitsch*[11] durch Einwirkung von alkoholischer Kalilauge auf Bromäthylen zu dem gleichen Ergebnis gelangte. Aus Chloroform wird Acetylen erhalten durch Überleiten über rotglühendes Kupfer oder durch Einwirkung von Kaliumamalgam oder Natrium[12].

$$2\,CHCl_3 = C_2H_2 + 6\,Cl.$$

---

[1] *Blochmann:* Liebigs Annalen **173**, 178; vgl. *Vogel* u. *Reischauer:* Jahresber. üb. d. Fortschr. d. Chemie 1858, 208; *Böttger:* Liebigs Annalen **109**, 351.

[2] *Berthelot:* Liebigs Annalen **139**, 277; *Odling:* Handbuch f. Acetylen 1900.

[3] Jahresber. üb. d. Fortschr. d. Chemie 1886, 574; Amer. chem. Journ. 8, 153.

[4] Jahresber. üb. d. Fortschr. d. Chemie 1888, 573; Amer. chem. Journ. 8, 362.

[5] *Bone:* Journ. f. Gasbel. **51** (1908), 828.

[6] Zeitschr. f. Chemie 1866, 735; Bulletin de la Soc. chim. **6**, 267.

[7] Journ. f. Gasbel. **51** (1908), 828; vgl. auch *Bone* u. *Coward:* Proc. Chem. Soc. **24**, 167 bis 168; Journ. Chem. Soc. **93**, 1197 bis 1225; *Bone* u. *Jerdan:* Journ. Chem. Soc. **71**, 46; *Bone* u. *Wheeler:* daselbst **83**, 1076.

[8] *Rieth:* Zeitschr. f. Chemie 1867, 2, 598.

[9] Annales de Chim. et de Phys. (5) **10**, 365.

[10] Liebigs Annalen **118**, 330.

[11] Compt. rend. de l'Acad. des Sc. **52**, 157; Liebigs Annalen **119**, 182; vgl. auch *Sabanejeff:* Liebigs Annalen **178**, 109.

[12] *Kletzinski:* Zeitschr. f. Chemie **2**, 127; *Fittig:* daselbst **2**, 127.

De Wilde[1] erhielt Acetylen in guter Ausbeute, wenn er Äthylenchlorid durch dunkelrot glühenden Kalk oder Natronkalk zersetzte. In guter Ausbeute entsteht Acetylen ferner bei der Einwirkung von Natrium auf Campher und Chloroform[2]. Auf ähnliche Weise erhält man Acetylen aus Bromoform und Jodoform[3], wenn man diese mit angefeuchtetem Silber oder fein verteiltem Kupfer oder Zink vermischt. Aus Jodoform läßt es sich außerdem direkt erhalten, wenn dieses über seinen Schmelzpunkt erhitzt wird[4].

Bei der Einwirkung von alkoholischem Kali spaltet Bromäthylen Bromwasserstoff ab unter Bildung von Acetylen.

$$CH_2CHBr + KOH = C_2H_2 + KBr + H_2O$$ [5].

Wird Vinylbromid (Bromäthylen) im geschlossenen Rohr mit Bleioxyd erhitzt, so bildet sich ebenfalls Acetylen[6]. Durch Wasser und Bleioxyd wird Bromäthylen ebenfalls unter Bildung von Acetylen zersetzt[7]. In derselben Weise wie auf Bromäthylen wirkt alkoholisches Kali auf Äthylenbromid, indem als Zwischenprodukt erst Bromäthylen entsteht. Reines Acetylen erhält man, wenn man das Äthylenbromid durch Kaliumisobutylat zersetzt[8]. Ferner entsteht Acetylen aus Äthylenbromid durch Abspaltung von Bromwasserstoff nach der *Friedel-Kraft*schen Reaktion durch Erhitzen mit Aluminiumbromid auf 100 bis 110°[9].

Durch Behandeln von symm. Tetrachloräthan[10] in alkoholischer Lösung mit Zink wird jenem das Chlor entzogen und Acetylen gebildet.

Durch Elektrolyse der Fumar- und der Maleinsäure[11] sowie des maleinsauren Natriums wird ebenfalls Acetylen erhalten, indem sich am negativen Pol Wasserstoff bzw. das Metall, am positiven der Säurerest abscheidet, der weiter in Kohlensäure und Kohlenwasserstoff zerfällt.

$$\begin{array}{l} CH\,COOH \\ \| \\ CH\,COOH \end{array} = \begin{array}{l} CH \\ ||| \\ CH \end{array} \begin{array}{|l} COO \\ \\ COO \end{array} + H_2$$

Nach *Gabriel*[12] zerfällt die Nitrosoanhydro-β-oxäthylphthalaminsäure $C_{10}H_8O_4N_2$ bei Anwärmen mit Kalilauge in Phthalsäure, Stickstoff und

[1] Berichte d. Deutsch. chem. Ges. **7**, 352; Bull. Acad. belge (2) **19**, 1; *Lewes:* Handbuch f. Acetylen 1900, 12.

[2] *Haller:* Dissert. Nancy 1879; *Lewes:* Handb. f. Acetylen 1900, 12.

[3] *Cazeneuve:* Bulletin de la Soc. chim. (3) **7**, 70; Compt. rend. de l'Acad. des Sc. **97**, 1371; **113**, 1054.

[4] *Cazeneuve:* Bulletin de la Soc. chim. **41**, 106.

[5] *Sawitsch:* Jahresber. üb. d. Fortschr. d. Chemie 1861, 646; Compt. rend. de l'Acad. des Sc. **52**, 157; Liebigs Annalen **119**, 182.

[6] *Kutscherow:* Berichte d. Deutsch. chem. Ges. **14**, 1532.

[7] *Jahn:* Berichte d. Deutsch. chem. Ges. **13**, 983.

[8] *Sawitsch:* a. a. O.

[9] *Mouneyrat:* Bulletin de la Soc. chim. (3) **19**, 184.

[10] *Sabanejeff:* Liebigs Annalen **216**, 242.

[11] *Kolbe:* Liebigs Annalen **69**, 257; *Bourgoin:* Annales de Chim. et de Phys. (4) **14**, 157; *Lassar Cohn:* Liebigs Annalen **251**, 335; *Kekulé:* daselbst **131**, 85.

[12] Berichte d. Deutsch. chem. Ges. **38**, 2405.

Acetylen. Auch viele andere Verbindungen[1] zerfallen unter gleichzeitiger Bildung von Acetylen, z. B. Propargylaldehyd, quaternäre Piperazinbasen.

Auch aus Verbindungen der gesättigten Reihe C_nH_{2n+2} erfolgt die Bildung von Acetylen; jedoch finden hierbei tiefergehende Zersetzungen statt. So entsteht Acetylen aus der Methylendisulfosäure, wenn man das Natriumsalz derselben mit Ätzkali schmilzt[2]. Ferner bildet sich Acetylen bei der Einwirkung von Jod auf Silberacetat bei schwachem Erwärmen[3], aus Methylalkohol durch Einwirkung von heißem Zinkstaub bei schwacher Rotglut[4] und aus Kupferacetat beim Erhitzen der Lösung unter Druck[5].

Verhalten des Acetylens gegen Metalle und Metallsalze.

Wie schon *Chavastelon*[6] erwähnt, besitzt das Acetylen den Charakter einer schwachen Säure, was auch *Skossarewski*[6] durch die elektrische Leitfähigkeit von Acetylen und Acetylennatrium in verflüssigtem Ammoniak nachgewiesen hat. Die Säurenatur äußert sich u. a. darin, daß die beiden Wasserstoffatome des Acetylens durch Metall ersetzbar sind. Bei gewöhnlicher Temperatur und gewöhnlichem Druck wirkt Natrium auf Acetylen nicht ein. Unter Druck oder schwacher Erwärmung auf 50 bis 70° tritt eine Reaktion nach der Gleichung

$$2\,C_2H_2 + 2\,Na = C_2Na_2 \cdot C_2H_2 + H_2$$

ein[7]. Das erhaltene Produkt bildet ein gelbliches Pulver, das beim Erwärmen über 190° in Acetylen und Acetylendinatrium zerfällt.

Skossarewski[8] gibt für das Mononatriumacetylen der von *Berthelot*[9] aufgestellten Formel C_2HNa den Vorzug, da die Einwirkung von Jod nach folgender Gleichung sich vollzieht:

$$HC \equiv CNa + J_2 = HC \equiv CJ + NaJ;$$
$$HC \equiv CJ + J_2 = JHC = CJ_2 .$$

Mononatriumacetylen wird weiter beim Überleiten von Acetylen über Natriumammonium in Gestalt zerfließlicher, rhombischer Blättchen erhalten. Die Reaktion verläuft hierbei nach der Gleichung:

$$3\,C_2H_2 + 2\,NaNH_3 = C_2Na_2C_2H_2 + 2\,NH_3 + C_2H_4 \;^{10}.$$

Das Acetylendinatrium entsteht außer durch Zersetzung der erwähnten Verbindung $C_2Na_2 \cdot C_2H_2$ direkt durch Einwirkung von Acetylen auf metal-

[1] *Claisen:* Berichte d. Deutsch. chem. Ges. **31**, 1023; *Knorr:* daselbst **37**, 3518.
[2] *Berthelot:* Zeitschr. f. Chemie 1869, 682.
[3] *Birnbaum:* Liebigs Annalen **152**, 111.
[4] *Jahn:* Berichte d. Deutsch. chem. Ges. **13**, 983, 2107.
[5] *Tommasi:* Bulletin de la Soc. chim. (2) **38**, 156; Berichte d. Deutsch. chem. Ges. **15**, 1340.
[6] *Chavastelon:* Compt. rend. de l'Acad. des Sc. **125**, 245; *Bilitzer:* Zeitschr. f. phys. Chemie **40**, 535 bis 544; Monatsh. f. Chemie **23**, 199, 216; *Küspert:* Zeitschr. f. phys.-chem. Untersuchungen **17**, 292; *Skossarewski:* Chem. Ztg. **38** (1914), Nr. 74, S. 794.
[7] *Moissan:* Compt. rend. de l'Acad. des Sc. **126**, 302.
[8] Journ. d. russ. phys.-chem. Ges. **36**, 863.
[9] Annales de Chim. et de Phys. (4) **9**, 385.
[10] *Moissan:* Compt. rend. de l'Acad. des Sc. **127**, 911.

lisches Natrium bei Temperaturen von 210 bis 220°[1]. Das Acetylendinatrium bildet ein weißes, in allen Lösungsmitteln unlösliches Pulver, das von Wasser unter lebhafter Reaktion in Acetylen und Natronlauge zersetzt wird. Bei Rotglut zerfällt es in seine Komponenten Kohlenstoff und Natrium unter teilweiser Bildung höherer Kohlenwasserstoffe. Auf metallisches Kalium jedoch wirkt Acetylen schon bei gewöhnlicher Temperatur etwas ein unter Bildung der Verbindung $C_2K_2C_2H_2$[2]. Bei schwachem Erwärmen geht die Reaktion schneller vor sich[3]. Dieselbe Verbindung entsteht in borsäureähnlichen Krystallen bei der Einwirkung von Acetylen auf Kaliumammonium[4]. Wird diese Verbindung auf etwa 160° erhitzt, so entsteht eine schwarze Masse, die mit Wasser Acetylen entwickelt und somit wohl das mit Kohle verunreinigte Acetylendikalium darstellt.

Durch direkte Einwirkung auf Lithiumsalze bildet sich die Verbindung $Li_2C_2 \cdot C_2H_2$, wenn man Acetylen über Lithiumammonium leitet[5].

Diese Verbindung addiert Ammoniak und bildet hierbei Lithiumcarbidammoniakacetylen $C_2Li_2 \cdot C_2H_2 \cdot (NH_3)_2$, welches sich an der Luft leicht in das normale Acetylendilithium Li_2C_2 zersetzt[6]. Dieses kann auch erhalten werden, wenn Lithium oder Lithiumcarbonat mit Kohle erhitzt werden[7].

Durch Einwirkung von Acetylen auf Caesium- und Rubidiumammonium erhielt *Moissan* die Verbindungen $C_2Cs_2 \cdot C_2H_2$ und $C_2Rb_2 \cdot C_2H_2$[8], während *Erdmann* und *Köthner*[9] bei der Reaktion zwischen Rubidium und Acetylen ein stark mit Kohle verunreinigtes Produkt erhielten, das mit Wasser Acetylen entwickelte.

Von den Einwirkungsprodukten des Acetylens auf Calcium in wasserfreiem flüssigem Ammoniak ist nur eine Calciumcarbidammoniakacetylenverbindung der Zusammensetzung $CaC_2 \cdot C_2H_2(NH_3)_4$ bekannt, welche prismatische durchsichtige Krystalle bildet. Dieselben zersetzen sich an der Luft leicht unter Bildung von Acetylen, Calciumcarbid und Ammoniak[10]. Im ammoniakfeuchten Zustand in einen Vakuumofen gebracht, kann es bei 150° in ein weißes Pulver von reinem Calciumcarbid umgewandelt werden[11].

Wird metallisches Magnesium im Glasrohr auf 450° erhitzt und dann Acetylen eingeleitet, so entsteht unter Erglühen des Metalls Magnesiumcarbid, das mit Wasser Acetylen liefert, und ein anderer Körper, der mit Wasser zersetzt Allylen gibt. Auch durch Erhitzen von Holzkohle mit metallischem Magnesium erhält man dieselbe Verbindung, die von Wasser unter

[1] *Matignon:* Compt. rend. de l'Acad. des Sc. **124**, 775.
[2] *Moissan:* Compt. rend. de l'Acad. des Sc. **126**, 302.
[3] *Berthelot:* Bulletin de la Soc. chim. (2) **5**, 188.
[4] *Moissan:* Compt. rend. de l'Acad. des Sc. **127**, 914.
[5] *Moissan:* Compt. rend. de l'Acad. des Sc. **127**, 915.
[6] *Moissan:* Compt. rend. de l'Acad. des Sc. **122**, 362.
[7] *Guntz:* Compt. rend. de l'Acad. des Sc. **126**, 1866.
[8] Bulletin de la Soc. chim. **31**, 551 bis 556.
[9] Zeitschr. f. anorgan. Chemie **18**, 52.
[10] Handb. f. Acetylen 1904, S. 184.
[11] *Thompson, Gonzalez* u. *Blacke:* Metallurg. Chem. Ing. **12** (1914) 779 bis 780; Carbid u. Acetylen 1915, S. 44.

Entwicklung von Acetylen und Allylen zersetzt wird. Das Acetylen wurde durch Darstellung des Dijodacetylens (Schmelzp. 74°) und seiner Kupferverbindung identifiziert. Allylen entsteht nebenbei in ziemlichen Mengen. *Novak*[1] nimmt an, daß entweder ein neues Magnesiumcarbid oder nebenbei ein Magnesiumallylid entsteht.

Mischungen von flüssigem Acetylen und Ammoniak mit Magnesiumspänen liefern eine Verbindung von der Zusammensetzung $MgC_2 \cdot C_2H_2 \cdot 5\,NH_3$, die bis zu + 2° beständig ist, dann aber in die Verbindung $(MgC_2 \cdot C_2H_2)_2$ $7\,NH_3$ übergeht. Über 60° spaltet diese Verbindung Acetylen und Ammoniak ab und geht bei noch höherer Temperatur in Magnesiumamid, -nitrit und -carbid über. Fast reines Magnesiumcarbid soll erhalten werden, wenn man vor dem Erhitzen der ursprünglichen krystallinischen Verbindung das Ammoniak durch hohes Vakuum unter 0° vollständig entfernt[2].

Eine charakteristische Eigenschaft des Acetylens ist die, in Lösungen vieler Schwermetalle, besonders von Kupfer, Silber und Quecksilber, Niederschläge zu erzeugen, die zum Teil aus explosiven Verbindungen bestehen.

Eine ammoniakalische Lösung von Kupferchlorür gibt mit Acetylen einen braunroten Niederschlag[3], der sowohl beim Erhitzen als auch im trockenen Zustande durch Schlag explodiert. Die Ausfällung erfolgt bei den geringsten Mengen Acetylen, und zwar quantitativ, so daß diese Reaktion zur Trennung von Kupfer von anderen Schwermetallen benutzt werden kann[4]. Die Zusammensetzung des Niederschlages entspricht nach *Keiser*[5] der Formel C_2Cu_2, während *Berthelot, Blochmann* und *Reboul* glauben, daß diese Verbindung entsprechend den Formeln $(C_2Cu_2H)_2O$ oder $C_2CuH + nCuO$[6] bzw. $C_2H_2Cu_2O$[7] bzw. C_2CuH[8] zusammengesetzt sei. Durch Änderung der Ammoniakkonzentration soll eine Acetylenkupferverbindung erhalten werden, die, mit Salpetersäure berührt, wie ein Sprengstoff explodiert, während andere Säuren sowie Stoß und Schlag nicht einwirken; von anderen Oxydationsmitteln sollen nur Permanganat und Schwefelsäure, Chlor und Brom dieselbe Wirkung ausüben[9].

Cuproacetylen wird bei Anwesenheit von Ammoniak an der Luft durch Oxydation in eine Cupriammoniumverbindung übergeführt. Mit 30proz. Wasserstoffsuperoxyd entsteht unter Sauerstoffentwicklung Aldehyd. Deshalb

---

[1] Berichte d. Deutsch. chem. Ges. **42**, 4209 bis 4213.

[2] *Cottrell:* Journ. of Physical Chem. **18** (1914) 85; Chem. Zentralbl. 1914, I, 2034.

[3] *Quet:* Compt. rend. de l'Acad. des Sc. **46**, 903; Liebigs Annalen **108**, 116; *Berthelot:* Annales de Chim. et de Phys. (4) **9**, 385; *Blochmann:* Liebigs Annalen **173**, 174.

[4] *Söderbaum:* Berichte d. Deutsch. chem. Ges. **30**, 760, 814, 902, 3014; *Erdmann:* Zeitschr. f. analyt. Chemie **46**, 125 bis 127; *Erdmann* u. *Makowka:* daselbst **46**, 128 bis 141; *Scheiber:* Berichte d. Deutsch. chem. Ges. **41**, 3816 bis 3828; Zeitschr. f. analyt. Chemie **48**, 529 bis 538; *Schirl:* Zeitschr. f. Calciumcarbid u. Acetylen 1906, 93; vgl. auch S. 238.

[5] *Keiser:* Amer. Chem. Journ. **14**, 285.

[6] *Berthelot:* Liebigs Annalen **123**, 214; **138**, 245; **139**, 150, 374; Compt. rend. de l'Acad. des Sc. **54**, 1044; **62**, 455.

[7] *Blochmann:* Liebigs Annalen 173, 176; Berichte d. Deutsch. chem. Ges. **7**, 274.

[8] *Reboul:* Compt. rend. de l'Acad. des Sc. **54**, 1229; Liebigs Annalen **124**, 267.

[9] *Linde:* Chem.-Ztg. **37** (1913), Nr. 32, S. 324.

glaubt *Makowka*[1], daß die Verbindung $Cu_2C_2H_2O$ den Dicuproacetaldehyd $\left.\begin{matrix}Cu\\ |\\ Cu\end{matrix}\right> CH \cdot CHO$ darstellt. Nach *Scheiber*[2] haben Versuche dagegen ergeben, daß Kupferacetylür in einer wasserfreien Form C_2Cu_2 und in einer monohydratischen Form $C_2Cu_2H_2O$ existiert. Das Wasser ist ziemlich festgebunden, ähnlich wie Konstitutionswasser bei Salzen. Er hält die Formel $CH \equiv C \cdot Cu$ $Cu \cdot OH$ für die wahrscheinlichste, da bei der Einwirkung von Schwefelwasserstoff, Schwefelammonium oder Schwefelalkali auf die Kupferacetylenverbindung in der Kälte Acetylen frei wird, was nur möglich ist, wenn die Gruppe $C \equiv C \cdot$ vorhanden ist.

Im reinen Zustande kann diese Kupferacetylenverbindung bei einer Temperatur von 100° in Kohlensäureatmosphäre getrocknet werden, ohne zu explodieren[3]; wird sie aber der Einwirkung von Luft ausgesetzt, so kann schon unterhalb dieser Temperatur Explosion eintreten. Es wird angenommen, daß sich durch Oxydation hierbei geringe Mengen des explosiven Diacetylenkupfers bilden[4]. Die Bildung dieses Körpers wird auch angenommen, wenn Salzsäure auf Kupferacetylid einwirkt. Es entwickelt sich hierbei Acetylen, welches beim Stehen Kohlenstoff ablagert und mit Chlor auch im Dunkeln explodiert[5]. *Noyes* und *Tucker*[6] haben nachgewiesen, daß dem durch Behandeln des Kupferacetylürs mit Säuren entstehenden Acetylen kleine Mengen Diacetylen beigemengt sind. Daß die Bildung von Diacetylenkupfer auf einer Oxydation des Cuproacetylids beruht, kann auch daraus geschlossen werden, daß sich Acetylenkupfer beim Liegen verändert[7]. Das Diacetylenkupfer besitzt die Formel

$$\underbrace{C \equiv C \cdot C \equiv C}_{Cu} .$$

Das Acetylenkupfer C_2Cu_2 kann als Endprodukt der Einwirkung von Acetylen auf ammoniakalische Kupfersalze angesehen werden, während sich dazwischen komplexe Verbindungen anderer Art bilden. *Berthelot* und *Delépine*[8] erhielten eine solche Verbindung von der Zusammensetzung $C_2Cu_2 \cdot 2\,CuJ$, wenn Acetylen auf Kupferjodür in Jodkaliumlösung einwirkte.

Doppelverbindungen von Acetylen mit Kupfersalzen entstehen, wenn Acetylen auf Kupferoxydulsalze in saurer Lösung einwirkt[9]. Leitet man Acetylen in eine absolut alkoholische Lösung von wasserfreiem Kupferchlorür, so bilden sich farblose Nadeln der Zusammensetzung $(Cu_2Cl_2)_3C_2H_2$,

---

[1] *Makowka:* Berichte d. Deutsch. chem. Ges. **41**, 824 bis 829.
[2] *Scheiber:* Berichte d. Deutsch. chem. Ges. **41**, 3816.
[3] *Scheiber:* a. a. O.; *May:* Journ. f. Gasbel. **41** (1898), 683.
[4] *Freund* u. *May:* Acetylen in Wissenschaft und Industrie 1898, 286.
[5] *Römer:* Liebigs Annalen **233**, 183.
[6] Amer. Chem. Journ. **19**, 123.
[7] *Liubawin:* Journ. d. russ. phys.-chem. Ges. **17**, 252.
[8] Compt. rend. de l'Acad. des Sc. **129**, 369.
[9] *Chavastelon:* Compt. rend. de l'Acad. des Sc. **126**, 1810; **127**, 68; **130**, 634, 1764; **131**, 148.

die nicht explosiv sind, mit Wasser aber explosives Kupferacetylür bilden[1].

Bei der Reaktion zwischen Kupferchlorür und Acetylen sind nach *Manchot*[2] zu berücksichtigen der Partialdruck, die Temperatur und die Konzentration des Lösungsmittels. Bei Verwendung von verdünnten Kupferchlorürlösungen gleicher Konzentration in Salzsäure wechselnder Konzentration stellte er fest, daß mit Abnahme der Salzsäure mehr Acetylen an Kupferchlorür gebunden wurde. Die Bindung des Acetylens erreicht einen Höchstwert; dann wird wieder Acetylen abgespalten. Die primäre Reaktion besteht in einer Vereinigung von 1 Mol. Kupferchlorür mit 1 Mol. Acetylen: $CuCl + C_2H_2 = CuCl \cdot C_2H_2$. Steigt die Kupferkonzentration, so bildet sich eine zweite Verbindung durch sekundäre Zersetzung des ersten Additionsproduktes gemäß der Gleichung:

$$2\,(CuCl \cdot C_2H_2) \rightleftarrows C_2H_2 + C_2H_2 \cdot 2\,CuCl.$$

Diese Verbindung ist ein schwerlöslicher krystallinischer Körper.

Mit Kupferoxydsalzen vermag Acetylen ebenfalls Verbindungen einzugehen, wobei aber gleichzeitig Polymerisationen eintreten. So entsteht bei der Einwirkung von Acetylen auf eine verdünnte ammoniakalische Lösung von Kupferoxydsalzen bei + 5° C ein schwarzes, bei 50 bis 70° explodierendes Pulver der empirischen Zusammensetzung $12\,C_2Cu \cdot H_2O$, welches durch verdünnte Säuren und von Cyankaliumlösungen zersetzt wird, wobei huminartige Verbindungen zurückbleiben. Dabei ist es gleichgültig, ob das Sulfat, Nitrat, Chlorid oder Acetat des Kupfers angewendet wird[3].

Reckleben und *Scheiber*[4] haben die Einwirkung von rohem und gereinigtem, feuchtem und trockenem Acetylen auf Metalle, besonders auf Kupfer und seine Legierungen eingehend in Dauerversuchen geprüft. Zur Verwendung kamen nachstehende Metalle und Metallegierungen: 1. Zinkpulver, 2. Zinnpulver, 3. Bleifeile, 4. Eisenpulver (Ferr. reduct.), 5. Kupferpulver (aus Oxyd im Wasserstoffstrom), 6. Nickelpulver (aus Oxyd im Wasserstoffstrom), 7. Messing (Cu = 62%, Zn = 35,5%, Pb = 0,9%, Sn = 0,75%), 8. Rotguß (Cu ≐ 71%, Zn = 28,9%), 9. Neusilber (Cu = 60%, Zn = 25%, Ni = 15%, Sn in Spuren), 10. Phosphorbronze (Cu = 85%, Sn = 15%, P = 0,5%, Fe und Pb in Spuren), 11. Aluminiumbronze (Al = 92%, Cu = 4,9%, Sn = 2,6%), 12. Kunstbronze (Cu = 84%, Sn = 4,8%, Al = 7%, Pb = 3,5%), 13. Letternmetall (Pb = 77%, Sb = 15%, Sn ≐ 7%), 14. Schnellot (Pb = 47,5%, Sn = 52,4%, Cu in Spuren).

Die Ergebnisse waren folgende: Reines, trockenes Acetylen wirkte innerhalb 20 Monate auf keine der untersuchten Proben ein. Sämtliche, und zwar

[1] *Hofmann* u. *Küspert:* Zeitschr. f. anorg. Chemie **15**, 204.

[2] Bericht der 83. Versammlung Deutscher Naturforscher und Ärzte. Karlsruhe 1911; Chem.-Ztg. **35** (1911), Nr. 118, S. 1094. Zeitschr. f. angew. Chemie **24** (1911), Nr. 40, S. 1909.

[3] *Söderbaum:* Berichte d. Deutsch. chem. Ges. **30**, 760, 814.

[4] Chem.-Ztg. **39** (1915), Nr. 7/8, S. 42; **40** (1916), Nr. 45; vgl. auch Carbid u. Acetylen 1915, Nr. 8, S. 38; 1916, Nr. 18, S. 85.

Zink, Zinn, Blei, Eisen, Kupfer und Messing, waren in Gewicht und Aussehen unverändert. Reines, feuchtes Acetylen, das mit allen obengenannten 14 Stoffen in Berührung gewesen war, bewirkte beim Nickel 0,9% und beim Kupfer 1,6% Gewichtszunahme. Sonst war keinerlei Einwirkung festzustellen. Rohes, feuchtes Gas ließ Zinn, Rotguß, Neusilber, Aluminiumbronze, Letternmetall und Schnellot fast völlig unverändert. Bei Zink, Blei und Messing wurden Zunahmen von 0,4—0,9% gefunden, bei Nickel 0,9%, Eisen wies 6,4%, Kunstbronze 6% und Phosphorbronze 14,4% Gewichtsvermehrung auf. Gleichzeitig hatten die drei letztgenannten Stoffe ihren metallischen Glanz verloren und waren schwarz geworden. Am meisten wurde Kupfer verändert. Bereits nach 6 Monaten zeigte es eine Zunahme von 92%; es war völlig schwarz geworden. Auch Kupferbleche und Kupferpulver verschiedener Körnung nahmen an Gewicht zu, und zwar Kupferblech in 12 Monaten 80%, grobes Kupferpulver 34,4%, Acetylenkupfer hat sich anscheinend nicht gebildet, wenigstens war es nicht möglich, durch vorsichtiges Erhitzen oder durch Schlag eine explosive Substanz nachzuweisen. Außerdem entwickelten die Proben mit Säuren keine Spur Acetylen. Nachweisbar waren hingegen Spuren von Schwefelwasserstoff. In großer Menge blieb sodann eine schwarze Masse ungelöst, die ihrem ganzen Verhalten nach als eine humoide Substanz anzusprechen war, wie sie bei Einwirkung von Kupfersalzen auf Acetylen leicht entsteht[1].

Erst wenn die schwarzen Schichten mit konzentrierter Salzsäure längere Zeit gekocht wurden, trat in ammoniakalischer Kupferoxydulsalzlösung eine Ausfällung von Acetylenkupfer ein. Demnach scheint es festzustehen, daß sich bei der Einwirkung von rohem Acetylen auf Kupfer u. a. auch stets geringe Mengen eines Acetylids bilden, während reines Acetylen ohne merkliche Einwirkung bleibt.

Mit metallischem Kupfer oder auch mit Kupferlegierungen vermag Acetylen hauptsächlich dann Verbindungen einzugehen, wenn das Gas feucht oder mit Ammoniak oder anderen Gasen verunreinigt ist[2]. Es kann sich, wie mehrfach in der Praxis festgestellt wurde, explosives Acetylenkupfer bilden; bei den Legierungen, besonders bei Messing vermutlich erst dann, wenn das Gas lange Zeit mit dem Metall in Berührung war und eine Lösung der Legierung teilweise stattgefunden hat[3]. Wie jahrelange Erfahrungen gelehrt haben, ist eine Einwirkung von Acetylen auf Ventile, Hähne und Brenner aus Messing nicht zu befürchten[4].

---

[1] Ber. d. Deutsch. chem. Ges. **44**, (1911). 221.

[2] *Pictet* sowie *Grittner:* Verhandl. d. Budapester Kongr. 1899; *Gerdes:* Glasers Annalen **43**, 105; *Crova:* Compt. rend. de l'Acad. des Sc. **60** (1865), 415.

[3] Carbid u. Acetylen 1915, Nr. 12, S. 55; Chem.-Ztg. **40** (1916), Nr. 45; Mitteilungen des Schweizerischen Acetylenvereins 1920, Nr. 1; s. a. Carbid u. Acetylen 1920, Nr. 18, S. 73.

[4] Nach den Mitteilungen des Schweizerischen Acetylenvereins 1919, Nr. 1, sollen in Amerika bei Verwendung von Acetylen unter hohem Druck (gelöstes Acetylen) an Flaschenventilen aus Messing Explosionen beobachtet worden sein. Man baue daher die Flaschenventile aus Eisen. Diese Tatsache ist um so verwunderlicher, als gerade gelöstes Acetylen besonders gut gereinigt ist. Es ist daher die Vermutung nicht von der

Nach *Melentjeff* (D. R. P. Nr. 177 349) soll sich die Bildung von Acetylenkupfer bei kupfernen Acetylenentwicklern dauernd verhindern lassen, wenn sie mit solchen Metallen in Berührung gebracht werden, welche eine Potentialdifferenz zeigen, z. B. mit Zink. — Die Einwirkung von Acetylen auf erhitztes Kupfer wird noch unter „Polymerisation"[1] besprochen werden.

Beim Einleiten von Acetylen in eine konzentrierte ammoniakalische Silberlösung entsteht ein weißer Niederschlag von der Zusammensetzung C_2Ag_2[2], der je nach der Schnelligkeit der Erwärmung zwischen 120 und 200° explodiert[3]; in verdünnter ammoniakalischer Silbernitratlösung entsteht dagegen zuerst ein hellgelber Niederschlag[4], der wahrscheinlich eine Doppelverbindung $C_2Ag_2 \cdot AgNO_3$[5] darstellt und bei weiterer Einwirkung von Acetylen in die normale Verbindung C_2Ag_3 übergeht.

Ähnliche Doppelverbindungen erhält man bei der Einwirkung von Acetylen auf ammoniakalische Silberacetat-, Silberchlorid- und Silberjodidlösung. Diese Verbindungen besitzen ein gemeinsames Radikal C_2Ag_3[6]. Auch mit wässerigen und sauren Silberlösungen vermag Acetylen unter Bildung der verschiedensten Doppelverbindungen zu reagieren[7]. Das aus ammoniakalischer Lösung gefällte Acetylensilber steht an Explosionswirkung weit hinter dem aus neutraler oder schwach salpetersauren Lösung ausgefällten zurück[8]. Es wird durch Säuren unter Entwicklung von Acetylen gelöst, während es in anderen Lösungsmitteln unlöslich ist. Mit organischen Nitrokörpern ist es, selbst nur in Berührung mit denselben, höchst druck- und schlagempfindlich[9]. Die bei der Explosion des aus saurer Lösung gefällten Acetylensilbers entstehende Gasmenge ist etwa 10 mal größer als diejenige des aus ammoniakalischer Lösung gefällten[10]; es scheint, daß die aus neutraler oder schwach salpetersaurer Lösung ausgefällten Körper sauerstoffhaltig sind, weil im Gegensatz zum ammoniakalischen Körper bei der Explosion kaum eine Rußabscheidung eintritt[11]. Bei der Einwirkung von

Hand zu weisen, daß bei diesen Explosionen noch andere Ursachen mitgewirkt haben, wie etwa doch vorhandene Verunreinigungen des Acetylens oder des Acetons; ; vgl. a. a. O. 1919, Nr. 5; s. a. Carbid u. Acetylen 1920, Nr. 3, S. 14.

[1] Vgl. S. 43.

[2] *Keiser:* Amer. Chem. Journ. **14**, 286; *Küspert:* Zeitschr. f. physik.-chem. Untersuchungen **17**, 292.

[3] *Willgerodt:* Berichte d. Deutsch. chem. Ges. **28**, 2108; *Stettbacher:* Zeitschr. f. d. ges. Schieß- und Sprengstoffwesen 1916, S. 1—4.

[4] *Plimpton:* Proc. Chem. Soc. 1892, 109.

[5] *Arth:* Compt. rend. de l'Acad. des Sc. **124**, 1534.

[6] *Berthelot* u. *Delépine:* Compt. rend. de l'Acad. des Sc. **129**, 361 bis 378.

[7] *Plimpton:* Proc. Chem. Soc. 1892, 109; *Chavastelon:* Compt. rend. de l'Acad. des Sc. **124**, 1364; **125**, 245; *Berthelot* u. *Delépine:* Compt. rend. de l'Acad. des Sc. **129**, 362.

[8] *Eggert:* Zeitschr. f. angew. Chemie **31** (1918) (III), Nr. 40 (Bericht über die 24. Hauptversammlung der Deutschen Bunsengesellschaft). Chem.-Ztg. **42** (1918), Nr. 49; *Stettbacher:* a. a. O.; s. a. Zeitschr. f. angew. Chemie **32** (1919) II, S. 126/127; Carbid u. Acetylen 1919, Nr. 7, S. 27; Nr. 24, S. 95.

[9] *Stettbacher:* a. a. O.

[10] *Eggert:* a. a. O.

[11] *Stettbacher:* a. a. O.

Acetylen auf metallisches Silber entstehen wie beim Kupfer Kondensationsprodukte.

Die Einwirkung von Acetylen auf Quecksilbersalze ist einerseits der auf Kupfer- und Silbersalze analog, andererseits entstehen aber außerdem durch Substitution und Addition Abkömmlinge des Acetaldehyds.

Durch Einleiten von Acetylen in eine alkalische Quecksilberlösung entsteht ein weißer flockiger Niederschlag[1] der Zusammensetzung C_2Hg, der sehr explosiv ist[2]. Derselbe löst sich in Salzsäure unter Entwicklung von Acetylen und gibt mit Jod Dijodacetylen.

Ähnliche Verbindungen, welche mit Halogen Halogenderivate und mit Säuren oder Cyankalium Acetylen ergeben, erhält man u. a. beim Erhitzen einer Lösung von frisch gefälltem Quecksilberoxyd in Ammoniak und Ammoniumcarbonat mit Acetylen. Das Reaktionsprodukt ist ein weißes Pulver der Zusammensetzung $3\,C_2Hg \cdot H_2O$[3], das mit Halogenen Verbindungen wie C_2Cl_6, C_2Br_4; C_2J_4 ergibt. Beim Zersetzen mit Säure wird außer Acetylen etwas Acetaldehyd erhalten. Beim Einleiten von Acetylen in Quecksilberacetatlösung entsteht eine Verbindung $2\,C_2H_2 \cdot 3\,HgO$, welche weder explosiv ist, noch durch Salzsäure unter Abspaltung von Acetylen zersetzt wird[4].

Wirkt Acetylen auf kalte, wässerige Sublimatlösung ein, so entsteht ein Niederschlag der Zusammensetzung $C_2H_2 \cdot 3\,HgCl_2 \cdot 3\,HgO$[5]; bei gewöhnlicher oder höherer Temperatur dagegen entsteht eine Verbindung $C_2(HgCl_2)_4 + H_2O$, die beim Zersetzen mit Salzsäure hauptsächlich Acetaldehyd gibt[6]. *Hofmann*[7] sieht die Verbindung $C_2Hg_3Cl_4$ als Zwischenprodukt des Trichlormercuriacetaldehyds[8] an, in den sie durch Wasser übergeht. In saurer Sublimatlösung hingegen entstehen wahre Acetylenabkömmlinge, z. B. $C_2H_2 \cdot HgCl_2$. Diese Verbindung geht beim Kochen mit Alkalien in die Verbindung $(C_2H_2)_2Hg$ über, die bei 230° explodiert[9]. *Chapmann* und *Jenkins*[10] ist es gelungen, eine Verbindung $HgCl_2 \cdot C_2H_2$ zu isolieren, welche in organischen Lösungsmitteln löslich ist, einen Schmelzpunkt von 113° besitzt und vermutlich die Zusammensetzung $ClHg\,CH = CHCl$ besitzt. Sie dürfte als erstes Zwischenprodukt bei der Synthese des Acetaldehyds auftreten.

Leitet man Acetylen in eine salpetersaure Quecksilberoxydnitratlösung bei gewöhnlicher Temperatur ein, so entsteht ein nichtexplosives Produkt der

---

[1] *Basset:* Zeitschr. f. Chemie 1869, 314; Chem. News **19**, 28.

[2] *Keiser:* Amer. Chem. Journ. **15**, 535.

[3] *Plimpton* u. *Travers:* Journ. Chem. Soc. **27**, 266; **65**, 265; Chem. News **69**, 81.

[4] *Plimpton:* Proc. Chem. Soc. 1892, 109.

[5] *Peratoner:* Gazetta chimica ital. **24**, 42.

[6] *Kutscherow:* Berichte d. Deutsch. chem. Ges. **17**, 13; **14**, 1532; *Keiser:* Amer. Chem. Journ. **15**, 535; *Krüger* u. *Pückert:* Chem. Industrie 1895, 454; *Brame:* Journ. Chem. Soc. **87**, 427; Proc. Chem. Soc. **21**, 119.

[7] *K. A. Hofmann:* Berichte d. Deutsch. chem. Ges. **31**, 2212, 2783; **32**, 874; **37**, 4459; *Köthner:* daselbst **31**, 2475.

[8] *Biltz* u. *Mumm:* Berichte d. Deutsch. chem. Ges. **37**, 4417; **38**, 133.

[9] *Biginelli:* Annali di Farmacoterap. e Chim. 1898, 16 bis 20; *Bergé* u. *Reychler:* Bulletin de la Soc. chim. (3) **17**, 218.

[10] *Chapman* u. *Jenkins:* J. Sc. Chem. Ind. 1919, 17/655, A.

Zusammensetzung $C_2Hg_2NO_4H$, das mit Salzsäure stets Aldehyd liefert. Daß somit diese Verbindung ein Aldehydabkömmling ist, läßt sich auch dadurch beweisen, daß dieselbe Verbindung aus Mercurinitrat und Acetaldehyd erhalten wird[1]. Einen fein krystallinischen Körper $C_2Hg_3NO_4H_2$, der bei Zersetzung mit Salzsäure oder Cyankalium ebenfalls Acetaldehyd liefert, erhält man beim Einleiten von Acetylen in eine 10 proz. Mercurinitratlösung[2]. Die Verbindung stellt jedenfalls einen dreifach substituierten Aldehyd dar[3]. Mit Mercuronitrat und Acetylen entsteht Quecksilber und die gleiche Verbindung wie bei Mercurinitrat[3]. Quecksilbercyanid gibt in alkalischer Lösung mit Acetylen einen weißen Niederschlag von Quecksilberacetylid[4].

Einen reinen Acetylenabkömmling erhält man aus frisch bereitetem Mercuroacetat und Acetylen in Form eines grauen Pulvers. Dieses ist explosiv und gibt mit Salzsäure Acetylen. Mit Jod entsteht aus der Verbindung Dijodacetylen[5]. *Nieuwland*[6] erhielt eine Acetylenquecksilberfluoridverbindung, wenn in eine Lösung von frisch gefälltem Quecksilberoxyd in konzentrierter Fluorwasserstoffsäure Acetylen eingeleitet wurde, als einen weißen flockigen Niederschlag. Dieser gab mit Jodjodkaliumlösung Jodoform, ist also anscheinend ebenfalls ein substituierter Aldehyd oder ein substituierter Vinylalkohol. Gegen Ende der Reaktion war freier Acetaldehyd vorhanden. Seine Bildung läßt sich folgendermaßen darstellen:

$$C_2H_2 + 2\,HgF_2 = C_2(HgF)_2 + 2\,HF$$
$$C_2(HgF)_2 + HOH = CH(HgF) : C(HgF)OH$$
$$CH(HgF) : C(HgF)OH + 2\,HF = CH_2 : CHOH + 2\,HgF_2$$
$$CH_2 : CHOH = CH_3CHO\,.$$

Aus Lösungen von Gold, Palladium und Osmium[7] vermag Acetylen ebenfalls Verbindungen auszufällen, und zwar werden Gold und Osmium als Metall ausgeschieden und zwar das Osmium erst nach längerem Einleiten von Acetylen, während man es kolloidal sofort erhält bei Verwendung einer Acetylen-Acetonlösung.

Das Palladiumacetylen wird erhalten durch Einleiten von Acetylen in Palladiumchlorürlösung. Es bildet ein rotbraunes lockeres Pulver von saurer Reaktion, dessen Zusammensetzung anscheinend PdC_4H_5OCl, also ein Abkömmling des Palladiumdiacetylens $Pd(C \equiv CH)_2$ ist. Wird Palladiumacetylen mit Kali verschmolzen, die Schmelze mit Schwefelsäure zersetzt

[1] *K. A. Hofmann:* Berichte d. Deutsch. chem. Ges. **31**, 2212, 2783; **32**, 874; **37**, 4459; *Köthner:* daselbst **31**, 2475.

[2] *Erdmann* u. *Köthner:* Zeitschr. f. anorgan. Chemie **18**, 48; *Köthner:* Dissert. über Rubidium und einige Beobachtungen über Acetylen (Halle 1896).

[3] *Hofmann:* Berichte d. Deutsch. chem. Ges. **31**, 2783.

[4] *Hofmann* u. *Kirmreuther:* Berichte d. Deutsch. chem. Ges. **41**, 314.

[5] *Plimpton:* Proc. Chem. Soc. 1892, 109.

[6] Dissert. Notre Dame University Indiana 1904.

[7] *Erdmann* u. *Köthner:* Zeitschr. f. anorgan. Chemie **18**, 53; *Philipps:* daselbst **6**, 229; *Erdmann* u. *Makowka:* Zeitschr. f. analyt. Chemie **46**, 141 bis 145; Berichte d. Deutsch. chem. Ges. **37**, 2694; *Makowka:* Zeitschr. f. analyt. Chemie **46**, 145 bis 150; Berichte d. Deutsch. chem. Ges. **41**, 824 u. 943.

und dann mit Wasserdampf destilliert, so erhält man Buttersäure[1]. Die Reaktion verläuft hierbei nach folgender Gleichung

$$PdC_4H_5OCl + 2\,H_2O = C_4H_8O_2 + HCl + PdO,$$

so daß dem Reaktionsprodukt aus Palladiumchlorür und Acetylen die Zusammensetzung:

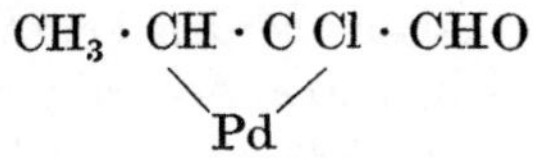
Palladochlorbutyraldehyd

zukommen würde.

Antimonpentachlorid gibt mit Acetylen eine Verbindung $SbCl_5 \cdot C_2H_2$, die beim Destillieren in Antimontrichlorid $SbCl_3$ und Dichloräthylen zerfällt.

Antimontrichlorid[2] ist fast ohne Einwirkung auf Acetylen. Aluminiumchlorid absorbiert in geschlossenen Gefäßen reines Acetylen vollständig. Beim Zersetzen der erhaltenen Verbindung mit Salzsäure bildet sich Acetylen[3]. Beim Überleiten von Acetylen über Aluminiumchlorid bilden sich Kondensationsprodukte. Auf Salze von Eisen, Nickel, Kobalt, Blei, Cadmium, Platin, Iridium, Rhodium wirkt Acetylen weder im kalten noch heißen Zustande ein[4]. Behandelt man Acetylen mit Goldsalzen, so erhält man das sehr reaktionsfähige Glyoxal (CHO—CHO), einen eigentümlichen Körper, der in monomerem Zustande ein smaragdgrünes Gas darstellt[5]. Zink- und Arsensalze sowie Verbindungen von Zinn geben mit Acetylen keine Reaktion[6].

Additions- und Substitutionsprodukte des Acetylens.

Acetylen vermag infolge seiner Natur als ungesättigter Kohlenwasserstoff eine große Anzahl von Reaktionen einzugehen, von denen die wichtigsten die Additionsreaktionen sind. Infolgedessen kann Acetylen 2 bzw. 4 Wasserstoffatome binden unter Bildung von Äthylen und Äthan.

$$C_2H_2 + H_2 = C_2H_4 \quad \text{und} \quad C_2H_2 + 2\,H_2 = C_2H_6.$$

Wilde[7] hat zuerst aus Acetylen und Wasserstoff Äthylen erhalten, wenn er die beiden Gase über Platinmohr streichen ließ. *Berthelot*[8] erhielt Äthylen, wenn er Acetylen aus Acetylenkupfer entwickelte und darauf nascierenden Wasserstoff aus Zinkstaub und Ammoniak einwirken ließ. Wurde der Wasserstoff aus saurer Lösung entwickelt, so konnten keine guten Ausbeuten erhalten werden. *Krüger* konnte bei Wiederholung dieser Versuche jedoch kein

[1] *Makowka:* Zeitschr. f. Calciumcarbid u. Acetylen 1908, 35; vgl. auch S. 359.

[2] *Nieuwland:* Dissert.

[3] *Baud:* Compt. rend. de l'Acad. des Sc. **130**, 1319.

[4] *Erdmann:* Acetylen in Wissenschaft und Industrie 1898, 166; Zeitschr. f. anorgan. Chemie **18**, 53; *Philipps:* daselbst **6**, 240.

[5] *Kindler:* Berichte d. Deutsch. chem. Ges. **54** (1921), S. 647; *Koetschau:* Zeitschr. f. angew. Chemie **34** (1921), Nr. 61, S. 403; vgl. a. S. 39.

[6] *Söderbaum:* Berichte d. Deutsch. chem. Ges. **30**, 902, 3014; *Nieuwland:* Dissert.

[7] Berichte d. Deutsch. chem. Ges. **7**, 353.

[8] Annales de Chim. et de Phys. (3) **57**, 51.

Äthylen nachweisen[1]. Auch *Wood*[2] gelang es nicht, Äthylen zu erhalten, wenn er Kupferacetylid mit Zink und Schwefelsäure behandelte.

Sabatier und *Senderens*[3] untersuchten die Einwirkung von fein verteilten Metallen, wie Platin, Nickel, Kobalt, Kupfer und Eisen auf ein Gemisch von Wasserstoff und Acetylen und fanden, daß unter gewissen Bedingungen (Temperatur und Zeit) Äthylen, Äthan und andere Kohlenwasserstoffe der aliphatischen und aromatischen Reihe erhalten werden konnten.

Die Darstellung von Äthylen und Äthan aus Acetylen geschieht nach D. R. P. Nr. 262 541[4] durch Anlagerung von Wasserstoff in Gegenwart von Katalysatoren, wie Nickel, Kupfer, und zwar werden die zu vereinigenden Gase nicht von vornherein in dem Verhältnis miteinander gemischt, in dem sie sich vereinigen sollen, damit durch die auftretende Reaktionswärme keine zu große Temperatursteigerung stattfindet.

Traube[5] führt zwecks Gewinnung von Äthylen die Anlagerung von Wasserstoff in Gegenwart von sauren Chromoxydulsalzen aus, die dabei in Chromoxydsalz übergehen, aber während des Prozesses regeneriert werden können.

Bilitzer[6] gelang die Addition von Wasserstoff an Acetylen, wenn Kalilauge elektrolysiert und Acetylen an der Kathode eingeleitet wurde. Der elektrolytische Wasserstoff vereinigte sich dann mit dem Acetylen unter Bildung von Äthylen und Äthan. Jedoch gelangen die Versuche nur, wenn schwache Ströme zur Verwendung gelangten. Neben dieser direkten Einwirkung von Wasserstoff auf Acetylen bildet sich noch Äthylen neben Metallacetylid aus Acetylen, wenn dieses auf Natriumammonium einwirkt[7].

$$3\,C_2H_2 + 2\,NH_3Na = C_2H_4 + C_2H_2C_2Na_2 + 2\,NH_3.$$

Die Einwirkung von Chlor auf Acetylen ist bedeutend intensiver als die von Wasserstoff. Es bilden sich hierbei ebenfalls Verbindungen der Äthylenals auch der Äthanreihe. Reines luftfreies Acetylen wird von Chlor bei Lichtabschluß nicht angegriffen[8]. Bei zerstreutem Licht tritt zuerst eine ziemlich langsam verlaufende Reaktion zu Dichloräthylen, dann eine rasch verlaufende zu s-Tetrachloräthan ein[9]. Ist dagegen das Acetylen nur etwas verunreinigt mit Luft[10] oder, wenn es aus seiner Kupferverbindung dargestellt wird, mit Salzsäure[11], so tritt schon bei zerstreutem Licht bei der Einwirkung von Chlor eine heftige Explosion ein.

---

[1] Elektrochem. Zeitschr. 1895, 32; Chem. Industrie **18**, 459.

[2] Chem. News **78**, 308.

[3] Compt. rend. de l'Acad. des Sc. **128**, 173; **130**, 250, 1559, 1628, 1762; **131**, 40.

[4] *Lane, Ryberg* u. *Kinberg:* D. R. P. 262 541; Chem.-Ztg. **37** (1913); Chem.-techn. Übersicht Nr. 96/98, S. 451.

[5] D.R.P. 287 565, 295 976, Kl. 12 o, Gruppe 19.

[6] Monatshefte f. Chemie **23**, 203; Zeitschr. f. Elektrochemie **7** (1901), 959.

[7] *Moissan:* Compt. rend. de l'Acad. des Sc. **127**, 915.

[8] *Schlegel:* Liebigs Annalen **226**, 154.

[9] *Römer:* Liebigs Annalen **233**, 214.

[10] *Mouneyrat:* Bulletin de la Soc. chim. (3) **19**, 448.

[11] *Römer:* Liebigs Annalen **233**, 182.

Behandelt man Dichloräthylen mit alkalischer Quecksilbercyanidlösung, so erhält man unter Salzsäureabspaltung Mercurichloracetylid $Hg(C \equiv CCl)_2$, das beim Erwärmen mit Cyankali in alkalischer Lösung in Chloracetylen $CH \equiv CCl$ übergeht. In ammoniakalischer Silber- oder Kupferlösung erzeugt Chloracetylen einen weißen bzw. orangegelben Niederschlag, die beide viel heftiger explodieren als Acetylensilber und Acetylenkupfer[1].

Reines Acetylen kann mit Chlor explodieren, wenn das Gemisch mit einer Gasflamme[2] oder Magnesiumlicht[3] bestrahlt wird.

Nef[4] nimmt an, daß eine Verunreinigung des Acetylens durch ein Isomeres hervorgerufen wird, das er Acetyliden $C : CH_2$ nennt; dieses soll die Ursache der Explosion sein.

Lawrie[5] bestätigt die Annahme, daß zwei Reihen von Substitutionsprodukten des Acetylens vorhanden sind, und zwar Monohalogenacetylene $RC \equiv CH$ und Acetylidene $HCR = C$ und Diacetylene $RC \equiv CR$ und Diacetylidene $R_2C = C$. Hiernach sind die mono- und dihalogenierten Acetylenverbindungen als Acetylidenverbindungen anzusehen. Die von *Lemoult*[6] durch Einwirkung von alkoholischem Kali auf Tribromäthylen erhaltene Verbindung ist demnach ein Tribromacetyliden $Br_2C = C$, da sie Jodwasserstoff anlagert und in die Verbindung $Br_2C = CHJ$ übergeht.

Nieuwland[7] konnte Acetylentetrachlorid durch direkte Vereinigung von Chlor und Acetylen erhalten, wenn die Versuche bei niederer Temperatur (1 bis 2° C) vorgenommen wurden. Weiter erhielt er Tetrachloräthan und Hexachloräthan, wenn er in Sulfurylchlorid in Gegenwart von Aluminiumchlorid bei gewöhnlicher Temperatur Acetylen einleitete, ohne daß Explosion eintrat. Wurde dagegen Acetylen in die erwärmte Mischung eingeleitet, so konnten Explosionen nicht verhindert werden. Die Reaktion beruht darauf, daß bei der Mischung von Aluminiumchlorid und Sulfurylchlorid Chlor frei wird, das dann mit Acetylen reagiert:

$$AlCl_3 + SO_2Cl_2 \rightleftarrows AlCl_3 \cdot SO_2 + Cl_2 .$$

Ferner erhielt er Tetrachloräthan bei der Einwirkung von Schwefelchlorür (S_2Cl_2) und Schwefeldichlorid (SCl_2) auf Acetylen bei Anwesenheit von Aluminiumchlorid. Wurde Acetylen in ein kochendes Gemisch von konzentrierter Salz- und Salpetersäure (Königswasser) eingeleitet, so konnten ebenfalls Tetra- und Hexachloräthan erhalten werden. Dieselben Produkte entstanden, wenn Königswasser auf nascierendes Acetylen einwirkte; dies wurde durch Eintragen von Calciumcarbid in das Säuregemisch erreicht.

Chloradditionsprodukte des Acetylens werden zum Teil jetzt technisch hergestellt. Es kann deswegen hier auf dieses besondere Kapitel verwiesen werden[8].

[1] *Hofmann* u. *Kirmreuther:* Berichte d. Deutsch. chem. Ges. **42**, 4232.
[2] *Schlegel:* Liebigs Annalen **226**, 153.
[3] *Ahrens:* Metallcarbide, S. 20.
[4] Liebigs Annalen **298**, 230, 332.
[5] Amer. Chem. Journ. **36**, 487.
[6] Compt. rend. de l'Acad. des Sc. **136**, 1333.
[7] Dissert.
[8] Vgl. S. 299.

Die Einwirkung von Brom auf Acetylen ist ebenfalls energisch, jedoch geht die Bildung von Additionsprodukten nicht unter Explosionserscheinungen vor sich. Die Reaktion verläuft wie beim Chlor, indem sich zuerst Acetylendibromid (Dibromäthylen) $CHBr = CHBr$ und dann symm. Tetrabromäthan $C_2H_2Br_4$ bildet. Die erste Verbindung ist eine farblose Flüssigkeit vom Siedepunkt 110°. Sie wird erhalten, wenn man zu einer Lösung von Acetylen in absoluten Alkohol Brom langsam zutropfen läßt[1]. Die zweite Verbindung ist ebenfalls eine farblose Flüssigkeit vom Siedep. 137° und wird erhalten, wenn man Acetylen in unter Wasser befindliches Brom einleitet[2], jedoch nur bei Einwirkung von Licht[3]. Es bildet sich hierbei aber auch noch Bromäthylenbromid $CH_2Br : CHBr_2$. Symm. Tetrabromäthan entsteht auch, wenn man Acetylen in Brom bei niederer oder auch bei gewöhnlicher Temperatur leitet[4]. Bei der Einwirkung von Brom auf Acetylen ist nur das symm. Dibromäthylen festgestellt worden[5], obgleich theoretisch noch ein stereoisomeres möglich ist.

Aus Dibromäthylen erhält man durch alkalische Quecksilbercyanidlösung analog dem Dichloräthylen Mercurimonobromacetylid, das sich bei 153 bis 155° schwärzt und unter Feuererscheinungen verpufft. Kochende verdünnte Salzsäure spaltet es in Quecksilberchlorid und Monobromacetylen. Dieses entzündet sich wie das Chloracetylen an der Luft von selbst und verbrennt bei mangelhaftem Luftzutritt unter Rußabscheidung. In Gegenwart von viel Luft tritt Explosion ein[6].

Leitet man Acetylen in erwärmtes Brom bei gleichzeitiger Luftzuführung in Anwesenheit von Kupferchlorür, so bildet sich die Verbindung $C_4H_2Br_4$[7].

Jod wirkt auf Acetylen nicht in dem Maße ein wie Chlor und Brom. Leitet man Acetylen in eine alkoholische Jodlösung ein, so bildet sich das symm. Dijodäthylen $CHJ = CHJ$[8]. Diese Verbindung bildet farblose Nadeln vom Schmelzp. 73° und Siedep. 192°[9]. Sie wird auch erhalten, wenn man Acetylen in eine Lösung von Jod in Essigsäure einleitet[10].

Leitet man dagegen Acetylen in eine Lösung von Jod in Jodsäure (1 : 2), so entsteht in der Hauptsache ein flüssiges Produkt gleicher Zusammensetzung neben wenig festen Dijodäthylens[11]. Auf Jodsäureanhydrid wirkt Acetylen unter Ausscheidung von Jod ein[12].

$$J_2O_5 + C_2H_2 = J_2 + 2\,CO_2 + H_2O.$$

[1] Liebigs Annalen **178**, 116.
[2] *Reboul:* Liebigs Annalen **124**, 269; Compt. rend. de l'Acad. des Sc. **54**, 1229.
[3] *Berthelot:* Bulletin de la Soc. chim. (2) **9**, 372.
[4] *Elbs* u. *Neumann:* Journ. f. prakt. Chemie (2) **58**, 245 bis 254.
[5] *Gray:* Journ. Chem. Soc. **71**, 1023.
[6] *Hofmann* u. *Kirmreuther:* Berichte d. Deutsch. chem. Ges. **42**, 4232.
[7] *Noyes* u. *Tucker:* Amer. Chem. Journ. **19**, 123.
[8] *Sabanejeff:* Liebigs Annalen **178**, 118; *Berthelot:* daselbst **132**, 122; *Biltz:* Berichte d. Deutsch. chem. Ges. **30**, 1207.
[9] *Plimpton:* Journ. Chem. Soc. **41**, 382.
[10] *Paterno* u. *Peratoner:* Gazetta chimica ital. **19**, 589.
[11] *Paterno* u. *Peratoner:* a. a. O.
[12] *Jaubert:* Journ. de l'Electrolyse 1906, 217; Compt. rend. de l'Acad. des Sc. **141**, 1233.

Das flüssige Dijodäthylen wird auch erhalten, wenn man Jod im Paraffinbad schmilzt, auf 140 bis 160° erhitzt und dann Acetylen einleitet[1]. Das erhaltene ölige Produkt kann man durch abwechselndes Erstarren und Flüssigmachen von dem mit entstehenden festen Produkt trennen.

Erwärmt man dieses ölige Produkt, das einen Siedep. von 185° besitzt, mit Jodwasserstoffsäurelösung, so geht es in das feste Dijodäthylen über. *Keiser*[1] nimmt an, daß das flüssige Dijodäthylen ein Raumisomeres des festen ist. *Paterno* und *Peratoner*[2] dagegen glauben, daß das flüssige Produkt kein Dijodäthylen, sondern eine Verbindung $CH_3CO_2CJ = CHJ$ ist.

Leitet man Acetylen in eine ätherische Jodlösung beim Erwärmen, so erhält man neben dem Dijodid auch Tetrajodid $C_2H_2J_4$[3]. Durch Einwirkung von Jod in ätherischer Lösung auf Acetylensilber[4] erhält man das Dijodacetylen $CJ \equiv CJ$ neben Tetrajodäthylen. Es wirkt also Jod in diesem Falle nicht addierend, sondern auch substituierend auf Acetylen ein[5]. Tetrajodäthylen entsteht auch in geringer Menge durch Einwirkung von Acetylenkupfer auf eine Jod-Jodkaliumlösung[6]. Ferner wird es erhalten durch weitere Einwirkung oder durch Spaltung des Dijodacetylens[7].

$$2\,C_2J_2 = C_2J_4 + C_2.$$

Es können aber auch aus Jod und freiem Acetylen Jodsubstitutionsprodukte erhalten werden, wenn dieses im Statu nascendi auf Jod einwirkt. So erhält man ein Gemisch von Dijodacetylen und Tetrajodäthylen in etwa 20% Ausbeute, wenn man zu einem Gemisch von Bariumcarbid, Jod und Benzol Wasser tropfen läßt[8].

Besser gestaltet sich die Ausbeute, wenn auf eine gekühlte Lösung von Jod in Jodkalium Calciumcarbid in kleinen Portionen einwirkt[9]. Es sollen hierbei Ausbeuten bis 90% erhalten werden. Die Reaktion verläuft nach folgenden Gleichungen:

$$\begin{aligned}
CaC_2 + 2\,H_2O &= C_2H_2 + Ca(OH)_2,\\
C_2H_2 + 2\,J_2 &= C_2J_2 + 2\,HJ,\\
C_2H_2 + 3\,J_2 &= C_2J_4 + 2\,HJ,\\
Ca(OH)_2 + 2\,HJ &= CaJ_2 + 2\,H_2O.
\end{aligned}$$

Das an Kalk gebundene Jod kann in die Reaktion mit eingezogen und dabei vollständig mit verbraucht werden, wenn es nach und nach durch Salzsäure

[1] *Keiser:* Amer. Chem. Journ. 1899, 261.
[2] Gazetta chimica ital. **20**, 677.
[3] *Berend:* Liebigs Annalen **131**, 122; Bulletin de la Soc. chim. (2) **3**, 2871.
[4] *Berend:* Liebigs Annalen **135**, 257; *v. Baeyer:* Berichte d. Deutsch. chem. Ges. **18**, 2275.
[5] *Maquenne:* Bulletin de la Soc. chim. (3) **7**, 777.
[6] *Homolka* u. *Stolz:* Berichte d. Deutsch. chem. Ges. **18**, 2283.
[7] *Maquenne* u. *Taine:* Apoth.-Ztg. **8**, 613; *Schenk* u. *Sitzendorff:* Berichte d. Deutsch. chem. Ges. **37**, 3453; *V. Meyer* u. *Pemsel:* daselbst **29**, 1411.
[8] *Maquenne:* Bulletin de la Soc. chim. (3) **7**, 777; **9**, 643.
[9] *Werner:* Über die Einwirkung von Jod auf Calciumcarbid (Greifswald 1897); *Biltz:* Berichte d. Deutsch. chem. Ges. **30**, 1200.

freigemacht wird und jedesmal eine Portion Calciumcarbid eingetragen wird. Das erhaltene Reaktionsprodukt besteht aus Dijodacetylen (Schmelzp. 78°) und Tetrajodäthylen (Schmelzp. 187°). Durch Umkrystallisieren aus Eisessig lassen sich beide trennen. Direkt aus Acetylen kann das Dijodacetylen erhalten werden, wenn eine Lösung von Jod in Natriumhypojodid auf Acetylen einwirkt[1].

Das Monojodacetylen $CH \equiv CJ$ (Siedep. 29 bis 32°) soll sich bilden, wenn durch ein Gemisch von Jod und Jodsäure (1 : 2) und etwas Alkohol Acetylen geleitet wird[2]. *v. Baeyer*[3] hat ein stereoisomeres Produkt in Form leicht löslicher, unangenehm riechender Krystalle erhalten.

Die gemischten Halogenderivate des Acetylens erhält man durch weitere Einwirkung von Halogen auf die Dihalogenderivate.

So erhält man beim Versetzen einer kalt gehaltenen Acetylendibromidlösung, $CHBr = CHBr$, mit Antimonpentachlorid 1,1-Dichlor-2,2-Dibromäthan. Bei direkter Einwirkung von Chlorbrom auf Acetylen entsteht ebenfalls diese Verbindung[4]. Gemischte Chlorjod- und Bromjodderivate[5] können ebenso durch Einwirkung von Jod auf Chlor- und Bromderivate erhalten werden. Direkt aus Acetylen kann man folgende Produkte gewinnen: 1,2 Chlorjodäthylen (Flüssigkeit vom Siedep. 119°) durch Einleiten von Acetylen in eine Lösung von Chlorjod in 4 bis 5 Vol. Salzsäure. 1,2 Bromjodäthylen (Flüssigkeit vom Siedep. 150°) durch Schütteln von Acetylen mit einer wässerigen Lösung von Bromjod[6].

Zur Darstellung gemischter Acetylenhalogenabkömmlinge eignet sich das Mercurichloracetylid $Hg(C \equiv CCl)_2$, das bei Einwirkung von Jod in ätherischer Lösung in Chlortrijodäthylen $CClJ = CJ_2$ (lichtgrüne Blättchen vom Schmelzp. 78 bis 80°) übergeht[7].

Nieuwland[8] erhielt durch Einwirkung von trockenem Jodtrichlorid auf Acetylen hauptsächlich Acetylentetrachlorid neben wenig Jodchloracetylen. Die Reaktion ist demnach hauptsächlich folgendermaßen verlaufen:

$$C_2H_2 + 2\,JCl_3 = C_2H_2Cl_4 + 2\,JCl.$$

Ist ein Überschuß von Acetylen vorhanden, so reagiert das Chlorjod weiter mit Acetylen unter Bildung von Monochlorjodacetylen.

$$C_2H_2 + JCl = C_2H_2JCl.$$

Die Halogenwasserstoffsäuren wirken auf Acetylen meist addierend, indem sich das entsprechende Halogenäthylen und weiter das Halogenäthan bildet. Chlorwasserstoffsäure wirkt auf freies Acetylen nicht ein, wohl aber

---

[1] *Biltz* u. *Küppers:* Berichte d. Deutsch. chem. Ges. **37**, 4412.
[2] *Paterno* u. *Peratoner:* Gazetta chimica ital. **19**, 587.
[3] Berichte d. Deutsch. chem. Ges. **18**, 2274.
[4] *Sabanejeff:* Liebigs Annalen **216**, 257.
[5] *Klary:* Bulletin de la Soc. chim. **42**, 260; *Simpson:* daselbst **31**, 411.
[6] *Plimpton:* Journ. Chem. Soc. **41**, 392, 394.
[7] *Hofmann* u. *Kirmreuther:* Berichte d. Deutsch. chem. Ges. **42**, 4232.
[8] Dissert.

auf solches im Status nascendi. So entsteht in geringen Mengen Dichloräthan CH_3CHCl_2 (Flüssigkeit vom Siedep. 59,9°), wenn man auf Acetylenkupfer konzentrierte Salzsäure einwirken läßt[1]. Bromwasserstoffsäure wirkt auf Acetylen direkt ein, wobei sich bei 100° Bromäthylen $CH_2 = CHBr$ (Flüssigkeit vom Siedep. 16°) bildet[2]. Bei der Einwirkung von konzentrierter Jodwasserstoffsäure bildet sich Jodäthylen $CH_2 = CHJ$ (Siedep. 56°). Bei langem Stehen des Reaktionsproduktes oder bei Einwirkung von jodfreier, stark konzentrierter Jodwasserstoffsäure bildet sich Äthylenjodid CH_3CHJ_2 (Flüssigkeit vom Siedep. 177 bis 179°)[3].

Bei der Einwirkung wässeriger Lösungen von unterchloriger Säure auf Acetylen bei 75 bis 80° in besonders konstruierten Apparaten, durch welche Explosionen verhindert werden sollen, bildet sich in der Hauptsache Dichloracetaldehyd $CHCl_2CHO$ (Siedep. 85 bis 97°). Die Reaktion verläuft nach der Gleichung:

$$CH \equiv CH + 2\,HOCl = CHCl_2CHO + H_2O.$$

Nebenbei wird ein Teil des Aldehyds zu Dichloressigsäure $CHCl_2COOH$ oxydiert[4].

Unterbromige Säure wirkt in einer Konzentration von 3 bis 4% bei Kühlung auf Acetylen im gleichen Sinne ein unter Bildung des Monohydrats des Dibromacetaldehyds $CHBr_2CHO + H_2O$ (Siedep. 58 bis 60°). Bei der Destillation zur Trennung der Reaktionsprodukte entsteht noch das krystallinische Dihydrat $CHBr_2CHO + 2\,H_2O$ (Siedep. 97 bis 98,5°) und der wasserfreie Aldehyd $CHBr_2CHO$ (Siedep. 139°). Nebenbei bildet sich auch Dibromessigsäure (Siedep. 44 bis 48°) und in geringer Menge andere bromhaltige Produkte[4].

Natriumhypochlorit wirkt auf Acetylen schon bei gewöhnlicher Temperatur, manchmal mit Explosionserscheinungen ein, wobei sich neben flüssigen auch flüchtige chlorhaltige Produkte bilden, die aber noch nicht untersucht sind[5]. Lösungen von Calciumhypochlorit wirken auf Acetylen in konzentriertem Zustande unter Umständen mit Feuererscheinungen ein. Verdünnte Calciumhypochloritlösungen wirken nach *Bladgen*[5] nur sehr wenig ein, Chlorkalk nur, wenn er sehr hochprozentig ist oder das Acetylen erwärmt wird. Im kalten Zustande soll eine Einwirkung von Chlorkalk auf Acetylen nicht stattfinden[6].

Maquenne[7] führt die Explosionen von Acetylen, das durch Chlorkalk gereinigt wird, auf die Bildung von Chlorstickstoff zurück.

---

[1] *Sabanejeff:* Liebigs Annalen **178**, 111.

[2] *Reboul:* Jahresber. üb. d. Fortschr. d. Chemie 1872, 304.

[3] *Berthelot:* Liebigs Annalen **132**, 122; *Semanow:* Zeitschr. f. Chemie 1865, 725; *Krüger* u. *Pückert:* Zeitschr. f. d. chem. Ind. 1895, 454.

[4] *Wittorf:* Journ. d. russ. phys.-chem. Ges. **32**, 88.

[5] *Bladgen:* Acetylen in Wissenschaft und Industrie 1900, 132.

[6] *Wolff:* Journ. f. Gasbel. **42** (1899), 744.

[7] Rev. génér. d. Chim. pure appl. **7**, 345; vgl. auch Abschnitt Reinigung des Acetylens.

Die Einwirkung von Wasser auf Acetylen erfolgt in der gleichen Weise wie bei den Halogenen. Als Additionsprodukt ergibt sich hierbei Acetaldehyd, indem sich zuerst Vinylalkohol bildet, der durch weitere Anlagerung von Wasser in Glykol übergeht. Dieses endlich gibt unter Wasserabspaltung Acetaldehyd[1].

$$CH \equiv CH + HOH = CH_2CHOH$$

$$CH_2CH \cdot OH + HOH = CH_3CH\langle{}^{OH}_{OH}$$

$$CH_3CH\langle{}^{OH}_{OH} = CH_3CHO + H_2O\,.$$

Diese Bildung des Acetaldehyds beruht darauf, daß die Atomgruppierung $C = CHOH$ meist unbeständig ist und in die beständige $CH - CHO$ übergeht, was durch Annahme einer Anlagerung und Wiederabspaltung von $H \cdot OH$ zu erklären ist. Die direkte Vereinigung von Acetylen mit Wasser erfolgt, wenn man Acetylen in frisch geglühter Holzkohle sich verdichten läßt und dann diese mit Wasser im Bombenrohr bei einer 300° übersteigenden Temperatur erhitzt. Im Reaktionswasser ist dann Aldehyd nachweisbar[2]. Acetaldehyd entsteht ferner direkt aus Acetylen und Wasserdampf bei Gegenwart einer heißen katalysierenden Oberfläche[3].

Kutscherow[4] hat gefunden, daß sich beim Einleiten von Acetylen in eine Quecksilberbromidlösung die Verbindung $3\,HgBr_2 \cdot 3\,HgO \cdot 2\,C_2H_2$ bildet. Wird diese Verbindung mit Säuren zersetzt, so bildet sich nicht, wie erwartet werden sollte, Acetylen, sondern Acetaldehyd. Nach neueren Untersuchungen verwendet er hierzu auch die Acetate, Chloride, Bromide des Cadmiums, Zinks und Magnesiums. In dem Reaktionsprodukt, das aus Acetylen und dem betreffenden Salz unter Druck bei 100° erhalten wurde, war Acetaldehyd nachzuweisen.

Acetaldehyd entsteht auch, wenn man Acetylen in eine Sublimatlösung leitet und den entstandenen Niederschlag mit Salzsäure auf dem Wasserbad erwärmt[5]. Auch wenn man die aus Acetylen und Quecksilbernitrat erhaltene Verbindung mit Säure zersetzt, erhält man Acetaldehyd[6].

Durch Einwirkung von Schwefelsäure läßt sich ebenfalls eine Addition von Wasser an Acetylen unter Bildung von Acetaldehyd bewirken[7]. Die Ausbeute an Acetaldehyd wird nach *Erdmann* vermehrt, wenn man Acetylen in kochende verdünnte Schwefelsäure (3 T. konzentrierte Säure, 7 T. Wasser) einleitet und Quecksilberoxyd oder Phosphorsäure zufügt[8].

---

[1] *Eltekow:* Journ. d. russ. phys.-chem. Ges. **9**, 235.

[2] *Deprez:* Bulletin de la Soc. chim. **11**, 362.

[3] *Bone* u. *Andrew:* Journ. Chem. Soc. **87**, 1232.

[4] Berichte d. Deutsch. chem. Ges. **14**, 1532; 1540; **42**, 2759 bis 2762.

[5] *Krüger* u. *Pückert:* Zeitschr. f. d. chem. Ind. 1895, 454.

[6] *Erdmann* u. *Köthner:* Zeitschr. f. anorgan. Chemie **18**, 48.

[7] *Béhal:* Annales de Chim. et de Phys. (6) **15**, 268; **16**, 376; *Berthelot*: daselbst **67**, 560 (1863); *Lagermark* u. *Eltekow:* Berichte d. Deutsch. chem. Ges. **10**, 637; **13**, 693; *Zeisel:* Liebigs Annalen **191**, 366.

[8] Zeitschr. f. anorgan. Chemie **18**, 55; Acetylen in Wissenschaft und Industrie 1898, 188.

Die Fähigkeit der Acetylen-Quecksilberverbindungen, unter gewissen Bedingungen Acetaldehyd zu geben, wird neuerdings technisch in großem Maßstab zur Herstellung von Acetaldehyd, aus dem man dann weiterhin Alkohol und Essigsäure gewinnen kann, benutzt. Es sei daher hier auf den Abschnitt: Verwendung des Acetylens als Ausgangsmaterial für Produkte der chemischen Industrie verwiesen. Für Laboratoriumsversuche zur Überführung des Acetylens in Acetaldehyd und Essigsäure empfehlen sich nach *Neumann* und *Schneider*[1] am besten folgende Bedingungen:

a) Zur Überführung des Acetylens in Acetaldehyd arbeitet man bei 30° in einer 96proz. Essigsäure, welche 3 g Mercurisulfat in 100 ccm gelöst enthält; es lassen sich fast 90% Acetylen umwandeln.

b) Zur unmittelbaren Überführung von Acetylen in Essigsäure benutzt man dieselbe, mit Quecksilbersulfat versetzte Essigsäure wie bei a) und leitet, nachdem man Sauerstoffüberträger (Vanadiumpentoxyd) zugesetzt hat, abwechselnd Acetylen und Sauerstoff ein. Es werden bis zu 83% Essigsäure erhalten.

Leitet man Acetylen in eine heiße Mischung von 2 T. Schwefelsäure und 1 T. Wasser, so bildet sich Crotonaldehyd[2], wobei die Bildung nach folgender Gleichung vor sich geht:

$$C_2H_2 + HOH = CH_3CHO \quad \text{und} \quad 2\,CH_3CHO = CH_3CH : CHCHO + H_2O.$$

Berthelot[3] erhielt durch Einwirkung von rauchender Schwefelsäure auf Acetylen eine Acetylensulfosäure, deren Kaliumsalz beim Schmelzen mit Kali Phenol ergeben soll. *Muthmann*[4] erhielt durch dieselbe Einwirkung nur Methionsäure $CH_2(HSO_3)_2$. *Schröter*[5] glaubt, daß die Methionsäure (Methandisulfosäure) ein Zersetzungsprodukt der Acetaldehyddisulfosäure ist.

$$\begin{array}{l} CH(SO_3H)_2 + NaOH = CH_2(SO_3H)_2 + HCOONa. \\ | \\ CHO \end{array}$$

Es gelang ihm nicht wie *Berthelot*, Phenol zu erhalten.

Nieuwland[6] erhielt, wenn er Acetylen und Wasserstoff in verdünnte kochende Schwefelsäure (3 : 4 Wasser) einleitete, in der Quecksilberoxyd suspendiert war, Thioaldehyd, der sich meist zu Trithioaldehyd polymerisiert hatte. Diese Reaktion war dadurch zustande gekommen, daß das Quecksilberoxyd in Quecksilbersulfat übergegangen und durch Wasserstoff zu Sulfid reduziert worden war, so daß auf den gebildeten Acetaldehyd Schwefelwasserstoff einwirkte:

$$CH_3CHO + H_2S = CH_3CHS + H_2O.$$

---

[1] Zeitschr. f. angew. Chem. **33** (1920) I, S. 189—192.

[2] *Béhal:* Annales de Chim. et de Phys. (6) **15**, 268; **16**, 376; *Lagermark* u. *Eltekow:* Berichte d. Deutsch. chem. Ges. **10**, 637; **13**, 693; *Zeisel:* Liebigs Annalen **191**, 366.

[3] Annales de Chim. et de Phys. (4) **19**, 429 (1870); Liebigs Annalen **154**, 132.

[4] Berichte d. Deutsch. chem. Ges. **31**, 1880.

[5] Berichte d. Deutsch. chem. Ges. **31**, 2189; Liebigs Annalen **303**, 114.

[6] Dissert.

Acetaldehyd erhält man nach *Nieuwland* ferner, wenn man Acetylen in mit Salpetersäure angesäuertes Wasser leitet, in dem fein verteiltes Platin suspendiert ist. Bei der Einwirkung von starker Schwefelsäure (Monohydrat) erhielt er Crotonaldehyd, während mit rauchender Schwefelsäure Acetaldehyddisulfosäure erhalten wurde. Beim Einleiten von Acetylen in kochende verdünnte Schwefelsäure (1 : $^1/_2$ Wasser) wurde Acetaldehyd erhalten.

Wurde Calciumcarbid mit Schwefelsäure vom spez. Gew. 1,75 behandelt, so konnte nach einigen Tagen Thioaldehyd nachgewiesen werden; wirkt dagegen konzentrierte Schwefelsäure (spez. Gew. 1,84) auf Calciumcarbid ein, so wurde Bildung von Crotonaldehyd beobachtet.

Nach *Mc. Intosh*[1] bildet flüssiges Acetylen mit Alkohol, Äther, Aceton krystallisierte Additionsprodukte.

Wird bei der Bildung des Acetylens aus den Elementen unreiner stickstoffhaltiger Wasserstoff verwendet, so entsteht außer Acetylen noch Cyanwasserstoff[2].

Ein Gemisch von Acetylen und Stickstoff gibt unter dem Einfluß des elektrischen Funkens Blausäure[3]:

$$C_2H_2 + 2\,N = 2\,HCN.$$

Dieselbe Bildung tritt ein, wenn Acetylen und Stickoxyd bei 800° über Platinschwamm geleitet werden[4].

In einem auf —78 bis —192° abgekühlten Gemisch von Kohlenwasserstoffen und Stickstoff ruft der elektrische Funke die Bildung von Kohle, Wasserstoff, Cyanwasserstoff, Ammoniak und höheren Kohlenwasserstoffen hervor. Bei ungesättigten Kohlenwasserstoffen wie Acetylen herrscht die Bildung von Cyanwasserstoff vor[5].

Leitet man ein Gemisch von Acetylen und Ammoniak durch glühende Röhren, so bildet sich Pyrrol $C_4H_4 \cdot NH$ und Ammoniumcyanid[6]. Dagegen erhält man nur Cyanammonium, wenn ein Gemisch von Acetylen und Ammoniak der Einwirkung des elektrischen Funkens ausgesetzt wird[7].

Mit Blausäure bildet Acetylen beim Durchleiten durch glühende Röhren Picolin[8] ($C_5H_4N \cdot CH_3$).

Zemor hat beim Einleiten von Acetylen und Stickoxyd in Wasser Cyansäure nachweisen können[9].

---

[1] Journ. of phys. Chem. **11**, 306.
[2] *Bone* u. *Jerdan:* Journ. Chem. Soc. **71**, 41; **79**, 1042.
[3] *Berthelot:* Liebigs Annalen **150**, 60; Compt. rend. de l'Acad. des Sc. **64**, 35.
[4] *Angelucci:* Gazetta chimica ital. **36**, 517.
[5] *Briner* u. *Durand:* Journ. de Chim. et de Phys. **7**, 1.
[6] *Dewar:* Jahresber. üb. d. Fortschr. d. Chemie 1877, 445.
[7] *Mixter:* Amer. Chem. Journ. (4) **10**, 299.
[8] *Ramsay:* Jahresber. üb. d. Fortschr. d. Chemie 1877, 481; *Liubawin:* Berichte d. Deutsch. chem. Ges. **18**, 481.
[9] Luce e Calore 1897, 118.

Leitet man Acetylen in siedenden Schwefel, so erhält man Tiophen C_4H_4S[1]. *Capelle* dagegen hat beim Einleiten von gut gereinigtem Acetylen in Schwefel Tiophthen

$$\begin{array}{ccccc} HC & — & C & — & CH \\ \| & & \| & & | \\ HC\cdot S & \cdot & C & \cdot & S\cdot CH \end{array}$$

erhalten, während Tiophen nicht nachgewiesen werden konnte[2].

Acetylen vereinigt sich beim Einleiten in Diazomethan mit diesem direkt zu Pyrazol[3].

$$C_2H_2 + CH_2N_2 = \begin{array}{l} H - C = N \\ \quad\;\; | \\ H - C = CH \end{array} \!\!\Big\rangle NH\,.$$

Bei der Einwirkung von Acetylen auf Äthylmagnesiumbromid entsteht unter Entwicklung von Acetylen die Verbindung $BrMgC \equiv CMgBr$. Dieses Brommagnesiumacetylen bildet unter Einwirkung von Wasser Acetylen zurück, während es mit Ketonen tertiäre Acetylenalkohole, z. B. $R'R''C(OH)C \equiv CR$, mit Aldehyden sekundäre Alkohole bildet.

Mit Phenylmagnesiumbromid bildet Acetylen eine Verbindung, in der nur 1 Wasserstoff durch MgBr ersetzt ist; man erhält daraus durch Kondensation Verbindungen, die die Gruppe $—C \equiv C$ am Ende des Moleküls enthalten[4]. Läßt man auf Calciumcarbid Methylalkohol bei Temperaturen über 100° einwirken, so erhält man gemäß nachstehender Gleichung homologe Acetylenkohlenwasserstoffe

$$CaC_2 + 2\,CH_3OH = Ca(OH)_2 + C_4H_6\,.$$

Sie stellen ein Gemisch dar von Aethylacetylen $CH_3 \cdot CH_2 — C \equiv CH$ und dem isomeren Dimethylacetylen $H_3C — C \equiv C — CH_3$, wobei das Mengenverhältnis wesentlich von der Erhitzungstemperatur abhängt[5].

Oxydation, Kondensation und Zerfall von Acetylen.

Oxydierend wirkende Substanzen können in dreierlei Weise auf Acetylen einwirken: 1. Es bilden sich Oxydationsprodukte, 2. es tritt nebenbei Wasseranlagerung ein, 3. es erfolgt vollständiger Zerfall. So erhält man durch Schütteln einer stark alkalischen wässerigen Lösung von Kaliumpermanganat mit Acetylen die Kaliumsalze der Kohlensäure, Ameisensäure und Oxalsäure[6], wobei letztere als direktes Oxydationsprodukt angesehen werden kann[7].

---

[1] *V. Meyer:* Berichte d. Deutsch. chem. Ges. **16**, 2176.

[2] Bulletin de la Soc. chim. (4) **3**, 150; *Oechsner de Coninck:* Bull. Acad. Roy. Belg. 1908, 305.

[3] *v. Pechmann:* Berichte d. Deutsch. chem. Ges. **31**, 2950.

[4] *Jotsitch:* Bulletin de la Soc. chim. (3) **28**, 922; **30**, 208; *Oddo:* R. Accad. dei Lincei Roma (5) **13**, 187 bis 193; Gazetta chimica ital. **34**, 429 bis 436; **38**, 625 bis 635.

[5] *Koetschau.* Zeitschr. f. angew. Chem. **34** (1921) Nr. 61 S. 403; vergl. auch *Taworsky,* J. f. prakt. Chem. N. F. **37**, 382; D. R. P. 253 802 Kl. 12o Gr. 19.

[6] *Berthelot:* Compt. rend. de l'Acad. des Sc. **64**, 34.

[7] *V. Meyer:* Berichte d. Deutsch. chem. Ges. **30**, 1939.

Mit Chromsäurelösung gibt Acetylen je nach der Konzentration Ameisensäure und Kohlensäure oder Essigsäure[1]. Bei dieser Einwirkung der Chromsäure findet gleichzeitig Wasseranlagerung und Oxydation statt, indem sich erst Acetaldehyd und daraus Essigsäure bildet. Verdünnte Chromsäure in Kieselgur aufgesaugt, wirkt auf Acetylen bei gewöhnlicher Temperatur nicht ein[2].

Die gleiche Wirkung wie Chromsäure übt Wasserstoffsuperoxyd bei 50 bis 70° unter Zusatz einer geringen Menge Eisensulfat aus, man erhält als Reaktionsprodukt ein Gemisch von Essigsäure, Acetaldehyd und Alkohol.

Die Anwesenheit von Acetaldehyd beweist, daß gleichzeitig Wasseranlagerung neben der Oxydation erfolgt. Die gleichzeitige Anwesenheit von Alkohol scheint darauf hinzudeuten, daß Wasserstoffsuperoxyd auch in der Form $H_2 + O_2$ reagieren kann[3]. Leitet man Acetylen in schmelzendes Ätzalkali ein, so erhält man bei etwa 220° essigsaures Alkali, aus dem man durch Ansäuern mit Mineralsäure Essigsäure in einer Ausbeute bis zu 60% erhält. Bei der Einwirkung von Acetylen auf metallisches Natrium im Ätzalkalischmelzfluß wird Acetylen zu Äthan reduziert[4].

Nach *Bergmann*[5] (D. R. P. 96 427) soll Acetylen beim Erhitzen mit Wasserstoffsuperoxyd unter Druck von 5 Atm eine vollkommene Zersetzung erleiden, wobei sich der Kohlenstoff als Graphit abscheidet:

$$C_2H_2 + H_2O_2 = C_2 + 2\,H_2O\,.$$

Nach *Caro*[5] soll jedoch diese Reaktion nicht vor sich gehen.

Bei Einwirkung von Salpetersäure auf Acetylen entstehen saure Produkte, darunter neben Kohlensäure Nitroform $CH(NO_2)_3$ und eine einbasische Säure $C_4H_3O_3N$, die zum Teil aus Benzol in hellgelben Krystallen vom Schmelzp. 145 bis 150° gewonnen werden kann, zum Teil sich aber dabei unter Blausäureentwicklung zersetzt. Gleichzeitig entstehen neutrale Oxydationsprodukte, ein gelbes bei 92° siedendes, wasserunlösliches Öl der Zusammensetzung $C_6H_4O_6N_4$ und eine weiße, in Nadeln krystallisierende Verbindung vom Schmelp. 116 bis 120°, von der Zusammensetzung $C_6H_4N_4O_3$ unbekannter Konstitution[6]. Diese Verbindungen sind zum Teil explosiv; sie sind beständig gegen Mineralsäuren und spalten beim Erhitzen mit Alkali Ammoniak ab.

Nach *Coehn*[7] erhält man bei der elektrolytischen Oxydation von Acetylen Ameisensäure oder Essigsäure in quantitativer Ausbeute, je nachdem man Kalilauge oder Schwefelsäure bei bestimmten Spannungen elektrolysiert und dabei an der Anode Acetylen einleitet.

---

[1] *Baschieri:* Atti della R. Accad. dei Lincei Roma (5) **9**, 391; *Berthelot:* Bulletin de la Soc. chim. (2) **13**, 193; Compt. rend. de l'Acad. des Sc. **67**, 417.

[2] *Ullmann* u. *Goldberg:* Journ. f. Gasbel. **42** (1899), 164.

[3] *Croß, Bevan* u. *Heiberg:* Berichte d. Deutsch. chem. Ges. **33**, 2015.

[4] *H. Feuchter:* Chem.-Ztg. **38** (1914) Nr. 25 S. 273.

[5] Journ. f. Gasbel. **41** (1898), 689. Handb. f. Acetylen 1904, 180.

[6] *Baschieri:* Atti della R. Accad. dei Lincei Roma (5) **9**, 393; *Mascarelli:* Gazetta chimica ital. **33**, 319.

[7] Zeitschr. f. Elektrochemie **7** (1901), 681.

Sauerstoff für sich allein oder in Gemengen mit anderen Gasen, z. B. Luft, wirkt bei gewöhnlicher Temperatur auf Acetylen nicht ein. Leitet man aber in eine alkalische wässerige Lösung von Acetylen Luft ein, so erhält man geringe Mengen Essigsäure[1]. Beim Einleiten von Ozon in eine wässerige Acetylenlösung bildet sich Ameisensäure[2]. Wird unter gewissen Bedingungen Ozon mit Acetylen gemischt, so bildet sich neben Ameisensäure Glyoxal (CHO—CHO), das in Verbindung mit Anilin in das Anilid der Essigsäure übergeführt werden kann und so das Ausgangsprodukt für die Indigoschmelze darstellt. Aus ihm kann ferner Glycolsäure, mit Blausäure Traubensäure und durch Reduktion Glycol ($C_2H_4[OH]_2$) erhalten werden[3].

Erwärmt man dagegen ein Acetylen-Sauerstoff- oder -Luftgemisch, so findet je nach den Mischungsverhältnissen eine teilweise oder lokale Verbrennung statt, und zwar als eine stille Vereinigung oder auch als Explosion[4].

Läßt man Acetylen-Luftgemische über erhitzte Metalle (Eisen, Platin usw.) streichen, so tritt Explosion ein, wobei die Metalle weißglühend werden[5]. Ähnliche Vorgänge finden statt, wenn man Acetylen-Luftgemische der Einwirkung des elektrischen Funkens oder von Initialzündstoffen unterwirft[6]. Die hierbei entstehenden Reaktionsprodukte sind je nach den Versuchsbedingungen: Kohlenstoff, Kohlenoxyd, Kohlensäure, Wasserstoff, Wasserdampf, höhere Kohlenwasserstoffe usw.

Luftgemische, welche weniger als 7,74% Acetylen enthalten, verbrennen zu Kohlensäure und Wasser. Steigt der Acetylengehalt auf 17,37%, so finden sich in den Verbrennungsprodukten Kohlensäure, Kohlenoxyd, Wasser und Wasserstoff; bei höherem Acetylengehalt tritt freier Kohlenstoff auf und Acetylen bleibt übrig. Mit einem gleichen Volumen Sauerstoff gemischt gibt Acetylen beim Verbrennen nur Kohlenoxyd und Wasserstoff[7].

Beim Verbrennen von Acetylen in Brennern werden nicht die geringsten Spuren brennbarer kohlenstoffhaltiger Gase erhalten[8].

Bone und *Andrew*[9] nehmen an, daß bei der Verbrennung von Acetylen zuerst Sauerstoff aufgenommen wird unter Bildung des unbeständigen Hydroxyacetylens $COH \equiv COH$, so daß die Bildung von Kohlenoxyd und Wasserstoff sekundärer Natur ist. Abscheidung von Kohlenstoff tritt nur bei Sauerstoffmangel, wahrscheinlich durch Zerfall des Acetylens ein.

Die Acetylensauerstofflamme liefert von allen Knallgasflammen (CO- und H-Knallgasflamme) die meisten nitrosen Produkte. Auf 100 T. in den Verbrennungsgasen enthaltener Kohlensäure kommen über 4 T. Stick-

---

[1] *Berthelot:* Bulletin de la Soc. chim. **14**, 113.

[2] *Mailfert:* Compt. rend. de l'Acad. des Sc. **94**, 860.

[3] *Wohl* u. *Bräunig:* Chem.-Ztg. **44** (1920), Nr. 23, S. 157; **46** (1922) Nr. 115, S. 864.

[4] *Meyer* u. *Münch:* Berichte d. Deutsch. chem. Ges. **26**, 2430.

[5] *Bellamy:* Compt. rend. de l'Acad. des Sc. **100**, 1460.

[6] Vgl. *Caro:* Über die Explosionsursachen von Acetylen. Verh. d. Ver. z. Förd. d. Gewerbefl.

[7] *Le Chatelier:* Compt. rend. de l'Acad. des Sc. **121**, 1144 bis 1147.

[8] *Gréhant:* Compt. rend. de l'Acad. des Sc. **122**, 832.

[9] *Bone* u. *Andrew:* Journ. Chem. Soc. **87**, 1232 bis 1248. *Bone:* Journ. f. Gasbel. **54** (1911) 16.

oxyd[1]. Auch das Auftreten von Ozon in beträchtlichen Mengen in den Verbrennungsgasen ist beobachtet worden[2].

Bei der Kohlenstoffgewinnung aus Acetylen finden teilweise auch Oxydationsprozesse statt.

Die Gewinnung des Acetylenrußes nach D. R. P. 92 801[3] beruht auf der Oxydation des Acetylenwasserstoffs durch Verbrennung. Nach *Frank* (D. R. P. 112 416)[3] werden als Oxydationsmittel Kohlensäure oder Kohlenoxyd verwendet. Diese Gase werden in Gemisch mit Acetylen durch glühende Röhren geleitet oder unter Druck durch einen elektrischen Funken entzündet. Unter diesen Umständen reagieren die Gase nach folgenden Gleichungen miteinander:

$$C_2H_2 + CO = H_2O + 3\,C,$$
$$2\,C_2H_2 + CO_2 = 2\,H_2O + 5\,C,$$
$$C_2H_2 + 3\,CO = H_2O + CO_2 + 4\,C,$$
$$C_2H_2 + CO_2 = H_2O + CO + 2\,C.$$

Ein dem *Frank*schen ähnliches Verfahren, bei dem die Oxydation des Acetylenwasserstoffes durch Halogenkohlenwasserstoffe hervorgerufen wird, ist unter D. R. P. 132 836[3] geschützt. Das Acetylen wird mit den Dämpfen durch ein glühendes Rohr geleitet, wodurch Zersetzung in Kohlenstoff und Halogenwasserstoffsäure eintritt. Der chemische Vorgang ist aus den folgenden Formeln ersichtlich:

$$2\,C_2H_2 + CCl_4 = 5\,C + 4\,HCl,$$
$$C_2H_2 + CHCl_3 = 3\,C + 3\,HCl.$$

Ein reiner Zerfall des Acetylens in seine Komponenten soll nach den Patenten 103 862 und 141 884[3] eintreten, nach denen Acetylen in Mischung mit Wasserstoff oder unter gewissen Bedingungen mit Luft zur Explosion gebracht wird.

Unter dem Einfluß höherer Temperaturen erleidet das Acetylen für sich allein als auch in Gemischen mit anderen Gasen Veränderungen, indem einerseits Polymerisationen, andererseits Kondensationen eintreten. Bei sehr hohen Temperaturen oder auch großem Druck tritt meist Zerfall des Acetylens in seine Komponenten ein.

Erhitzt man Acetylen in Retorten bis zum Weichwerden des Glases, so bilden sich Benzol C_6H_6, Styrol C_8H_8, Naphthalin $C_{10}H_8$, Anthracen $C_{14}H_{10}$ und Reten $C_{18}H_{18}$ neben anderen Verbindungen und Kohle[4]. Diese Polymerisation ist deshalb bemerkenswert, weil hierbei Verbindungen der aromatischen Reihe entstehen. Beim Durchleiten von Acetylen durch ein Rohr bei 638 bis 645° bildet sich hauptsächlich Benzol neben etwas Kohle und anderen flüssigen Kondensationsprodukten, bei 790° dagegen bildet sich Naphthalin und viel Kohle[5].

---

[1] *Haber* u. *Hodsmann:* Zeitschr. f. physikal. Chemie **67**, 343.
[2] *Mauricheau-Beaupré:* Compt. rend. de l'Acad. des Sc. **142**, 165.
[3] Vgl. S. 229.
[4] *Berthelot:* Compt. rend. de l'Acad. des Sc. **62**, 905; **63**, 479, 515; **140**, 905.
[5] *Haber:* Experimentaluntersuchungen über Zersetzung und Verbrennung von Kohlenwasserstoffen (München 1896).

Die Versuche *Berthelots* hat in neuerer Zeit *R. Meyer*[1] mit seinen Mitarbeitern in größerem Maßstabe und mit neuzeitlichen Hilfsmitteln wieder aufgenommen. Durch Durchleiten von Acetylen in Mischung mit Wasserstoff durch 2 senkrecht gestellte, hintereinander geschaltete, elektrisch heizbare Röhrenöfen, konnten etwa 60% des durchgeleiteten Acetylens als hellbrauner, aromatisch riechender Teer erhalten werden. Die Temperatur des ersten Ofens wurde bei 640 bis 650°, die des zweiten bei etwa 800° gehalten. Bei der Zerlegung des Teeres durch fraktionierte Destillation und Krystallisation konnten folgende aromatische Kohlenwasserstoffe abgeschieden und bestimmt werden: Benzol, Naphthalin, Anthracen, Inden, Toluol, Biphenyl, Fluoren, Pyren, Chrysen, Phenanthren, Acenaphthen, Styrol, Hexylen, m- und p-Xylol, α- und β-Methylnaphthalin, 1,4-Dimethylnaphthalin, Mesitylen, Pseudocumol und Fluoranthren. Die Versuche wurden weiter ausgedehnt auf die Synthese stickstoffhaltiger Verbindungen; es gelang ein Gemisch von Acetylen und Blausäuredampf zu Pyridin zu kondensieren, daneben trat die Bildung von Pyrrol, Chinolin, Anilin und Benzonitril auf. Aus einem Gemisch von Acetylen (verdünnt mit Wasserstoff) und Schwefelwasserstoff konnte Thiophen gewonnen werden; wurde an Stelle des Wasserstoffs zum Verdünnen das an Methan reichere Steinkohlengas verwendet, so konnte Thiotolen und Thioxen nachgewiesen werden. Schließlich wurde die Synthese von Phenol mit Wasserdampf und aus Acetylen nascierendem Benzol versucht gemäß der Gleichung

$$3\,C_2H_2 + H_2O = C_6H_5OH + H_2,$$

was auch mit geringer Ausbeute erreicht wurde.

Die Versuche sind nicht nur um ihrer selbst willen höchst wissenswert, sondern sie liefern auch einen lehrreichen Beitrag zur Theorie der Teerbildung. Sollte es einmal gelingen, das Acetylen billig, z. B. aus seinen Elementen herzustellen, so wäre es wohl möglich, daß die Versuche auch praktisch verwertet werden könnten.

Wird Acetylen durch eine Platinröhre von 2 mm Durchmesser getrieben, die auf 25 mm Länge auf 1000° erhitzt ist, so erhält man ein Gas, welches 62% ungesättigte Kohlenwasserstoffe, 1,5% Wasserstoff und 3,2% Methan enthält[2]. Leitet man Acetylen für sich allein oder in Mischung mit Wasserstoff über Kupferoxyd bei 130 bis 300°, so tritt keine vollständige Verbrennung ein, sondern es findet Kohlenstoffabscheidung bei gleichzeitiger Bildung von Wasserstoff statt[3].

Die Tendenz des Acetylens, sich zu polymerisieren, erreicht vermutlich ihr Maximum bei 600 bis 700°[4]. Bei Versuchen, die *Bone* bei 650° anstellte,

[1] Ber. d. Deutsch. chem. Ges. **45**, 1609 bis 1633 (1912); **46**, 3183 (1913); **47**, 2765 bis 2774 (1914); **50**, 422 (1917); **53**, 1261 (1920).

[2] *Lewes:* Handb. f. Acetylen 1900, 107.

[3] *Terres* u. *Mauguin:* Journ. f. Gasbel. **58** (1915,) Nr. 1.

[4] *Bone:* Journ. f. Gasbel. **51** (1908), 828; Chem. News **97**, 196, 212.

hatten sich ungefähr 60% des ursprünglichen Acetylens polymerisiert. Steigt die Temperatur über 700°, so nimmt die Fähigkeit, sich zu polymerisieren, stark ab und der Zerfall in die Elemente wächst, bis bei etwa 800° die Spaltung so beträchtlich wird, daß das Gas unter lebhaftem Erglühen zerfällt, wenn es plötzlich in heiße evakuierte Röhren eintritt. Nach einstündigem Erhitzen waren 57% Wasserstoff und 43% Methan vorhanden. *Bone* hält es nach angestellten Versuchen für wahrscheinlich, daß Methan durch Wasserstoffanlagerung an ungesättigte Reste gebildet wird:

$$\text{a)}\quad HC \equiv CH = 2\,(\equiv CH) = 2\,C + H_2,$$

$$\text{b)}\quad HC \equiv CH = 2\,(\equiv CH) + 3\,H_2 = 2\,CH_4\,.$$

Oberhalb 1500° zerfällt Acetylen schnell in Äthylen und Äthan[1].

Wird Acetylen in Mischung mit anderen ungesättigten Kohlenwasserstoffen erhitzt, so bilden sich höhere Olefine, z. B. aus Acetylen und Äthylen Crotonylen[2], ebenso mit Butylen, Amylen usw.[3]. Hierbei entsteht auch Isopren C_5H_8, welches sich durch Kondensation in Terpilen, ein Terpen, umwandeln läßt[4].

Mittels der stillen elektrischen Entladung[5] können aus Acetylen allein oder in Mischung mit anderen Gasen und Dämpfen die verschiedensten Polymerisations- und Kondensationsprodukte, teils in fester, teils in dickflüssiger Form gewonnen werden. Auf diese Weise wurden Verbindungen des Acetylens mit Wasserstoff, Methan, Äthylen, Benzol, Schwefelkohlenstoff, Schwefelwasserstoff, Kohlenoxyd, schwefliger Säure, Ammoniak erhalten, deren Konstitution aber noch nicht vollkommen aufgeklärt ist.

Die meisten dieser Produkte absorbieren stark Sauerstoff und wirken dann auf die photographische Platte stark ein, auch scheiden sie aus Jodkali Jod aus. Mit dem Erlöschen der Sauerstoffaufnahme erlischt auch die Wirkung auf die photographische Platte.

Wird Acetylen aus Calciumcarbid bei hohen Temperaturen entwickelt, so bilden sich unter dem Einfluß der Verunreinigungen schwefel-, phosphor- und stickstoffhaltige Kondensationsprodukte[6].

Bei gewöhnlichem Druck und unter konstantem Volumen bleibt die Zersetzung des Acetylens auf die Zone der direkten Einwirkung des Funkens beschränkt, während bei höherem Druck ein vollständiger Zerfall des Acetylens eintritt[7].

---

[1] *Pring:* Journ. Chem. Soc. **97**, 498.

[2] *Berthelot:* Jahresber. üb. d. Fortschr. d. Chemie 1866, 519.

[3] *Prunier:* Jahresber. üb. d. Fortschr. d. Chemie 1879, 318.

[4] *Berthelot:* Annales de Chim. et de Phys. (6) **5**, 136; *Bouchardt:* Jahresber. üb. d. Fortschr. d. Chemie 1875, 389, 1879, 577.

[5] *Losanitsch:* Berichte d. Deutsch. chem. Ges. **40**, 4656 bis 4666; **41**, 87; Monatshefte f. Chemie **29**, 753 bis 762; *Jowitschitsch:* Berichte d. Deutsch. chem. Ges. **30**, 135; Monatshefte f. Chemie **29**, 1; *Löb:* Berichte d. Deutsch. chem. Ges. **41**, 87.

[6] *Caro:* Verhandl. d. Budapester Kongr. f. Acetylen 1899.

[7] Siehe Physik des Acetylens.

Durch die Anwesenheit von Metallen wird die Polymerisation und der Zerfall des Acetylens bei hohen Temperaturen begünstigt. Bei der Einwirkung von Acetylen auf Kupfer bei 500° tritt völliger Zerfall des Acetylens ein, wobei sich der Kohlenstoff als Graphit abscheidet[1]. Bei 200 bis 250° entsteht ein korkähnlicher Kohlenwasserstoff, welcher Kupfer[2] enthält. Derselbe Kohlenwasserstoff wird auch erhalten, wenn Acetylen auf frisch gefälltes Kupferoxydul bei 230° einwirkt[3]. Die Natur dieses Kohlenwasserstoffes, der Cupren genannt wird und die Formel $(C_7H_6)_n$ besitzen soll[4], ist noch nicht aufgeklärt[5]. Das entstandene Produkt enthält ebenfalls Kupfer, das sich jedoch mit Salzsäure auskochen läßt, so daß das Kupfer nur mechanisch beigemengt sein wird[6]. Das Cupren gibt bei der Destillation mit Zinkstaub je nach den angewandten Temperaturen Naphthene, Kresol, Naphthalin usw.[7].

Auf das Verhalten dieser Verbindung sind Patente zur Herstellung plastischer Massen aus Acetylen genommen (D. R. P. 205 705). Hiernach sollen sich dem Cupren ähnliche plastische Stoffe bilden, wenn statt Kupfer Nickel, schwammiges Chrom oder Platin in Verbindung mit Sauerstoff abgebenden Salzen verwendet werden[8].

Kommt Acetylen mit trockenem Palladiumschwarz, das noch Spuren Sauerstoff enthält, in Berührung, so tritt unter Feuererscheinung Polymerisation und Zerfall des Acetylens ein[9]. Palladiumhydrosol, Platinhydrosol und Platinschwarz vermögen große Mengen Acetylen aufzunehmen, wobei es langsam zum Teil in höher molekulare Produkte verwandelt wird, und u. a. auch Äthylen und Äthan gebildet werden. Von den Hydrosolen des Iridiums und Osmiums wird Acetylen nicht absorbiert[10].

Leitet man reines trockenes Acetylen bei gewöhnlicher Temperatur über pyrophorisches Eisen, so tritt lebhaftes Erglühen desselben ein. Ein Teil des Gases verwandelt sich in Benzol und andere Kohlenwasserstoffe, während der größte Teil in Kohlenstoff und Wasserstoff zerfällt[11]. Wird Acetylen über glühendes staubförmiges Aluminium geleitet, so tritt vollkommene Zersetzung ein, wobei sich teils Kohle im Rohr abscheidet, teils sich ein Carbid

---

[1] *Erdmann:* Acetylen in Wissenschaft und Industrie 1898, 153.

[2] *Erdmann* u. *Köthner:* Zeitschr. f. anorgan. Chemie **18**, 48; *Alexander:* Berichte d. Deutsch. chem. Ges. **32**, 2381. *Wohl,* Chem. Ztg. **46** (1922) 864.

[3] *Erdmann* u. *Köthner:* Zeitschr. f. anorgan. Chemie **18**, 48.

[4] Ges. Abhandlungen zur Kenntnis der Kohle 1920, Bd. 4, S. 494.

[5] *Sabatier* u. *Senderens:* Compt. rend. de l'Acad. des Sc. **128**, 173; **130**, 250.

[6] *Gooch* u. *de Forest Baldwin:* Zeitschr. f. anorgan. Chemie **22**, 235.

[7] *Erdmann* u. *Köthner:* Zeitschr. f. anorgan. Chemie **18**, 48.

[8] Vgl. Carbid u. Acetylen 1919, Nr. 5, S. 19.

[9] *Paal* u. *Hohenegger:* Berichte d. Deutsch. chem. Ges. **46**, 128 bis 132 (1913); vgl. Carbid u. Acetylen 1913, Nr. 10, S. 121.

[10] *Paal, Hohenegger* u. *Schwarz:* Berichte d. Deutsch. chem. Ges. **48**, 275 bis 287, 1195 bis 1207 (1915).

[11] *Moissan* u. *Mourreu:* Compt. rend. de l'Acad. des Sc. **122**, 1240.

bildet[1]. Dieselbe Erscheinung beim Überleiten über Eisen zeigt sich bei einem Gemisch von Acetylen und Wasserstoff[2]. Ein Teil des Acetylens wird hydrogenisiert, und es bilden sich Äthan und Äthylen[3] neben Benzol und dessen Homologen.

In gleicher Weise wie Eisen wirkt reines reduziertes Kobalt[4]. Beim Überleiten eines Gemisches von Acetylen und Wasserstoff bei einer unterhalb 180° liegenden Temperatur über fein verteiltes Kobalt oder Eisen entsteht ein dem kanadischen Petroleum gleichendes Produkt, welches bedeutend mehr aromatische und Äthylenkohlenwasserstoffe enthält als das in Gegenwart von Nickel gewonnene, dem pennsylvanischen Petroleum ähnliche Produkt[5]. Durch Überleiten von Acetylen über fein verteiltes Nickel erfolgt bei einer Temperatur bis zu 180° Hydrogenisation des Acetylens unter Bildung von Methankohlenwasserstoffen; bei Temperaturen über 180°, jedoch unter Glühhitze, tritt neben der Entstehung von flüssigen Produkten nach Art des rumänischen Petroleums[6] Bildung von Äthylen und Benzolkohlenwasserstoffen ein, wobei sich gleichzeitig ein fester Kohlenwasserstoff, wahrscheinlich Cupren, bildet. Bei höherer Temperatur erfolgt Zerfall des Gases in Kohlenstoff und Wasserstoff[7].

In ähnlicher Weise wie Nickel oberhalb 180° wirkt fein verteiltes Platin auf Acetylen ein[8]. Beim Überleiten von Acetylen über fein verteiltes Silber unter gelindem Erwärmen tritt vollständiger Zerfall des Gases ein. Zink und Quecksilber bewirken fast keine Umwandlung des Acetylens[9].

Nach D. R. P. 315747[10] soll Propylen aus Acetylen und Methan erhalten werden, wenn man diese Gase bei höherer Temperatur über Kontaktkörper, z. B. ein Gemisch von Eisen, Nickel, Kupfer, Silber, Aluminium mit Platin, Palladium, Iridium leitet. Die chemische Fabrik Buckau in Magdeburg will Propylen und dessen Homologe dadurch gewinnen, daß sie ein aus Acetylen und dessen Homologen und Methan und dessen Homologen bestehendes Gemisch bei 200 bis 350° über eine geeignete nicht metallische Kontaktmasse, z. B. Titansäure und Kieselsäure, Molybdänsäure, Wolframsäure und deren Salze, Tonerde, Thorerde, Zirkonerde und deren Salze, und Basen leitet[11].

Beim Überleiten von Acetylen über Aluminiumchlorid bei 120 bis 130° bilden sich neben Wasserstoff, Methan und Äthylenkohlenwasserstoffen haupt-

---

[1] *Kusnezow:* Berichte d. Deutsch. chem. Ges. **40**, 2871.

[2] *Sabatier* u. *Senderens:* Compt. rend. de l'Acad. des Sc. **130**, 1529, 1628, 1762.

[3] *Sabatier* u. *Senderens:* Compt. rend. de l'Acad. des Sc. **131**, 267.

[4] *Moissan* u. *Mourreu:* Compt. rend. de l'Acad. des Sc. **122**, 1240; *Sabatier* u. *Senderens:* daselbst **131**, 267.

[5] *Mailhe:* Chem.-Ztg. **31** (1907) S. 1083, 1096, 1117, 1146, 1158; **32**, (1908) 229.

[6] Handel u. Industrie, München, Dez. 1913, vgl. Carbid u. Acetylen 1914, Nr. 2, S. 16. *Charitschkow,* J. d. Russ. Phys. Ges. **38** (1906) 878—881.

[7] *Sabatier* u. *Senderens:* Compt. rend. de l'Acad. des Sc. **124**, 616; **131**, 187; **134**, 1185.

[8] *Moissan* u. *Mourreu:* Compt. rend. de l'Acad. des Sc. **122**, 1240; *Sabatier* u. *Senderens:* daselbst **131**, 40.

[9] *Erdmann* u. *Köthner:* Zeitschr. f. anorgan. Chemie **18**, 48.

[10] *Arthur Heinemann:* D. R. P. 315 747 v. 15. März 1913. Franz. Pat. 458 397.

[11] D. R. P. 294 794 v. 6. Dez. 1912.

sächlich Doppelverbindungen höherer Kohlenwasserstoffe mit Aluminiumchlorid, die beim Destillieren mit Kalk Kohlenwasserstoffe ergeben. In den Destillationsprodukten sind flüssige Methan- und Äthylenkohlenwasserstoffe, so flüssige Kohlenwasserstoffe annähernd den Formeln $C_{15}H_{20}$, $C_{10}H_{16}$, $C_{10}H_{18}$, $C_{10}H_{17}$ und Anthracen enthalten[1].

Eine Polymerisation des Acetylens scheint weiter vorzuliegen, wenn Acetylen mit eisenhaltiger Erde auf eine bestimmte Temperatur erwärmt wird. Wird nämlich Ton in einer Acetylenatmosphäre auf die genau innezuhaltende Temperatur von 430 bis 450° erhitzt, so entsteht eine tiefgehende Ablagerung brauner Kohlenwasserstoffe, die beim Brennen des Tones in Gegenwart reduzierender Substanzen, wie Holzkohle, tiefschwarze Färbungen geben[2].

---

[1] *Baud:* Compt. rend. de l'Acad. des Sc. **130**, 1319.
[2] *Le Chatelier:* Zeitschr. f. angew. Chemie **20**, 517.

Die hygienischen Eigenschaften des Acetylens.

Bei Würdigung der hygienischen Eigenschaften des Acetylens, insbesondere bezüglich seiner Einwirkung auf die Atmungsorgane, ist zu unterscheiden zwischen Acetylen in unverbranntem Zustande und seinen Verbrennungsprodukten. Dabei ist vorauszuschicken, daß das technische Acetylen niemals frei ist von Verunreinigungen, daß es aber heute allgemein vor seiner Verwendung von den als schädlich erkannten Bestandteilen bis zu einem gewissen, manchmal allerdings recht mangelhaften Grade befreit zu werden pflegt. In den nachfolgenden Ausführungen wird, soweit im einzelnen Falle nichts anderes hervorgehoben wurde, nur das technische Acetylen berücksichtigt.

Acetylen in unverbranntem Zustande.

Da wir technisches Acetylen in unserem Sinne erst seit 1894 kennen, so sind von der großen Zahl der vor diesem Zeitpunkte angestellten Versuche nur diejenigen verwertbar, denen eine genaue Beschreibung der Gewinnung des verbrauchten Acetylens beigegeben ist.

Bereits 1866 machte *Berthelot*[1] auf Grund von Versuchen mit Sperlingen die Beobachtung, daß das Acetylen „an sich“ auf den Organismus keinen schädlichen Einfluß ausübt.

A. Bistrow und *O. Liebreich*[2] fanden 1868, daß das Hämoglobin des Blutes sich ähnlich wie mit dem Kohlenoxyd mit Acetylen verbindet; allerdings sei diese Verbindung weniger beständig. Die Acetylenverbindung werde durch Schwefelammonium zu sauerstofffreiem Hämoglobin reduziert, woraus sich ihre geringere Giftigkeit erkläre.

Hermann[3] kam auf Grund von Versuchen, die *E. Walker* 1870 angestellt hatte, zu dem Schluß, daß sich Acetylen zu Blut wie ein indifferentes Gas verhalte. *Levin*[4] will bei seinen Untersuchungen (1885) gefunden haben, daß bereits ein Volumprozent Acetylen in der Atmungsluft bei Warmblütlern tiefe Narkose hervorruft. Es seien asphyktische Symptome (Scheintod), Abnahme der Herztätigkeit, Aussetzung der Atmung, Erweiterung der Pupillen zu beobachten. Wiederherstellung erfolge durch die Zufuhr frischer Luft. Eine Einwirkung des Acetylens auf das Blut war nicht festzustellen.

Zu gänzlich anderen Resultaten bezüglich Einwirkung des Acetylens auf die Herztätigkeit usw. gelangten 1887 *Augier* und *Brociner* bei ihren Beobachtungen über die Wirkungen von Gasgemischen mit 25, 30 und 35%

---

1 Compt. rend. de l'Acad. des Sc. **62**, 94; **121**, 566.
2 Berichte d. Deutsch. chem. Ges. **1**, 220.
3 Lehrb. d. experim. Toxikol. (Berlin 1874), S. 114.
4 Lehrb. d. Toxikol. (Wien u. Leipzig 1885).

Acetylen auf Meerschweinchen. *Brociner*[1] zog aus den Versuchen u. a. folgende Schlüsse:

1. Das Blut löst ungefähr 0,8 des eigenen Volumens an Acetylen auf.
2. Die spektroskopische Untersuchung eines acetylenhaltigen Blutes weist nichts Besonderes auf; diese Lösung verhält sich genau wie normales Blut.
3. Sollte eine Verbindung des Acetylens mit dem Hämoglobin des Blutes bestehen, so ist dieselbe jedenfalls sehr unbeständig und in dieser Beziehung durchaus nicht zu vergleichen mit der Verbindung, welche das Hämoglobin mit dem Kohlenoxyd bildet.

Damit ist die Reihe brauchbarer Versuche vor 1894 erschöpft; die im folgenden beschriebenen Versuche wurden sämtlich mit technischem Acetylen angestellt.

1895 beobachteten *A. Frank*[2] und *Th. Weyl*, daß ein Gemisch aus Acetylen und Luft, dessen Acetylengehalt bis auf 9% stieg, längere Zeit von weißen Mäusen ohne Beschwerden und ohne weitere nachteilige Folgen ertragen wurde. Das verwendete Acetylen war nicht gereinigt, sondern nur gründlich gewaschen.

Umfangreiche Untersuchungen über die Einwirkung des Acetylens auf die Atmungsorgane bzw. auf das Blut hat *R. Rosemann* im pharmakologischen Institute zu Greifswald vorgenommen[3]. *Rosemann* ging aus von einer Untersuchung der Einwirkungen des Acetylens auf das Blut. Zum Vergleich behandelte er in derselben Weise Blut mit Kohlenoxyd und mit Luft. Das Acetylenblut war im Gegensatz zum Kohlenoxydblut äußerlich durch die Farbe von gewöhnlichem Blute nicht zu unterscheiden. Auch im Spektrum unterschied sich das Kohlenoxydblut charakteristisch von dem mit Acetylen gesättigten Blute. Das letztere wies genau dieselben Absorptionsstreifen wie das Oxyhämoglobin auf.

Rosemann untersuchte dann die Einwirkungen von Acetylen und Steinkohlengas auf Katzen, Kaninchen und Meerschweinchen und gelangte u. a. zu folgenden Resultaten: Das Steinkohlengas wirkte schneller und energischer auf die Tiere ein und hatte auch viel früher deren Tod zur Folge als das Acetylen. Ein Unterschied zwischen gereinigtem und ungereinigtem Acetylen war nicht festzustellen. Die beginnende Vergiftung äußerte sich in einer zunehmenden Schläfrigkeit, an deren Stelle bei weiterem Fortgange der Versuche eine durch wiederholte Atembeschwerden hervorgerufene Erregung trat. Brechbewegungen wurden nur bei einzelnen Tieren beobachtet.

Rosemann folgert aus dem spektroskopischen Verhalten des Acetylenblutes und dem ganzen Vergiftungsbild überhaupt, daß die Vergiftungserscheinungen des Acetylens gänzlich anderer Natur seien als die des Steinkohlengases. Er fährt wörtlich fort:

„Das Acetylen wird ... in den Lungen vom Blute aufgenommen, ohne dasselbe direkt zu alterieren, und wirkt nun, im Körper kreisend, auf den Organismus ein, und

---

[1] Semaine méd. 1887, 11; Annales d'Hyg. et publ. **17**, 454; Compt. rend. de l'Acad. des Sc. **121**, 773.

[2] Zeitschr. d. Ver. deutsch. Ing. **35**, 1063.

[3] Archiv f. experim. Pathol. u. Pharmakol. **36**, Heft 3 u. 4.

zwar scheint das Nervensystem besonders seinem Einflusse zu unterstehen ... Dauert ... die Einwirkung des Acetylens noch länger, so erfolgt zunächst nur leichte Parese der betreffenden Zentren, die sich besonders deutlich beim Atmungszentrum durch die unregelmäßige Atmung zu erkennen gibt, und schließlich völlige Lähmung, die dann den Tod herbeiführt."

Gréhant und *Weyl de Frank*[1] stellten Versuche mit Hunden an und kamen zu dem Resultat, daß Acetylen erst schädlich wirkt, wenn der Gehalt in der Luft 46% beträgt. Erst bei 79% kann es tödlich wirken. Durch das Blut absorbiert, und zwar bis zu 10%, scheint es sich hauptsächlich mit den Albuminoid-Substanzen zu verbinden.

Moissan[2] hat bei seinen Versuchen, Acetylen zu komprimieren, oft kleine Mengen Acetylen eingeatmet, ohne jedoch irgendwelche Unannehmlichkeiten danach empfunden zu haben.

Oliver und *Bolam*[3] stellten eine Reihe von Versuchen mit Kaninchen an und fanden ebenfalls, daß die Acetylenatmosphäre, solange genügend Sauerstoff vorhanden war, ohne nachteiligen Einfluß auf das Befinden der Versuchstiere war. Erst wenn der gesamte Sauerstoff aufgebraucht war, begannen sich langsam Symptome einer Erkrankung zu zeigen, die sofort verschwanden, wenn die Versuchstiere wieder in atmosphärische Luft gebracht wurden. Wurde das Einatmen von Acetylen lange Zeit fortgesetzt, so trat der Tod ein. Es wurde betont, daß bei der Totenschau die für Steinkohlengas und Wassergas charakteristischen Erscheinungen des Erstickungstodes nicht zu beobachten waren.

In neuerer Zeit sind zwei Fälle von *Nicol*[4] beschrieben worden, bei denen Vergiftungserscheinungen mit Acetylen vorliegen. *Nicol* schreibt darüber:

„Der Vorgang erfolgte in einem dichtgeschlossenen Unterstand, in dem zwei Soldaten schliefen. Sie hatten eine etwas feucht gewordene Büchse mit Calciumcarbid offen im Unterstand stehen. Man fand beide bewußtlos im Unterstand, wo ein hochgradiger Acetylengeruch herrschte. Nach sofort vorgenommenen Wiederbelebungsversuchen mit Sauerstoffinhalationen wurde folgendes festgestellt:

Der eine befindet sich in tief komatösem Zustand; es besteht eine tiefe, langsame Atmung, Brechreiz, Cyanose des Gesichts; der Puls ist klein, frequent, unregelmäßig; die Pupillen sind weit und starr. Bauchdecken- und Cremasterreflexe sind nicht auszulösen; es besteht Patellar- und Fußklonus. Auf Anruf oder sonstige Reize keine Reaktion. Unter dem Einfluß von Sauerstoffinhalationen und von Excitantien erfolgt zunehmende Besserung. Nach etwa einer Stunde treten heftige, rauschartige Erregungszustände auf. Der Kranke schlägt mit Armen und Beinen um sich, wirft sich fortwährend herum, ist nur mit Mühe im Bett zu halten, hat Gesichts- und Gehörshalluzinationen, lacht plötzlich laut auf, reagiert zwar auf Anruf, gibt jedoch nur ganz verwirrte Antworten. Diese Erregungszustände halten mit geringen Pausen etwa 2 Stunden an, worauf der Kranke in tiefen Schlaf verfällt.

Der zweite Kranke zeigt die gleichen Erregungszustände schon bei der Einlieferung, nur in etwas geringerem Grade. Neurologisch findet sich nur eine starke Steigerung der Achilles- und Patellarsehnenreflexe.

[1] Compt. rend. de l'Acad. des Sc. **121**, 564. Chem. Ztg. **27** (1903) Nr. 4, S. 41.

[2] Compt. rend. de l'Acad. des Sc. **121**, 566.

[3] Brit. med. Journ. Nr. 1947 vom 23. April 1898; vgl. auch Acetylen in Wissenschaft und Industrie 1898, 147.

[4] Münch. med. Wochenschr. 1916, Nr. 6, S. 193/194; s. a. Carbid u. Acetylen 1917, Nr. 20, S. 85.

Nach dem Erwachen sind beide noch etwas benommen; es besteht völlige Amnesie. Als subjektive Beschwerden werden leichter Kopfschmerz und Schwindel angegeben. Beide zeigen eine allgemeine starke nervöse Unruhe und heftigen Bewegungsdrang im Verein mit einer hochgradig euphorischen Stimmung. Auch diese Erscheinungen verschwinden nach einigen Stunden, und beide können schon am nächsten Tag wieder als dienstfähig entlassen werden.

Der Versuch, im Blut Kohlenoxyd nachzuweisen, ergab ein negatives Resultat."

Daß nur der fast völlige Abschluß der Außenluft diese Vergiftungserscheinungen herbeiführen konnte, wird durch die jahrelangen Erfahrungen in der Praxis bestätigt. In der Untersuchungs- und Prüfstelle des deutschen Acetylenvereins, in welcher dauernd Betriebsprüfungen von Acetylenapparaten vorgenommen werden, ist zu manchen Zeiten die Luft derart mit Acetylen geschwängert, daß die darin beschäftigten Personen schon längst die stärksten Vergiftungserscheinungen hätten aufweisen müssen, ja sogar schon längst vielleicht gestorben wären, wenn das Acetylen — in dem üblichen Sinne — eben giftig wäre.

Erst durch neuere Arbeiten von *C. J. Gauß*-Freiburg und *Hermann Wieland*-Königsberg[1] scheint eine Klärung der Giftigkeitsfrage herbeigeführt zu sein. Diese benutzen völlig reines Acetylen in Verbindung mit Sauerstoff unter der Bezeichnung „Narcylen" mit größtem Erfolge als Betäubungsmittel. Da es sich um einen Nachtrag bei der letzten Korrektur handelt, kann hier nur auf die sehr wertvolle Abhandlung, durch die dem Acetylen neue Wege gewiesen werden, aufmerksam gemacht werden. Die Schlußausführungen der Verfasser lauten:

„Die Narcylenbetäubung ist ein neues Anästhesierungsverfahren, das nach den Ergebnissen des Tierversuchs und den Erfahrungen an 220 Fällen vor den bisher gebräuchlichen Methoden erhebliche Vorteile zu besitzen scheint. Die Vorteile für den Patienten sind die weitgehende Ungefährlichkeit infolge des Fehlens schädlicher Atmungs- und Kreislaufswirkungen; auch Nachwirkungen gefährlicher Art — Pneumonie, Veränderungen parenchymatöser Organe — fehlen; lästige und quälende Folgen wie Nausea und Erbrechen, Kopfschmerzen, sind, wenn überhaupt vorhanden, von kurzer Dauer. Die Schnelligkeit, mit der unter Narcylen Bewußtsein und Schmerzempfindung schwinden und nach Beendigung der Zufuhr wiederkehren, ist eine für den Kranken und den Arzt gleich wertvolle Eigenschaft des neuen Verfahrens."

Wenn also früher vereinzelt Vergiftungserscheinungen des Acetylens beobachtet sind, so muß als Ursache dafür entweder Sauerstoffmangel vorgelegen haben oder die dem technischen Acetylen stets beigemengten Verunreinigungen trugen die Schuld daran.

Erkennung des Acetylens im Blut.

Für die Bestimmung des Acetylens im Blute sei hier die von *D. Vitali*[2] angegebene Methode genannt. *Vitali* mischt das zu untersuchende Blut mit etwa 5 bis 8% wasserfreien Acetons. Die Mischung wird in einer tubulierten Retorte erwärmt und diese mit einer gleichfalls tubulierten Vorlage verbunden. An den Tubus der Vorlage schließt sich durch ein zweimal rechteckig gebogenes Rohr ein etwas Aceton enthaltendes Kölbchen an. Vorlage und Kolben werden mit Eis gekühlt und sammeln das überdestillierende

[1] Acetylen in Wissenschaft und Industrie 1898, 288.

[2] Ein neues Betäubungsverfahren. Klin. Wochenschr. 2. Jahrg. Nr. 3 u. 4. 1923.

Acetylen und Aceton. Die Acetonlösung der Vorlage wird dann mittels der charakteristischen Reaktionen auf Acetylen untersucht.

Eine andere Methode dürfte sich leicht aus den Ergebnissen der Untersuchungen von *Augier* und *Brociner* herleiten lassen, die beobachteten, daß acetylenhaltiges Blut, selbst noch in angefaultem Zustande, den größten Teil des Acetylens im Vakuum wieder abgibt[1].

Die Verunreinigungen des Acetylens in unverbranntem Zustande.

Von den gasförmigen Verunreinigungen des unverbrannten Acetylens sind hier zu berücksichtigen: Phosphorwasserstoff, Schwefelwasserstoff und Ammoniak. Eine giftige Wirkung des Phosphorwasserstoffes ist nicht zu bezweifeln, trotzdem bezügliche Untersuchungen bisher nicht angestellt worden sind[2]; wenigstens fehlen in der Literatur alle hierauf bezüglichen Angaben. Auch für Schwefelwasserstoff fehlen noch eingehendere Untersuchungen, doch scheint er hinsichtlich seiner Wirkungen überschätzt zu sein. Nach Angabe von *Nothnagel* und *Roßbach*[3] sollen Hunde in einer Atmosphäre, die mehr als $^1/_{10}$% Schwefelwasserstoff enthält, bereits sterben, während Menschen, z. B. Chemiker, Grubenarbeiter, sich lange in schwefelwasserstoffreicher Atmosphäre ohne Nachteil aufhalten. *Lehmann* stellte fest, daß Schwefelwasserstoff, in kleinen Dosen der Luft beigemischt (0,15 bis 0,2%) und nicht lange durch Menschen eingeatmet, vollständig absorbiert wird. *Belky* schließt aus Untersuchungen, daß Schwefelwasserstoff insofern als starkes Gift anzusehen ist, als es das Oxyhämoglobin des Blutes reduziert.

Ammoniak kann selbst in verhältnismäßig großen Mengen ohne Schaden für die Gesundheit eingeatmet werden. Als zulässige Grenze des Ammoniakgehaltes der Luft gibt *Lehmann* 0,3% an. Nach *Dragendorff* bewirkt ein Ammoniakgehalt der Luft von 0,15% bereits Erkrankungen.

Jedenfalls aber kommen alle diese Verunreinigungen im Acetylen in so geringem Umfange vor, daß sie selbst bei Verwendung von ungereinigtem Acetylen im allgemeinen nicht bemerkt werden, was auch durch die vorerwähnten Versuche bestätigt wird, bei denen, mit Ausnahme der *Rosemann*schen Versuche, mit ungereinigtem Acetylen gearbeitet wurde. *Rosemann* verwandte sowohl gereinigtes wie ungereinigtes Acetylen, ohne jedoch bemerkenswerte Unterschiede zu finden.

Der Gehalt des rohen Acetylens an gasförmigen Verunreinigungen schwankt außerordentlich. Man kann annehmen, daß unter ungünstigsten Umständen in 1 cbm Acetylengas enthalten sein können: bis zu 4,5 l Phosphorwasserstoff, bis zu 33,0 l Schwefelwasserstoff und bis zu 2,5 l Ammoniak. Werden diese Zahlen auf praktische Verhältnisse umgerechnet, so ergeben sich ganz geringe und unschädliche Beimischungen. Ammoniak würde überhaupt nicht schädlich wirken. Ebenso findet sich der abnorm hohe Schwefelwasser-

[1] Literatur siehe S. 47, Anm. 1.

[2] *Dragendorff:* Die gerichtlich-chemische Ermittlung von Giften (4. Aufl. 1895), S. 94.

[3] Handb. d. Arzneimittellehre 1887, 308.

stoffgehalt nur bei einer Vergasung des Carbides ohne jeden Wasserüberschuß. In anderen Fällen erreicht der Schwefelwasserstoffgehalt wohl kaum den zehnten Teil der Höchstzahl. Der vorhandene Phosphorwasserstoff könnte unter Umständen eine Vergiftung bewirken. Eine solche würde dann aber untergeordneter Bedeutung sein können.

Es ergibt sich daraus, daß die vielfach geäußerte Meinung, die durch das Einatmen größerer Mengen von Acetylen bewirkten Schädigungen der Gesundheit seien auf Verunreinigungen zurückzuführen, aller Wahrscheinlichkeit nach nur unter ganz außergewöhnlichen Verhältnissen bezüglich des Phosphorwasserstoffs richtig sein könnte.

Acetylen und seine Beimengungen bei der Verbrennung.

Für die Beurteilung des Wertes einer Flamme in hygienischer Beziehung sind die folgenden Gesichtspunkte in Rücksicht zu ziehen:

1. Die Veränderung der Zusammensetzung der Luft und der dadurch bedingte Einfluß auf die Atmungsorgane bzw. das Blut;
2. die Wärmeausstrahlung;
3. die Wirkung auf das Auge.

Einfluß des Acetylenlichtes auf die Zusammensetzung der Luft.

Die Verbrennung von Leuchtstoffen in geschlossenen Räumen wirkt auf die umgebende Luft in doppelter Weise nachteilig ein, nämlich durch Entziehung von Sauerstoff und durch Zuführung nachteiliger Verbrennungsprodukte, besonders Kohlensäure und Wasserdampf und teilweise Kohlenoxyd. Ein Leuchtgas, welches in dieser Hinsicht keinerlei ungünstigen Einfluß auf die Zusammensetzung der umgebenden Luft ausübt, wie es z. B. das elektrische Glühlicht tut, gibt es nicht.

Ernst Neuberg[1] hat in einer sehr ausführlichen Arbeit u. a. die sich bei den verschiedenen Beleuchtungsarten ergebenden Verbrennungsprodukte vergleichsweise in einer Tabelle zusammengestellt, die hier folgt:

Lichtquelle		Wasserdampf für die HE und Stunde g	Kohlensäure für die HE und Stunde g
Acetylen	Zweiarmiger Brenner . .	0,405	1,98
	Braybrenner	0,373	1,84
Steinkohlengas	Schnittbrenner . .	20,4	23,1
	Argandbrenner . .	6,9	8,8
	Auerbrenner . . .	1,0	1,3
Elektrisches Glühlicht		—	—
„ Bogenlicht		—	Spuren
Petroleum		5,05	12,5
Paraffinkerze		9,1	22,3

[1] Zeitschr. f. Calciumcarbid u. Acetylen 1900, 59.

Zu ähnlichen Resultaten wie *Neuberg* gelangte bei früheren Versuchen *Lewes*[1]. Beide fanden, daß unter allen offenen Flammen diejenige des Acetylens der Luft am wenigsten Wasserdampf und Kohlensäure zuführt. Über das Acetylenglühlicht sind in dieser Hinsicht Versuche nicht vorgenommen worden, jedoch ist auf Grund theoretischer Erwägungen anzunehmen, daß auch dieses dem Steinkohlengasglühlicht überlegen ist.

Vorteilhaft unterscheidet sich die Acetylenflamme von allen anderen offenen Flammen durch den Fortfall der Bildung von Kohlenoxyd, das nicht oder nur in ganz verschwindenden Mengen auftritt.

Während sich die vorstehenden Ausführungen auf die Verwendung des Acetylens als Lichtquelle beziehen, ist noch der Einfluß zu betrachten, den das Acetylen und seine Beimengungen in Gestalt der Löt- und Schweißflamme auf die Zusammensetzung der Luft ausüben. Hier liegen die Verhältnisse im allgemeinen ebenso wie beim Acetylenlicht. Es muß berücksichtigt werden, daß das Acetylen, das z. B. in tragbaren Lampen (Tischlampen) zur Verbrennung gelangt, in den meisten Fällen nicht chemisch gereinigt ist, daß also die im Acetylen vorhandenen Verunreinigungen, wie Phosphor- und Schwefelwasserstoff, zu Phosphorsäure und schwefliger bzw. Schwefelsäure verbrennen, welche die Luft im Aufstellungsraum ungünstig beeinflussen können. Allerdings handelt es sich hierbei durchweg um sehr geringe Mengen. Auch das in Löt- und Schweißbrennern verbrannte Acetylen ist meist ungereinigt. Es müssen also die gleichen Verbrennungsprodukte, Kohlensäure, Wasserdampf, Phosphorsäure und schweflige bzw. Schwefelsäure auftreten, aber in Anbetracht des größeren Stundenverbrauches der Löt- und Schweißbrenner in verhältnismäßig größeren Mengen. Einen Einfluß auf die Atmungsorgane üben sie nach den Erfahrungen der Praxis indessen nicht aus, da das Schweißen zumeist in Arbeitsräumen, die größer und luftiger sind als Wohnräume, oder im Freien vorgenommen wird.

Trotzdem also die Erfahrungen in der Praxis bewiesen haben, daß eine Gesundheitsschädigung durch die Verbrennungsgase der Acetylenlöt- oder Schweißflamme nicht herbeigeführt wird, werden doch in medizinischen oder pharmazeutischen Fachblättern[2] Fälle beschrieben, in denen die Verunreinigungen des Acetylens bzw. ihre Verbrennungsprodukte als Ursache der Übelkeits- und Frostempfindungen, Ohnmachtsanfälle, Schwächezustände der mit der Schweißarbeit beschäftigten Personen angesehen werden; in einem Falle wurde sogar der Tod herbeigeführt.

Das Eigenartige bei diesen angeblichen Vergiftungen durch Phosphorwasserstoff beim Schweißen bestand darin, daß die Erkrankungen bei solchen Personen eingetreten waren, die verzinnte oder verzinkte Gegenstände zu schweißen hatten. Die ausgesprochene Vermutung, daß es sich in diesen Fällen nicht um Vergiftungserscheinungen des Acetylens und seiner Verunreinigungen bzw. deren Verbrennungsprodukte handeln könne, sondern um Metallver-

[1] *Lewes:* Handb. f. Acetylen 1900, 588.

[2] Pharmaz. Ztg. 1914, Nr. 37; s. a. Carbid u. Acetylen 1914, Nr. 12, S. 143; Ärztliche Rundschau, 5. Jan. 1918; Med. Klin. **52**, 1917; s. a. Carbid u. Acetylen 1918, Nr. 14, S. 55.

giftungen, wird aus den Kreisen der Praxis[1] und auch durch einen Bericht von *Arnbühl*, Kantonschemiker in St. Gallen, bestätigt[2], der in der Schweiz solche Vergiftungsfälle beim Schweißen von Messing beobachtete; die Arbeiter fühlten sich unwohl, schwitzten des Nachts und hatten Fieber, waren jedoch nach einigen Tagen wiederhergestellt. Auch *Jenny Adler-Herzmark*[3] hat in Wien die gleichen Beobachtungen, die an die Erscheinungen des Gießfiebers erinnerten, gemacht.

Es handelt sich also in diesen Fällen um sog. Metalloxydvergiftungen. Beim Schweißen von verzinnten oder verzinkten Gegenständen, ebenso beim Schweißen von Messing verdampft ein Teil des Zinnes oder Zinkes und verbrennt dann zu Zinndioxyd oder Zinkoxyd; die weißen Dämpfe, die dabei auftreten, werden natürlich eingeatmet und wirken giftig[4]. Als Gegenmittel wird heiße Milch und Jodkalium empfohlen. Es sollte deshalb beim Schweißen solcher Gegenstände ein guter Atemschutz verwendet werden.

Die strahlende Wärme der Acetylenflamme.

Über die bei den verschiedenen Lichtarten bei einer gewissen Lichtmenge entwickelten Wärmemengen — und nur diese interessieren in hygienischer Hinsicht — liegen eine Reihe vergleichender Versuche vor, die übereinstimmend eine Überlegenheit des Acetylens trotz der sehr hohen Verbrennungstemperatur im Vergleich mit derjenigen des Steinkohlengases zeigen. Die bisherigen Versuche sind insofern noch nicht zum Abschluß gebracht, als noch bezügliche Untersuchungen über Acetylenglühlicht fehlen.

Nimmt man nach *Lewes*[5] die vom Steinkohlengasglühlicht ausgehende Wärmemenge bei 64 Normalkerzen mit 100 an, so betragen die entsprechenden Werte beim Steinkohlengas im Argandbrenner verbrannt 571 und bei der offenen Acetylenflamme 115.

Motais[6] in Angers stellte in einem Raume von 485 cbm bei einem Steinkohlengasverbrauch von 1800 l eine allgemeine Temperatursteigerung von 2,5° fest, während der für die Erzeugung der gleichen Lichtmenge notwendige Acetylenverbrauch nur eine Wärmezunahme von 1,33° bewirkte. Bei Messungen über die direkte Erwärmung des Kopfes, die einen Blutandrang nach dem Kopfe bewirkt und dadurch sehr gefährlich werden kann, fand *Motais*, daß ein Steinkohlengasbrenner von 250 l, der sich in einer Entfernung von 50 cm befand, in einer Stunde eine Temperaturerhöhung von 12,5° bewirkte. Dagegen betrug die durch Acetylen unter den gleichen Verhältnissen, aber bei höherer Leuchtkraft verursachte Wärmeerhöhung nur 1,5°.

---

[1] Vgl. Carbid u. Acetylen 1914 a. a. O.; 1918, Nr. 16, S. 65; Nr. 22, S. 90.

[2] Mitteilungen des schweiz. Acetylenvereins 1919, Nr. 9; s. a. Carbid u. Acetylen 1920, Nr. 10, S. 43.

[3] Zentralblatt f. Gewerbehygiene 1921, Heft 5, S. 97; s. a. Carbid und Acetylen 1921, Nr. 16, S. 65,

[4] Zentralblatt f. Gewerbehygiene 1919, Heft 4; s. a. Carbid und Acetylen 1919, Nr. 17, S. 65.

[5] *Lewes:* Handb. f. Acetylen 1900, 589.

[6] Zeitschr. f. Calciumcarbid u. Acetylen 1898, 66.

Allerdings kommt heute die offene Steinkohlengasflamme nur noch ausnahmsweise vor, d. h. dort, wo die Flamme starken Erschütterungen ausgesetzt ist und daher Glühkörper nicht verwendbar sind, z. B. in Fabriken.

Sehr ungünstig steht in dieser Hinsicht auch das Petroleum da. *Wedding*[1] berechnete die bei verschiedenen Beleuchtungsarten zur Erzeugung von 100 Hefnerkerzen erforderlichen Wärmemengen wie folgt:

Petroleum	3200 w
Steinkohlengasglühlicht	1000 „
Spiritusglühlicht	1060 „
Acetylen (offene Flamme)	890 „
Elektrisches Glühlicht	259 „

Nach *Neuberg*[2], der zu ähnlichen Ergebnissen kommt, beträgt die Raumerwärmung in kg/cal. für die H. E. und Stunde bei Benutzung von

Acetylenlicht	Zweiarmiger Brenner	7,22
	Braybrenner	7,85
Spiritusglühlicht		10,48
Petroleum		41,20
Petroleumglühlicht		17,10
Paraffinkerze		76,15

Auch diese Zahlen zeigen, wenn sie auch im einzelnen von den von *Lewes* ermittelten abweichen, deutlich die große Überlegenheit der Acetylenflamme.

Die Qualität des Acetylengaslichtes und sein Einfluß auf das Auge.

Die offene Acetylenflamme zeichnet sich aus durch eine dem Sonnenlicht sehr ähnliche weiße und darum für das Auge sehr gesunde Farbe und durch eine von keiner anderen Flamme auch nur annähernd erreichte Festigkeit.

Leider besitzen wir vergleichende Untersuchungen mit anderen Lichtarten über den Einfluß des Acetylens auf die Augen nur von *Schanz* und *Stockhausen*[3], die feststellten, daß das Acetylenlicht, wie alle modernen lichtstarken Beleuchtungsarten, sehr reich an ultravioletten Strahlen ist und hierin ungefähr dem elektrischen Glühlicht entspricht. Im Gegensatz zu Petroleum und Steinkohlengas besitzt das Acetylenglühlicht einen geringeren Gehalt an ultravioletten Strahlen als die offene Flamme. *Schanz* und *Stockhausen* haben auch die schädlichen Wirkungen der ultravioletten Strahlen und die diesbezügliche Absorptionsfähigkeit der einzelnen Glassorten näher studiert und auf Grund ihrer Beobachtungen ein Glas hergestellt, das einen wirksamen Schutz gegen die ultravioletten Strahlen bilden soll, ohne die sichtbaren Strahlen wesentlich abzuschwächen.

Einen besonders günstigen Einfluß soll die Acetylenbeleuchtung auf das Augenzittern der Bergleute ausüben. Diese reine Bergmannskrankheit, auch „Nystagmus" genannt, äußert sich im Auftreten rotierender und schwingender Bewegung der Augäpfel, welche Scheinbewegungen und Schwindelgefühl veranlassen können und Arbeitsunfähigkeit in einzelnen Fällen herbeiführen.

---

[1] Ges. Ing. 1897, 8.

[2] Zeitschr. f. Calciumcarbid u. Acetylen 1900, 474.

[3] Graefes Archiv f. Ophthalmol. **69**, 1. u. 3. Heft.

Am häufigsten tritt die Krankheit bei Häuern auf. Sie wird hervorgerufen durch die eigentümlich gezwungene Körperhaltung beim Liegen und Bücken, bei dauernd im Halbdunkel nach oben gerichteten Augen. Die Krankheit tritt stärker in den Gruben auf, die auf Sicherheitslampen, leichter in denen, die auf offene Lampen angewiesen sind. Mit der Verschlechterung der Beleuchtung steigen die Erkrankungsfälle. *Freund*[1] hat ermittelt, daß bereits erkrankte Arbeiter vollständig gesundeten, wenn ihnen Gelegenheit gegeben wurde, mit offenem Geleuchte zu arbeiten; besonders gute Erfolge wurden mit Acetylenlampen erzielt, wobei die Arbeiter selbst den außerordentlich wohltuenden Einfluß der intensiven Beleuchtung des Arbeitsfeldes durch Acetylenlicht auf ihr körperliches Befinden hervorheben.

Die Lichtstärke der in den Bergwerken üblichen Lampen beträgt[2]

Ölsicherheitslampen	0,5 HK
Benzinsicherheitslampen	1,01 „
Offene Kerzenlampe	0,7 „
Elektrische Sicherheitslampe	1,75 bis 2 „
Acetylenlampen	8 bis 15 „

Auch *Stassen*[2] kommt zu dem Schlusse, nachdem er während 10 Jahren an etwa 14 000 Bergleute vor und nach der Beschäftigung in den Bergwerken Untersuchungen vorgenommen hat, daß das Augenzittern vollständig verschwindet, wenn der Bergmann eine genügende Beleuchtung besitzt. Nach seinen Untersuchungen kommen auf 1000 Bergleute

57	Fälle	von	Nystagmus	bei	Öllampen,
44	„	„	„	„	Benzinlampen,
13	„	„	„	„	offenem Kerzenlicht,
12	„	„	„	„	elektrischem Glühlicht,
0	„	„	„	„	Acetylenlicht.

Die Feststellungen zeigen, wie vorteilhaft die Verwendung der Acetylenlampe im Bergbau ist und wie nötig es ist, für ihre weitere Verwendung und für ihre noch bessere Durchkonstruktion bestrebt zu sein.

[1] Deutsche Bergwerkszeitung 1911; s. a. Carbid u. Acetylen 1911, Nr. 17, S. 199.
[2] Mitteilungen des schweiz. Acetylenverein 1920, Nr. 7, S. 160.

Bestimmung der Ausbeute an Rohacetylen aus Calciumcarbid.

Probenahme von Calciumcarbid.

Die wichtigste Voraussetzung für eine einwandfreie Untersuchung des Carbides, besonders auf seine Gasausbeute, ist eine Probenahme, die ein richtiges Bild der Beschaffenheit der Ware ergibt. Da es sich in der Regel um große Lieferungen in ganzen Waggonladungen handelt und das Carbid in fest verschlossenen Eisentrommeln, meist von 100 kg Nettogewicht, verpackt ist, macht die Probenahme einige Schwierigkeiten. Es sind daher in den Normen des Deutschen Acetylenvereins über den Carbidhandel[1] auch für die Probenahme bestimmte Vorschriften gegeben, die durch eine Anleitung für die von diesem Verein anerkannten Probenehmer[2] erläutert sind. Das Verfahren bei der Probenahme hat sich nach diesen Vorschriften zu richten, wenn nicht zwischen den Parteien ausdrücklich andere Vereinbarungen getroffen sind.

Danach ist ein Muster im Gesamtgewicht von mindestens 2 kg, und zwar, wenn die zu untersuchende Lieferung aus nicht mehr als 10 Trommeln besteht, aus einer beliebig auszuwählenden, uneröffneten und unversehrten Trommel zu entnehmen. Bei Lieferungen von mehr als 10 Trommeln erfolgt die Probenahme aus mindestens 10% der Sendung; von jeder der herangezogenen uneröffneten und unversehrten Trommeln wird mindestens 1 kg entnommen.

Die Probenahme hat durch eine von beiden Parteien ernannte Vertrauensperson oder durch einen der vom Deutschen Acetylenverein ein für allemal bezeichneten Sachverständigen derart zu erfolgen, daß aus jedem zur Entnahme bestimmten und vor seiner Eröffnung (behufs Vermeidung lokaler Staubansammlung) zweimal umzustürzenden Gefäß an beliebiger Stelle mit einer Schaufel (nicht mit der Hand) die erforderliche Menge gezogen wird. Diese Proben werden sofort in ein oder mehrere gas- und wasserdicht zu verschließende Gefäße geschüttet. Der Verschluß ist durch Siegel zu sichern. Jede andere Verpackungsart, wie Kartons, Kisten usw., ist unzulässig.

Wenn eine Einigung über die Wahl einer Vertrauensperson nicht zustande kommt, hat jede der beiden Parteien die erforderliche Menge, wie vorhin angegeben, zu entnehmen.

---

[1] Siehe S. 403.

[2] Das gedruckte Rundschreiben des Deutschen Acetylenvereins v. 28. Nov. 1918 enthält außer dieser Anleitung auch ein Verzeichnis der bis dahin bestellten Probenehmer.

In Erläuterung und Ergänzung dieser Vorschriften ist folgendes zu bemerken:

Die Probenahme hat den Zweck, den Nachweis der Qualität zu sichern und die für die Beanstandung maßgebende Menge des Carbides festzustellen. Es ist daher vor der Probenahme, wenn möglich durch Zählen, festzustellen, wie viel unbeschädigte und wie viel beschädigte Trommeln zur Zeit der Probenahme noch vorhanden waren. Die Größe der Probe richtet sich nicht nach der Größe der ursprünglichen Lieferung, sondern nur nach der Zahl der zur Zeit der Probenahme noch vorhandenen Trommeln.

Mindestens 10% der vorhandenen unversehrten Trommeln sind für die Probenahme heranzuziehen. Sind Packungen vorhanden, die mehr als 100 kg enthalten, so ist aus jeder Trommel eine Probe von mindestens 1% des Nettogewichts zu entnehmen, d. h. also, bei Fässern mit 250 kg Inhalt beträgt das aus jedem Faß zu entnehmende Muster mindestens 2,5 kg. In jedem Falle muß aber auch bei Packungen, welche kleiner sind als 100 kg (z. B. 50 kg-Trommeln) die aus jeder geöffneten Trommel entnommene Menge mindestens 1 kg betragen.

Bei der Öffnung der für die Probenahme ausgewählten Trommeln ist auf eine möglichste Schonung des Verschlusses zu achten, insbesondere wenn die Carbidlieferung nach der Probenahme nicht sofort verbraucht werden kann. Nach der Öffnung des Deckels wird jede Trommel auf eine trockene Unterlage aus Packpapier, Blech o. dgl. umgelegt und ein beliebiger Teil des Inhaltes vor Entnahme des Musters ausgeschüttet. Die entnommenen Muster sind gasdicht zu verpacken. Es kommen als Aufnahmegefäße für Proben, die größer als 0,5 kg sind, nur Blechbüchsen in Frage, die, wenn möglich, zu verlöten sind. Mindestens muß, auch wenn die Deckel anscheinend dicht schließen, eine geeignete Dichtungsmasse, z. B. eine Einlage aus Papier, Gummi, Isolierband o. dgl. zur Abdichtung des Deckels Verwendung finden. Die Deckel müssen unbeweglich befestigt werden, so daß sie auch bei starken Erschütterungen der Büchsen nicht aufgehen können. Dies gilt auch für Eindrückdeckel, da während des Transportes durch die Bewegungen des Carbides in der Büchse die Deckel erfahrungsgemäß leicht gelockert und vollständig gelöst werden können.

Die Verpackung in Glas- oder Steinflaschen ist für Proben über 0,5 kg sowie bei Carbid über 7 mm Korngröße unzulässig, da wegen der Härte und Schärfe der Carbidstücke die Gefäße beim Transport in der Regel zerspringen.

Kontrollproben sind nur auf besonderen Auftrag zu nehmen. Entnommene Kontrollproben sind vom Probenehmer zu versiegeln und vom Auftraggeber aufzubewahren.

Über die erfolgte Probenahme ist ein Protokoll in mindestens 2 Ausfertigungen auszustellen. Dasselbe muß genaue Angaben über Größe, Verpackung und Herkunft der Lieferung, Zahl der vorhandenen, unversehrten und beschädigten Trommeln sowie Verpackungsart und Bezeichnung der entnommenen Proben enthalten, so daß es an der Hand dieses Protokolles möglich ist, sowohl die betreffende Sendung als auch die Probe zweifelsfrei wieder zu erkennen. Die Probe ist haltbar, z. B. auf Anhänger oder Etikette, mit der gleichen Bezeichnung zu versehen, die in dem Protokoll angegeben ist. Zweckmäßig wird bei solchen Carbidlieferungen, die mit der Eisenbahn befördert wurden, die Nummer des Eisenbahnwagens, bei Schiffsladungen der Name des Schiffes zur Bezeichnung der Probe gewählt.

Die Proben, mit Ausnahme etwaiger Kontrollproben, sind an das Untersuchungslaboratorium, welches die Analyse ausführen soll, frankiert abzusenden. Sämtliche Kosten für Probenahme, Verpackung und Beförderung hat der Auftraggeber an den Probenehmer zu bezahlen, ebenso etwaige Auslagen für Fahrkosten, Arbeitshilfe usw. Die Entschädigung des Probenehmers ist mit dem Auftraggeber im Einzelfalle zu vereinbaren.

Bestimmung der Gasausbeute.

Zur Ermittlung der Gasausbeute sind vom Deutschen Acetylenverein zwei verschiedene Arbeitsweisen zugelassen. Man bestimmt entweder die Gasausbeute aus dem ganzen Muster (Totalvergasung) oder aus einer zerkleinerten Durchschnittsprobe (Teilvergasung).

Totalvergasung.

Die Apparate zur Bestimmung der Gasausbeute durch Totalvergasung müssen eine genaue analytische Arbeit gestatten. Der Deutsche Acetylenverein hat hierfür folgende Bestimmungen aufgestellt:

1. Der Apparat muß mit einem genauen Thermometer versehen sein, das die Temperatur des Absperrwassers anzeigt, und mit einem Manometer, das in Verbindung mit dem Gasbehälter steht.
2. Der Entwickler muß entweder mit einem Gasbehälter versehen sein, der die aus der gesamten Menge Carbid entwickelte Gasmenge aufnehmen kann, oder er muß so konstruiert sein, daß er es ermöglicht, bei nicht so großem Gasbehälter eine größere Menge von Carbid zu vergasen.
3. Der Entwickler muß so konstruiert sein, daß ein Entweichen des entwickelten Gases aus demselben in die Außenluft vollkommen verhindert wird.
4. Der Gasbehälter muß bis auf $^1/_4\%$ seiner Aufnahmefähigkeit kubiziert sein, leichten Gang haben und durch Gegengewichte möglichst in der Schwebe gehalten werden.
5. Das Zersetzungs- und Absperrwasser muß vor der Verwendung mit Acetylen gesättigt werden. Außerdem muß der Entwickler vor Beginn der eigentlichen Untersuchung unter Druck der Absperrflüssigkeit gesetzt werden.

Der diesen Bedingungen entsprechende Apparat nach *Caro*, der hierfür in erster Linie empfohlen wird, besteht aus dem Entwickler A, dem Wäscher B und dem Gasbehälter C (Fig. 1). Der Entwickler A ist ein mit Schlammabfluß a, Gasableitungsrohr b und verschraubbarem Deckel b_1 versehenes zylindrisches Gefäß mit geneigtem Boden. Im oberen Teile sind 10 Kästen c eingesetzt, welche zur Aufnahme des Carbides dienen. Die Böden dieser Kästen sind aufklappbar und liegen mit ihrem aus Draht bestehenden Fortsatz auf einer drehbaren Scheibe d. Diese ist auf einer Welle l gelagert, die durch Zahnradübertragung von außen durch das Rad i in Drehung versetzt werden kann. Die Scheibe *d*, auf der die Böden der Carbidbehälter aufliegen, ist mit einem radialen Schlitz *e* versehen. Kommt nun bei einer Drehung der Scheibe der Schlitz unter die aufliegenden Stützdrähte der Böden der Carbidbehälter, so werden diese ihrer Stütze beraubt und klappen nach unten auf. Auf diese Weise können durch allmähliche Drehung der Kurbel *f* sämtliche Carbidbehälter nacheinander entleert werden. Der

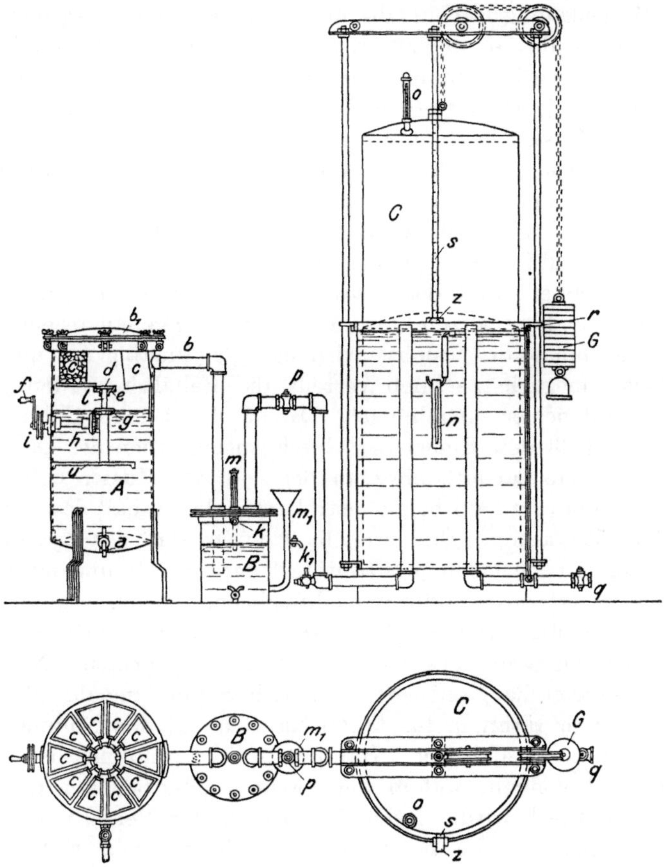

Fig. 1. Apparat zur Bestimmung der Gasausbeute von Calciumcarbid nach *Caro.*

Wäscher *B* ist mit einem dicht eingesetzten Thermometer *m* versehen, das in das Absperrwasser eintaucht. Gefüllt wird der Wäscher durch das Trichterrohr m_1 bis zum Wasserstandhahn k_1.

An dem Gasbehälter *C* ist eine Skala *s* und ein Zeiger *z* angebracht, die seinen Inhalt angeben. Der Gasraum ist mit dem Manometer *n* und dem Kontrollthermometer *o* versehen. Weiter ist an der Gasglocke ein Drahtseil befestigt, das über Rollen geführt wird, und an dessen anderem Ende auf einen Teller Gewichte zum Ausgleich der Schwere der Gasglocke aufgelegt werden können. Zwischen Wäscher und Gasbehälter befindet sich der Absperrhahn *p*, während das Gasableitungsrohr durch einen Hahn *q* verschließbar ist.

Jeder Carbidbehälter kann 1 kg Carbid aufnehmen. Der Gasbehälter faßt etwa 400 l und gestattet bei einer Höhe von 1000 mm und einem Durchmesser von 714 mm eine genaue Ablesung des Standes bis auf 0,4 l. Nach den Vorschriften des Deutschen Acetylenvereins beträgt das gezogene Muster aus einer Wagenladung Carbid, die in 100 kg-Trommeln verpackt war, mindestens 10 kg. Ist das Muster zu groß, so daß es nicht auf einmal untersucht werden kann, so wird es in mehrere, vorteilhaft annähernd gleich große Teile geteilt, und jeder derselben für sich behandelt. Sehr grobes Carbid, das sich in den Kästen festklemmt, muß etwas zerkleinert werden (s. S. 63). Vor der Untersuchung werden die Carbidbehälter aus dem Entwickler genommen und der Reihe nach mit der Öffnung nach oben aufgestellt. Der erste Behälter wird mit einer Menge von 400 bis 500 g eines anderen guten Carbides gefüllt und in den Apparat so eingehängt, daß er sich beim Drehen der Kurbel *f* als erster öffnet, dann wird die Büchse mit dem zu untersuchenden Muster geöffnet und im ganzen auf einer bis auf $^1/_2$ g genau anzeigenden Wage gewogen. Der Inhalt der Büchse wird nun gleichmäßig auf die übrigen 9 Carbidbehälter möglichst schnell verteilt, die Behälter werden geschlossen und in den Entwickler eingehängt[1]. Darauf öffnet man Hahn *p*, schließt Hahn *q*, verschließt den Entwickler durch Anschrauben des Deckels b_1 und wägt nun die leere Carbidbüchse, in der sich das Muster befand, zurück. Durch Drehung des Rades *i* bringt man hierauf den Inhalt des ersten Carbidbehälters zur Vergasung. Man erreicht dadurch, daß das Zersetzungs- und Absperrwasser mit Acetylen gesättigt und der tote Raum des Entwicklers unter Druck gesetzt wird, wodurch nachträgliche, hiermit zusammenhängende Korrekturen unnötig werden. Gleichzeitig kann man hierbei den ganzen Apparat auf Dichtigkeit, besonders am Deckel b_1 prüfen. Nachdem man 2 Stunden gewartet hat, entleert man nach Schließung des Hahnes *p* den Gasbehälter durch Hahn *q*, bis die Glocke sich auf den Nullpunkt einstellt. Dann wird Hahn *q* geschlossen, Hahn *p* geöffnet und mit der eigentlichen Untersuchung begonnen, indem der zweite Carbidbehälter durch Drehen des Rades *i* entleert wird. Nach Beendigung der Vergasung des Carbides des zweiten Behälters, die bei grobstückiger Ware etwa 30 bis 50 Minuten dauert, schließt man Hahn *p*, gleicht durch Auflegen von Gewichten den Tauchverlust der Glocke soweit aus, bis das Manometer *n* auf Null einsteht, liest den Stand der Gasglocke an der Skala des Gasometers, sowie den Stand des Barometers und des Thermometers *o* ab, entleert den Gasbehälter durch Hahn *q*, schließt diesen, öffnet Hahn *p* und bringt nun durch Drehung von Rad *i* den Inhalt des dritten Carbidbehälters zur Vergasung. So fährt man

[1] Die Kästen dürfen keinesfalls überfüllt werden, da nur bei völlig geschlossenen Deckeln die Entleerung sicher erfolgt. Mehr als 1 kg soll in einen Kasten nicht eingefüllt werden. Es ist zweckmäßig, die Kästen mit Nummern zu versehen, damit sie immer in dieselben passenden Haken eingehängt werden.

fort, bis der Inhalt des letzten Behälters zur Entwicklung gelangt ist. Man wartet nun wiederum zwei Stunden und liest Barometer- und Thermometerstand ab[1].

Es empfiehlt sich nicht, die erste Vergasung allzu lange stehen zu lassen, da bei völliger Abkühlung durch Kondensation von Wasserdampf eine vorzeitige Zersetzung des Carbides in den anderen Kästen eintreten kann. Vor Messung der letzten Vergasung müssen möglichst genau die Temperatur- und Druckbedingungen, die bei Beendigung der ersten Vergasung vorhanden waren, wieder hergestellt werden. Über Nacht darf der Gasbehälter nicht gefüllt unter Druck stehen, da in diesem Falle Gas durch das Absperrwasser der Gasglocke diffundiert und somit ungemessen verloren geht.

Faktorentabelle

für Acetylenbestimmungen zur Umrechnung des über Wasser gemessenen Gasvolumens v = 100 auf 15° C und 760 mm äußeren Druck.

Temperatur	660	670	680	690	700	710	720	730	740	750	760	770	780
0°	92,5	93,9	95,4	96,8	98,2	99,6	101,0	102,4	103,8	105,2	106,7	108,1	109,5
1°	92,1	93,5	95,0	96,4	97,8	99,2	100,6	102,0	103,4	104,8	106,2	107,6	109,0
2°	91,8	93,2	94,6	96,0	97,4	98,8	100,2	101,6	103,0	104,4	105,8	107,2	108,6
3°	91,4	92,8	94,2	95,6	97,0	98,3	99,7	101,1	102,5	103,9	105,3	106,7	108,1
4°	91,0	92,4	93,7	95,1	96,5	97,9	99,3	100,7	102,1	103,5	104,9	106,3	107,7
5°	90,6	92,0	93,4	94,7	96,1	97,5	98,9	100,3	101,6	103,0	104,4	105,8	107,2
6°	90,2	91,6	92,9	94,3	95,7	97,1	98,5	99,8	101,2	102,6	104,0	105,4	106,8
7°	89,8	91,2	92,6	93,9	95,3	96,7	98,1	99,5	100,8	102,2	103,6	105,0	106,3
8°	89,4	90,8	92,2	93,5	94,9	96,3	97,7	99,0	100,4	101,8	103,1	104,5	105,9
9°	89,0	90,4	91,8	93,1	94,5	95,9	97,2	98,6	100,0	101,3	102,7	104,1	105,4
10°	88,6	90,0	91,4	92,7	94,1	95,4	96,8	98,2	99,5	100,9	102,3	103,6	105,0
11°	88,3	89,6	91,0	92,3	93,7	95,0	96,4	97,7	99,1	100,5	101,8	103,2	104,5
12°	87,8	89,2	90,5	91,9	93,3	94,6	96,0	97,3	98,7	100,0	101,4	102,7	104,1
13°	87,4	88,8	90,1	91,5	92,8	94,2	95,5	96,9	98,2	99,6	100,9	102,3	103,6
14°	87,0	88,4	89,7	91,0	92,4	93,7	95,1	96,4	97,8	99,1	100,5	101,8	103,1
15°	86,6	88,0	89,3	90,6	92,0	93,3	94,6	96,0	97,3	98,7	100,0	101,3	102,7
16°	86,2	87,5	88,9	90,2	91,5	92,9	94,2	95,5	96,9	98,2	99,5	100,9	102,2
17°	85,8	87,1	88,4	89,8	91,1	92,4	93,8	95,1	96,4	97,7	99,1	100,4	101,7
18°	85,4	86,7	88,0	89,3	90,7	92,0	93,3	94,6	96,0	97,3	98,6	100,0	101,3
19°	84,9	86,3	87,6	88,9	90,2	91,6	92,9	94,2	95,5	96,8	98,2	99,5	100,8
20°	84,5	85,8	87,2	88,5	89,7	91,1	92,4	93,7	95,0	96,4	97,7	99,0	100,3
21°	84,1	85,4	86,7	88,0	89,3	90,6	92,0	93,3	94,6	95,9	97,2	98,5	99,8
22°	83,7	85,0	86,3	87,6	88,9	90,2	91,5	92,8	94,1	95,4	96,7	98,0	99,3
23°	83,2	84,5	85,8	87,1	88,4	89,7	91,0	92,3	93,6	94,9	96,2	97,5	98,8
24°	82,8	84,0	85,4	86,7	88,0	89,2	90,5	91,8	93,1	94,4	95,7	97,0	98,3
25°	82,3	83,6	84,9	86,2	87,5	88,8	90,1	91,4	92,7	94,0	95,3	96,5	97,8
26°	81,8	83,1	84,4	85,7	87,0	88,3	89,6	90,9	92,2	93,4	94,7	96,0	97,3
27°	81,4	82,7	83,9	85,2	86,5	87,8	89,1	90,4	91,7	92,9	94,2	95,5	96,8
28°	80,9	82,2	83,5	84,7	86,0	87,3	88,6	89,9	91,2	92,4	93,7	95,0	96,3
29°	80,4	81,7	83,0	84,2	85,5	86,8	88,1	89,4	90,6	91,9	93,2	94,5	95,7
30°	79,9	81,2	82,5	83,7	85,0	86,3	87,6	88,8	90,1	91,4	92,6	93,9	95,2

[1] Ein ähnlicher Apparat, in dem aber jedesmal nur 100 g Carbid zur Vergasung gelangen, der infolgedessen auch kleiner und billiger ist, ist in der Revue générale de l'Acétylène 1910, H. 7, S. 3 beschrieben. (Vgl. Carbid u. Acetylen 1910, Nr. 14, S. 163.) Mit ihm sollen sich angeblich gute Resultate erzielen lassen.

Proportionalteile.

I. Bei steigendem Druck für je 1 mm zu addierende Proportionalteile.

	1,4	1,3	1,2
1	0,14	0,13	0,12
2	0,28	0,26	0,24
3	0,42	0,39	0,36
4	0,56	0,52	0,48
5	0,70	0,65	0,60
6	0,84	0,78	0,72
7	0,98	0,91	0,84
8	1,12	1,04	0,96
9	1,26	1,17	1,08
10	1,40	1,30	1,20

II. Bei steigender Temperatur für je 0,1° C zu subtrahierende Proportionalteile.

	0,5	0,4	0,3
0,1	0,05	0,04	0,03
0,2	0,10	0,08	0,06
0,3	0,15	0,12	0,09
0,4	0,20	0,16	0,12
0,5	0,25	0,20	0,15
0,6	0,30	0,24	0,18
0,7	0,35	0,28	0,21
0,8	0,40	0,32	0,24
0,9	0,45	0,36	0,27
1,0	0,50	0,40	0,30

Carbidstaub und feinkörniges Carbid (unter 3 mm Körnung) müssen, um die plötzliche Drucksteigerung beim Einwurf ins Wasser zu vermeiden, in Papier eingehüllt in die Kästen gebracht werden; auch dürfen nicht mehr als 500 g in jeden Kasten gefüllt werden. Bei solchen und anderen schnellvergasenden Carbidsorten empfiehlt es sich, den Gasbehälter vor Einwurf des Carbides vollkommen zu entlasten.

Die bei den einzelnen Vergasungen gefundenen Ausbeutezahlen werden auf 15° und 760 mm Barometerstand umgerechnet, wobei man sich der vorstehenden von *Hammerschmidt*[1] veröffentlichten Tabellen bedienen kann.

Nicht berücksichtigt ist in der Haupttabelle und den beiden Hilfstabellen I und II die Änderung des Barometerstandes, wenn derselbe bei einer von 15° abweichenden Temperatur beobachtet wurde. Die dafür in Betracht kommenden Korrektionsgrößen sind in der folgenden Tabelle zusammengestellt.

III. Bei einer von 15° C abweichenden Barometerablesung sind für je 10° Temperaturabweichung des Barometers von 15° die nach obiger Tabelle ermittelten Faktoren um ± 0,173% zu korrigieren. Daraus ergeben sich folgende zu addierende oder zu subtrahierende Korrektionsgrößen:

Temperatur	Faktoren			
	110	100	90	80
0°	+ 0,29	+ 0,26	+ 0,23	+ 0,21
5°	+ 0,19	+ 0,17	+ 0,16	+ 0,14
10°	+ 0,10	+ 0,09	+ 0,08	+ 0,07
15°	—	—	—	—
20°	— 0,10	— 0,09	— 0,08	— 0,07
25°	— 0,19	— 0,17	— 0,16	— 0,14
30°	— 0,29	— 0,26	— 0,23	— 0,21

IV. Um ein Gasvolumen bei 15° C und 760 mm äußerem Druck bei gleicher Temperatur auf trockenes Gas bei 0° und einen Druck von 760 mm Quecksilbersäule gleicher Temperatur zu reduzieren, sind 7,04% vom ersten Volumen in Abzug zu bringen.

[1] Acetylen in Wissenschaft u. Industrie 1901, 69. Eine ähnliche Tabelle von *Fröhlich* ist im Verlag von Marhold, Halle 1901 erschienen.

Das folgende von *Hammerschmidt* angeführte Beispiel möge den Gebrauch der Tabelle zeigen:

Beispiel. Es wurden beobachtet bei 13,6° C 320,3 l Rohacetylen. Das in einem anderen Raume befindliche Barometer zeigte einen Stand von 733 mm bei 19° C. Es soll das Gasvolumen auf 15° und 760 mm äußeren Druck bei gleicher Temperatur reduziert werden. Man suche zunächst den Faktor für 13° und 730 mm; dieser ist 96,9. Da der Faktor für den um 10 mm höheren Druck um 1,3 größer ist, so ist nach der Hilfstabelle I für 3 mm der Proportionalteil = 0,39 hinzuzufügen. Da der Faktor für die um 1° C höhere Temperatur um 0,5 kleiner ist, so ist nach der Hilfstabelle II für 0,6 der Proportionalteil 0,30 abzuziehen. Mithin erhält man

Faktor für 13° und 730 mm		96,9
Proportionalteil für 3 mm	+ 0,39	
Proportionalteil für 0,6°	— 0,30	
	+ 0,09	0,09
		96,99

Will man nun auch noch den Barometerstand auf 15° umrechnen, so hat man nach Tabelle III für den Faktor 100, welcher 96,99 am nächsten liegt, für 5° die Korrektion von 0,09 zu subtrahieren, für eine Abweichung von 4° also 0,07; mithin wird durch die Barometerkorrektion der Faktor 96,99 — 0,07 = 96,92 erhalten. Das Gasvolumen ist also

$$\frac{320{,}3 \cdot 96{,}92}{100} = 310{,}4, \text{ rund } 310 \text{ l.}$$

Um dieses Gasvolumen auf trockenes Gas von 0° und einen Barometerstand von 760 mm Quecksilbersäule von gleicher Temperatur zu reduzieren, sind 7% in Abzug zu bringen; dies ergibt 288,7 l = 289 l. Nach den Vorschriften des Deutschen Acetylenvereins sind die technischen Analysen indes auf feuchtes Gas von 15° C und 760 mm Luftdruck zu beziehen.

Diese umgerechneten Werte ergeben dann zusammen die Gesamtausbeute an Rohacetylen aus dem eingesandten Carbidmuster. Es wird dann noch die aus 1 kg Carbid erhaltene Rohacetylenmenge angegeben.

Teilvergasung.

Für die Teilvergasung sind verschiedene Methoden[1] vorgeschlagen worden, von denen die von *Enoch*[2] am meisten angewandt wird. Hierbei muß das Carbid, soweit es größere Stücke enthält, zerkleinert werden, was am einfachsten in einem eisernen Mörser, der mit einer Gummikappe überzogen ist, bewerkstelligt werden kann. Nach dem Zerkleinern, das schnell vor sich gehen muß, wird die ganze Probe mit einem Hornlöffel gut durchgemischt und je 50 g der Mischung in die Kolben gebracht. Der Sicherheit wegen füllt man auf einmal 5 bis 10 Kolben, die gut verschlossen werden. Diese Kolben haben 1 l Inhalt und zeichnen sich aus durch einen weiten kurzen Hals, damit das Carbid leicht eingefüllt werden kann und selbst größere Stücke glatt hindurchgehen.

[1] *Bamberger:* Zeitschr. f. angew. Chemie 1898, 196; Zeitschr. f. Calciumcarbid u. Acetylen 1897, 232; *Erdmann* u. *v. Unruh:* Journ. f. prakt. Chemie 1901, 233; *Lunge* u. *v. Cedercreutz:* Zeitschr. f. angew. Chemie 1897, 651; Methode von *Finkener, Rothe* u. *Hinrichsen:* Mitteil. a. d. Kgl. Materialprüfungsamt Groß-Lichterfelde; Zeitschr. f. Calciumcarbid u. Acetylen 1907, 122.

[2] Zeitschr. f. Calciumcarbid u. Acetylen 1905, 53.

Inzwischen ist der Apparat Fig. 2 vorgerichtet; die Gasometerflasche *B*, 20 l Inhalt, mit Tubus unten, ist mit Kochsalzwasser gefüllt, das durch den ersten Versuch mit Acetylen gesättigt wird. Durch den Tubus führt ein weites Glasrohr mit Gummischlauch zu dem großen Scheidetrichter *C*, dessen Hahn geschlossen ist. Oben trägt die Flasche *B* einen Gummistopfen, durch den das Gaseinleitungsrohr von *A* führt und ein tief eintauchendes Thermometer. Von Kolben *A* wird nun der Stopfen entfernt und sofort der Gummikork aufgesetzt, der das Gaszuleitungsrohr zu *B* und einen Tropftrichter zur Aufnahme des Zersetzungs-Kochsalzwassers trägt. Am ganzen Apparat sind demnach nur zwei Hähne vorhanden, einer am Tropftrichter und einer am Scheidetrichter. Der Scheidetrichter wird mit offenem Hahn auf den Tisch gelegt, dabei sinkt das Wasser in *B* ein wenig durch den geringen Unterdruck und man kann sofort erkennen, ob der Apparat luftdicht ist.

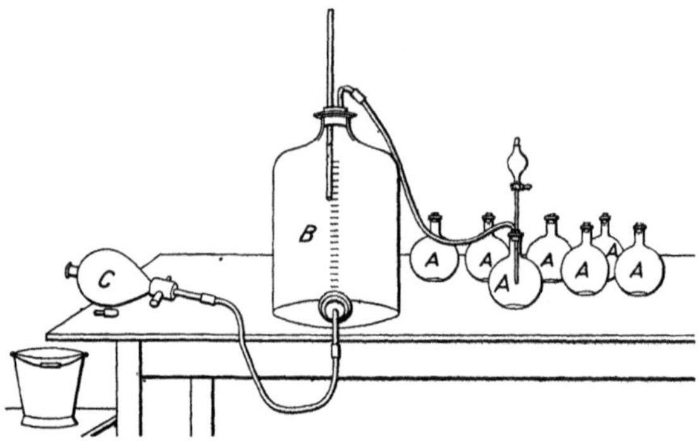

Fig. 2. Apparat zur Bestimmung der Gasausbeute von Calciumcarbid nach *Enoch*.

Nun läßt man aus dem Tropftrichter ganz langsam Kochsalzwasser in *A* eintreten. Die Gasentwicklung erfolgt sofort. Zuerst gelangt die in *A* enthaltene Luft, dann das entwickelte Gas nach *B*, während aus *C* das Kochsalzwasser in dem Maße abläuft, wie Gas in den Gasbehälter eintritt. Wird die Gasentwicklung in *A* zu stürmisch, so daß Gas in den Tropftrichter eintreten will, schließt man ihn für einen Augenblick, wodurch sich der Zufluß von selbst reguliert und ein stetes Tropfen erfolgt. Das Carbid in *A* erhitzt sich, jedoch nicht so hoch, daß Glühen oder Polymerisation eintritt.

Nachdem die Gasentwicklung nachgelassen hat, wird der Kolben *A* mit dem acetylengesättigten Kochsalzwasser aus *C* gefüllt und dadurch ganz abgekühlt. Sobald sich der Kalk in *A* klar abgesetzt hat, — ein Zeichen, daß Acetylen nicht mehr entwickelt wird — wird *A* ganz mit Wasser gefüllt und der Apparat so lange stehen gelassen, bis das Gas in *B* die Zimmertemperatur, der dann die Temperatur des Absperrwassers gleich sein muß, angenommen hat.

Die Ablesung der erhaltenen Gasmenge geschieht folgendermaßen: Die Gasbehä'terflasche *B* ist in ganze Liter geteilt, und zwar beginnt die Teilung unmittelbar unterhalb des Gummistopfens. Man bringt die Flüssigkeit in *C* in die gleiche Höhe des Wasserniveaus in *B*, schließt den Stopfen des Scheidetrichters *C*, so daß der Stand in *B* derselbe bleibt und füllt nun nach der Entfernung des Gummistopfens Kochsalzwasser in *B* nach bis zum nächsten Teilstrich. Angenommen, der Stand des Absperrwassers liegt zwischen 15 und 16 l. Es wird dann durch einen Meßzylinder soviel Wasser nachgefüllt, bis der Teilstrich 15 erreicht ist, wozu 425 ccm gebraucht wurden. Es beträgt dann das Volumen des Gases 15 425 ccm. Von diesem Betrag ist aber noch das genaue Volumen von *A* (bei Benutzung von 1 l-Kolben 1 l) abzuziehen, da bei Beginn des Versuches zuerst die im Kolben befindliche Luft nach *B* gelangt. Da nun am Schluß des Versuches der Kolben *A* vollkommen mit Wasser gefüllt wird, also alles Acetylen nach *B* getrieben wird, muß das Luftvolumen von *A* abgezogen werden.

Bei dem ersten Versuch, durch den gleichzeitig die Sättigung des Absperrwassers erfolgt, wird die Ablesung des Volumens in *B* so vorgenommen, daß nach dem Niveauausgleich der Wasserstand in *B* markiert wird. Man entfernt dann den Stopfen mit Zuleitung und Thermometer, setzt einen massiven Gummistopfen auf und schüttelt um, wodurch sich das Acetylen bis zur ziemlichen Sättigung im Wasser löst. Das Lösen des Acetylens soll nicht bis zur vollkommenen Sättigung des Wassers getrieben werden, da beim Öffnen von *C* in der Gasflasche ein Unterdruck vorhanden ist, wodurch bei vollkommener Sättigung des Absperrwassers leicht Gas aus dem Wasser in den Gasraum übertreten könnte. Die Versuche werden so oft wiederholt, bis die Ergebnisse möglichst wenig voneinander abweichen. Zur Ausrechnung kann man sich der oben angegebenen Tabellen bedienen.

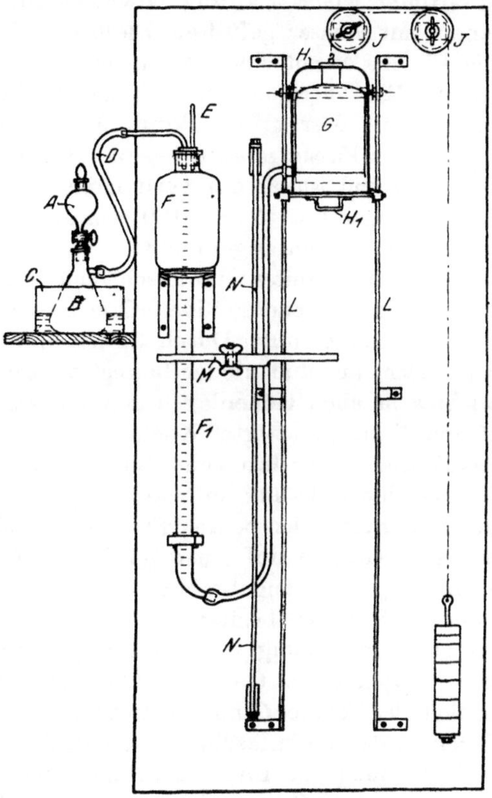

Fig. 2a. Neuer Apparat für Feincarbidanalysen.

Einen neuen **Apparat zur Bestimmung der Gasausbeute von Feincarbid**, wie es zur Kalkstickstoffabrikation benutzt wird, beschreibt Dr. *E. von Drathen*[1]. Der Apparat bezweckt, den Gehalt eines Feincarbides möglichst genau zu ermitteln; es wird dies dadurch ermöglicht, daß zur Abmessung der entwickelten Gasmenge eine graduierte 5-Literflasche mit einem stark verjüngten Ansatzrohr am Boden dient. Auf diesem Rohr ist eine Teilung von 10 zu 10 ccm angebracht, so daß eine Ablesung mit 5 ccm Genauigkeit gewährleistet wird.

[1] Chem. Ztg. **45** (1921) Nr. 56, S. 447.

Den Apparat zeigt die umstehende Abbildung. (Fig. 2a, S. 65). Seine hauptsächlichen Teile sind der Entwickler *AB*, die Gassammelflasche *F* mit Ansatz F_1 und die Niveauflasche *G*. In den Scheidetrichter *A*, der oben einen eingeschliffenen Stopfen trägt, wird die zu untersuchende Menge (20 g), mit Sand gemischt, hineingebracht. Mittels eines guten Gummistopfens ist der Trichter auf eine Filterflasche *B* aufgesetzt, die mit gesättigter Kochsalzlösung beschickt ist. Gekühlt wird die Flasche *B* in einem mit Wasser gefüllten Blechtrog *C*. Ein Gummischlauch *D* verbindet die Flasche *B* mit einem Gasmeßgefäß *F*, welches sich in das Rohr F_1 verjüngt. Ein Thermometer *E* zeigt die Temperatur des entwickelten Acetylens an. Der große Raum *F* faßt 5 Liter, während das enge Rohr F_1 800 ccm Fassungsraum besitzt. Die Teilung beginnt am engen Hals der Flasche *F* und ist bis zur verjüngten Stelle in Zwischenräumen von 50 zu 50 ccm durchgeführt. Von 5100 ccm an ist die Teilung auf dem Ansatzrohr von 10 zu 10 ccm angebracht.

Ein dicker, weiter Gummischlauch verbindet nun das Gasmeßgefäß F_1 mit einer 6 Liter fassenden Niveauflasche *G*, die auf einem Schiebegestell *H* mit 2 Laufschienen *L* ruht. Durch Ziehen an der Handhabe H_1 kann das Gestell sehr leicht auf und nieder bewegt werden. Es ist mit Hilfe eines Tariergewichtes in allen Höhenlagen festzuhalten. Beim Füllen der beiden Gefäße *G* und *F* mit gesättigter Kochsalzlösung zum Gebrauch des Apparates kann das Festhalten nur durch eine Bremsvorrichtung an den Rollen *J* erzielt werden.

Da eine Ablesung infolge der großen Abmessungen des Apparates und der Entfernung der beiden Flaschen *G* und *F* voneinander mit bloßem Auge ungenau wird, ist auf einer gehobelten Eisenschiene *N* ein wagerechter Ablesungszeiger *M* angebracht, der nach beiden Seiten in der Horizontalen drehbare Schenkel besitzt.

Die Handhabung des Apparates geschieht in derselben Weise wie bei den gewöhnlichen Gasentwicklungsapparaten mit Niveauflaschen. Durch Senken des Gefäßes *G* bis zur tiefsten Stelle erreicht man einen großen Unterdruck in der Filterflasche *B*, so daß das Carbid-Sandgemisch weit schneller und gleichmäßiger durch das Hahnküken des Scheidetrichters hindurchgeht. Nach beendeter Gasentwicklung wird mit Hilfe des Zeigers *M* die Flasche *G* so eingestellt, daß die Flüssigkeitsspiegel in *G* und F_1 gleich hoch stehen. Durch Ablesen der ccm-Anzahl an dem Rohr F_1 hat man dann die entwickelte Menge Acetylen aus 20 g Carbid.

Der Scheidetrichter *A* besitzt ein Hahnküken mit doppelt kegelförmiger Bohrung, und zwar so, daß in der Mitte des Kükens sich die engste Stelle mit einem Durchmesser von 1,5 mm befindet, während der obere Durchmesser der Bohrung 2,5 mm beträgt. Der große Vorteil dieser Bohrung liegt darin, daß gröbere Carbid- und Sandstücke, die die Bohrung des Kükens verstopfen, durch einfaches Drehen des Kükens um 180° in die Entwicklerflasche *B* befördert werden können.

Inwieweit sich dieser Apparat in der Praxis bewährt, ist nicht bekannt; an sich müssen mit ihm recht gute Ergebnisse erzielt werden, sofern von etwaigen Ungenauigkeiten bei der Probenahme[1] abgesehen wird, was aber bei Feincarbid wohl nicht so sehr ins Gewicht fällt wie bei Stückencarbid.

Bei Anordnung mehrerer Entwickler *A B* müßte es möglich sein, mehrere Bestimmungen schnell hintereinander ausführen zu können. Praktisch erscheint es, die Bremsvorrichtung am Schiebegestell *H* und den Gleitschienen *L* vorzusehen, statt an den Rollen *J*. Trotz Feststellen dieser Rollen wäre ein Rutschen des Schiebegestells unter Umständen möglich.

Bei der Bestimmung der Gasausbeute mit diesem Apparat wird es nötig sein, durch einen Vorversuch die ungefähre Gasausbeute festzustellen, um danach die genaue Einwage an Carbid zu ermitteln. Sonst kann der Fall eintreten, daß entweder zu viel Gas entwickelt wird, wobei dann die Meßvorrichtung nicht ausreicht, oder es wird zu wenig Gas entwickelt, so daß das Gas nicht in die Meßröhre F_1 eintritt, wodurch eine genaue Messung unmöglich wird.

Beurteilung der Untersuchungsmethoden.

Versuche in der Untersuchungsstelle des Deutschen Acetylenvereins bestätigten die längst bekannte Tatsache, daß das Handelscarbid ein sehr ungleichartiges Produkt ist. Proben derselben Lieferung weisen oft beträchtliche Verschiedenheiten im Gasgehalt auf. Es wurden drei zur Untersuchung eingesandte Muster grobstückigen Carbides je in zwei ungefähr gleiche Teile zerlegt. Von jedem dieser Teile wurde die Gasausbeute durch Totalvergasung ermittelt und daraus die Ausbeute für 1 kg Carbid berechnet. Dies ergab folgende Zahlen:

	Teil 1	Teil 2	Mittel
Muster I:	290,98	284,21	287,59
Muster II:	311,93	292,83	302,38
Muster III:	301,31	299,69	300,50

Wird ein größeres Muster in mehrere ungleichgroße Portionen geteilt, so ergeben die kleineren Portionen fast stets vom Durchschnitt stark abweichende Ausbeuteziffern. So zeigte z. B. eine Probe von etwa 12 kg im ersten Teil von 10 kg einen Gehalt von 243,5 l Rohacetylen im Kilogramm, während der Rest von 2 kg nur 224,3 l für das Kilogramm ergab.

Diese Beobachtungen sprechen für die Überlegenheit der Totalvergasungsmethode, da bei dieser der wirkliche Gesamtgehalt der ganzen Probe gemessen wird, während bei der Teilvergasung immer nur verhältnismäßig sehr kleine Teile des Musters tatsächlich untersucht werden, so daß selbst bei sorgfältigster Durchmischung des Musters Zufälligkeiten in der Entnahme der zu untersuchenden Teilproben über das Ergebnis entscheiden.

Zum Vergleich beider Methoden seien in folgenden Tabellen die von *Fränkel*[2] erhaltenen Werte nach der Totalvergasung und der Teilvergasung nach *Enoch* aufgeführt:

---

[1] Vgl. den nachfolgenden Abschnitt: „Beurteilung der Untersuchungsmethoden."

[2] Zeitschr. f. Calciumcarbid u. Acetylen 1906, 239.

Carbidprobe I:

1. Totalvergasung:

Zu jedem Versuche wurden etwa 800 g Carbid von ursprünglicher Größe verwendet. Die Versuchsergebnisse sind auf 1 kg umgerechnet. Die Gasausbeute betrug:

Versuch I	305,84 l	bei 15° und 760 mm
„ II	300,13 l	
„ III	307,40 l	
Mittelwert	304,46 l	

2. Teilvergasung.

Zu jedem Versuche wurden 50 bis 60 g Carbid verwendet.

Korngröße	Versuch	Ausbeute auf 1 kg
Über 10 mm bis etwa Nußgröße . .	I	300,56
	II	297,60
	III	301,92
	VI	306,86
	V	305,74
	Mittelwert	302,536
3 bis 10 mm	I	300,17
	II	299,86
	III	305,00
	IV	304,00
	Mittelwert	302,26

Carbidprobe II:

1. Totalvergasung.

Versuch I (kleine Stücke)	279,93 l
„ II (große Stücke)	309,92 l
„ III (kleine Stücke)	308,31 l
„ IV (mittlere Stücke)	275,67 l
„ V (kleine Stücke)	289,93 l
„ VI (große Stücke)	298,77 l
„ VII (große Stücke)	299,75 l
Mittelwert	294,61 l

2. Teilvergasung.

Korngröße	Versuch	Ausbeute auf 1 kg
Über 10 mm bis Nußgröße	I	274,54
	II	269,93
	III	292,88
	IV	296,90
	Mittelwert	283,56
3 bis 10 mm	I	285,07
	II	293,33
	III	284,00
	IV	300,64
	V	293,68
	Mittelwert	291,344

Aus den angeführten Zahlen geht hervor, daß bei der Totalvergasung etwas höhere Werte erhalten wurden als bei der Teilvergasung, jedoch blieben die einzelnen Werte innerhalb der Fehlergrenzen. Bei Probe II ist zu bemerken, daß diese eine ganz ungleichartige Beschaffenheit hatte, indem neben gut durchgeschmolzenen Stücken solche von poröser Beschaffenheit mit Schlackeneinschlüssen vorhanden waren. Daraus läßt sich auch die geringere Ausbeute bei dem grobstückigen gegenüber dem feinkörnigeren Carbid erklären[1].

Bei einer solchen Carbidsorte kann nur die Totalvergasung zu richtigen Ergebnissen führen. Das gleiche gilt für große Proben aus ganzen Waggonladungen, zumal von grobstückiger Ware. In allen Fällen muß bei Anwendung der Teilvergasungsmethode, soweit es sich nicht um ganz kleine Muster handelt, unbedingt eine größere Zahl von Bestimmungen mit verschiedenen Teilen der Gesamtprobe vorgenommen werden.

Die Ausbeute an Rohacetylen aus 1 kg Handelscarbid soll im allgemeinen bei Stücken von 15 bis 80 mm Korngröße 300 l (bei 15° C. und 760 mm Druck) betragen; 1 kg feinkörniges Carbid von der Körnung 4 bis 15 mm soll im Durchschnitt 270 l Rohacetylen enthalten. Als Fehlergrenze gelten 2%.

In den letzten Kriegsjahren und nach dem Kriege sind die Anforderungen an den Gasgehalt des Carbides erheblich zurückgegangen.

---

[1] In der Regel findet man bei Carbid über 15 mm Korngröße eine höhere Gasausbeute als bei kleinkörnigem Carbid und bei Staub.

Verunreinigungen des Rohacetylens.

Von den im Calciumcarbid vorkommenden Verunreinigungen sind die besonders wichtig, welche, wie das Carbid, gleichfalls durch Wasser zerlegt werden und dabei gasförmige Produkte bilden. Diese sind insofern nachteilig, als sie beim Verbrennen des Acetylens einesteils dessen Leuchtkraft beeinflussen, andererseits die Entwicklungssicherheit gefährden und auch, zumal in bewohnten Räumen, zu Gesundheitsbelästigungen führen können. Zusammensetzung und Menge dieser gasförmigen Verunreinigungen sind auch bei Benutzung derselben Carbidsorte nicht gleichbleibend. Sie hängen ab von der Art der bei der Entwicklung des Acetylens benutzten Apparate und der dabei auftretenden Temperatur.

Im Rohacetylen sind die ersten drei in der nachfolgenden Zusammenstellung aufgeführten Verunreinigungen immer vorhanden, während die übrigen seltener auftreten oder auch ganz fehlen.

1. Schwefelhaltige Verbindungen;
2. phosphorhaltige Verbindungen;
3. stickstoffhaltige Verbindungen;
4. siliciumhaltige Verbindungen;
5. sonstige Verunreinigungen (Arsenverbindungen, Wasserstoff, Kohlenoxyd, Stickstoff, Sauerstoff).

Schwefelhaltige Verbindungen.

Die schwefelhaltigen Produkte bilden sich in der Hauptsache aus dem im Calciumcarbid als Verunreinigung vorhandenen Aluminiumsulfid, Calciumsulfid und Calciumcarbosulfid[1], aber unter verschiedenen Bedingungen. Aluminiumsulfid wird in der Kälte und Wärme unter Entbindung von Schwefelwasserstoff zersetzt, während Calciumsulfid erst bei höheren Temperaturen Schwefelwasserstoff abgibt. Das Calciumcarbosulfid schließlich wird weder bei gewöhnlicher noch bei höherer Temperatur durch Wasser zersetzt, gibt jedoch bei höherer Temperatur flüchtige schwefelhaltige Produkte.

Die Menge der im Rohacetylen enthaltenen Schwefelverbindungen ist im hohen Grade abhängig von der Entwicklungsart des Acetylens, d. h. ob das Gas bei niederer oder höherer Temperatur entwickelt wurde. Der im Calciumcarbid in fester Bindung enthaltene Schwefel geht bei der Einwirkung von Alkalien zum Teil in Sulfid, zum Teil in eine Verbindung über, in der die größte Menge des Schwefels durch Wasserdampf in Form von Schwefelwasserstoff abgespalten wird.

---

[1] *Caro:* Handb. f. Acetylen 1904, 64; vgl. auch *Caro:* Die Explosionsursachen von Acetylen (Verhandl. d. Ver. z. Förd. d. Gewerbefl. 1906).

Bei Apparaten, in denen Acetylen bei niederer Temperatur mit großem Wasserüberschuß entsteht, wird der Schwefel hauptsächlich nur aus den Sulfiden in Form von Schwefelwasserstoff erhalten und zumeist im Schlamm zurückgehalten, während bei Apparaten, in denen Acetylen bei hoher Temperatur durch Auftropfen von Wasser auf Carbid erzeugt wird, das Gas bedeutend reicher an schwefelhaltigen Produkten ist. Nebenbei bilden sich auch organische komplexe Schwefelverbindungen, die auch noch Phosphor und Stickstoff enthalten können. Ihre Natur ist noch nicht völlig aufgeklärt. Durch Erhitzung oder Hydrolyse werden diese gespalten unter Entwicklung von H_2S. Die Menge des im Acetylengase enthaltenen Schwefels ist demnach hauptsächlich von der Art der Zersetzung des Carbides abhängig; sie beträgt, auf Schwefelwasserstoff berechnet, mindestens 0,001%, höchstens 1,5% und im Durchschnitt bei Einwurfapparaten 0,08, bei Tropfapparaten 0,9%, bei Überschwemmungsapparaten 0,16 bis 1,2%[1].

Phosphorhaltige Verbindungen.

Die phosphorhaltigen Verbindungen im Rohacetylen verdanken ihren Ursprung zum größten Teil dem im Carbid fast immer enthaltenen Phosphorcalcium, aus dem sich durch Einwirkung von Wasser gemäß nachstehenden Gleichungen verschiedene Phosphorwasserstoffverbindungen bilden können:

$$P_2Ca_3 + 6\,H_2O = 2\,PH_3 + 3\,Ca(OH)_2$$
$$P_2Ca_2 + 4\,H_2O = P_2H_4 + 2\,Ca(OH)_2.$$

Ferner können solche entstehen aus dem durch eine sekundäre Reaktion im elektrischen Ofen gebildeten Carbophosphid[2]. Es wird angenommen, daß sich bei der Temperatur des elektrischen Ofens ein Calciumphosphid bildet, das keinen selbstentzündlichen Phosphorwasserstoff liefert[3]. Trotzdem ist aber nicht ausgeschlossen, daß ein Acetylenluftgemisch durch ihn entzündet wird, wenn er in solchen Mengen vorhanden ist, daß seine Oxydationswärme zur Entzündung des Gasgemisches ausreicht.

Entzündungen von Acetylen bzw. Acetylenluftgemischen durch Phosphorwasserstoff mögen vielleicht schon vorgekommen sein, jedoch ist es sehr schwer, dies einwandfrei festzustellen. Nur wenn erhebliche Mengen Phosphorwasserstoff im Carbid bzw. in dem daraus entwickelten Rohacetylen nachgewiesen werden können, ist mit der Möglichkeit, nicht aber mit Bestimmtheit, einer Entzündung durch dieses das Acetylen verunreinigende Gas zu rechnen. Es müssen dann verschiedene Umstände zusammen wirken, deren Ermittlung aber auf Schwierigkeiten stößt.

Die Selbstentzündlichkeit des gewöhnlichen, gasförmigen Phosphorwasserstoffs (Phosphortrihydrür PH_3) soll bekanntlich hervorgerufen werden durch die Gegenwart des flüssigen Phosphorwasserstoffs P_2H_4[4]. Wird dieser flüssige

---

[1] *Caro:* Handb. f. Acetylen 1904, 231.
[2] *Lidow:* Journ. d. russ. phys.-chem. Ges. 16. bis 18. Nov. 1897.
[3] *Moissan:* Compt. rend. de l'Acad. des Sc. **127**, 457; Elektr. Ofen, Nachtrag.
[4] Vgl. *Richter:* Lehrbuch der anorganischen Chemie.

Phosphorwasserstoff aus dem gasförmigen entfernt, so ist dieser bei Temperaturen unter 100° nicht mehr selbstentzündlich. Erst bei 100° entzündet sich auch der reine von P_2H_4 freie Phosphorwasserstoff[1]. Oxydationsmittel, z. B. Salpetersäure machen ihn durch Bildung von P_2H_4 wieder selbstentzündlich.

$$4\,PH_3 + O_2 = 2\,P_2H_4 + 2\,H_2O\,.$$

Der flüssige Phosphorwasserstoff P_2H_4 wiederum kann sich in Berührung mit einigen Körpern, wie Kohle und Schwefel, sowie auch durch die Einwirkung des Lichtes zersetzen in gasförmigen und festen Phosphorwasserstoff:

$$5\,P_2H_4 = 6\,PH_3 + P_4H_2\,.$$

Der feste Phosphorwasserstoff (P_4H_2) ist ein gelbes Pulver, das sich bei 160° oder durch Stoß entzündet.

Entzündungen von Acetylen wären also durch Phosphorverbindungen nur dann möglich, wenn entweder flüssiger Phosphorwasserstoff P_2H_4 vorhanden ist, wenn das Acetylen mit genügend großen Mengen des gasförmigen Phosphorwasserstoffs auf Temperaturen über 100° erhitzt wurde, oder wenn fester Phosphorwasserstoff sich gebildet hat, der durch Stoß oder Reibung entzündet werden könnte.

Phosphorwasserstoff ist im Rohacetylen immer enthalten[2]. Acetylen, bei niederer Temperatur entwickelt, enthält meist reinen-Phosphorwasserstoff, während solches bei hoher Temperatur (Tropfapparat) entwickelt, neben Phosphorwasserstoff auch organische Phosphorverbindungen enthält[3]. Im Gegensatz aber zu den Schwefelverbindungen ist das bei hoher Temperatur entstandene Gas ärmer an Phosphorverbindungen als das bei niederer Temperatur im Einwurfapparat erzeugte. Dieses Verhalten ist darauf zurückzuführen, daß Phosphorwasserstoff bei höherer Temperatur auf Alkalien, in diesem Falle auf Calciumhydroxyd, unter Bildung von hypophosphoriger Säure einwirkt[4].

Die Menge des im Rohacetylen enthaltenen Phosphorwasserstoffs schwankt zwischen 0,03 und 1,8%, im Mittel beträgt sie 0,08%[5].

Stickstoffhaltige Verbindungen.

Von den stickstoffhaltigen Produkten ist im Rohacetylen Ammoniak immer enthalten, wobei es gleichgültig ist, ob das Gas bei hoher oder niederer Temperatur entwickelt wurde. Es entsteht aus den im Handelscarbid enthaltenen Stickstoffverbindungen Magnesiumnitrit[6], Aluminiumnitrit[7], Amido-

[1] Nach *Dupré* u. *B. Lloyd* soll die Entzündungstemperatur über 200° liegen; vgl. Zeitschr. f. Calciumcarbidfabrikation 1906, S. 235.
[2] *Willgerodt:* Berichte d. Deutsch. chem. Ges. **28**, 2, 2107.
[3] *Caro:* Zeitschr. f. Calciumcarbid u. Acetylen 1899, 99.
[4] Poggendorffs Annalen **111**, 443.
[5] *Caro:* Handb. f. Acetylen 1904, 234.
[6] *Rossel:* Zeitschr. f. Calciumcarbid u. Acetylen 1897, 205.
[7] *Frank:* Chem.-Ztg., Rep. **263**, 97.

cyanid[1] durch Einwirkung von Wasser. Der Gehalt an Ammoniak im Acetylen ist sehr schwankend. Bei Erzeugung des Gases mit großem Wasserüberschuß und stets rechtzeitiger Erneuerung des Entwicklerwassers wird über 90% des Ammoniaks im Entwicklerwasser zurückgehalten; bei den Tropfapparaten, wie überhaupt bei Apparaten, in welchen nicht im Augenblick der Vergasung für hinreichende Kühlung Sorge getragen ist, bildet ein großer Teil des Ammoniaks Kondensationsprodukte mit Schwefelwasserstoff, Phosphorwasserstoff und auch Acetylen. Ammoniak kann sich demnach auch sekundär bilden, indem diese Kondensationsprodukte durch Wasserdampf gespalten werden.

Die Menge des im Rohacetylen enthaltenen Ammoniaks beträgt 0,02% bis 2,9%; es sind aber auch schon Carbide angetroffen worden, die bei der Zersetzung in Tropfapparaten bis 3,4% Ammoniak ergeben haben[2].

In den teerartigen Produkten, die sich bei dem Betrieb von Tropfapparaten bilden, sind ebenfalls stickstoffhaltige Verbindungen nachgewiesen worden.

Siliciumverbindungen.

Von den im Carbid enthaltenen Siliciumverbindungen, Ferrosilicium, Carborundum, Carbo-Ferrosilicium, Kieselsäure, Calciumsilicid, Ferrosilicid, Carbo-Ferrosilicid und anderen noch nicht einwandfrei festgestellten Verbindungen dieser Art kommen für die Verunreinigung des Rohacetylens nur die Silicide, besonders Calciumsilicid, in Betracht, da nur diese durch Wasser oder Säuren zersetzlich sind und Siliciumwasserstoff erzeugen, der ebenfalls selbstentzündlich sein soll. *Moissan*[3] behauptet allerdings, daß er Calciumcarbid bzw. Acetylen, das sich unter der Einwirkung geringer Mengen Wasser infolge Selbstentzündung von Siliciumwasserstoff an der Luft entzündete, nie unter seinen Händen gehabt habe. Im Rohacetylen ist deshalb Silicium nur als Siliciumwasserstoff oder in Form von Kondensationsprodukten mit Acetylen bzw. den anderen Verunreinigungen desselben vorhanden, da Siliciumwasserstoff die Neigung besitzt, mit Acetylen Kondensationsprodukte zu bilden. Bei Tropf- und Tauchapparaten pflegt die Menge des im Gase vorhandenen Siliciums größer zu sein als im Acetylen, das in Einwurfapparaten erzeugt wurde. Dies beruht aber weniger auf den verschiedenen Entwicklungstemperaturen, sondern darauf, daß Siliciumwasserstoff durch alkalische Flüssigkeiten zersetzt wird[4]. In den Einwurfapparaten kommt der Siliciumwasserstoff in innigere und längere Berührung mit Kalkwasser, wodurch die obenerwähnte Zersetzung vor sich geht.

Die Mengen der im Rohacetylen festgestellten Siliciumverbindungen werden mit 0,8 bis 2,1% angegeben[5].

[1] *Bamberger:* Zeitschr. f. angew. Chemie **11** (1898) 720; Acetylen i. Wissenschaft u. Ind. 1898, 218. *Frank* u. *Caro:* D. R. P. 108 971.

[2] *Caro:* Handb. f. Acetylen 1904, 235.

[3] *Moissan:* Elektrischer Ofen, Nachtrag, S. 44.

[4] *Friedel* u. *Ladenburg:* Liebigs Annalen **143**, 124.

[5] *Caro:* Handb. f. Acetylen 1904, 235. Vgl. dazu *Fränkel:* Zeitschr. f. Calc. u. Acetylen 1908, 185.

Sonstige Verunreinigungen.

In welchen Verbindungen Arsen im Acetylen vorhanden ist, ist noch nicht vollkommen aufgeklärt. Es wird angenommen, daß in der Hauptsache Arsen als Arsenwasserstoff vorkommt, jedoch besteht auch hier die Möglichkeit, daß es noch in anderen Verbindungen und in Kondensationsprodukten auftritt. Die Menge des Arsens ist im allgemeinen gering, sie beträgt bis zu 0,002%.

Kohlenoxyd kommt im Acetylen nicht häufig vor. Bei dem im Einwurfapparat erhaltenen Gase tritt es nur spurenweise auf, häufiger dagegen in dem in Tropfapparaten erhaltenen Gase[1]. *Caro* will Mengen bis zu 2,3% nachgewiesen haben, während *Lundström*, der die Anwesenheit von Kohlenoxyd im Acetylen zuerst feststellte, Mengen bis zu 1,48% angibt.

Lewes[2] nimmt an, daß Kohlenoxyd durch Zersetzung des Wasserdampfes bei hoher Temperatur und Einwirkung von Kohlenstoff oder Acetylen in folgender Weise entsteht:

$$C_2H_2 + 2\,H_2O = 2\,CO + 3\,H_2\,.$$

Versuche bestätigten diese Annahme. *Lewes* erhielt beim Durchleiten eines Gemisches von Wasserdampf und Acetylen durch ein Rohr bei 500° sowohl Kohlenoxyd als auch Wasserstoff.

Caro[3] hat weiter festgestellt, daß andere Carbide, die durch Einwirkung von Kohle auf andere Sauerstoffverbindungen als Oxyde der alkalischen Erden erhalten werden, beim Kochen mit Wasser Gase ergaben, die bis 60% Kohlenoxyd enthielten. Er glaubt, daß diese Verbindungen, deren Natur noch nicht festgestellt ist, ebenfalls eine Erklärung für die Entstehung von Kohlenoxyd im Calciumcarbid geben.

Für die Entstehung des Wasserstoffs im Acetylen wird angenommen, daß metallisches Calcium im Carbid vorhanden ist[4]. Dieses kann entweder durch einen Überschuß an Kalk oder durch zu hohe Temperaturen im elektrischen Ofen entstehen[5].

Wasserstoff kann sich auch durch Zersetzung von Phosphorwasserstoff oder Siliciumwasserstoff durch Kalk bilden; endlich auch durch Zersetzung des Acetylens selbst in Gegenwart von Wasserdampf bei hohen Temperaturen. (Vgl. das bei Kohlenoxyd Gesagte.)

Es kann nach *von Knorre* und *Arndt*[6] angenommen werden, daß der Gehalt an Wasserstoff 0,07 bis 0,27% beträgt. Andere Forscher, wie *Carlson*[7], *Moissan*[8], *Lewes*[9], *Erdmann* und *von Unruh*[10] geben den Gehalt bedeutend höher an (*Lewes* bis 19%).

---

[1] *Caro:* Verhandl. d. Budapester Kongr. f. Acetylen 1899.
[2] *Lewes:* Handb. f. Acetylen 1900, 494.
[3] Handb. f. Acetylen 1904, 237.
[4] *v. Cedercreutz:* Zeitschr. f. Calciumcarbid u. Acetylen 1898, 125.
[5] *Moissan:* Elektr. Ofen 1897, 271; *Birger Carlson:* Zeitschr. f. Elektrochemie **4**, 342.
[6] Verhandl. d. Ver. z. Förd. d. Gewerbefl. 1900, 64.
[7] *Carlson:* Zeitschr. f. Elektrochemie **4** (1898), 342.
[8] *Moissan:* Elektr. Ofen.
[9] *Lewes:* Handb. f. Acetylen 1900, 392.
[10] Journ. f. prakt. Chemie 1901, 233.

Die Anwesenheit größerer Mengen von **Stickstoff und Sauerstoff** im Acetylen ist meist auf die Benutzung von Apparaten zurückzuführen, die auf irgendeine Weise der Luft Zutritt gestatten. Andererseits kann auch Luft in den Poren des Carbides zurückgehalten werden. Außerdem gelangt stets etwas Luft aus dem Entwicklungswasser in das Acetylen. Der Gehalt an Stickstoff und Sauerstoff entspricht nicht immer dem Verhältnis, in dem diese Gase in der Luft vorkommen, vielmehr ist der Gehalt an Stickstoff meist etwas größer, was wohl darauf zurückzuführen ist, daß Sauerstoff auf Verunreinigungen des Acetylens oder auf dieses selbst unter Bildung von Oxydationsprodukten einwirkt.

Hoffmeister[1] glaubt festgestellt zu haben, daß im Acetylen ein **Calciumwasserstoff** vorhanden ist, da er nach der Absorption des von Phosphorwasserstoff völlig gereinigten Acetylens durch Aceton und ammoniakalische Kupferlösung noch einen Gasrest erhielt, der mit intensiver Calciumflamme unter Abscheidung eines weißen Rauches von Kalk verbrannte. *Caro*[2] hat diese Angaben nachgeprüft und ist dabei zu der Auffassung gelangt, daß die Anwesenheit von Calciumwasserstoff nicht sicher ist.

Von den erwähnten Verunreinigungen entstehen stets Schwefelwasserstoff, Phosphorwasserstoff und Ammoniak, bei Vergasung eines jeden normalen Carbides innerhalb gewisser Grenzen. Es sind aber auch Fälle bekannt geworden, in denen die eine oder die andere Verunreinigung in besonders starkem Maße auftrat[3].

Die bisher geschilderten Verunreinigungen verdanken ihren Ursprung den Grundstoffen zur Erzeugung des Calciumcarbides, Kalk oder Kohle.

Es können aber noch weitere Verunreinigungen im Gase selbst entstehen, indem das Acetylen, wie schon oben erwähnt[4], mit den ursprünglichen gasförmigen Verunreinigungen Kondensationsprodukte bildet oder sich selbst polymerisiert. Diese Verunreinigungen treten jedoch nur dann auf, wenn das Acetylen bei zu hoher Temperatur, also bei Einwirkung geringer Mengen Wasser auf große Mengen Carbid entwickelt wird, während diese Produkte bei Benutzung von Apparaten nach dem Einwurf-, Einfall-, Senksystem o. dgl., in welchen das Wasser bei der Reaktion normalerweise stets in erheblichem Überschuß vorhanden ist, nicht beobachtet wurden.

---

[1] Zeitschr. f. anorgan. Chemie **48**, 137; Zeitschr. f. Calciumcarbid u. Acetylen 1906, 53.

[2] Zeitschr. f. Calciumcarbid u. Acetylen 1906, 293.

[3] Zeitschr. f. Calciumcarbid u. Acetylen 1905, 369, 377, 383, 385, 401; 1906, 173; 1907, 353; 1908, 136.

[4] Vgl. S. 42.

Reinigung des Rohacetylens.

Eine gute mechanische und chemische Reinigung des Rohacetylens ist für die Anwendung des Gases zu Beleuchtungszwecken von hervorragender Bedeutung. Ob eine chemische Reinigung des Rohacetylens auch für Schweißzwecke unbedingt nötig ist, darüber sind die Meinungen in Fachkreisen noch geteilt[1]. Vielfach glaubt man mit einer mechanischen Reinigung, die in der Entfernung von mitgerissenen Staubteilen und ähnlichem besteht, auszukommen. Insbesondere hat auch Verf. diese Auffassung stets vertreten, da er in der Praxis einen nachteiligen Einfluß ungereinigten Acetylens beim Schweißen niemals beobachtete. Streng wissenschaftlich entschieden ist aber die Frage noch nicht. Eine mechanische Reinigung (Waschung) erfolgt in ausreichendem Grade in der als Sicherheit in jede Schweißleitung einzubauenden Wasservorlage[2].

Bei Verwendung ungereinigten Acetylens für Beleuchtungszwecke können sich die nachteiligsten Folgen ergeben. Durch die schwefel-, phosphor-, stickstoff- und auch die siliciumhaltigen Verunreinigungen werden die Metallteile der Acetylenapparate stark angegriffen. Weiter geben diese Verunreinigungen dazu Anlaß, daß sich die Brenner leicht verstopfen und dadurch ein Rußen der Flamme herbeiführen. Auch wird die Leuchtkraft des Gases herabgedrückt.

Die übrigen Verunreinigungen, Wasserstoff, Sauerstoff, Stickstoff und Kohlenoxyd, sind meist, da sie in geringer Menge vorhanden sind, ohne merklichen Einfluß; in größeren Mengen können sie jedoch auf die Leuchtkraft des Gases, wenn es im offenen Brenner verbrannt wird, verschlechternd einwirken.

Die zuerst erwähnten Verunreinigungen, Schwefelwasserstoff, Phosphorwasserstoff usw. wirken aber nicht nur an sich schädlich, sondern ergeben auch Verbrennungsprodukte, die wiederum einen nachteiligen Einfluß ausüben. Es verbrennen Schwefelwasserstoff und die sonstigen schwefelhaltigen Verunreinigungen zu schwefliger Säure oder Schwefelsäure, die eine vorzeitige Zerstörung der Brenner bewirken können.

Die phosphor- und siliciumhaltigen Verunreinigungen sind dadurch gefährlich, daß durch sie unter Umständen eine Selbstentzündung des Acetylens erfolgen kann, wenn sie nämlich in größerer Menge und in Verbindung mit Luft vorhanden sind[3]. Bei ihrer Verbrennung scheiden sich weiße Nebel

---

[1] Zeitschr. f. Calciumcarbid u. Acetylen 1908, 206, 224; Carbid u. Acetylen 1914, S. 25; 1920, S. 31.

[2] Vgl. auch S. 249.

[3] Vgl. S. 71 und 73.

von Phosphorsäure und Kieselsäure ab, die in geschlossenen Räumen auf die Atmungsorgane belästigend und schädlich wirken. Die stickstoffhaltigen Verunreinigungen, besonders Ammoniak, geben bei der Verbrennung salpetrige Säure und Salpetersäure, die auf Metallteile zerstörend einwirken und in geschlossenen Räumen auch die Luft verderben.

Die Anwendung gar nicht oder ungenügend gereinigten Acetylens zur Speisung von Glühlichtbrennern hat ein Verrußen und einen starken Verbrauch an Glühkörpern zur Folge. Aus allen diesen Gründen ist eine gute Reinigung des Rohacetylens unbedingt erforderlich. Die Entfernung der Verunreinigungen ist aber insofern etwas schwierig, als man es immer mit wechselnden Mengen nicht genauer bekannter Substanzen zu tun hat. Die Art und Menge der Verunreinigungen hängt, wie schon bei Besprechung der Verunreinigungen des Rohacetylens erwähnt wurde (S. 70), auch bei Benutzung derselben Carbidsorte im hohen Maße von der Art der Entwicklung des Gases ab. Das aus der gleichen Carbidsorte in einem Tropfapparat entwickelte Gas hat eine andere Zusammensetzung als das in einem Einwurfapparat, also bei großem Wasserüberschuß und dadurch bedingter niedriger Temperatur zur Entwicklung gelangte. Während in diesem Falle die Verunreinigungen verhältnismäßig gering und chemisch einfach zusammengesetzt sind, treten in dem bei hoher Temperatur entwickelten Gase die Verunreinigungen in großer Menge und zum Teil als kompliziert zusammengesetzte chemische Verbindungen auf.

Ein Gas mit wenig und einfachen Verunreinigungen läßt sich natürlich leichter reinigen, als ein stark mit komplizierten Verbindungen verunreinigtes. Der Wirkungswert einer Reinigungsmasse ist demnach vollkommen abhängig von der Art des zu reinigenden Gases.

Eine brauchbare Reinigungsmasse muß im allgemeinen imstande sein, auch die ärgsten Verunreinigungen des Rohacetylens möglichst vollständig zu entfernen, ohne aber dabei auf das Gas selbst in irgendeiner Weise einzuwirken. Der Praxis ist es gelungen, solche Reinigungsmassen herzustellen; es kommen indessen vereinzelt Fälle vor, in denen auch die beste Reinigungsmasse versagen kann[1].

Die Entfernung der Verunreinigungen des Rohacetylens kann in verschiedener Weise bewirkt werden. Eine unvollständige, für Zwecke der Außenbeleuchtung aber oftmals genügende Reinigung erzielt man dadurch, daß man das entwickelte Gas mit Kalkwasser wäscht. Hierdurch werden Ammoniak und Schwefelwasserstoff fast vollständig zurückgehalten, so daß das Gas nur noch neben Phosphor- und Siliciumwasserstoff die organischen Stickstoff- und Schwefelverbindungen enthält.

Eine teilweise Befreiung des Rohacetylens von Schwefelwasserstoff und Ammoniak findet weiter statt, wenn das Gas über die beim Steinkohlengas gebräuchlichen Reinigungsmassen: Raseneisenerz, Lamingsche-, Lux- oder

[1] Vgl. Zeitschr. f. Calciumcarbid u. Acetylen 1905, **369**, **377**, **383**, **385**, **401**; 1906, **173**; 1907, **353**; 1908, **136**.

Mattonimasse geleitet wird. Der Gehalt an Phosphorwasserstoff im Gas wird aber hierbei ebenfalls nicht vermindert[1].

Eine praktisch vollständige Reinigung des Rohacetylens kann nur durch chemisch wirkende Mittel erreicht werden, während die vorgeschlagenen mechanischen Reinigungsmethoden, die auf Trennung der verschiedenen Gasarten vermittels ihrer verschiedenen spez. Gewichte bei gleichzeitigem Waschen mit Wasser beruhen, nicht zum Ziele führen.

Die Verunreinigungen werden entweder direkt gebunden (gefällt), oder durch Oxydation in andere Produkte (Säuren) übergeführt. Bei der Oxydation werden Schwefelwasserstoff in Schwefelsäure, Phosphorwasserstoff in Phosphorsäure und die Stickstoffverbindungen in Salpetersäure übergeführt. Diese Säuren können dann leicht an Kalk oder andere Basen gebunden werden.

Von den Oxydationsmitteln hat besonders das Chlor, und zwar in Form der unterchlorigsauren Salze nach einem Vorschlag von *Lunge* und *von Cedercreutz*[2] ausgedehnte Anwendung gefunden, während das von *Willgerodt*[3] empfohlene Brom sich nicht bewährt hat, da es das Acetylen stark angreift[1].

Bei der Einwirkung von unterchloriger Säure oder deren Salze auf Acetylen in konzentriertem Zustande treten wohl leicht Explosionen ein; verdünnte Lösungen und Chlorkalk (CaClOCl) wirken dagegen nur in geringem Maße ein.

Trotzdem Chlorkalk die gewöhnlichen Verunreinigungen des Acetylens, Schwefel-, Phosphor- und Stickstoffverbindungen fast vollständig[4] zu binden vermag, ist seine Anwendung ohne besondere Zusätze nicht empfehlenswert, da sich hierbei verschiedene Mißstände herausgestellt haben. Chlorkalk wirkt, wenn er sehr hochprozentig ist oder das Acetylen erwärmt ist, so lebhaft auf das Gas ein, daß diese Einwirkung unter Knall vor sich gehen kann[5].

Man erhält zwar bei der Anwendung von Chlorkalk ein von Schwefel und Phosphor befreites Gas, das aber dafür mit Chlor[6] verunreinigt ist. Deshalb muß das so gereinigte Gas noch durch einen Kalkreiniger wieder vom Chlor befreit werden. Weiter ist bei Verwendung von Chlorkalk das Acetylen, ehe es durch den Chlorkalkreiniger streicht, von Ammoniak durch Waschen mit Wasser oder Chlorcalciumlösung[7] zu befreien, da sonst leicht Bildung von Chlorstickstoff[8] im Reiniger hervorgerufen werden kann, auf den mehrfach unaufgeklärte Explosionen zurückgeführt werden. Nach *Caro*[9] kann das Vorhandensein von Chlor gefährlich werden, wenn dem zu reinigenden Ace-

---

[1] *Odernheimer:* Chem.-Ztg. **22** (1898), 21.
[2] Zeitschr. f. angew. Chemie **10** (1897), 651.
[3] Berichte d. Deutsch. chem. Ges. 1895, 2107.
[4] *Ahrens:* Zeitschr. f. angew. Chemie **12** (1899), 777; vgl. *Benz:* Zeitschr. f. Calciumcarbid u. Acetylen 1899, 186.
[5] *Wolff:* Journ. f. Gasbel. **42** (1899), 784.
[6] *Ahrens:* Zeitschr. f. angew. Chemie **12** (1899), 777.
[7] *Wolff:* Zeitschr. f. angew. Chemie **11** (1898), 937.
[8] *Wolff:* Chem.-Ztg. **22** (1898), 281; *Keppeler:* Zeitschr. f. Calciumcarbid u. Acetylen 1905, 237; *Maquenne:* Rev. génér. de Chim. pure et appl. **7**, 345.
[9] Carbid u. Acetylen 1909, 9; vgl. auch Zeitschr. d. bayer. Revisionsvereins 1910, H. 2.

tylen Luft in irgendeiner erheblichen Menge[1] beigemischt ist. Schon durch Spuren von Chlor kann ein Acetylenluftgemisch im Licht zur Explosion gebracht werden, aber auch im Dunkeln kann Entzündung eintreten, wenn die Gase erwärmt sind. Außer diesen Nachteilen kommt noch hinzu, daß Chlorkalk durch den Einfluß des feuchten Acetylens in kurzer Zeit zusammenhängende Klumpen bildet, die dem Gase den Durchgang sehr erschweren, und infolge ihrer geringeren wirksamen Oberfläche einen geringeren Wirkungswert besitzen.

Um diese Nachteile des Chlorkalkes zu beseitigen, sind die verschiedensten Wege eingeschlagen worden. So wurde der Chlorkalk in Mischung mit Stoffen angewendet, welche die Reaktionsheftigkeit des Chlorkalks verkleinern, die Wirkungsfläche aber vergrößern sollten, z. B. Sägespäne, Sand, Kieselgur, Ziegelmehl usw. Sägespäne haben sich für diese Zwecke nicht bewährt. Ihre Beimischung gab im Gegenteil zu Explosionen Anlaß, da sie im feuchten Zustande mit Chlorkalk heftig unter starker Erhitzung reagieren[2].

Die schon erwähnte Vorreinigung durch Waschen mit Chlorcalciumlösung und Nachreinigung mit Raseneisenstein und Kalk[3] hat sich jedoch noch nicht als vollkommen erwiesen. Man versuchte deshalb, das freiwerdende Chlor in der Reinigungsmasse selbst durch geeignete Mittel zu binden.

Wolff erhielt im Dezember 1898 ein Patent (D. R. P. 109 356) auf eine Reinigungsmasse, das der Allgemeinen Carbid-Verkaufs-Gesellschaft in Magdeburg übertragen ist, welche die Masse unter dem Namen „Acagin" in den Handel bringt. Der Patentanspruch lautet:

„Bei der Reinigung des Acetylens mit Hypochloriten und im speziellen mit Chlorkalk ein Zusatz von 10 bis 30% Bleichromat, welcher aus den Hypochloriten frei werdendes Chlor unter Bildung von Chlorid bindet, während zugleich Chromsäure entsteht, welche die oxydierende Wirkung der Hypochlorite unterstützt."

Acagin vermag nach Versuchen von *Wolff*[4] wie Chlorkalk die Verunreinigungen des Acetylens fast vollständig zu entfernen. Nach *Ahrens*[5] vermochte 1 kg Acagin 18 cbm Acetylen von allen Schwefel- und Phosphorverbindungen bei einer Durchströmungsgeschwindigkeit von 25 l in der Stunde zu reinigen. Vollkommen rein ist das so behandelte Gas jedoch nicht, sondern es enthält noch Kohlenoxyd und Chlor[6]. Ihre Menge ist jedoch so gering, daß diese Verunreinigungen praktisch keine Rolle spielen.

Acagin ist eine gelbliche, pulvrige Masse, die sich ungebraucht ziemlich lange hält. Sie wird in eisernen Gefäßen in den Handel gebracht und kann auch in Reinigern aus Eisen verwendet werden, da sie letzteres nicht angreift.

---

[1] Etwas Luft enthält jedes technische Acetylen, vgl. auch S. 57 u. 84.

[2] *Ahrens:* Zeitschr. f. angew. Chemie **12** (1899), 777; vgl. auch *Benz:* Zeitschr. f. Calciumcarbid u. Acetylen 1899, 177, 186.

[3] *Herzfeld:* Acetylen in Wissenschaft u. Industrie 1899, 193.

[4] Journ. f. Gasbel. **42** (1899), 785.

[5] Verhandl. d. Budapester Kongr. f. Acetylen 1899; Zeitschr. f. angew. Chemie **12** (1899), 660.

[6] *Ahrens:* a. a. O.; *Caro:* daselbst.

Auf andere Weise versuchten *Ernst* und *Philips* eine poröse Reinigungsmasse aus Chlorkalk zu erhalten, bei der ebenfalls die Wirkung des freien Chlors ausgeschaltet ist. Ihr Verfahren ist durch D. R. P. 108 973 und 109 645 geschützt. Die Patentansprüche lauten:

„a) Verfahren zur Herstellung einer porösen Reinigungsmasse für Acetylengas, darin bestehend, daß man Chlorkalk, Kalkhydrat und Chlorcalcium oder eine andere unter Krystallwasserabgabe calcinierende Substanz mit Wasser zu einem Brei anrührt und diesen mit oder ohne Anwendung des Vakuums bei einer Temperatur trocknet, bei welcher Chlorkalk keine Zersetzung erleidet."

„b) Das durch den Anspruch des Hauptpatentes gekennzeichnete Verfahren wird dahin abgeändert, daß an Stelle des Chlorkalks andere unterchlorigsaure Salze, wie z. B. die Alkalisalze der unterchlorigen Säure verwendet werden."

„Eine weitere Ausführungsform des durch den Anspruch des Hauptpatentes gekennzeichneten Verfahrens, darin bestehend, daß das dort als Zuschlag genannte Kalkhydrat und Chlorcalcium durch kohlensauren Kalk oder andere Körper ersetzt werden, welche einerseits das Acetylen schädlich nicht beeinflussen, andererseits imstande sind, in Verbindung mit dem unterchlorigsauren Salz nach dem Verfahren des Hauptpatentes feste poröse Massen zu bilden."

Kalk und Chlorcalcium wirken gleichzeitig reinigend, indem Kalkhydrat Schwefelwasserstoff und freies Chlor aufnimmt, während Chlorcalcium ein gutes Absorptionsmittel für Ammoniak ist.

Diese Reinigungsmasse wird unter dem Namen „Puratylen" von der Deutschen Gold- und Silberscheideanstalt zu Frankfurt a. M. vertrieben. Nach *Pfleger*[1] soll Puratylen quantitativ die Phosphor-, Schwefel- und Stickstoffverbindungen aus dem Acetylen unter gleichzeitiger Trocknung des Gases entfernen, während die Masse auf Acetylen selbst nicht einwirkt. Nach *Wolff*[2], *Stern*[3] und *Caro*[4] soll der Reinigungswert der Masse zwar zu wünschen übriglassen, nach anderen Angaben[5], insbesondere auch nach vielen Beobachtungen des Verf. in der Praxis, hat sie sich jedoch im jahrelangen Gebrauch vollkommen bewährt. Das Puratylen wird mit einem garantierten Gehalt von 15% aktivem Chlor in den Handel gebracht. Es ist von poröser, fester Struktur und läßt sich an einem trockenen, kühlen Orte unverändert aufbewahren, wenn die von der Fabrik eingeführte Verpackung unbeschädigt ist.

Eine dem Puratylen ähnliche Reinigungsmasse ist unter der Bezeichnung „Klingers Reinigungsmasse" von der Firma *R. Klinger*, Gumpoldskirchen bei Wien, im Handel. Die Masse enthält als wirksamen reinigenden Bestandteil neben etwas chromsauren Salzen ebenfalls Chlorkalk, der durch Verarbeitung mit anderen Stoffen ein poröses Gefüge erhält. Die Masse zeigt ebenso wie Puratylen keine Chlortension, es liegen sonach nach *Fränkel*[6] keine sicherheitstechnischen Bedenken gegen deren Verwendung vor. Der Reinigungseffekt der Masse ist gut. Sie besitzt eine hellgelbe Farbe, ist von

---

[1] Acetylen in Wissenschaft u. Industrie 1899, 357; 1900, 58.
[2] Daselbst 1900, 28.
[3] Daselbst 1900, 27.
[4] Handb. f. Acetylen 1904.
[5] Carbid u. Acetylen 1910, 47.
[6] Carbid u. Acetylen 1910, 17.

schwach poröser Beschaffenheit und kommt in gutverschlossenen Holzkistchen zum Versand..

Andere Chlorkalkreinigungsmittel besitzen statt Ätzkalk und Chlorcalcium andere Zusätze, die angeblich dieselbe Wirkung haben und gleichzeitig selbst noch reinigend und deshalb für den Chlorkalk entlastend wirken sollen. So ist *Pfeiffer* ein Patent erteilt worden, dessen Anspruch folgendermaßen lautet:

„Verfahren zur Reinigung von Acetylengas, gekennzeichnet durch die Anwendung einer Mischung von Chlorkalk mit löslichen Bleisalzen oder Bleisalz und Alkalihydrat als Reinigungsmaterial in gelöstem oder in porösem Zustande unter Mitbenutzung von Bindemitteln bzw. porösen Materialien, wie z. B. Bimsstein, Ziegelsteinabfällen, Silicaten u. dgl." — Das Patent Nr. 117 309 ist wegen Nichtzahlung der 3. Taxe verfallen.

Bei dieser Masse, die keinen Eingang in die Praxis gefunden hat, findet eine teilweise Entlastung des Chlorkalkes dadurch statt, daß die Bleisalze durch den Schwefelwasserstoff gefällt werden, wodurch dieser, ohne oxydiert zu werden, gebunden wird.

Der Allgemeinen Calciumcarbid-Genossenschaft m. b. H. und Dr. *Schmid* in Gurtnellen, Schweiz, ist eine Reinigungsmasse patentiert, die den gewöhnlichen Chlorkalkmassen ähnlich ist. Die reinigende Wirkung übt in der Hauptsache Chlorkalk aus. Die Porosität wird dadurch erzeugt, daß man den Brei aus Chlorkalk, Ätzkalk und Wasserglas mit Calciumcarbid vermengt. Das sich entwickelnde Acetylen soll die Masse sehr fein porös machen.

Der Anspruch des Patentes (D. R. P. 191 403) lautet:

„Verfahren zur Herstellung einer festen, hochporösen Reinigungsmasse für Acetylengas, darin bestehend, daß Chlorkalk und Ätzkalk mit einer wässerige nLösung von Wasserglas zu einem Brei verrührt, dieser mit Calciumcarbidstaub gut gemischt und die erhaltene poröse Masse im Luftstrom getrocknet wird."

Eingang in die Praxis hat auch diese Masse nicht gefunden.

Ein ähnliches Verfahren zur Herstellung einer porösen Chlorkalkreinigungsmasse mittels Wasserglas war der Hera-Promotheus A.-G. in Berlin durch D. R. P. Nr. 112 984 geschützt. Wegen Nichtzahlung der 5. Taxe ist es verfallen. Praktische Bedeutung hat das Verfahren nicht gefunden.

Eine von *Rossel* und *Landriset*[1] angegebene Methode der Reinigung des Acetylens sollte die Anwendung besonderer Reinigungsmassen überflüssig machen. Es sollte nämlich die Reinigung des Gases im Entwickler selbst besorgt werden, indem dem Entwicklerwasser etwas Kalkschlamm und auf je 1 kg zu vergasenden Carbides 5 bis 20 g Chlorkalk zugesetzt werden sollten. Dieses Verfahren hat keine praktische Bedeutung erlangt. Es erscheint auch zweifelhaft, ob es hinreichend wirksam ist.

Außer Chlorkalk wird noch Chromsäure als Reinigungsmittel für Acetylen infolge ihrer hohen Oxydationsfähigkeit benutzt. *Ullmann*[2] ist die Herstellung einer solchen Reinigungsmasse, die Chromsäure als wirkendes Mittel enthält, unter D. R. P. Nr. 116 058 geschützt worden. Der Patentanspruch lautet:

[1] Zeitschr. f. angew. Chemie **14** (1901), 81.
[2] Acetylen in Wissenschaft u. Industrie 1899, 27; Journ. f. Gasbel. **42** (1899), 374.

„Verfahren zur Reinigung von Carbidacetylen, dadurch gekennzeichnet, daß man das rohe Acetylen mit Chromsäure oder mit einer Chromsäurelösung unter Zusatz von Schwefelsäure behandelt.“

Die Stärke der Lösung kann nach dem Wortlaute der Patentschrift innerhalb weiter Grenzen geändert werden, z. B. werden erstens 20 Tl. Chromsäure mit 100 Tln. Wasser gelöst oder zweitens 30 Tl. Natriumbichromat, 30 Tl. Wasser und 10 Tl. konzentrierte Schwefelsäure durch Erwärmen in Lösung gebracht, oder es werden drittens 30 Tl. Natriumbichromat, 100 Tl. Wasser und 40 Tl. konzentrierte Schwefelsäure, oder schließlich viertens 19,5 Tl. Kaliumchromat mit 20 Tln. Schwefelsäure und 30 Tln. Wasser bis zur Lösung erwärmt. Mit dieser Lösung werden Bimssteinstücke oder Kieselgur getränkt. Die Masse ist ein gelbes Pulver und kommt unter dem Namen „Heratol“ in den Handel. Sie wird von den Vereinigten chemischen Fabriken zu Leopoldshall-Staßfurt mit einem garantierten Gehalt von 11,2% Chromsäure hergestellt.

Nachdem das Patent wegen Nichtzahlung der 9. Taxe erloschen ist, wird die Masse auch von anderen Firmen angefertigt und teils unter demselben Namen, teils unter anderem Namen in den Handel gebracht. Die Masse kann 1 Jahr lang in Holzfässern, die mit Pergamentpapier ausgelegt sind, bei trockener Lagerung und Vermeidung der Berührung mit organischer Substanz aufbewahrt werden, ohne ihre Wirksamkeit einzubüßen.

Die Wirkung dieser Reinigungsmasse ist gut, wie Erfahrungen in der Praxis gezeigt haben, indem die Verunreinigungen des Rohacetylens bis auf belanglose Reste organischer Schwefelverbindungen entfernt werden. Acetylen wird in der Kälte von der Masse nicht angegriffen, während sich bei höherer Temperatur geringe Mengen Kohlenoxyd bilden sollen[1]. Ein Farbenwechsel von Gelb in Grün zeigt an, daß die Masse vollkommen verbraucht ist.

Als anderes Oxydationsmittel ist von *Paul*-Nürnberg Braunstein vorgeschlagen worden (D. R. P. Nr. 121 443). Das Patent ist jedoch wegen Nichtzahlung der 7. Taxe erloschen. Der Patentanspruch lautet:

„Verfahren zur Reinigung von Acetylen, dadurch gekennzeichnet, daß das zu reinigende Acetylen über künstlichen Braunstein oder durch Flüssigkeiten, welche ersteren in mehr oder weniger fein verteilter Form (z. B. Weldon-Schlamm) enthalten, geleitet wird.“

Dabei sollen nach der Patentschrift die Verunreinigungen vollständig zurückgehalten werden, ohne daß das Acetylen selbst angegriffen wird. Die Bildung explosiver Verbindungen ist bei Anwendung dieses Verfahrens ausgeschlossen. Endlich soll sich das Reinigungsmittel, wenn es durch längeren Gebrauch seine reinigende Kraft teilweise oder ganz verloren hat, leicht durch Überleiten oder Einleiten von Luft regenerieren lassen. Dieses Reinigungsverfahren hat trotz der ihm nachgerühmten Vorzüge eine praktische Anwendung nicht gefunden, was nach *Caro*[2] darauf zurückzuführen ist, daß die

[1] *Caro:* Zeitschr. f. Calciumcarbid u. Acetylen 1899, 101; *Bunte* u. *Werdes:* Journ. f. Gasbel. 42 (1899), 198.

[2] Handb. f. Acetylen 1904, 259.

feuchte Masse dem Acetylen keinen genügenden Durchgang bieten soll. Im übrigen dürfte es tatsächlich eine gute reinigende Wirkung ausüben. Bestätigende Untersuchungen darüber sind jedoch nicht bekannt geworden.

Eine Reinigungsmasse, deren wirksamer Bestandteil ebenfalls eine oxydierend wirkende Substanz ist, die in einer Eisen-Kieselsäureverbindung zur Aufsaugung gelangt, bringt die Firma *Keller & Knappich* in Augsburg unter der Bezeichnung „Carburylen“ in den Handel. Carburylen ist eine rotbraune Masse, die in fest und luftdicht verschlossenen Blechgefäßen unbegrenzt haltbar sein soll. Die Reinigungsfähigkeit ist nach *Caro*[1] gut, nach dessen Versuchen durch dieselbe Acetylen von Schwefel- und Phosphorverbindungen fast vollkommen gereinigt wurde. In sicherheitstechnischer Hinsicht ist die Masse nach *Caro* einwandfrei. Der wirksame Bestandteil wird nicht bekannt gegeben.

Eine andere Reinigungsmasse, bei der durch katalytische Vorgänge eine Oxydation der Verunreinigungen des Acetylens, besonders des Phosphorwasserstoffs herbeigeführt werden soll, kommt unter dem Namen Catalysol in den Handel und ist *Pascal Jules Granjon* in Marseille unter D. R. P. 267 349 in Deutschland vom 7. Januar 1912 ab geschützt worden. Das Patent ist wegen Nichtzahlung der 5. Jahrestaxe im Januar 1916 erloschen[2].

Der Patentanspruch lautet:

„Verfahren, um die Bildung von flüchtigen Chlorprodukten bei der Absorption von Phosphorwasserstoff durch Eisenoxychloride (oder Mischungen von Oxyden und Chloriden) bei Anwesenheit von Quecksilberchlorid als Catalysator zu verhindern, gekennzeichnet durch die Hinzufügung von gefälltem Mangandioxyd oder einem anderen Oxyd des Mangans.“

Als Beispiele für die Zusammensetzung werden in der Patentschrift folgende genannt:

Eisenchlorür 40° Bé	640	Gewichtsteile
Quecksilberchlorid	8	„
Gefälltes Mangandioxyd	2	„
Trockene Infusorienerde	350	„

Die Mischung wird der Luft so lange ausgesetzt, bis die charakteristischen Reaktionen der Eisenoxydulsalze verschwinden.

Eisenchlorid 45° Bé	600	Gewichtsteile
Gefälltes Eisenoxyd	90	„
Quecksilberchlorid	8	„
Gefälltes Mangandioxyd	2	„
Infusorienerde	300	„

Die Wirkung der Masse soll nach der Patentschrift auf folgenden Umsetzungen beruhen: der Phosphorwasserstoff des Acetylens wird durch das Chlor des Eisenoxychlorides in Gegenwart des Quecksilberchlorides unter Bildung von Chlorwasserstoffsäure oxydiert. Diese wird durch das Mangan-

[1] Carbid u. Acetylen 1909, 19.

[2] Das Patent hätte auf Grund der Friedensbestimmungen noch bis zum 30. September 1921 wieder in Kraft gesetzt werden können.

dioxyd unter Bildung von Chlor und Manganchlorür zersetzt. Das Manganchlorür bildet durch die doppelte Zersetzung mit dem Oxyd des Oxychlorids Eisenchlorür unter Regenerierung des Mangandioxyds, das also wie ein katalytischer Stoff nur durch seine Gegenwart wirkt. Das Chlor wird durch das so teilweise regenerierte Eisenchlorür gebunden oder wirkt unmittelbar darauf hin, durch Oxydation einen Teil des Phosphorwasserstoffs zu binden.

Das Catalysol stellt ein wenig feuchtes Pulver von orangegelber Farbe dar, die nach der Erschöpfung der Masse in ein Grünlich-grau übergeht. Durch Liegenlassen oder durch Durchleiten von Luft kann die Masse regeneriert werden. Die Masse wurde in der Untersuchungs- und Prüfstelle des Deutschen Acetylenvereins auf ihre Brauchbarkeit hin geprüft und dabei festgestellt, daß die Reinigungsmasse alle Verunreinigungen des Acetylens zurückhält, und auch an das gereinigte Gas kein Chlor oder sonstige Chlorierungsprodukte abgibt[1].

Vertrieben wird diese Masse in Deutschland durch das Autogenwerk Sirius-Düsseldorf.

Eine Reinigungsmasse, deren wirksames Prinzip auf der Fällung der Verunreinigungen des Rohacetylens beruht, ist das „Frankolin" (D. R. P. Nr. 99 490 und 121 212). Der Patentanspruch des Hauptpatentes lautet:

„Verfahren zur Reinigung von Carbidacetylen, dadurch gekennzeichnet, daß das Acetylen in innige Berührung mit sauren Metallsalzlösungen, insbesondere solcher Schwermetalle gebracht wird, welche mehrere Oxydstufen bilden."

Der Anspruch des Zusatzpatentes lautet:

„Ausführungsform des durch das Patent Nr. 99 490 geschützten Verfahrens zum Reinigen von Carbidacetylen, dadurch gekennzeichnet, daß die in der Patentschrift Nr. 99 490 genannten Reinigungsmittel mit festen Säuren, sauren Salzen oder Gemischen von Säuren und neutralen Salzen durch Zusammenschmelzen oder Zusammenmahlen vereinigt und eventuell noch mit porösem Material vermischt werden."

Eigentümerin des Patentes ist die „Frankolin"-Acetylengas-Reinigungs-Gesellschaft m. b. H. Hamburg. Das Frankolin ist eine rotbraune, kleinkörnige Masse, die in Holzgefäßen in den Handel gebracht wird. Sie ist in verschlossenen Gefäßen unbeschränkt lange haltbar, wobei absolute Luftdichtigkeit nicht erforderlich ist.

Während in der Patentschrift Eisen-, Kupfer- und Quecksilbersalze für die Herstellung der Reinigungsmasse angeführt sind, hat sich praktisch nur die Anwendung von salzsaurer Kupferchlorürlösung bewährt. Diese Lösung wird nach *Winklers*[2] Vorschrift aus 1 Tl. Kupferchlorür, 10 Tl. 25proz. Salzsäure und 10 Tl. Wasser hergestellt und damit Kieselgur getränkt, bis eine feuchte Masse erhalten wird.

Die Wirkung des „Frankolins"[3] beruht auf der Ausfällung der Verunreinigungen, und zwar werden die Schwefelverbindungen bis auf einige

---

[1] Carbid u. Acetylen 1912, S. 284.

[2] Acetylen in Wissenschaft u. Industrie 1899, 7.

[3] *Ahrens:* Das Acetylen in der Technik 1899, 42; Zeitschr. f. Calciumcarbid u. Acetylen 1898, 298; 1899, 101.

organische als Cuprosulfid (Kupfersulfür) und die Phosphorverbindungen als Cuprophosphid fast völlig ausgeschieden. Die Befürchtung, daß durch den Gehalt des Acetylens an Ammoniak die Säure neutralisiert werden könnte, wodurch explosives Acetylenkupfer gebildet würde, ist unbegründet, da die Masse so hergestellt ist, daß ein Überschuß von Säure immer vorhanden sein muß.

Nach *Caro*[1] soll durch „Frankolin" auch Siliciumwasserstoff ebenso vollkommen entfernt werden, wie Phosphorwasserstoff, während die Oxydationsreinigungsmassen Siliciumwasserstoff nur teilweise und nach längerer Einwirkung beseitigen. Die Erschöpfung der Reinigungsmasse ist daran zu erkennen, daß ein Farbenwechsel von Braun in Olivgrün eintritt. Durch Lüftung kann die Masse teilweise regeneriert werden. Um etwa mitgerissene Salzsäuredämpfe zu neutralisieren, muß eine Nachbehandlung des Gases mit Kalk vorgenommen werden. Da „Frankolin" stark sauer ist, haben die dafür verwendeten Reiniger einen Toneinsatz.

Von anderen zur Reinigung von Acetylen vorgeschlagenen Verfahren seien noch folgende erwähnt, die sämtlich keine praktische Bedeutung erlangt haben:

Ullmann hat sich ein Verfahren patentieren lassen zur Herstellung eines zur Gewinnung reinen Acetylens geeigneten Carbidpräparates (D. R. P. Nr. 98 762, verfallen wegen Nichtzahlung der 5. Taxe). Das technische Calciumcarbid wird hierbei mit einem oder mehreren für das Carbid unschädlichen Oxydationsmitteln, wie Manganaten, Mangan- oder Bleioxyden, Eisenchlorid, Ferricyaniden oder Persulfaten vermengt, welche die bei der Acetylenentwicklung entstehenden gasförmigen Verunreinigungen durch Oxydation unschädlich machen sollen.

Ein ähnliches Präparat wollen *Desq* und *Francoual* (D. R. P. Nr. 126 092, verfallen wegen Nichtzahlung der 8. Taxe) unter Verwendung von Natriumcarbonat und Bleiglätte herstellen.

Nach einem Verfahren von *Pictet* (D. R. P. Nr. 97 110, erloschen wegen Nichtzahlung der 6. Taxe) soll Acetylen bei Temperaturen unter — 10° mit Lösungen von Alkali und Erdalkalichloriden oder mit verdünnten Mineralsäuren gewaschen werden.

Das Verfahren von *Stern* (D. R. P. Nr. 108 244, erloschen wegen Nichtzahlung der 4. Taxe) bezweckt, nach einer Reinigung mit Chlorkalk die etwa vorhandenen chlorhaltigen organischen phosphor- und schwefelhaltigen Produkte durch Waschen mit Paraffinöl, Alkohol, Benzol u. ä. zu entfernen. Durch Zusetzen von feingepulvertem Braunstein zu dem Paraffinöl sollen Schwefel- und Phosphorverbindungen allmählich zerstört werden.

In dem D. R. P. Nr. 141 282 (erloschen wegen Nichtzahlung der 4. Taxe) ist ein besonderer Reiniger beschrieben, dessen wirksamer Inhalt Vaselinöl darstellt.

Nach *Göttig* (D. R. P. Nr. 110 290, erloschen wegen Nichtzahlung der 2. Taxe) sollen zur Reinigung von Acetylen gelöste Gemische von Chloralkalien mit solchen Schwermetallsalzen, welche sich zu Chlorüren bzw. Oxydulsalzen reduzieren lassen, verwendet werden. Als ein solches Gemisch

[1] Handb. f. Acetylen 1904, 260.

kann nach der Patentschrift folgende Lösung verwendet werden: 100 g Eisenoxydhydrat, 10 g Kupfersulfat, 10 g Quecksilberoxydnitrat in 1000 Tl. Wasser. Die durch Phosphorwasserstoff usw. reduzierten Schwermetallsalze sollen bei diesem Reinigungsverfahren durch die Chloralkalien zu neuer Wirkungsfähigkeit regeneriert und danach reaktionsfähig erhalten werden unter Bildung stabiler löslicher Doppelsalze, wie $SnCl_2 \cdot 2\,NH_4Cl$; $Cu_2Cl_2 \cdot 4\,KCl$; $FeCl_2 \cdot 2\,KCl$.

Burges und *Dunstan* (D. R. P. Nr. 129 522, erloschen wegen Nichtzahlung der 4. Taxe) wollen eine Reinigung des Acetylens dadurch erzielen, daß das Rohacetylen durch eine mit Lava, Speckstein oder anderen feuerfesten Produkten gefüllte, bis nahe auf die Zersetzungstemperatur des Acetylens erhitzte Kammer geleitet wird.

Jaubert-Paris ist ein Verfahren patentiert (D. R. P. Nr. 179 994), nach welchem die Verunreinigungen des Acetylens, besonders Phosphorwasserstoff, durch Durchleiten des Gases durch starke Schwefel- oder Salzsäure, der arsenige Säure zugesetzt ist, abgeschieden werden sollen.

Gelegentlich kommen im Handel Reinigungsmassen vor, die, obgleich sie Chromsäure oder eine ihrer Verbindungen enthalten, nicht die gewünschte Reinigungswirkung aufweisen. Das liegt daran, daß die Zusammensetzung der Lösung nicht richtig vorgenommen wurde oder daß bei der Herstellung der nötigen Lösungen organische oder andere leicht oxydierbare Substanzen zugegen waren. Ob eine chromsäurehaltige Masse eine gute Reinigungskraft besitzt, davon kann man sich leicht überzeugen, wenn man von dieser Masse sich eine konzentrierte wässrige Lösung herstellt, und in diese einen mit Formaldehyd (Formalin) frisch getränkten Filtrierpapierstreifen taucht. Je nachdem ob die beim Eintauchen zuerst auftretende Gelbfärbung des Papierstreifens schnell oder langsam in Gelbgrün oder Blaugrün übergeht, kann man erkennen, ob die Lösung stark oder schwach oxydierende Eigenschaften besitzt. Bei ungeeignet zusammengesetzten Reinigungsmassen dieser Art tritt eine Verfärbung des Papierstreifens überhaupt nicht ein[1].

Vom Deutschen Acetylenverein sind folgende Reinigungsmassen als brauchbar anerkannt: Acagin, Carburylen, Catalysol, Frankolin, Hagag-Reinigungsmasse, Heratol, Klingers Reinigungsmasse, Puratylen, Radikal.

Da die Größe der Acetylenreiniger meist nach Fassungsraum angegeben wird, ist in der folgenden Übersicht aufgeführt, wieviel Raum 1 kg der verschiedenen Reinigungsmittel in eingerütteltem Zustande ungefähr beansprucht:

Acagin	1,25 l
Carburylen	1,39 l
Frankolin	1,17 l (Pulver) 1,84 l (Stücken)
Heratol	1,17 l (Staßfurt) 1,78 l (Mannheim)
Klingers Reinigungsmasse	2,22 bis 3,08 l, je nachdem mehr oder weniger zerfallene Masse zugegen ist
Puratylen	3,12 l

[1] Carbid u. Acetylen 1912, S. 231.

Das Catalysol dürfte ungefähr die gleichen Zahlen aufweisen wie die übrigen pulverigen Reinigungsmassen.

Es nehmen also nach dieser Aufstellung die pulvrigen Reinigungsmassen bis zum dritten Teil weniger Raum ein als die stückigen Massen. Ein anscheinend vorhandener Vorteil für die Größe der Reiniger aber wird hierdurch nicht erzielt, da die pulverförmigen Reinigungsmassen auf Horden geschichtet werden müssen, um dem Gase den Durchgang nicht zu erschweren. Der unbenutzte Raum zwischen einem Hordenpaar wird im allgemeinen den Zwischenräumen zwischen stückigen Reinigungsmassen entsprechen.

Hervorgehoben sei noch, daß alle Reinigungsmassen lediglich imstande sind, das Acetylen technisch zu reinigen; das durch sie gereinigte Acetylen enthält immer noch Spuren von Verunreinigungen, die sich praktisch überhaupt nicht beseitigen lassen. In der Praxis sind die dann noch im Gas verbleibenden Spuren der Verunreinigungen ohne jede Bedeutung, jedoch kann man so gereinigtes Acetylen nur als technisch rein, niemals aber als chemisch rein bezeichnen[1]. Um chemisch reines Acetylen herzustellen, was für wissenschaftliche Zwecke notwendig sein kann, müssen andere Wege eingeschlagen werden[2].

[1] Vgl. Carbid u. Acetylen 1911, S. 240; 1915, S. 76.
[2] Vgl. S. 14.

Analyse des Acetylens.

Die Untersuchung des Acetylens erstreckt sich im allgemeinen fast nur auf die Bestimmung der Verunreinigungen, besonders auf die des Phosphorwasserstoffs, da dieser vor allem einen Hauptanhaltspunkt für die Reinheit des Acetylens als auch für den Wirkungswert einer Reinigungsmasse gibt. Eine Bestimmung des Acetylens wird sehr selten vorgenommen; sie kommt meist nur dann in Frage, wenn es sich um den quantitativen Nachweis in Acetylenluftgemischen oder dgl. handelt.

Acetylen selbst wird nachgewiesen durch ammoniakalische Lösungen von Kupferoxydsalzen, die durch Hydroxylamin entfärbt wurden. Leitet man durch eine solche Lösung ein Gasgemisch, in dem Acetylen vorhanden ist, so erhält man selbst bei Spuren Gas eine prächtig rote Färbung. Die Lösungen erhält man nach folgenden Vorschriften[1]:

1. 0,75 g Cuprichlorid ($CuCl_2 \cdot 3\,H_2O$), 1,5 g Ammoniumchlorid, 3 ccm Ammoniak (20 proz.), 2,5 g Hydroxylaminchlorhydrat.
2. 1 g Cuprinitrat ($Cu(NO_3)_2 \cdot 5\,H_2O$), 4 ccm Ammoniak (20 proz.), 3 g Hydroxylaminchlorhydrat.
3. 1 g krystallisiertes Cuprisulfat, 4 ccm Ammoniak, 3 g Hydroxylaminchlorhydrat.

Alle drei Lösungen werden auf 50 ccm aufgefüllt.

Zur quantitativen Bestimmung kann man sich der bekannten Methoden bedienen, indem man das Acetylen in eine ammoniakalische Kupferchlorürlösung einleitet, wobei ein rotbrauner Niederschlag entsteht, den man abfiltriert, mit Ammoniakwasser auswäscht, in Kupferoxyd überführt und daraus die Acetylenmenge berechnet[2]. Das Überführen in Kupferoxyd geschieht durch Lösen des Acetylenkupfers in Salpetersäure, Eindampfen dieser Lösung und Glühen. Dem Acetylenkupfer legt *Hempel* die Formel $(C_2Cu_2H)_2O$ zugrunde.

Das oben erwähnte Verhalten der Kupferlösungen wurde von *A. Schulze* dazu benutzt, eine kolorimetrische Methode der quantitativen Bestimmung des Acetylens darauf aufzubauen[3]. Dabei wurde folgendermaßen verfahren:

In ein Reagensrohr wurden 5 ccm der Kupferlösung gegeben und durch diese Menge Flüssigkeit mittels einer *Hempel*schen Gasbürette eine bestimmte Menge des Gasluftgemisches so lange mittels eines Capillarrohres durchgesaugt, bis eine bestimmte Rotfärbung erzielt wurde.

Um nun durch diese Färbung auf den Acetylengehalt des Gasluftgemisches schließen zu können, wurde diese mit einer gleichen Färbung (hervorgerufen

---

[1] *Ilosvay:* Berichte d. Deutsch. chem. Ges. **32**, 2697.

[2] Vgl. *Hempel:* Gasanalytische Methoden, 4. Aufl., 1913; vgl. auch S. 354.

[3] Zeitschr. f. angew. Chemie **29** (1916) S. 341; vgl. auch Carbid u. Acetylen 1916, Nr. 19, S. 89.

in der gleichen Menge Lösung) verglichen, die durch eine Anzahl Kubikzentimeter eines Gasluftgemisches von bekanntem Acetylengehalt erhalten wurde. Riefen z. B. 50 ccm des Gasluftgemisches in 5 ccm der Kupferlösung die gleiche Färbung hervor wie 20 ccm eines Acetylenluftgemisches mit 1% Acetylen, so war in 50 ccm des Gasluftgemisches die gleiche Menge Acetylen wie in 20 ccm des bekannten Acetylenluftgemisches, nämlich 0,2 ccm oder 0,4%. In einem anderen Falle ergab 1 ccm des Gemisches die gleiche Färbung wie 4,8 ccm des 1%igen Acetylenluftgemisches. Das Gasluftgemisch enthielt demnach 4,8% Acetylen usf.

Es konnte auf diese Weise noch deutlich 0,001 ccm Acetylen nachgewiesen werden.

Der einzige Nachteil, der sich bei dieser Methode unangenehm bemerkbar machte, lag darin, daß das anfangs kolloidal vorhandene Acetylenkupfer, durch welches klare, rote Lösungen in verschiedener Stärke je nach dem Acetylengehalt erhalten wurden, selbst bei sehr verdünnten Gasgemischen, also bei ganz heller Rosafärbung nach wenigen Minuten auszuflocken begann. Es mußte also im Laufe der Untersuchungen die Vergleichslösung immer frisch hergestellt werden, was zum mindesten unbequem war.

Es gelang nun, die Färbungen in den verschiedensten Abstufungen dauerhafter zu machen, wenn der nach folgender Vorschrift hergestellten Lösung des Kupfersalzes einige Kubikzentimeter einer 2—3proz. Gelatinelösung zugesetzt wurden[1]. Auf diese Weise konnten die Lösungen vollkommen klar und in der Färbung unverändert 3 Tage lang erhalten werden, während nach dieser Zeit die Färbungen zurückgingen.

Die Vorschrift zur Herstellung der Kupferlösung, z. B. der Kupferchloridlösung, wurde dahin abgeändert, daß vor dem Auffüllen der Lösung 6 ccm einer 2 bis 3proz. Gelatinelösung zugesetzt wurden. Diese Menge erwies sich bei den vielen angestellten Versuchen als die zweckmäßigste, da mit ihr die dauerhaftesten Färbungen erhalten wurden. Die bei Gelatinezusatz erhaltenen Färbungen wichen übrigens etwas von denen ohne diesen Zusatz ab, was aber für die Anwendung ohne Bedeutung war, da alle Vergleichsversuche mit den gleichen Lösungen vorgenommen wurden.

Die Kupferlösungen, die nach wenigen Minuten farblos werden, sind wohl mehrere Tage für den qualitativen Nachweis des Acetylens brauchbar; für die quantitative Bestimmung empfiehlt es sich jedoch, die Lösung jeden Tag neu und nur in der ungefähr benötigten Menge herzustellen, da im Laufe der Zeit die Empfindlichkeit nachläßt.

---

[1] Wie nachträglich festgestellt wurde, hat bereits *Küspert* im Jahre 1903 Untersuchungen über koloidales Acetylenkupfer angestellt. Dabei fand er, daß Wasserglas, das für die Darstellung von kolloidalen Silber und Gold[1] brauchbare Dienste als Schutzmittel leistete, beim Acetylenkupfer versagte. Dagegen lieferten Gelatinelösungen, selbst wenn sie nur 0,2 prozentig waren, filtrierbare Sole von langer Beständigkeit und prächtiger Farbe. Vergl. Zeitschr. anorgan. Chemie **34** (1903) S. 453; Chem. Ztg. **27** (1903) S. 107. Die oben angeführten Untersuchungen sind unabhängig von den Arbeiten *Küsperts* vorgenommen worden.

Die beschriebene Methode läßt sich natürlich auch für die Bestimmung des Acetylens in Lösungen, z. B. im Wasser verwenden; jedoch ist dann die Empfindlichkeit der Methode, wie Versuche ergaben, bedeutend kleiner, was vielleicht auf Umwandlung des Acetylens in wässeriger Lösung (vgl. S. 34) und auf der durch die wässerige Lösung verursachten Verdünnung der Flüssigkeitsmenge beruhen mag.

Eine auf der gleichen Grundlage beruhende quantitative kolorimetrische Methode gibt *R. Weaver* an[1]: Er verfährt dabei folgendermaßen: Das zu prüfende Gas wird in eine ammoniakalische Kupferchloridlösung geleitet, welche Gelatine und Alkohol enthält. Die erhaltene rote kolloidale Lösung wird verglichen mit einer als Grundmuster dienenden Lösung eines roten Farbstoffes oder mit einem Rubinglase. Das Verfahren ist sehr empfindlich; es werden noch 0,03 mg Acetylen gefunden, und bei Mengen bis 2 mg ist die Genauigkeit besser als 0,05 mg. Schwefelwasserstoff und größere Mengen Sauerstoff und Kohlendioxyd stören die Reaktion; man entfernt diese Gase durch Durchleiten durch eine heiße alkalische Pyrogallollösung, wobei Acetylen nicht verloren geht.

Nach Versuchen von *Arnold, Möllney* und *Zimmermann*[2] verläuft die Reaktion zwischen Acetylen und ammoniakalischer Kupfersalzlösung nach *Ilosvay* bei größerer Verdünnung des Acetylens mit Luft nicht quantitativ. Es genügt aber ein Zusatz von 5% Kohlensäure, um die schädliche Wirkung des Luftsauerstoffs zu beheben.

Zur maßanalytischen Bestimmung des Acetylens benutzen *Willstädter* und *Maschmann*[3] die Fällung des Cuprosalzes nach *Ilosvay* und lösen das gefällte Acetylenkupfer in einer sauren Ferrisalzlösung, in der es leicht löslich ist, auf, wobei folgende Umsetzungen vor sich gehen:

$$C_2Cu_2 + Fe_2(SO_4)_3 + H_2SO_4 = 2\,FeSO_4 + 2\,CuSO_4 + C_2H_2\,.$$

Das entstandene Ferrosalz wird mit Kaliumpermanganat titriert, wobei 1 Vol. Acetylen 2 Permanganatäquivalente erfordert. Das entbundene Acetylen stört dabei nicht.

Lebeau und *Damiens*[4] verwenden zur Acetylenabsorption eine alkalische Kalium-Quecksilberjodidlösung, durch welche das Acetylen unter Bildung einer als weißer Niederschlag sich leicht absetzenden Quecksilberverbindung entfernt wird, während in einer alkalifreien Kalium-Quecksilberjodidlösung das Acetylen nur einfach gelöst wird. Das Reagens wird hergestellt aus 25 g Quecksilberjodid, 30 g Kaliumjodid und 100 ccm Wasser. Die Lösung wird im Absorptionsgefäß mit wenig Alkali alkalisch gemacht. 1 ccm der alkalischen Lösung soll etwa das 20fache Volumen Acetylen lösen.

---

[1] Journ. Amer. Chem. Soc. 1916 (38), S. 352; vgl. auch Zeitschr. f. angew. Chemie **29** (1916), II, S. 249; Chem.-Ztg. **41** (1917), Nr. 76/78; Carbid u. Acetylen 1917, S. 47; 1918, S. 30.

[2] Berichte d. Deutsch. chem. Ges. 1920, S. 1034.

[3] Berichte d. Deutsch. chem. Ges. 1920, S. 939.

[4] Sitzungsbericht der Académie des Sciences. Paris, Februar 1913. Journ. f. Gasbel. **56** (1913), S. 1038.

In der Untersuchungs- und Prüfstelle des Deutschen Acetylenvereins wurden indessen mit dieser Absorptionslösung keine besonders guten Erfahrungen gemacht.

Zur gasanalytischen Bestimmung kann man sich zur Absorption des Acetylens auch der rauchenden Schwefelsäure bedienen[1].

Schwefelwasserstoff wird nachgewiesen, indem man das Gas durch Bleiacetatlösung leitet; Phosphorwasserstoff durch Durchleiten des vom Schwefelwasserstoff befreiten Gases durch eine salzsaure Sublimatlösung (Reagens *v. Bergé* und *Reychler*) oder durch eine saure Silbernitratlösung (Reagens von *Willgerodt*), die bei Vorhandensein von Phosphorwasserstoff dunkel gefärbt wird.

Eine einfache qualitative Methode[2], das Acetylen in der Praxis auf Phosphorwasserstoff, mithin auf seine Reinheit zu prüfen, besteht darin, daß man das Gas aus einem geöffneten Brenner 5 bis 10 Sekunden gegen einen Filtrierpapierstreifen strömen läßt, der mit einer 5proz. Silbernitratlösung getränkt ist. Bei Vorhandensein von viel Phosphorwasserstoff färbt sich das Papier dunkelbraun bis schwarz, bei wenig färbt es sich hellbraun. Eine weitere Kontrolle der Reinheit des Acetylens ist durch Anwendung des von *Keppeler* vorgeschlagenen Reagenspapieres möglich[3]. Das schwarze Reagenspapier ist mit einer Lösung von Quecksilberchlorid getränkt und wird vor dem Gebrauch mit einer 10proz. Salzsäure angefeuchtet. Wird dieses Papier in den Acetylenstrom gehalten, so erscheint bei Anwesenheit von Phosphor- und Schwefelverbindungen sowie Siliciumwasserstoff ein weißer Beschlag auf dem Papier; ist das Acetylen dagegen rein, so bleibt das Reagenspapier vollkommen unverändert. Das Papier soll so empfindlich sein, daß es noch 0,05 g Schwefel in 1 cbm Gas anzeigt. Als Kriterium für ein ungenügend gereinigtes Gas soll angesehen werden, wenn der einem 10 l - Brenner entsprechende Gasstrom auf dem gut mit Salzsäure angefeuchteten Reagenspapier einen deutlich und wirklich weiß erscheinenden Fleck in längstens 5 Minuten erzeugt.

Für die quantitative Bestimmung der Verunreinigungen hat *Willgerodt*[4] vorgeschlagen, eine bestimmte Menge Acetylen durch Bromwasser zu leiten und dann darin Phosphor und Schwefel als die entsprechenden Säuren zu bestimmen. Diese Methode wird praktisch kaum angewandt, da außer zur Oxydation der Verunreinigungen durch die Einwirkung des Acetylen auf Brom von diesem große Mengen verbraucht werden. *Lunge* und *von Cedercreutz*[5] haben deshalb eine andere Methode ausgearbeitet, die gute Resultate ergibt. Sie beruht darauf, daß eine bestimmte Menge Acetylen durch eine Natriumhypochloritlösung, die sich in zwei hintereinander geschalteten Zehnkugelröhren (Fig. 3) befindet, geleitet wird. Es erfolgt

---

[1] *Hempel:* Gasanalytische Methoden, S. 265.
[2] *Vogel:* Acetylenzentralen 1901, 75; Zeitschr. f. Calciumcarbid u. Acetylen, 1904, **7**.
[3] Zeitschr. f. Calciumcarbid u. Acetylen 1904, 198; 1905, 233.
[4] Berichte d. Deutsch. chem. Ges. 1895, 2107.
[5] Zeitschr. f. angew. Chemie **10** (1897), 651 bis 655.

hierbei ebenfalls Oxydation der Schwefel- und Phosphorverbindungen zu den entsprechenden Säuren, die dann durch Fällung als Bariumsulfat und als Magnesiumpyrophosphat bestimmt werden.

Die Natriumhypochloritlösung wird hergestellt[1], indem 100 g Chlorkalk mit Wasser gut umgerührt, durchgeschüttelt und hierauf so lange mit starker Sodalösung versetzt werden, bis noch ein Niederschlag entsteht. Die Flüssigkeit wird schließlich auf 1 l verdünnt und vor dem Gebrauch filtriert. Um schnell und einfach jeden Augenblick den Gehalt an wirksamem Chlor in dieser Hypochloritlösung, der ungefähr 3% betragen soll, feststellen zu können, bedient sich *Enoch*[2] einer Lösung von unterschwefligsaurem Natrium (14 g zu 1000 ccm Wasser), von der 1 ccm 0,002 g wirksamem Chlor entspricht.

In ein Becherglas von etwa 200 ccm bringt man genau mit der Pipette 2 ccm der zu prüfenden Hypochloritlösung, setzt etwa 10 ccm Jodkaliumlösung (10proz.), etwa 30 bis 40 ccm Wasser und 1 bis 2 ccm Salzsäure (1,124) hinzu. Das ausgeschiedene Jod wird darauf sofort mit der Titerlösung (unterschwefligsaures Natron) ohne Indikator zurücktitriert. Man setzt aus der Bürette das unterschwefligsaure Natron zu, bis die dunkelbraune Flüssigkeit hellgelb geworden ist und kann nun durch tropfenweisen weiteren Zusatz von Titerlösung haarscharf den Punkt feststellen, wann die gelbe Farbe verschwindet und die Flüssigkeit vollständig farblos wird. Diese Titration ist genau durchführbar und es entspricht in diesem Falle alsdann jeder Kubikzentimeter verbrauchtes unterschwefligsaures Natron 0,1% wirksamen Chlors in der untersuchten Hypochloritlösung.

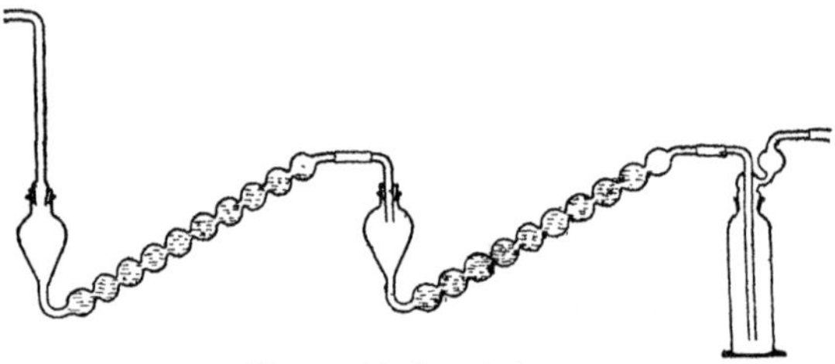

Fig. 3. Zehnkugelröhren.

Auf diese Weise kann man jederzeit in 2 bis 3 Minuten die Hypochloritlösung nachprüfen, ob sie noch die nötige Stärke hat oder durch frische ersetzt werden muß. Die Titerlösung, das unterschwefligsaure Natron, muß nach etwa 8 Tagen neu bereitet werden, da sie langsam ihren Wert ändert. Sie kann aber jederzeit durch Auflösen von 14 g Salz neu und sicher bereitet werden.

Zur Bestimmung des Phosphorwasserstoffes wird der Kolben mit 100 g Carbid mit einem zweimal durchbohrten Stopfen verschlossen. Durch die eine Bohrung führt ein kleiner Scheidetrichter mit ausgezogener Spitze, dessen Hahn oben einstweilen noch verschlossen ist und dessen Kugel mit Wasser gefüllt ist; durch die zweite Bohrung geht ein direkt unterhalb des Stopfens mündendes rechtwinkliges Rohr für die Gasableitung, um das nachher entwickelte Acetylen durch eine Zehnkugelröhre (Fig. 3) zu leiten, welche mit 70 ccm Hypochloritlösung gefüllt ist. Anschließend an diese Kugelröhre bringt man noch eine Gaswaschflasche an, welche ebenfalls 70 ccm der Hypo-

[1] Zeitschr. f. Calciumcarbid u. Acetylen 1899, 194.
[2] Carbid u. Acetylen 1909, 162.

chloritlösung enthält, und leitet von hier aus das Acetylen durch einen Gummischlauch einfach aus einem Fenster hinaus oder in einen Abzug. Zur Sicherheit bringt man noch zwischen Gasentwicklungsflasche und der Zehnkugelröhre ein etwa 20 cm langes, 2 cm weites Glasrohr an, welches, dicht mit Glaswolle gefüllt, als Sicherheitsventil dient, für den Fall, daß irgendwo in der Zehnkugelröhre bei der Oxydation eine Flamme sich bilden sollte, damit diese nicht rückwirkend auf das Acetylen in den Entwicklungskolben gelangen kann. Nachdem alle Schlauchdichtungen geprüft sind, öffnet man am Entwickler den Wasserzufluß durch den Scheidetrichter und läßt tropfenweise Wasser zu dem Carbid zutreten. Durch die Regulierung dieses Zuflusses kann ein langsamer und gleichmäßiger Gasstrom erhalten werden, welcher durch die 10 Kugeln des Apparates, durch die Waschflasche und von da ins Freie läuft und welcher alle Phosphorverbindungen als Phosphorsäure an die Hypochloritlösung abgibt.

Man kann sicher sein, daß aller Phosphor, welcher sich im Carbid befindet, bei dieser Methode in die Hypochloritlösung gebracht wird und dort zur Oxydation kommt. Zuletzt wird der ganze Entwicklungskolben mit Wasser angefüllt und hierdurch der Kolben von allem Acetylen entleert. Ein Durchsaugen von Luft ist unnötig, da die geringen Mengen Acetylen, welche in der Schlauchverbindung, in dem Sicherheitsrohr und in der ersten Kugel des Zehnkugelapparates sich befinden, auf das Resultat der Phosphorbestimmung keinen Einfluß ausüben. Der Apparat wird auseinandergenommen, die zweimal 70 ccm Hypochloritlösung werden in ein großes Becherglas gespült, die Glasteile etwas ausgewaschen und nun wird mit Salzsäure die alkalische Hypochloritlösung angesäuert. Durch Erwärmen wird das überschüssige Chlor ausgetrieben. Man erhält eine Flüssigkeit, welche etwa durch Schwefel oder sonstige Substanzen etwas trübe ist, die aber nach dem Filtrieren eine klare, zur Fällung geeignete Lösung gibt. Dieser klaren sauren Lösung setzt man alsdann etwas Chlorammonium zu, macht sie darauf ammoniakalisch und fällt durch Magnesiamixtur die Phosphorsäure als Ammoniummagnesiumphosphat. Letzteres wird — nötigenfalls nach hinreichend langem Stehen — abfiltriert, mit ammoniakalischem Wasser ausgewaschen und nun direkt auf dem Filter in verdünnter Essigsäure zur Entfernung von Kieselsäure aufgelöst, worauf das klare Filtrat wiederum mit Ammoniak ausgefällt wird. Die phosphorsaure Ammoniakmagnesia scheidet sich sofort aus und kann dann gleich nach dem Absetzen abfiltriert werden. Aus dem Gewicht des Niederschlages berechnet man den Gehalt an Phosphorwasserstoff, den man alsdann auf Carbid oder Acetylen umrechnet.

Um ganz sicher zu sein, verwendet man gleichzeitig 140 ccm der nicht gebrauchten Hypochloritlösung für einen blinden Versuch, um evtl. vorhandene Phosphorsäure bei dem Resultat mit berücksichtigen zu können; die 140 ccm Hypochloritlösung werden angesäuert und genau so wie die phosphorhaltige Lösung behandelt. Dieselbe Methode wird von *L. M. Dennis* und *W. J. O'Brien* als von ihnen ausgearbeitet, veröffentlicht[1]. Neu ist an dieser Methode nur,

[1] Chem.-Ztg. **37** (1913), **147**; vgl. Carbid u. Acetylen **1913**, 90.

daß die Entwicklung des Acetylens aus Carbid in einem Kippschen Apparat durch Chlornatriumlösung und unter Durchleiten von Wasserstoff vorgenommen wird.

Von *Eitner* und *Keppeler*[1] sowie gleichzeitig von *Caro*[2] ist ferner vorgeschlagen worden, die für die Schwefelbestimmung im Steinkohlengas von *Drehschmidt* ausgearbeitete Methode auch für die Bestimmung der Verunreinigungen des Acetylens zu benutzen, indem eine bestimmte Menge Acetylen verbrannt wird und die Verbrennungsprodukte durch eine Absorptions- und Oxydationslösung hindurchgeleitet werden.

Eitner und *Keppeler* (Fig. 4) verbrennen das Acetylen in einer Sauerstoffgebläselampe, über die eine Glashaube gestülpt ist. Diese steht in Verbindung mit zwei Zehnkugelröhren, durch die von der Haube aus während der Verbrennung Luft durchgesaugt werden kann. Enthält diese schwefel- oder phosphorhaltige Gase, welche beim Saugen mit in die Oxydationsflüssigkeit gelangen und dadurch das Resultat beeinflussen könnten, so muß die Haube dicht auf den Brenner aufgesetzt sein. Dies wird dadurch erreicht, daß die Rinne des Porzellankopfes, in welche die Haube taucht, mit Quecksilber gefüllt wird und nun nur durch eine besondere Öffnung Luft,

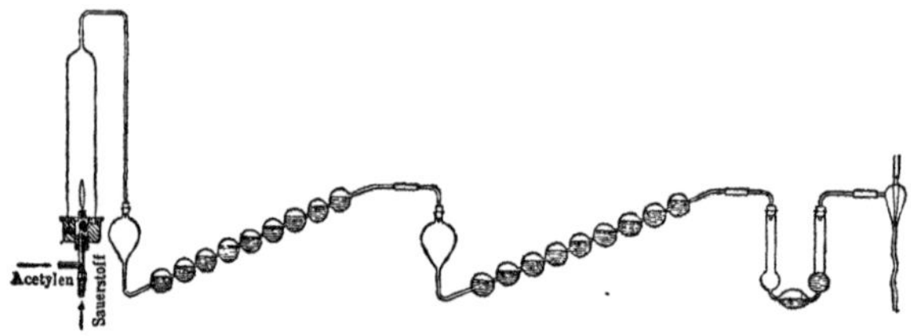

Fig. 4. (*Eitner* und *Keppeler*.)

die durch Reinigungsapparate gegangen ist, in den Apparat gelangen kann. Die erste Zehnkugelröhre ist mit Wasser, die zweite mit einer Hypobromidlösung gefüllt. Die Verbrennungsgase werden nun mit der Luft in die Röhren eingesaugt und hier zurückgehalten. Nach beendigter Verbrennung wird in der Absorptionsflüssigkeit Schwefel- und Phosphorsäure wie gewöhnlich bestimmt. Die Phosphorsäure, die sich in dem oberen Teil der Glashaube niedergeschlagen hat, wird mit heißer Salzsäure entfernt und eingedampft. Der Rückstand wird mit Wasser aufgenommen, filtriert und das Filtrat zu der Hypobromidlösung zugegeben.

Die von *Caro* empfohlene Methode (Fig. 5) beruht ebenfalls auf der Verbrennung des Acetylens, die jedoch in einem gewöhnlichen Acetylenbunsenbrenner mit einem Stundenverbrauch von etwa 12 l vorgenommen wird. Der entzündete Brenner wird auf einem Teller unter die Glashaube geschoben, und zwar so, daß die Flammenspitze etwa 2 cm unter die Öffnung des Abzugrohres zu stehen kommt. Die Glashaube steht mit drei Waschflaschen, in denen sich Hypobromidlösung befindet, in Verbindung. Die Untersuchung wird in der gleichen Weise ausgeführt wie bei dem Verfahren von *Eitner* und *Keppeler*; jedoch darf die Glashaube nicht aufsitzen, sondern muß frei hängen, da sonst ein Rußen der Flamme eintritt. Es kann daher eine Reinigung der zugeführten Verbrennungsluft nicht stattfinden.

[1] Journ. f. Gasbel. 44 (1901), 549.
[2] Handb. f. Acetylen 1904, 243.

Beide Methoden, sowohl die von *Eitner-Keppeler* als auch die von *Caro*, geben sehr zuverlässige Resultate.

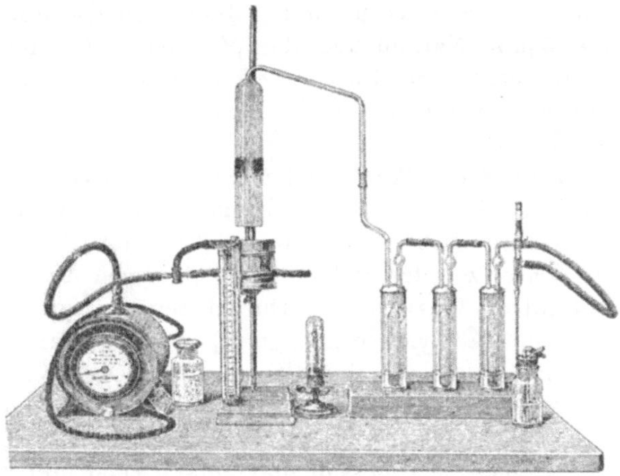

Fig. 5. (*Caro.*)

Keppeler[1] hat weiterhin noch auf ein ähnliches Verfahren[2] (Fig. 6) hingewiesen. Nach dieser Methode wird das Gas ebenfalls unter einer Glashaube verbrannt. Die Verbrennungsprodukte streichen frei durch eine gekühlte Zehnkugelröhre, die, um eine vollständige Kondensation des in den stark verdünnten Verbrennungsgasen enthaltenen Wasserdampfes herbeizuführen, mit Glasscherben ausgefüllt ist. Das Verbindungsstück zwischen Glashaube und Kugelrohr ist mit einem Abzweig versehen, durch den das die oxydierten Verunreinigungen enthaltende Kondensationswasser in eine mit etwas Bromwasser gefüllte Vorlage fließt. In dieser werden dann ebenfalls Schwefel- und Phosphorsäure bestimmt. Das Verfahren umgeht die Anwendung einer Saugpumpe und gestaltet sich dadurch einfacher, gibt aber nach *Fränkel*[3] mit den ersterwähnten beiden Methoden nur übereinstimmende Werte, wenn dem zur Verbrennung gelangenden Acetylen die gleiche Menge Wasserstoff zugemischt wird. Nach *Caro*[4] gestattet die von ihm angewandte Methode der Verbrennung auch den Gehalt an Siliciumverbindungen festzustellen[5]. Zu diesem Zwecke muß die Haube aus Platin oder Nickel hergestellt werden.

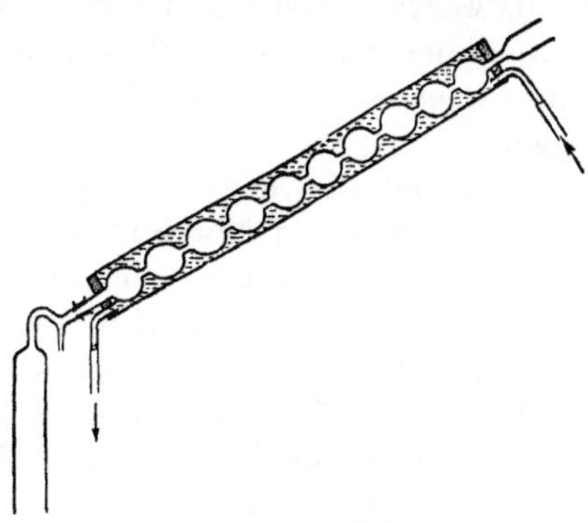

Fig. 6. Kugelkühler.

[1] Journ. f. Gasbel. **46** (1903), 777.

[2] *Fischer:* Zeitschr. f. angew. Chemie **2** (1889).

[3] Zeitschr. f. Calciumcarbid u. Acetylen 1908, 37 bis 42.

[4] Handb. f. Acetylen 1904, 244.

[5] *Mauricheau-Beaupré* (Zeitschr. f. Calciumcarbid u. Acetylen 1907, 82) hat verschiedene Versuche zur Bestimmung von Siliciumwasserstoff vorgenommen, wobei er zu dem Schluß kommt, daß Siliciumwasserstoff nicht zu den regelmäßigen Verunreinigungen des Acetylens gehört. Nach seiner Meinung besteht die beste Methode zur Bestimmung des Siliciumwasserstoffes im Rohacetylen darin, das Gas in einer Durchflußmenge von ungefähr $^1/_2$ l in der Stunde mit einer 5proz., mit Schwefelsäure versetzten Chromsäurelösung zu waschen.

Die Waschflaschen werden mit 5proz. Natronlauge gefüllt, die vollständig phosphor-, schwefel- und kieselsäurefrei sein muß (Natriumhydrat aus Metall). Nach erfolgter Verbrennung füllt man die umgekehrt hingestellte Haube mit 5proz. Natronlauge, dampft sodann diese mit der in den Waschflaschen enthaltenen unter Zusatz von Brom ein, fügt Salzsäure bis zur sauren Reaktion hinzu und verfährt dann wie bei einer gewöhnlichen Kieselsäurebestimmung.

Mauricheau-Beaupré[1] hat zur titrimetrischen Bestimmung des Phosphorwasserstoffes mittels Jod folgende Methode ausgearbeitet: Von dem zu untersuchenden Carbid wird eine größere Probe (100 bis 200 g) durch Einwerfen in Wasser zersetzt und mit dem erzeugten Acetylen das in einem Meßkolben befindliche Wasser durch Durchleiten gesättigt. Dieser Kolben wird in ebenfalls mit Acetylen gesättigtem, in einer Wanne befindlichem Wasser umgestürzt und dann das Wasser durch Acetylen verdrängt, wobei, um eine Entsättigung des Wassers zu verhindern, möglichst rasch vorgegangen wird. Wenn der Kolben mit Acetylen gefüllt ist, wird er unter Wasser mit einem Glasstopfen verschlossen und sodann unter eine 50 ccm fassende, in $^1/_{10}$ ccm geteilte, mit n/100 Jodlösung gefüllte Glashahnbürette gebracht, welche zweckmäßig in einen 20 cm langen Stiel endet, der es ermöglicht, das Jod in den unteren Teil des Kolbens einfließen zu lassen. Durch einen Versuch ermittelt man, welche Jodmenge ungefähr zugelassen werden muß, damit nach einer Einwirkungsdauer von 10 Minuten noch ein Überschuß vorhanden ist, und diese Menge wird auf die in Verwendung genommene Gasmenge bezogen.

Während der Einwirkung wird der Kolben geschlossen. Sodann wird ein Überschuß von Natriumhyposulfitlösung bekannten Titers zugesetzt und mit der Jodlösung aus derselben Bürette, unter Zusatz von Stärkelösung zurücktitriert. Man benötigt mithin nur zwei Büretten, einen bis zum Hals geeichten Kolben, eine n/100 Jodlösung und eine Natriumhyposulfitlösung.

Um das in dem verwendeten Acetylenvolumen enthaltene Volumen von Phosphorwasserstoff zu erfahren, hat man nur die Anzahl der verbrauchten Kubikzentimeter der Jodlösung mit 0,035 zu multiplizieren. Ein Verschwinden der Blaufärbung nach beendeter Titration zeigt die Gegenwart organischer Phosphor- und Schwefelverbindungen an. Wird das Acetylen durch Einwerfen von Carbid in Wasser hergestellt, so sind nie organische Phosphor- und Schwefelverbindungen vorhanden.

Fränkel[2] hat diese Methode nachgeprüft. Dabei hat sich ergeben, daß sehr gut untereinander übereinstimmende Resultate damit erzielt werden, daß jedoch diese Werte hinter jenen, die nach dem Verbrennungsverfahren erhalten werden, zurückbleiben. Es liegt dies daran, daß der von *Mauricheau-Beaupré* empirisch ermittelte Faktor 0,035 (jeder verbrauchte Kubikzentimeter $^1/_{100}$n-Jodlösung = 0,035 ccm Phosphorwasserstoff) nicht vollkommen den stattfindenden Reaktionen entspricht.

[1] Zeitschr. f. Calciumcarbid u. Acetylen 1907, 369.
[2] Zeitschr. f. Calciumcarbid u. Acetylen 1908, 235.

Die Reaktion verläuft nach folgenden Gleichungen:

1. $PH_3 + 6\,J + 3\,H_2O = H_3PO_3 + 6\,HJ$ oder
2. $PH_3 + 8\,J + 4\,H_2O = H_3PO_4 + 8\,HJ$.

Für 1. ergibt sich hieraus der Faktor = 0,039, für 2. = 0,0293.

Werden die bei der Verbrennung erhaltenen Durchschnittsresultate zur Berechnung eines Faktors benutzt, so würde sich dieser zu 0,041 ergeben; dieser Faktor würde dem nach Gleichung 1 berechneten von 0,039 nahe kommen; es ist aber noch dabei zu beachten, daß die Reaktion tatsächlich nicht bis zu der Oxydationsstufe H_3PO_3 verläuft, sondern bei einer niedrigeren stehen bleibt, so daß der ermittelte Faktor 0,041 annähernd der richtige ist. Bei seiner Verwendung werden Resultate erhalten, die jenen bei der Verbrennungsmethode ziemlich gleichkommen, so daß sich diese jodometrische Methode zu einem rasch durchzuführenden Annäherungsverfahren entwickeln dürfte.

Nach *Ahrens*[1], *Eitner* und *Keppeler*[2] sowie *Hinrichsen*[3] soll die Methode von *Lunge-Cedercreutz* keine genauen Resultate ergeben, da geringe Mengen Phosphor und Schwefel unoxydiert durch die Natriumhypochloritlösung hindurchgehen.

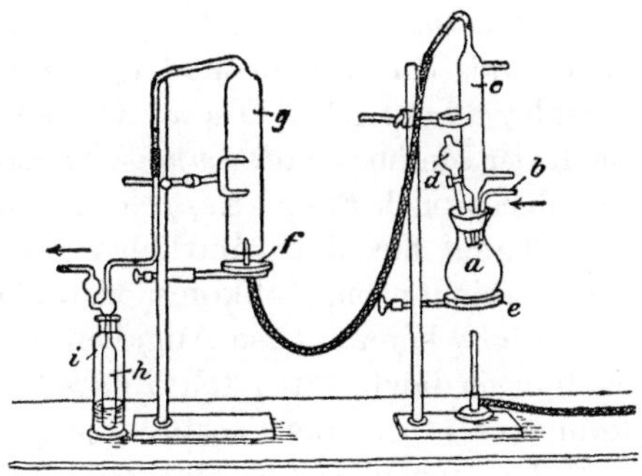

Fig. 7. (*Lidholm.*)

Hinrichsen bediente sich deshalb der von *Lidholm*[4] vorgeschlagenen Anordnung, die durch die Fig. 7 veranschaulicht wird. Der Halbliterkolben *a*, dessen Hals etwa 50 mm weit ist, ist mit dem Rückflußkühler *c* verbunden, der seinerseits durch einen dickwandigen Gummischlauch mit der Düse *f* eines Acetylenbrenners verbunden ist. Oberhalb des Brenners befindet sich die zylindrische, in ein enges Glasrohr übergehende Glashaube *g*, deren untere Weite 5 cm beträgt. In der Waschflasche *i*, die mit einer gutwirkenden Wasserstrahlpumpe in Verbindung steht, befindet sich Wasser zum Auffangen der nicht in dem Glasrohre niedergeschlagenen Phosphorsäure. Der Kolben *a* trägt außer dem Rückflußkühler noch einen Tropftrichter *d* und ein Gaseinleituunsrohr *b*, das zu einem Kippschen Wasserstoffentwickler führt. Auf dem Boden des Kolbens befindet sich ein Porzellantiegel, der das zu untersuchende Carbid (etwa 10 g) aufnimmt.

Nach dem Einwägen des Carbides in den Tiegel wird zunächst die Luft in dem Kolben *a* durch phosphorfreien Wasserstoff verdrängt und der Wasserstoff an der Düse *f* entzündet. Nach dem Anlassen der Saugpumpe und Füllen des Rückflußkühlers mit Wasser werden durch den Tropftrichter zunächst

[1] Zeitschr. f. angew. Chemie **12** (1899), 660.

[2] Journ. f. Gasbel. **44** (1901), 549; **45** (1902), 777.

[3] Zeitschr. f. Calciumcarbid u. Acetylen 1907, 289.

[4] Zeitschr. f. angew. Chemie **17** (1904), 1452; Zeitschr. f. Calciumcarbid u. Acetylen 1904. 313.

30 ccm wasserfreien Alkohols, sodann 30 ccm Wasser langsam in den Kolben gegeben. Die Benutzung des Alkohols dient dem Zwecke, die Zersetzung des Carbides so langsam vor sich gehen zu lassen, daß vollständige Verbrennung des Gases im Brenner möglich ist. Während der eigentlichen Zersetzung des Carbides kann der Wasserstoffstrom abgestellt werden. Sobald die Flamme anfängt wieder weniger zu leuchten — etwa $^1/_2$ Stunde nach Beginn des Versuches — fügt man zum Auflösen des in dem Kolben ausgeschiedenen Kalkes durch den Tropftrichter Salzsäure hinzu und kocht, um die letzten Reste des Acetylens auszutreiben. Wenn die Flamme etwa 10 Minuten farblos gebrannt hat, stellt man den Wasserstoffstrom ab, nimmt den Apparat auseinander und spült den Inhalt der Waschflasche *i* und der Glashaube *g* mit warmer Ammoniaklösung in ein Becherglas. Man dampft ein, filtriert von den geringen Mengen Ruß usw. ab und fällt nach dem Ansäuern mit Salpetersäure die Phosphorsäure mit Ammoniummolybdat nach *Finkener*. *Hinrichsen* erhielt nach dieser Methode fast doppelt so hohe Werte als nach dem Verfahren von *Lungen-Cedercreutz*.

Askenasy und *Pickel*[1] sowie *Fränkel*[2] haben darauf vergleichende Versuche zwischen den Methoden von *Lunge*, *Lidholm* und dem Verbrennungsverfahren angestellt. Dabei fanden *Askenasy* und *Pickel* umgekehrt, daß nach der Methode von *Lunge-Cedercreutz* höhere Werte erhalten werden, die mit denen nach *Eitner-Keppeler* gut übereinstimmen. Sie weisen noch besonders darauf hin, daß sämtlicher Phosphor, also auch die organischen Phosphorverbindungen, vollkommen oxydiert wird.

Fränkel konnte diese Angaben bestätigen, da auch er bei erneuten Untersuchungen fand, daß nach *Lunge-Cedercreutz* höhere Werte erhalten werden können als bei dem Verbrennungsverfahren. Er kommt zu dem Schluß, daß die Ergebnisse der Methode von *Lunge-Cedercreutz* von dem Gehalt des Hypochlorits an aktivem Chlor abhängen, wie er gleichfalls durch Versuche bewiesen hat. Der Gehalt des Hypochlorits muß 2,9 bis 3% aktiven Chlors betragen.

Lidholm[3] hat für die Schwefelbestimmung im Calciumcarbid, die ja für Acetylen ebenfalls in Betracht kommt, folgende Methode ausgearbeitet: Calciumcarbid wird mit Natrium-Kaliumcarbonat, dem Ammoniumchlorid beigemischt ist, verschmolzen. Die Reaktionsmasse wird leicht flüssig, und das Carbid wird unter Kohleabscheidung dabei zersetzt. Der Schwefel, welcher im Carbid als Sulfidschwefel vorhanden ist, wird nicht oxydiert und kann aus der Schmelze mit Säuren als Schwefelwasserstoff ausgetrieben werden. Dieser wird dann durch Bromsalzsäure oder Wasserstoffsuperoxyd oxydiert und als Schwefelsäure bestimmt.

Als kräftiges und ungefährliches Oxydationsmittel für Phosphorwasserstoff und Schwefelwasserstoff empfiehlt *Stuber*[4] eine Lösung von Kalium-

[1] Zeitschr. f. Calciumcarbid u. Acetylen 1907, 346.
[2] Zeitschr. f. Calciumcarbid u. Acetylen 1908, 237.
[3] Zeitschr. f. angew. Chemie 17 (1904), 558.
[4] Carbid u. Acetylen 1909, 119.

chlorat und Kupferchlorid in 14 proz. Salzsäure (spez. Gewicht 1,07), in der ungelöstes Chlorat in erbsengroßen Stücken noch vorhanden ist. Zur Absorption des Phosphor- und Schwefelwasserstoffs aus 40 bis 50 l Acetylen wägt man 0,8 g Kaliumchlorat in Stücken ab, gibt 0,2 g festes Kupferchlorid hinzu, bringt beides in eine Zehnkugelröhre und füllt 70 ccm der gekühlten Salzsäure nach. Hinter diese Röhre ist noch eine gleiche mit 50 bis 60 ccm 5 proz. Natronlauge geschaltet. Der Gasstrom, der durch dieses Röhrensystem streicht, soll so eingestellt sein, daß in der Stunde 20 bis 25 l durchgehen. Zur Bestimmung der Phosphorsäure und Schwefelsäure wird die Flüssigkeit der ersten Röhre auf $^1/_4$ ihres Volumens eingedampft und hierauf mit dem Inhalt der zweiten Röhre versetzt. Eine Neutralisation darf hierbei nicht eintreten, da sonst Kupferoxyd ausfällt; die letzten Anteile Säure müssen vielmehr mit Ammoniak neutralisiert werden, wobei auch das Kupfer in Kupferoxydammoniak übergeführt wird. Es ist dadurch möglich, die Phosphorsäure anch bekannten Methoden direkt mit Magnesiamischung zu fällen. Im Filtrat bestimmt man alsdann die Schwefelsäure.

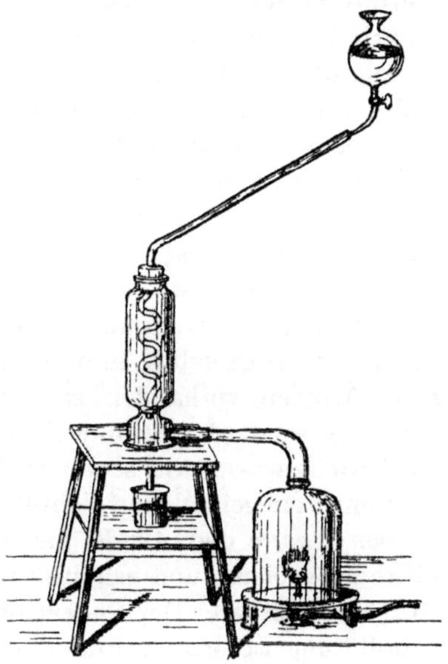

Fig. 8. (*Gatehouse.*)

Nach *Gatehouse*[1] (Fig. 8) wird das Acetylen ebenfalls unter einer Glasglocke verbrannt. Die Verbrennungsgase werden dann teils durch Wasser absorbiert, teils setzen sie sich an der Glasglocke fest. Diese wird nach Beendigung der Verbrennung ausgespült. In den vereinigten Flüssigkeiten wird nun zunächst der Säuregehalt mit $^1/_{10}$ n-Natronlauge unter Verwendung von Phenolphthalein als Indicator ermittelt. Dann werden in der neutralisierten Flüssigkeit nacheinander Kieselsäure, Phosphorsäure, Schwefelsäure nach den bekannten Methoden bestimmt. *Gatehouse* schlägt vor, eine Höchstacidität der Verbrennungsprodukte, die aus 100 l Acetylen entstehen, als ein Kriterium für die Reinheit des Gases festzusetzen.

Nach *Hempel* und *Kahl*[2] kann man den Gehalt an Phosphorwasserstoff im Acetylen direkt volumetrisch bestimmen, wenn man 100 ccm des Rohacetylens über Quecksilber mit 3 ccm einer mit reinem Acetylen gesättigten schwefelsauren Kupfersulfatlösung schüttelt. Es tritt hierbei Volumenkontraktion ein. Der vierte Teil dieser Volumenverminderung entspricht der

---

[1] Zeitschr. f. Calciumcarbid u. Acetylen 1908, 212; Verfahren des engl. Gasschiedsgerichtes für die Bestimmung des Schwefels im Leuchtgas.

[2] Zeitschr. f. angew. Chemie **11** (1898), 54; s. a. *Hempel:* Gasanalytische Methoden 1913, 267 ff.

Menge des im Gase enthaltenen Phosphorwasserstoffs. Diese Methode beruht auf der Beobachtung, daß eine mit Acetylen gesättigte Kupfersulfatlösung, hergestellt durch Auflösen von 15,6 g krystallisiertem Kupfersulfat in 100 ccm Wasser und 5 ccm verdünnter Schwefelsäure in Gegenwart von Quecksilber ein Gasgemisch absorbiert, welches zu $^3/_4$ aus Acetylen und zu $^1/_4$ aus Phosphorwasserstoff besteht. Dieses Verfahren eignet sich besonders dann, wenn das Acetylen ziemlich arm an Schwefelwasserstoff ist.

Der Gehalt an Ammoniak wird in der Weise bestimmt, daß man eine bestimmte Menge Acetylen durch $^1/_{100}$ n-Schwefelsäure leitet und durch Zurücktitrieren den Verbrauch an Säure feststellt.

Die übrigen Verunreinigungen des Rohacetylens, Sauerstoff, Kohlensäure, Kohlenoxyd, Wasserstoff, Methan und Stickstoff, bestimmt man volumetrisch nach bekannten Methoden. Nach *Haber* und *Öchelhäuser*[1] absorbiert man Kohlensäure durch Kalilauge, Acetylen durch ammoniakalische Silberlösung, Ammoniak durch verdünnte Schwefelsäure, Sauerstoff durch alkalische Pyrogallussäure und Kohlenoxyd durch ammoniakalische Kupferchlorürlösung. Ist noch etwas Acetylen zugegen, so ist dies an der Ausscheidung von Acetylenkupfer zu erkennen. Der Gasrest enthält in der Hauptsache noch Stickstoff, Wasserstoff. und Methan. Sind noch andere Kohlenwasserstoffe, z. B. Äthylen, vorhanden, so können diese durch Bromwasser absorbiert werden, oder sie werden gesondert mit Acetylen zusammen bestimmt. Der Gehalt an Schwefelwasserstoff sowie an Phosphorwasserstoff ist besonders zu bestimmen und vom gefundenen Gehalt an Kohlensäure bzw. Kohlenoxyd abzuziehen.

von Knorre und *Arndt*[2] lassen zuerst das Gas durch rauchende Schwefelsäure absorbieren und erhalten im Gasrest nur Sauerstoff, Stickstoff, Wasserstoff und Methan. Der Sauerstoff wird durch Phosphor oder alkalische Pyrogallollösung absorbiert und der nun verbleibende Gasrest unter Zumischen einer bestimmten Menge Luft verbrannt[3]. Aus der Kontraktion und der beim Verbrennen gefundenen Kohlensäure kann man dann den Gehalt an Methan, Wasserstoff und Stickstoff berechnen.

Fränkel[4] wendet bei der Bestimmung der übrigen Verunreinigungen zur Entfernung des Acetylens Aceton an. Dieses löst bekanntlich Acetylen fast vollständig, so daß in dem verbleibenden Gasrest nur noch Sauerstoff, Stickstoff, Wasserstoff neben etwas Kohlenoxyd und Acetondämpfen vorhanden sind. Die Acetondämpfe lassen sich durch Waschen des Gasrestes mit Wasser fast vollständig entfernen. Der Sauerstoff wird nun durch Absorption in Pyrogallollösung bestimmt, während der Stickstoff indirekt als der nach der Entfernung der anderen Bestandteile durch Absorption mit Kupferchlorürlösung (Kohlenoxyd) und durch Verbrennung (Wasserstoff und Acetondämpfe) übrigbleibende Gasrest zu ermitteln ist.

---

[1] Experimentaluntersuchungen über Zersetzung und Verbrennung von Kohlenwasserstoffen (München 1896); s. a. *Hempel:* a. a. O. 265ff.

[2] Verhandl. d. Ver. z. Förd. d. Gewerbefl. 1900, 12.

[3] *Hempel:* Gasanalytische Methoden 1913.

[4] Zeitschr. f. Calciumcarbid u. Acetylen 1899, 298.

Technische Herstellung des Acetylens.

Rohstoffe.

Von den zahlreichen Bildungsarten des Acetylens kommt für die technische Herstellung allein die Gewinnung aus Calciumcarbid durch Zersetzung mit Wasser in Betracht, weil nur dieses Verfahren eine Herstellung beliebig großer Mengen mit geringen Kosten ermöglicht. Der Ausgangsstoff, das im elektrischen Ofen durch Zusammenschmelzen von Kalk und Kohle hergestellte Calciumcarbid, wird in einem besonderen Band dieser Sammlung behandelt; es sollen daher hier nur diejenigen Eigenschaften, die für die technische Herstellung des Acetylens von Wichtigkeit sind, kurz zusammengestellt werden. Das Handelscarbid ist eine steinartige, krystallinische, grau, braun oder auch rötlich gefärbte harte Masse. Gemäß seiner Herstellungsart bei der hohen Temperatur des elektrischen Ofens ist es allen gewöhnlichen Flammen gegenüber feuerfest und beginnt erst bei Temperaturen über 2000° zu schmelzen. Es ist ein schlechter Leiter für Elektrizität und Wärme. Sein spez. Gewicht ist in zusammenhängenden Stücken 2,2 bei 18°.

Das Calciumcarbid wird in großen Blöcken gewonnen, die in Zerkleinerungsmaschinen zerbrochen und durch Siebe von bestimmter Maschenweite in verschiedene Stückengrößen gesondert werden. Man unterscheidet im Handel Körnungen von 50 bis 80 mm, 25 bis 80 mm, 25 bis 50 mm, 25 bis 35 mm, 15 bis 25 mm, 7 bis 15 mm, 4 bis 7 mm und als kleinste Sorte 1—4 mm kleinstem Durchmesser der Stücke. Der bei der Zerkleinerung des Carbides in reichlichen Mengen abfallende Staub fand früher nur wenig Verwendung und wurde meist mit den minderwertigen Teilen der Rohblöcke in den Carbidöfen wieder eingeschmolzen. In den letzten Jahren hat sich indes das Staubcarbid nicht nur für die Herstellung von Kalkstickstoff und metallurgische Zwecke, sondern auch zur Erzeugung von Acetylen im Großbetriebe, insbesondere für Ortszentralen, Füllstationen von gelöstem Acetylen, Verarbeitung von Acetylen zu chemischen Produkten und Ruß, als ein sehr brauchbares Ausgangsmaterial erwiesen und kommt daher in umfangreichem Maße in den Handel. Da es für die technische Verwendung des Carbides wichtig ist, den Raumbedarf des zerkleinerten Carbides zu kennen, seien hier einige für die verschiedenen Carbidsorten ermittelte Zahlen (siehe umstehende Tabelle) angegeben.

Reines Calciumcarbid besteht entsprechend der Formel CaC_2 aus 62,5% Calcium und 37,5% Kohlenstoff. Das Handelscarbid ist indes niemals ganz rein, sondern es enthält in der Regel ungefähr 10 bis 14% Verunreinigungen, die teils aus unverbundenen Rohstoffen, teils aus Schwefel-, Phosphor-, Silicium- und Stickstoffverbindungen bestehen. Diese Verunreinigungen gehen in das aus dem Carbid hergestellte Acetylen zum Teil in Form von

Lfde. Nr.	Carbidsorte mm	Gewicht des Carbides kg	Inhalt des Gefäßes, in dem das Carbid gewogen wurde l	1 kg Carbid nimmt einen Raum ein von l	1 l Carbid wiegt kg
1	15 bis 80	18,790	15,240	0,81	1,23
		18,260	15,240	0,83	1,198
		18,610	15,240	0,819	1,22
2	15 bis 50	17,530	15,240	0,87	1,15
3	50 bis 80	17,830	15,240	0,854	1,17
4	15 bis 25	18,220	15,240	0,836	1,195
		18,120	15,240	0,841	1,189
		18,230	15,240	0,836	1,196
5	4 bis 7	16,470	15,240	0,91	1,098
		16,770	15,240	0,908	1,100
		17,690	15,240	0,86[1]	1,16[1]
6	1	5,010	5,000	0,998[2]	1,002[2]
		1,940	1,900	0,98[3]	1,02[3]
		2,060	1,900	0,92[3]	1,08[3]

Schwefel-, Phosphor- und Siliciumwasserstoff sowie Ammoniak über und beeinflussen dessen Reinheit, während jene nur für die Ausbeute an Gas von Wichtigkeit sind. Auch durch Verwitterung infolge Berührung mit feuchter Luft kann die Ausbeute des Carbides herabgesetzt werden. Aus diesem Grunde besitzt feinkörniges Carbid bis zu 7 mm Korngröße, das wegen seiner großen Oberfläche der Verwitterung am meisten ausgesetzt ist, in der Regel einen wesentlich geringeren Gasgehalt als Carbid in großen Stücken. Es sind zwischen den beteiligten Handels- und Verbraucherkreisen Vereinbarungen über die Beschaffenheit des Carbides getroffen worden, die sog. „Normen des Deutschen Acetylenvereins über den Carbidhandel“[4], in denen über Reinheit und Ausbeute des Carbides bestimmte, für die Lieferung und Abnahmepflicht maßgebende Bedingungen aufgestellt sind.

Das Calciumcarbid ist gegen die meisten Lösungsmittel und Reagenzien wenig empfindlich. Petroleum, Schwefelkohlenstoff, Benzol wirken auf das Carbid nicht ein. Das Verhalten gegen starke Säuren, Basen, Alkohol und Äther bei gewöhnlicher Temperatur ist aus nachfolgender Zusammenstellung ersichtlich:

1. Konz. Schwefelsäure greift Carbid sehr langsam an, Säure wird dabei braun. Beim Verdünnen Ausscheidung von Nadeln. Geruch nach Crotonaldehyd (etwas stechend, rauchig).
2. Konz. Salzsäure greift Carbid unter starker Acetylenentwicklung an.
3. Konz. Salpetersäure desgl.
4. Konz. Ammoniak desgl.
5. Konz. Sodalösung desgl.

[1] Stark eingerüttelt.
[2] Viel Staub (1,42 kg) enthaltend.
[3] Staubfrei.
[4] Vgl. S. 403.

6. Konz. Natronlauge greift Carbid unter starker Acetylenentwicklung an, starkes Schäumen, feiner Schaum.
7. Konz. Ätzbaryt greift Carbid unter starker Acetylenentwicklung an, starkes Schäumen, große Blasen.
8. Alkohol absol. (96%): schwache Gasentwicklung. Geruch nach Mercaptan.
9. Äther: äußerst schwache Entwicklung.

Die stärkste Reaktion, die das Calciumcarbid in der Kälte zeigt, ist die Zersetzung durch Wasser. Wasser wirkt auf das Calciumcarbid gemäß der nachfolgenden Zersetzungsgleichung ein:

$$CaC_2 + 2\,H_2O = Ca(OH)_2 + C_2H_2\,.$$

Nach dieser Gleichung ergeben 64 g Calciumcarbid mit 36 g Wasser 74 g Calciumhydroxyd und 26 g Acetylen. 1 kg Reincarbid liefert hiernach 406,25 g Acetylen, die bei 0° und 760 mm Druck 348,7 l einnehmen. Technisches Carbid ergibt selten mehr als 300 l Acetylen auf 1 Kilogramm. Die Reaktion vollzieht sich in überaus stürmischer Weise. Die wasseranziehende Kraft des Calciumcarbides ist so bedeutend, daß es das Wasser auch da an sich zieht, wo es in physikalisch oder chemisch gebundener Form vorhanden ist. So entzieht Calciumcarbid krystallwasserhaltigen Verbindungen dieses Wasser und verwandelt das Calciumhydroxyd bei Abwesenheit freier Feuchtigkeit in Calciumoxyd entsprechend der Gleichung:

$$CaC_2 + Ca(OH)_2 = C_2H_2 + 2\,CaO\,.$$

Die Zersetzung des Carbides geht mit einer starken Wärmeentwicklung vor sich. Nach *Lewes* entwickelt jedes Gramm technisches Calciumcarbid bei der Zersetzung in 20- bis 50fachem Wasserüberschuß durchschnittlich 406 Cal. bei größeren Stücken und 377 Cal. bei kleineren Stücken von 1 bis 5 g Gewicht, was eine Wärmeentwicklung von 414,6 Cal. für 1 g Reincarbid ergibt.

Die Entwicklungsgeschwindigkeit ist bei Anwesenheit einer genügenden Wassermenge sehr beträchtlich und steigt im allgemeinen mit der Feinkörnigkeit des Carbides, doch hängt sie auch von der Beschaffenheit des Carbides selbst ab. So kommen Carbidsorten vor, die besonders langsam vergasen, und andererseits poröse schwammige Stücke, die fast augenblicklich bei Berührung mit Wasser ihren gesamten Gasinhalt freigeben. Staubförmiges Carbid wird explosionsartig rasch unter entsprechend schneller Wärmeentwicklung zersetzt; bei Unterteilung in kleine Portionen, die durch große Wassermengen zersetzt werden, kann aber auch Carbidstaub zur Acetylenerzeugung in geeigneten Entwicklern gefahrlos verwendet werden[1]. Durch einen Gehalt an indifferenten Stoffen wird die Entwicklungsgeschwindigkeit des Carbides herabgesetzt (imprägniertes und präpariertes Carbid[2]).

Das Wasser wirkt sowohl in flüssiger wie in dampfförmiger Gestalt auf das Carbid ein. Eis und Wasserdampf von sehr hoher Temperatur greifen das Carbid wenig oder gar nicht an; flüssiges Wasser wirkt am intensivsten

---

[1] Vgl. S. 62.
[2] Vgl. S. 109, 129.

ein. In Dampfform zersetzt das Wasser bei der Dampfspannung niedriger Temperaturen das Carbid allmählich, so daß Calciumcarbid in freier Luft immer nach Acetylen riecht und sich mit einer Schicht Kalk bedeckt. Warme Luft, die mit Wasserdampf beständig gesättigt gehalten wird, wirkt rasch völlig zersetzend auf das Calciumcarbid.

Werden dem Wasser Stoffe zugesetzt, die das Carbid an sich nicht angreifen, wie Salze, Säuren, Alkohol u. dgl., so wird je nach dem Gehalt des Wassers an Fremdstoffen die Zersetzungsgeschwindigkeit verringert. Nachstehende Tabelle zeigt das Verhalten einiger konzentrierter Salzlösungen gegen technisches Carbid, wobei die Niederschläge und Färbungen von Reaktionen des Acetylens oder seiner Verunreinigungen herrühren:

1. Natriumchlorid: ruhige, gleichmäßige Entwicklung, nach der Entwicklung weißer Niederschlag.
2. Magnesiumchlorid: ruhige, gleichmäßig langsame Entwicklung.
3. Natriumphosphat: gleichmäßig langsame Entwicklung, grauer Niederschlag.
4. Natriumchlorat: gleichmäßig langsame Entwicklung, weißer Niederschlag.
5. Natriumthiosulfat: starke, gleichmäßige Entwicklung, reiner Geruch des Gases, gelblichweißer Niederschlag.
6. Natriumnitrit: langsame Entwicklung, grauer Niederschlag.
7. Essigsaures Blei: sehr wenig Entwicklung, Lösung wird schwarz.
8. Salpetersaures Ammonium: sehr wenig Entwicklung, Geruch nach NH_3 und H_2S, grauer Niederschlag.
9. Ammoniumoxalat: starke Entwicklung, Geruch nach NH_3, weißer Niederschlag.
10. Mangansulfat: gleichmäßig ruhige Entwicklung, Carbid wird dabei hell, ohne zu zerfallen.

Vorgänge bei der Acetylenentwicklung.

Um die Verfahren und Apparate zur technischen Herstellung des Acetylens in ihrem Wesen und ihren Einzelheiten richtig beurteilen zu können, ist es erforderlich, die Vorgänge, die bei der Zersetzung des Carbides mit Wasser auftreten, auf Grund des Verhaltens der Rohstoffe und im Hinblick auf die Eigenschaften des Acetylens selbst noch eingehender zu behandeln.

Von physikalischen Erscheinungen ist in erster Linie die beträchtliche Volumvergrößerung beachtenswert, die bei der Zersetzung des Carbides auftritt. 1 kg technisches Carbid entwickelt bei gewöhnlicher Temperatur etwa 300 l Gas. Da 1 kg technisches Carbid etwas weniger als 1 l Raum einnimmt, beansprucht das aus dem Carbid entwickelte Acetylen etwa den 300fachen Raum, und dieser muß bei der Zersetzung zur Verfügung stehen, wenn das Auftreten von Überdruck vermieden werden soll. Letzteres ist aber von besonderer Wichtigkeit, weil bei einem Überdruck von mehr als 2 Atm. eine an einem Punkt eingeleitete Zündung sich über das gesamte Gasvolumen fortpflanzt und diese Explosionsfähigkeit mit steigendem Drucke wächst. Aber auch wenn man durch Anordnung atmosphärischer Wasserverschlüsse oder Ventile eine Druckbelastung des Acetylens über 2 Atm verhindert, kann die bei der Zersetzung des Carbides auftretende Drucksteigerung ein Herausschleudern der Wasserverschlüsse, Auswerfen von Kalkschlamm, Gasaustritt und andere Unzuträglichkeiten verursachen. Größere

Mengen austretenden Acetylens können wegen der Explosibilität der Acetylen-Luftmischungen zu Gefahrenquellen werden, aber schon kleine Mengen belästigen durch den üblen Geruch des unreinen Gases; umherspritzender Ätzkalk kann den Augen gefährlich werden. Es muß daher in dem Entwicklungsraum oder in einem damit durch genügend weite Rohrleitungen verbundenen Behälter genügend Platz zur Aufnahme des gebildeten Acetylens vorgesehen sein und jede Undichtigkeit gasführender Teile vermieden werden.

Auch der bei der Zersetzung gebildete Kalkschlamm nimmt ein größeres Volumen ein als das trockene Carbid, wie aus folgender, von *Lewes* mitgeteilter Tabelle hervorgeht:

Vorhandenes Wasser	Calciumcarbid	Volumen des abgesetzten Kalkschlammes nach		Volumen des abgesetzten Kalkschlammes, berechnet für 1 g Calciumcarbid nach		Vorhandenes Wasser	Calciumcarbid	Volumen des abgesetzten Kalkschlammes nach		Volumen des abgesetzten Kalkschlammes, berechnet für 1 g Calciumcarbid nach	
		30 Min.	90 Min.	30 Min.	90 Min.			30 Min.	90 Min.	30 Min.	90 Min.
g	g	ccm	ccm	ccm	ccm	g	g	ccm	ccm	ccm	ccm
1000	50	480	360	9,6	7,2	1000	50	450	340	9,0	6,8
1000	50	470	340	9,4	6,8	1000	50	440	330	8,8	6,6
1000	50	440	350	8,8	7,0	1000	50	450	330	9,0	6,6
1000	50	470	370	9,4	7,4	1000	50	440	320	8,8	6,2
1000	40	430	330	10,7	8,0	1000	40	390	310	9,7	7,7
1000	40	420	320	10,5	8,0	1000	40	410	310	10,0	7,7
1000	40	400	310	10,2	7,7	1000	40	390	300	9,7	7,5
1000	40	410	320	10,5	8,0	1000	40	390	300	9,7	7,5
1000	30	340	240	11,0	8,0	1000	30	310	210	10,3	7,0
1000	30	320	320	10,3	7,3	1000	30	300	240	10,0	8,0
1000	30	330	240	11,0	8,0	1000	30	240	230	9,6	7,6
1000	30	330	240	11,0	8,0	1000	30	300	220	10,0	7,3
			Mittelwert	10,2	7,6				Mittelwert	9,8	8,6

Für den gebildeten Kalkschlamm muß also gleichfalls ein entsprechender freier Raum zur Verfügung stehen, um eine unzulässige Beanspruchung der Behälterwandung auszuschließen.

Die Löslichkeit des Acetylens in Wasser ist eine weitere Erscheinung, die berücksichtigt werden muß[1]. Da jedes Volumen Wasser ungefähr ein gleiches Volumen Acetylen bei atmosphärischem Drucke aufnimmt und die Löslichkeit mit steigendem Druck wächst, ist eine Beschränkung der für die Entwicklung benutzten Wassermenge geboten, damit durch die Absorption des Gases im Wasser nicht eine zu starke Verminderung der Ausbeute eintritt, durch welche die Ökonomie empfindlich leiden würde. Allerdings wirkt der bei der Zersetzung des Carbides gebildete Kalk, der sich im Wasser zu einer gesättigten Kalkmilch auflöst, dieser Gasaufnahme entgegen, da im Kalkwasser das Acetylen weniger löslich ist als in reinem Wasser (vgl. S. 11). Da aber auch die Reaktionsfähigkeit des Wassers mit seinem Salzgehalt abnimmt und eine gesättigte Kalkmilch das Carbid nur langsam

[1] Vergl. S. 11.

und unvollständig zersetzt, ist eine häufige Zuführung frischen Wassers für die kontinuierliche Acetylenentwicklung erforderlich und die Wiederverwendung des mit Acetylen gesättigten Entwicklungswassers nur in beschränktem Maße möglich. In der Menge des angewandten Entwicklungswassers muß also ein Mittelweg gefunden werden, der unter Vermeidung eines allzu großen Lösungsverlustes eine hinreichend rasche Gasentwicklung ermöglicht.

Die Menge des Entwicklungswassers ist auch mit Rücksicht auf die bei der Zersetzung des Carbides frei werdende Wärme von besonderer Wichtigkeit. Die rd. 400 Cal., die jedes Gramm Carbid bei seiner Zersetzung entwickelt, teilen sich bei der schlechten Wärmeleitung des Carbides und des Kalkes in erster Linie dem vorhandenen Zersetzungswasser mit, das dadurch an der Berührungsstelle stark erwärmt wird und zu einem beträchtlichen Teil verdampft. Da eine höhere Erwärmung des gebildeten Acetylens wegen seiner Neigung zur Polymerisation und aus Sicherheitsgründen vermieden werden muß, so bildet die Wasserverdampfung ein willkommenes und sehr wirksames Kühlmittel. Ist nicht genügend Wasser vorhanden, um die Zersetzungswärme des Carbides aufzunehmen, so treten in demselben und dem gebildeten Kalkschlamm sehr hohe Temperaturen auf, die sich durch gelbe oder dunkle Färbung des Kalkes und teerartigen Geruch der Rückstände erkennbar machen. Selbst ein Glühendwerden des Carbides ist unter besonders ungünstigen Zersetzungsverhältnissen schon beobachtet worden. Das einzige praktisch brauchbare Mittel zur Vermeidung dieser Erscheinungen ist die Verwendung eines bedeutenden Wasserüberschusses bei der Zersetzung des Carbides, so daß das Wasser nicht nur durch Verdampfung kühlend wirkt, sondern beständig während der Zersetzungsvorgänge auch flüssiges Wasser in genügender Menge zugegen ist, um die Wärme zu verteilen und abzuleiten.

Ein Wasserüberschuß ist aber selbstverständlich schon wegen der teilweisen Verdampfung des Wassers geboten, wenn eine vollständige Zersetzung des Carbides eintreten soll. Nach der Zersetzungsgleichung würden 563 g Wasser zur Zersetzung von 1 kg Carbid genügen. Wegen der Verdampfung und wegen der Notwendigkeit der Kühlung ist mehr als die fünffache Wassermenge für eine rationelle Zersetzung notwendig. Die Anordnung von Kühlwasser, das von außen die Zersetzungsgefäße umgibt, kann einerseits wirksam verhindern, daß die Wände der Gefäße durch Überhitzung beschädigt werden und andererseits auch zur Kühlung des entwickelten Gases beitragen.

Kühlt sich der Zersetzungsraum nach Beendigung einer Vergasung ab, so kondensiert sich der gebildete Wasserdampf, was ein Nachlassen des inneren Druckes im Entwicklungsraum zur Folge hat; unter besonderen Umständen kann hierdurch sogar ein Unterdruck von solcher Stärke entstehen, daß Wasserverschlüsse leergesaugt werden und Luft in den Entwicklungsraum eintritt.

Eine solche Luftbeimischung zum Gas kann auch durch andere Ursachen herbeigeführt werden. So ist in dem Calciumcarbid immer Luft enthalten und auch der Aufnahmebehälter selbst enthält schädliche Räume, die mit Luft gefüllt sind. Wiederholt sich die Einführung des Calciumcarbids in den

Entwicklungsraum häufiger, so kann die auf diese Weise herbeigeführte Luftbeimischung verhältnismäßig groß werden. Da Acetylen in Mischung mit Luft in weiten Grenzen und schon bei einer Temperatur von 480° entzündbar ist und alsdann explosiv wirken kann, muß die Beimischung erheblicher Luftmengen bei der Entwicklung des Acetylens sorgfältig vermieden werden. Auch ist schon ein kleiner Luftgehalt bei manchen Verwendungsarten des Acetylens, z. B. für gelöstes Acetylen, störend.

Die Abscheidung von Kondenswasser kann ferner auch zu Wasseransammlungen in den Rohrleitungen führen, die namentlich bei Frost Verstopfungen wichtiger Gaswege zur Folge haben können. Da die Kondensation im Verhältnis zur Wasserverdampfung steht und diese wiederum von der Menge der nicht abgeleiteten Zersetzungswärme abhängig ist, muß zur Vermeidung dieser Übelstände gleichfalls für eine gute Kühlung während und unmittelbar nach der Entwicklung Sorge getragen werden.

Die chemischen Erscheinungen bei der Zersetzung des Carbides ergeben sich in erster Linie aus seinen chemischen Eigenschaften.

Die Entwicklungsgeschwindigkeit hängt vornehmlich von der Beschaffenheit der verwendeten Rohstoffe, Qualität und Körnungsgröße des Carbides, sowie Menge, Reinheit und Kalkgehalt des Wassers ab. Die Kenntnis der Entwicklungsgeschwindigkeit für gegebene Verhältnisse ist für die kontinuierliche Herstellung des Acetylens von Wichtigkeit, weil die Zersetzung einer neuen Carbidbeschickung in der Regel erst nach Abschluß der vorhergehenden Entwicklung stattfinden soll. Ein allzu rasch entwickelndes Carbid ist allerdings wegen der Plötzlichkeit der auftretenden Drucksteigerungen nicht erwünscht, ebensowenig aber eine allzu langsame Vergasung. Eine regelmäßige Erneuerung des Entwicklungswassers, dessen Kalkgehalt über ein bestimmtes Maß nicht hinausgehen darf, ist daher geboten[1].

Eine besondere Eigentümlichkeit der Acetylenentwicklung ist ihr ungleichförmiger Verlauf. Während meist bei chemischen Reaktionen, insbesondere bei der Zersetzung fester Stoffe durch Flüssigkeiten, eine regelmäßige Beziehung zwischen Zeit und Menge der umgesetzten Stoffe obwaltet, ist dies bei der Zersetzung des Carbides durch Wasser wenigstens in der Praxis nicht der Fall. Bringt man das Carbid mit Wasser in Berührung, so entwickelt sich die Reaktion im Anfang allerdings ordnungsgemäß, je weiter aber die Zersetzung fortschreitet, um so mehr Unregelmäßigkeiten ergeben sich. Die Ursachen dieser Unregelmäßigkeiten sind mehrfacher Art. In erster Linie bewirkt die Schwerlöslichkeit des gebildeten Kalkes, daß, namentlich bei Einwirkung geringer Wassermengen, das von einer anhaftenden Kalkkruste umgebene, teilweise zersetzte Carbid von weiterem Zersetzungswasser zunächst wenig oder gar nicht angegriffen wird. Löst sich eine derartige Kalkschicht dann einmal ab, so folgt eine stürmische Zersetzung des plötzlich freigelegten Carbides. Diese Erscheinung tritt bei Anwendung größerer

[1] Über den Einfluß der Beschaffenheit des Carbides auf die Acetylenerzeugung in Entwicklern verschiedener Systeme siehe Acetylen u. autogene Schweißung 1919, H. 1 und 1921, H. 5. Vergl. a. Carbid u. Acetylen 1922. Nr. 5—8.

Wasserüberschüsse nicht in so starkem Maße auf als bei allmählicher Zuführung kleiner Wassermengen, da sich der Kalk in großem Wasserüberschuß schneller auflöst, besonders wenn das Carbid im Zersetzungswasser bewegt wird.

Eine andere Ursache der Unregelmäßigkeiten in der Zersetzung des Carbides bildet der im Zersetzungsraum stets anwesende Wasserdampf und das sich aus ihm bildende Kondenswasser. Befindet sich im Zersetzungsraum nach Beendigung einer Entwicklung noch unzersetztes Carbid, so folgt stets eine ungewollte Entwicklung von Acetylen, die sog. „Nachentwicklung". Der Wasserdampf entwickelt bei seiner Berührung mit dem Carbid langsam Gas; das Kondenswasser kann ebenfalls tropfenweise zum Carbid gelangen und erzeugt größere Mengen Acetylen. Da jedes Gramm Wasser bis zu 1,44 g oder $1^1/_4$ l Acetylen zu entwickeln imstande ist, kann bei Anwesenheit größerer Wasser- und Carbidmengen im Entwicklungsbehälter mit der Zeit diese Nachentwicklung einen beträchtlichen Umfang annehmen und zu erheblichen Unzuträglichkeiten führen. Die Nachentwicklung hört auch nicht auf, wenn alles überschüssige Wasser verbraucht ist. Alsdann beginnt das Kalkhydrat, welches das unzersetzte Carbid umgibt, sein Konstitutionswasser abzugeben, und es entstehen nach der Gleichung:

$$CaC_2 + Ca(OH)_2 = C_2H_2 + 2\,CaO$$

für je 74 g Kalkhydrat noch weitere 26 g Acetylen.

Wegen dieser Ungleichförmigkeit der Entwicklung des Acetylens ist eine Regelung der Gaserzeugung, die die Grundforderung jedes rationellen Herstellungsverfahrens bildet, sehr erschwert. Die einzige theoretisch vollkommene Lösung der Aufgabe bestände offenbar darin, wenn man eine der Größe des Gassammelraumes entsprechend bemessene Carbidmenge mit einer zur sofortigen vollständigen Zersetzung und Kühlung ausreichenden Wassermenge innig mischte, so daß nach Beendigung der Reaktion überhaupt kein unzersetztes Carbid mehr vorhanden wäre. In der Tat sind solche Verfahren vielfach im Gebrauch und haben sich unter geeigneten Verhältnissen auch praktisch gut bewährt. Da dieses Verfahren aber sehr umfangreiche Gassammelräume und bei jeder neuen Vergasung eine erneute Zuführung des Carbides und Zersetzungswassers in den Entwicklungsraum erfordert, ist es nicht sehr ökonomisch und bietet auch technische Schwierigkeiten in der Ausführung der Apparate. Die Mehrzahl der Apparatebauer zieht es daher vor, einen größeren, für mehrere Entwicklungen ausreichenden Carbid- oder Wasservorrat im Zersetzungsraum aufzuspeichern und das Gas nach und nach portionsweise zu erzeugen. Ist hierbei das Carbid der im Vorrat aufgespeicherte Rohstoff, so zwingen der ungleichförmige Verlauf des Entwicklungsprozesses sowie das Erfordernis eines großen Wasserüberschusses bei der Zersetzung zu einer Unterteilung der Carbidmenge, damit die Nachentwicklung möglichst beschränkt wird. Wir werden bei der Besprechung der verschiedenen Systeme von Acetylenapparaten sehen, wie die hierbei entstehenden Schwierigkeiten von der Technik überwunden werden.

Ein Mittel, die bei dem Zersetzungsvorgang auftretenden Unregelmäßigkeiten wenigstens zum Teil zu vermeiden, bietet die Imprägnierung und Präparierung des Carbides mit indifferenten Stoffen. Tränkt man das Carbid durch Eintauchen mit einem trocknenden Öl, Petroleum, Teerölen oder geschmolzenen Fetten, Wachs, Stearin, Harzen, Asphalt, Schwefel u. dgl. wasserunlöslichen Stoffen, so schützt der die Oberfläche der Stücke bedeckende Überzug das Carbid vor der Wirkung des Wasserdampfes und verringert die Entwicklungsgeschwindigkeit. Wenn auch eine völlige Vermeidung der Nachentwicklung hierdurch nicht erreicht werden kann, so wird sie doch auf ein geringeres Maß herabgesetzt. In anderer Weise wirkt ein Zuckerzusatz zum Carbid. Da der Kalk mit Zucker Saccharate bildet, die teilweise im Wasser löslich sind, können die aus der Unlöslichkeit des Kalkes herrührenden Schwierigkeiten verringert werden, wenn man nach *Létang* das Carbid mit einer genügenden Menge zuckerhaltiger Stoffe präpariert. Eine Vereinigung der Imprägnierung mit wasserunlöslichen Stoffen und einer Präparierung zeigen die sog. „Beagid“-Patronen; dieselben bestehen aus kleinkörnigem Carbide, das mit Öl getränkt und unter Zusatz von Schwefel und anderen Bindemitteln zu Walzen gepreßt ist. Mit derartigen Präparaten gelingt es in der Tat, die Nachentwicklung durch Wasserdampf stark zu verlangsamen und auch den Verlauf der Carbidzersetzung in geeigneten Apparaten dem Verbrauche entsprechend zu regeln, ohne daß eine zuverlässige Unterteilung des Carbidvorrats erforderlich wäre. Da die zur Imprägnierung und Präparierung des Carbides dienenden Zusätze dasselbe natürlich entsprechend verteuern und die erzielten Vorteile nur bei kleineren Apparaten wesentlich hervortreten, bleibt die Anwendung dieses Hilfsmittels in der Regel auf Anlagen zur Erzeugung geringerer Gasmengen beschränkt.

Die Verunreinigungen des Calciumcarbids gehen bei der Zersetzung zum Teil in das Acetylen über, zum Teil bleiben sie in den Rückständen. Je besser die Kühlung bei der Entwicklung, um so weniger Verunreinigungen gehen in das Gas über, da viele derselben erst bei höherer Temperatur flüchtig sind. Auch sind einige dieser unerwünschten Beimischungen in Kalkwasser löslich, so daß bei einer Art der Acetylenentwicklung, wo größere Mengen Kalkwasser das Carbid bedecken, das Gas ärmer an diesen Verunreinigungen, insbesondere Schwefelwasserstoff und Ammoniak, ist als bei Entwicklungsverfahren, wo kein Wasserüberschuß zugegen ist.

Eine besondere Art von Verunreinigungen sind die Polymerisationsprodukte, die bei hohen Temperaturen aus dem Acetylen gebildet werden. Sie bestehen aus Benzol, Styrol, Naphthalin usw. Da diese Kondensationsprodukte nicht nur die Ausbeute herabsetzen, sondern auch die Leuchtkraft des Gases vermindern, so trachtet man, ihre Bildung bei der technischen Herstellung des Acetylens zu vermeiden, was wiederum durch möglichste Kühlung bei der Zersetzung des Carbides geschieht.

Einige der Verunreinigungen des Carbides bilden mit dem Kalkschlamm seifenähnliche Produkte, die bisweilen, wenn ein Carbid an diesen Verunreinigungen besonders reich ist, einen zähen Schaum erzeugen. Bei den meisten Carbidsorten sind die Kalkrückstände je nach dem vorhandenen Wassergehalt entweder trockene Massen oder schlammige Ablagerungen. Die Rückstände der Carbidzersetzung enthalten stets einen gewissen Gehalt an Acetylen, das im Kalkschlamm gelöst oder mechanisch eingeschlossen ist. Bei unvollkommener Vergasung kann auch unzersetztes Carbid in den Rückständen vorhanden sein; in diesem Falle ist die gefahrlose Beseitigung derselben oft schwierig, da sich in den Ablagerungsbehältern und Abflußkanälen erhebliche Mengen Acetylen entwickeln können. Eine möglichst restlose Zersetzung des Carbides ist daher nicht bloß aus Gründen der Wirtschaftlichkeit unbedingt geboten.

Die trockenen, bei ungenügender Wassermenge entstehenden Rückstände, die noch dazu bei ihrer Entstehung sehr heiß sind, können die Behälterwandungen gefährden, indem sie die Anstriche zerstören, Lötungen u. dgl. aufschmelzen usw.

Eine andere Art des Angriffs von Metallen kann das Acetylen namentlich bei Anwesenheit von Verunreinigungen, wie Ammoniak u. dgl., verursachen, da es unter solchen Umständen mit Kupfer Verbindungen explosiver Art bildet. Bei Kupferlegierungen tritt diese Wirkung nur sehr langsam und in viel geringerem Maße ein[1]. Die Verwendung von reinem Kupfer ist daher an allen Teilen, die mit unreinem Acetylen in Berührung kommen können, zu vermeiden, Messing, Bronze, Rotguß dagegen sind erlaubt.

Das Ziel der technischen Herstellung des Acetylens ist es, in ununterbrochenem Betriebe auf wirtschaftliche Weise ein von Verunreinigungen möglichst freies Gas unter Vermeidung aller Unzuträglichkeiten und Gefahren zu liefern. Von den bei der Zersetzung des Carbides und der Entwicklung des Acetylens auftretenden Erscheinungen physikalischer und chemischer Art kommen als Gefahrenquellen in Betracht: übermäßige Druck- oder Temperatursteigerung, unzulässige Luftbeimischung, Bildung entzündlicher, explosibler oder giftiger Verunreinigungen oder Verbindungen, Gasentweichung in den Raum, Gasgehalt der Kalkrückstände, Verstopfungen infolge Wasserkondensation. Hierzu treten noch als Vorgänge, die die Wirtschaftlichkeit der Herstellungsverfahren ungünstig beeinflussen können, folgende: unvollständige Zersetzung des Carbides, übermäßige Lösungsverluste, Polymerisationen, Unreinheit und Feuchtigkeitsgehalt des Gases. Aufgabe der Acetylentechnik ist es, bei der Entwicklung und Aufspeicherung des Acetylens alle diese schädlichen Einflüsse durch einfache, leicht zu bedienende Einrichtungen zu bekämpfen und ihre Wirkungen auf ein möglichst geringes Maß zu beschränken. Die Lösung dieser schwierigen Aufgabe ist durch eine große Zahl der verschiedensten Konstruktionen von Acetylenapparaten in einwandfreier Weise gelungen.

---

[1] Vgl. Carbid u. Acetylen 1915, 55; 1920, 14.

Die Acetylenapparate.

Allgemeines über die technische Herstellung des Acetylens.

Die Einrichtungen zur technischen Herstellung des Acetylens bestehen, abgesehen von den Lampen, Laternen und kleinen beweglichen Apparaten zur ausschließlichen Benutzung im Freien, aus dem eigentlichen Entwickler und den Nebenapparaten. Während der Entwickler dazu dient, das Gas aus den Rohstoffen zu erzeugen, haben die Nebenapparate die Aufgabe, das im Entwickler hergestellte Acetylen aufzuspeichern und in brauchbarem Zustande den Verwendungsstellen zuzuführen. Die Nebenapparate setzen sich daher zusammen aus dem Gasbehälter und den Reinigungsvorrichtungen (Wäscher, Trockner, chemischer Reiniger); oft kommen auch noch, namentlich bei größeren Anlagen, Vorrichtungen zur Messung und Regelung des Gasdrucks und Einrichtungen zur Feststellung des Gasverbrauchs (Gasmesser) hinzu. Die einzelnen Teile der Acetylenanlage sind miteinander durch dichte Leitungen verbunden, die als Betriebsrohrleitung bezeichnet werden; das zum Gebrauch fertiggestellte Gas wird durch eine längere Rohrleitung, die sog. Gebrauchsleitung, den Benutzungsstellen zugeführt. Sind diese von der Acetylenanlage weiter entfernt, wie dies z. B. bei den Zentralen, die Gas für fremde Rechnung abgeben, in der Regel der Fall ist, so zerfällt die Gebrauchsleitung noch in das Verteilungsrohrnetz (Hauptleitung) und die Hausleitungen.

Wir haben uns nun zunächst mit dem Acetylenentwickler zu beschäftigen, um an der Hand einer Reihe von Beispielen aus der Praxis die Konstruktion und Wirkungsweise der verschiedenen Systeme zur technischen Herstellung des Acetylens kennen zu lernen und ihre Vorzüge und Nachteile an der Hand der im vorstehenden gegebenen allgemeinen Grundlagen zu untersuchen.

Einteilung der Acetylenentwickler.

Die Einteilung der Acetylenapparate kann nach verschiedenen Gesichtspunkten erfolgen. Nach der Verwendungsart sind Anlagen für Beleuchtung von denen für technische Zwecke, nach dem Umfang und der äußerlichen Beschaffenheit tragbare Entwickler (Laternen, Lampen u. dgl.), Hausanlagen und Zentralen (Apparate zur fabrikmäßigen Herstellung von Acetylen), ferner ortsfeste und bewegliche Apparate zu unterscheiden. Auch nach der Betriebsart kann man die Entwickler in automatische und Handapparate, Entwickler für Stückencarbid und Kleincarbid getrennt behandeln. Die einzige logisch scharfe und auf die wesentlichen Unterschiede gestützte Einteilung ist aber die nach der Art der Carbidzersetzung. Diese kann offenbar nach drei verschiedenen Verfahren erfolgen:

1. Das Carbid wird dem Wasser zugeführt.
2. Das Wasser fließt auf das Carbid.
3. Wasser und Carbid werden abwechselnd miteinander in Berührung gebracht und getrennt.

In der Praxis sind diese drei Hauptsysteme der Acetylenentwicklung allerdings nicht immer sicher zu unterscheiden. Es gibt eine Reihe von Konstruktionen, die man nicht mit Bestimmtheit einem dieser Systeme zuweisen kann, die vielmehr Übergangstypen darstellen. Wir werden solchen Systemen unter den behandelten Beispielen begegnen. Für die große Mehrzahl der Apparate indes läßt sich die Einteilung scharf durchführen.

Für jedes dieser Hauptsysteme gibt es eine große Zahl von Ausführungsformen, die zum Teil größere Verbreitung gefunden haben und in diesem Falle in Untergruppen mit besonderem Namen zusammengefaßt werden.

Das Einwurfsystem.

Das erste Hauptsystem wird mit den Namen Einwurf-, Einfall- oder Carbidzuführungssystem bezeichnet. Ein einfaches Ausführungsbeispiel eines nach diesem System gebauten Entwicklers ist in der nachstehenden schematischen Skizze (Fig. 9) dargestellt. Bei diesem System befindet sich das Carbid von dem eigentlichen Entwicklungsraum mehr oder minder gut abgetrennt und wird auf einmal oder portionsweise einem im Entwicklungsraum enthaltenen Wasservorrat zugeführt. Bei dem skizzierten Beispiel befindet sich über dem Wasserraum *a* durch einen Schieber *b* getrennt ein Carbidbehälter *c*, der oben durch einen dicht schließenden Klappdeckel *d* verschlossen ist. Zieht man den Schieber *b* heraus, so fällt das Carbid ins Wasser und das hierbei entwickelte Acetylen gelangt durch das Rohr *e* zum Gassammelraum (Gasbehälter) und zur Verwendung. Zur Neubeschickung wird der Schieber *b* wieder eingeschoben und nach Öffnung des Klappdeckels *d* neues Carbid eingefüllt, das dann wieder in gleicher Weise vergast werden kann und so fort. Für eine regelmäßige Ergänzung des Entwicklungswassers und Entfernung des gebildeten Schlammes muß natürlich Sorge getragen werden; in der Praxis werden derartige Apparate daher zweckmäßig mit Einrichtungen versehen, die eine Zuführung des Wassers und Abführung des Schlammes ohne Unterbrechung des Betriebes bzw. Öffnung des Apparates gestatten.

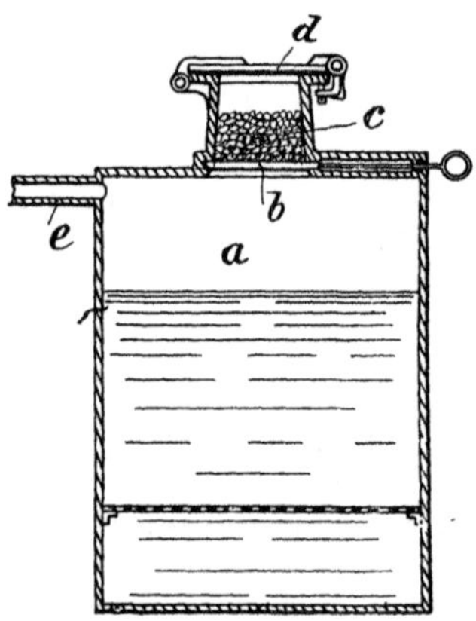

Fig. 9.
Grundform des Einwurfsystems.

Apparate solcher Art, bei denen die Beschickung periodisch von Menschenhand erfolgt, werden als Handbetriebsapparate bezeichnet, im Gegensatz zu den Entwicklern mit selbsttätiger Beschickung, den sog. „automatischen“ Apparaten. Bei den letzteren wird der Druck des sich aus dem Carbid entwickelnden Gases, in der Regel unter Vermittlung der hierbei steigenden Gasbehälterglocke, dazu benutzt, um den Beschickungsmechanismus anzutreiben bzw. die Bewegung herbeizuführen, durch welche das Carbid mit dem Wasser zusammengebracht wird. Beispiele für solche automatischen Apparate werden wir nachstehend noch kennenlernen.

Um die Einfüllung neuen Carbides zu erleichtern, werden in der Praxis Einfüllvorrichtungen verschiedener Konstruktion verwendet. Der in Fig. 10 dargestellte, von der Nordischen Acetylenindustrie *Fischer & Foß* ausgeführte Beschickungshahn, der an Stelle des Carbidraumes *c* mit Deckel *d* und Schieber *b* der in Fig. 9 dargestellten Grundform tritt, besteht hierbei aus einem Hahngehäuse *a*, in welchem sich das dicht eingepaßte Küken *b* mittels eines Handrades *c* um eine horizontale Achse drehen läßt. In dem Küken *b* ist ein kastenförmiger Hohlraum *d* angeordnet, dessen Öffnung sich durch eine halbe Drehung des Kükens entweder mit einer äußeren Einfüllöffnung *e* des Gehäuses *a* oder mit dem Einfallschacht *f* des Entwicklungsraumes verbinden läßt. Der zwischen Carbid- und Entwicklungsraum erforderliche Abschluß wird also hier durch einen Rundschieber, der dem Flachschieber *b* der Fig. 9 entspricht, bewirkt, während der Hohlraum *d* an die Stelle des Carbidraumes *c* der Grundform Fig. 9 tritt. Bei dieser Ausführung ist der Verschluß zwischen Carbid- und Entwicklungsraum dichter und die neue Beschickung gestaltet sich durch den Wegfall des Klappdeckels einfacher und schneller. Auch hier wird die gesamte Menge des in den Apparat eingefüllten Carbides auf einmal vergast; eine Aufspeicherung von Carbidvorrat und eine portionsweise Entwicklung findet hier nicht statt. Der Gasbehälter muß daher so groß bemessen sein, daß er die gesamte Menge des aus dem vorrätigen Carbid entwickelten Gases aufzunehmen vermag. Da die Größe des Carbidraumes und dementsprechend die Menge des vorhandenen Carbides gegeben ist, gestaltet sich die Berechnung der Gasbehältergröße sehr einfach.

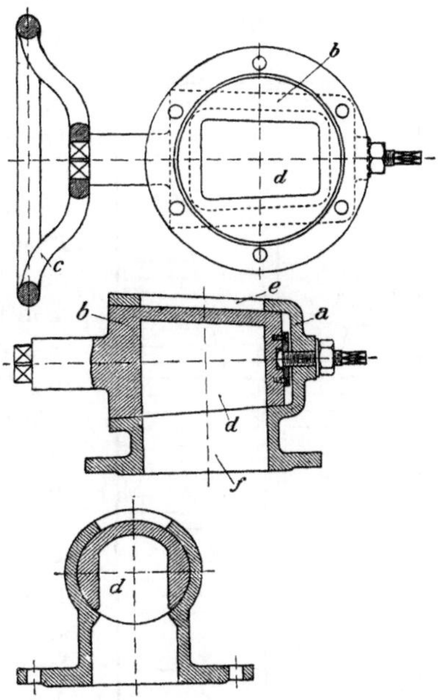

Fig. 10. (*Fischer & Foß.*)

Wichtig ist bei Acetylenapparaten eine sorgfältige Bemessung des Wasservorrates, da, wie wir gesehen haben, nur dann eine genügende Verteilung und Ableitung der Entwicklungswärme des Carbides gesichert ist, wenn ein größerer Wasserüberschuß bei jeder Entwicklung zur Verfügung steht. Es muß daher von vornherein der nutzbare Wasserraum des Entwicklers groß genug gestaltet werden. Erfahrungsgemäß genügt es, wenn im gewöhnlichen Betriebe bei Einwurfsapparaten auf jedes Kilogramm täglich zu vergasenden Carbides 6 bis 8 l Wasser entfallen. Außerdem muß aber auch Sorge getragen werden, daß der vorhandene Wasservorrat in innige Berührung mit dem Carbid gelangt. Dies wird bei den Einwurfsapparaten, bei welchen das Carbid in freiem Fall in das Wasser geworfen wird, dadurch erschwert, daß der sich bildende Kalk bei wiederholten Entwicklungen allmählich einen dicken

Schlamm bildet, in welchem das Carbid nicht untersinken kann und der die Carbidstücke so einhüllt, daß das Wasser sie nur unvollkommen erreicht. Man versieht daher diese Apparate, insbesondere solche, die mit grobstückigem Carbid arbeiten, mit Rosten, die den Wasserraum in einen oberen Teil, den eigentlichen Entwicklungsraum, und in einen unteren Teil, den Schlammablagerungsraum, zerlegen. Das Carbid fällt dann zunächst auf den horizontal liegenden Rost, wo es zur Vergasung gelangt, und der gebildete Schlamm setzt sich unterhalb des Rostes ab, so daß über dem Rost annähernd klares Wasser verbleibt. Bei großen Entwicklern werden diese Roste häufig so angeordnet, daß sie von außen bewegt, gedreht oder geschüttelt werden können, oder man versieht auch den ganzen Entwicklungsraum mit Rührvorrichtungen, durch welche eine innige Durchmischung von Wasser, Carbid und Schlamm ermöglicht wird. Ein derartiges Beispiel zeigt die Konstruktion der *Nordischen Acetylenindustrie Fischer & Foß*, Fig. 11. Das mittels Handrad *a* und Welle *b* angetriebene Rührwerk besteht aus dem flachen Rahmen *c*, der durch Querstreben *d* mit der Welle verbunden ist. Im unteren Teil des Behälters, unter dem Roste *e*, sind kleinere Rührarme *f* angeordnet, die die Schlammentleerung durch das Entschlammungsrohr *g* begünstigen.

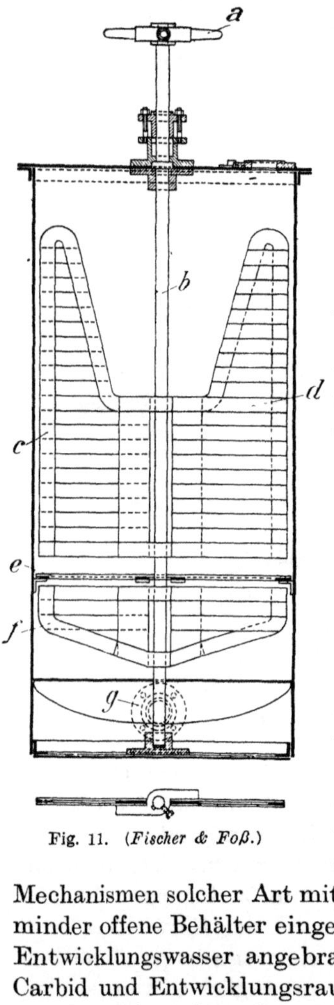

Fig. 11. (*Fischer & Foß.*)

Die bei den Beispielen Fig. 9 und 10 durch Schieber bewirkte Trennung zwischen Carbid und Entwicklungsraum ist wünschenswert, damit der sich bei der Entwicklung reichlich bildende Wasserdampf nicht in dauernde Berührung mit dem Carbidvorrat gelangt und eine ungewollte und auch ungünstige Zersetzung des Carbides durch Dampf herbeiführt. Dennoch hat man in derPraxis auf diese Trennung zuweilen verzichtet, um die Schwierigkeiten zu vermeiden, welche die Konstruktion dauernd gut funktionierender Mechanismen solcher Art mit sich bringt. So hat man das Carbid, in mehr oder minder offene Behälter eingeschlossen, im Entwicklungsraum selbst über dem Entwicklungswasser angebracht, wodurch der besondere Verschluß zwischen Carbid und Entwicklungsraum wegfällt, aber das Carbid vor der Berührung mit dem Wasserdampf und Kondenswasser nicht geschützt ist. Ein Beispiel dieses Systems ist der S. 59 (Fig. 1) dargestellte Carbid-Untersuchungsapparat. Ein Nachteil dieser Konstruktion ist die Notwendigkeit, den Entwicklungsraum bei jeder Nachfüllung von Carbid längere Zeit zu öffnen, wodurch einerseits das darin enthaltene Gas entweicht, andererseits Luft in den Entwickler gelangt. Zur Vermeidung einer größeren Beimischung von Luft zum entwickelten Gase muß der schädliche Raum im Carbidbehälter, der bei jeder Neubeschickung geöffnet wird, möglichst klein gehalten werden.

Am sichersten und einfachsten ohne alle mechanischen Vorrichtungen wird diese Trennung nach dem sog. *Pictet*schen System durch einen Wasserverschluß erreicht; ein derartiger Apparat ist in Fig. 12 im Schnitt dargestellt. Nach Füllung des Entwicklungsraumes P mit Wasser stellt sich dasselbe nach dem Gesetz der kommunizierenden Röhre in dem Einfüllschacht G ebenso hoch und bildet zwischen dem Einfüllschacht und dem Entwicklungsraum einen Wasserverschluß, der einen Austritt des Gases durch den Einwurfschacht verhindert. Das durch die Einwurfklappe E frei eingefüllte Carbid fällt durch den Einwurfschacht G über die schräge Gleitfläche B auf den Rost R, wo die Vergasung eintritt. Da die Gasblasen durch das Wasser senkrecht aufsteigen, nimmt das entwickelte Gas seinen Weg nur in den oberen Teil des Entwicklungsraumes P und gelangt nicht in den Einwurfschacht G hinein. Die Zeit, die das Carbid braucht, um die im Einwurfschacht stehende Wassersäule zu durchfallen, ist so gering, daß im allgemeinen nur unerhebliche Gasmengen beim Einwurf in Schacht G entwickelt werden, die durch das Entlüftungsrohr F entweichen. q zeigt die Entlüftungsleitung mit Überlaufhahn, F das Übergasrohr, x den Entschlammungshahn. Das Wasser steht im Einfüllschacht G bis zur Höhe des Entwicklerdeckels und bildet dadurch einen Wasserabschluß des Gasraumes im Entwickler P gegen die Außenluft.

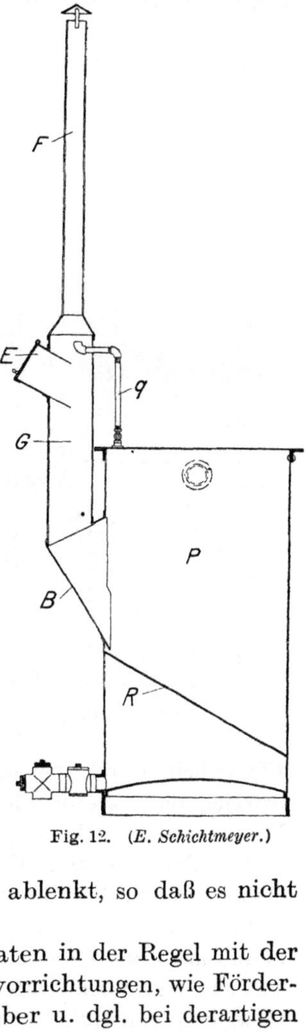

Fig. 12. (*E. Schichtmeyer.*)

Statt des seitlichen Einfüllschachtes wird für derartige Apparate oft auch ein senkrechter, in der Mitte über dem Entwickler angebrachter Fülltrichter angewendet, wobei ein unter dem Wasserspiegel im Entwickler angeordneter kegelförmiger Verteiler das eingeworfene Carbid nach der Seite ablenkt, so daß es nicht senkrecht unter den Einwurfschacht fallen kann.

Die Beschickung erfolgt auch bei diesen Apparaten in der Regel mit der Hand, doch hat man auch mechanische Zuführungsvorrichtungen, wie Förderbänder, Schnecken, Kippvorrichtungen, Zellenschieber u. dgl. bei derartigen Entwicklern angewendet und einen automatischen Betrieb dadurch hergestellt, daß die Fördervorrichtungen durch Hebel oder Getriebe von der Gasbehälterglocke gesteuert werden. Für grobstückiges Carbid, das aus wirtschaftlichen Gründen für größere Apparate meist vorgezogen wird, macht die Konstruktion automatischer Zuführungsvorrichtungen einige Schwierigkeiten, da das großstückige Carbid ein sehr unregelmäßig geformter, überaus harter Stoff ist und die Stücke verschiedene Größe haben. Während man bei Handeinwurfapparaten eine Unterteilung des Carbides bei der Beschickung dem Verbrauche entsprechend vornimmt, muß bei automatischen Einwurfapparaten mit großen Schwankungen in der Menge des entwickelten Gases gerechnet werden. Es ist daher die Größe des Gasbehälters dementsprechend zu wählen. In der Regel wird zur Schaffung eines selbsttätigen Betriebes das Carbid in eine Anzahl von Büchsen, Kammern o. dgl. gleichmäßig verteilt, die durch einen selbsttätigen Mechanismus einzeln ihren Inhalt in den Einfüllschacht entleeren. Doch gibt es auch Apparate, bei denen das lose aufgeschüttete Carbid durch Schieber oder Förderbänder an den Rand des Einfüllschachtes gebracht wird, wobei jedesmal einzelne Stücke herabfallen und zur Entwicklung gelangen, eine ziemlich unregelmäßige Art der Verteilung, die sich aber bei hinreichender Gasbehältergröße in der Praxis bewährt hat.

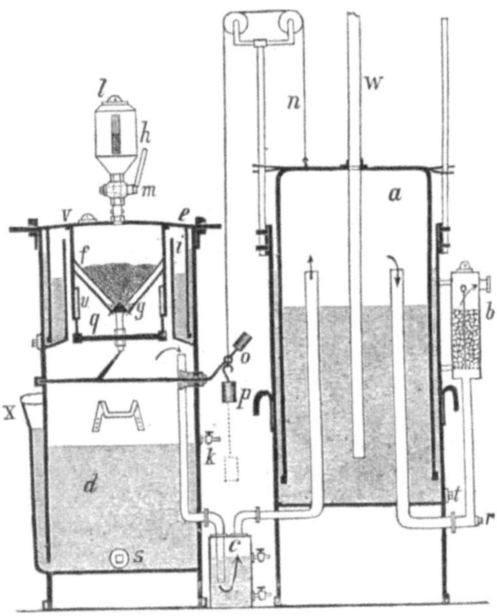

Fig. 13. „Hesperus“ (*Widmann*).

Leichter ist die Verteilung des Carbides und dementsprechend ein automatischer Betrieb bei Apparaten, die mit kleinkörnigem (granuliertem) Carbid beschickt werden. Dieses gestattet eine mechanische Abmessung durch Ventile, Zellenräder u. dgl. in ziemlich gleichen Mengen. Das trockene Carbid rinnt wie eine Flüssigkeit durch verhältnismäßig enge Röhren in einem gleichmäßigen Strome, der sich durch Hähne und Ventile drosseln und absperren läßt. Bei dem in Fig. 13 abgebildeten Apparat „Hesperus“ ist der Deckel *e* des Entwicklers *d* durch Wasserverschluß *i* gedichtet. Das Carbid wird vom Behälter *h* dem Trichter *f* und aus diesem durch das Kegelventil *g* dem Wasserbehälter *d* zugeführt. Das Doppelsitzventil *g* wird durch Daumenwelle *o* beim Sinken der Glocke des Gasometers *a* vermittels des Schnurlaufs *n* durch Gewicht *p* gehoben, während beim Steigen der Gasbehälterglocke das fallende Gewicht *p* den Hebel *o* freigibt, so daß das Ventil auf seinen unteren Sitz sinkt und die Carbidzufuhr absperrt. Die Gasbehälterglocke *a* ist mit einem Sicherheitsrohr *w* versehen, das oben mit einer ins Freie führenden Leitung verbunden ist und unten in das Absperrwasser taucht; bei zu hohem Glockenstande hebt sich das Rohr *w* aus dem Wasser, und es wird so lange Gas dadurch „abgeblasen“, bis der Normalstand der Glocke wieder erreicht ist. Entwickler und Gasbehälter sind durch den Wasserverschluß *c* getrennt.

Diese Trennung hat den Vorteil, daß die Bewegung der Gasbehälterglocke nicht unmittelbar von der Drucksteigerung im Augenblick der Entwicklung beeinflußt wird; dennoch hat man vielfach Apparate hergestellt, bei denen Entwickler und Gasbehälter zu einem Ganzen vereinigt sind, wobei die Beschickungseinrichtung am Deckel der Gasglocke befestigt ist und die Entwicklung unmittelbar unter der Gasglocke stattfindet. Solche Apparate haben den Vorzug der gedrängten Bauart, die sie für die Ausfuhr besonders geeignet macht, und erheblicher Materialersparnis, da der besondere Wasserbehälter für die Gasglocke, der Wasserverschluß und verschiedene Verbindungsröhren in Wegfall kommen; andererseits bedingen sie eine besonders sorgfältige Durchkonstruktion, damit Nachteile und Gefahren, die namentlich bei schnellvergasendem Carbid und bei Verstopfung des Einwurfsmechanismus eintreten können, vermieden werden.

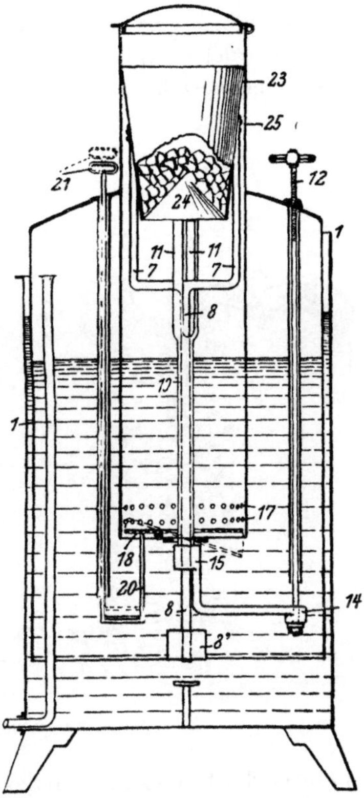

Fig. 14. Rhöna-Apparat von *B. Greifzu.*

Ein Beispiel eines solchen Apparates ist der in Fig. 14 abgebildete Entwickler der Rhönawerke in Kaltennordheim. In die Gasbehälterglocke *1* ist ein oben durch Deckel dicht verschlossener Schacht *25* eingebaut, der unter dem Wasserspiegel Löcher *17* und darunter einen durch Stange *21* von außen kippbaren Rost *18* besitzt. In diesem Schacht ist der Carbidtrichter *23* mit weiter Öffnung von den gabelartigen Armen *7* einer Stange *8* gehalten, die am unteren Ende durch das Gewicht *8* belastet und in einem Rohr *10* geführt ist, das mit zwei Armen *11* das entsprechend breite Kegelventil *24* trägt. Mittels Schraubspindel *12* und Arm *14*/*15* kann das Ventil von außen zur Inbetriebsetzung des Entwicklers verstellt und in der richtigen Lage festgestellt werden. Durch Aufsitzen des Gewichtes *8* beim Tiefstand der Glocke wird der Carbidtrichter *23* von dem Kegelventil *24* abgehoben und dadurch Carbid zum seitlichen Herausfallen gebracht, worauf es innerhalb des Schachtes *25* auf dem Rost *18* vergast und das Acetylen unter Verdrängung des Wassers durch die Löcher *17* in den Glockenraum austritt. Der Ventilkegel wird also nur zum Anlassen des Entwicklers bewegt, während im Betriebe der Carbidtrichter von dem stillstehenden Ventilkegel abgehoben wird. Dieser Apparat ist für Carbid größerer Körnung geeignet.

Alle bisher beschriebenen Apparate arbeiten mit freiem Fall des Carbides. Erfolgt die Zuführung hierbei, wie beim *Pictet*-System, durch einen offenen Wasserverschluß, so sind Gasverluste während der Einführung im Einwurfschachte unvermeidlich. Diese werden vollständig vermieden durch das „Senksystem“, bei welchem das Carbid in einem mehr oder minder gut verschlossenen Behälter mittels einer Stange o. dgl. durch das Absperrwasser des Wasserverschlusses hindurch in den Entwicklungsraum gebracht wird. Hierbei ist es möglich, den Carbidbehälter sehr schnell durch das Absperrwasser zu führen, so daß auch bei einseitig offenem Carbidbehälter während der Einführung desselben eine Vergasung des Carbides nicht eintritt.

Einen solchen Apparat der Firma *Autogenwerk*-Heilbronn zeigt Fig. 15. Der Entwickler besteht aus dem offenen Wassergefäß *A*, in welches der geschlossene Gassammelraum *B* eintaucht, von dem Leitung *C* zum Gasbehälter führt. Der an der Stange *D* befestigte Carbidbehälter *F* wird durch das Wasser des offenen Teils *A* eingesenkt und in die gezeichnete Lage unter dem Gassammelraum *B* eingehängt. Die Aufhängevorrichtung *G* steht mit dem Griff des Gashahnes *J* derart in Verbindung, daß ein Carbidbehälter nur dann eingehängt werden kann, wenn sich der Hahn in offener Stellung befindet. Da sich beim Eintritt des Wassers im Carbidbehälter durch das entwickelte Gas ein Gegendruck bildet, müssen die Wasserzugangsöffnungen des Carbidbehälters geräumig sein, damit dieser Gegendruck den Wasserzufluß nicht zeitweilig unterbrechen kann. Sind die Öffnungen klein und gleichzeitig zum Gasaustritt dienend, so erfolgt die Entwicklung nicht streng nach dem Einwurfsystem[1]. Für den Großbetrieb sind die Carbidbehälter mit einem Deckel versehen, der von außen geöffnet werden kann, sobald sich der Carbideimer an Ort und Stelle im Entwicklungsraum befindet. Beim Senkgefäß dieser Heilbronner Fabrik (Fig. 16) ist z. B. das an der Stange *D* befestigte Carbidgefäß durch Deckel *K*, der am Bügel *L* angebracht ist, verschlossen. Durch Verschieben der Stange *M* wird das Carbidgefäß vom Deckel getrennt, so daß das Wasser zum Carbid gelangen kann.

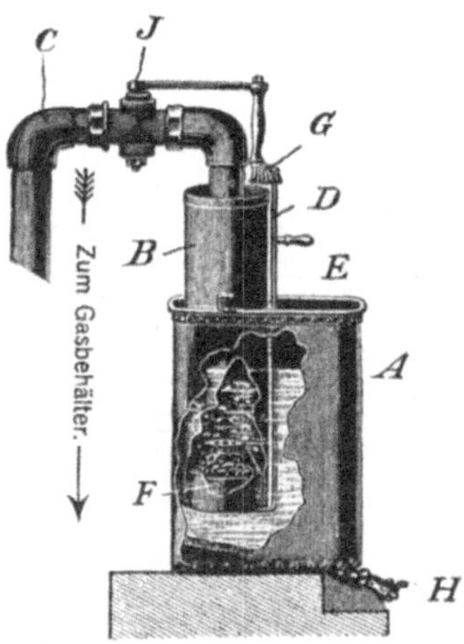

Fig. 15.

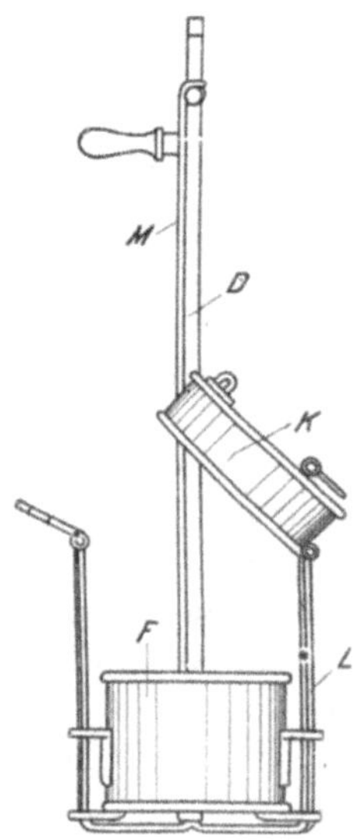

Fig. 16.

(*Autogenwerk Heilbronn.*)

[1] Vgl. „Acetylen u. autogene Schweißung“ 1921, 122.

Mit Kurbelantrieb arbeitet das in Fig. 17 und 18 veranschaulichte sog. „Dreh-Senksystem“ von *Keller & Knappich*. In den offenen Wasserbehälter *1* taucht der verschlossene Gassammelraum *3* ein. Der Carbidbehälter *10* ist durch Deckel *11* verschließbar und mittels Arm *5* um die von einer Kurbel angetriebene Welle *7* schwingbar. Die Einfüllung des Carbids in den Behälter *10* findet in der punktierten Stellung statt. Zur Gasentwicklung wird der Carbidbehälter durch Drehung der Kurbel in die mit festen Linien gezeichnete Lage unter den Gassammelraum *3* geführt. Hierbei stößt der den Deckel *11* haltende Winkelhebel *15* gegen die Wand *2* des Gassammelraums, wobei der Deckel *11* aufgeht. Während der Durchführung durch das Wasser ist also der Carbidbehälter *10* dicht verschlossen und wird erst geöffnet, wenn er sich unter dem Gassammelraum *3* befindet, wo die Entwicklung vor sich geht.

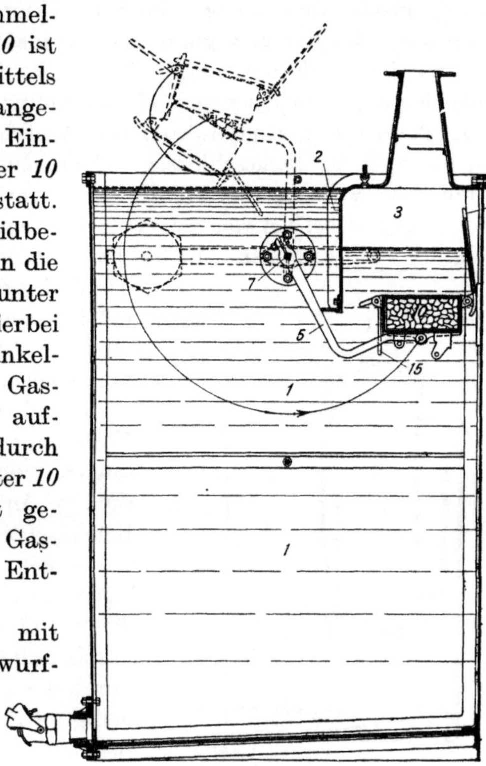

Fig. 17. (*Keller & Knappich.*)

Ein wesentlicher Vorteil der mit Wasserverschluß zwischen Einwurfschacht und Entwicklungsraum versehenen Apparate ist der fast gänzliche Ausschluß jeder Luftbeimischung zum Acetylen. Diese Konstruktionen (*Pictet*-System und Senksystem) haben keinen abgeschlossenen Carbidraum, der abwechselnd mit dem Entwicklungsraum und der Atmosphäre in Verbindung gebracht wird. Bei der Abschlußvorrichtung des Entwicklerschachtes für Senksystem vom *Autogenwerk Heilbronn* wird der Entwicklerschacht *1* (Fig. 19), wenn das Wassergefäß *2* entschlammt werden soll, durch die an Ketten *3* hängende Kappe *4* verschlossen, so daß eine Wasserschicht *5* in dem Schacht *1* verbleibt, die den Austritt des Gases und den Eintritt von Luft verhindert. Auch bei gründlicher Entschlammung kann somit der Wasserverschluß des Entwicklungsraumes erhalten bleiben.

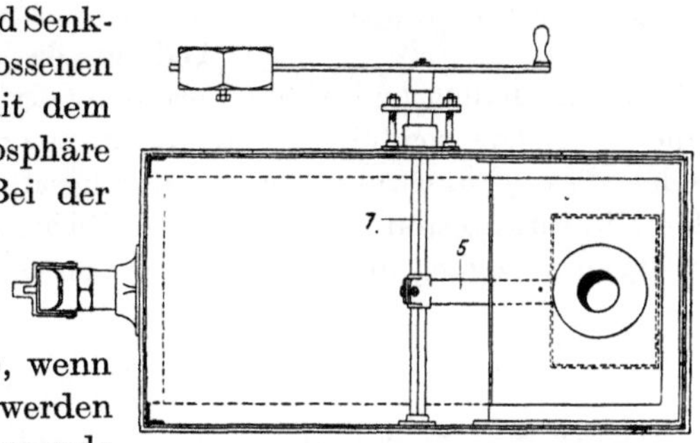

Fig. 18. (*Keller & Knappich.*)

Das Einwurfsystem besitzt eine Reihe wertvoller Vorzüge, die von Anfang an sowohl in der Literatur wie in der Praxis anerkannt wurden. Vor allen Dingen sind bei diesem System die Bedingungen der Vergasung offenbar besonders günstig. Das Carbid gelangt in kleinen Mengen in eine verhältnismäßig große Wassermenge, die Entwicklung findet dabei unter starker Kühlung und lebhafter Bewegung des Carbides, wofür genügend freier Raum vorhanden ist, statt; der Gasgehalt des Carbides wird bis auf die vom Wasser aufgelöste Acetylenmenge voll ausgenutzt. Nachentwicklung und Bildung von Polymerisationsprodukten des Acetylens sind bei fast allen Apparaten dieses Systems ausgeschlossen. Andererseits hat das Einwurfsystem aber auch eine Reihe namentlich für die Praxis in Frage kommende Nachteile. Vor allem ist bei Verwendung von Stückencarbid die automatische Zuführung schwierig, so daß man, um diesen Schwierigkeiten aus dem Wege zu gehen, gerade bei diesem System vielfach zum Handbetrieb greift. Die Frage, ob der automatische oder der Handbetrieb bei Acetylenapparaten vorzuziehen sei, ist in der Literatur früher eingehend behandelt worden; eine endgültige Entscheidung dieser Frage ist indes nicht gelungen, und die Praxis hat die wohl einzig richtige Antwort gefunden, indem sie beide Betriebsarten in ungefähr gleichem Umfange verwendet. Wenn nun auch bei großen Anlagen, insbesondere Zentralen, die Handbedienung ohne Umstände und besondere Kosten durchzuführen ist, so ist das Einwurfsystem durch die verhältnismäßig geringe Zahl zuverlässig wirkender Automaten immerhin benachteiligt. Ferner ist der für dieses System erforderliche große Gasbehälter in manchen Fällen ein erheblicher Übelstand. Endlich bedingt die Notwendigkeit der reichlichen Wassererneuerung und guten Verteilung des Carbides im Entwicklungswasser eine besonders sorgfältige Konstruktion und Wartung der Apparate. Wo indes diese Erfordernisse in gut durchgearbeiteter Weise erfüllt sind, stellt der Einwurfsapparat ein nach jeder Richtung hin einwandfreies System der Acetylenerzeugung insbesondere für den Großbetrieb dar.

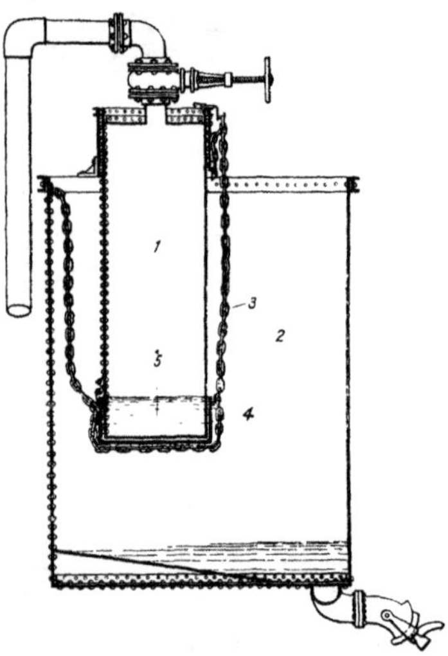

Fig. 19. (*Autogenwerk Heilbronn.*)

Das Zuflußsystem.

Dieses System beruht auf dem Prinzip, das zur Entwicklung dienende Wasser dem Carbid portionsweise zuzuführen. Je nach der Stärke des zugeleiteten Wasserstroms bezeichnet man diese Entwicklungsart mit Tropf-, Zulauf- oder Überschwemmungssystem. Allgemein wird das System „Zufluß“- oder „Wasserzuführungs“-System genannt. Während beim Einwurfsystem für jede Entwicklung die Carbidmenge, so gut es geht, abgemessen, das Wasser aber in einer für mehrere Entwicklungen ausreichenden Menge vorrätig gehalten wird, ist bei dem Wasserzuführungssystem der Vorgang umgekehrt: das Wasser wird für jede Gasentwicklung abgemessen, während das Carbid aufgespeichert und in mehreren Entwicklungen allmählich zersetzt wird. Der Hauptvorteil des Einwurfsystems, der große Wasserüberschuß, ist bei diesem System nicht oder nur schwierig zu erreichen. Dagegen bietet die leichte und genaue Verteilungsfähigkeit des Wassers die Möglichkeit einer einfachen Konstruktion der Entwickler und bequemer Ausführung eines automatischen Betriebes der Apparate.

Das Wasser-zum-Carbid-System ist in seiner Grundform in Fig. 20 schematisch veranschaulicht. Das Wasser ist in dem Behälter *a* von dem eigentlichen Entwicklungsraum *b* durch den Hahn *c* getrennt. Das Carbid wird in einem geeigneten schalenförmigen Behälter *d* durch die gasdicht verschließbare Öffnung *e* in den Entwicklungsraum *b* eingebracht. Zur Einleitung der Entwicklung wird der Hahn *c* mittels Handgriffs *h* geöffnet; das Wasser läuft alsdann durch Rohr *f* je nach der Weite der Hahnöffnung tropfen- oder stromweise auf das Carbid und das hierbei entwickelte Gas strömt durch Rohr *g* ab. Bei Abstellung des Hahnes hört die Gasentwicklung nach einiger Zeit, sobald nämlich die im Entwicklungsraum vorhandene Wassermenge dafür vollständig verbraucht ist, auf, und der Vorgang kann durch erneute Öffnung des Hahnes so lange wiederholt werden, bis alles Carbid zersetzt ist.

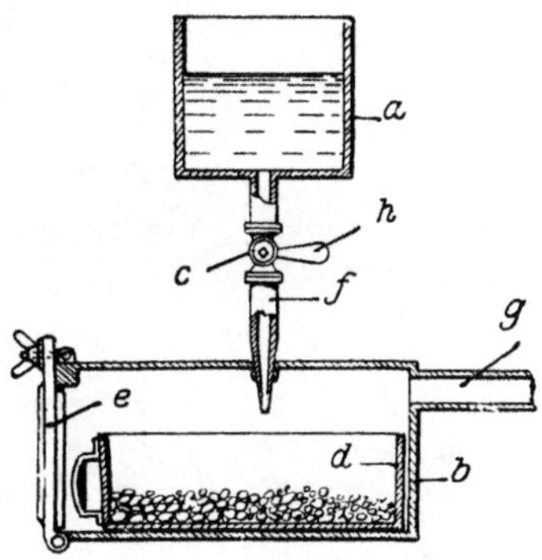

Fig. 20.
Grundform des Zuflußsystems.

Die außerordentliche Einfachheit der Einrichtung ist offenbar, indes haftet in der Nachentwicklung, die nach Unterbrechung der Wasserzuführung einsetzt, diesem System ein organischer Fehler an, der die Genauigkeit der Regulierung beeinträchtigt und sich durch konstruktive Maßnahmen zwar beschränken, aber niemals vollständig vermeiden läßt, wenn man auf die Bequemlichkeit einer allmählichen Zersetzung vorrätigen Carbides nicht verzichten will. Für Laternen und kleine Apparate, die im Freien gebraucht werden, kann die einfache Einrichtung der Grundform fast unverändert ohne weiteres benutzt werden. So sind die meisten Fahrrad-, Wagen- und Automobillaternen nach diesem Tropfsystem konstruiert. Eine Fahrradlaterne zeigt Fig. 21. Das Wassergefäß *a* steht durch das mit feiner Bohrung versehene Nadelventil *d* mit dem Carbidbehälter *b* in Verbindung. Das Ventil *d* kann durch Handgriff *c* geöffnet, gestellt und geschlossen werden. Das Wasser tropft in das mittlere, mit Löchern versehene Rohr *f*, das mit dem Fuß *e* der Laterne aus einem Stück besteht. Die Verbindung der Laternenteile erfolgt durch Verschraubung der Ventilstange *h* mit Rohr *f* unter Zwischenlage einer Feder *g* und Auflage einer Gummidichtung auf den oberen Rand des Carbidbehälters *b*. Die Ansammlung von unverbrauchtem Wasser auf der oberen Kalkschicht des Carbides wird durch diese Anordnung vermieden und die Nachentwicklung etwas verringert. Auch für Laboratoriumsapparate, zur Demonstration und zur Carbiduntersuchung[1] sind ähnliche kleine Apparate, oft aus Glasflaschen, -trichtern und -röhren zusammengesetzt, im Gebrauch.

Seit Beginn der Acetylenindustrie wurde auch die Herstellung brauchbarer Carbid-Tischlampen, die geeignet wären, die Petroleumlampen zu ersetzen, immer von neuem versucht. Die gänzliche Vermeidung der Unregelmäßigkeiten der Gasentwicklung, die zu Gasentweichungen und Bildung rußender Stichflammen an den Dichtungsstellen führen, ist bei den kleinen Abmessungen, die für solche Lampen geboten sind, eine unlösbare Aufgabe.

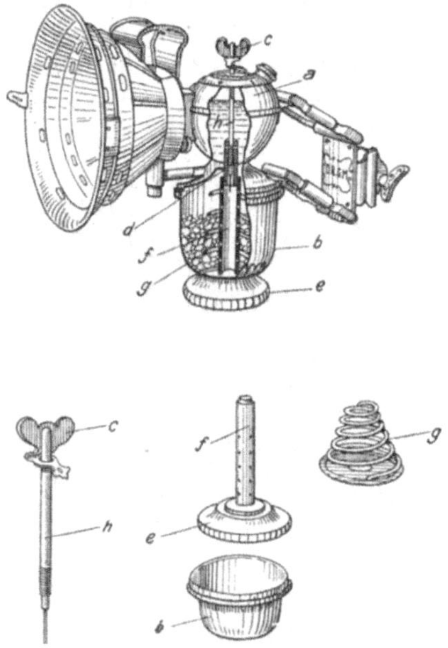

Fig. 21. Fahrradlaterne (*Otto Scharlach*).

Fig. 22. Tischlampe. (*Hugo Schneider A.-G.*)

Indes ist es durch richtige Bemessung der Dimensionen, sorgfältige Ausführung der Teile und stabile Bauart gelungen, diese Unzuträglichkeit so weit zu beschränken, daß eine gefahrlose, wenn auch nicht bequeme Verwendung möglich wurde. Um unbrauchbare und gefährliche Konstruktionen auszuschließen, hat der Deutsche Acetylenverein Vorschläge für Normen und Prüfungsvorschriften für Acetylenlampen, die in Innenräumen gebraucht werden sollen, veröffentlicht und führt auf Wunsch der Fabrikanten solcher Lampen Betriebsprüfungen aus, über deren Ergebnis eine Bescheinigung erteilt wird.

Die meisten dieser Lampen sind nach dem Tropfsystem und sehr ähnlich wie die oben (Fig. 21) abgebildete Fahrradlaterne konstruiert. Das Äußere einer solchen Tischlampe zeigt die Abbildung Fig. 22. Auch die nach dem gleichen System gebauten Bergwerkslampen, Stallaternen u. dgl.

[1] Siehe Fig. 2, S. 64 (Teilvergasungsapparat zur Carbiduntersuchung).

unterscheiden sich meist nur durch die Ausstattung und äußere Form voneinander. Eine Grubenlampe dieser Art zeigt Fig. 23 in Ansichtszeichnung. Der Wasserbehälter *a*, der die Tropfspindel *c* und den Einfüllstutzen *d* trägt, greift über den oberen Rand des Carbidbehälters *b*, an dem das Brennerrohr *k* sitzt, mit einem Flansch *e*, in welchem ein Gummidichtungsring liegt. Beide Behälter sind durch seitlich angelenkte Hebel *f*, *g* verbunden. Um die Abdichtung des Carbidbehälters gegen den Wasserbehälter der Dicke des Dichtungsringes anpassen zu können, sind diese Gelenkhebel mit ineinander greifenden und gegeneinander verstellbaren Zähnen *h*, *i* versehen.

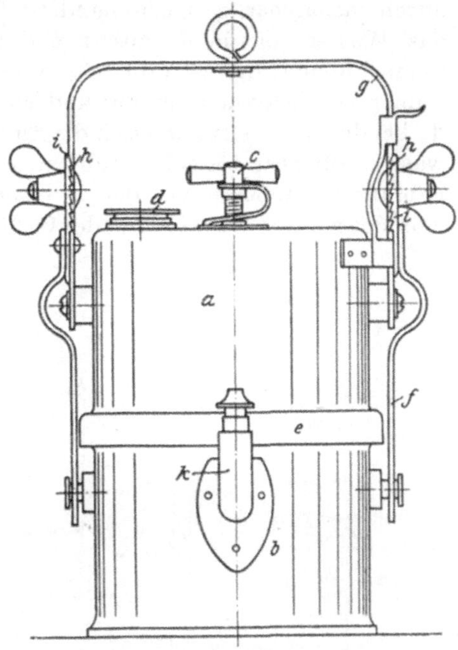

Fig. 23. Bergwerkslampe.

Für kleinen Gasbedarf, insbesondere im Freien, ist eine etwas veränderte Ausführungsform des Entwicklers geeignet, die in Fig. 24 abgebildet ist. Der Entwickler besteht bei dieser Konstruktion der *Westfälischen Metallindustrie A.-G.* aus dem Wasserbehälter *W*, dem Carbidbehälter *B* und dem durchlöcherten Wasserzuführungsrohr *g*, das durch Ventil *n* unten verschlossen ist. Beim Herabdrücken des Hebels *h* mit Platte *p* drückt letztere auf die Ventilstange *e*, wodurch das Ventil *n* aus seinem Sitz *i* gebracht und der Zutritt des Wassers zum Siebrohr *g* und zum Carbid geöffnet wird. Bei Freigabe des Hebels *h* wird das Ventil *n* unter der Wirkung der Feder *m* geschlossen und die Wasserzufuhr eingestellt. Die Nachentwicklung ist auch hier erheblich, aber bei der Verwendung des Apparates zur Speisung von Wagenlaternen natürlich nicht störend.

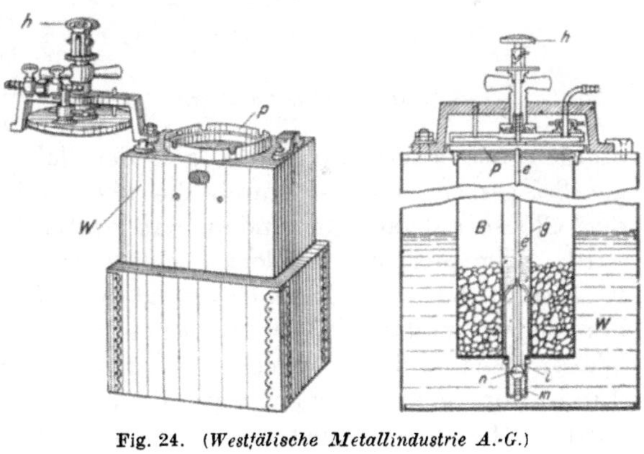

Fig. 24. (*Westfälische Metallindustrie A.-G.*)

Für größere Anlagen und zur Benutzung in geschlossenen Räumen kann man durch Anordnung eines genügend großen Gasbehälters und Unterteilung des Carbidvorrats die Unannehmlichkeiten und Gasverluste, die durch die

Nachentwicklung entstehen, verringern oder ganz vermeiden. Wird dem Carbidbehälter eine hohe büchsenartige Form gegeben und die Unterteilung durch menagenartige Übereinanderstellung der Portionskästen erzielt, wobei das Wasser von unten zutritt und nacheinander die einzelnen Portionen überschwemmt („Wasseraufsteigesystem"), so erfolgt die Entwicklung noch immer ziemlich unregelmäßig und unter starker Erhitzung der Rückstände, da bei dieser Konstruktion sich die Einflüsse des Wasserdampfes und Kondenswassers offenbar besonders fühlbar machen müssen. Besser arbeitet der viel gebrauchte Apparatetyp, der in einem Ausführungsbeispiel in Fig. 25 abgebildet ist. Die Unterteilung des Carbidvorrats ist bei diesen, mit dem Namen „Schubladensystem" bezeichneten Apparaten durch Querteilung des muldenförmigen Carbidbehälters mittels senkrechter Scheidewände erreicht. Bei diesem Apparat, der u. a. von der Fa. *F. Butzke & Co. A.-G.* gebaut wird, sind in dem Wassergefäß l (Fig. 25) der Gasbehälterglocke n schubladenartig die oben offenen, in Abteilungen unterteilten Carbidbehälter in die Retorten c eingeschoben, die durch dichte Deckel o gasdicht verschlossen sind. Die Wasserzuführung besteht aus dem Hahn u, dem durch eine Scheidewand in zwei Abteilungen geteilten Trichter w und den über den Carbidmulden mündenden Röhren z, z^1. Der Hahn u wird durch das Wassergefäß l gespeist und ist durch die über Rollen r, s geführte Kette p mit der Glocke n derart verbunden, daß er bei Tiefstand der Glocke geöffnet wird. Beim Steigen der Glocke schließt er sich unter der Wirkung des Gewichtes x. Das entwickelte Gas steigt durch Rohr f, welches mit einer überhängenden, in das Wasser tauchenden Waschglocke i, die gleichzeitig als Wasserabschluß dient, versehen ist, in die Gasbehälterglocke n, von wo es durch Rohr g dem Kondenstopf, Reiniger und der Gasleitung y zugeführt wird. — Bei dieser Konstruktion dient das Absperrwasser der Gasbehälterglocke zugleich als Entwicklungswasser und als Kühlwasser, das die Carbidkammer allseitig umspült. Die einzelnen Abteilungen des Carbidbehälters liegen in verschiedener Höhe, so daß sie vom Wasser nacheinander erreicht werden. Nach Überschwemmung des ersten Carbidbehälters d strömt das Wasser in die andere Abteilung des Trichters w und durch dieselbe in den

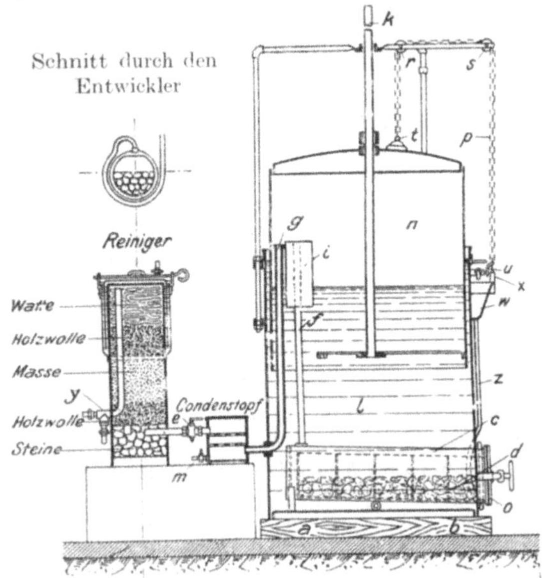

Fig. 25. (*F. Butzke & Co. A.-G.*)

zweiten Carbidbehälter. Da die Größe der Nachentwicklung von der Menge des angegriffenen Carbidvorrats abhängt, so gelingt es hierdurch, die aus der Benetzung des Carbides hervorgehenden Unregelmäßigkeiten zu verringern. Ferner kann die Größe der einzelnen Abteilungen so bemessen werden, daß die Menge des aus der Carbidfüllung entwickelten Gases der Größe des Gasbehälters entspricht und daß beim Sinken der Glocke jedesmal der Wasserzufluß so geregelt ist, um eine Abteilung vollständig zu überschwemmen. Hierdurch werden ein sehr regelmäßiger Betrieb und günstige Bedingungen für die Zersetzung bewirkt. Die Einflüsse des Wasserdampfes und des Kondenswassers lassen sich freilich auf diesem Wege nicht völlig ausschalten. Wenn es gelingt, abgemessene Mengen Carbid bei jeder Entwicklung mit genau abgemessenen, reichlichen Wassermengen zu überschwemmen, dann allein ist jede Ungleichmäßigkeit der Carbidzersetzung und jede ungewollte Gasbildung ausgeschlossen.

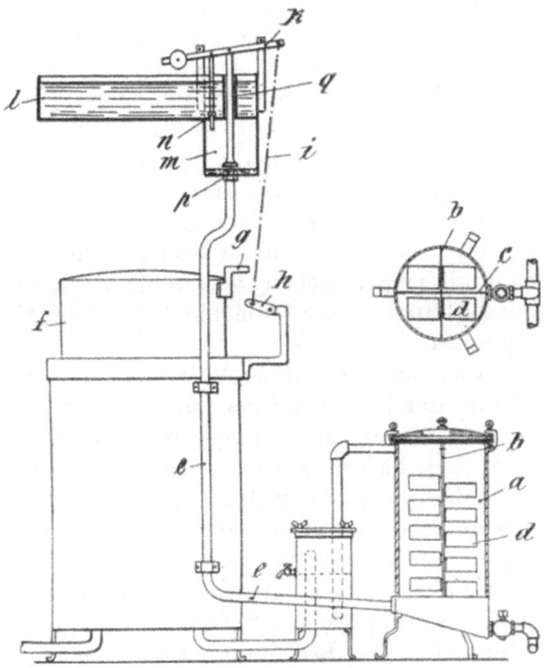

Fig. 26. „Gloria" (*Hans Berger*).

Apparate nach diesem reinen Überschwemmungssystem sind mehrfach gebaut worden; ein Beispiel ist in Fig. 26 abgebildet. Bei diesem Apparat „Gloria" der *Acetylenapparatefabrik Patente Berger* ist der Entwickler *a* durch zwei senkrechte Scheidewände *b* und *c* in vier getrennte Abteilungen zerlegt, in denen die Carbidkästen *d* wendeltreppenartig ansteigend liegen. Das Wasser wird durch Rohr *e* von unten in abgemessenen Portionen zugeführt. Zu diesem Zwecke legt sich die Gasglocke *f* mit einer breiten Nase *g* auf einen Hebel *h*, der durch Kette *i* mit dem Ventilhebel *k* der Wassermeßvorrichtung verbunden ist. Diese besteht aus dem Vorratsgefäß *l* und dem Meßgefäß *m*, die durch Ventil *n* verbunden sind; das vom gleichen Hebel *k* gesteuerte Ventil *p* bildet die Verbindung zwischen Rohr *e* und Meßgefäß *m*. Beim Sinken der Glocke legt sich Nase *g* mit ihrer vorderen Gleitfläche auf den Hebel *h* und hält Kette *i* gespannt. Dabei ist Ventil *p* geschlossen und Ventil *n* offen, so daß das Meßgefäß *m* sich füllt. Ist die Glocke *f* so weit gesunken, daß der Hebel *h* an der Gleitbahn der Nase *g* vorbeigehen kann, so wird der Ventilhebel *k* freigegeben und legt sich in die gezeichnete Stellung, bei der

Ventil n geschlossen, Ventil p aber offen ist, so daß das abgemessene Wasserquantum durch Rohr e in den Entwickler strömt. Das Führungsrohr q dient dabei zur Luftableitung. Das Wasserquantum ist so abgemessen, daß im Entwickler a bei jeder Wasserzuführung das Niveau bis über den Rand eines Carbidkastens d steigt.

Die sorgfältig durchdachten, zum Teil allerdings recht kompliziert konstruierten Überschwemmungsapparate arbeiten bei gleichmäßiger Beschaffenheit des Carbides sehr zuverlässig, wenn auch der Einfluß des Wasserdampfes trotz aller Vorkehrungen nicht ganz auszuschalten ist. Jedoch läßt sich auch dieser Mangel durch gasdichte Unterteilung des Carbidbehälters beseitigen, z. B. wenn die abgeteilten Carbidportionen in besonderen, völlig getrennten Gefäßen liegen, wo sie von abgemessenen Wassermengen überschwemmt werden. Bei derartigen Apparaten ist jede Möglichkeit einer ungewollten oder ungeregelten Gasentwicklung völlig ausgeschlossen, es kann nie mehr Gas erzeugt werden, als die Behälterglocke zu fassen vermag. Von der Entwicklungsgeschwindigkeit und dem Rauminhalt der Rückstände des Carbides, deren Schwankungen die regelmäßige Arbeitsweise der Überschwemmungsapparate stören, sind diese Konstruktionen gänzlich unabhängig; mit ihnen ist ein in jeder Beziehung vollendetes System geschaffen, allerdings auf Kosten der Leichtigkeit, der Einfachheit, des Raumbedarfes und der Wohlfeilheit der Apparate.

Aber auch ohne diese Vervollkommnungen ist das Zuflußsystem für die Praxis durchaus brauchbar und zweckmäßig. Die Tropfapparate sind für ihr besonderes Anwendungsgebiet, die Laternen, Tischlampen und die beweglichen kleinen Apparate, unentbehrlich. Die Schubladen- und Wasseraufsteigeapparate mit ihrer einfachen übersichtlichen Konstruktion haben sich für die Hausbeleuchtung und auch für die autogene Schweißung in Anlagen mittlerer Größe vorzüglich bewährt. Bei guter fachgemäßer Ausführung genügen die Apparate dieses Systems allen Ansprüchen an Sicherheit, Zuverlässigkeit des Betriebes, Leistungsfähigkeit, Dauerhaftigkeit und Einfachheit der Bedienung, die an einen technischen Gasentwickler gestellt werden können.

Das Berührungssystem.

Das dritte Acetylenentwicklungssystem verzichtet auf jede mechanische Abmessung des Carbides oder Wassers, bringt vielmehr beide Rohstoffe in einer für mehrere Entwicklungen bzw. Gasbehälterfüllungen ausreichenden Menge unter der unmittelbaren Wirkung des Gasdrucks abwechselnd in Berührung und getrennte Lage. Wasser und Carbid sind in demselben Raum, der auch zur Gassammlung dient, aufgespeichert. Das Wasser bespült von unten her bei sinkendem Gasdruck das Carbid, während bei steigendem Gasdruck entweder durch Hebung des Carbides oder durch Senkung des Wasserspiegels die Berührung aufgehoben wird. Je nachdem das Carbid oder das Wasser dabei der bewegte Teil ist, unterscheidet man zwei Hauptausführungsformen, das sog. „Tauchsystem" und das „Spül-" oder „Verdrängungssystem".

Im Wesen beruhen beide auf den gleichen Grundlagen, und auch in ihrer Wirkungsweise zeigen sie völlige Übereinstimmung. Trotzdem meist eine ziemlich große Wassermenge vorhanden ist, findet die Entwicklung selbst doch stets in der Weise statt, daß das Carbid in bedeutendem Überschusse von einer kleinen Wassermenge angegriffen wird, da die Benetzung bei gewöhnlichem Betriebe nur an der Unterfläche des Carbides erfolgt. Noch ungünstiger gestaltet sich das Verhältnis, wenn die Entwicklung durch Trennung von Carbid und Wasser unterbrochen wird. Alsdann wirkt auf das Carbid lediglich der Wasserdampf und das im anhaftenden Kalkschlamme aufgesogene Wasser ein, das unter starker Nachentwicklung verzehrt wird. Die dabei freiwerdende Entwicklungswärme kann in keiner Weise abgeleitet werden, da kein flüssiges Wasser zur Kühlung vorhanden ist, sondern nur Acetylen, Carbid und Kalk, die sämtlich schlechte Wärmeleiter sind. Die Folge ist eine starke Temperatursteigerung des Carbides, die zu beträchtlicher Polymerisationsbildung führt. Auch ist die für dieses System wegen der hohen im Entwicklungsraum auftretenden Temperaturen besonders wichtige Luftfreiheit bei der Beschickung nicht zu erreichen. Die Nachentwicklung durch Wasserdampf und Kalkhydrat ist hier größer als bei den anderen Systemen. Dieses System, das sich zur Entwicklung anderer Gase, besonders im Laboratorium („*Kipp*scher Apparat") durchaus bewährt hat, ist also für Acetylen wenig vorteilhaft. Die Gründe hierfür sind hauptsächlich die Unlöslichkeit der Rückstände, die Einwirkung des Wasserdampfes und die große Wärmeentwicklung bei der Zersetzungsreaktion, Faktoren, die bei der Entwicklung von Schwefelwasserstoff, Kohlensäure, Wasserstoff usw. nicht oder in erheblich geringerem Maße auftreten.

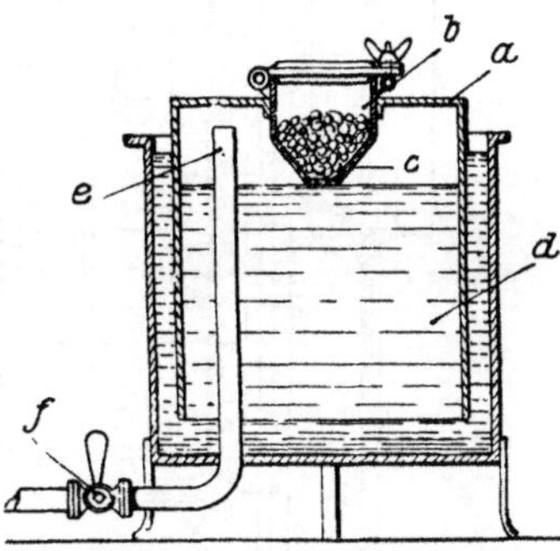

Fig. 27. Grundform des Tauchsystems.

Dennoch hat dieses System, besonders im Anfange der Acetylentechnik, eine große Rolle gespielt, und auch heute wird es noch vielfach benutzt, weil es eine unvergleichlich einfache Konstruktion der Entwickler und eine fast unbegrenzte Steigerung der Leistung ermöglicht. Durch konstruktive Verbesserung der Apparate, besonders aber durch Verwendung imprägnierten und präparierten Carbides ist es auch gelungen, die dem System anhaftenden Fehler auf ein in der Praxis erträgliches Maß herabzusetzen.

Die Grundform des Tauchsystems zeigt die schematische Abbildung Fig. 27. In der Gasbehälterglocke *a* ist der nach Abschluß des Gashahns *f* und Hochziehen der entleerten Glocke von außen füllbare Carbidbehälter *b* mit durchlöchertem Boden *c* angebracht. Das Absperrwasser *d* des Gasraumes *a* dient als Entwicklungswasser. Das durch Benetzung der untersten Carbidschicht gebildete Acetylen wird durch Rohr *e* abgeleitet. Bei Unterbrechung des Gasverbrauchs hebt sich die Glocke *a* und mit ihr das Carbid aus dem Wasser, und das nachentwickelte Gas füllt die Glocke an, bis diese ihren höchsten Stand erreicht hat. Dauert die Entwicklung auch dann noch fort, so sucht sich das überproduzierte Acetylen einen Ausweg unter Verdrängung des Absperrwassers der Glocke. Dieser unerwünschte Vorgang wiederholt sich bei jeder längeren Betriebsunterbrechung, namentlich dann, wenn die Unterbrechung nach starker Leistung des Apparates plötzlich erfolgt, während noch ein größerer Carbidvorrat im Entwickler vorhanden ist. Auch wenn die Neubeschickung bei entleerter Glocke *a* erfolgt und das Carbid gänzlich verbraucht ist, strömt das im Füllrohr *b* und Gasrohr *e* enthaltene Gas in den Aufstellungsraum aus und der freie Raum der Glocke füllt sich mit Luft. Auch hier hat man sich durch zweckmäßige Anordnung und Unterteilung des Carbidvorrats und feinere Druckregelung bemüht, die Entwicklung so regelmäßig und die Nachentwicklung sowie den Lufteintritt so gering als möglich zu gestalten. Ein Beispiel bildet der in Fig. 28 abgebildete Apparat, der für kleine Anlagen, besonders zur autogenen Schweißung, bestimmt ist.

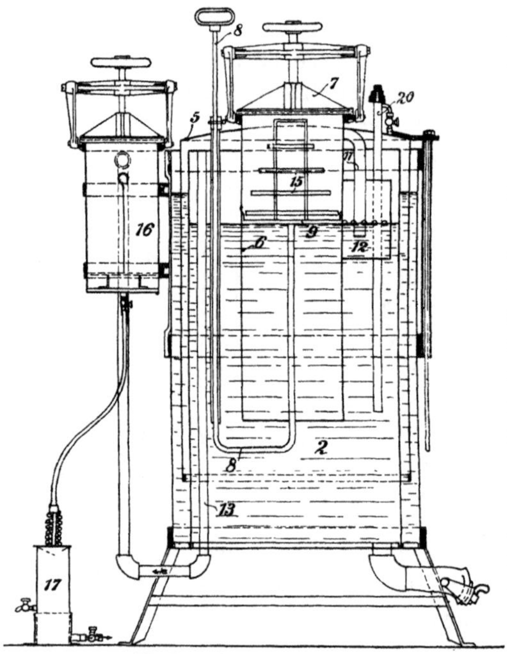

Fig. 28. (*Pfretzschner & Co.*)

Bei diesem Tauchapparate „Peco" von *Pfretzschner & Co.* ist in der Gasbehälterglocke *5*, die in einem vom Entwicklungswasser *2* getrennten Absperrwasser schwimmt, der unten offene, oben durch Deckel *7* verschließbare Zylinder *6* befestigt, der auf einem Kreuz *9* den Carbidkorb *15* trägt. Dieser besteht aus mehreren, in verschiedener Höhe angeordneten Böden, deren jeder eine entsprechende Teilmenge des Carbids aufnimmt. Das Kreuz *9* mit dem Carbidkorb kann durch Gestänge *8* im Entwicklungszylinder *6* höher oder tiefer gestellt werden. Beim Sinken der Glocke *5* taucht das Carbid ins Wasser ein, wodurch Gas entwickelt und durch Rohr *11* und den Wasserverschluß *12* in den Gasraum der Glocke *5* geführt wird. Der Wasserverschluß *12*, der zugleich als Wäscher dient, hängt mit dem Zylinder *6* zusammen. Das ebenfalls in der Glocke befestigte Sicherheits- oder Übergasungsrohr *20* ist mit einer Entlüftungsleitung, die ins Freie mündet, verbunden. Aus der Glocke *5* gelangt das Gas durch Rohr *13* zum Reiniger *16* und durch den Wasserverschluß *17* in die Gebrauchsleitung. Die Anordnung des Carbides in mehreren Etagen verringert die durch Benetzung erzeugte Nachentwicklung.

Für größere Anlagen wird derselbe Apparat mit vom Entwickler getrenntem Gasbehälter und in letzterem angebrachtem, beweglichem Verdrängungskörper nach dem Spülsystem ausgeführt.

Um auch den Angriff des Wasserdampfes, dem das Carbid bei diesem System während jeder Betriebsunterbrechung ausgesetzt ist, unschädlich zu machen, kann das Carbid durch Imprägnierung mit Petroleum o. dgl. gegen eine zu rasche Zersetzung oberflächlich geschützt werden (vgl. S. 109).

Auch beim Spülsystem, bei dem das Carbid unbeweglich gelagert ist und der Wasserspiegel sich abwechselnd hebt und senkt, gelingt es durch besondere Behandlung des Carbides, die Nachentwicklung zu beschränken. Nur darf durch diese „Präparierung" des Carbides der mechanische Zusammenhalt der meist aus kleinkörnigem Carbid geformten „Patronen" nicht derart geschwächt sein, daß sich während der Entwicklung größere Stücke davon ablösen und in das Entwicklungswasser herabfallen, weil solche abgelösten Stücke natürlich rasch vergasen und die Regelmäßigkeit des Betriebes stören. Den an derartige Präparate zu stellenden Anforderungen genügen z. B. die unter dem Namen „Acetylith", „Brikettid", „Carbidid", „Beagid" in den Handel gebrachten Carbidpatronen, bei denen meist Teer, Harze, Mineralöl, Schwefel und sonstige Binde- oder Füllmittel dem Carbid zugesetzt sind. Diese präparierten Carbide können für kleine Leistungen ohne weiteres in einfachen Apparaten nach dem *Kipp*schen System verwendet werden, da die durch Nachentwicklung verursachten Unregelmäßigkeiten hierbei in praktisch ausreichendem Maße verringert sind. Ein Beispiel eines Beagidapparates ist in Fig. 29 dargestellt. Bei diesem Apparate der *Bosnischen Elektrizitäts-Aktiengesellschaft* stehen die Beagidzylinder *a* in dem Drahtgestell *b*, mit dem der Auffangkorb *c* für herabfallende kleine Stückchen fest verbunden ist, unter der unbeweglichen Glocke *d*. Bei Öffnung des Gashahnes *e* bespült das Wasser die untere Fläche des Beagids, wird durch den Druck des entwickelten Gases abgedrängt und tritt bei steigendem Verbrauch wieder heran usf. Der Reiniger *f* enthält einen die Reinigungsmasse aufnehmenden Blecheinsatz *g*, der in dem äußeren Gehäuse gasdicht eingepaßt ist. Durch Anordnung von doppelten Wandungen der Füllrohre wird das feuchte Gas getrennt von den Carbidpatronen geleitet, so daß der Einfluß des Wasserdampfes und Kondenswassers auch hierdurch abgeschwächt wird. Die bei diesem System unvermeidlichen Druckschwankungen infolge der Wasserverdrängung und des Verbrauches der Rohstoffe lassen sich leicht ausgleichen und spielen für die Verwendung kaum eine Rolle.

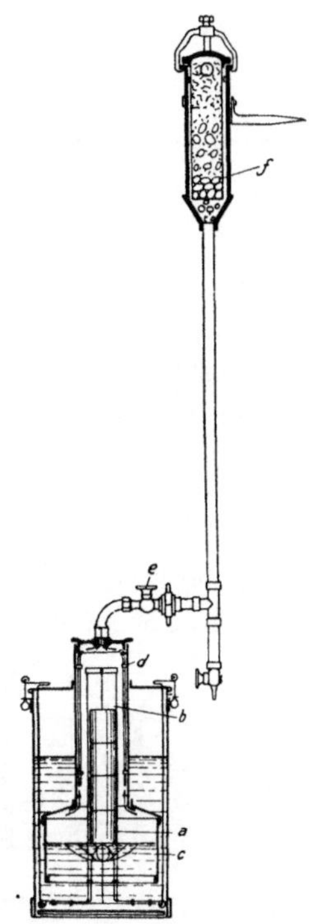

Fig. 29. Beagidapparat, *Bosnische Elektrizitäts-A.-G.*

Bei größeren Apparaten dieses Systems wird dagegen eine absichtlich herbeigeführte erhebliche Druckänderung des Gases während des Betriebes häufig benutzt, um eine Regelung der Gasentwicklung nach dem Verbrauche zu erzielen. Zu diesem Zweck wird der Carbidvorrat in mehrere räumlich getrennte, in verschiedener Höhenlage angeordnete Portionen unterteilt, die

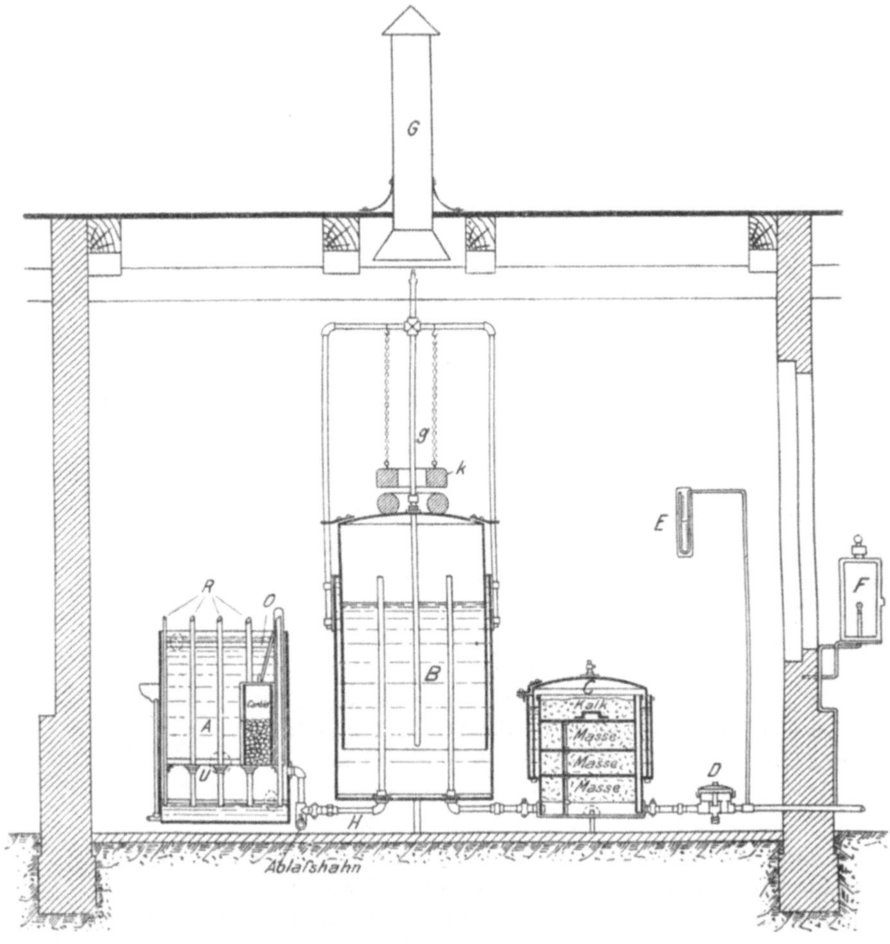

Fig. 30. Hera-Apparat.

von dem Entwicklungswasser nacheinander erreicht werden. Die Einrichtung ist nun so getroffen, daß der Gasdruck im Entwickler, sobald die einsetzende Entwicklung den Verbrauch übertrifft, ansteigt und dadurch das Entwicklungswasser vom Carbid zurückdrückt. Im umgekehrten Falle dagegen, wenn der Verbrauch größer ist als die Gaserzeugung, wird der Gasdruck in den Entwicklerkammern künstlich vermindert, und dadurch ein erneuter bzw. erhöhter Zutritt des Wassers zum Carbid veranlaßt. Auf diesem Prinzip beruht der in Fig. 30 bis 32 abgebildete „Hera"-Apparat, einer der ältesten deutschen Acetylenapparate. Die Anlage besteht aus dem Entwickler *A*, dem Gasbehälter *B*, dem Reiniger *C*, dem Druckregulator *D*, Druckmesser *E*,

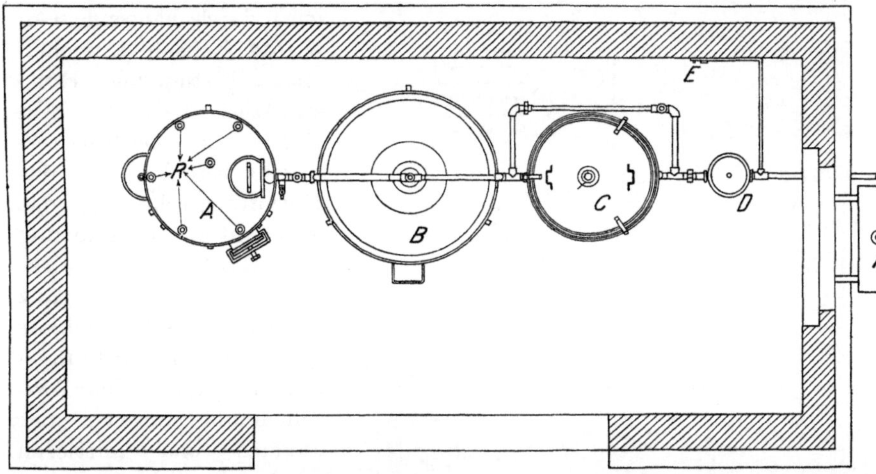

Fig. 31. Hera-Apparat (Grundriß der Anlage).

Außenbeleuchtung *F*, Entlüftungsrohr *G*. Der Carbidbehälter (Fig. 32) besteht aus der durchlöcherten zylindrischen Hülse *a* ohne Boden und Deckel; diese wird in die Büchse *b* eingesetzt, an deren Boden *d* ein über die ganze Büchse reichender Bügel *e* angebracht ist. Unterhalb des oberen Randes

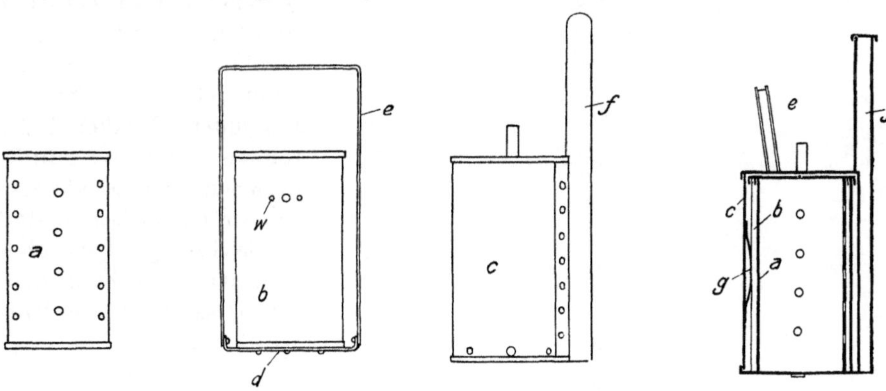

Fig. 32. Hera-Apparat (Carbidbehälter).

befinden sich Wassereintrittslöcher *w*, die bei den verschiedenen Entwicklungsbüchsen in stufenweise steigender Höhe angeordnet sind. Der dritte äußere Teil *c* der Entwicklerkammer besteht aus einer Glocke mit seitlichem, oben geschlossenem Gasabzugsrohr *f*; im Innern sind Klemmfedern *g* zum Festhalten der eingeschobenen Büchse *b* angebracht. Der Entwickler besteht aus dem oberen, offenen Wassergefäß *O* und dem unteren Behälter *U*, die durch oben offene Röhren *R* verbunden sind, über welche die Gasabzugsrohre *f* der Entwicklungskammern, nachdem die drei Teile zusammengesteckt sind, geschoben werden. Das Gas gelangt durch Rohr *H* zum Gasbehälter. Dieser wird durch hängende Gewichte *k* nach Erreichen einer bestimmten Höhe zusätzlich belastet. Am Deckel der Gasbehälterglocke befindet sich das Entlüftungsrohr *G*, das gleichzeitig zur Führung der Glocke dient. Das Wasser dringt in die ganz im Wasser des Entwicklers stehenden Entwicklungskammern durch den Zwischenraum zwischen der äußeren und mittleren Büchse in die Löcher *w*; bei zu hohem Gasdruck, hervorgerufen durch das hängende Gewicht *k*, wird das Wasser aus den Büchsen in den Entwickler zurückgedrängt. Der Wasserzutritt zum Carbid hört also auf, sobald die Glocke eine bestimmte Höhe erreicht hat. Der untere Behälter *U* ist teilweise mit Wasser gefüllt, in welches die Gasabzugsrohre *R* eintauchen, so daß er gleichzeitig als Wäscher und Wasserabschluß zwischen Gasbehälter und Entwickler dient.

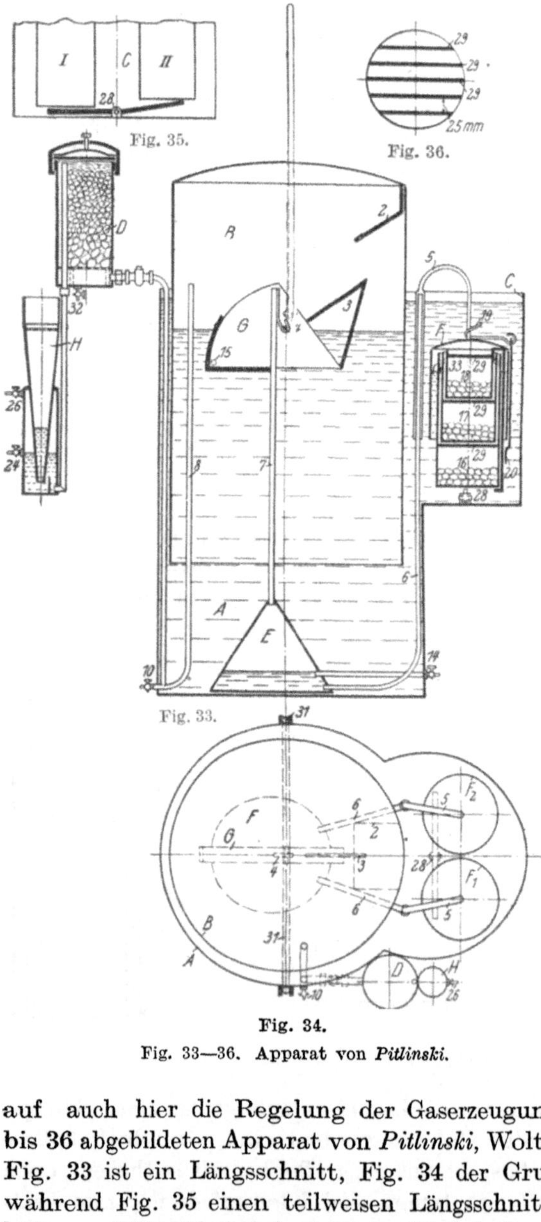

Fig. 35. Fig. 36. Fig. 33. Fig. 34.
Fig. 33—36. Apparat von *Pitlinski*.

In etwas anderer Weise wird das Ansteigen des Gasdruckes im Entwickler, worauf auch hier die Regelung der Gaserzeugung beruht, bei dem in Fig. 33 bis 36 abgebildeten Apparat von *Pitlinski*, Woltersdorf-Luckenwalde, erreicht. Fig. 33 ist ein Längsschnitt, Fig. 34 der Grundriß des ganzen Apparates, während Fig. 35 einen teilweisen Längsschnitt durch den Entwicklungsbehälter und Fig. 36 eine Ansicht des Deckels der Entwicklerbüchsen zeigt. Der

Apparat besteht aus dem Wasserbehälter *A*, der Gassammelglocke *B*, dem Entwicklerbehälter *C*, dem Reiniger *D* und der Wasservorlage *H*. Unter der Gasglocke *B* ist die um Drehpunkt 4 schwenkbare Haube *G* angebracht, in welcher das vom Entwickler kommende Gasrohr *7* mündet. Diese Haube taucht bei hochstehender Gasglocke mit ihrem Unterrande bzw. Gasaustrittsloch *15* in das Absperrwasser der Gasglocke ein, so daß das Gas alsdann unter einem um die Eintauchtiefe der Haube erhöhten Druck steht. Nähert sich jedoch die Gasglocke ihrem tiefsten Stande, so wird die Haube durch Auflegen des Anschlages *2* auf den Henkel *3* hochgeklappt, und das Gas tritt dann aus Rohr *7* unmittelbar in die Gasglocke *B*, steht also nur unter dem Drucke der letzteren. Der Entwickler besteht aus einem oben offenen Wasserbehälter *C*, in welchem unter der Entwicklerglocke *F* die drei ineinandergestellten Büchsen *16*, *17* und *18* von verschiedener Höhe das Carbid aufnehmen. Der Wasserzutritt erfolgt durch den Zwischenraum zwischen der Wand der Entwicklerglocke und der äußersten Carbidbüchse *16*, in welcher sich oben die Wasserzutrittsöffnung *33* befindet. Herrscht nun in Rohr *7*, und somit auch unter der Entwicklerglocke *F* nur der Druck der Gasglocke, so kann das Wasser des Entwicklerbehälters *C*, das ebenso hoch steht wie das Absperrwasser *A* der Gasglocke, in die Entwicklerbüchsen eindringen; dagegen wird das Wasser in dem Zwischenraum zwischen der Büchse *16* und der Entwicklerglocke *F* zurückgedrängt, sobald durch Sinken der Haube *G* der erhöhte Gasdruck sich einstellt. Erst wenn Büchse *16* ganz mit Wasser gefüllt, somit vollständig ausentwickelt ist, kann Wasser in Büchse *17* und von da nach deren Füllung in Büchse *18* gelangen. Zwischen dem vom Entwickler führenden Rohr *6* und dem Gasrohr *7* des Gasbehälters ist ein Wasserverschluß *E* eingeschaltet. Der Entwickler ist mit seinem gebogenen Rohr *5* über das offene Ende des Rohres *6*, ebenfalls unter Bildung eines Wasserverschlusses übergeschoben und kann zwecks Neubeschickung aus dem Wasserbehälter *C* herausgehoben werden. Um einen ununterbrochenen Betrieb zu gestatten, sind zwei gleiche Entwickler I und II vorhanden, die auf den Balken einer Wage *28* stehen (Fig. 34 u. 35). Da der Entwickler, der sich im Betrieb befindet, infolge des eingetretenen Wassers schwerer ist, steht sein Wagebalken tiefer und das aufsteigende Wasser muß daher zuerst diesen Entwickler ganz anfüllen, ehe der zweite Entwickler in Betrieb kommen kann. *14* und *24* sind Überlaufhähne zur Einstellung des Wasserstandes, *26* ist der Gasentnahmehahn, *10* und *32* Kondenswasserableiter. Für den Apparat ist Carbid unter 25 mm Korngröße vorgeschrieben; um die Verwendung größerer Körnungen auszuschließen, sind die Büchsen des Entwicklers mit rostartigen Deckeln *29* (Fig. 36) versehen, deren Lochweite 25 mm beträgt, also gröbere Stücke nicht durchläßt. Das Halteeisen *19*, *20*, das die drei Carbidbüchsen ineinander und nach dem Überstülpen der Entwicklerglocke *F* die ganze Apparatur zusammenhält, ist an der obersten Büchse *18* befestigt, so daß der Entwickler nur nach richtiger Zusammensetzung gebrauchsfähig ist.

Die bequeme Zugänglichkeit der in einem offenen Wasserbottich eingestellten Carbidbehälter, die bei großer Leistungsfähigkeit zuverlässige Funktion und die besonders einfache und übersichtliche Konstruktion sind große Vorteile, die verschiedene Druckhöhe, die bei Benutzung zur Beleuchtung einen besonderen Druckregler nötig macht, und eine etwas komplizierte Handhabung bei der Neubeschickung der ineinander geschachtelten Carbidbehälter sind Nachteile dieses Apparatetyps, der den beim Verdrängungssystem obwaltenden Verhältnissen besonders angepaßt ist.

Bei ausschließlicher Benutzung im Freien kann man natürlich der Einrichtungen und Maßnahmen, die bei Apparaten dieses Systems zum Ausgleich der Unregelmäßigkeiten der Entwicklung sonst erforderlich sind, entraten. So werden Laternen für Fahrräder, Wagen, Automobile und zur Außenbeleuchtung, Tischlampen, kleine Apparate zur Streckenbeleuchtung, für Fackeln und Sturmbrenner nach dem Spül- und Tauchsystem in einfachster Bauart ausgeführt. Einen tragbaren Apparat von *O. Scharlach*, der besonders zur Speisung von Laternen für Kraftwagen bestimmt ist, zeigt die Fig. 37. Die Carbidbehälterbüchse *E* hängt im äußeren Wasserbehälter; beide besitzen besonderen Deckelverschluß. Das Wasser tritt bei Öffnung des Hahnzeigers *A* durch Steigrohr *B* und eine dieses umgebende durchlöcherte Schutzhülse *C* zum Carbid. Bei zu starker Gasentwicklung drängt der Gasdruck das Wasser zurück. Bei Zustellung des Hahnzeigers wird der Kanal *H* geöffnet, durch den die Nachentwicklung entweicht. Hier kommt es in erster Linie auf einfache Handhabung, leichte Beschickung und solide Ausführung an; die Wirtschaftlichkeit des Betriebes, Vermeidung jeder Gasausströmung ins Freie, Gleichmäßigkeit des Druckes und Reinheit des Gases sind weniger wichtig oder völlig zu vernachlässigen. Für solche Zwecke ist diese Art von Apparaten daher durchaus geeignet und in zahlreichen Ausführungsformen verbreitet.

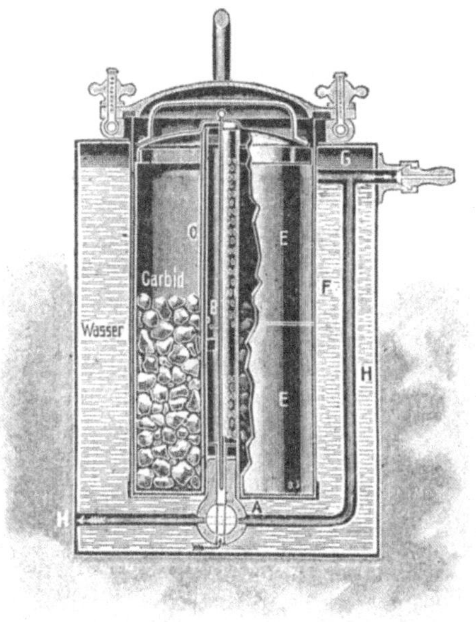

Fig. 37. Tragbarer Apparat (*O. Scharlach*).

Beurteilung der verschiedenen Systeme.

Die Frage, ob ein bestimmter Apparat den im Einzelfalle zu stellenden Anforderungen an Betriebssicherheit, Leistungsfähigkeit und Ökonomie genügt, läßt sich, wie die Erfahrung gezeigt hat, theoretisch nicht zuverlässig beantworten. Lediglich der praktische Betrieb kann dies entscheiden. Daher erfolgt auch bei der Prüfung der Acetylenapparate, die in Deutschland durch die behördlichen Bestimmungen vorgeschrieben und zur Zeit von dem

Deutschen Acetylenverein vorgenommen wird, stets eine eingehende Beobachtung in einem längeren Versuchsbetriebe. Dabei wird besonderes Gewicht auf die Messung der im Entwickler und im Gasbehälter auftretenden Temperaturen gelegt, ein Faktor, der für die ganze Arbeitsweise des Apparates, insbesondere aber für Betriebssicherheit, Reinheit des Gases und Ausbeute, wie wir oben gesehen haben, von entscheidender Bedeutung ist. Die Ergebnisse der Prüfung von 11 Apparaten, über die von der Untersuchungs- und Prüfstelle des Deutschen Acetylenvereins im April 1910 berichtet wurde[1], sind in nachstehenden Tabellen wiedergegeben. Die Prüfung erfolgte unter genauer Beobachtung der vom Fabrikanten des Apparates gegebenen Betriebsvorschriften, jedoch mit möglichst großer Beschickung, ja sogar unter absichtlicher Überanstrengung der Apparate. In den Tabellen deckt sich meist die „Versuchsdauer" mit der Dauer der Entwicklung, außer bei Apparat Nr. 8 und 10, wo erst nach vollständiger Ausentwicklung mit der Gasentnahme begonnen wurde. Unter „Versuchsdauer" ist die Zeit zu verstehen, während welcher die unter „Gasverbrauch" angegebene Gasmenge entnommen wurde.

Apparat 1 (Schubladenapparat).

Der Apparat ist mit 2 Mulden (Schubladen) mit je 5 Abteilungen versehen, von denen jede Abteilung 0,8 kg Carbid fassen kann. Insgesamt können in dem Apparat also 8 kg Carbid aufgespeichert werden. Die Menge des Gasbehälterwassers, das gleichzeitig als Kühlwasser dient, beträgt etwa 300 l. Von diesem Wasser wurde auch das zur Entwicklung benutzte Wasser entnommen.

Versuch	Versuchsdauer	Vergaste Carbidmenge 15 bis 80 mm	Gas-verbrauch	Höchsttemperatur im	
				Gasbehälter	umgebenden Kühlwasser
		kg	l	°	°
I	1 Std. 4 Min.	4	1000	23	21
II	48 „	4	1045	24	20
III	1 „ 35 „	8	2295	29,5	25,5
IV	1 „ 5 „	8	2100	26	25
V	3 „ 5 „	12	3575	29	28

Apparat 2 (Schubladenapparat).

Das Carbid wird in 2 Mulden untergebracht, von denen jede laut Betriebsvorschrift 4 kg faßt. Es können also auch in diesem Apparat insgesamt 8 kg Carbid aufgespeichert werden. Die Menge des Gasbehälterwassers, das gleichzeitig als Kühlwasser dient, beträgt etwa 300 l. Von diesem Wasser wurde auch das zur Entwicklung benutzte Wasser entnommen.

Versuch	Versuchsdauer	Vergaste Carbidmenge 15 bis 80 mm	Gas-verbrauch	Höchsttemperatur im	
				Gasbehälter	umgebenden Kühlwasser
		kg	l	°	-
I	30 Min.	3	570	20	19
II	30 „	3	830	19	24
III	35 „	3	730	19	24
IV	25 „	3	740	28	20
V	32 „	4	1050	34	24
VI	55 „	$2 \times 3 = 6$	1730	40	28
VII	4 Std. — „	$4 \times 4 = 16$	4970	47,25	39,5

[1] Carbid u. Acetylen 1910, 86ff.

Apparat 3 (Schubladenapparat).

Der Apparat wies 2 Mulden (Schubladen) auf, die einen höchsten Fassungsraum von je 2 kg Carbid hatten. Es können also in diesem Apparat insgesamt 4 kg Carbid aufgespeichert werden. Die Menge des Gasbehälterwassers, das gleichzeitig als Kühlwasser für den Entwickler dient, beträgt etwa 225 l. Von diesem Wasser wurde auch das zur Entwicklung benutzte Wasser entnommen.

Versuch	Versuchsdauer	Vergaste Carbidmenge 15 bis 80 mm kg	Gas-verbrauch l	Höchsttemperatur im Gasbehälter °	Höchsttemperatur im umgebenden Kühlwasser °
I	23 Min.	2	475	16	13,5
II	22 „	2	420	20	16,5
III	1 Std. 8 „	2	475	23	18,5
IV	1 „ 15 „	2	400	17	17
V	35 „	4	1000	29	22
VI	1 „ 7 „	4	1315	20,5	17,5
VII	2 „ 30 „	10	2765	40	26

Apparat 4 (Berührungssystem Hera).

Die 3 vorhandenen Carbidbehälter werden nacheinander überschwemmt. Jeder derselben faßt bis zu 1,33 kg Carbid, so daß insgesamt bis zu 4 kg Carbid in dem Apparat zur Aufspeicherung gelangen können. Der Entwicklerraum faßt 55 l Wasser.

Versuch	Versuchsdauer	Vergaste Carbidmenge 15 bis 80 mm kg	Gas-verbrauch l	Höchsttemperatur im Gasbehälter °	Höchsttemperatur im Entwickler-wasser °
I	30 Min.	1	200	16	16
II	15 „	1	300	18	24
III	36 „	2	580	16,5	26,5
IV	1 Std. 15 „	3	715	16,5	24,5
V	50 „	3	780	19	29
VI	3 „ — „	4	1105	21	28
VII	2 „ 25 „	6	1540	22,5	33

Apparat 5 (Wasseraufsteigesystem).

Entwickler und Gasbehälter sind getrennt. Der Wasserzufluß wird durch das Steigen und Fallen der Gasglocke geregelt. Das Carbid wird in einer Reihe übereinander stehender Kassetten in dem Entwickler untergebracht. Der Entwickler ist durch eine Gasglocke verschlossen, deren Sperrwasser gleichzeitig als Kühlwasser dient. Die Menge des Sperrwassers beträgt etwa 20 l. Auf der Gasglocke ist außerdem ein Gefäß angebracht, das ebenfalls Kühlwasser (etwa 4 l) enthält. — Der Apparat hat 6 Kassetten, von denen jede etwa 1,33 kg Carbid zu fassen vermag. Insgesamt können also 8 kg Carbid in dem Apparat aufgespeichert werden.

Versuch	Versuchsdauer	Vergaste Carbidmenge 15 bis 80 mm kg	Gas-verbrauch l	Höchsttemperatur im Gasbehälter °	Höchsttemperatur im umgebenden Entwickler-kühlwasser °	Höchsttemperatur im bedeckenden Entwickler-kühlwasser °	Höchsttemperatur im Gasraum des Entwicklers °
I	1 Std. 10 Min.	2	615	17	45	—	—
II	3 „ 30 „	5,2	1620	19,5	57	75	89
III	2 „ 5 „	8	2265	27	58	82	—
IV	2 „ 50 „	8	1675	20	53	76	—
V[1]	4 „ — „	8	2225	24	66	80	91
VI	1 „ 40 „	8	1935	32,5	60	79,5	91

[1] Bei diesem Versuch hatte sich das Wasser des Wäschers auf 58° erwärmt.

Apparat 6 (Einfallsystem)[1].

Der Carbidbehälter ist in der Weise über dem Gasbehälter angeordnet, daß durch die Bewegung der Gasglocke der Einfall des granulierten Carbides geregelt wird. Der Carbidbehälter faßt in seinen Unterabteilungen zusammen 4 kg Carbid. Der Entwicklerraum faßte 45 l Wasser.

Versuch	Versuchsdauer	Vergaste Carbidmenge 1 bis 4 mm kg	Gas-Verbrauch l	Höchsttemperatur im Gasbehälter °	Höchsttemperatur im Entwicklerwasser °
I	3 Std.	2	675	22,5	24
II	4 „	2	600	26,5	27
III	5 „	3,5	620	25	26
IV	10 Min.	4	335	34	37
V	30 „	4	1030	34	39
VI	40 „	4	1035	36	39,5
VII	1 „ 27 „	4	920	35	40,5
VIII	4 „	14	3650		
	allmählich steigend bis			70	
	nach $2^1/_2$ Std.			80	80
	„ 4 „			88	90

Versuch VIII ist unter ganz anormalen Verhältnissen angestellt, indem entgegen aller Betriebsvorschrift die Erneuerung des Entwicklerwassers, die nach je 4 kg Carbidverbrauch vorgenommen werden soll, dauernd unterblieb, so daß in dem Wasser das $3^1/_2$fache der Carbidmenge zur Vergasung gelangte, welche nach der Betriebsvorschrift zulässig ist.

Apparat 7 (Einfallsystem).

Der Carbidbehälter befindet sich bei diesem Apparat ebenfalls über dem Gasbehälter. Er faßt in 10 Kassetten zu 1 kg insgesamt 10 kg Carbid. Die Beschickung des Apparates erfolgt automatisch und zwar in der Weise, daß jeweils der Inhalt einer Kassette zur Vergasung gelangt. Entwickler und Gasbehälter sind getrennt. Der Entwicklerraum faßt etwa 140 l Wasser.

Versuch	Versuchsdauer	Vergaste Carbidmenge 15 bis 80 mm kg	Gasverbrauch l	Höchsttemperatur im Gasbehälter °	Höchsttemperatur im Gasraum des Entwicklers °	Höchsttemperatur im Entwicklerwasser °
I	1 Std.	3	840	24	28	24
II	35 Min.	4	1055	25	26	26
III	1 „ — „	4	1000	18	31	25
IV	2 „ 10 „	5	1460	27	35	36
V	2 „ 30 „	10	2625	21	45	45,5

Apparat 8 (Einfallsystem).

Dieser Apparat ist für Handbeschickung eingerichtet und so konstruiert, daß eine Neubeschickung erst nach nahezu vollständigem Verbrauche des erzeugten Gases möglich ist. Das eingeführte Carbid gelangt sofort vollständig zur Vergasung. Der Apparat ist für eine Beschickung von jedesmal 400 g Carbid eingerichtet, doch war es bei schneller Bedienung möglich, dieses Quantum zu verdoppeln. Die Entwicklung von je 400 g

[1] Über das Verhältnis der Temperatur des Entwicklerwassers zu der Temperatur des entwickelten Gases bei Einwurfapparaten vgl. Carbid u. Acetylen 1912. Nr. 9.

Carbid beanspruchte einschl. Nachvergasung durchschnittlich 10 Min. Der Entwicklerraum faßte 200 l Wasser.

Versuch	Versuchsdauer	Vergaste Carbidmenge 4 bis 7 mm kg	Gas-verbrauch l	Höchsttemperatur im Gasraum °	Entwickler-wasser °
I	25 Min.	0,8	185	20	19
II	15 „	1	240	18,5	18
III	30 „	1	215	16	16,5
IV	33 „	1	205	16,5	16,5
V	65 „	3 × 1	655	19	22
VI	55 „	6 × 300 g	305	16,5	16,5

Apparat 9 (Einfallsystem).

Entwickler und Gasbehälter sind getrennt. Der Carbidbehälter ist über dem Entwickler angeordnet. Der Carbideinfall wird durch die Bewegung der Gasglocke geregelt. In dem Apparat können bis zu 2 kg Carbid aufgespeichert werden, jedoch ist eine sofortige Ergänzung des verbrauchten Carbides jederzeit möglich. Der Entwicklerraum faßte 50 l Wasser.

Versuch	Versuchsdauer	Vergaste Carbidmenge 1 bis 4 mm kg	Gas-verbrauch l	Höchsttemperatur im Gasraum des Gasbehälters °	Gasraum des Entwicklers °	Entwickler-wasser °
I	50 Min.	1	100	15	17,5	17
II	45 „	2	500	17	28	32
		4 bis 7 mm				
III	2 Std. 45 Min.	4	1025	17,5	39	44,5
IV	45 „	4	1030	18,5	40,5	47,5
V[1]	3 „ 5 „	10	2515	21	73	74,5

Apparat 10 (Senksystem).

Die Beschickung dieses Apparates erfolgt durch Handbetrieb, und zwar infolge besonderer Konstruktion jeweilig nur mit höchstens 1 kg Carbid. Eine Neubeschickung des Apparates ist nur nach nahezu vollständiger Vergasung und nach Verbrauch des erzeugten Gases möglich. Das Entwicklerwasser dient gleichzeitig als Wasser des Gasbehälters. Seine Menge betrug in jedem Falle 540 l. Die vollständige Vergasung von je 1 kg Carbid dauerte mit Nachvergasung bei der benutzten Carbidsorte $^1/_2$ Stunde.

Versuch	Versuchsdauer	Vergaste Carbidmenge 15 bis 80 mm kg	Gas-verbrauch l	Höchsttemperatur im Gasraum °	Entwickler-wasser °
I	2 Std. 30 Min.	1	262,5	18,5	17
II	1 „ 12 „	1	280	21	17,5
III	50 „	1	300	20,5	18
IV	45 „	1	240	18,5	18
V	10 „	1	245	18,5	17
VI	8 „	1	245	19	17

[1] Dieser Versuch ist entgegen der Betriebsvorschrift ausgeführt worden, da das Entwicklerwasser nicht nach dreimaliger Carbidfüllung erneuert wurde. Es überschreitet

Apparat 11 (Tauchsystem).

Durch das Steigen der Gasglocke wird das Carbid aus dem Entwicklerwasser emporgehoben und damit — abgesehen von der Nachvergasung — die Entwicklung bis zum Verbrauch des erzeugten Gases unterbrochen. Der Apparat sollte nach Angabe des Fabrikanten nur bis zu 2 kg Carbid aufnehmen können; tatsächlich war es möglich, etwa $3^1/_2$ kg in dem Apparat aufzuspeichern. Der Entwicklerraum faßte 95 l Wasser.

Versuch	Versuchsdauer	Vergaste Carbidmenge k	Gasverbrauch l	Höchsttemperatur im Gasraum °	Höchsttemperatur im Entwicklerwasser °
I	20 Min.	2	600	46,5	32
II	27 „	2	610	39	22,5
III	1 Std. 23 Min.	2	625	48	24
IV	30 „	3	865	51	47
V	45 „	3	895	48	34
VI	1 Std. 30 Min.	3	865	51	47
VII	45 „	3,5	1060	63	59,5

Ein Vergleich der in diesen Tabellen niedergelegten Versuchsergebnisse ergibt folgende allgemeine Grundlagen zur Beurteilung der am häufigsten vorkommenden Apparatetypen:

Das Schubladensystem zeigt, gute Konstruktion des Apparates vorausgesetzt, gleichförmige niedrige Entwicklungstemperaturen auch bei starker Überanstrengung, eine gute Gasausbeute, schnelle Entwicklung und bemerkenswerte Elastizität in der Leistung.

Das Wasseraufsteigesystem ergab bei dem geprüften Apparate beträchtliche Erwärmung in allen gasführenden Teilen; die Gasausbeute ist gut, die Qualität des Gases aber der starken Erhitzung des Carbides entsprechend geringwertig. Die Leistung und Schnelligkeit der Entwicklung läßt sich nicht über ein beschränktes Maß hinaus steigern, ohne die Betriebssicherheit zu gefährden.

Das Einwurfsystem ergibt bei normaler Beanspruchung gute Resultate hinsichtlich der Wärmeerscheinungen. Regelmäßige, reichliche Wasserzufuhr ist unbedingtes Erfordernis dieser Apparate. Die Gasausbeute ist dementsprechend etwas geringer, die Leistungsfähigkeit des Entwicklers sehr steigerungsfähig, die Entwicklungsgeschwindigkeit beträchtlich.

Das Senksystem zeigt stabile, niedrige Temperatur, gute Ausbeute. Das System ist für abgemessene Leistungen eingerichtet, welche die gelieferte Gasmenge bestimmen und nicht überschritten werden können.

Das Berührungssystem mit Unterteilung des Carbides und Druckwechsel ergab mäßige Erwärmung auch bei starken Belastungen und gute Ausbeute bei rascher Entwicklung.

Das Tauchsystem zeigte etwas höhere Temperaturen, bei regelmäßigem Betriebe ohne stärkere Überlastung bleibt die Erwärmung indes in erträglichen Grenzen. Die Ausbeute ist gut.

daher auch die Temperatur im Entwicklerwasser die in den Vorschriften für die Betriebsprüfung von Acetylenapparaten IIe vorgesehene Höchsttemperatur von 60° sehr beträchtlich.

Diese Ergebnisse sind auch durch die weiteren von der gleichen Untersuchungsstelle ausgeführten zahlreichen Betriebsprüfungen, über welche in der Vereinszeitschrift berichtet ist[1], bestätigt worden. Die mit Typennummern zur Verwendung für die autogene Metallbearbeitung in Innenräumen zugelassenen Apparate der verschiedenen Systeme genügen durchweg den durch die behördlichen Vorschriften aufgestellten technischen Grundsätzen und allen berechtigten Ansprüchen bezüglich Gefahrlosigkeit und Regelmäßigkeit des Betriebes.

Auswahl des Apparatensystems für den Verwendungszweck.

Wie aus dem Vorstehenden ersichtlich, ist jedes der Hauptsysteme von Acetylenapparaten bei sorgfältiger Berücksichtigung der besonderen Eigenart des Entwicklungsvorganges, richtiger Einrichtung und Bemessung der Carbid-, Wasser- und Gasaufnahmeräume und -behälter so auszubilden, daß es allen an die technische Gaserzeugung für beliebige Zwecke zu stellenden Anforderungen genügt. Lediglich Rücksichten der Wirtschaftlichkeit des Betriebes, des Raumbedarfs, der Anschaffungskosten, der Verfügbarkeit von Bedienungspersonal und sonstiger äußerer Verhältnisse sind entscheidend bei der Auswahl eines bestimmten Systems für einen besonderen Verwendungszweck. Aus diesen Gründen bevorzugt man für Anlagen mit bedeutendem Gasbedarf, wie Beleuchtungszentralen zur Versorgung ganzer Ortschaften, umfangreicher Grundstücke sowie für große technische Anlagen meist das Carbidzuführungssystem mit Handbeschickung, da hier der Raum zur Aufstellung großer Gasbehälter und das nötige Bedienungspersonal meist leicht zu beschaffen sind. Wo diese Erfordernisse nicht vorhanden sind, wählt man einen automatischen Apparat, wie sie nach jedem der drei Systeme zur Verfügung stehen. Für den Export kommen im wesentlichen leichte, kompendiös gebaute, einfach zu bedienende Apparate in Betracht. Für mittlere Hausanlagen ist zur Zeit das Zulaufsystem besonders beliebt. Kleine Anlagen benutzen oft automatische Apparate mit granuliertem Carbid, Beagidapparate, Verdrängungsapparate. Das reine Tropf- und Berührungssystem ohne besondere Vorkehrungen dient besonders der Außenbeleuchtung.

Bedingt die Verwendung des Gases im Einzelfalle allerdings besondere Eigenschaften desselben, so muß bei der Auswahl des Apparates natürlich darauf Bedacht genommen werden, daß er dem Gase die gewünschten Eigenschaften auch wirklich verleiht. So erfordert z. B. die Benutzung des Acetylens zur Aufspeicherung in Aceton ein erhebliches Maß von Reinheit und fast vollkommene Luftfreiheit des Gases, und man wird daher hierfür Apparate vermeiden müssen, die heiße Entwicklung und Eintritt von Luft bei jeder Beschikkung aufweisen. Wird das Gas für chemische Zwecke, z. B. zur Rußgewinnung, zur Analyse usw. benutzt, so muß der Apparat noch höheren Ansprüchen an Reinheit des erzeugten Gases genügen. Für die Verwendung des Acetylens im Sauerstoffgebläse, die vornehmlich zur autogenen Schweißung und Metallbearbeitung weite Verbreitung gefunden hat, ist die große Schwankung

[1] Carbid u. Acetylen 1914, 33, 68, 125, 135, 138, 160, 166.

im Gasverbrauch besonders kennzeichnend. Der Schweißbrenner hat einen verhältnismäßig sehr hohen Acetylenverbrauch, und die Ein- oder Ausschaltung eines solchen Brenners bedingt daher plötzliche und erhebliche Änderungen der Gasentnahme, denen der Apparat gewachsen sein muß. Am besten wird dieser Anforderung offenbar durch einen umfangreichen Gasbehälter entsprochen, indes verhindert oft die Rücksicht auf den Raumbedarf und die Notwendigkeit, die Apparate transportabel zu gestalten, die Wahl dieses Auswegs. Ein nicht zu kleiner Entwickler eines in seiner Leistung möglichst elastischen, an den wechselnden Verbrauch anpassungsfähigen Systems wird sich für diese Zwecke am besten empfehlen[1].

Größe und konstruktive Ausführung der Entwickler.

Die Größe des Entwicklers muß im richtigen Verhältnis zu der geforderten Leistung stehen. Nach den Vorschriften des Deutschen Acetylenvereins soll bei automatischen Apparaten der Entwickler so groß bemessen sein, daß er bei voller Inanspruchnahme sämtlicher angeschlossener Verbrauchsstellen mindestens 5 Stunden ohne Beschickung ausreicht. Der nutzbare Raum der Carbidbehälter muß also so viel Carbid fassen können, als dem fünffachen Höchststundenverbrauch entspricht, das Kilogramm Carbid zu 300 l Ausbeute gerechnet. Für Handapparate ist eine angemessene Größe des Wasservorrats zu fordern; keinesfalls darf das Carbid in dickflüssige Rückstände fallen. Der nutzbare Wasserraum der Entwickler soll allgemein mindestens 6 l auf jedes Kilogramm bei größter Beanspruchung zu vergasenden Carbides betragen. Die Notwendigkeit, höhere Temperaturen des Gasraumes und des Kühlwassers zu vermeiden, führt zu der Forderung, daß auch bei jeder einzelnen Entwicklung ein beträchtlicher Wasserüberschuß dem zu zersetzenden Carbid zur Verfügung stehen muß. Die Entschlammungsrohre müssen eine genügende Weite erhalten, um auch Fremdkörper, die zuweilen dem Carbid beigemischt sind, abführen zu können und die oft sehr dickflüssigen Rückstände leicht und vollständig zu entfernen. Eine Mindestweite von 1 Zoll ist diesem Apparateteil in allen Fällen zu geben.

Die Entwickler werden ausschließlich aus Eisen, und zwar entweder Eisenblech oder Gußeisen, hergestellt. Im ersteren Falle wird meist verbleites oder auch verzinktes Blech verwendet; reines Eisen wird mit geeigneten kalkbeständigen Anstrichen versehen. Nach den Vereinsvorschriften soll die Wandstärke für Apparate aus Eisenblech bis zu 0,2 cbm Inhalt 1 mm, von 0,2 bis 0,5 cbm Inhalt 1,25 mm, von 0,5 bis 1,5 cbm 1,50 mm und über 1,5 cbm Inhalt 2 mm betragen. Böden, Deckel und Mannlochverschlüsse müssen je 0,5 mm stärker sein. Unter allen Umständen darf eine Formveränderung durch die gewöhnlichen Beanspruchungen des Betriebes nicht eintreten. Zur Verbindung der Blechbahnen ist nur Nietung, Schweißung oder Falzung zulässig, Weichlot darf lediglich als Dichtung benutzt werden.

---

[1] Vgl. zu dieser Frage den Aufsatz: „Der Acetylenapparat für die autogene Schweißung“ (Carbid u. Acetylen 1910, 90). Die meisten der seit 1910 vom Deutschen Acetylenverein geprüften Apparate sind für technische Anwendung bestimmt (s. S. 135 flgde.).

Die bei automatischen Apparaten erforderlichen Übertragungsorgane, wie Gestänge, Ketten, Hebel u. dgl., müssen in fachgemäßer Weise unter Berücksichtigung von Richtung und Kraft der Beanspruchung konstruiert sein. Bewegte Teile sind möglichst zwangläufig zu führen. Reibungen, welche die Gasbehälterbewegung unzulässig belasten, müssen vermieden werden. Als Flanschen- oder Deckeldichtung können Gummischeiben Anwendung finden, im übrigen werden ausschließlich Metallteile für die Konstruktion benutzt. Alle Verschlüsse an Teilen, die häufig geöffnet werden sollen, müssen bequem zu handhaben und dauerhaft ausgeführt sein. So werden insbesondere bei Hausanlagen die Deckel der Entwickler mit Flügelmuttern oder überklappendem Bügel mit mittlerer Spannschraube versehen oder als Klappdeckel mit Hebelverschluß o. dgl. gebaut, Hahngriffe, deren richtige Stellung für den Betrieb wichtig ist, mit Aufschriften versehen oder durch selbsttätige Sicherungen kontrolliert. Freistehende Rohre, Schienen u. dgl. werden durch Querstreben versteift, lose Einzelteile durch Kettchen mit dem Hauptapparat verbunden. Die Rücksicht auf Bequemlichkeit, Sicherheit und Einfachheit der Bedienung spielt überall eine wesentliche Rolle.

Entwickler für größere Anlagen, insbesondere Zentralen, haben demgegenüber mehr maschinenähnliche Ausführung. Hier sind geschulte Gasmeister zur Bedienung vorhanden, und es können größere Ansprüche an die Überwachung des Betriebes gestellt werden. Die Ökonomie, Leistungsfähigkeit und unbedingte Regelmäßigkeit des Betriebes, größte Reinheit und gleichmäßiger Druck des Gases sind hier die wesentlichen Erfordernisse. Die Konstruktion der Apparate ist diesen Ansprüchen gemäß besonders solid und kräftig. Zuführungsvorrichtungen für Carbid und Wasser, Rost- und Rühranlagen, geräumige Schlammablässe, Anzeigevorrichtungen, wie Wasserstandsrohre, Probierhähne und Druckmesser an allen wichtigen Stellen sind notwendige Konstruktionsteile. Oft werden mehrere Entwickler zum abwechselnden Betriebe aufgestellt. Bei manchen Zentralen sind Schlammabfluß und Wassererneuerung kontinuierlich eingerichtet. Die Entwickler erhalten zuweilen ähnliche Sicherheitsrohre, wie sie bei den Gasbehältern (vgl. unten) vorgeschrieben sind, um ein Auftreten von Überdrucken zu verhindern. Bei Entwicklern nach dem Grubensystem werden die das Absperrwasser des Gassammelraumes im Entwickler enthaltenden Bassins aus Mauerwerk hergestellt, sonst findet für die Entwickler von Zentralen fast ausschließlich Kesselschmiedearbeit Anwendung.

Nebenapparate der Acetylenanlagen.

Wenn das Acetylen durch das Gasableitungsrohr aus dem Entwickler heraustritt, ist es noch nicht ohne weiteres zur Verwendung geeignet. Insbesondere enthält es, wie sich aus der Art seiner Herstellung ergibt, große Mengen Wasserdampf, und zwar naturgemäß um so größere, je wärmer das Gas dem Entwickler entströmt. Dieser Wasserdampf würde sich beim Durchstreichen durch die kühleren Leitungsteile nach den Gesetzen der Dampfspannung zum Teil kondensieren und das so ausgeschiedene Wasser zu Verstopfungen durch unbeabsichtigte Wasserverschlüsse oder Eisbildung im Winter führen können. Das Acetylen bedarf daher in allen Fällen, wo es nicht unmittelbar hinter dem Entwickler im Freien verbraucht wird, einer Kühlung und Trocknung. Ferner haften dem Rohacetylen, wie es durch die Zersetzung des Handelscarbids im Entwickler entsteht, chemische und mechanische Verunreinigungen an, deren Beseitigung durch eine wirksame Reinigungsanlage erfolgen muß. Endlich bedarf man zur Erzielung eines ununterbrochenen Betriebes, bei dem eine Gasentnahme möglich sein muß, auch wenn die Entwickler zeitweise außer Betrieb sind, eines Gassammlers, des Gasbehälters (Gasometers), der außerdem auch die Aufgabe erfüllt, dem Gase einen gleichbleibenden Druck zu geben.

Die Nebenapparate der Acetylenanlagen dienen diesen Zwecken. Sie bestehen, in der Reihenfolge, wie sie gewöhnlich zur Aufstellung gelangen[1], aus dem

1. Wäscher,
2. Gasbehälter,
3. Reiniger,
4. Trockner.

Als weitere, namentlich bei größeren Anlagen benutzte Nebenapparate treten hierzu noch:

5. Druckmesser,
6. Druckregler,
7. Gasmesser.

Die Nebenapparate sind untereinander und mit dem Entwickler durch eine Rohrleitung, die „Betriebsrohrleitung“, verbunden. Jeder Apparat und jede Rohrstrecke, in der sich Wasser abscheiden kann, ist an dem tiefsten Punkte mit einer Wasserabscheidevorrichtung (Kondenstopf oder Kondenshahn) zu versehen.

Die Abbildungen Fig. 30 und 31 (S. 130 u. 131) einer vollständigen Acetylenanlage lassen Anordnung und Konstruktion der für eine Hausanlage erforderlichen Apparatur erkennen. In dem den behördlichen Vorschriften entsprechend ausgeführten kleinen Apparatehause sehen wir in einer Reihe von links nach rechts hintereinander den Entwickler *A*, darunter den Wäscher *U*, in welchen die Gasabzugsröhren *R* der Entwickler eintauchen, dann den Gasbehälter *B*, der durch Rohr *H* mit dem Entwickler verbunden ist, dahinter den Reiniger *C*, der mit seiner oberen Kalkschicht zugleich als Trockner dient, den Druckregler *D* und den Druckmesser *E*. Das Rohr *H* trägt an seinem tiefsten Punkte einen Ablaßhahn zur Abscheidung des Kondenswassers. Für technische Zwecke werden häufig alle Teile der Anlage zu einem transportablen Apparat vereinigt (s. z. B. Fig. 33 und 34). Eine gesonderte Aufstellung der Nebenapparatur wird bei größeren Acetylenanlagen vorgezogen. Fig. 38 zeigt ein Beispiel. Der Entwickler ist bei dieser Zeichnung fortgelassen. Die Leitung *B*, die vom Entwickler kommt, mündet

[1] Vgl. weiter unten S. 152 und 159.

in den Wäscher C, der zugleich den Kondenstopf für das Gaszuführungsrohr des Gasbehälters G bildet, während das Gasableitungsrohr einen besonderen Kondenshahn E besitzt. Hinter dem Gasbehälter ist wieder der Reiniger R und der Druckregler D angebracht.

Diese Reihenfolge der Apparate wird meist auch für große Anlagen (Zentralen) beibehalten, nur daß hier in der Regel jeder Nebenapparat ausschließlich für einen Zweck dient und zur Erleichterung der Neufüllung, Reinigung und etwaiger Reparaturen vielfach mehrere Apparate der gleichen Art benutzt werden. So besitzen die Zentralen oft zwei Reiniger, besondere Trockner und eine ganze Reihe von Druckmessern, die gestatten, die Druck-

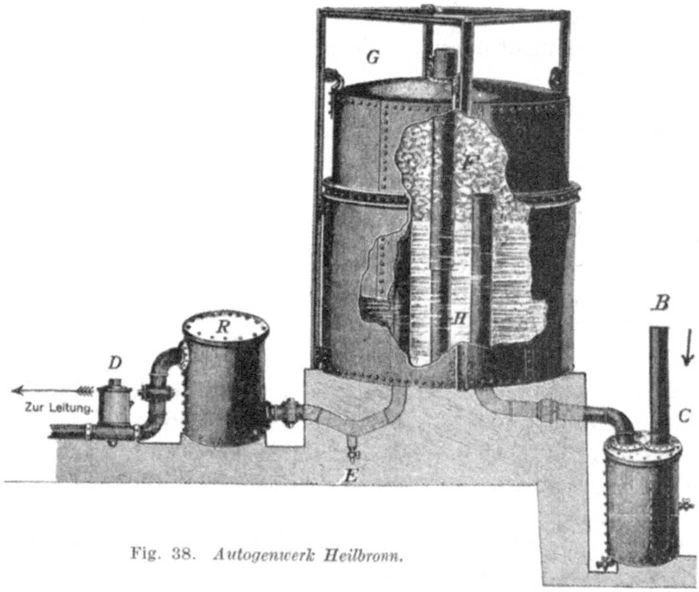

Fig. 38. *Autogenwerk Heilbronn.*

höhe in jedem Einzelapparat abzulesen. Auch Signalvorrichtungen zur Fernmeldung der Tiefstellung des Gasbehälters, Anzeigevorrichtungen für den Wasserstand usw. sowie Gasmesser zur Feststellung der gelieferten Gasmengen sind hier üblich. Bei einigen älteren Anlagen ist der Reiniger zwischen Entwickler und Gasbehälter eingeschaltet, um dem letzteren bereits gereinigtes Gas zuzuführen. Diese Anordnung wird heute indes kaum noch angewendet, da bei guter Kühlung und Waschung des Gases und bei gutem System des Entwicklers einer Aufspeicherung des ungereinigten Acetylens keine Bedenken entgegenstehen, andererseits aber die Reinigung viel gründlicher und wirtschaftlicher hinter dem Gasbehälter vor sich geht, wo die Gasgeschwindigkeit und der Druck unter dem Einfluß der Gasglocke gleichmäßiger sind als unmittelbar hinter dem Entwickler.

Der wichtigste Hilfsapparat, dessen jede Acetylenanlage mit Ausnahme der nur im Freien verwendeten Fackeln, Laternen und tragbaren Entwickler bedarf, ist der zur Aufspeicherung und Verteilung des Gases unter gleichmäßigem Drucke dienende Gasbehälter (Gasometer). In der Technik kommen überwiegend Gasbehälter mit schwimmenden Glocken zur Anwendung; wenn auch mit dem Heraussteigen der Glocke aus dem Wasser eine Druckänderung verbunden ist, so ist diese doch bei richtiger Konstruktion der Glocke so gering, daß sie praktisch kaum in Betracht kommt. Einige der bei Hausanlagen gebräuchlichen Formen von Gasbehältern sind in den Abbildungen Fig. 13, 25, 26 und 30 dargestellt. Bei der gewöhnlichen, an dem Apparat Fig. 13 ersichtlichen Konstruktion besteht der Gasbehälter aus einem meist zylindrischen Wassergefäß (Bassin), in welchem die oben geschlossene Glocke (*a*) hängt. Diese ist, um eine gleichmäßige und reibungslose Bewegung zu sichern, wie in Fig. 13 schematisch veranschaulicht, an seitlichen Gleitschienen geführt. Die Zuleitung des Gases vom Entwickler und die Ableitung in die weiteren Nebenapparate zur Gebrauchsleitung erfolgt meist durch Rohre, die durch den Boden des Wasserbehälters senkrecht ins Innere der Glocke bis über den Spiegel des Absperrwassers führen. Außerdem ist der Gasbehälter in der Regel und vorschriftsmäßig mit einem Sicherheitsrohr versehen, dessen Anordnung und Wirkungsweise in der Erläuterung zu Fig. 13 beschrieben ist. Die Verbindung dieses Sicherheitsrohres mit der ins Freie, meist über das Dach des Apparatehauses führenden Leitung wird in der Regel so hergestellt, daß man das obere Ende des aus dem Gasbehälter herausragenden und mit der Glocke bewegten Sicherheitsrohres in einem entsprechend angeordneten schornsteinähnlichen weiteren Rohre gleiten läßt. Bei dem in Fig. 38 dargestellten Gasbehälter ist das Sicherheitsrohr *F* oben geschlossen und die Entgasungsleitung *H* ist von unten durch das Gasbehälterbassin geführt und in das weitere Sicherheitsrohr hineingesteckt. Das Sicherheitsrohr muß, um seinen Zweck zu erfüllen, mindestens dieselbe Weite haben als das den Entwickler und Gasbehälter verbindende Rohr und etwas weniger tief in das Absperrwasser des Gasbehälters eintauchen, wie die Glocke.

Bei den automatischen Apparaten treibt die Gasbehälterglocke in der Regel noch die Vorrichtungen zur Zuführung des Wassers oder des Carbides an. Die hierdurch geleistete Arbeit darf aber nicht so groß sein, daß beträchtliche Hemmungen der Glockenbewegung eintreten können, die den Druck ungleich gestalten und unter Umständen sogar zu Betriebsstörungen führen. Aus dem gleichen Grunde sind bei der Konstruktion der Gasbehälter alle Reibung verursachenden Teile möglichst zu vermeiden oder doch genau und fachgemäß zu berechnen und auszuführen. Dies gilt insbesondere von den Einrichtungen zur Führung der Glocke. Meist bestehen diese aus drei oder mehr am Umfang des Glockendeckels befestigten Rollen, die an entsprechend angeordneten Gleitschienen laufen; zuweilen, besonders bei kleinen Anlagen, wird auch anstatt der seitlichen Führung eine mittlere angewendet, indem man die Glocke mit einem axial angeordneten Rohre auf einer durchgehenden senkrechten Stange oder Röhre führt, die dann zugleich die Sicherheitsleitung bilden kann (s. Fig. 25). Genau senkrechte Aufstellung von Bassin und Glocke ist zur Vermeidung von Reibung unbedingt erforderlich.

Der Deckel der Glocke wird meist durch Einlage oder Auflage schweren Materials zur Erzielung des gewünschten Druckes belastet, im übrigen aber die Glocke möglichst leicht ausgeführt, um die durch das spezifische Gewicht bedingten Druckunterschiede herabzusetzen. Beim Eintritt von Gas in die Glocke wird das in ihr enthaltene Wasser so lange verdrängt, bis das Absperrwasser in dem die Glocke umgebenden Ringraum um so viel höher steht, als der Glockendruck ausmacht; meist sind dies etwa 100 mm. Dann beginnt die Glocke zu steigen, bis die Gasentwicklung aufhört oder die Gasentnahme die entwickelte Menge übersteigt.

Um die im Bassin enthaltene Wassermenge zu verringern, wird oft der von der Glocke umschlossene Innenraum bis auf einen schmalen Ring durch einen am Boden des Bassins angebrachten, oben geschlossenen zylindrischen Hohlkörper ausgefüllt. Hierdurch wird auch die Anwendung von schwer einfrierenden Flüssigkeiten statt des Absperrwassers erleichtert und die Kosten einer Beheizung des Gasbehälters verringert. Besonders zweckmäßig ist die Anordnung eines oben offenen zylindrischen Hohlkörpers dann, wenn Entwickler und Gasbehälter vereinigt sind und das Gasbehälterbassin als Entwickler dient (vgl. Fig. 28), da sonst der gebildete Kalkschlamm die Glockenbewegung störend beeinflussen kann. Diese Vereinigung von Gasbehälter und Entwickler zu einem Ganzen von kompendiöser Bauart wird aus Gründen der Raumersparnis vielfach ausgeführt (vgl. Fig. 14 u. 25); beim Tauchsystem ist diese Vereinigung im System begründet (Fig. 27 u. 28).

Der Gasbehälter bewirkt eine Kühlung und mechanische Reinigung des aufgespeicherten Gases, da er durch Wärmestrahlung und Ableitung dem Gase Wärme entzieht und mechanische Verunreinigungen sich in ihm ablagern können. Zuweilen wird diese Wirkung noch dadurch unterstützt, daß man das Gaszuführungsrohr zur Verlängerung des Weges im Absperrwasser schlangenförmig bzw. in Schraubenwindungen anordnet. Auch wird das Absperrwasser als Waschflüssigkeit benutzt, indem man das Gaszuführungsrohr am oberen Ende knieförmig zurückbiegt und mit der Mündung in das Wasser tauchen läßt, so daß die Gasblasen in letzterem gewaschen werden. Statt dessen kann man auch das Ende des Rohres, wie in Fig. 25 bei *i* ersichtlich, mit einer überhängenden, in das Absperrwasser eintauchenden Glocke verschließen, so daß das austretende Gas unter dem Rande der Glocke durch das Wasser aufsteigen muß. Diese Einrichtungen erfordern indes die Berücksichtigung des Umstandes, daß sich bei luftdicht verschlossenem Entwickler zuweilen nach Beendigung des Betriebes durch Abkühlung und Dampfkondensation ein Vakuum bilden kann, so daß unmittelbar mit dem Gasableitungsrohr verbundene Wasserräume nur unter Innehaltung von Vorsichtsmaßregeln, die diesem Umstande Rechnung tragen, zulässig sind.

Die Gasbehälter werden in der Regel aus Eisen, und zwar Flußeisen, hergestellt, die Gasbehälterbassins bei großen Anlagen zuweilen aus Mauerwerk mit Zementauskleidung oder aus Beton. Da die Größe der Gasbehälter 50 cbm bei Acetylenanlagen kaum jemals übersteigt, werden Teleskopbehälter nicht angewendet. Nach den Konstruktionsvorschriften des Deutschen

Acetylenvereins muß die Wandstärke des Bassins bis zu 0,2 cbm Inhalt 1 mm, bis 0,5 cbm 1,25 mm, bis 1,5 cbm 1,50 mm und für größere Bassins 2 mm betragen. Die Glocke hat etwas geringere Wandstärken; hier sind für Größen bis 0,2 cbm 0,75, bis 0,5 cbm 1 mm, bis 1,5 cbm 1,25 mm und darüber hinaus 1,5 mm vorgeschrieben. Böden und Deckel sind um mindestens 0,5 mm zu verstärken. Die Verbindung der Bleche darf nur durch Schweißung, Nietung oder Falzung erfolgen, Weichlot ist lediglich als Dichtung zulässig. Für die Größenverhältnisse sind ebenfalls Bestimmungen getroffen. Bei Apparaten, in denen die eingeführte Carbidmenge nicht auf einmal zur Vergasung gelangt, ist die Größe des nutzbaren Gasbehälterraumes nach der Carbidmenge zu bemessen, die in dem Apparat aufgespeichert werden kann; auf ein Kilogramm Carbid soll für gewöhnlich mindestens je 20 l Gasbehälterraum vorhanden sein. Dies gilt für Apparate bis zu 50 kg Carbidfüllung; übersteigt die Carbidfüllung diesen Betrag, so sind je 15 l für die folgenden 50 kg Carbid und je 10 l für die 100 kg übersteigende Carbidmenge anzusetzen. Bei Apparaten, in denen das eingeführte Carbid sofort auf einmal vergast wird, sollen für je 10 l Stundenverbrauch mindestens 30 l nutzbarer Gasbehälterraum zur Verfügung stehen. Der für automatische Apparate dienende Gasbehälter kann also wesentlich kleiner gehalten werden als für Apparate mit Handbetrieb, was den praktischen Verhältnissen und theoretischen Bedingungen vollkommen entspricht. Für gutkonstruierte Automaten sind die sich hiernach ergebenden Gasbehältergrößen in manchen Fällen größer, als es eigentlich erforderlich wäre, indessen haben sich die Vorschriften im allgemeinen durchaus bewährt. Bei Handapparaten bedeutet die Vorschrift, daß, wenn sämtliche Flammen in Betrieb sind bzw. die Anlage mit voller Leistung arbeitet, der Entwickler alle drei Stunden neu beschickt werden muß. Auch diese Bemessung scheint den wirklichen Verhältnissen gut zu entsprechen.

Bei Anwendung eines Gasbehälters mit schwimmender Glocke ist der Druck, mit welchem das Acetylen der Verbrauchsleitung zugeführt wird, auf eine verhältnismäßig geringe Höhe beschränkt, da dieser Druck von der Höhe des Wasserspiegels im Glockenbehälter abhängt. Um das Gas mit einem höheren Drucke verwenden zu können[1] und aus Gründen der Raumersparnis, werden neuerdings auch bei Anlagen, die Acetylen für technische Zwecke herstellen, Gasbehälter mit festen Wänden, die mit Wasserverdrängung arbeiten, vielfach benutzt.

Das Sicherheitsrohr ist für die Gasbehälter allgemein vorgeschrieben. Für im Freien aufgestellte Gasbehälter und für solche Apparate, bei denen gemäß der Konstruktion des Entwicklers niemals mehr Gas entwickelt werden kann, als der Gasbehälter zu fassen vermag, erscheint es indessen überflüssig.

Der **Wäscher** hat den Zweck, das entwickelte Acetylen zu kühlen und von den im Wasser löslichen Verunreinigungen zu befreien. Er besteht meist aus einem Wasserbehälter, in den das Gaszuführungsrohr unter Wasser ein-

[1] Über Hochdruck-Acetylenapparate vgl. *Kautny* in Acetylen in Wissenschaft u. Ind. (Autogene Metallbearbeitung) 1916, 101; 1917, 113.

mündet und aus dem das gewaschene Gas durch ein über dem Wasserspiegel endendes Rohr weitergeleitet wird. Einfache, vielfach gebräuchliche Konstruktionen des Wäschers sind in Fig. 1, 13 und 26 dargestellt. Häufig ist, wie bereits oben erwähnt, der Wäscher mit dem Gasbehälter vereinigt (vgl. Fig. 33) oder in den Entwickler eingebaut (Fig. 28 und 30). Der zwischen Entwickler und Gasbehälter eingeschaltete Wäscher dient zugleich als Wasserverschluß, um ein Zurücktreten des Gases aus dem Gasbehälter bei Öffnung des Entwicklers zu verhüten. Um die Waschung des Gases intensiver zu gestalten, wird die Mündung des Gaszuführungsrohres oft mit einer brausenförmigen Düse versehen, wodurch das Gas in feine Bläschen verteilt in das Waschwasser austritt. Da Acetylen in Wasser stark löslich ist, kann die Größe des Wäschers ein beschränktes Maß nicht überschreiten, auch die Anwendung fließenden Wassers ist aus diesem Grunde weniger üblich. Bei Zentralen, bei denen auf eine sorgfältige Kühlung des Gases besonderes Gewicht zu legen ist, sind auch Luftkühler und hydraulische Kondensatoren verschiedenen Systems im Gebrauch, die eine innige Berührung des Gases mit dem Kühlmittel sichern.

Der Reiniger dient zur Beseitigung der im Rohacetylen enthaltenen gasförmigen Fremdstoffe, insbesondere des Schwefelwasserstoffs und Phosphorwasserstoffs. Seine Ausführung und Konstruktion richtet sich nach der zur Verwendung kommenden Reinigungsmasse (vgl. S. 76ff.). Bei solchen Massen, die das Eisen nicht angreifen, besteht der Reiniger in der Regel aus einem zylinderförmigen Blechgefäß, das mit horizontalen Siebböden unterteilt ist, die zur Aufnahme der meist halb oder ganz trockenen mehr oder minder grobkörnigen oder pulverförmigen Reinigungsmassen dienen. Greift die Reinigungsmasse, wie z. B. das „Frankolin", Metalle stark an, so wird in den eisernen Reiniger ein irdenes Gefäß gasdicht eingesetzt, das, mit gleichfalls säurefesten Siebböden versehen, die Reinigungsmasse aufnimmt. Ein solcher Reiniger ist in Fig. 39 abgebildet. Das äußere Metallgefäß *a* ist mit Deckel *b* durch Schraubverschluß gasdicht verschlossen. Auf dem Ring *f* ist mittels Dichtungsmasse *g* das Tongefäß *e* dicht eingesetzt, das auf der irdenen Siebeinlage *h* und dem durchlöcherten Boden *i* die Frankolinmasse *k* in gleichmäßig verteilter Schüttung enthält. Oben ist eine Watte- oder Kalkschicht *l* als Trockner bzw. zur Beseitigung saurer Dämpfe aufgelegt. Das Gas tritt bei *c* ein und bei *d* aus. Die Größe der Reiniger richtet sich nach der Leistung der Anlage und dem Reinigungsvermögen der Masse. Zweckmäßig werden die Reiniger so gebaut, daß sie eine Umkehrung des Gasweges in einfacher Weise gestatten, was zum Beispiel durch Auswechselung der Anschlüsse ermöglicht werden kann, um eine möglichst vollständige Ausnutzung der Reinigungsmasse zu erlauben. Vor allen Dingen müssen die Reiniger aber so konstruiert sein, daß dem Gase kein Seitenweg neben der Reinigungsmasse freigegeben, dasselbe vielmehr gezwungen wird, sämtliche Hürden und alle Schichten der Masse zu durchströmen. Andererseits darf dem Gasdurchtritt durch den Reiniger auch kein zu starkes Hemmnis erwachsen, damit der Druckverlust nicht zu hoch wird oder gar Stockungen in der

Gaszufuhr eintreten. Um eingetretene Störungen leicht beseitigen zu können, werden in Zentralen und größeren Anlagen meist mehrere Reiniger angewendet, die mit Umgehungsleitungen versehen, hintereinander geschaltet sind, so daß es jederzeit möglich ist, einzelne Reiniger auszuschalten, zu öffnen und zu kontrollieren.

Gebräuchliche Formen von Reinigern in Innenansicht und äußerer Konstruktion sind auch aus den Fig. 13, 25, 28, 29, 30 und 33 ersichtlich. Oft ist der Reiniger, namentlich bei kleineren Anlagen, mit dem Trockner vereinigt. Beispiele hierfür geben die Fig. 25, 30 und 39.

Der Trockner besteht ebenfalls aus einem einfachen gasdichten Gefäß, meist aus Eisenblech hergestellt, das mit einer wasseraufnehmenden Masse in einer oder mehreren gasdurchlässigen Schichten gefüllt ist. Bei Anwendung trockener, säure- und chlorfreier Reinigungsmassen und guter Kühlung des Gases ist der Trockner entbehrlich. Enthält die Reinigungsmasse Chlor oder starke Säure, so erfüllt der Trockner zugleich die Aufgabe, diese für die Rohrleitung schädlichen Stoffe festzuhalten. Zu diesem Zwecke verwendet man im Trockner meist eine Schicht gelöschten trockenen Kalkes; sonst genügen Watte, besser Kieselgur, Bimsstein, Koks o. dgl. zur Füllung des Trockners. Auch hier muß eine Auswechselung der Füllung ohne Unterbrechung des Betriebes möglich sein. Für die Konstruktion der Trockner gelten die gleichen Grundsätze wie für den Reiniger.

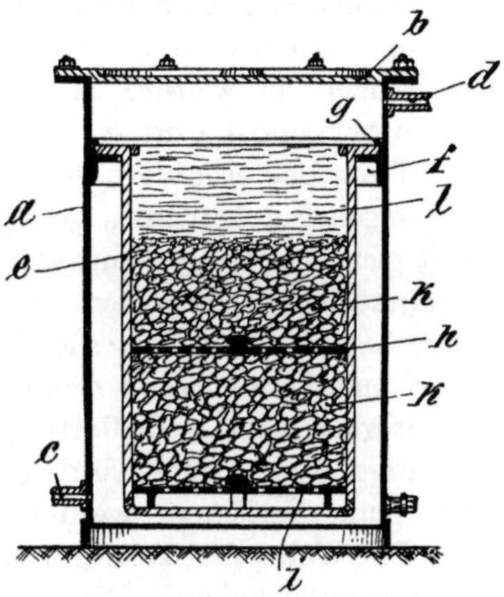

Fig. 39. Frankolin-Reiniger.

Von den sonstigen Nebenapparaten, den Druckreglern, Druckmessern (Manometern) und Gasmessern (Gasuhren, ist hier nur zu erwähnen, daß ihr Zweck, ihre Konstruktion und Anordnung die gleiche ist, wie sie von den Hilfsapparaten für Entwicklung anderer Gase allgemein bekannt ist. Für Acetylen werden meist nasse Druckregler verwendet, bei denen die Regulierung durch eine schwimmende, mit der gewünschten Belastung versehene Glocke erfolgt. Einige Apparatensysteme bedürfen des Druckreglers, weil der Gasbehälter bei ihnen wechselnden Druck gibt (vgl. Fig. 30 und S. 134). Als Druckmesser werden in der Regel U-förmige Glasröhren mit Wasserfüllung und Millimeterskala benutzt, deren kürzerer Schenkel mit dem Gasraum, dessen Druck gemessen werden soll, verbunden ist, während der längere Schenkel offen ist (vgl. Fig. 30 bei *E*). Die ordnungsmäßige Füllung der Manometer muß natürlich sorgfältig überwacht werden. Die Gasmesser, welche hauptsächlich in Zentralen Anwendung finden, die Gas für fremde Rechnung abgeben, sind dieselben wie die für Steinkohlengas benutzten, und zwar können sowohl die nassen wie die trockenen Gasmesser für Acetylen ohne weiteres Verwendung finden.

Die Rohrleitung. Sowohl die einzelnen Apparate der Acetylenanlage, als auch diese mit den Verwendungsstellen des Gases sind durch Rohrleitungen verbunden. Die Verbindungsleitung zwischen dem Entwickler und den Nebenapparaten der Anlage wird als Betriebsrohrleitung, die Leitung im Innern der mit dem Gas gespeisten Gebäude als Hausleitung und die Leitung zwischen beiden als Haupt- oder Erdleitung bezeichnet. Bei kleineren Anlagen spielt diese meist eine geringere Rolle, während sie bei Zentralen von großer Bedeutung ist. Die Acetylenindustrie hat sich für die Berechnung und die Ausführung des Rohrnetzes die Erfahrungen der älteren Steinkohlengastechnik zunutze gemacht und verwendet die für diese geltenden Tabellen und Formeln, allerdings unter Berücksichtigung des verschiedenen spezifischen Gewichtes und Reibungskoeffizienten. Nach *Caro* kann man die für Steinkohlengas berechneten Tabellen benutzen, wenn man statt des wirklichen Verbrauches Q_1 den $1^1/_2$fachen annimmt. Als Material wird im allgemeinen, da weitere Rohre als vierzöllige kaum vorkommen, Schmiedeeisen verwendet (vgl. S. 153ff.).

Trotz des erheblich höheren Druckes, mit dem das Acetylen die Rohrleitungen durchströmt, gelingt es doch, selbst kilometerlange Erdleitungen mit gleicher, ja sogar mit erheblich größerer Dichtigkeit zu verlegen, als beim Steinkohlengas gefordert wird, wobei der wesentlich geringere Durchmesser der Acetylenleitungen die Dichtung natürlich erleichtert. Im allgemeinen darf man heute damit rechnen, daß der stündliche Verlust an Acetylen aus einer gutverlegten Erdleitung nicht mehr als 5 bis höchstens 10 l auf 1 km beträgt. Dem Bruch sind die Leitungen ihres geringen Durchmessers wegen bei guter Verlegung weniger ausgesetzt als die Erdleitungen anderer Gase.

Die Weite der Rohre muß an allen Punkten der durchzuleitenden Gasmenge entsprechen. Dies ist namentlich für die Verbindung zwischen Entwickler und Gasbehälter zu beachten. Bei der Berechnung der Weite der Rohre ist dabei stets der größte mögliche Gasdurchtritt zu berücksichtigen. Wird z. B. im Entwickler bei einer Entwicklung eine Carbidmenge von 1 kg auf einmal zersetzt, so sollen 300 l Gas durch das Verbindungsrohr zum Gasbehälter fließen, und zwar in der oft sehr kurzen Zeit, die das Carbid zu seiner Zersetzung bedarf. Beim Einwurfsystem mit freiem Fall des Carbides, insbesondere bei Benutzung kleinkörnigen Materials, kann z. B. die Zersetzung größtenteils in wenigen Minuten vollendet sein. Um unzuträgliche Drucksteigerungen im Entwickler zu vermeiden, die bei offenen Entwicklern ein Herausschleudern der Wasserverschlüsse, bei geschlossenen eine starke Beanspruchung der Wandfläche und Fugenverbindungen zur Folge haben, muß die Weite der Gasleitung also so groß gewählt werden, daß sie den Durchtritt des maximal entwickelten Gases mit mäßiger Geschwindigkeit gestattet. Für Hausanlagen wird in der Regel eine Geschwindigkeit von 1 bis $1^1/_2$ m in der Sekunde in der Leitung vor dem Gasbehälter als zweckmäßig angenommen. Da es sich nur um kurze Rohrstrecken handelt, ist eine reichliche Bemessung ohne Schwierigkeit möglich. Aus der gewählten Geschwindigkeit und der das Rohr durchfließenden Gasmenge ergibt sich, wenn man die Länge des Weges als zu klein vernachlässigt, die Weite des Rohres nach der Formel $v = \frac{Q}{q}$, wobei v die Geschwindigkeit in Sekundenmetern, Q die Menge des in der Sekunde durchfließenden Gases in Kubikmetern und q den Querschnitt des Rohres in Quadratmetern bedeutet. Für das erwähnte Beispiel würde danach, eine Geschwindigkeit von 1,5 m in der Sekunde und eine erzeugte Gasmenge von höchstens 200 l in der Minute angenommen, bei einem Durchtritt von 0,00333 cbm in der Sekunde der Querschnitt 22,22 qcm und der Durchmesser des Rohres etwa 5,5 cm oder ungefähr $2^1/_4$ Zoll betragen müssen[1]. Für Zentralen werden die Kanäle zwischen Entwickler und Gasbehälter eher noch weiter gewählt. Eine mäßige Geschwindigkeit des Gasstromes ist auch hinter dem Gasbehälter empfehlenswert, damit das Gas den Reiniger und Trockner nicht zu schnell durchstreicht.

Bei den Hausanlagen, wo die Bedienung der Apparate oft unerfahrenen Leuten anvertraut ist, sind die Betriebsrohrleitung, wie überhaupt alle konstruktiven Einzelheiten, so einfach wie möglich zu gestalten. Vor allem sind Hähne zu vermeiden, deren falsche Einstellung Gefahren herbeiführen kann, wie etwa zwischen Entwickler und Gasbehälter.

[1] Vgl. auch *de Syo:* Autogenes Schweißen (Uhlands techn. Verlag).

Aufstellung, Betrieb und Unterhaltung der Acetylenanlagen.

Installation der Acetylenanlage.

Durch die Installation werden sämtliche erforderlichen Apparate und Gegenstände — Entwickler, Reiniger, Gasbehälter, Gasuhren, die Rohrleitungen und zuletzt die Beleuchtungskörper — zu einem organischen Ganzen, der betriebsfertigen Acetylenanlage, verbunden. Für die richtige Funktion einer Acetylenanlage ist deshalb deren sachgemäße Installation von größter Wichtigkeit. Es ist vorgekommen, daß durch kleine Installationsfehler das gute Funktionieren einer Acetylenanlage in Frage gestellt wurde, obschon die verwendeten Apparaturen und Materialien in jeder Hinsicht einwandfrei waren.

Selbstverständlich müssen sämtliche Apparate genau wagrecht und lotrecht aufgestellt werden. Sind für die Apparate Fundamente erforderlich, so führt man diese am einfachsten in gewöhnlichem Ziegelmauerwerk zunächst unverputzt aus. Die Apparate werden dann auf die Fundamente gesetzt, durch Unterkeilen sowohl in der Lotrechten als auch Wagrechten ausgerichtet und dann sorgfältig mit Zement untergossen. Hierauf können die Fundamente verputzt werden. Dieselben sind genau nach Zeichnung zu mauern, und es muß dringend angeraten werden, vor Beginn der Montage die Abmessungen der Fundamente — besonders die Höhen — an Hand der Zeichnungen nachzuprüfen. Es können sonst bei Inbetriebnahme miteinander arbeitender Apparate hinsichtlich der vorgesehenen Wasserspiegel und Wasserverschlüsse unangenehme Überraschungen zutage treten.

Für Apparate mit Füßen ist ein kräftiger Fußboden aus Bohlen oder Steinen erforderlich. Ein Einsinken der Apparatefüße muß ausgeschlossen sein.

In der Praxis wird im allgemeinen für große Anlagen die folgende Reihenfolge der einzelnen Apparate angewendet: 1. Entwickler, 2. Wäscher, 3. Vortrockner, 4. Gasbehälter, 5. ein oder mehrere Reiniger, 6. Trockner, 7. Gasmesser, 8. Druckregler, 9. Hauptabsperrventil. Diese Reihenfolge ist jedoch durchaus nicht als Norm anzusehen und in bestimmten Fällen (vgl. S. 159) ist eine Änderung der Reihenfolge direkt erforderlich. Je kleiner der Umfang der ganzen Anlage ist, desto geringer wird die Zahl der einzelnen Apparate. Zunächst kommt man bei kleineren Anlagen mit weniger Reinigungsapparaten aus. Vielfach werden Kombinationen verschiedener Apparate zu einem einzigen angewendet, und bei den kleinsten Anlagen findet man eigentlich nur noch 2 Apparate, den automatischen Entwicklungsapparat, welcher meist eine Kombination aus Entwickler, Gasbehälter und Wäscher darstellt, und den mit dem Automaten durch Rohrleitung verbundenen Trockenreiniger.

Die Verbindungsrohrleitung zwischen den einzelnen Apparaten ist bei Anlagen größeren Stils am einfachsten durch gußeiserne, normale Flanschenrohre, bei kleinen Anlagen durch schmiedeeiserne Gasrohre zu bewerkstelligen. Als Absperrorgane dienen im ersten Falle Flanschenschieber oder geflanschte Gasventile, im letzten Falle am besten Messingdurchgangshähne (sog. Haupthähne). Hervorgehoben muß werden, daß die im Handel befindlichen Schieber, Ventile und Hähne, welche für Steinkohlengas Verwendung finden, den Anforderungen für Acetylen meist **nicht** entsprechen. Es ist unbedingt notwendig, bei der Bestellung dieser Gegenstände eine ganz besonders sorgfältige Bearbeitung der abdichtenden Flächen, sorgfältiges Zusammen- oder Einschleifen, dringend zu verlangen, um ein sicheres Dichthalten bei geschlossenem Ventil zu gewährleisten.

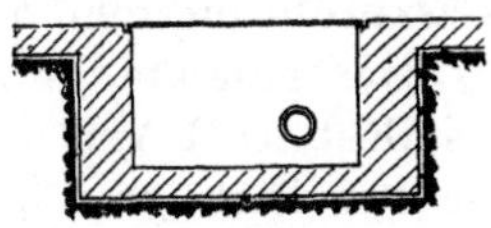
Fig. 40. Rohrkanal.

Die Verbindungsrohrleitung zwischen den einzelnen Apparaten — auch Betriebsrohrleitung genannt — muß so angeordnet sein, daß deren leichte Kontrolle jederzeit möglich ist. Sie wird deshalb in auszementierten Kanälen verlegt, die vor Beginn der Montage in den Fußboden eingelassen werden. Diese Rohrkanäle werden durch Holzbretter oder Riffelblech abgedeckt (Fig. 40).

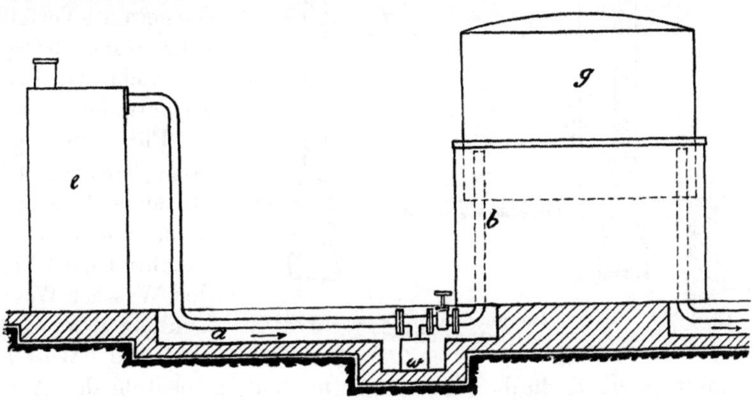

Fig. 41. Anordnung von Wassertöpfen in der Betriebsrohrleitung.

Jeder Apparat erhält eine Umgangsrohrleitung. Diese Umgänge müssen ebenso wie die Zu- und Abflußgasleitungen so angeordnet werden, daß man die Tätigkeit des betreffenden Apparates bequem beobachten oder bei Reinigern das Auswechseln der Reinigungsmasse erledigen kann, ohne dabei über Rohrstränge klettern zu müssen.

In die Betriebsrohrleitung sind an geeigneten Stellen Wassertöpfe oder Syphons *w* (Fig. 41) einzubauen. Unbedingt erforderlich ist z. B. ein solcher zwischen Entwickler *e* und Gasbehälter *g*. Besonders bei beschleunigter Entwicklung wird immer Wasser mitgerissen werden, das sich zum größten Teil in dem horizontalen Verbindungsrohr *a* absetzt und sich in dem kurz vor dem Gasbehälter befindlichen Wassertopf sammelt. Wäre dieser Wassertopf nicht vorhanden, so würde sich das horizontale Rohr *a* allmählich mit Wasser füllen und schließlich den gesamten Rohrquerschnitt versperren. Bei fortgesetzter Gasentwicklung stiege dann in solchem Falle der Druck im Entwickler ganz bedeutend, und zwar unter Umständen derart, daß er dem Druck einer Wassersäule von der Höhe des Gaszuführungsrohres *b* entsprechen, also möglicherweise mehrere Meter Wassersäule betragen könnte, da das sich neu entwickelnde Acetylen, um sich einen Ausweg zu verschaffen, die gesamte im Rohre *a* angesammelte Wassersäule vor sich herschiebt und durch das Gaszuführungsrohr *b* hinausdrückt.

Die gesamte Betriebsrohrleitung ist nach Fertigstellung sorgfältig auf mindestens 1 Atm Probedruck abzupressen. Während des Betriebes muß sie auf Dichtigkeit periodisch kontrolliert werden.

Den Abschluß der Betriebsrohrleitung und damit der Acetylenentwicklungsanlage bildet das Hauptabsperrventil. Dasselbe ist bequem zugänglich in die Leitung einzubauen, am besten vor dem Apparategebäude. Man braucht dann, wenn in dringenden Fällen die gesamte Verteilungsrohrleitung abzusperren ist, nicht erst das Haus zu betreten.

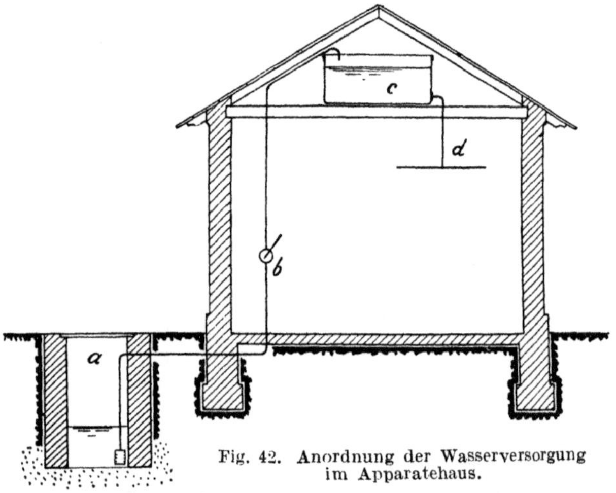

Fig. 42. Anordnung der Wasserversorgung im Apparatehaus.

Für eine größere Acetylenanlage ist eine bequeme Wasserversorgung unerläßlich. Zum Nachfüllen der Entwickler, Wäscher, Wasserverschlüsse usw. wird fortwährend Wasser benötigt. Man sieht deshalb am besten in dem Dachstuhl des Apparategebäudes einen schmiedeeisernen Wasserbehälter *c* (Fig. 42) vor und schließt sämtliche Apparate, welche Wasser benötigen, mittels einer Verteilungsrohrleitung *d* an. Die Speisung dieses Behälters erfolgt entweder durch die Wasserleitung der Ortschaft, oder man bohrt einen Brunnen und hebt das Wasser durch eine Flügelpumpe *b*.

Die Montage der Apparate einer kleinen Acetylenanlage für ein einzelnes Haus oder einen Landgasthof ist äußerst einfach. Meist handelt es sich um einen automatischen Gaserzeugungsapparat, der häufig bereits zusammenmontiert angeliefert wird. Derselbe wird in dem den behördlichen Vorschriften entsprechenden Raume aufgestellt, und die Montage erstreckt sich nur auf den Anschluß des Apparates an die Verteilungsrohrleitung unter Zwischenschaltung eines Reinigers. Ist in der betreffenden Ortschaft eine Wasserleitung vorhanden, so dürfte ein Anschluß der Acetylenanlage an dieselbe empfehlenswert sein. Meist genügt jedoch ein Wasserkasten aus Blech, der im Innern des Apparateraumes aufgehängt und von Hand gefüllt wird. Auch bei solchen kleinen Anlagen sollte ein Umgang um den Reiniger mit den nötigen Absperrventilen vorgesehen sein. Man erspart dann beim Einsetzen frischer Reinigungsmasse unangenehme Betriebsunterbrechungen.

Einer der kostspieligsten Bestandteile einer zentralen Gasversorgungsanlage ist das in den Straßenzügen der Ortschaft liegende Verteilungsrohrnetz. Dies und der Umstand, daß von der Dichtigkeit der Verteilungsrohrleitung die Rentabilität der ganzen Anlage abhängt, rechtfertigt die Sorgfalt und die außerordentliche Beachtung, die man der Erdleitung schenken muß. Als die ersten zentralen Acetylenanlagen gebaut wurden, verwendete man zur Herstellung des Straßenrohrnetzes gußeiserne Muffenrohre. Es war ja naheliegend, die Steinkohlengasanstalten als Vorbild zu benutzen. Schon bei den Inbetriebsetzungen stellte sich aber heraus, daß die so verlegten Rohrnetze ziemlich undicht waren. Der Fehler verschlimmerte sich von Jahr zu Jahr, so daß schließlich die Rentabilität der Werke aufhörte, und die Unternehmer sich vor die Wahl gestellt sahen, entweder den Betrieb einzustellen, oder ein neues Rohrnetz zu verlegen.

Ein Schulbeispiel hierfür ist die Acetylenanlage der Schwesterstädte Tata-Tovaros in Ungarn. Dieses Acetylenwerk wurde im Herbst 1897 eröffnet. Das Verteilungsrohrnetz in einer Länge von etwa 15 km bestand zum größten Teil aus gußeisernen Muffenrohren, deren Abdichtung mittels eingeölter Teerstricke und Bleidichtungen bewerkstelligt wurde. Die Veranschlagungskosten dieser Rohrleitung beliefen sich auf 94 000 Kronen. Aber schon nach 13 Jahren war diese Rohrleitung so undicht geworden, daß eine Neuverlegung des gesamten Rohrnetzes erforderlich wurde. Am besten bewährt und wohl jetzt allgemein angewandt sind für die Straßenrohrnetze schmiedeeiserne Gasrohre, welche durch Muffen oder andere Verbindungsstücke miteinander verschraubt werden. Um eine sichere Abdichtung zu erreichen, hat man vielfach auf beide Rohrenden ein Langgewinde aufgeschnitten. Auf beide Gewinde werden dann Gegenmuttern aufgeschraubt und nunmehr die Rohre durch eine Muffe verbunden, so daß die Überdeckung gleichmäßig ist. Hierauf werden die Gegenmuttern bis zur Muffe zurückgeschraubt und fest angezogen. Die fertige Verbindung zeigt Fig. 43. Als Dichtungsmaterial werden Hanf und Mennige benutzt. An Stelle der leicht austrocknenden Mennige werden besser Kitte aus Zink- oder Bleiweiß mit schwertrocknenden Ölen, z. B. mit Ricinusöl, verwendet.

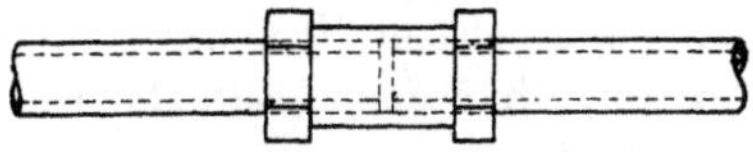

Fig. 43. Rohrverbindung.

Der Gebrauch von Hanf wird übrigens von manchen Fachmännern als technisch nicht einwandfrei verworfen. Der Rohrverleger wird nämlich leicht dazu verführt, die Gewinde nicht exakt zu schneiden, da er ja weiß, daß er mit Hanf und Kitt auch die gröbste Undichtigkeit verschmieren kann, um so wenigstens für die Abnahme das Dichthalten der Rohrleitung zu erreichen.

Nach längerer Zeit „schwindet" aber selbst der beste Dichtungskitt und Undichtigkeiten sind die Folge. Ist den Monteuren die Möglichkeit genommen, Hanf zu verwenden, so sind sie ohne weiteres gezwungen, mit der größten Sorgfalt zu arbeiten. Die Gewinde müssen in diesem Falle auf die Rohrenden konisch (die Schneidkluppen schneiden meist konisches Gewinde) aufgeschnitten werden, ohne daß dabei einzelne Gewindegänge ausreißen. Auf die in dieser Weise hergestellten Gewinde wird dicker Eisenlack geschmiert, dann das Verbindungsstück daraufgeschraubt und fest angezogen. Eine in dieser Weise hergestellte Leitung ist tadellos dicht, und zwar nicht nur bei der Abnahme, sondern auch nach langer Betriebsdauer. Voraussetzung für diese Methode ist aber gutes Rohr- und Fittingmaterial, gute und scharfe Schneidkluppen und zuverlässige Monteure.

Da getrocknetes Acetylen keine Kondensate abscheidet, genügt eine Mindesttiefe der Leitung von $^1/_2$ bis $^3/_4$ m. Die Rohrgräben sollen so ausgehoben werden, daß sie eine möglichst saubere Basis erhalten mit so viel Fall, als man der Rohrleitung geben will. Das verlegte Rohr muß ab und zu durch untergelegte Ziegel gestützt werden. Dies ist vor allen Dingen für die einzubauenden Schieber und Wassertöpfe erforderlich.

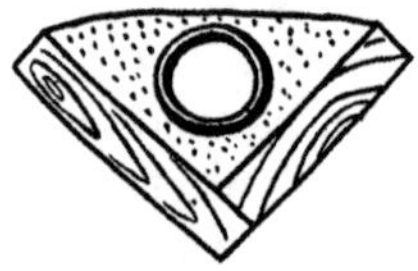

Fig. 44. Einbettung des Gasrohres.

Jeder Teil der Erdleitung muß vor dem Einstampfen auf mindestens 500 mm Wassersäulendruck geprüft werden, wobei die Leitung absolut dicht bleiben muß.

Selbstverständlich muß die in das Erdreich verlegte Rohrleitung durch sorgfältigen Anstrich vor dem Verrosten geschützt werden. Am einfachsten ist ein dreimaliger Asphaltanstrich, den man durch eine Zwischenwicklung von Leinwandstreifen noch wirksamer machen kann. Einige Rohrnetze sind noch gründlicher vor zerstörenden Einflüssen des Erdreiches geschützt, nämlich durch Einbettung in eine Holzrinne, die mit Asphalt ausgegossen wurde (Fig. 44).

Bezüglich der allgemeinen Anordnung des Straßenrohrnetzes hat sich das sog. Ringsystem am besten bewährt. Man vermeidet dabei nach Möglichkeit tote Stränge, erzielt einen guten Druckausgleich und kann einzelne Teile nach Belieben zur Vornahme etwaiger Neuanschlüsse oder Reparaturen ausschalten, ohne den Gesamtbetrieb zu stören. Dieser Gesichtspunkt ist maßgebend für die Anordnung der Gasschieber in das Straßenrohrnetz, während für den Einbau von Wassertöpfen Terrainverhältnisse den Ausschlag geben.

Die Anschlüsse der Verbraucher oder der Straßenlaternen an das Straßenrohrnetz geschieht durch **T**- oder Kreuzstücke. Es ist zweckmäßig, von vornherein an Stellen wo für später Anschlüsse erwartet werden können, **T**-Stücke in die Erdleitung einzusetzen, deren toter Abzweig vorläufig durch einen Stöpsel verschlossen wird. Die Montage der Anschlußleitungen ist mit derselben peinlichen Sorgfalt zu bewerkstelligen, wie die des Straßenrohrnetzes selbst, denn hier auftretende Gasverluste gehen ebenfalls zu Lasten des Unternehmers. In der Regel wird zu diesen Anschlüssen $^1/_2''$ Gasrohr verwendet, bei Anschlüssen eines großen Etablissements, einer Fabrik oder eines Gasthofes ist das Anschlußrohr dem größeren Verbrauch entsprechend stärker zu wählen. Die Hähne für die Straßenlaternen müssen kräftig konstruiert und fein eingeschliffen sein und bedürfen einer fortwährenden Kontrolle. Sie sind den Unbilden der Witterung ausgesetzt und werden täglich bedient, weshalb es kein Wunder ist, wenn die Hähne nach längerer Betriebsdauer nicht mehr dicht schließen. Bei einer dann vorgenommenen Dichtigkeitsprüfung des Rohrnetzes ergibt sich ganz unerwartet ein bedeutender Gasverlust eines bisher dichten Rohrnetzes. Durch neues Einfetten oder durch Nachschmirgeln der Küken an den Laternenhähnen hat man schon oft große Acetylenverluste vermieden. Aus dem gleichen Grunde empfiehlt sich eine fortlaufende Überwachung der Stopfbüchsenpackungen der in das Rohrnetz eingebauten Schieber und Ventile.

Am Ende der Anschlußrohrleitung für den Verbraucher steht die Gasuhr, und hier beginnt die Hausinstallation. Die Gasuhr wird zweckmäßig mit einem hölzernen Schutzkasten umkleidet, welcher eine Klappe erhält, um den Stand der Gasuhr bequem ablesen zu können. Dieser Schutzkasten soll die Gasuhr in der Hauptsache gegen mechanische äußere Einflüsse schützen. Nasse Gasmesser, welche den Einwirkungen der Winterkälte ausgesetzt sind, werden mit einer nicht gefrierenden Flüssigkeit angefüllt, wofür man allgemein Mischungen von Wasser mit Glycerin benutzt. Auch auf trockne Gasmesser wirkt Kälte ungünstig ein, indem die Membranen brüchig werden können. Gasmesser sollen daher im allgemeinen so aufgestellt werden, daß sie wenigstens einigermaßen vor Temperaturwechsel geschützt sind.

An die Gasuhr schließt sich die eigentliche Verbrauchsleitung an. Um dem Verbraucher den Abschluß seiner gesamten Rohrleitung möglich zu machen, muß unmittelbar nach der Gasuhr, d. h. hinter deren Gasaustritt, ein Haupthahn eingebaut werden, der bequem bedienbar sein muß. Als Material für die Hausleitungen kommen ebenfalls schmiedeeiserne Gasrohre mit den üblichen Fittings zur Verwendung, für deren Verlegung dieselben Maßnahmen zu treffen sind, wie bei den Straßenrohrnetzen beschrieben wurde. Der oberste Grundsatz ist: möglichst große Dichtigkeit der Rohrleitung. Für die Hauptleitung wählt man bis zu etwa 25 Flammen von 25 HK zweckmäßig $^1/_2$″ Gasrohr, für die ersten Abzweige $^3/_8$″ und für die letzten Ausläufer zu einzelnen Flammen $^1/_4$″ Rohr. Übrigens ist die Wahl der Rohrweiten meist noch von örtlichen Verhältnissen abhängig.

Im allgemeinen kann man mit folgenden Rohrweiten der Zuleitungen rechnen:

Für	1 bis	30	Flammen	zu	je	25	HK	oder	bis	zu rund	450	l/St	13	mm	= $^1/_2$″
„	30 „	50	„	„	„	25	„	„	„	„ „	750	„	20	„	= $^3/_4$″
„	50 „	100	„	„	„	25	„	„	„	„ „	1500	„	25	„	= 1″
„	100 „	150	„	„	„	25	„	„	„	„ „	2250	„	32	„	= $1^1/_4$″
„	150 „	200	„	„	„	25	„	„	„	„ „	3000	„	40	„	= $1^1/_2$″
„	200 „	250	„	„	„	25	„	„	„	„ „	3750	„	50	„	= 2″

Wenn man Druckverluste möglichst völlig vermeiden will, wählt man für das Zuleitungsrohr zum einzelnen Brenner einen Durchmesser von

$^3/_8''$ = 10 mm, wenn die Leitung nicht viel länger ist als etwa 2 m; bei längerer Leitung, bis etwa 10 m, wird zweckmäßig ein Rohr mit 13 mm = $^1/_2''$ gewählt, das erst kurz vor dem Brenner entsprechend reduziert wird.

Die Befestigung der Rohrleitung geschieht durch Rohrhaken, die der Beleuchtungskörper durch sog. Deckenwinkel und Decken-**T**-Stücke, welche vermittels kräftiger Holzschrauben auf eingegipste Holzdübel oder auf die Deckenbalken aufgeschraubt werden. Schwere Beleuchtungskörper, wie Saalkronenleuchter, müssen in solidester Weise durch die Decke hindurch verankert werden. Der Anschluß der Beleuchtungskörper, wie mehrarmiger Kronen, Doppelarme, Lyren usw., erfolgt meist durch eine Kugelbewegung. Für Acetylen können aber keinesfalls die gewöhnlichen für Steinkohlengas üblichen Kugelbewegungen Verwendung finden, sondern nur kräftig konstruierte und mit breiter Überdeckung und kräftiger Feder ausgestattete.

Auch für die Beleuchtungskörper selbst ist eine peinliche Prüfung der Verbindungsstellen und der Hähne erforderlich. Eine Gaskrone, die für Steinkohlengas dicht ist, braucht es nicht für Acetylen zu sein. Diesem Umstande tragen bereits einige Lüsterfabrikanten Rechnung, indem sie für Acetylen besonders sorgfältig hergestellte, mit kräftigen Hahnarmaturen und Korpussen ausgestattete Beleuchtungskörper auf den Markt bringen.

Nach Fertigstellung der gesamten Hausinstallation setze man diese unter Druck und suche etwaige Undichtigkeiten durch Abpinseln mit Seifenwasser. Das Ableuchten ist bei Acetylen noch gefährlicher als bei Steinkohlengas und unbedingt zu unterlassen, da es, besonders wenn sich noch Acetylenluftgemische in der Gasleitung befinden, verhängnisvolle Folgen haben kann. Es ist ferner darauf zu achten, daß sich an den Apparaten oder an irgendeiner anderen Stelle der gesamten Anlage keine aus Kupfer hergestellten Teile befinden, da Kupfer bekanntlich mit Acetylen explosive Verbindungen bilden kann (vgl. S. 23). Kupferlegierungen wie Messing können verwendet werden. Reines Kupfer ist nur als Mundstück bei Schweißbrennern gestattet (vgl. S. 244).

Hausinstallationen, welche ihren eigenen Acetylenerzeugungsapparat haben, werden genau so hergestellt, wie beschrieben. Der Anschluß erfolgt durch eine reichlich bemessene Leitung vom Apparatehäuschen her, meist unter Weglassung der Gasuhr.

In den letzten Jahren hat sich die Anwendung von gelöstem Acetylen (S. 176) immer mehr verbreitet, und die Fabriken, die sich mit dessen Herstellung befassen, haben immer größeren Umfang angenommen und verfügen teilweise über Acetylenerzeugungsanlagen, welche ihrer Leistungsfähigkeit nach manchmal bedeutend größer sind, als die größten bisher bekannt gewordenen Stadtanlagen.

Die Hauptteile einer Einrichtung zur Erzeugung von gelöstem Acetylen[1]) sind die Acetylenerzeugungsanlage, welche durch die Niederdruckleitung oder Saugleitung mit dem Kompressor verbunden ist. Hinter dem Kompressor beginnt die Hochdruckleitung, in welche ein Ölabscheider

[1]) Näheres über Anlagen für gelöstes Acetylen vgl. weiter unten Seite 176 bis 202.

eingebaut ist. Dieser hat den Zweck, das aus dem Kompressor mitgerissene Öl aus dem komprimierten Acetylen zu entfernen. Die Hochdruckleitung endet mit der Füllrampe.

Dem besonderen Zweck entsprechend ergeben sich für die Acetylenerzeugungsanlagen auch besondere Einrichtungen. Wenn auch die einzelnen Apparate selbst meist unverändert übernommen werden können, so ist doch eine besondere Anordnung derselben nötig.

Der Umstand, daß nur reines Gas in die Transportstahlflaschen gedrückt werden darf, verlangt große Reinigungsapparate. Weiterhin aber müssen wirksame Trockner eingeschaltet werden, um dem Acetylen den letzten Rest von Wasser zu nehmen, denn es darf in die Stahlflaschen nur durchaus trockenes Gas eingeführt werden. Jede Spur von Feuchtigkeit würde sich in denselben kondensieren, und nach und nach würde die Absorptionskraft des in den Stahlflaschen befindlichen Acetons abnehmen. Von diesem Gesichtspunkte aus betrachtet ist es kein so großer Fehler, wenn einmal Phosphor- oder Schwefelwasserstoff als Verunreinigungen des Acetylens in die Stahlflaschen gelangt sind. Dies würde nur ein vorübergehender Schaden sein, da ja diese Verunreinigungen mit dem Acetylen wieder die Flasche verlassen. Wird aber wiederholt feuchtes Gas in die Flaschen gefüllt, so ist der Schaden dauernd, da sich das Wasser in der Stahlflasche kondensiert, das Aceton hierdurch verunreinigt und so die Aufnahmekapazität des Behälters vermindert. Als letztes Glied der Acetylenentwicklungsanlage für gelöstes Acetylen sollte man daher immer eine umfangreiche Trockeneinrichtung einbauen.

Die Gasentnahme durch den Kompressor erfolgt stoßweise, und diese Stöße pflanzen sich durch die Saugleitung bis zur Acetylenerzeugungsanlage fort. Bei der üblichen Anordnung der Acetylenanlagen würde zuletzt der Gasmesser angeschlossen sein und erhielte daher also die Stöße aus erster Hand. Es leuchtet ohne weiteres ein, daß diese immer wiederkehrenden Stöße (so viel Stöße in der Minute, als der Kompressor Umläufe in der Minute macht) von nachteiligen Folgen auf den Mechanismus des Gaszählers sind. Man kann diesem Übelstand abhelfen, indem man in die Saugleitung einen leeren, allseitig verschlossenen schmiedeeisernen Behälter einbaut, der als Windkessel ausgleichend wirkt. Man kommt ohne diesen Ausgleichbehälter aus, wenn man das Acetylen aus dem großen Gasbehälter erst durch den Gasmesser, dann durch die Reiniger und Trockner und hierauf durch die Saugleitung dem Kompressor zuströmen läßt. Die Reiniger und Trockenbehälter wirken ebenfalls druckausgleichend, und der Gasmesser arbeitet dann unter allen Umständen stoßfrei. Man würde also für die Acetylenanlage die folgende Reihenfolge der einzelnen Apparate als zweckmäßig betrachten müssen: 1. Entwickler, 2. Wäscher, 3. Vortrockner, 4. Gasbehälter, 5. Gasmesser, 6. mehrere Reiniger, 7. mehrere Trockner, 8. Hauptabsperrventil. Dieses ist durch die Saug- oder Niederdruckleitung mit dem Kompressor verbunden.

Die an den Kompressor anschließende Hochdruckleitung ist so zu berechnen, daß sie nicht nur den üblichen Kompressionsdruck von 15 bis 18 Atm., sondern auch den Explosionsdruck aushält, der durch eine infolge unvorhergesehener Zufälle immerhin mögliche Spaltung des komprimierten Acetylens auftreten könnte. Dieser Explosionsdruck beträgt ungefähr das Zehnfache des Kompressionsdruckes, würde also in diesem Fall etwa 150 bis 180 Atm. betragen. Die Hochdruckleitung muß also einem Druck von rund 200 Atm. widerstehen können. Als Material sind nahtlose Mannesmanngasröhren mit ganz besonders starken Wandungen geeignet, welche durch aufgeschraubte Flanschen unter Verwendung von eingelegten Messingringdichtungen verbunden werden.

Die Füllrampe besteht ebenfalls aus Mannesmannrohr. Die einzelnen Anschlüsse sind bewerkstelligt durch an das Füllungsrampenrohr *a* (Fig. 45) angeschraubte Ventile, die sog. Füllventile *b*, durch ein sich hieran schließendes biegsames Stahltrompetenrohr *c*, welches etwaige geringe Höhenunterschiede der zu füllenden Flaschen ausgleichen soll und durch den am Ende des Trompetenrohres sitzenden Anschlußnippel, welcher mit dem Flaschenventil verbunden wird.

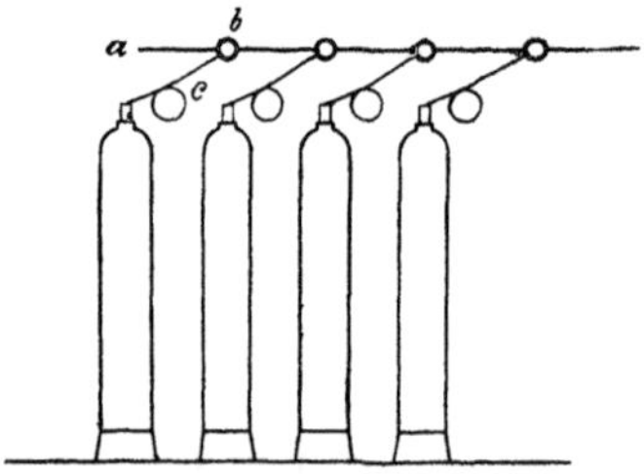

Fig. 45. Füllrampenrohr für gelöstes Acetylen.

Die sehr beachtenswerten Vorteile, welche das in Stahlflaschen aufgespeicherte gelöste Acetylen bietet, sind in der Hauptsache Bequemlichkeiten der Anwendung, Wegfall der unangenehmen Hantierung mit Carbid und Kalkschlamm, vollständige Frostsicherheit usw. Das gelöste Acetylen findet dementsprechend einen immer größeren Kreis von Abnehmern und wird hauptsächlich zur Beleuchtung von Einzelhäusern (als Ersatz der automatischen Erzeugungsapparate), von Automobilen (sog. Autogas), von Eisenbahnwagen, Leuchttürmen, zur autogenen Schweißung usw. verwendet.

Bei einer Hausinstallation für den Betrieb mit gelöstem Acetylen wird die Verteilungsrohrleitung ohne jede Abweichung genau so hergestellt, als sollte dieselbe an eine Acetylenzentralanlage oder an einen eigenen Erzeugungsapparat angeschlossen werden. Selbstverständlich kann das Gas der Stahlflasche nicht unmittelbar entnommen werden, es muß vielmehr ein Druckminderventil zwischengeschaltet werden, wodurch der in der Flasche befindliche hohe Druck auf etwa 100 mm Wassersäule herabgesetzt wird. Zweckmäßig ist außerdem noch zwischen Flasche und Druckregler der Anschluß eines Manometers, an dem man ständig den in der Flasche noch herrschenden Druck ablesen und dadurch kontrollieren kann, wieviel Acetylen noch in der Flasche ist. Eingebürgert hat sich vor allem die Verwendung eines Druckminderventils, das mit einem Manometer verbunden ist. Dieser Apparat wird an der Wand befestigt, der Gaseintritt desselben wird mit der Stahlflasche, der Gasaustritt mit der Gasleitung verbunden. Um einen regelmäßigen Betrieb zu sichern, schließt man vorteilhaft von vornherein gleich zwei Stahlflaschen an und erzielt auf diese Weise einen Betrieb ohne jede Unterbrechung. Die Bedienung beschränkt sich auf das Umtauschen der geleerten Stahlbehälter gegen gefüllte.

Im Prinzip ist die Installation eines Eisenbahnwagens mit gelöstem Acetylen dieselbe. Es muß nur darauf Rücksicht genommen werden, daß bei den Revisionen der Wagen in den Reparaturwerkstätten die einzelnen Teile des Wagens auseinandergenommen werden. Sehr oft wird z. B. der Wagenkasten von dem Untergestell hoch gehoben. Die Rohrleitungen werden in diesem Falle vollständig demontiert. Um dies zu erleichtern, wird die gesamte Rohrleitung zusammengeflanscht. Auch die Verbindung der einzelnen Apparate mit der Rohrleitung geschieht durch Anflanschen. Als Rohrmaterial zieht man allgemein nahtlose Mannesmannröhren den gewöhnlichen schmiedeeisernen Gasröhren vor.

In Fig. 46 ist ein mit gelöstem Acetylen beleuchteter Wagen abgebildet. Der Behälter *a* ist abnehmbar an der Längstraverse des Untergestells aufgehängt, so daß eine Auswechselung leicht möglich ist Das Gas strömt zunächst noch mit dem Behälterdruck durch die Hochdruckrohrleitung *b* in den Druckregler *d*, welcher an den Außenboden des Wagenkastens festgeschraubt ist. Die verbindende Hochdruckrohrleitung *b* ist aus federndem Stahlspiralrohr hergestellt, um die bei der Auswechselung der Stahlflaschen möglichen Differenzen in der Lage der Flaschenventile auszugleichen. Von dieser Verbindungsleitung ist ein Abzweig zum Manometer *c* geführt, welches auf die Längstraverse aufgeschraubt ist und eine ständige Kontrolle des im Behälter herrschenden Drucks und seines Gasinhaltes ermöglicht. Das Acetylen verläßt den Druckregler *d* mit dem Verbrauchsdruck von etwa 100 mm und fließt durch die Verteilungsrohrleitung *e* den einzelnen Abteillampen *g* zu, in denen es zur Verbrennung gelangt. Der in die Leitung eingebaute Haupthahn *f* gestattet es dem Zugpersonal, alle Lampen gleichzeitig von einer Stelle aus zu bedienen. Sämtliche Rohrleitungen müssen gemäß den Vorschriften der Eisenbahnverwaltungen an den Außenseiten des Wagens angebracht sein.

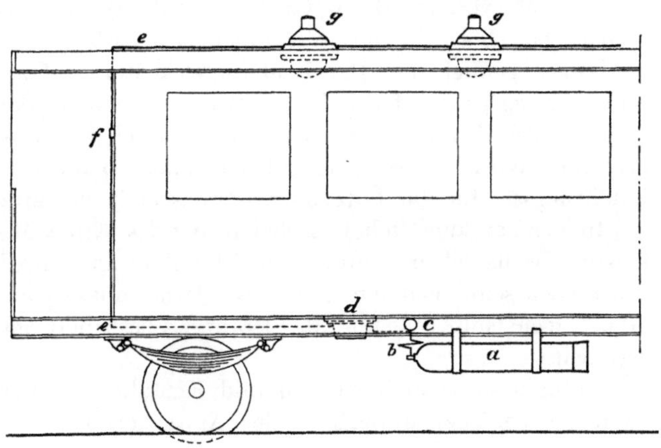

Fig. 46. Wagen, mit gelöstem Acetylen beleuchtet.

Aufstellung der Acetylenapparate.

Acetylenapparate, welche mit einer festverlegten Leitung verbunden sind, dürfen nur in besonderen, ausschließlich den Zwecken des Betriebes der Apparate dienenden Räumen mit dichten, feuersicheren Wänden und leichter Bedachung aufgestellt werden. Neben massiven und Monierwänden gelten

z. B. beiderseits verputzte Bretter oder ausgemauerte Fachwerkwände, Rabitz-, Drahtziegel, Asbestschiefer-, Gips- oder Kunststeinplattenwände als dicht und feuersicher. Die Verschalung der Dachflächen oder die lose Auflegung einer leichten, mit schlechten Wärmeleitern bedeckten Zwischendecke ist gestattet. Gasbehälter dürfen im Freien aufgestellt werden, wenn ihre Wasserabschlüsse gegen Einfrieren geschützt sind.

Die Apparateräume müssen derartig geräumig sein, daß die Apparate zugänglich sind. Sie müssen genügendes Tageslicht haben, um in ihnen alle erforderlichen Arbeiten bei Tage ohne künstliche Beleuchtung vornehmen zu können.

Ist nach ihrer Zweckbestimmung von vornherein zu erwarten, daß eine Bedienung der Apparate, wenn auch nur gelegentlich, in der Dunkelheit erforderlich wird (z. B. in Gastwirtschaften), so müssen Einrichtungen zur künstlichen Beleuchtung vorhanden sein. Für Anlagen geringen Betriebsumfanges genügt die Bereitschaft elektrischer Handlampen. Für andere Anlagen dagegen darf die Beleuchtung nur von außen vor gasdichten, nicht zu öffnenden Fenstern aus starkem Glase durch geschlossene, haltbare Laternen erfolgen. Wird in diesen Acetylen benutzt, so muß daneben eine andere Beleuchtungsart für die Laternen betriebsbereit vorhanden sein.

In der zur künstlichen Beleuchtung des Apparateraums benutzten Umfassungsfläche sollen, wenn es nicht unbedingt erforderlich ist, Türen nicht vorhanden sein. Fenster in dieser Fläche müssen aus starkem Glase, z. B. Glassteinen, Guß-, Spiegel- oder Drahtglas bestehen, gasdicht und nicht öffenbar sein.

Motoren sowie Sicherungen und Kontaktvorrichtungen elektrischer Einrichtungen müssen außerhalb des Apparateraumes liegen oder funkensicher sein.

Die Apparateräume müssen im Dach mit guten Lüftungseinrichtungen, z. B. Rohren, Dachreitern, Luftkaminen versehen werden. Die Ausmündungsstellen dieser Lüftungseinrichtungen und der Sicherheitsrohre an Entwicklern oder Gasbehältern sollen von Feuerstellen im Freien, von den Mündungen von Schornsteinen für Feuerungsanlagen, von Fenster- und Türöffnungen benachbarter Räume, in denen sich offenes Licht, Feuerstellen oder leicht entzündliche Gegenstände befinden, sowie von Verbindungswegen (Galerien, offenen Treppen) an Wohnhäusern mindestens 5 m, nach der Länge des Gaswegs gemessen, entfernt sein. Auf Fenster aus starkem Glase, die gasdicht und nicht öffenbar sind, finden diese Bestimmungen keine Anwendung.

Durch ihre Lage und Bauweise oder durch andere geeignete Maßnahmen sind die Apparateräume vor Frost zu schützen, sofern nicht die Apparate selbst frostsicher gebaut sind. Frostschutzmittel dürfen die Wandungen nicht angreifen.

Die Heizung der Räume darf nur durch Dampf, Wasser oder andere Einrichtungen (z. B. dichte und gut mit Isolationsmitteln überdeckte, gemauerte Heizkanäle) erfolgen, bei denen auch im Falle der Beschädigung der Austritt von Funken, das Glühendwerden oder der Zutritt von Acetylen zu offenem

Feuer oder erhitzten Gegenständen ausgeschlossen ist. Die Apparateräume müssen von benachbarten Feuerstellen ihrer Heizungsanlage durch Brandmauern getrennt sein.

Eine ordnungsgemäß installierte Acetylenanlage sollte immer mit einer Heizvorrichtung (vgl. S. 167) versehen sein. Manche Lieferanten von Acetylenanlagen bringen Beheizung des Apparateraumes gründsätzlich auch bei den kleinsten Anlagen zur Anwendung. Die Verwendung der sog. Frostschutzmittel ist zwar sehr bequem, hat aber den Nachteil, daß sich mit der Zeit oft zerstörende Einflüsse auf das Material der Apparate geltend machen. Das Frostschutzmittel darf nur in den Apparat gegeben werden, wenn dessen Anstrich tadellos ist. Im Frühjahr muß das mit dem Frostschutzmittel vermischte Wasser abgelassen und zweckmäßig ein neuer Innenanstrich der Apparate vorgenommen werden.

Am besten eingeführt haben sich für Acetylenanlagen die sog. Warmwasserheizungen. Deren Montage ist sehr einfach, und es werden heute wirklich tadellose Konstruktionen von Warmwasserheizkesseln, welche eine vollkommene Ausnutzung des Heizmaterials gewährleisten, auf den Markt gebracht. Die Bedienung der Warmwasserheizung beschränkt sich nur auf das Heizen des Heizkessels und die Kontrolle, ob sich im Heizsystem die vorgeschriebene Wassermenge befindet. Betriebsstörungen sind so gut wie ausgeschlossen.

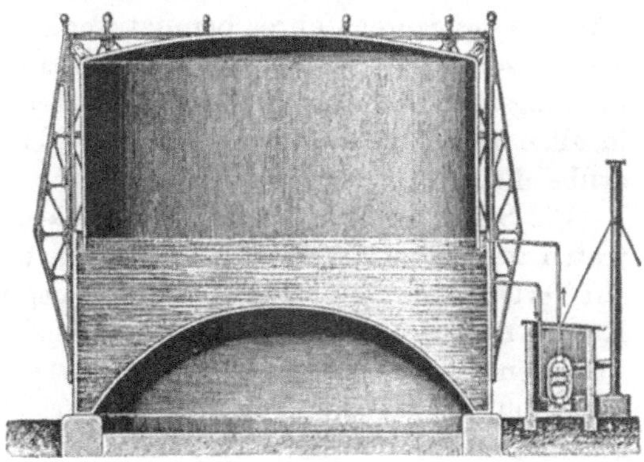

Fig. 47. Zirkulationsheizung.

Die Heizkörper werden zweckmäßig in der Nähe der wasserenthaltenden Apparate installiert, also beim Entwickler, Wäscher, Gasbehälter usw. Die Verbindungsrohre sind schmiedeeiserne Gasrohre, welche mit genügend Steigung verlegt werden müssen, um eine kräftige Zirkulation zu gewährleisten. An dem höchsten Punkt des ganzen Systems wird der Expansionstopf angeschlossen. An Stellen der Rohrleitung, denen aus örtlichen Gründen nicht die genügende Steigung gegeben werden kann, sind Entlüftungsventile einzubauen, um zeitweise Luft oder Dampf ablassen und nötigenfalls der Bildung von zirkulationshindernden Luftsäcken entgegenwirken zu können.

Für freistehende Gasbehälter empfiehlt sich die Einrichtung einer Zirkulationsheizung nach Fig. 47.

Die Türen und diejenigen Fenster des Apparateraumes, welche öffenbar oder nicht durch starkes Glas gasdicht verschlossen sind, müssen ins Freie führen und von Feuerstellen im Freien, von den Türen und Fenstern benachbarter Räume, in denen sich offenes Licht usw. befinden, sowie von Verbindungswegen (Galerien, offenen Treppen) an Wohnhäusern mindestens 5 m, nach der Länge des Gasweges gemessen, entfernt sein. Bei geringerem Abstande sowie beim Anbau an die Nachbargrenze oder an öffentliche Wege usw. muß der Aufstellungsraum nach dieser Seite hin durch eine öffnungslose feuersichere Mauer abgeschlossen werden, es sei denn, daß an eine Brandmauer angebaut wird. Türen müssen nach außen aufschlagen.

Für die Aufstellung von feststehenden Apparaten zur Beleuchtung von Schiffen oder über Räumen, die häufig von Menschen betreten werden, oder im Festungsrayon braucht die Entfernung von 5 m nicht eingehalten zu werden, wenn die Wände des Apparateraumes feuersicher sind und etwaige Öffnungen in ihnen von Feuerstellen im Freien, von den Türen und Fenstern benachbarter Räume, in denen sich offenes Licht oder dgl. befindet, sowie von Verbindungswegen (Galerien, offenen Treppen) abgewendet angeordnet sind. Ebenso kann in den beiden ersten Fällen davon abgesehen werden, daß die Türen ins Freie führen.

Grubenentwickler (Tiefbausysteme) können im Freien aufgestellt und während des ganzen Jahres benutzt werden, wenn die Mauern der Entwicklergruben sorgsam gegen Frosteinwirkung isoliert werden, wenn ferner das Verbindungsrohr zum Gasbehälter frostsicher und derart verlegt wird, daß es in allen Teilen Gefälle nach dem Entwickler hat, und wenn die Entwicklergrube dicht ist.

Die Schaffung von Zugängen aus Räumen, die häufig von Menschen betreten werden, zu Apparateräumen ist gestattet, wenn zwischen den Räumen ein Verbindungsraum mit guter Entlüftungsvorrichtung vorhanden ist. Beide Räume müssen überdies gegen den Verbindungsraum durch dichte und selbstschließende Türen getrennt sein, zwischen denen so viel Raum vorhanden sein muß, daß die eine Tür bequem geschlossen werden kann, ehe die andere geöffnet wird.

Kalkschlammgruben sind so weit im Freien anzulegen, daß Acetylen nicht in geschlossene Räume eintreten kann. Offene Gruben sind zu umwehren, dicht abgedeckte mit einer wirksamen Entlüftungseinrichtung zu versehen.

Isolierung der Apparateräume.

Bezüglich der frostsicheren Bauweise oder anderer geeigneter Maßnahmen, die das Einfrieren der Acetylenapparate verhindern, wäre folgendes zu erwähnen.

Die in sicherheitstechnischer und wirtschaftlicher Hinsicht zweckmäßigste Art der Isolierung der Apparateräume läßt sich nur von Fall zu Fall entscheiden. Die Isolierung soll so eingerichtet sein, daß das Wasser in den einzelnen Apparateteilen und den Verschlußvorrichtungen selbst bei sehr niedriger Außentemperatur nicht gefrieren kann. Dabei ist zu beachten, daß nach den behördlichen Vorschriften eine hinreichende Entlüftung des Apparateraumes erforderlich ist und die Entlüftungsrohre niemals verstopft werden dürfen. Dadurch wird eine dauernde Zirkulation mit der äußeren Luft bewirkt, die eine fortgesetzte Abkühlung der Luft des Apparateraumes zur Folge haben muß. Eine wirksame Isolierung wird trotz Entlüftungsvorrichtung mit einiger Sicherheit durch eine kellerartige Anlage des Apparateraumes erzielt werden. Es empfiehlt sich, die Anlage bis etwa zur halben Höhe in den Boden einzubauen und an den überstehenden Wänden die ausgehobene Erde schräg bis zum Dachrande anzufüllen. Am besten wird ein Massivbau von $1^1/_2$ Stein gewählt. Billiger und ebenfalls für viele Fälle ausreichend ist die Errichtung eines doppelwandigen Apparateraumes aus Holz. Zwischen den Holzwänden wird ein Luftraum als Isolierung belassen. Die äußere Holzwand wird mit Dachpappe beschlagen und der Apparateraum ebenfalls mit Erde bis zum Dachrande umschüttet.

Der Apparateraum soll nach behördlicher Vorschrift nur mit einer leichten Bedachung versehen sein, wodurch naturgemäß eine gute Isolierung sehr erschwert wird. Leichte Zwischendecken, jedoch nur in Form von Holzdecken, sind zulässig. Nicht gestattet sind gefederte oder zwischen Balken eingeschobene Brettlagen. Die Zwischendecke muß vielmehr lose auf dem Unterzug aufliegen. Die Schichthöhe etwa aufgelegter Wärmeleiter (Torfmull, Asche) soll in der Regel 20 cm nicht überschreiten. Das Dach wird zweckmäßig mit Dachpappe abgedeckt und an geeigneter Stelle mit den vorgeschriebenen Abzugsrohren und dichtschließenden, nicht zu öffnenden Doppelfenstern versehen. Die einzubringende Tür wird ebenfalls doppelwandig und mit Zwischenfüllung versehen hergestellt.

Das Entlüftungsrohr ist möglichst hoch über das Dach hinauszuführen und dort, wo die äußeren Verhältnisse das zulassen, während des Winters bis zu mittlerer Höhe mit frischem Mist (am besten Pferdemist) zu umgeben. Dadurch wird eine genügende Vorwärmung der von außen eintretenden, an den Wänden des Abzugsrohres entlang streichenden Luft erzielt.

Nicht überall wird allerdings die kellerartige Anlage des Apparateraumes möglich sein, sei es wegen der Bodenverhältnisse oder wegen des verfügbaren Raumes oder aus einem anderen Grunde. In solchen Fällen wird man deshalb in der meist üblichen Art ein oberirdisches Apparatehaus bauen müssen, das bei zweckmäßiger Ausführung für kleine Anlagen auch ohne Heizung noch einen genügenden Frostschutz gewähren kann.

Falls irgend angängig, ist der Apparatraum nicht freistehend, sondern an einem bereits bestehenden Gebäude und in geschützter Lage zu errichten. Die übrigen drei Seiten sind doppelwandig auszuführen. Die Zwischenräume sind mit Torfmull auszufüllen. Das Fenster ist als Doppelfenster möglichst an der Südseite anzubringen. Auf die Dichtung der Tür ist besondere Sorgfalt zu verwenden. Steht das Apparatehaus frei, so ist die Wand an der Nordseite besonders stark zu wählen.

Außerdem wird bei Eintritt der kalten Jahreszeit der Entwickler zweckmäßig mit lehmgetränktem Stroh umwickelt. Gasbehälter, Wäscher u. dgl. sind mit schon oben erwähnten sog. Frostschutzmitteln zu füllen. Bei regelmäßigem, d. h. täglichem Betriebe wird dann eine Störung durch Einfrieren selbst bei stärkstem Frostwetter kaum eintreten, zumal auch schon die bei der Entwicklung frei werdende Wärme selbst einen wirksamen Schutz bietet.

Ist der Apparat nicht regelmäßig in Betrieb (z. B. in abgelegenen Gastwirtschaften), so wird eine Isolierung in der beschriebenen Weise nicht ausreichen. Ebenso kann auch das Verfahren, den Entwickler mit einem doppelwandigen Holzmantel zu umkleiden und den Raum zwischen den beiden Wandungen mit einer schützenden Isoliermasse auszufüllen, im übrigen aber durch Aufstellung im Freien ohne Apparatehaus auszukommen, nicht empfohlen werden. Das Vorhandensein eines ordnungsmäßigen Apparatehauses ist aus sicherheitstechnischen Gründen in der Regel für jede stationäre Anlage unerläßlich.

Eine nach den empfohlenen Grundsätzen durchgeführte gute Isolierung des Apparateraumes kann wirksam unterstützt werden durch Anwendung sog. chemischer Frostschutzmittel. Es sind das Salzlösungen, die bekanntlich schwerer als Wasser gefrieren, und die daher mit Erfolg statt des Wassers für Gasbehälter, Wäscher und Wasserverschlüsse zur Verwendung gelangen.

Dabei ist Vorbedingung für ihre Verwendung, daß sie weder nachteilig auf die einzelnen Teile des Apparates oder seine Funktion einwirken, noch daß sie schädliche Verbindungen mit dem Acetylen oder seinen gasförmigen Verunreinigungen eingehen. Ätzende, saure oder stark alkalische Stoffe sind daher nicht zu verwenden. Am geeignetsten sind Lösungen von Chlorcalcium, Chlormagnesium (Kaliendlaugen) und Chlornatrium. Für die Verwendung im Entwickler sind diese Lösungen jedoch nicht brauchbar, da bereits bei einer Temperatur von — 5° eine nennenswerte Acetylenentwicklung nicht mehr stattfindet[1]. Die Verwendung der Frostschutzmittel kommt also nur da in Frage, wo ein Erstarren des Wassers zu vermeiden ist, d. h. also im Gasbehälter, im Wäscher und in den Wasserverschlüssen.

Die Lösungen kommen wegen der Verpackungs- und Transportkosten in möglichst konzentrierter Form in den Handel und werden von dem Verbraucher selbst vor der Verwendung entsprechend verdünnt. Dabei ist zu beachten, daß eine zu starke Verdünnung der Lösungen, wie sie oft aus Nachlässigkeit oder falscher Sparsamkeit vorgenommen wird, die Wirksamkeit sehr stark beeinträchtigt. Ferner ist bei einer Verdünnung auf gute restlose Vermischung zu achten, da die Lösung ein größeres spezifisches Gewicht als Wasser besitzt, so daß sich das letztere leicht an der Oberfläche sammelt und zu Eisbildungen führt. Aus diesem Grunde kann auch bei im Freien stehenden Gasbehältern die Wirkung der Salzlösungen ausbleiben, wenn nicht der Eintritt der atmosphärischen Niederschläge in den Gasbehältermantel, z. B. durch Überdachung, verhindert wird.

[1] Das Einfrieren von Acetylenentwicklern bei Automobilen kann man nach einer Mitteilung in „Carbid u. Acetylen" 1915, Nr. 3, S. 23 dadurch verhindern, daß man entweder solche Entwickler mit dicken Filzplatten umgibt oder dem Entwicklerwasser reinen Alkohol zugibt, und zwar für eine Kälte von:

Kälte	% Alkohol
— 8° C	10
—15° „	20
—20° „	25
—25° „	30

Die im Handel vorkommenden konzentrierten Lösungen enthalten meist Chlorcalcium. Sie werden vor dem Verbrauch mit etwa der gleichen Menge Wasser verdünnt. Ihr Gefrierpunkt liegt dann ungefähr bei — 20°.

Heizung der Apparateräume[1].

Zentrale Heizanlagen kommen in der Regel nur für größere Anlagen in Betracht, und zwar wegen der Explosionsgefahr nur als Fernheizung (Luftheizung, Wasserheizung oder Dampfheizung).

Wird die Heizung regelmäßig während des Frostwetters im Betriebe erhalten, so ist ein Einfrieren der Acetylenanlage ausgeschlossen. Orts- und Fabrikzentralen, sowie alle Anlagen, die über eine bestimmte Größe hinausgehen, sollten stets mit einer solchen versehen sein. Dagegen dürfte es sich, rein praktisch betrachtet, nicht immer empfehlen, bei kleinen Anlagen unter allen Umständen eine Heizung an Stelle einer Isolation zu fordern. Hier erfordert die Heizanlage oft mehr Bedienung als der Acetylenapparat selbst. Dazu tritt, daß die Heizung, für die der Aufwand verhältnismäßig teuer ist, sich bei gelindem Frost überhaupt nicht bemerkbar macht. Vielmehr findet der Besitzer der Anlage bald heraus, daß ein leichter Frost einem in einem leidlich gut gebauten Apparatehause aufgestellten Apparate nichts schadet. Er unterläßt daher aus Bequemlichkeit und Sparsamkeit die Beheizung des Apparateaumes so lange, bis starker Frost eintritt, und der Weiterbetrieb des Apparates durch Einfrieren unmöglich gemacht ist oder zu werden droht. Das Auftauen von eingefrorenen Acetylenapparaten darf nur mit heißem Wasser, nie aber unter Anwendung von Feuer erfolgen.

Es wird daher bei kleineren Anlagen, sofern die Heizung des Apparatehauses nicht im Anschluß an eine regelmäßig im Betrieb befindliche Zentralheizung erfolgen kann, die Erzielung der Frostsicherheit durch geeignete Isolierung in den meisten Fällen den Vorzug verdienen.

---

[1] Siehe auch S. 163.

Betrieb der Acetylenapparate.

Für den Betrieb der Acetylenapparate lassen sich hier nur allgemeine Vorschriften geben, da jedes Apparatesystem besondere Eigentümlichkeiten aufweist, die besondere Bedienungsvorschriften nötig machen. Dieselben sind gemäß behördlicher Forderung in jedem Raum, in dem Acetylenapparate dauernd benutzt werden, an einer in die Augen fallenden Stelle in deutlich lesbarer, dauerhafter Schrift anzubringen; sie müssen eine Anweisung über die Behandlung der Apparate im regelmäßigen Betrieb und bei Störungen enthalten.

Die Apparateräume dürfen nur für die Zwecke des Betriebes der Apparate verwendet und von Unbefugten nicht betreten werden. Das Betreten der Räume mit Licht, die Benutzung von Feuerzeug sowie das Rauchen in ihnen ist, weil gefährlich, verboten[1]. Diese Verbote sind außen an den Eingangstüren durch entsprechende Schilder deutlich sichtbar zu machen; sie erstrecken sich indessen nicht auf Räume, in denen Acetylenapparate zu technischen Zwecken benutzt werden dürfen. Das Betreten der Apparateräume mit elektrischen Hand- oder Taschenlampen ist gestattet.

Die Überwachung und Bedienung der Acetylenapparate darf nur durch zuverlässige, mit der Einrichtung und dem Betriebe des Apparates vertraute Personen erfolgen.

Zu beachten ist ferner, daß in Apparateräumen bei Anlagen bis zu 50 kg täglichen Carbidverbrauches außer der für den Gebrauch geöffneten Carbidtrommel höchstens 500 kg, bei größeren Anlagen höchstens 1000 kg Carbid gelagert werden dürfen. Geöffnete Trommeln sind mit wasserdicht schließenden oder übergreifenden Deckeln bedeckt zu halten.

Vor der Inbetriebnahme eines Acetylenapparates ist besonders darauf zu achten, daß alle Wasserstände in den dafür in Betracht kommenden Einzelapparaten der Bedienungsvorschrift gemäß gefüllt sind; das trifft insbesondere zu für das Sperrwasser des Gasbehälters, die Wasserverschlüsse und bei Apparaten für technische Zwecke für die Wasservorlagen.

Stellen sich an irgendeinem Teile Undichtigkeiten ein, so sind die betreffenden Stellen mit Seifenwasser abzustreichen; es bilden sich dann an der undichten Stelle Seifenblasen. Auf keinen Fall darf eine undichte Stelle durch Ableuchten aufgesucht werden.

In die Carbidbehälter fülle man nicht mehr Carbid ein, als dafür angegeben ist, wenngleich für das Fassungsvermögen der Behälter ein gewisser Spielraum gelassen ist. Eine Überfüllung der Carbidbehälter kann leicht infolge von Stauungen des Carbides oder zu großes Anwachsen des Kalkschlammes

[1] Vgl. Carbid und Acetylen 1912, Nr. 2, S. 20; Nr. 3, S. 33.

(in Muldenapparaten), der etwa das $1^1/_2$fache an Raum beansprucht wie das Carbid, zu Betriebsstörungen führen.

Sind an den Acetylenapparaten Anlaßvorrichtungen, Carbideinfall- oder Wasserzulaufventile angebracht, so sorge man dafür, daß dieselben bei Betriebsbeginn langsam geöffnet werden, damit nicht ein zu starker Carbideinfall oder ein zu starker Wasserzulauf herbeigeführt wird. Im Laufe des Betriebes regelt sich dann bei automatischen Apparaten die Gaserzeugung von selbst.

Besondere Vorsicht muß in dieser Hinsicht bei Apparaten mit feinkörnigem Carbid obwalten.

Das erste Gas, das bei der Inbetriebnahme des Apparates erzeugt wird, soll, da es ein an Luft reiches Gasgemisch darstellt, durch eine Schlauchleitung ins Freie abgelassen werden. Nie sollte im Aufstellungsraum unmittelbar entlüftet werden.

Man vermeide es schon aus wirtschaftlichen, vornehmlich aber auch aus sicherheitstechnischen Gründen, einen Acetylenapparat zu überlasten, und zwar sowohl soweit die Stundenleistung des Apparates als auch die Wasserfüllung des Entwicklers in Frage kommt. Wird der Apparat in seiner Leistung überanstrengt, so ist die Folge, daß bei Beleuchtungsapparaten die angeschlossenen Flammen schlecht brennen, bei Apparaten für technische Zwecke eine Schweißung nicht einwandfrei durchgeführt werden kann, da sie vorzeitig unterbrochen werden muß.

Wird der Acetylenapparat in seiner Wasserfüllung überanstrengt — nach der behördlichen Vorschrift sollen auf jedes Kilogramm Carbidfüllung mindestens 10 l Wasser entfallen —, so tritt leicht im Entwickler eine unzulässige Temperatursteigerung ein, die leicht zu Wasserverdampfung, dadurch zu Verstopfungen in den Rohrleitungen durch Kondenswasserbildung und dadurch wieder zu Druckschwankungen und auch Betriebsunterbrechungen führt. Das Acetylen wird außerdem stark durch Kondensations- und Polymerisationsprodukte verunreinigt. Im Kalkschlamm macht sich die Überlastung dadurch bemerkbar, daß er nicht mehr grauweißes Aussehen besitzt, sondern mit gelbem Schlamm von eigenartig scharfem Geruch durchsetzt ist. Hin und wieder treten sogar Rußabscheidungen auf, ein Zeichen dafür, daß sich ein Teil des Acetylens zersetzt hat.

Besondere Vorsicht ist in solchen Fällen bei der Entschlammung des Entwicklers am Platze, besonders wenn beim Entschlammen Luft in den Entwickler eintreten kann. Es sind Fälle beobachtet worden, wo bei übermäßiger Überlastung des Entwicklerwassers im Entwickler glühendes Carbid vorgefunden wurde. Das Entschlammen sollte daher nur unter gleichzeitigem Nachfüllen von Frischwasser vorgenommen werden, so daß ein Lufteintritt in den Entwickler wirksam verhindert wird[1]. Bei großen Apparaten erfolgt das Entschlammen meist unter Zurückleiten von Acetylen aus dem Gasbehälter.

[1] Vgl. Zeitschr. d. bayer. Revisionsvereins 1915, Nr. 5, S. 38 (s. auch Carbid und Acetylen 1915, Nr. 11, S. 49).

Störungen im Betrieb, die auf Ansammlung von Kondenswasser in den Rohrleitungen zurückzuführen sind, lassen sich leicht während des Betriebes durch kurzes Öffnen der dafür vorgesehenen Ablaßhähne beseitigen.

Behebung von Funktionsstörungen an selbsttätigen Beschickungsvorrichtungen oder an sonstigen mechanisch bewegten Teilen sollten nur nach Betriebsunterbrechung und nur im Freien vorgenommen werden unter Berücksichtigung besonderer Vorsichtsmaßregeln, die weiter unten besprochen werden.

Bei Beleuchtungsanlagen ist der Wartung der Reiniger große Aufmerksamkeit zuzuwenden, da nur ein gutgereinigtes Gas die größte Lichtwirkung ergibt und eine Beleuchtung mit stehendem oder hängendem Acetylenglühlicht überhaupt nur mit sehr gut gereinigtem Gas möglich ist. Andernfalls verrußen die Glühkörper bald und besitzen dann eine nur kurze Lebensdauer.

Muß aus irgendeinem Grunde ein Wechsel in der Art der Reinigungsmasse, die bisher bezogen worden war, eintreten, so achte man streng darauf, daß vor Einfüllen der neuen Reinigungsmasse der Reiniger gründlich von der alten gesäubert wird. Es kann sonst der Fall eintreten, daß die eine, an sich ungefährliche und zuverlässige Reinigungsmasse auf die andere, an sich ebenfalls ungefährliche und zuverlässige Masse unter Bildung von Gasen einwirkt, die mit Acetylen zusammen explosive Verbindungen geben können[1].

Für technische Zwecke ist eine chemische Reinigung nicht unbedingt erforderlich, jedoch ist dafür zu sorgen, daß das Acetylen frei von mitgerissenem Kalkschlamm und sonstigen mechanischen Verunreinigungen in die Gebrauchsleitung gelangt[2].

Sicherheitsrohre von Wasservorlagen dürfen auf keinen Fall verstopft werden, wie man das leider in der Praxis bei Benutzung von Apparaten mit kleinen Leistungen, aber großem Brenner noch häufig antrifft; der ganze Zweck der Wasservorlage wird dadurch aufgehoben.

Unterhaltung der Acetylenapparate und der Acetylenanlage.

Bei der Unterhaltung bzw. Instandsetzung der Acetylenanlage beachte man vor allen Dingen folgendes:

Bevor man an irgendeinem Teil der Anlage eine Ausbesserung vornimmt, bei der mit Feuer, heißen oder glühenden Werkzeugen gearbeitet werden muß, überzeuge man sich, daß die betreffenden Apparate oder Apparateteile, nachdem sie von der ganzen Apparatur entfernt wurden, tatsächlich frei von Acetylen sind. Es genügt dabei nicht, z. B. einen Gasbehälter in der freien Luft stehen zu lassen in der Annahme, daß dadurch das Acetylen „verfliegt“. Vielmehr ist es erforderlich, den Apparat vollständig mit Wasser zu füllen und dabei die Wandungen mit einem Reißigbesen gründlich abzuscheuern, damit das in Blasen an den Wandungen haftende Acetylen entfernt

---

[1] Vgl. Zeitschr. d. Bayer. Revisionsvereins 1910, Nr. 2, S. 20 (s. auch Carbid und Acetylen 1910, Nr. 4, S. 47).

[2] Vgl. S. 235.

wird. Den Apparat spült man dann gründlich aus und läßt ihn nochmals mit Wasser gefüllt eine Zeitlang stehen. Dann ist man sicher, daß alles Acetylen aus dem Apparateteil entfernt ist. Alle sonstigen Ausbesserungsarbeiten sollen nur unter völliger Fernhaltung von Licht möglichst im Freien ausgeführt werden.

Der Entwickler, der bei einer Acetylenanlage am meisten in Anspruch genommen wird, sollte mit besonderer Sorgfalt behandelt werden. Eine zeitweilige gründliche Reinigung von Kalkschlamm ist sehr zu empfehlen, damit sich im Innern des Entwicklers, besonders wenn er nicht dauernd im Betrieb ist, im Laufe der Zeit nicht Krusten von Kalkschlamm ansetzen, die, zumal wenn der Entwickler bewegliche Teile oder einen Einfallschacht besitzt, an denen sich solche Krusten besonders leicht ansetzen, zu Betriebsstörungen Anlaß geben können.

Von Zeit zu Zeit ist der Entwickler innen und außen mit einem guten Anstrich zu versehen. Muß im Innern der Behälter zu diesem Zwecke die alte Farbe mit eisernen Spachteln oder Kratzern entfernt werden, so bedenke man, daß diese eisernen Geräte auf Eisen leicht Funken reißen können. Man füllt daher auch in diesem Falle die Apparateteile mit Wasser und verfährt im übrigen so, wie schon oben angegeben.

Aus dem Sperrwasserbehälter ist ebenfalls in gewissen Abständen das Wasser abzulassen, der Behälter zu säubern und mit neuem Anstrich zu versehen. Bei schlechtem Anstrich tritt ein Durchrosten des Sperrwasserbehälters vornehmlich an den Stellen ein, die nur zeitweise mit Wasser benetzt werden; das ist also an der Sperrwasseroberfläche, die sich je nach dem Stand des Gasbehälters verschieden einstellt. Beim Gasbehälter ist der Teil dem Rosten am meisten ausgesetzt, der sich an der Berührungsfläche zwischen Sperrwasserspiegel und der Außenluft befindet.

Funktionsstörungen an Beschickungsvorrichtungen, die sich meist an solchen Apparaten befinden, bei denen der Entwickler in den Sperrwasserbehälter eingebaut ist, die aber auch an großen Apparaten mit maschineller Beschickung vorhanden sind, können meist nur behoben werden, wenn die betreffenden Apparateteile, in die sie eingebaut werden, aus der Apparatur entfernt werden. Bei Apparaten mit selbsttätiger Beschickung befindet sich diese Vorrichtung meist im Gasbehälter, so daß dieser zwecks Behebung der Störung aus dem Sperrwasser herausgehoben werden muß. Dies tue man erst dann, nachdem man den Gasbehälter bei geöffnetem Abgangshahn so weit wie möglich unter Wasser gesetzt und die Carbidzuführung abgestellt hat. Ist man sicher, daß sich in den Carbidvorratsbehältern kein Carbid mehr befindet, so spüle man diese mit einem kräftigen Wasserstrahl gründlich aus. Trotzdem kann sich in dem Gasbehälter beim Herausheben eine explosive Gasmischung bilden, die man, wie oben angegeben, beseitigt, ehe man an die Instandsetzung der Beschickungsvorrichtung herangeht.

Bei der Instandsetzung der Wäscher und Reiniger verfährt man ebenfalls nach der oben angegebenen Vorschrift.

Bei Reinigern für Beleuchtungsapparate sorge man rechtzeitig für Erneuerung der Reinigungsmasse, wobei man die auf S. 170 gegebene Vorsichtsmaßregel beachtet.

Auch Druckmesser, Druckregler und Gasuhren prüfe man zeitweise nach. Die Schenkel der Druckmesser, die mit Flüssigkeiten arbeiten, müssen mindestens doppelt so lang sein, als es der normale Gasdruck erfordert.

Führungsrollen und Gestänge der Gasbehälter sind ab und zu mit konsistentem Fett zu schmieren, damit der Gasbehälter leicht geht und kein Klemmen eintritt.

Brennen trotz aller sonstigen Maßnahmen an der Apparatur Brenner schlecht, so kann dies mitunter daran liegen, daß die Zuleitungen durch Schmutz, Rost oder dergleichen verstopft sind. Es ist dann nötig, daß die Rohrleitungen ausgeblasen werden; dies sollte indessen nach Möglichkeit in der Richtung des Gasstromes bei geschlossenem Haupthahn geschehen, damit die zum Ausblasen nötige, durch eine Luftpumpe erzeugte Druckluft nicht in den Gasbehälter gelangen kann. Brenner und Brennerdüsen sind vorher zu entfernen und für sich auszublasen.

Auch bei Rohrleitungen, in denen Acetylen den Schweißstellen zugeführt wird, kann sich ein Ausblasen der Leitungen nötig machen; auch hier sollte es in der Richtung des Gasstromes und nur mit Luft, nicht mit Sauerstoff erfolgen. Nichtbefolgung dieser Vorsichtsmaßregel kann zu schweren Explosionen führen[1].

Wasservorlagen bei Schweißapparaten sind dauernd auf ihren Wasserstand zu prüfen. Sollten solche Vorlagen irgendwelche Absperrorgane (Schwimmerventile, Rückschlagsicherungen), Sicherheitsventile, Explosionsklappen oder Membrane besitzen, so ist deren tadellose Wirkung von Zeit zu Zeit nachzuprüfen. Ersatzteile, besonders Ersatzmembrane sollten immer zur Hand sein.

Werden die hier in großen Umrissen angeführten Vorsichtsmaßregeln beachtet, was allerdings vielfach nicht der Fall ist und daher zu manchen Unfällen Anlaß gegeben hat, so kann eine Acetylenanlage jahrelang im Betrieb gehalten werden, ohne daß irgendwelche Anstände sich einstellen.

Unfälle mit Acetylenanlagen.

Unfälle und Brände, die durch Acetylen hervorgerufen werden oder durch Explosionen von Acetylenapparaten, sind in den weitaus meisten Fällen auf Fahrlässigkeit zurückzuführen. Auf keinen Fall ist das Acetylen, wie leider auch jetzt noch vielfach nicht nur in Laienkreisen angenommen wird[2], in seiner Herstellung und Verwendung gefährlicher als irgendein anderer Stoff, der für Beleuchtungs- oder technische Zwecke verwendet wird.

[1] Carbid und Acetylen 1915, Nr. 10, S. 45.

[2] Vgl. den Aufsatz in den Mitteilungen für die öffentlichen Feuerversicherungsanstalten (Zeitschrift für Versicherungswesen und Feuerschutz), 1916, Nr. 19/20. *Bruhns:* Acetylen- oder Spirituslaternen für Stallbeleuchtung (s. auch Carbid und Acetylen 1917, Nr. 12 u. 13).

Einwandfreie Gegenüberstellung von Bränden, die durch die verschiedenen Stoffe hervorgerufen wurden, die für Beleuchtung usw. in Frage kommen, liegen insofern nicht vor, als aus den vorhandenen Statistiken sich nicht erkennen läßt, wieviel Anlagen, Lampen usw. mit den einzelnen Betriebsstoffen überhaupt im Betrieb waren.

Unter diesen Gesichtspunkten ist die nachstehende Aufstellung zu betrachten, die den Mitteilungen für die öffentlichen Feuerversicherungsanstalten [1] entnommen ist, die aber dennoch einen gewissen Überblick gibt und die oben gemachten Angaben bestätigt [2].

1	2	3	4	5	6	7	8
Ursachen	Brände in den Jahren						
	1907	1908	1909	1910	1911	1912	1913
1. Leucht-,Koch-u.Heizgas, erwiesen	473	543	529	531	698	718	648
2. „ „ „ „ gemutmaßt	13	14	24	25	31	26	34
2. Acetylen	12	22	26	20	32	29	32
3. Äther	17	18	16	25	23	20	23
4. andere Gase (hauptsächlich Hochöfen-, Koksöfen-Gase)	2410	2644	2863	2936	3925	3834	3219
5. Petroleum, erwiesen	1908	2309	2595	2601	2369	2107	1515
„ gemutmaßt	49	50	59	66	154	79	65
6. elektrische Leitung, erwiesen . .	241	254	241	291	318	371	392
„ „ gemutmaßt	90	98	79	112	150	139	173
7. andere Stoffe	1089	982	1017	1297	1757	1470	1381
8. offenes Licht, erwiesen	4575	4823	5049	5061	5440	5393	3880
„ „ gemutmaßt . . .	389	417	441	367	497	454	409
9. Petroleumlampen, erwiesen . . .	1700	1899	1994	2420	2528	2600	1875
„ gemutmaßt. .	116	154	126	126	158	152	149
10. Benzinlampen	16	26	96	36	66	56	35
11. Spirituslampen	297	421	301	437	445	405	284
12. Ätherlampen	6	4	5	34	33	10	2
13. elektrische Lampen	42	42	62	54	91	52	68
14. Gaslampen	316	366	645	687	748	815	888
15. Lampen erwiesen	6125	6215	6163	6205	6346	5937	3909
„ gemutmaßt	359	360	319	372	428	391	362
16. Laternen	115	110	171	141	153	121	137
17. Lampions	21	19	23	31	41	31	34
18. Acetylenlicht	3	—	2	6	4	7	4

Auch aus den Rechenschaftsberichten der Berufsgenossenschaft der Gas- und Wasserwerke geht hervor, daß Unfälle bei Acetylengasfabriken kaum zu verzeichnen sind. So wurden der Berufsgenossenschaft gemeldet:

[1] Mitteilungen für die öffentlichen Feuerversicherungsanstalten (Neue Folge, Ausgabe B), 1916, Heft 3/4 (vgl. auch Carbid und Acetylen 1917, Nr. 15, 17, 18).

[2] In der nachstehend angeführten Tabelle sind die Jahre 1902 bis 1906, die in der ursprünglichen Aufstellung ebenfalls angegeben sind, weggelassen, da in ihr Angaben über die Ursachen 8 bis 18 nicht enthalten sind.

Jahr	Steinkohlengasanstalten		Acetylengasanstalten		Luftgasanstalten	
	Anzahl der Anstalten	Anzahl der Unfälle	Anzahl der Anstalten	Anzahl d. Unfälle	Anzahl der Anstalten	Anzahl d. Unfälle
1910	1333	3804	123	2	66	3
1911	1356	3912	123	0	77	1
1915	1331	648(?)[1]	108	0	?	?

In diese Unfälle sind alle eingeschlossen, die sich im inneren Betrieb, also bei der Herstellung der Gase, als auch im äußeren Betrieb, Rohrnetz, Anschlußleitungen, öffentliche Beleuchtung, Privateinrichtungen u. ä. ereignet haben.

Eine andere Aufstellung[2], in der alle Unfälle auf Grund von Zeitungsausschnitten zusammengestellt wurden, die sich innerhalb zweier Monate (25. Dezember 1913 bis 15. Februar 1914) mit den verschiedenen Beleuchtungsarten ereignet haben, ergibt ebenfalls, daß, bei aller Unsicherheit solcher Aufstellungen, das Acetylen durchaus günstig dasteht.

Beleuchtungsart	Zahl der Unfälle	Tote	Verwundete	Brände
Steinkohlengas	59	20	60	16
Elektricität	54	6	14	35
Acetylen	9	0	14	2
Benzin	99	37	53	48
Petroleum	43	12	16	31
Spiritus	19	7	12	10

Im Jahre 1914 sind in Deutschland 850 Unfälle bekannt geworden, die bei der Benutzung von Steinkohlengas, Petroleum, Acetylen und Elektrizität entstanden sind[3]; davon entfallen auf Steinkohlengas 301, Petroleum 380, Acetylen 31 und Elektrizität 138. Von den Unfällen geschahen in Wohnräumen 50% der Gasexplosionen und 85% der Gasvergiftungen, desgleichen 85% der Petroleumexplosionen, während Acetylen nur 1, Elektrizität gar keinen Unfall in Wohnräumen verursachte.

Maßregeln zum Schutze der Acetylenanlagen in Brandfällen.

Wichtig ist die Frage, welche Maßnahmen zu treffen sind, wenn in einem Grundstück mit einer Acetylenanlage ein Brand ausbricht, um die Anlage vor Feuer zu schützen oder wenigstens ein Unglück zu verhüten, daß durch ungeschicktes oder unsachgemäßes Eingreifen uneingeweihter Personen herbeigeführt werden kann. Wohl mancher, der eine Acetylenanlage besitzt, oder zu überwachen hat, und manche Feuerwehr wird, wenn diese Frage eines Tages plötzlich auftritt, in der Aufregung Maßnahmen treffen, die die Gefahr eher erhöhen als beseitigen.

[1] Wohl nur äußerer Betrieb (Rohrnetz und Anschlußleitungen).
[2] Carbid und Acetylen 1914, Nr. 7, S. 71 (nach einem Bericht der Revue des Eclairages).
[3] Carbid und Acetylen 1920, Nr. 4, S. 18.

Die beiden wichtigsten Vorkehrungen, die vor allem getroffen werden müssen, erstrecken sich darauf, die weitere Gaserzeugung im Apparateraum zu unterbrechen und die Entzündung des bereits erzeugten Acetylens zu verhindern.

Deshalb ist aus dem Apparateraum zuerst alles dort lagernde Carbid fortzuschaffen und an einen sicheren, vor Nässe geschützten Ort zu bringen. Bei Apparaten mit selbsttätiger Beschickungsvorrichtung ist der Mechanismus außer Tätigkeit zu setzen. Der Haupthahn am Apparat und sämtliche sonstige Absperrvorrichtungen sind zu schließen.

Sind die Carbidtrommeln entfernt, so steht der Verwendung von Wasser zu Löschzwecken nichts im Wege; ist dies nicht gelungen, so kann man für Löschzwecke nur Trockenlöschmittel verwenden. Der Acetylenapparat wird am besten nicht angerührt; in den weitaus meisten Fällen wird er den Brand aushalten; wird der Apparat oder besonders der Gasbehälter beim Brand beschädigt, so brennt das Acetylen, so lange es nicht mit Luft gemischt ist, mit großer rußender Flamme ab.

Trotzdem sollte das Dach des Apparatehauses zum Zweck des Löschens in Anbetracht einer möglichen Explosion nicht betreten werden.

Ist ein Brand in der Nähe des Apparatehauses ausgebrochen, so schaffe man die Carbidtrommeln ebenfalls an einen sicheren Ort und lasse im übrigen durch einen Posten alle Vorkehrungen treffen, damit beim Übergreifen des Feuers auf das Apparatehaus sofort eingegriffen werden kann.

Gelöstes Acetylen.

Die überraschend einfache Art, Acetylen aus Calciumcarbid überall darzustellen und dem Verwendungszwecke zuzuführen, schien anfänglich die Herstellung eines versandfähigen Acetylengases völlig überflüssig zu machen. Diese Ansicht stellte sich jedoch bald als eine irrige heraus. Man stieß nämlich auf vielerlei Schwierigkeiten sowohl bei der scheinbar so einfachen Entwicklung des Gases aus Carbid, bei seiner Reinigung als auch bei der Beseitigung des Carbidschlammes. Die fortschreitende Technik verlangte daher sehr bald ein versandfähiges, gereinigtes und jederzeit sofort gebrauchsfähiges Acetylen. Bei der Bemühung zur Schaffung eines solchen begegnete man jedoch gleich im Anfangsstadium den allergrößten Schwierigkeiten. Die physikalischen Eigenschaften des Acetylens ließen es nämlich nicht zu, dieses Gas auf höheren Druck zu pressen und in Stahlflaschen aufzuspeichern; denn schon bei 2 Atm Überdruck neigt das Acetylen zum endothermischen Zerfall unter explosionsähnlichen Erscheinungen[1]. Dieser einfache, naheliegende Weg war also nicht gangbar. Bessere Aussichten boten sich jedoch, als man die Lösungsfähigkeit des Acetylens im Aceton entdeckte. Die Forschungen auf diesem Gebiete hatten ergeben, daß eine Lösung von Acetylen in Aceton bis zu einem Drucke von ca. 10 Atm als gefahrlos angesehen werden konnte, ferner, daß relativ große Mengen Acetylen auf verhältnismäßig kleinem Raume unter geringem Drucke im Aceton gelöst und somit aufgespeichert werden konnten. Trotzdem konnte ein auf dieser Erkenntnis beruhendes Verfahren, nämlich Stahlflaschen mit Aceton zu füllen, Acetylen darin unter Druck zu lösen und in Verkehr zu bringen, sich nicht einführen. Die peinliche Befolgung der Vorschrift, derartige Flaschen zur Gasentnahme immer aufrecht zu stellen, damit die Flüssigkeit nicht in Ventile und Leitungen ausfließt, die durch Wärmesteigerung bedingte Druckerhöhung des über dem Flüssigkeitsspiegel befindlichen gasförmigen Acetylens und die damit verbundene Gefahr, ferner die geringe Wirtschaftlichkeit infolge großen Acetonverlustes bei der Gasentnahme u. dgl. machten das Verfahren unmöglich. Am 12. September 1897, also knapp 3 Jahre, nachdem von *Armin Tenner* das erste technisch dargestellte Carbid von Amerika nach Deutschland gebracht worden war, wurde beim Deutschen Patentamte ein Verfahren angemeldet, um in den mit komprimiertem, explosiblem Gas gefüllten Behältern ein Ausbreiten der Explosion zu verhindern. Auf diese Anmeldung wurde der *Compagnie française de l'Acétylène dissous* ein Patent unter der Nummer 101 204 erteilt. Dasselbe wurde grundlegend für die Entwicklung der Industrie des gelösten Acetylens und hierfür praktisch brauchbar gemacht in Verbindung mit der Erkenntnis der Lösungsfähigkeit des Acetons

[1] Vgl. oben S. 4.

für Acetylen. Der Patentanspruch lautet: „Verfahren, das Ausbreiten von Explosionen in mit komprimiertem, explosiblem Gas gefüllten Behältern dadurch zu verhindern, daß man diese Behälter vor Aufnahme des Gases mit porösen Körpern in Körner- oder Pulverform wie Bimsstein, keramische Massen oder dgl. anfüllt, deren Poren oder Zwischenräume die Aufnahme geeigneter Gasmengen zulassen und die Zirkulation des Gases in gasförmiger oder flüssiger Form oder eines eingeführten Lösungsmittels für das Gas nicht hindern." Die Erfindung besteht danach in der Verwendung einer porösen Masse, d. h. in der feinen Aufteilung und Zerteilung des explosiblen Gases in den Poren. Auch vom heutigen Stande der Technik aus betrachtet, muß man zugeben, daß bereits alle diejenigen Erkenntnisse, die erst viel später nach langjähriger Praxis und wissenschaftlicher Durchbildung ihre Bestätigung gefunden haben, in diesem Patente offenbart wurden. Man betrachtet auch heute noch die poröse Masse als das wichtigste Element bei der Herstellung eines versandfähigen Acetylengases um eine Fortpflanzung der Explosionswelle, die bei Initialzündung unter gewissen Umständen entstehen kann, zu verhüten. Dem Aceton, welches nur bis zu einem Drucke von etwa 10 Atm explosionshindernd wirkt, fällt bei dem Verfahren mehr die Aufgabe zu, die Kapazität unter gleichzeitiger Herabsetzung des Kompressionsdruckes zu vergrößern.

Die französischen Forscher *Claude* und *Heß*[1] hatten zuerst bei ihren Versuchen gefunden, daß Acetylen sich in verschiedenen Flüssigkeiten mit Leichtigkeit löste. Besonders gute Lösungswerte fanden sie für Aceton, welches unter normalem Drucke und normaler Temperatur pro Volumeneinheit ca. 25 Volumina Acetylen löste. Aceton ($CH_3 \cdot CO \cdot CH_3$) ist eine wasserhelle Flüssigkeit mit eigentümlich ätherischem Geruch. Sein spez. Gewicht beträgt 0,81 bei 0° C und 0,795 bei 15° C. Sein Siedepunkt liegt bei 56,3° C. Diese Werte sind jedoch je nach der Reinheit des Acetons starken Schwankungen unterworfen. Aus den späteren Erörterungen wird noch hervorgehen, welche wichtige Rolle die Eigenschaften des Acetons spielen. Während das Aceton früher fast ausschließlich durch Destillation von essigsaurem Kalk gewonnen wurde, stellt man es heute in großer Reinheit auch synthetisch aus Acetylen dar[2]. Die älteren Literaturangaben über die Lösungsfähigkeit des Acetons für Acetylen sind sehr ungenau und schwankend. Die ersten systematischen und zusammenhängenden Untersuchungen hierüber sind von Dr.-Ing. *W. Siller* gemacht worden und in den „Technischen Studien", Heft 5, 1914 veröffentlicht. Im nachstehenden ist, wenn nicht besonders vermerkt, auf diese Forschungsergebnisse Bezug genommen.

Für die Technik des gelösten Acetylens ist es von der größten Bedeutung, seine Lösungsfähigkeit im Aceton bei den verschiedenen Temperaturen und Drucken sowie die dabei auftretenden Volumenveränderungen genau zu kennen. Fig. 48 gibt diese Zusammenhänge für verschiedene Temperaturen wieder. Die Kurven sind durch Versuche ermittelt. Den Versuchen ist ein Aceton mit dem

[1] Compt. rend. de l'Acad. des Sc. **124**, 626.
[2] Vgl. weiter unten S. 342.

Siedepunkt 56 bis 57° C, einem spez. Gewicht von 0,81 bei 0° C bzw. 0,795 bei 15° C und einer Reinheit von 99,2% zugrunde gelegt. Für eine Temperatur von 15° C ergibt sich hieraus z. B. die Lösungsfähigkeit des Acetons für Acetylen mit 23 und die dabei auftretende Ausdehnung mit 4,7%, d. h. 1 l Aceton löst bei 15° C und 1 Atm absolut 23 l Acetylen auf und dehnt sich hierbei um 4,7% des ursprünglichen Volumens, also um 0,047 l aus. Aus der Kurve erkennt man weiter, daß die Lösungsfähigkeit bei steigender Temperatur rasch sinkt, ebenso entsprechend die prozentuale Ausdehnung. So beträgt z. B. bei + 35° C die Lösungsfähigkeit etwa das 16fache und die Ausdehnung 3,2%. Bei niedrigeren Temperaturen zeigt sich dagegen eine auffallende Steigerung des Lösungsvermögens und der Ausdehnung. Eine Proportionalität ist nicht festzustellen, die Kurve besitzt vielmehr eine Form, die zur Zeit lediglich

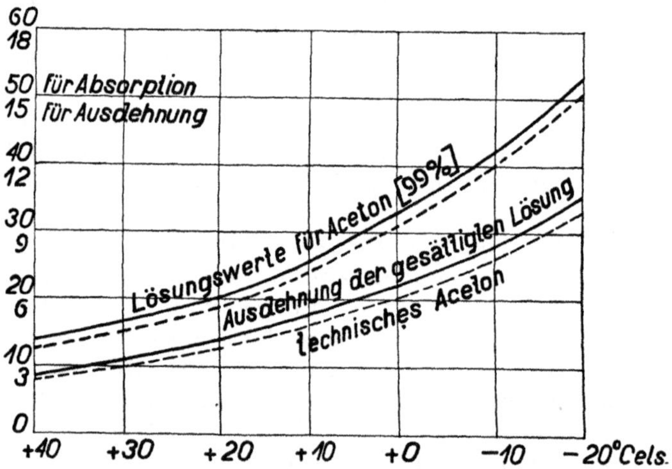

Fig. 48. Lösungsfähigkeit des Acetons und Ausdehnung der Lösung in Abhängigkeit von der Temperatur bei einem Druck von 1 atm. abs. Lösungsfähigkeit, ausgedrückt in dem Vielfachen des von dem einfachen Volumen Aceton gelösten Acetylens, bezogen auf die jeweilige Versuchstemperatur. Ausdehnung ausgedrückt in Prozenten des anfänglichen Acetonvolumens.

durch Versuche ermittelt werden kann, da die wissenschaftlichen Untersuchungen über den eigentlichen Lösungsvorgang noch zu keinem Abschluß gelangt sind. Die in der Figur 48 dargestellten Kurven geben die Lösungs- und Ausdehnungswerte für Aceton und Acetylen unter atmosphärischer Spannung an. Aus Figur 49 ist ersichtlich, daß das Aceton bei Druckerhöhung des Acetylens proportional gleiche Mengen löst, so daß also bei 15 Atm absolut und 15° C das 15 mal 23fache Volumen gelöst wird usw. Bei der vermehrten Aufnahme des Acetylens unter höherem Druck steigt natürlich auch die Ausdehnung des Acetons in gleichem Verhältnis. Die gesamte Ausdehnung des Acetons bei 15 Atm absolut ist daher 15 · 4,7% = 70,5% vom ursprünglichen Volumen. 1 l Aceton nimmt also nach vollständiger Sättigung mit Acetylen unter 15 Atm Druck ein Volumen von 1,705 l ein. Diese Volumenausdehnung ist außerordentlich groß und die Ursache dafür, daß eine Flasche nicht mit der gleichen Menge Aceton gefüllt werden darf, wie sie Wasserinhalt besitzt.

Die Acetonacetylenlösung besitzt nun die günstige Eigenschaft, bei Druckminderung das Acetylen wieder freiwillig abzugeben, so daß man das Aceton als einen Gasakkumulator ansprechen kann, in welchen je nach Belieben Gas aufgespeichert und dem es wieder entnommen werden kann. Die erstmalig unter 1 Atm absolut eingefüllte Menge läßt sich jedoch für den Verbrauch nicht mehr nutzbar machen, da sie nur durch ganz besondere Mittel wie Vakuum oder Wärme wieder herausgebracht werden kann. Man läßt daher in der Praxis diese Menge Acetylen im Aceton gelöst und benutzt lediglich die unter Überdruck eingefüllte Menge. Die Lösungsfähigkeit des Acetons ist von verschiedenen Faktoren abhängig, in erster Linie aber von dem Grade seiner absoluten Reinheit. Geringe Verunreinigungen, z. B. solche durch

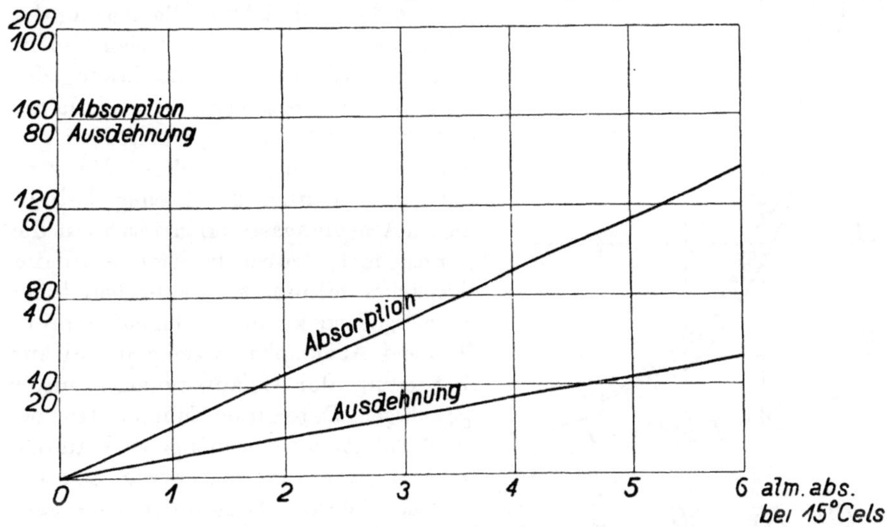

Fig. 49. Abhängigkeit der Absorptionsfähigkeit des Acetons und der Ausdehnung der Lösung nach erfolgter Sättigung vom Druck. Lösungsfähigkeit ausgedrückt in dem Vielfachen des von dem einfachen Volumen Aceton gelösten Acetylens, bezogen auf die jeweilige Versuchstemperatur. Ausdehnung ausgedrückt in Prozenten des anfänglichen Acetonvolumens.

Wasser, setzen, wie *Siller* ebenfalls untersucht hat, die Lösungsfähigkeit ganz bedeutend herab. Figur 50 zeigt den Einfluß, welchen die Vermengung des Acetons mit Wasser auf die Lösungsfähigkeit ausübt. Hiernach setzt ein Wassergehalt von nur 2,7% die Lösungsfähigkeit von 23 auf 20 herab. Bei 10,7% Wasserzusatz findet man den Lösungswert auf 15 und bei 25% auf 10 herabgesetzt. Aus diesen Zahlen ergibt sich, wie wichtig es ist, das Aceton in nur reinster Form zu verwenden und zu erhalten, und das Acetylen, welches man in die Flaschen einfüllt, vorher besonders gut zu trocknen, damit nicht durch den Gehalt an Wasser das Aceton allmählich verunreinigt wird.

Auf eine weitere wichtige Eigenschaft des Acetons soll noch im Nachfolgenden kurz eingegangen werden. Wie schon erwähnt, ist die Zersetzungsgefahr des in Aceton gelösten Acetylens erheblich verringert. *Berthelot* und *Vieille*[1]

[1] Compt. rend. de l'Acad. des Sc. **124**, 988, 996, 1000.

haben hierüber sehr eingehende Versuche angestellt. Diese beiden Forscher lösten bei verschiedenen Drucken Acetylen in Aceton und versuchten, diese Acetonacetylenlösung in einem Stahlrohr durch Initialzündungen mittels glühenden Platindrahtes zur Explosion zu bringen. Als Ergebnis berichten sie, daß eine Lösung von Acetylen und Aceton, welche bei einem Lösungsdrucke von 10 Atm hergestellt wird, inexplosibel ist. Bei der Zündung durch den glühenden Platindraht wird lediglich das über der Lösung befindliche gasförmige Acetylen zersetzt, die Zersetzung aber auf die Lösung selbst nicht fortgepflanzt. Der hierbei entstehende Explosionsdruck ist verhältnismäßig so gering, daß bei richtiger Bemessung der Wandstärken irgendeine Gefahr nicht entsteht. Wird dagegen die Lösung des Acetylens im Aceton unter einem höheren Drucke als 10 Atm hergestellt, so liegen die Verhältnisse ganz anders. Die Zersetzung des über der Lösung befindlichen Acetylengases pflanzt sich auf die Lösung fort, wobei die letztere an der Explosion teilnimmt. Es entstehen dabei gewaltige Drucke, die sich bis auf mehrere Tausend Atmosphären steigern und zur Zerstörung der Gefäßwandungen unter gewaltiger Detonation führen. Hierbei wird das Aceton ebenfalls vollkommen zersetzt, was um so merkwürdiger ist, als das Aceton bekanntlich eine exothermische Verbindung ist, welche zu einer Zersetzung an und für sich nicht neigt. Die Grenzzahl von 10 Atm, welche die Forscher fanden, gibt natürlich nur einen ungefähren Anhaltspunkt, wie weit man bei reinen Acetylenacetonlösungen gefahrlos gehen kann; denn es ist sehr wohl möglich, daß auch bei Drucken, die unter 10 Atm liegen, unter besonders ungünstigen Verhältnissen Explosionen vorkommen können. Jedenfalls ist aber durch die Versuche erwiesen, daß die Explosivität des komprimierten und im Aceton gelösten Acetylens bis zu ungefähr 10 Atm Druck erheblich herabgemindert ist, während flüssiges Acetylen sogar als Sprengstoff angesehen werden muß.

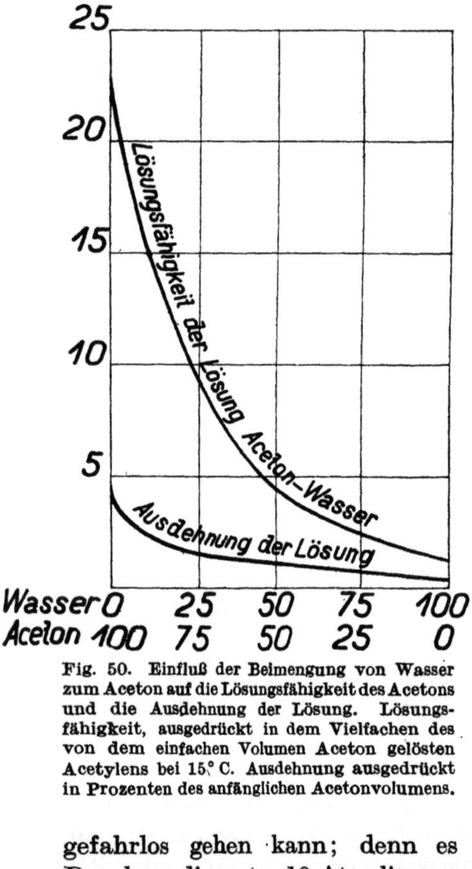

Fig. 50. Einfluß der Beimengung von Wasser zum Aceton auf die Lösungsfähigkeit des Acetons und die Ausdehnung der Lösung. Lösungsfähigkeit, ausgedrückt in dem Vielfachen des von dem einfachen Volumen Aceton gelösten Acetylens bei 15° C. Ausdehnung ausgedrückt in Prozenten des anfänglichen Acetonvolumens.

Das zweite und wichtigste Element für die Herstellung gelösten Acetylens ist die poröse Masse. Ihr fällt die Aufgabe zu, die Ausbreitung einer Initialexplosion mit Sicherheit zu verhindern und im Keime zu ersticken, so daß ein Zerfall im Akkumulator nur lokal erfolgen kann. Wird nämlich die Explosionswelle nicht sofort und mit Sicherheit lokalisiert, so ist zu erwarten, daß der Akkumulator, wie man sich technisch ausdrückt, „durchbrennt“ und explodiert, da beim endothermischen Zerfall immerhin Drucke bis zum Zehnfachen des Anfangsdruckes entstehen können.

Wie schon oben[1] näher ausgeführt ist, beruht die Fortleitung eines endothermischen Zerfalls des Acetylens bei Drucken von über 2 Atm darauf, daß die einzelnen Moleküle einander stark genähert werden, wodurch die Fortpflanzung des an einer Stelle eingeleiteten Zerfalls begünstigt wird. Aus dieser Erkenntnis heraus ist die Herstellung der porösen Masse entstanden. Versuche hatten ergeben, daß man die Zersetzungsgefahr des komprimierten Acetylens vermindert bzw. in gewissen Grenzen aufhebt, wenn man das Acetylen mit nicht explosiblen Gasen, z. B. Stickstoff, Ölgas u. dgl. mischt. Die Zwischenlagerung von Molekülen inexplosibler Gase verhindert die direkte Berührung der Acetylenmoleküle und damit die Weiterleitung eines Zerfalls, natürlich nur in gewissen Grenzen und bestimmten Mischungsverhältnissen. Eine ähnliche Rolle spielt die poröse Masse, indem das Acetylen in den Poren der Masse außerordentlich fein verteilt wird, und durch die Materie der Masse eine Trennung der Gasmoleküle erfolgt. Hierüber sind eingehende Versuche angestellt worden, welche die Richtigkeit dieser Anschauung bestätigen; doch muß man stets dabei im Auge behalten, daß auch die poröse Masse je nach Qualität und Quantität verschiedenartig wirkt und einen wirklichen Schutz gegen die Fortpflanzung der Explosionswelle nur innerhalb gewisser enger Grenzen bietet. Diese Grenzen können natürlich nur experimentell festgestellt werden. In der Verwendung der porösen Masse für gelöstes Acetylen liegt zweifellos der Kernpunkt dieser ganzen heute so hoch entwickelten Industrie. Es sei daher im nachstehenden etwas näher auf dieselbe eingegangen.

Füllt man irgendeinen Rauminhalt mit kleinen Schrot- oder Glaskugeln, so wird der Gesamtraum in zahlreiche kleine Zwischenräume, die durch die kugelige Form entstehen, aufgeteilt. Man erzielt damit eine gewisse Porosität des Raumes, ohne daß die Füllsubstanz selbst Poren besitzt. Eine weitere Ausbildung erreicht man dadurch, daß die den Hohlraum ausfüllenden Kügelchen selbst porös sind, so daß die Poren der Füllsubstanz an der Aufteilung des Raumes teilnehmen. Es ist klar, daß hierdurch die Porosität vergrößert wird. Man könnte hierzu beispielsweise kleine Bimsstein- oder Holzkohlekugeln benutzen. Das dritte, am meisten benutzte Verfahren besteht darin, daß man den Hohlraum durch die Füllsubstanz so ausfüllt, daß zwischen den eingefüllten Substanzen überhaupt keine Hohlräume entstehen, sondern die gesamte Porosität nur durch die eigenen Poren der Füllsubstanz gebildet wird. Für die Beurteilung der Güte einer porösen Masse gelten folgende Gesichtspunkte: Sie muß erstens explosionshindernd wirken, zweitens eine hohe und beständige Porosität besitzen, drittens ein geringes spezifisches Gewicht aufweisen und schließlich möglichst billig sein.

Man hat die porösen Massen in starre und elastische eingeteilt. Zu den elastischen Massen rechnet man beispielsweise Asbest-, Seide-, Zellulose-,

---

[1] Vgl. S. 5.

Kapokfüllungen u. dgl.; zu den starren Massen dagegen Briketts aus Ziegeln oder Bimsstein oder solche aus Holzkohle mit Asbestfasern oder solche Massen, welche breiig in die Flaschen eingefüllt werden und beim Trocknen infolge eines zementartigen Bindemittels erstarren. Jede Porosität, gleichgültig, wie sie erzeugt ist, wirkt bis zu einem gewissen Grade explosionshindernd. Für praktische Zwecke muß daher für jede einzelne poröse Masse festgestellt werden, bis zu welchen Höchstdrucken sie zuverlässigen Schutz gewährt. Nach den gesetzlichen Bestimmungen ist die Füllung eines Akkumulators bei 15° C und 15 Atm Überdruck gestattet. Ohne Aceton würde der Druck in einem solchen Behälter von 15 Atm auf 18 Atm steigen, wenn die Temperatur von 15° auf 40° C erhöht wird. Für einen Behälter mit Aceton steigt unter den gleichen Bedingungen der Druck von 15 Atm auf 25 Atm Überdruck. Die poröse Masse muß demnach für sich allein, also ohne Aceton, den endothermischen Zerfall des Acetylens bei einem Drucke von 18 Atm lokal beschränken können, während beim acetonierten Akkumulator diese Wirkung noch bei 25 Atm Überdruck vorhanden sein muß. Die Prüfung erfolgt am besten dadurch, daß man in der Flasche durch einen elektrischen Funken oder glühenden Platindraht eine Initialzündung hervorruft. Hierbei darf die Masse nicht zerstört werden, sondern die Explosion muß streng auf die Zündstelle lokalisiert bleiben. Es ist ohne weiteres klar, daß, je größer die Porosität ist, um so mehr Acetylen in gelöster Form im Behälter mitgeführt werden kann. Bei zuverlässigen Massen hat man bisher eine Porosität von 75 bis 80% experimentell ermittelt. Diese Porosität muß aber so beschaffen sein, daß sie dauernd erhalten bleibt und die Masse nicht in längerem Betriebe zusammensackt, so daß gefährliche Hohlräume entstehen. Ein Nachstopfen sollte unter allen Umständen vermieden werden, da hierdurch naturgemäß der Porositätsgrad entsprechend vermindert wird. Geringes Gewicht und Billigkeit sind wirtschaftliche Forderungen, die aber vor der Sicherheit zurückgestellt werden müssen, d. h. sie dürfen nicht auf Kosten der Sicherheit erzielt werden. Sämtliche Untersuchungen bezüglich der Porosität der Masse und ihrer Wirkung können nur experimentell angestellt werden. Die Erfindung der porösen Masse wurde, wie schon erwähnt, zuerst in Frankreich gemacht; jedoch gelang es erst den langjährigen Bemühungen der *Svenska Gasaccumulator*, Stockholm, die erste wirklich brauchbare Masse in den Handel zu bringen. Die schwedische Masse ist daher in allen Ländern am meisten verbreitet, so auch in Deutschland. Sie besteht im wesentlichen aus einer Mischung von Holzkohlestücken, Kieselgur und Asbest sowie einem verbindenden Zement. Die Masse wird breiartig angerührt und unter fortwährendem Schütteln und Stampfen in die Behälter eingefüllt. Dann werden die so vorbereiteten Behälter 5 bis 6 Wochen unter besonderen Vorsichtsmaßregeln bei einer Temperatur bis zu 250° C im Ofen getrocknet, um das Wasser bis zur Gewichtskonstanz auszutreiben. Hierbei tritt dann eine Bindung des Zements ein, und die Flaschen sind nach Beendigung des Trocknungsprozesses vollkommen mit der porösen Masse ausgefüllt. Die genauere Zusammensetzung sowie die besonderen Erfahrungen und Vorsichtsmaßregeln bei der Fabrikation sind Geheimnis der fabrizierenden Firmen. Die Herstellung dieser Masse ist eine schwierige Arbeit, zu der große Erfahrungen gehören. Um die gleichmäßige Qualität der porösen Masse sicherzustellen, müssen die zur Verwendung gelangenden Rohmaterialien vorher genau analysiert werden, da eine nachträgliche Feststellung der Eigenschaften der porösen Masse nur möglich ist, wenn man die wertvollen Flaschen zerstört. Vor einigen Jahren wurde in Deutschland eine weitere Masse für die Füllung von Stahlflaschen behördlich zugelassen. Sie besteht darin, daß man Zellstofflocken (Zellulose) in Stahlflaschen mit eisernen Knüppeln einstampft. Um einige Anhaltspunkte für die Porosität zu haben, wird den Arbeitern hierbei vorgeschrieben, daß pro Liter eine ganz bestimmte Gewichtsmenge, etwa 0,2 kg, eingestampft wird. Nach dem Stampfprozesse werden auch diese Flaschen im Trockenofen einem Trockenprozesse unterworfen, um das hygroskopische Wasser, welches im Zellstoff nach Angabe der Herstellerin vorhanden ist, auszutreiben. Die Erhitzung wird bis zu etwa 130° getrieben, wobei die Flaschen evakuiert werden. Sobald die Masse fertiggestellt und getrocknet ist, besitzt sie trotz ihrer Elastizität eine gewisse Festigkeit. So umfangreiche Erfahrungen wie mit der schwedischen Masse liegen mit dieser Masse noch nicht vor, da sie erst seit etwa fünf Jahren im Verkehr ist und auch nur verhältnismäßig wenige Flaschen nach dieser Füllmethode gefüllt worden sind[1]. Während die Flaschen mit schwedischer Masse stehend in verhältnismäßig kurzer Zeit gefüllt werden können, müssen solche mit Zellstoffüllung liegend an die Fülleitung angeschlossen werden, da sie sonst nur wenig Gas aufzunehmen imstande sind. Auch dauert der Füllprozeß ziemlich lange. Obwohl für die Kapazität eines Akkumulators theoretisch nur die eingefüllte Acetonmenge ausschlaggebend ist, zeigt sich hier doch ein erheblicher Einfluß der verschiedenen porösen Massen. Dies kann nur damit erklärt werden, daß in dem einen Falle das Aceton besser und gleichmäßiger durch die ganze Masse hindurch verteilt ist und somit dem Acetylen eine größere Oberfläche bietet[2]. In anderen Ländern werden außer der schwedischen Masse noch die Champymasse, die Brikettmasse und die Asbestmasse benutzt[3]. Die Champymasse besteht lediglich aus feingeschnittenen Holzkohlestückchen von der Größe der Reiskörner. Die Holzkohle soll nach Angabe der Erfinder in überhitztem Dampf besonders präpariert und gehärtet werden, so daß sie in der Flasche bei Stößen nicht leicht zerbricht. Die Brikettmasse besteht aus einer Art poröser Ziegel, welche in Scheiben vom Durchmesser der zu verwendenden Flaschen hergestellt und

---

[1] Bei der behördlichen Prüfung dieser Masse wurden nach dem mir bekannten Prüfungszeugnis von der Zentralstelle für wissenschaftlich-technische Untersuchungen in Neubabelsberg gute Ergebnisse erzielt. (*J. H. Vogel.*)

[2] Ganz neuerdings ist noch die behördliche Zulassung für eine aus feinen Holzkohle- und Korkstückchen bestehende Masse ausgesprochen worden. Der etwa 10% betragende Korkzusatz soll durch Aufquellen im Aceton der Kohlemasse eine feste Lagerung geben.

[3] Vgl. Carbid und Acetylen 1920, Nr. 15, S. 62.

eingelegt werden. Diese Ziegel sind aber sehr schwer in gleichmäßiger Form und Porosität herzustellen; sie besitzen ferner den Nachteil, daß die Öffnungen der Flaschen so groß wie die Durchmesser derselben sein müssen, damit man sie einbringen kann. Für nahtlos gezogene Flaschen, wie solche fast überall vorgeschrieben sind, kommen sie daher nicht in Betracht. Von der Asbestmasse ist nur zu sagen, daß fein gezupfte Asbestfasern fest in die Flaschen eingestampft werden, in ähnlicher Weise wie die Zellstoffmasse. Es wurden ferner im Auslande zur Füllung der Flaschen Seidenabfälle sowie Kapok (eine Pflanzenfaser) in Vorschlag gebracht und benutzt. Die zuletzt angeführten Massen sind in Deutschland noch nicht behördlich geprüft und zugelassen. Der Verfasser dieses Abschnittes stellte 1921 in Gemeinschaft mit der Hanseatischen Acetylen-Gasindustrie in Hamburg eingehende Versuche an, um die Wirkung und die Eigenschaften der fremden, besonders aber der Kapokmasse zu ermitteln. Nach Angabe der Patentinhaberin, einer englischen Gesellschaft, sollen pro Liter Flaschenvolumen 150 g Kapok eingefüllt werden. Die Versuche ergaben für eine derartige Füllung eine Porosität von ca. 82%. Um festzustellen, ob die Masse explosionshindernd wirkt, wurde eine Flasche mit Kapok unter einem Drucke von 18 Atm mit Acetylen gefüllt, und zwar, ohne daß vorher Aceton eingefüllt worden war. Der Versuch wurde in bekannter Weise durch Initialzündung mittels eines glühenden Platindrahtes vorgenommen. Es ergab sich hierbei, daß sofort nach Erglühen des Platindrahtes zunächst eine Teilexplosion eintrat, die aber 2 bis $2^1/_2$ Stunden fortdauerte, wobei der Druck bis auf etwa 30 Atm gesteigert wurde. Bei nachträglicher Untersuchung konnte Verfasser feststellen, daß die Kapokfasern vollkommen verkohlt und zerstört waren, ein Beweis dafür, daß die eingetretene Zündung bei diesem Versuche jedenfalls nicht sofort wieder ausgelöscht wurde, sich vielmehr durch den ganzen Behälter fortgepflanzt hatte. Die Masse dürfte also vor ihrer etwaigen Einführung in Deutschland erst noch genauester Prüfung bezüglich Sicherheit zu unterwerfen sein.

Nachdem man erkannt hatte, daß die Akkumulierung des Acetylens mittels Aceton und poröser Masse in Stahlbehältern bei gewissenhafter und sachverständiger Ausübung des Verfahrens gefahrlos möglich war, wurde zunächst in Frankreich und später auch in allen anderen Staaten die gesetzliche Erlaubnis zur Verwendung dieses Verfahrens gegeben. In Deutschland ist seit 1914 die Verwendung einer porösen Masse zur Aufspeicherung von Acetylen nur nach einer eingehenden behördlichen Prüfung zulässig. Nach § 4 der „Polizeiverordnung betreffend den Verkehr mit verflüssigten und verdichteten Gasen“ vom 1. Oktober 1921[1]) ist durch das Zeugnis einer anerkannten wissenschaftlichen Prüfstelle nachzuweisen:

1. Daß die poröse Masse die eisernen Behälter nicht angreift und weder mit dem Lösungsmittel für Acetylen noch mit diesem chemische Verbindungen eingeht;

---

[1] Vgl. S. 382.

2. daß die mit dem Lösungsmittel getränkte poröse Masse bei Erschütterungen auch in längerem Gebrauch nicht zusammensinkt oder gefährliche Hohlräume enthält;

3. daß die poröse Masse mit Sicherheit verhindert, daß die explosionsähnlichen Zersetzungen des Acetylens selbst bei hohen Temperaturen und heftigen Stößen der Flasche eintreten oder sich durch die Masse fortpflanzen.

Weiter schreibt § 6 der gleichen Verordnung vor, daß bei Steigerung der Außentemperatur auf 40° C die Raumausdehnung des Lösungsmittels sich gefahrlos vollziehen kann, wobei der Überdruck 25 Atm nicht überschreiten soll. Für die Behälter selbst gelten im übrigen die Bestimmungen, daß sie nahtlos sein müssen und bezüglich der Materialbeschaffenheit den Anforderungen, welche an Stahlflaschen für komprimierte Gase allgemein gestellt werden, genügen. Ähnlich wie die Sauerstoff- oder Stickstofflaschen einer periodischen Revision unterzogen werden, müssen auch die Flaschen für gelöstes Acetylen nach 5 Jahren einer wiederholten Prüfung unterzogen werden. Da die Prüfung der Flaschen für gelöstes Acetylen mittels der Wasserdruckprobe infolge der eingefüllten porösen Masse nicht möglich ist, ohne dieselbe zu zerstören, so ist die Druckprüfung ausnahmsweise mit Stickstoff gestattet. Über die Art und Weise, wie die wissenschaftliche Prüfstelle die Untersuchungen vorzunehmen hat, sind in der Polizeiverordnung keine Vorschriften erlassen; doch sollten auch hierfür zweckmäßig Richtlinien gegeben werden, damit die Prüfung möglichst einheitlich unter Berücksichtigung der in der Praxis gemachten Erfahrungen erfolgen kann. Immerhin haben die bisherigen gesetzlichen Bestimmungen erfreulicherweise verhindert, daß gänzlich unzuverlässige Massen, welche bei ihrer Anwendung stets große Gefahren mit sich bringen können, und die geeignet wären, das gelöste Acetylen in Mißkredit zu bringen, in Verkehr gelangt sind. Welch ungewöhnlich starken Beanspruchungen Flaschen mit gelöstem Acetylen bei sorgfältiger Herstellung und guter poröser Masse ausgesetzt werden können, ohne gefahrbringend für die Umgebung zu werden, geht aus den nachstehend angeführten Versuchsprotokollen hervor. Diese Versuche wurden im Jahre 1915 von der Zentralstelle für wissenschaftlich-technische Untersuchungen in Neubabelsberg[1] mit der sog. schwedischen Masse, welche heute von der Autogen Gasaccumulator A.-G., der Hanseatischen Acetylen-Gasindustrie A.-G. und der Gesellschaft für Lindes Eismaschinen A.-G. benutzt wird, angestellt.

„Um festzustellen, ob und inwieweit die Massefüllung die Entstehung und Fortpflanzung einer explosionsartigen Zersetzung des in ihr aufgespeicherten Acetylens verhindert, wurden folgende Versuche vorgenommen:

1. und 2. Beschußversuche. Zwei Flaschen, nämlich eine 5 l-Flasche Nr. 27 000 (Innendruck = 15 Atm) und eine 40 l-Flasche Nr. 1012 (Innendruck = 16 Atm) wurden auf 50 m Entfernung mit normalen Infanterie-Spitzgeschossen beschossen. Die beim Auftreffen auf die Flasche vorhanden gewesene Geschwindigkeit der Geschosse kann zu rund 830 m/sek angenommen werden. Die Geschosse erzeugten in den Flaschenwan-

[1] Die Prüfung solcher Massen erfolgt neuerdings in der Chemisch-Technischen Reichsanstalt zu Berlin-Plötzensee.

dungen etwa 10 mm weite Löcher[1], aus denen der Acetyleninhalt der Flaschen in Form blaugrauer Nebel unter starkem Zischen ausströmte, ohne sich zu entzünden.

3. Thermitversuch. Auf dem Mantel einer 5 l-Flasche Nr. 28 806 wurde am Tage vor dem Versuch ein Graphitring, bestehend aus einem Graphittiegel, dessen Boden abgeschlagen war, mit Lehm befestigt (vgl. Fig. 51). Beim Versuch wurde die Flasche wagerecht auf den Boden gelegt und der Tiegel mit Thermitmasse gefüllt. Auf letztere brachte man eine 1 cm dicke Schicht Zündmasse, in welche die durch eine Schwarzpulverzündschnur in Brand gesetzte Zündkirsche gebettet wurde. Die Flasche, deren Ventil geöffnet war, stand durch eine 20 m lange dünne Stahlrohrleitung mit einem Manometer in Verbindung. Der Innendruck betrug 15 Atm.

Etwa $^3/_4$ Min. nach der Entzündung der Thermitmasse schlug plötzlich unter starkem Brausen eine 4 m hohe und etwa $^1/_2$ bis 1 m starke Feuersäule empor, die von dem unter Druck ausströmenden brennenden Acetylen herrührte und 5 bis 10 Sekunden lang anhielt. Eine Explosion fand nicht statt. Das Manometer zeigte keine Drucksteigerung an.

Die Besichtigung ergab folgendes Bild: Es war ein Loch von 20 bis 25 mm Durchmesser in die Flaschenwandung gebrannt. Nach dem Aufschneiden der Flasche sah man, daß ein Teil der porösen Masse mit der Flamme herausgeschleudert war, und daß der noch in der Flasche befindliche Teil der Füllmasse keine Veränderung aufwies.

4. Sprengversuch. Auf die auf den Boden gelegte 5 l-Flasche Nr. 27 001 (Druck = 15 Atm) wurde eine aus 102 g Trinitrotoluol bestehende Sprengpatrone gestellt und durch eine Tetrylsprengkapsel Nr. 8 gezündet. Sofort nach der Detonation des Sprengstoffes stieg eine hohe Feuersäule brausend empor. Nachdem so der Acetyleninhalt der Flasche innerhalb weniger Sekunden ausgebrannt war, wurde die Flasche besichtigt: Sie lag noch ebenso wie vor dem Versuch; eine Explosion der Flasche hatte nicht stattgefunden. Die Sprengpatrone hatte ein Loch, dessen Durchmesser demjenigen der Sprengpatrone entsprach, in den Stahlmantel geschlagen. Die Ränder des Loches waren in das Flascheninnere hineingezogen. Ein Teil der porösen Masse war herausgeschleudert worden. Der dem Einschlag gegenüber liegende, also unmittelbar auf dem Boden aufliegende Teil der Flaschenwandung wies keine Verletzung auf[2].

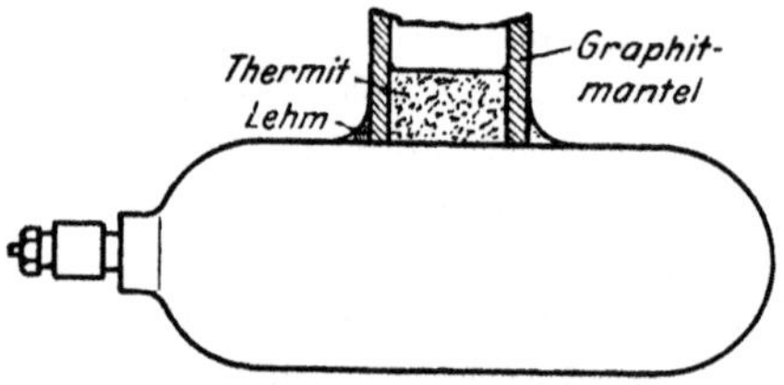

Fig. 51. Thermitversuch.

5. Hervorrufung von Zündungen in einem innerhalb der Füllmasse künstlich geschaffenen Hohlraum. Durch diesen Versuch sollte festgestellt werden, ob und inwieweit sich die durch die Zündung in dem Hohlraum eintretende Zersetzung des Acetylens durch die Masse fortpflanzt, und welche Drucksteigerung dabei erfolgt.

[1] Das Geschoß war selbst bei der quer durchschossenen 40 l-Flasche Nr. 1012 nicht durch die ganze Flasche hindurchgedrungen; es hatte vielmehr nur die vordere Wandung durchschlagen und war in der Füllmasse stecken geblieben. Wie sich später herausstellte, hatte das Geschoß die vordere Stahlwandung der Flasche nicht mehr als ganzes Geschoß, sondern nur noch als Splitter oder Brocken verlassen, die durch die Massefüllung derart gebremst wurden, daß sie nicht mehr bis zur hinteren Flaschenwand dringen konnten. Beim Beschuß leerer, d. h. nicht mit poröser Masse gefüllter Stahlflaschen auf 50 m Entfernung wurde festgestellt, daß die Geschoßsplitter zusammen mit dem durch das Geschoß aus der vorderen Flaschenwandung ausgestanzten Eisenteller in der hinteren Flaschenwandung eine oder mehrere Vertiefungen, zuweilen sogar eine Durchlochung erzeugten.

[2] Von Interesse ist das Ergebnis eines Sprengversuches, bei dem die Sprengpatrone nicht auf eine mit poröser Masse gefüllte Acetylenflasche, sondern auf einen leeren Stahlzylinder, der denselben Durchmesser und dieselbe Wandstärke wie der Flaschenmantel besaß, gestellt wurde. Es wurden hierbei beide Wandungen durchgeschlagen.

In die poröse Masse einer bereits mit Aceton gefüllten 5 l-Flasche Nr. 28 608 wurde, von der Ventilöffnung ausgehend, ein Loch von etwa 22 mm Durchmesser und 200 mm Länge gebohrt. Dann wurde die Flasche mit einem besonders konstruierten Ventil, welches eine in das Flascheninnere führende elektrische Glühdraht-Zündvorrichtung besitzt, verschlossen. Durch Versuche wurde vorher festgestellt, daß der Glühdraht (ein spiralig gewundener Platindraht von 0,15 mm Dicke und 80 mm Länge) durch eine an die Zündvorrichtung angeschlossene 6-Volt-Akkumulatorenbatterie in gewöhnlicher Luft, also außerhalb der Acetylenflasche, dauernd in heller Rotglut gehalten wurde. Die verschlossene Flasche wurde nun durch Anschließen an eine vorhandene gefüllte 40 l-Flasche mit Acetylen gefüllt.

Beim Versuch war die Flasche durch eine dünne Stahlrohrleitung mit einem Manometer verbunden. Der Druck stieg sofort nach dem Einschalten der Zündung von 12,4 auf 13,6 Atm, ein Zeichen, daß in dem Hohlraum, dessen Größe zu 75 ccm berechnet wurde, eine explosionsartige Zersetzung des Acetylens stattgefunden hatte. Eine weitere Steigerung des Druckes erfolgte nicht. Nach 10 Minuten wurde der Strom ausgeschaltet und der Versuch abgebrochen. Das Ventil wurden geöffnet und das Gas, das jetzt jedenfalls wasserstoffhaltig war, herausgelassen.

Die Flasche wurde nun durch Zersägen in zwei Längshälften geteilt. Auf der Wandung des künstlich geschaffenen Hohlraumes und auf der Oberfläche des Zünderrohres hatte sich infolge der Zersetzung des Acetylens in Kohlenstoff und Wasserstoff viel Ruß abgelagert. Auch der Glühdraht war stark verrußt, so daß es nicht ausgeschlossen schien, daß er zuletzt nicht mehr zünden konnte.

Ergebnis: Die in dem 75 ccm großen Hohlraum erfolgte Teilexplosion des Acetyleninhaltes der Flasche vermochte die Flasche bzw. die Umgebung nicht zu gefährden.

6. Brandversuch mit Schmelzpfropfen. Die früher einem Dauererschütterungsversuch ausgesetzt gewesene, bereits mit Aceton gefüllte 5 l-Flasche Nr. 28 704 wurde im Boden mit einem Schmelzpfropfen versehen. Der eigentliche Schmelzstöpsel bestand aus einer aus gleichen Gewichtsteilen Blei und Wismut bestehenden Legierung, deren Schmelzpunkt (nach Angabe der „Hütte", des Ingenieurs Taschenbuch) bei 150° liegt. Die so hergerichtete Flasche wurde nun aus einer 40 l-Vorratsflasche mit Acetylen gefüllt.

Beim Brandversuch wurde die Flasche über einem großen Holzstoß derart wagerecht gelagert, daß die beiden Enden der Flasche in rund ausgeschnittenen Eisenblechen lagen. Das Brennholz befand sich zwischen diesen Eisenblechständern. Die Flammen umspülten also zunächst nur den mittleren Teil der Flasche, und der Schmelzpfropfen war vor direkter Flammenbespülung einigermaßen geschützt. Von dem Ventil der Flasche führte ein Stahlrohr von 4 mm lichter Weite und 1 mm Wandstärke nach einem 20 m entfernt aufgestellten Manometer. Der Holzstoß war von einem aus Eisenbahnschwellen und Erde gebildeten Schutzhause umgeben, um zu verhindern, daß bei einer etwaigen Explosion der Flasche Sprengstücke fortgeschleudert werden.

Vor Beginn des Versuches wurde am Manometer ein Druck von 10 Atm abgelesen. Einige Minuten nach der unter Mithilfe von Hobelspänen erfolgten Entzündung des Holzstoßes begann das Manometer einen Druckanstieg anzuzeigen. Der Druck stieg zuerst langsam, später schneller. Etwa 7 bis 8 Minuten nach dem Anzünden des Holzstoßes brannte letzterer mit meterhoher Flamme. Knapp 13 Minuten nach Versuchsbeginn sprang der Druck, der bis dahin stetig angestiegen war, plötzlich von 30 auf 50 Atm hinauf (offenbar infolge einer Teilexplosion des Acetyleninhaltes der Flasche), um von da ab wieder stetig zuzunehmen. $13^1/_2$ Minuten nach Versuchsbeginn, als der Druck auf etwa 56 Atm gestiegen war, wurde der durch die Hitze erweichte Schmelzpfropfen mit einem dumpfen Knall herausgeschleudert, und es entzündete sich das ausströmende Acetylengas. Es brannte unter lebhaftem Brausen mit mächtiger Flamme, die durch die Spalten des Schutzhauses drang und noch meterhoch über das Schutzhaus schlug, in etwa 5 Sekunden ab. Die Manometeranzeige war während dieser Zeit auf Null zurückgegangen.

Nun wurde das Feuer gelöscht und die Flasche besichtigt. Sie hatte noch dieselbe Lage wie vor Beginn des Versuches. Nach dem Abschrauben des Ventils wurde festgestellt, daß das Ventilinnere mit Ruß gefüllt war. Auch der anschließende Teil der Manometerleitung war in einer Länge von etwa 20 cm mit Ruß verstopft, und zwar so gründlich, daß es unmöglich war, mit einem steifen Draht durch das Rohr zu fahren. Auch durch einen in das Rohr geleiteten Druck von 150 Atm (durch Anschluß an eine mit einem Gemisch von Stickstoff und Wasserstoff gefüllte Stahlflasche) wurde die Rußfüllung nicht herausgedrückt. Die Verstopfung war aber nicht so stark, als daß die Gase nicht doch hindurchgeblasen und an einem angeschlossenen Manometer innerhalb 2 bis 3 Sekunden den in der Flasche vorhandenen Druck angezeigt hätten. Es ist daher auch recht wohl möglich, daß die während des Brandversuchs am Manometer abgelesenen Drücke richtig oder nur um ein weniges zu niedrig gemessen worden sind.

Nach dem Aufschneiden der Stahlflasche bot sich ein eigentümliches Bild. Der obere Teil der Flasche bestehend aus dem gewölbten Kopfstück und einem anschließenden, etwa 65 mm langen zylindrischen Teil aus dem Mantelstück, war nicht mit normaler poröser Masse in gewohnter Weise vollständig ausgefüllt, sondern nur zum Teil ausgefüllt mit einer zusammengesinterten Masse, die zum Teil an die Eisenwandung „angeschmolzen" war, zum Teil in Form abgerundeter Brocken lose in dem Hohlraum lag. Die zusammengesinterte Masse war oberflächlich berußt, ließ sich mit den Fingern leicht zerreiben und enthielt merkwürdigerweise keine Holzkohlestückchen. Der übrige, den Mantel und den Boden der Flasche ausfüllende Teil des Massekörpers war oberflächlich, stellenweise auch im Innern ebenfalls berußt, zeigte aber die normale Struktur.

Die Endfläche befindet sich an derselben Stelle, an der während der Erschütterungsversuche bei einigen mit sehr großer Fallhöhe erschütterten Flaschen der Kopf der porösen Masse abgebrochen war. Da auch die vorliegende Flasche Nr. 28 704 vor dem Brandversuch dem erwähnten Erschütterungsversuch und zwar bei einer sehr großen Fallhöhe unterworfen worden war, ist zu vermuten, daß die Endfläche schon während der Erschütterungsversuche durch Abbrechen des Kopfes entstanden ist. Es ist ferner zu vermuten, daß der abgebrochene Kopf, der bei der Fabrikation vielleicht nachträglich hergestellt wurde, von vornherein keine Holzkohle enthalten und daß er die Flasche nicht ausgefüllt hat.

Wie früher erwähnt, wurde zunächst der mittlere Teil der Flasche durch die direkte Flammenbespülung stark erhitzt. Nach den Ergebnissen von Temperaturmeßversuchen, die mit einer besonders dafür hergerichteten, aus drei Teilen zusammengesetzten, mit poröser Masse, aber nicht mit Aceton und Acetylen gefüllten Versuchsflasche bei verschiedenen Arten ihrer Erhitzung durchgeführt wurden, geht hervor, daß die Höchsttemperatur, die die Flaschenwandung bis zum Schmelzen des Pfropfens, also nach $13^1/_2$ Minuten langer Erhitzung, angenommen hat, im vorliegenden Fall (es wurde nicht übermäßig viel Holz verwendet) auf 400 bis 500° zu schätzen ist. Auf annähernd dieselbe Temperatur ist also auch ein Teil (nämlich der an der Flaschenwandung und in dem Hohlraum befindliche) der Aceton-Acetylenlösung bei einem bis 56 Atm gestiegenen Druck gekommen. Auch das Ventil und besonders die anschließende dünne Manometerleitung erfuhren in dem verhältnismäßig kleinen Brandraume eine sehr hohe Erhitzung, so daß man nicht sicher sagen kann, von welchem Punkte die erfolgte Teilexplosion des Acetylens ihren Ausgang genommen hat.

Obgleich der in der Flasche vorhandene Hohlraum ziemlich groß gewesen sein muß, was aus der verhältnismäßig großen plötzlichen Drucksteigerung zu schließen ist, war die Flasche bzw. ihre Umgebung bei dem Versuch nicht gefährdet worden."

Die Versuchsergebnisse kann man kurz dahin zusammenfassen, daß Acetylen in gelöster Form bei Anwendung einer guten, porösen Masse unter normalen Verhältnissen in keiner Weise zur Explosion gebracht werden kann[1].

[1] Über das Verhalten von Flaschen mit gelöstem Acetylen im Feuer wird auch in den Mitteilungen des Schweizerischen Acetylenvereins 1920, Heft 2 berichtet. Vgl. auch Carbid und Acetylen 1921, Nr. 5, S. 17.

Es liegt demnach in diesem Verfahren eine außerordentlich sichere und bequeme Methode vor, große Mengen Acetylen in kleinen Behältern unter verhältnismäßig geringem Druck aufzuspeichern, in Verkehr zu bringen und zu verwenden. Infolgedessen brachte die Industrie dem gelösten Acetylen bald großes Vertrauen entgegen, so daß die Fabrikation desselben einen bedeutenden Aufschwung nahm. Figur 52 zeigt den Schnitt durch eine derartige Flasche mit der porösen Masse. Letztere ist nur andeutungsweise dargestellt. In den nahtlosen Stahlbehälter, entsprechend den behördlichen Vorschriften, wird die poröse Masse so eingebracht, daß der ganze Hohlraum des Behälters vollkommen mit dieser feinporigen, schwammartigen Masse ausgefüllt ist. Die Poren bzw. feinsten Zwischenräume dienen alsdann zur Aufnahme des Acetons, welches gleichmäßig durch die ganze Masse hindurch verteilt sein soll. Die Menge des einzufüllenden Acetons muß sorgfältig errechnet werden. Die genaue Kenntnis der Eigenschaften des Acetons hinsichtlich seiner Aufnahmefähigkeit und Ausdehnung sowie die Feststellung der Porosität der Masse ist hierzu unbedingt erforderlich. Man pflegt die Porosität in Prozenten des Fassungsraumes auszudrücken; so bedeutet beispielsweise eine Porosität von 75%, daß in der Volumeneinheit z. B. in 1 l Wasserraum die unzählig vielen feinen Poren in ihrer Gesamtheit einen freien Raum von 750 ccm ergeben, während die übrigen 250 ccm durch die verwendete Masse effektiv ausgefüllt werden. Für die Ermittelung der einzufüllenden Acetonmenge muß abgesehen von den übrigen Momenten besonders die behördliche Bestimmung berücksichtigt werden, daß bei einer Erwärmung des Behälters, welcher mit 15 Atm Überdruck bei der Temperatur von 15° C gefüllt ist, um 25° C, also auf 40° C der innere Überdruck 25 Atm nicht übersteigen darf.

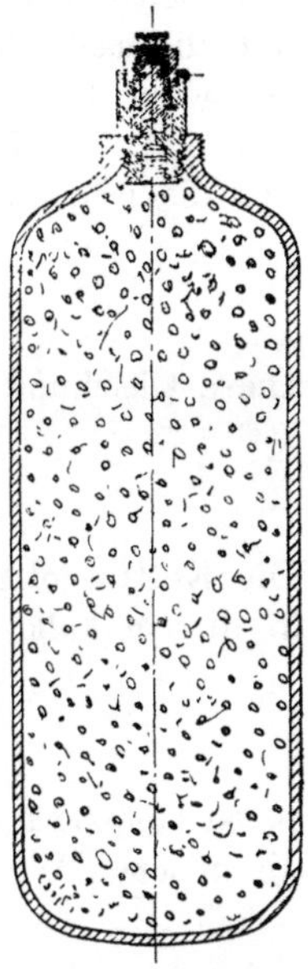

Fig. 52. Schnitt durch eine Flasche mit poröser Masse.

Es bezeichne im nachfolgenden:

α die Absorptionsfähigkeit des Acetons als Vielfaches der Acetoneinheit,

β die Ausdehnung des Acetons nach erfolgter Lösung, abhängig von der Temperatur in Hundertsteln der Acetoneinheit,

γ die Porosität der Masse in Hundertsteln des Behältervolumens bzw. der Volumeneinheit,

p den absoluten Druck in Atmosphären,

T_1, T_2 die absoluten Temperaturen,

V das Behältervolumen,

A die gesuchte Acetonmenge,

Q die eingefüllte Acetylenmenge.

Bei einer normalen Temperatur von 15° C und einem Überdruck von $p = 15$ Atm ergibt sich dann die in einen Behälter eingefüllte Acetylenmenge aus folgender Gleichung:

$$Q = A\alpha p + p(\gamma V - A - A\beta p).$$

In dieser Gleichung gibt der erste Ausdruck der rechten Seite die gesamte im Aceton gelöste Acetylenmenge an; der Klammerausdruck gibt die Gesamtmenge des nicht gelösten und im übrigbleibenden freien Hohlraume befindlichen Acetylenmenge an. Durch Umformung erhält man folgende Gleichung:

$$Q = A(\alpha p - p - \beta p^2) + \gamma V p.$$

Nach Fig. 48 ist der Lösungskoeffizient bei 15° C . . . . . $\alpha = 23$,
der Ausdehnungskoeffizient . . . . $\beta = 0{,}047$.
Für 15 Atm Überdruck ist $p = 16$ Atm absolut. Setzt man ferner die Volumeneinheit $V = 1$, so ergibt sich 1) $Q = 339{,}968 \cdot A + 16\gamma$. Denkt man sich die nach obiger Gleichung in einem Behälter aufgespeicherte Acetylenmenge auf 40° C erwärmt, so steigert sich nur der innere Druck von p auf p_1, während das eingefüllte Gasquantum in seiner Menge unverändert bleibt. Für die Temperaturerhöhung um 25° C ergibt sich dann folgende Gleichung:

$$Q = A\alpha p_1 + p_1 \frac{T_1}{T_2}(\gamma V - A - A\beta \cdot p_1).$$

Diese Gleichung ergibt entwickelt folgenden Ausdruck:

$$Q = A\left(\alpha p_1 - p_1 \frac{T_1}{T_2} - \beta \frac{T_1}{T_2} p_1^2\right) + \gamma V \frac{T_1}{T_2} p_1.$$

Die Koeffizienten α, β sind wieder der Fig. 48 zu entnehmen. Bei 40° C ist in diesem Falle $\alpha = 14{,}1$ $\beta = 0{,}0294$.

$$\frac{T_1}{T_2} \text{ ergibt } \frac{273 + 15}{273 + 40} = \frac{288}{313} = 0{,}92.$$

p_1 ist zulässig mit 25 Atm Überdruck, also $p_1 = 26$ Atm absolut. Setzt man diese neuen Werte in die Gleichung ein, so erhält man:

$$Q = 324{,}532\,A + 23{,}92\,\gamma. \tag{2}$$

Jetzt kann man die rechten Seiten der Gleichungen (1) und (2) gleichsetzen und erhält demnach:

$$339{,}968\,A + 16\,\gamma = 324{,}532\,A + 23{,}92\,\gamma$$

oder

$$A = \frac{7{,}92\gamma}{15{,}436}.$$

Hat man die Porosität der Masse genau ermittelt, so kann man durch Einsetzen von γ in die letzte Gleichung die einfüllbare Acetonmenge ohne weiteres berechnen; damit ist dann die Gewähr geboten, daß bei Temperaturerhöhungen bis 40° C der innere Überdruck gemäß der polizeilichen Vorschrift nicht über 25 Atm steigen kann. In der nachstehenden Zusammenstellung ist die einzufüllende Acetonmenge bei verschiedenen Porositätsgraden für die Volumeneinheit sowie für verschiedene in der Praxis vorkommende Behältergrößen errechnet, und zwar für 15° C und 15 Atm Überdruck.

Porosität γ in % des Wasser-volumens	Zulässige Acetonfüllung in % des Wasser-volumens	Einfüllbare Acetylenmenge für Volumeneinheit 1 Liter	Einfüllbare Acetylenmenge für einen Behälter von 5 l Wasserraum	Einfüllbare Acetylenmenge für 40 l Wasserraum
60%	30,8%	114,09 l	570,45 l	4563,5 l
65%	33,3%	123,39 „	616,99 „	4935,6 „
70%	35,9%	132,89 „	664,45 „	5315,6 „
75%	38,5%	142,39 „	711,95 „	5695,6 „
80%	41,0%	151,89 „	759,45 „	6075,6 „
85%	43,6%	161,39 „	806,95 „	6455,6 „

Ein handelsüblicher Akkumulator von 5 l Wasserinhalt faßt daher, wie aus der obigen Tabelle zu ersehen ist, bei einem Überdrucke von nur 15 Atm und einer normalen Porosität von ca. 75% rund 712 l Acetylengas. Wollte man die gleiche Menge ohne Anwendung von Aceton in einem gleich großen Behälter aufspeichern, so müßte man einen Druck von 140 Atm anwenden. Das Verfahren bietet also große Vorteile, zumal, wenn man bedenkt, daß infolge des geringen Druckes auch erheblich leichtere Flaschen verwendet werden können. In der früheren Literatur findet man eine empirisch aufgestellte Berechnungsmethode zur Ermittelung der Raumaufteilung eines Akkumulators. Dieselbe ist jedoch ungenau, weil die speziellen Untersuchungen über die Masse sowohl wie über das Verhalten des Acetons noch nicht bekannt waren. Die Raumverteilung eines Akkumulators ergibt sich anschaulich aus der Fig. 53 und der nachstehenden Aufstellung:

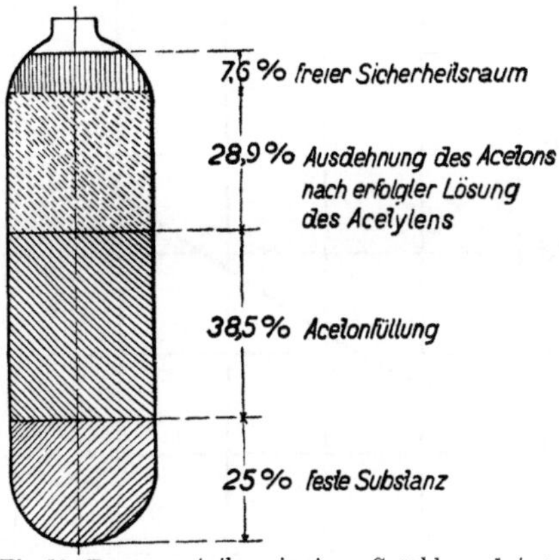

Fig. 53. Raumverteilung in einem Gasakkumulator.

Poröse Masse	25,0%
Aceton	38,5%
Ausdehnung infolge der Acetylenaufnahme	28,9%
Freier Sicherheitsraum	7,6%
	100,0%

Für die gleiche eingefüllte Acetylenmenge ergibt sich bei gleicher Porosität und der Temperatur von 40° C sowie einem Drucke von 25 Atm die Raumverteilung wie folgt:

Poröse Masse	25,0%
Aceton	38,5%
Ausdehnung infolge der Acetylenaufnahme	29,5%
Freier Sicherheitsraum	7,0%
	100,0%

Die Abhängigkeit des Druckes von der Temperatur ist aus Fig. 54 zu ersehen. Die Kurve ist theoretisch für eine Porosität von 75% und eine Acetonfüllung von 38,5% errechnet, deckt sich aber sehr genau mit praktisch ausgeführten Messungen.

Werden die gesetzlichen Vorschriften richtig beachtet und gemäß obiger Ableitung entsprechend der Qualität des Acetons und der porösen Masse nur die errechneten zulässigen Acetonmengen eingefüllt, dann kann unter normalen Verhältnissen ein Zerspringen des Akkumulators durch Flüssigkeitsdruck nicht eintreten. Es ist daher in der Praxis unbedingt erforderlich, für jede Masse die höchst zulässige Füllung mit Aceton bzw. Acetylen genau zu kennen, um eben eine Überfüllung und die damit verbundenen Gefahren zu vermeiden. Dies ist besonders notwendig, sobald mehrere Fabrikate, d. h. Flaschen mit verschiedenartig zusammengesetzten Füllmassen, im Verkehr sind. Würde also beispielsweise ein Akkumulator mit einer Masse, die eine Porosität von nur 60% besitzt, in ein Füllwerk gelangen, welches gewöhnt ist, Flaschen mit einer Porosität von 75% zu füllen, so würde das Werk versuchen, 38,5% Aceton und dementsprechend etwa 142 Volumeneinheiten Gas einzufüllen anstatt der für die 60% poröse Masse zulässigen 30,8% Aceton und 114 Volumeneinheiten an Gas. Dies kann unter Umständen natürlich sehr verhängnisvolle Folgen haben. Ebenso müssen die schon früher beschriebenen Eigenschaften des Acetons genau bekannt sein, da Schwankungen in der Wertigkeit die Sicherheitsverhältnisse erheblich beeinflussen. Aus diesem Grunde verweigern heute die Acetylenfüllwerke die Füllung von Flaschen fremder Herkunft, um sich keinen Gefahren auszusetzen. Die Zulassung der porösen Masse nach den bisherigen Bestimmungen der Polizeiverordnung über den Verkehr mit verflüssigten und verdichteten Gasen gibt eben allein nicht genügend Sicherheit für einen wahllosen Wechselverkehr der Flaschen in der Praxis. Auf den Stahlflaschen, die Verwendung für gelöstes Acetylen finden, müßte außer den bisherigen Vermerken noch der Porositätsgrad sowie die höchst zulässige Aceton- und Acetylenfüllung angegeben sein. Diese Angaben sind um so wichtiger, als bei der Entleerung der gasgefüllten Flaschen ein Teil des in die Flaschen eingefüllten Acetons verloren geht. Die mitgerissene Menge Aceton läßt sich theoretisch nicht bestimmen. Genauere praktische Messungen haben jedoch ergeben, daß man bei einer 40 l-Flasche durchschnitt-

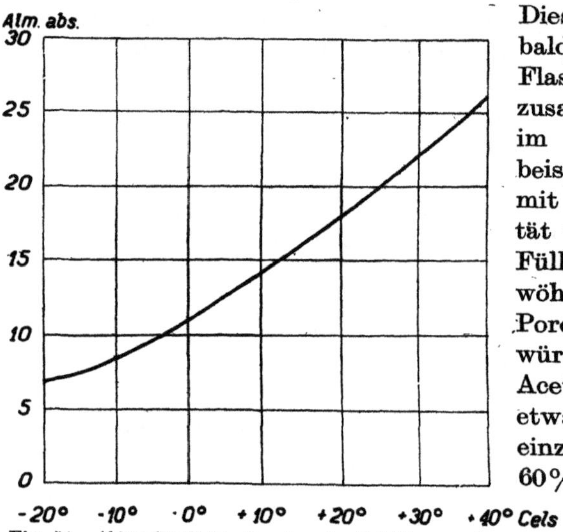

Fig. 54. Abhängigkeit des Druckes im Behälter von der Temperatur für Porosität 75% und Acetonfüllung 38,5%.

lich mit einem Acetonverlust von 50 bis 60 ccm pro cbm entnommenes Gas rechnen kann, und zwar bei einer Druckabnahme von 15 Atm bis auf 2 Atm Überdruck herab. Entleert man den Gasakkumulator noch weiter, so daß der Druck von 2 auf 1 Atm sinkt, so werden etwa 100 g Aceton mitgerissen und etwa weitere 200 g, wenn man den Behälter bis auf 0 Atm entleert. Aus diesen Zahlen ist ersichtlich, daß man nicht gut daran tut, die Akkumulatoren bis zur Grenze ihrer Leistungsfähigkeit zu entladen. In dieser Beziehung besitzen die Gasakkumulatoren mit den elektrischen Akkumulatoren eine gewisse Ähnlichkeit. Der unvermeidliche Acetonverlust muß, sobald die Flasche neu gefüllt wird, wieder im Füllwerk ersetzt werden, da sonst die Kapazität erheblich sinkt.

Die Fabrikation des gelösten Acetylens erfolgt heute ausschließlich in Zentralfüllwerken. Ein solches Füllwerk besteht aus einer Acetylenerzeugungsanlage, einer Reinigungs-, Trocknungs-, Kompressions- und Füllanlage sowie endlich einer Einrichtung zur Herstellung der porösen Masse und zu ihrer Einfüllung in die Flaschen. Bezüglich der Entwicklungsanlage kann auf das in den früheren Kapiteln darüber Gesagte verwiesen werden, da diese nach den gleichen Grundsätzen erbaut und betrieben werden; dies gilt ebenso für die Reinigung und Trocknung. Es ist nur besonders scharf darauf zu achten, daß das Acetylen möglichst luftfrei entwickelt, von Verunreinigungen wie Phosphor-, Schwefelwasserstoff usw. befreit und gut getrocknet wird. Feuchtes Acetylen, geringe Verunreinigungen von Phosphorwasserstoff usw. setzen die Aufnahmefähigkeit des Acetons bedeutend herab. Der Trocknung des Gases schenkt man daher in den Füllwerken eine besonders große Aufmerksamkeit, indem man das Gas vor und nach der Kompression durch Leiten über Chlorcalcium trocknet.

Die Kompressoren sind meist zweistufig gebaut. Wegen des endothermischen Zerfalls des Acetylens sind sie mit besonderer Vorsicht zu konstruieren. Langsamer Lauf, etwa 60 bis 80 Touren in der Minute, reichliche Kühlung, Vermeidung von Kupfer und seinen Legierungen sowie gutes Schmieren sind die Hauptbedingungen, welche zu beachten sind. Die Zylinderwandungen werden stets für den etwa zehnfachen Druck, mit welchem dieselben betrieben werden, berechnet. Man beabsichtigt hiermit, eine genügende Sicherheit gegen einen etwaigen endothermischen Zerfall zu schaffen. Letzterer erzeugt erfahrungsgemäß einen Druck, der rund zehnfach so hoch ist wie der Anfangsdruck. In der zweiten Kompressionsstufe können Drucke bis zu 20 Atm auftreten, und daher erfolgt die Berechnung des Hochdruckzylinders für einen Druck von etwa 200 Atm. Aus den Kompressoren wird das Acetylen durch eine aus nahtlosem Rohr hergestellte Druckleitung zu den Füllrampen geleitet. Diese Rampen sind so gebaut, daß die Akkumulatoren bequem nebeneinander aufgestellt und an das Leitungsnetz angeschlossen werden können (s. Fig. 55 u. 56). Dies ist jedenfalls die bequemste Anordnung bei der Füllung der Stahlflaschen. Will man dagegen die Stahlflaschen in liegender Anordnung füllen, so muß man dieselben übereinander aufstapeln, was erhebliche Mühe verursacht. Sobald eine größere Anzahl von Flaschen an die Füllrampe angeschlossen ist, werden die Zuleitungsventile geöffnet und die Flaschen mit der Hochdruckleitung verbunden. Da die Lösung des Acetylens im Aceton längere Zeit in Anspruch nimmt, füllt man die Flaschen zweckmäßig in Intervallen; d. h. nach einer Füllperiode von einigen Stunden überläßt man die Flaschen der Ruhe, damit das Gas genügend vom Aceton absorbiert werden kann. Dieselben sind erst dann richtig gefüllt, wenn der Druck von 15 Atm, die Temperatur von 15° C vorausgesetzt, auch nach längerer Zeit nicht merklich zurückgeht. Vor und nach dem Füllen werden die Flaschen genau gewogen, um durch die Gewichtsdifferenz den wirklichen Gasinhalt festzustellen. Das zulässige Gasgewicht darf entsprechend den gesetzlichen Vorschriften bei der Temperatur von 15° Cels. im Füllraum und in den Flaschen nur bei einem Fülldrucke von 15 Atm erreicht werden. Höhere Fülldrücke zur Erzielung der zulässigen Gasmenge sind nicht gestattet. Nehmen die Flaschen für den vorgeschriebenen Druck nicht genügend Gas auf, so kann dies an Acetonmangel oder an Verunreinigung desselben liegen. Die Flaschen sind also sorgfältig daraufhin zu prüfen. Aus dem festgestellten Gasgewicht läßt sich die Raummenge leicht errechnen. Hierfür mögen die nachfolgenden Angaben, die der „Hütte" entnommen sind, dienen:

Fig. 55. Füllrampe für 40 und 50 lit. Akkumulatoren.

1 cbm Acetylen wiegt bei 15° C und einer metrischen Atm 1,066 kg oder 1 kg = 0,94 cbm. Bei 0° C und 760 mm Quecksilbersäule wiegt 1 cbm 1,162 kg oder 1 kg = 0,86 cbm. Große Aufmerksamkeit müssen die Betriebsleiter auch den Temperaturschwankungen im Sommer und im Winter zuwenden. So darf z. B. bei 0° C der Fülldruck nur rund 10 Atm betragen; dagegen bei 30° C etwa 22 Atm (s. a. Fig. 54). Um diese Temperaturschwankungen bei der Füllung zu berücksichtigen, benutzen die Betriebs-

leiter besondere Tabellen, in denen die entsprechenden Angaben vermerkt sind.

Wie man hieraus ersieht, ist der Füllprozeß für Acetylenflaschen bei weitem nicht so einfach wie etwa für Sauerstofflaschen. Auch bedarf man hierbei eines geübten und aufmerksamen Personals.

Heute bestehen in Deutschland 8 Werke zur Herstellung von gelöstem Acetylen. Dieselben befinden sich in Reisholz bei Düsseldorf, Schweinheim bei Aschaffenburg, Wilhelmsburg bei Hamburg, Oberlichtenau und Rottluff bei Chemnitz, Borsigwalde bei Berlin, Groß-Mochbern bei Breslau und Rothenstein bei Königsberg. Diese Werke liefern insgesamt jährlich mit einem Flaschenpark von rund 30 000 zu 40 l-Inhalt und rund 40 000 zu 5 l-Inhalt 1 000 000 cbm Gas, welches einem Carbidverbrauche von ungefähr 4000 t im Jahr entspricht.

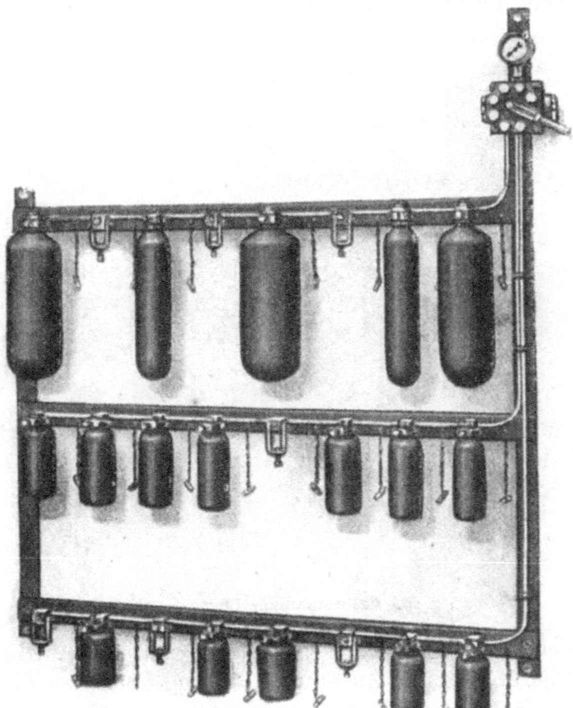

Fig. 56. Füllrampe für kleinere Akkumulatoren.

Die Verwendungsmöglichkeiten des gelösten Acetylens sind so zahlreich, daß es sich sowohl in der Großindustrie als auch auf den Spezialgebieten des Beleuchtungs- und Beheizungsfaches in größtem Umfange und bemerkenswert rasch eingeführt hat. Das gelöste Acetylen ist ja auch überall da am rechten Platze, wo überhaupt ein Acetylengasverbrauch in Frage kommt. Für seine Verwendung sprechen besonders eindringlich die Gefahrlosigkeit, die Geruchlosigkeit und die Reinheit des Gases sowie die stete Betriebsbereitschaft, die handliche Transportfähigkeit der Gasakkumulatoren und die Möglichkeit, jeden nur irgendwie erforderlich werdenden Verbrauchsdruck mit Hilfe eines Druckminderventils einstellen zu können. Dazu kommen noch der Fortfall der bei Entwicklerapparaten unliebsamen Kalkschlammbildung und der Nachentwicklung. So fand das gelöste Acetylen schnell seinen Eingang in die Schweiß- und Schneidindustrie. Dieselbe ist heute die Hauptabnehmerin dieses Gases, trotzdem das Flaschengas durch die Arbeit der besonders sorgfältigen Reinigung, Kühlung und Trocknung sowie der Einfüllung in komprimiertem Zustande und der notwendigen Ausstattung der Stahlflaschen mit poröser Masse und Aceton, absolut genommen, teurer ist als das Entwicklergas. Für hochwertige Schweißungen wie die von Dampfkesseln oder beanspruchten Maschinenteilen sollte zweckmäßig das gelöste Acetylen ausnahmslos verwendet werden, da nur in dem Flaschengas Garantie für die unbedingte Reinheit des Acetylens und damit der Schweißnaht gegeben ist. Welche ausschlaggebende Rolle die Reinheit des Gases spielt, ist gerade in der letzten Zeit wiederholt und durch besonders genaue Untersuchungen festgestellt worden.

Fig. 57. Schweißanlage für gelöstes Acetylen.

Für Schweiß- und Schneidzwecke verwendet man durchweg Akkumulatoren von rund 40 l Wasserinhalt, welche nach der bereits angeführten Tabelle etwa 5 bis 6 cbm Gas bei 15 Atm und 15° fassen. An das Flaschenventil wird ein Druckminderventil mit Bügelverschluß angeschraubt und durch Rohrleitung (Gummischlauch) mit dem Brenner verbunden. Das Druckminderventil gestattet genau wie beim Sauerstoff die Einstellung auf jeden gewünschten Verbrauchsdruck. Fig. 57 zeigt die Zusammenstellung einer Acetylen- und Sauerstoffflasche auf einem Fahrgestell, wie sie vorzugsweise benutzt wird. Sauerstoff- und Acetylenvorrat stehen dort in etwa gleichem Verhältnis, da man praktisch ungefähr die gleichen Mengen beim Schweißen verbraucht. Auf einer derartigen fahrbaren Anlage sind also rund 6 cbm Sauerstoff und 6 cbm Acetylen akkumuliert. Die Einzelheiten des Schweißens und Schneidens sind an anderer Stelle noch näher beschrieben.

Ein gleichfalls sehr ausgedehntes Gebiet hat sich das gelöste Acetylen sodann mit der Beleuchtung von Fahrzeugen aller Art erobert. Besonders die Kraftfahrer hatten es unangenehm empfunden, daß der Entwickler einfror, der schmutzende Carbidschlamm so oft beseitigt werden mußte und die Gasentwicklung unter den Fahrtstößen häufig so stürmisch war, daß eine lange Stichflamme aus den Brennern hervorschoß. Dem gelösten Acetylen wird dagegen die reine, ruhige und blendend helle Flamme nachgerühmt sowie die stete Betriebsbereitschaft auch im strengsten Winter, da das gelöste

Acetylen niemals einfrieren kann. Auch Verrußungen und Brennerverstopfungen haben bei Verwendung von Entwicklergas dem Automobilisten viel Mühe und Ärger gemacht. Das Acetylenflaschengas beseitigte mit einem Schlage alle diese Übelstände. Man besitzt für Automobilzwecke auch besonders handliche Akkumulatoren von rund 5 l Wasserinhalt. Fertig mit Aceton und Acetylen gefüllt, wiegt eine solche Flasche etwa 12 kg; sie ist also besonders handlich. An Gas faßt die Flasche rund 650 l = 65 Brennstunden für 2 Lampen mit je 5 l Verbrauch. Diese Beleuchtung für Kraftwagen ist beliebt geworden und hat sich trotz der Konkurrenz der elektrischen Beleuchtung zu behaupten gewußt. Zur Zeit verkehren in Deutschland etwa 40 000 5 l-Flaschen speziell für diese Automobilbeleuchtung. Die leeren Behälter werden in Depots, von denen etwa 150 über ganz Deutschland verteilt sind, gegen volle ausgetauscht, so daß die Kraftfahrer überall Gas erhalten können. Eine besonders ausgedehnte Verbreitung fand diese Automobilbeleuchtung in Amerika, wo sich mehrere hunderttausend kleinere Flaschen im ständigen Wechselverkehr befinden.

So wie für die Automobile eignet sich das gelöste Acetylen selbstverständlich auch für alle anderen Fahrzeuge, z. B. für Omnibusse, Motor- und Segeljachten und vorzüglich auch für Eisenbahnen. Während für Automobile, Motorfahrräder und Omnibusse durchweg die Beleuchtung mit Schmetterlingsflammen bevorzugt wird, hat sich bei Motorbooten und Eisenbahnen die Invert-Glühlichtbeleuchtung eingebürgert. Ein eigenartiges, besonders wirtschaftliches System dieser Art ist im Organ über die Fortschritte des Eisenbahnwesens vom Jahre 1912, Heft 21 und 22, vom Maschineninspektor der Ungarischen Südbahn, *A. Pogány*, beschrieben. Nach Berichten der Ungarischen Südbahn ist der gesamte Personenwagenpark von ca. 350 Wagen mit gelöstem Acetylen beleuchtet, und diese Beleuchtung hat sich auf das beste bewährt. Die Akkumulatoren sind im Wagenuntergestell fest angeordnet und so groß bemessen, daß sie einen Gasvorrat für ca. 3 Monate aufnehmen können; jedenfalls ist derselbe aber so groß, daß er von einer periodischen Untersuchung des Wagens bis zur nächstfolgenden ausreicht. Während der Revision der Wagen werden dann die Akkumulatoren in der Füllstation, welche die Südbahn für diese Zwecke eigens erbaut hat, wieder aufgefüllt. Die vierachsigen Wagen der Südbahn sind mit zwei je 5 m langen Behältern, die einen inneren Durchmesser von 278 mm besitzen, ausgerüstet. Sie fassen zusammen ca. 90 cbm Acetylen und sind für rund 100 Beleuchtungstage zu je 10 Stunden bestimmt. Dies ergibt einen stündlich zulässigen Verbrauch von 90 l Gas. Die Abteillampen haben einen Gasverbrauch von 5 bis 6 l in der Stunde, die Abort- und Korridorlampen einen solchen von nur 3 l stündlich. Aus den Behältern, die mit einer gemeinsamen Stahlrohrleitung verbunden sind, gelangt das Gas zu einem eigenartig konstruierten Mischapparat, einer Erfindung des schwedischen Ingenieurs Dr. *Gustaf Dalén*. Der Apparat hat die Aufgabe, Gas und Luft im richtigen Brennverhältnis mechanisch unter Ausnutzung des Gasdruckes als Arbeitskraft zu mischen. Er mischt völlig selbsttätig ein Teil Acetylen mit 9 Teilen Luft und führt dieses Gasluftgemisch unter dem geringen Druck von etwa 40 mm Wassersäule den Lampenbrennern zu, wo die zur vollständigen Verbrennung des Acetylens erforderlichen restlichen 3 Teile Luft aus der Umgebung durch die Flamme entnommen werden. Damit werden die Injektorbrenner in den Lampen überflüssig, die im übrigen gerade für Acetylen sehr schwierig zu konstruieren und noch schwieriger im Betriebe zu halten sind. Auch wird durch diese Anordnung die Anwendung kleinster Glühlichtbrenner von nur 3 l stündlichem Verbrauch erst ermöglicht. Die Lampen sind infolge Wegfalls der empfindlichen Injektoren von der denkbar einfachsten Bauart. Die Ökonomie ist eine ausgezeichnete. *Pogány* berichtet über einen spezifischen Verbrauch für Hefner-Kerze und Stunde von 0,16 bis 0,18 l oder mit anderen Worten, mit 1 l Gas werden 5,5 bis 6 HK erzeugt. Zum Vergleiche sei bemerkt, daß man für Steinkohlengas rund 1 l Gasverbrauch für 1 HK rechnet. Die Kerzen-Brennstunde errechnete *Pogány* 1912, also zu Vorkriegspreisen einschließlich Amortisation, Instandhaltung, Glühkörperersatz mit 0,06 Pfg., was als sehr billig zu bezeichnen ist.

Man sollte annehmen, daß es recht gefährlich sein dürfte, in der Rohrleitung ein explosibles Acetylenluftgemisch weiterzuleiten. Es sind daher hierüber, wie *Pogány* berichtet, die verschiedensten Versuche angestellt worden, um die Wirkungen einer evtl. Explosion in der Leitung festzustellen. Bei einer Zündung des Gemisches innerhalb der Rohrleitungen mittels elektrischen Funkens zeigte sich eine Drucksteigerung von nur etwa 3 Atm im Höchstfalle. Wenn man die Rohrleitung bis zur Rotglut erhitzte, konnte eine nennenswerte Drucksteigerung überhaupt nicht beobachtet werden. Dadurch dürfte der Beweis erbracht sein, daß besondere Gefahren bei diesem System nicht vorliegen. Es soll noch auf eine andere eigenartige Erscheinung dieses Beleuchtungssystems hingewiesen werden. Da das Gasluftgemisch durch den Mischapparat mechanisch im richtigen Brennverhältnis hergestellt wird, kann man ohne die Gefahr einer Verrußung durch einfache Drosselung der Gasluftgemischzufuhr die Helligkeit einer solchen Lampe vom Maximum herunter bis auf Null in jeder beliebigen Stufung regeln bzw. einstellen. Infolge der vielen Vorteile, welche die Freizügigkeit der Wagen und die geringen Brennkosten gewähren, hat sich dieses System — kurz „Dalén - System" genannt — außer in Ungarn vor allem in Schweden eingebürgert und stand 1914 in vielen anderen Ländern vor der Einführung. Die Einrichtung einer solchen Beleuchtung ist aus den nebenstehenden Fig. 58 und 59 zu ersehen.

Die aus Betriebserfahrungen entwickelte und vervollkommnete Beleuchtungseinrichtung besteht aus folgenden Teilen:

1. dem Gasbehälter mit Ventil *T*, S. 199;
2. der Hochdruckleitung mit Füllschraube;
3. dem Manometer, an welchem der jeweils im Behälter vorhandene Gasdruck abgelesen werden kann (*M*);
4. dem Druckregler (*R*), durch welchen der Gasdruck auf den für das Arbeiten des Mischapparates günstigsten Druck von 3500 mm WS vermindert und auch bei Abnahme des Druckes im Gasbehälter stets konstant erhalten wird;
5. der Mitteldruckleitung mit dem Haupthahn (*F*);

6. dem Mischapparat mit Luftfilter und Sicherheitstopf, welcher die Aufgabe hat, dem Acetylengas, bevor es zum eigentlichen Brenner strömt, sämtliche Verbrennungsluft beizumischen (*KV*);
7. der Niederdruckleitung, in welche das Gasluftgemisch mit einem Druck von 40 bis 50 mm WS geleitet wird;
8. Lampen mit Invertbrenner (*L*).

Die Beleuchtung von Lokomotivlaternen mit gelöstem Acetylen ist ebenfalls mit gutem Erfolge durchgeführt und zwar sowohl mit offenen Schmetterlingsflammen wie mit festen Glühkörpern. Auch hierbei ist Amerika in der großzügigsten Weise vorangegangen. Die Installation ist bei der Lokomotivbeleuchtung ähnlich der Automobilbeleuchtung; jedoch werden entsprechend der geforderten längeren Brenndauer etwas größere, aber noch immer hand liche Gasakkumulatoren von 10 bis 15 l Wasserinhalt verwendet.

Als weitere Anwendungsgebiete des gelösten Acetylens sind zu nennen: Streckenbeleuchtung mit sturmsicherem Brenner, Scheinwerfer und Kinolampen. Bei Scheinwerfern und Kinolampen wird Acetylen mit Sauerstoff

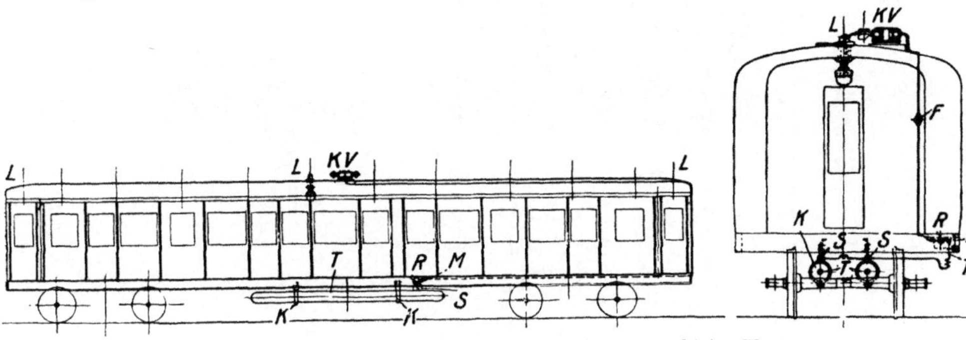

Fig. 58 u. 59. Einrichtung eines mit gel. Acetylen beleuchteten Wagens.

gemischt und die besonders heiße Flamme auf feste Glühkörper in Zylinder- oder Plättchenform geleitet. Dies ergibt eine sehr hohe Lichtwirkung bei großer spezifischer Helligkeit.

Die optische Telegraphie hat das gelöste Acetylen besonders zu militärischen Zwecken benutzt. Hierfür sind ganz kompendiöse Apparate mit großer Reichweite und Betriebsdauer konstruiert worden. Ein solcher besteht aus einem kleinen Akkumulator von $^3/_4$ l Wasserinhalt mit rund 100 l Gasfüllung, 1 Druckregler, 1 Taste, 1 Specksteinbrenner und 1 verstellbaren Sammellinse. Durch Druck auf die Taste wird das Gas dem Brenner zugeführt, das sich an einer kleinen, dauernd brennenden Zündflamme von nur 0,5 l stündlichem Gasverbrauch entzündet. Das Entstehen und Verschwinden der Flamme erfolgt bei diesem Apparat so blitzschnell, wie es bei keinem anderen Signalapparat bisher möglich gewesen ist. Die Akkumulatoren sind außerordentlich leicht auswechselbar; die Sichtweite der Signallampe beträgt zur Nachtzeit rund 25 km; die ganze Apparatur wiegt rund 1,5 kg. Geringes Gewicht, schnellstes Telegraphieren, gutes Durchdringen von Nebel und sofortige Betriebsbereitschaft auch im strengsten Winter sind die Hauptvorzüge dieser Lampe. Sie ist im schwedischen Heere eingeführt und wird besonders Kavalleriepatrouillen mitgegeben.

Schließlich soll noch etwas näher auf ein sehr wichtiges Anwendungsgebiet des gelösten Acetylens eingegangen werden, nämlich auf das Signalwesen für Luft- und Seeschiffahrt und Eisenbahn[1]. Es wurde in hervorragendem Maße und mit großem Erfolge zunächst für die Schiffahrt ausgebaut und in Anwendung gebracht. Die besonders hohe Betriebssicherheit, die Fähigkeit, besser als alle anderen Lichtquellen Nebel zu durchdringen, hohe

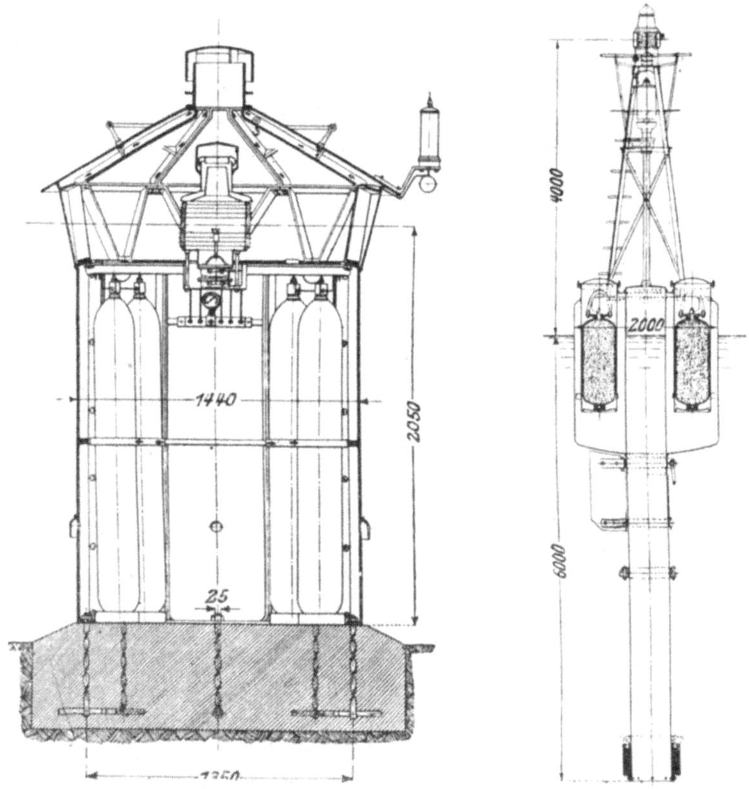

Fig. 60. Fig. 61.
Leuchtfeuer für See- und Luftschiffahrt.

spezifische Helligkeit, scharfe Blitze in beliebiger Helligkeits- und Dunkelperiode, die Akkumulierung des Brennstoffes prädestinieren das gelöste Acetylen für die Signalgebung der See- und Luftschiffahrt. Fig. 60 und 61 zeigen solche Leuchtfeuer. Man kann bequem sog. unbewachtem Feuer einen Gasvorrat geben, welcher für ein ganzes Jahr ausreicht. Solche Feuer läßt man dann Tag und Nacht blitzen, weil das Auslöschen und Wiederanzünden oft mit Seegefahr verbunden ist, teils aber auch zu hohe Kosten erfordert und sich daher nicht lohnt. Man kann das Gas trotzdem während der Tageszeit

[1] Vgl. auch Carbid und Acetylen. 1911, Nr. 18, S. 209, 1912, Nr. 16, S. 189.

sparen, wenn man ein in die Gasrohrleitung eingeschaltetes Sonnenventil verwendet. Dieser sinnreiche Apparat reagiert in feiner Weise auf Helligkeitsunterschiede, indem er die Lichtstrahlen zur Ausdehnung und Zusammenziehung von abgestimmten Metallstäben benutzt. Die sich dabei ergebende geringe Bewegungsdifferenz verwendet man zum Steuern des Gaszuflußventils. Die Zündflamme, die den geringen Verbrauch von 0,5 l pro Stunde hat, bleibt dauernd brennen. Auf diese Weise löschen sich also unbewachte Feuer selbsttätig beim Hellwerden und zünden sich ebenso selbsttätig beim Dunkelwerden wieder an.

Die Anschaffungskosten dieses Sonnenventils werden also je nachdem in längerer oder kürzerer Zeit durch Gasersparnis amortisiert. Bei Feuern mit großer Lichtstärke vereinigt man eine ganze Anzahl von Einzelbrennern zu einer Gruppe, da sich gezeigt hat, daß Einzelbrenner mit einem höheren Gasverbrauche als 25 l in der Stunde zweckmäßig nicht gewählt werden sollen. Ein sehr wichtiges Element bei allen diesen Feuern ist der Blinkapparat (s. Fig. 62). Er besteht aus einer mit einer Ledermembrane überspannten Metallkammer, in welche das Acetylengas ein- und ausströmen kann. Ein- und Auslaß werden hierbei durch Ventile, welche mit der Membranbewegung verbunden sind, gesteuert und zwar so, daß das Einlaßventil normalerweise zuerst geöffnet ist. Strömt nun das Gas ein, dann füllt sich die Kammer und hebt die Membrane an. Ist die richtige Füllung der Kammer erreicht, dann schließt die sich aufwärts bewegende Membrane plötzlich den Einlaß und gibt den Auslaß frei. Das Gas pufft alsdann sofort aus der Kammer aus und verbrennt im Brenner, indem es sich an der ständig brennenden Zündflamme entzündet. Hat sich die Membrane nun genügend gesenkt, so steuert sie die Ventile wieder um, indem sie den Auslaß verschließt und den Einlaß freigibt. Auf diese Weise arbeitet der Apparat automatisch, indem er genau abgemessene Gasmengen in festgesetzten Zeitpunkten und Zeitlängen dem Brenner zuführt. Die Einstellung der gewünschten

Fig. 62. Blinkapparat.

Gasmengen bzw. die Länge der Lichtdauer, Dunkelperiode usw. kann in den feinsten Grenzen reguliert werden. Ganz kurze Blitzdauer von nur $^1/_{10}$ Sekunde kann mit Hilfe dieser Apparate bequem erreicht werden. In den Jahren 1906 bis 1916 sind insgesamt 3776 solcher Acetylenblinkapparate für die Seeschiffahrt aufgestellt worden, ferner 939 Sonnenventile, sämtliche Apparate in Verbindung mit Gasakkumulatoren für gelöstes Acetylen. Das gleiche System ist in den letzten Jahren mit sehr gutem Erfolge auch bei den Eisenbahnen eingeführt worden. In erster Linie kommen hierfür die Vorsignale in Betracht (Fig. 63). Abgesehen von der Möglichkeit, die Signalgebung zu erweitern und zu vervollständigen, zeichnen dieses System die gleichen Vorzüge aus wie bei der Seebeleuchtung. Es lassen sich sogar bei richtiger Anordnung so wesentliche Ersparnisse gegenüber der bisherigen Petroleumbeleuchtung erzielen, daß die Anlagekosten bald amortisiert werden können. Vorbildlich für das neue Signalsystem ist Schweden, wo auch die größte Anzahl solcher Signale installiert ist. Da sie sich auf das beste bewährt haben, werden die bisherigen Anlagen ständig erweitert. Außer in Schweden bestanden im Anfang 1914 Probestrecken in Rußland, Finnland, Österreich-Ungarn, Schweiz, Frankreich, England und Amerika. Auch die deutschen Eisenbahnbehörden machen jetzt mit dem gelösten Acetylen als Signalbrennstoff Versuche größeren Stils.

Abb. 63. Vorsignal, betrieben mit gel. Acetylen.

Verwendung des Acetylens zu Beleuchtungszwecken.

Offene Brenner.

Das Acetylen ist von allen bekannten kohlenwasserstoffhaltigen Gasen dasjenige, welches die höchste Leuchtenergie besitzt. Es beruht dies einesteils auf seinem hohen Kohlenstoffgehalt und andererseits auf seiner hohen Verbrennungstemperatur. Außerdem ist noch von großem Einfluß der endothermische Charakter des Gases. Acetylen zerfällt bekanntlich bei hohen Temperaturen in seine Elemente, Kohlenstoff und Wasserstoff, wobei eine bedeutende Wärmemenge frei wird, die den abgeschiedenen Kohlenstoff zum Glühen bringt, so daß hierdurch die Lichtwirkung noch verstärkt wird. Infolgedessen strahlt die Acetylenflamme ein weißes glänzendes Licht aus, das dem Sonnenlicht ziemlich nahe kommt[1]. Der hohe Kohlenstoffgehalt, der, wie oben erwähnt, auf die Leuchtkraft des Acetylens von großem Einfluß ist, bedingt aber ebenso die schwierige technische Verwendbarkeit.

Es ist für eine Leuchtflamme unbedingt nötig, daß das Gas beim Entstehen der Flamme mit Luft oder Sauerstoff (Primärluft) in Berührung kommt. Die von dem verbrennenden Gase erzeugte Temperatur bewirkt nun weiterhin ein Glühen des abgeschiedenen Kohlenstoffs, der durch weiter zugeführten Sauerstoff (Sekundärluft) schließlich verbrennt.

Ist die Menge des zuerst zu dem Gase zugetretenen Sauerstoffs zu gering, so wird infolge der erhaltenen niedrigeren Temperatur beim Verbrennen die Leuchtkraft der Flamme herabgedrückt.

Der ausgeschiedene Kohlenstoff kommt dann nicht zum Glühen und beim Mangel des später noch hinzutretenden Sauerstoffs nicht zum Verbrennen, sondern entweicht aus der Flamme in schwarzen Flocken. Diesen Vorgang bezeichnet man mit Rußen der Flamme.

Zur Erzielung einer guten Acetylenleuchtflamme muß man daher für eine genügende Luftzufuhr sorgen. Die Luftzuführung und die Mischung muß im Gegensatz zu anderen Kohlenwasserstoffen infolge des höheren Kohlenstoffgehaltes bedeutend stärker sein, jedoch darf sie nicht eine solche Höhe erreichen, daß eine Verbrennung ohne Kohlenstoffabscheidung zustande kommt.

Es gelangen deshalb für die Acetylenflamme andere Brenner zur Anwendung als beim Steinkohlen- oder Ölgas. Die gute Luftzuführung und Mischung wird meist dadurch erreicht, daß das Acetylen in einem feinen Strahl aus einer engen Öffnung mit einem verhältnismäßig hohen Druck austritt, wodurch die Verbrennungsluft angesaugt wird.

---

[1] Aus diesem Grunde ist neuerdings die Acetylenflamme als Lichteinheit vorgeschlagen worden. Carbid u. Acetylen 1919, Nr. 5, S. 19.

Brenner für reines Acetylen.

Die Technik hat eine große Zahl von Brennerkonstruktionen auf den Markt gebracht, die nach ihrer konstruktiven Eigenart in drei grundsätzlich verschiedene Gruppen zusammengefaßt werden können, nämlich: 1. Strahlen(Loch-)brenner, 2. Schnittbrenner und 3. Schmetterlingsbrenner.

Fig. 64. Lochbrenner.

Die Strahlen(Loch-)brennerstellen die am nächsten liegende natürlichste Konstruktion dar, indem der Brennerkopf lediglich mit einer feinen Bohrung für das ausströmende Gas versehen wird (Fig. 64). Wegen der beträchtlichen Temperatureinwirkungen wird für den Brennerkopf ein sehr hitzebeständiges, nichtleitendes Material verwendet, und zwar für alle Acetylenbrenner fast ausschließlich gebrannter Speckstein[1]. Die versuchsweise Verwendung anderer stark gebrannter keramischer Massen oder auch von Granaten hat keine praktische Bedeutung gewonnen.

Das maßgebende Moment bei der Konstruktion der Lochbrenner ist jedoch die Bohrung, von der die Lichtausbeute selbst, wie die Wirtschaftlichkeit des einzelnen Brenners abhängt. Die Erfahrung zeigte bald — und genaue Untersuchungen haben das bestätigt — daß die Lichtwirkung der Brenner mit dem Druck und die Wirtschaftlichkeit mit dem steigenden Gasverbrauch wächst. Die Möglichkeit einer Steigerung bewegt sich jedoch in verhältnismäßig engen Grenzen, da bei zu großem Druck bzw. Gasverbrauch der Flammenstrahl zu lang wird, was seine Wirkung durch Rußen beeinträchtigt. Aber auch bei zu geringem Druck tritt ein Rußen der Flamme ein.

Unterdruck Überdruck normaler Druck

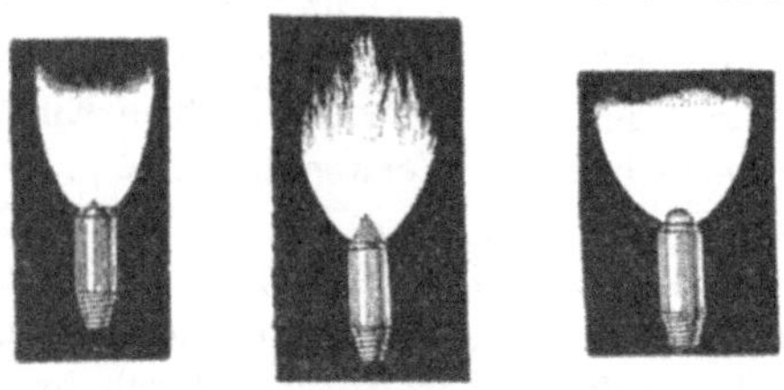

Fig. 65—67.

Unterdruck Überdruck normaler Druck

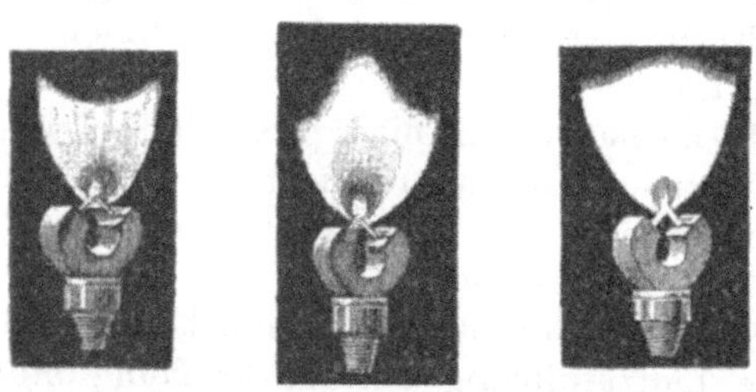

Fig. 68—70.
Flammenform bei verschiedenen Gasdrucken.

Das eben Gesagte hat übrigens auch für die später zu besprechenden Brenner für Acetylenluftgemische Geltung. Sehr deutlich wird die Form der Flamme bei den verschiedenen Drucken durch Fig. 65 bis 67 für Schnittbrenner, Fig. 68 bis 70 für Brenner mit Acetylenluftgemisch veranschaulicht. Eine gewisse Steigerung der Lichtausbeute des einzelnen Brenners wurde allerdings erreicht auf Kosten der Wirtschaftlichkeit durch Anordnung mehrerer Strahlen

[1] Wohl die größten Lager von Speckstein in ganz Europa finden sich bei Göpfersgrün im Fichtelgebirge. Sein Verbrauch ist von 1000 bis 2000 Zentner in den Jahren 1878 bis 1879 auf 50 000 Zentner im Jahre 1912 gestiegen. Siehe Carbid u. Acetylen 1914, Nr. 23, S. 208.

auf einem Brennerkopfe (sog. Gruppenstrahlenbrenner). Die Anordnung der Brennlöcher erfolgte in verschiedener Weise (vgl. Fig. 71 bis 73). Alle Konstruktionen wiesen aber zwei mehr oder weniger stark hervortretende Nachteile hinsichtlich der Lichtausbeute auf, nämlich eine ungenügende Verbrennung wegen mangelnder Luftzufuhr und eine gegenseitige Verdeckung der einzelnen Strahlen selbst, da die Flamme des Acetylens wenig licht-

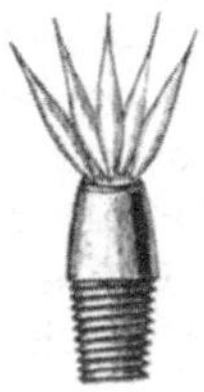
Fig. 71.

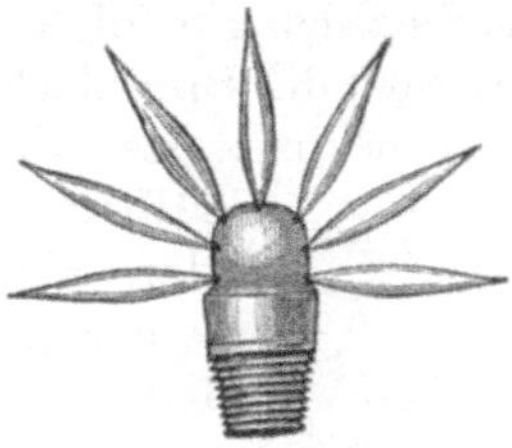
Fig. 72.

Fig. 73.

Gruppenstrahlenbrenner.

durchlässig ist. Eine teilweise Verdeckung der Lichtstrahlen durch den Brennerkopf selbst findet außerdem bei denjenigen Konstruktionen statt, die einen Teil der Brennlöcher etwas erhöht anordnen.

Diese Nachteile lassen sich zum größeren Teil umgehen durch eine 1896 von *Raup* vorgeschlagene Konstruktion, nach welcher die Brennlöcher in einer vertikalen Ebene so halbkreisförmig gruppiert werden, daß die Achsen der einzelnen Flammen nicht parallel; sondern strahlenförmig zueinander stehen (vgl. Fig. 74).

Fig. 74. (*Raup*.)

Fig. 75. Schnittbrenner.

Eine praktische Verwendung haben die Strahlenbrenner nur für die Fahrradlaternen und für Illuminationszwecke gefunden, da ihre Brauchbarkeit eben durch ein starkes Verrußen schnell beeinträchtigt wird.

Schnittbrenner sind Brenner, deren Kopf (fast immer Speckstein) statt mit einem oder mehreren Brennlöchern mit einem schmalen Schlitz oder Spalt versehen ist (Fig. 75). Die Schnittbrenner haben dieselben Nachteile wie die Lochbrenner, d. h. sie werden schnell durch Verrußen unbrauchbar. Eine Verbesserung dieser Konstruktion zeigt der Brenner von *Pohle-Johndorf*, bei welchem der Schlitz auf eine scharfkantige Erhöhung des Brennkopfes verlegt wird. Damit ist eine bessere Luftzuführung erreicht, die wiederum das Verrußen der Brenner verlangsamt.

Das schwer zu lösende Problem bei den bisher beschriebenen Brennerkonstruktionen war, eine ausreichende Luftzuführung zu ermöglichen. Eine solche wird erreicht, wenn man der Acetylenflamme die Form einer dünnen Scheibe gibt, indem man das Gas durch zwei gegenüberliegende Brenneröffnungen so austreten läßt, daß die Gasströme sich treffen.

Derartige Brennerkonstruktionen waren für andere Gase bereits bekannt und haben auch für die Verbrennung des Acetylens unter der Bezeichnung: Schmetterlingsbrenner erfolgreiche Verwendung gefunden. Das bekannteste Modell dieser Konstruktion, das am meisten Eingang in die Praxis gefunden hat, ist der Braybrenner (Fig. 76). Die Lichtausbeute dieser Brenner ist nach Untersuchungen von *Caro*[1] ausgezeichnet. Ihrer umfangreichen Verwendung in der Praxis steht auch hier wieder der Nachteil schneller Verrußung entgegen.

Alle Versuche, diesen Nachteil wirksam zu beseitigen, gingen darauf hinaus, den Brennerkopf mittel- oder unmittelbar dem Einfluß der Acetylenflamme zu entziehen. Eine direkte Entziehung erfolgte durch eine räumliche Entfernung der Flamme, indem entweder die Brennlöcher auf einem dünnen Grad oder in einer Mulde oder unter gleichzeitiger Benutzung dieser beiden Hilfsmittel angeordnet wurden (Fig. 77 bis 79). Dadurch wurde zwar eine längere Haltbarkeit, aber auch gleichzeitig eine Verschlechterung der Lichtausbeute erzielt[2].

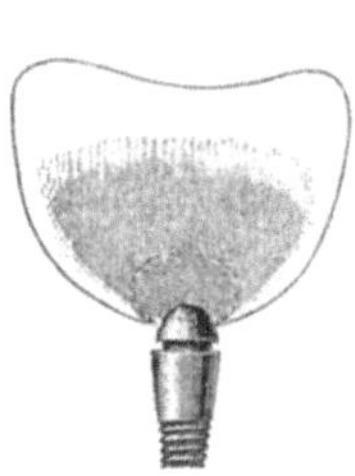

Fig. 76. Braybrenner.

Fig. 77. Braybrenner nach *von Schwarz*.

Fig. 78. *Pohle*.

Fig. 79. Schmetterlingsbrenner.

Ein anderer, zuerst 1895 von *Résener* und *Luchaire* erfolgreich begangener Weg, dasselbe Ziel zu erreichen, war der, die Entfernung der Flamme von dem Brennerkopf durch eine entsprechende Richtung des ausströmenden Gases zu beeinflussen. Die günstigsten Resultate wurden nach *Résener* bei einem Druck von 80 mm erreicht, wenn sich die beiden Gasströme in einem Winkel von 90° trafen (Fig. 80). Dabei ist Bedingung, daß die Entfernung der Brennlöcher in Millimetern gleich ist dem stündlichen Verbrauch in Litern.

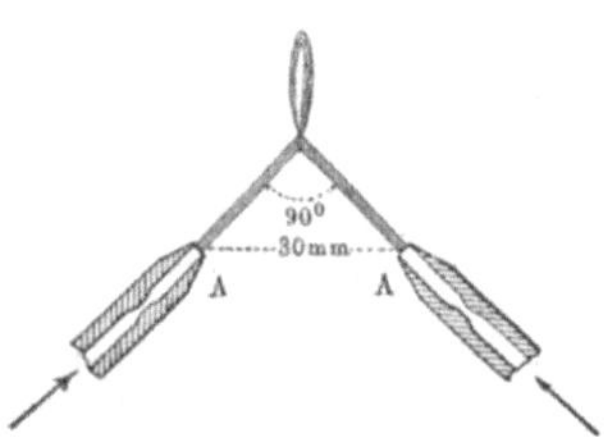

Fig. 80. *Résener Luchaire.*

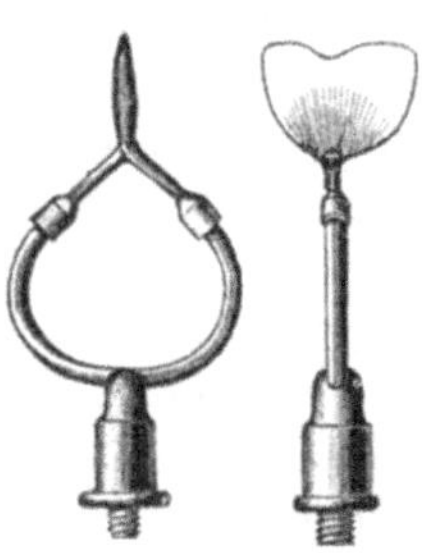

Fig. 81. Zweiröhrenbrenner.

Die nach diesem Grundsatz verfertigten Brenner haben praktische Verwendung gefunden, und zwar als sog. Zweiröhrenbrenner, deren Lichtausbeute für reines Acetylen als gut bezeichnet werden muß. Besonders ausgedehnt werden diese Brenner für die Verbrennung von Acetylen mit gleichzeitiger Luftzuführung verwendet.

Die Zweiröhrenbrenner werden aus Metall angefertigt und waren ursprünglich nur mit Specksteinköpfen versehen (Fig. 81). Ihre Brauchbarkeit wurde stark beeinträchtigt dadurch, daß die Wärmeentwicklung bald ein Verbiegen der Brennerarme zur Folge hat, wodurch die notwendige Scheibenbildung der Flamme unmöglich wird.

---

[1] Handb. f. Acetylen 1904, 383.

[2] Vgl. *Caro:* Handb. f. Acetylen 1904, 385.

Um diesem Nachteil zu begegnen, wurde in weiteren Konstruktionen auf den ursprünglichen einheitlichen Brennerkopf zurückgegriffen, der dementsprechend vergrößert wurde. Der beabsichtigte Zweck wurde erreicht, allerdings auf Kosten der Haltbarkeit und der Lichtausbeute, denn die großen Brennerköpfe sind leicht zerbrechlich und werfen große Schatten. Von den zahlreichen Modellen seien der Champignonbrenner (Fig. 82) und der Lebeaubrenner (Fig. 83) genannt.

Um die Verrußung der Brenner, die bei den ebengenannten bereits auf ein geringes Maß herabgedrückt ist, fast ganz zu verhindern, wurden noch andere Modelle konstruiert, bei welchen diese Frage auf verschiedenem Wege zu lösen versucht wird, so z. B. durch eine Hilfsflamme oder durch Ausströmungskanäle aus Glas oder aber auch durch Vorrichtungen zum leichten Reinigen von Ruß usw.

Neben diesen Brennerformen ist versucht worden, den Brennerkopf der Einwirkung der Flamme indirekt zu entziehen, indem in dem Brennerkopf selbst zur Kühlung Luftkanäle angeordnet werden. Die Wirtschaftlichkeit dieser Brenner nimmt aber im Gegensatz zu den anderen Schmetterlingsbrennern mit zunehmendem Druck ab, was damit zu erklären ist, daß durch den hohen Druck Sekundärluft mitgerissen wird, die eine Blauverbrennung bewirkt.

Fig. 82. Champignonbrenner.

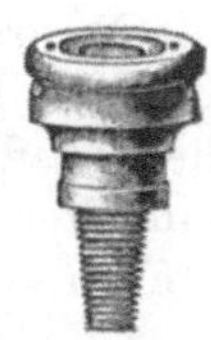

Fig. 83. Lebeaubrenner.

Einer umfangreichen Verwendung aller dieser Brenner für reines Acetylen in der Praxis steht trotz ihrer teilweise recht guten Lichtausbeute der große Nachteil entgegen, daß sie immerhin verhältnismäßig leicht verrußen und dadurch unbrauchbar werden.

Über die Lichtausbeute gibt nachstehende Zusammenstellung Aufschluß:

Nr.	Brennersorte	Fabrikat	Gasdruck mm	Gasverbrauch für die Stunde in Litern	Lichtstärke in HK parallel | senkr. zur Flammenebene	Mittlerer Gasverbrauch für HK u. Stunde
1	Einlochbrenner[1]	*Stadelmann & Co.* Nürnberg	80	8,5	10,0	0,85
			100	10,0	11,2	0,88
			120	11,0	12,8	0,85
2	Dreilochbrenner[1]	,,	80	19,00	19,20	0,990
			100	21,75	23,20	0,920
			120	25,00	28,50	0,870
3	Fünflochbrenner[1]	,,	80	30,00	33,33	1,01
			100	32,00	34,40	0,96
			120	35,50	36,72	0,93
4	Schnittbrenner[1]	Allgemeine Carbid- u. Acetylen-Gesellschaft Berlin	80	24,0	35,0	0,686
			90	27,0	49,0	0,551
			110	31,0	54,5	0,569

[1] *Caro:* Handb. f. Acetylen 1904, 376 bis 377.

Nr.	Brennersorte	Fabrikat	Gasdruck mm	Gasverbrauch für die Stunde in Litern	Lichtstärke in HK parallel zur Flammenebene	senkr. zur Flammenebene	Mittlerer Gasverbrauch für HK u. Stunde
5	Braybrenner[1] 000	*Bray*	80	68	132,00	112,00	0,55
		,,	100	74	150,40	127,20	0,66
			120	Flamme zuckt zum Teil bereits bei 100 mm			
6	Braybrenner[1] 00000	*Bray*	80	40	71,20	59,20	0,610
		,,	100	40,0	76,20	66,40	0,600
			120		Flamme zuckt		
7	Zweiröhrenbrenner[2]	Allgemeine Carbid- u. Acetylen-Gesellschaft Berlin	80	16	22,5		0,711
			100	18	25,0		0,720
			120	18	25,5		0,736

Aus den Ergebnissen dieser Messungen ist ersichtlich, daß bei den einzelnen Strahlenbrennern die Lichtergiebigkeit mit steigendem Druck, die Wirtschaftlichkeit mit steigendem Gasverbrauch wächst, praktisch natürlich nur innerhalb bestimmter Grenzen. Andererseits geht aus den Zahlen hervor, daß mit der Vermehrung der Strahlen keine Verbesserung, sondern eine Verschlechterung der Wirtschaftlichkeit eintritt. Wesentlich günstiger stellen sich die Schnittbrenner, und zwar sowohl hinsichtlich der Lichtstärke als auch der Lichtausbeute. Ihre Verwendung ist jedoch deshalb unwirtschaftlich, weil sie, wie bereits bemerkt, sehr leicht verrußen.

Bei den Braybrennern wächst die Ergiebigkeit mit dem Verbrauch und — in gewissen Grenzen — mit dem Druck. Letzteres gilt jedoch nicht für die Brenner mit Kühlung des Kopfes, bei welchen mit zunehmendem Druck eine Abnahme der Leuchtkraft erfolgt. Bei den Zweiröhrenbrennern steigt mit dem Druck bis zu gewisser Höhe stets auch die Lichtausbeute.

Brenner für Acetylenluftgemische.

Die geschilderten, mit der Verwendung von reinem Acetylen verbundenen Nachteile lassen sich vermeiden, wenn dem Acetylen kurz vor der Verbrennung eine entsprechende Menge Luft im Brenner zugeführt wird. Die Luftzuführung erfolgt entweder durch eine Vermischung von Acetylen und Luft im Brenner oder aber in der Weise, daß das durchströmende Acetylen eine bestimmte Menge Luft durch den Brenner mit hindurchsaugt.

Die Luftzuführung bewirkt hauptsächlich eine Kühlung des Brennerkopfes und eine sofortige Verbrennung bei Austritt aus dem Brennerloch, wodurch eine Rußabscheidung erst in weiterer Entfernung von dem Brennerkopfe eintritt. Allerdings ist zu beachten, daß die Luftzuführung genau reguliert wird, damit nicht ein Entleuchten der Flamme oder die Bildung eines explosiven Gemisches eintritt.

[1] *Gerdes:* Glasers Annalen 1897, 469. *Caro:* Handb. f. Acetylen 1904, 384ff.
[2] Handb. f. Acetylen 1904, 388.

Sämtliche Brenner für reines Acetylen, die hinsichtlich der Lichtausbeute bereits sehr gute Ergebnisse zeitigten, sind in der Folgezeit auch mit Luftzuführung ausgeführt worden und haben sich bewährt. Die ersten Acetylenbrenner konstruierte *Bullier* nach dem Prinzip der Bunsenbrenner, nur mit entsprechend kleinerer Öffnung für die Luftzuführung. Der anfängliche Nachteil der Bullierbrenner, nur bei hohem Druck gute Resultate zu geben, wurde durch entsprechende Abänderung des Brenners beseitigt; dagegen gelang es nicht, das Sausen der Brenner zu vermeiden. Außerdem verstopfen sich die offenliegenden Schlitze leicht durch Staub usw.

Praktischer ist der Brenner von *Kästner*, der die Konstruktion des Braybrenners derart benutzte, daß er auf dem Brennerkopfe eine oben offene Mischkammer mit seitlicher Luftzuführung anbrachte (Fig. 84). Durch die seitliche Luftzuführung wird eine vollständige Verbrennung bei jedem Druck ermöglicht.

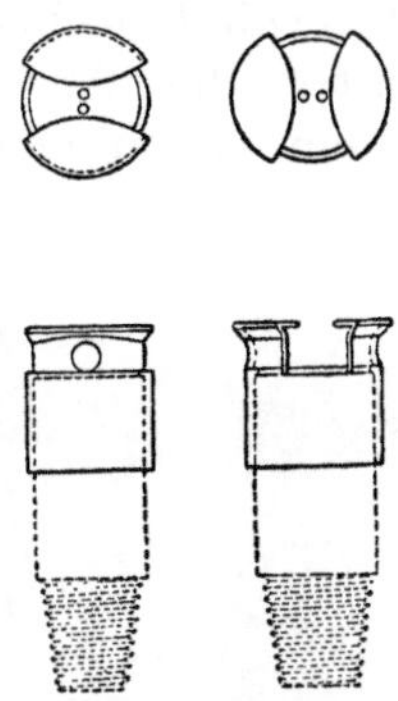

Fig. 84. (*Kästner.*)

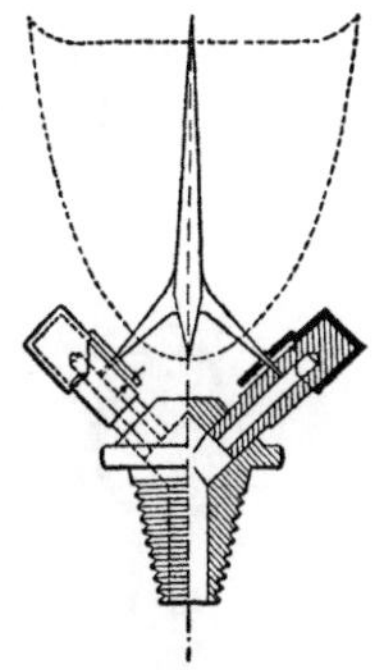

Fig. 85. Billwillerbrenner.

Auf dem Prinzip des Kästnerbrenners baut sich dann eine Reihe weiterer Konstruktionen auf, die in der Praxis unter dem Namen: „Billwillerbrenner“ zusammengefaßt werden und die dahin zu kennzeichnen sind, daß senkrecht zur Ausströmungsöffnung des Acetylens, aber in einiger Entfernung, eine Scheibe mit größerer Brenneröffnung angebracht wird. Das ausströmende Gas reißt die unter der Platte befindliche Luft mit sich und gelangt oberhalb der Platte zur Verbrennung.

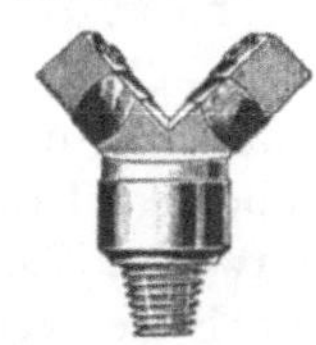

Fig. 86. (*von Schwarz.*)

Die Billwillerbrenner gelangen in den verschiedensten Formen und im allgemeinen mit gleich guter Wirkung in den Handel. Sie werden entweder ganz aus Speckstein gefertigt oder aber die Platte wird besonders aus Metall hergestellt. Diese Konstruktion bietet den Vorzug, daß sich etwaige Verunreinigungen (Verbindungen des Phosphors, Schwefels usw.) leicht niederschlagen (Fig. 85, 86). Eine Verrußung dieser Brenner tritt nicht ein, da die Flamme frei über dem Brenner schwebt.

Billwillerbrenner für große Leistungen werden in der Weise ausgeführt, daß entweder mehrere Brennlöcher nebeneinander angeordnet, oder mehrere kleinere Brenner zusammengestellt werden. Allerdings geht hierbei die Lichtausbeute etwas herunter. Eine Vergrößerung der einzelnen Brennlöcher, und damit eine Steigerung der Lichtwirkung ist nur bis zu einem gewissen Grade möglich, da sonst der Flammenstrahl zu dick wird und sich schwer mit Luft vermischt.

Eine andere Ausführung des Billwillerschen Prinzipes zeigen die sog. Schülkebrenner, von denen zwei Ausführungsarten bildlich vorgeführt seien (Fig. 87, 88). Bei der einen Konstruktion wird die Luftzuführung durch einen senkrechten Schlitz im Zuführungskanal bewirkt. Das zweite Modell unterscheidet sich von dem gewöhnlichen Billwillerbrenner nur dadurch, daß der Ausströmungskanal eine Trichterform zeigt und im Durchmesser größer ist als das Brennloch der Kappe. Die Wirtschaftlichkeit dieser Brenner entspricht derjenigen der Billwillerbrenner, was von einer Reihe anderer, nach gleichem Prinzip konstruierter Brenner nicht im gleichen Maße zu sagen ist[1].

Grundsätzlich verschieden von den Billwillerbrennern ist die große Gruppe der Dolanbrenner, bei denen auf die Vermischung des Acetylens mit Luft verzichtet wird. Das zur Verbrennung kommende Acetylen wird vielmehr nur mit einer Lufthülle umgeben, was dadurch bewirkt wird, daß der Gasstrahl, aus einer feinen Düse austretend, zentrisch durch eine vorgelegte, mit der Außenluft in Verbindung stehende Mündungskammer geführt wird (Fig. 89). Der umgebende Luftmantel bewirkt eine genügende Kühlung des Brennerkopfes und verhindert eine vorzeitige Rußabscheidung.

Allgemein ist über die Wirtschaftlichkeit dieser Brennerkonstruktion noch zu sagen, daß eine Vermischung von Luft und Acetylen um so weniger

Fig. 87. (*Schülke.*)

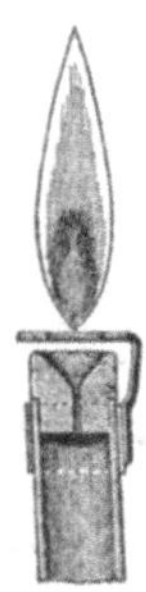

Fig. 88. (*Schülke.*)

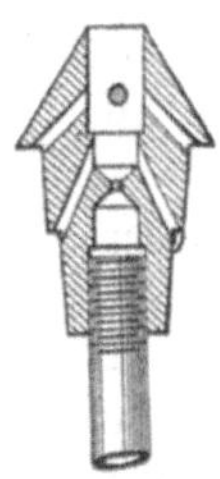

Fig. 89.

Fig. 90. Dollanbrenner.

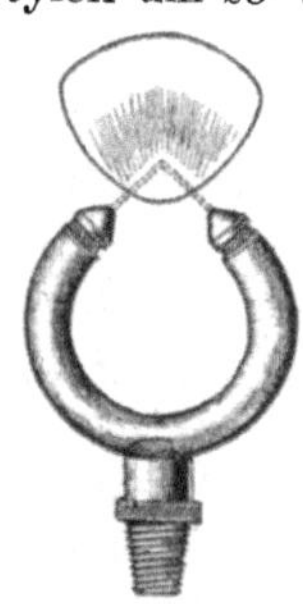

Fig. 91.

eintritt, je dicker an sich der aus der Düse austretende Gasstrom ist und je höher der Druck ist, unter welchem er austritt. Zu geringer Druck oder zu schwacher Gasstrom haben eine Verminderung der Leuchtkraft der Flamme zur Folge (vgl. S. 204).

Die Dolanbrenner werden in allen Formen angefertigt (Fig. 90, 91). Am meisten Eingang in die Praxis fand der Dolanbrenner als sog. Doppel- oder Hufeisenbrenner aus Messing mit Specksteinköpfchen. Die Brenner werden bis zu einem Stundenverbrauch von 35 l hergestellt; für größere Leistungen werden mehrere Brenner verbunden bei gleichbleibender Lichtausbeute. Ein Nachteil dieser Brenner ist die leichte Beeinträchtigung ihrer Form durch die Wärmeentwicklung. Es wurde versucht, diesen durch eine entsprechend andere Formgebung zu vermeiden, was aber nur teilweise gelang. Ganz wurde das Ziel: gute Lichtausbeute, lange Haltbarkeit und besonders Unverrückbarkeit der Ausströmungsöffnungen erst erreicht, als die Brenner ganz aus Speckstein gefertigt wurden. Auch bei diesen Brennern wird eine Erhöhung des Verbrauches erreicht durch die Zusammenstellung mehrerer Brenner, wie durch die Anordnung mehrerer Brennlöcher (2 bis 5) nebeneinander,

[1] Vgl. *Caro:* Handb. f. Acetylen 1904, 396.

deren Achsen sämtlich in einem Punkte zusammentreffen, so daß die austretenden Gasströme eine einzige schöne flache Flamme bilden.

Der Dolanbrenner ist in einer Reihe weiterer Ausführungsformen abgeändert worden, ohne daß damit freilich immer eine Verbesserung der Lichtausbeute verbunden war. Bei einer Gruppe von Brennern wurden die Austrittslöcher des Acetylens tiefer gelegt und die Luftzuführung durch einen über den Brennerkopf hinweggehenden Schlitz bewirkt. Eine Vereinigung mit dem Prinzip des Billwillerbrenners stellt eine andere Ausführungsart (vgl. Fig. 92), dar, bei welcher eine über den Brennerkopf gesetzte Schutzkappe die Einwirkungen der Hitze abschwächen soll.

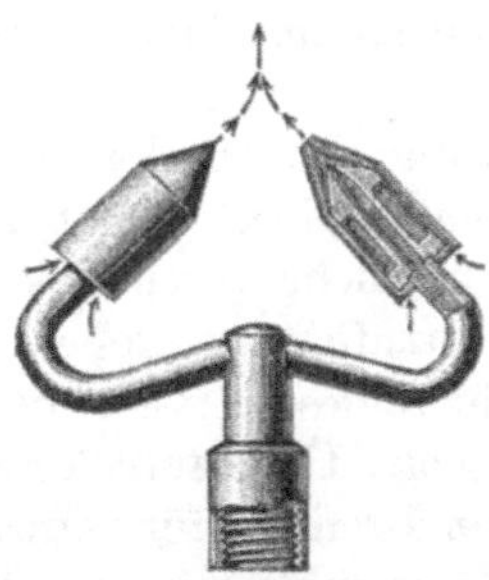

Fig. 92.

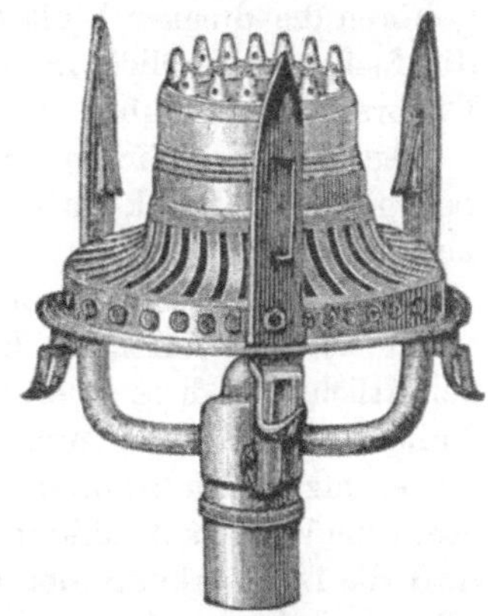

Fig. 93. (*Dolan.*)

Endlich sei hier noch die Vereinigung mehrerer Dolan-Strahlenbrenner zu dem sog. Argandbrenner (Fig. 93) erwähnt, die den Vorteil vor dem gewöhnlichen Strahlenbrenner bietet, daß die Verwendung von Zylindern möglich ist. Dadurch wird eine Verstärkung des Zuges bewirkt, der die Flammenstrahlen in die Länge zieht, aber ein Rußen derselben vermeidet. Das Verdienst, das Prinzip der Luftzuführung auch auf die Schnittbrenner übertragen zu haben, gebührt *von Schwarz*-Nürnberg.

Das Ziel einer größeren Dauerhaftigkeit durch Vermeidung eines frühzeitigen Verrußens wurde erreicht, indem der Brennerschlitz tief zwischen zwei parallele Specksteinwände verlegt wurde (Fig. 94 u. 95). Der Brenner zeigt eine gute Haltbarkeit und Lichtausbeute, kann aber nur bei Drucken über 100 mm gebrannt werden. Dieser Nachteil wird vermieden, wenn an Stelle des Schlitzes eine fortlaufende Reihe feiner Öffnungen tritt. Auch die *v. Schwarz*schen Brenner werden zu verschiedenen Gruppen vereinigt.

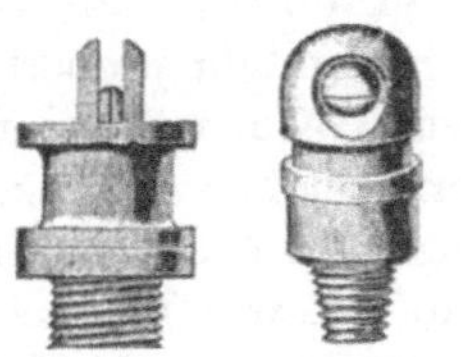

Fig. 94/95. (*von Schwarz.*)

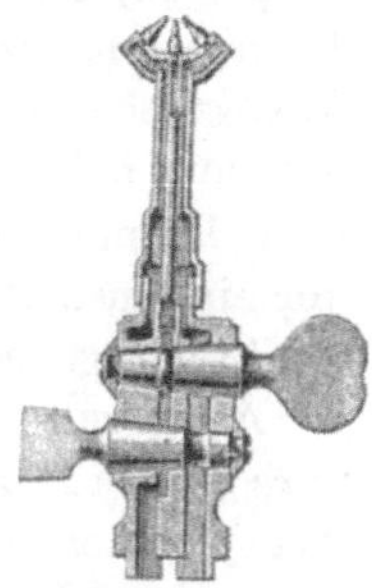

Fig. 96. Brenner nach *Fraser.*

Aus der großen Zahl der sonstigen Brennerkonstruktionen, die durchweg ohne größere praktische Bedeutung geblieben sind, sei hier nur noch der Brenner von *Fraser* genannt (Fig. 96). Bei diesem stoßen Acetylen und Luft unter gleichem Druck im rechten Winkel aufeinander. Besondere Hähne für Acetylen und Luft gestatten eine genaue Regulierung und damit die Erreichung der höchsten Lichtausbeute unabhängig vom Druck.

Über die Wirtschaftlichkeit und Leistung einer Anzahl gebräuchlicher Brenner mit Luftzuführung ist aus den Zusammenstellungen auf S. 213 und 214 Näheres zu ersehen.

Die in den Tabellen aufgeführten Brenner sind in zwei große Gruppen zu teilen, nämlich in solche, die nur entwicklungsgeschichtliches Interesse bieten und solche, die von praktischer Bedeutung sind. Zu der ersten Gruppe gehören die Brenner 1 bis 6. Die zweite Gruppe umfaßt diejenigen Brenner, die fast ausschließlich in der Praxis verwendet werden; ein grundsätzlicher Unterschied gegenüber der ersten Gruppe besteht nicht.

Aus den angeführten Zahlen[1] ergibt sich zunächst, daß in fast allen Fällen bei gleichem Druck mit steigendem Gasverbrauch die Wirtschaftlichkeit zunimmt.

Eine gleichzeitige Steigerung des Druckes und des Gasverbrauches bewirkt bei den einzelnen Konstruktionen meist keine Steigerung der Wirtschaftlichkeit; diese bleibt vielmehr gleich oder sinkt sogar in einzelnen Fällen. Die Brenner mit Luftzuführung stehen also in dieser Hinsicht im Gegensatz zu den Brennern für reines Acetylen, bei denen in diesem Falle fast stets die Wirtschaftlichkeit steigt. Überhaupt lehrt ein Vergleich aller Zahlen, daß die Lichtwirkung bei den Brennern für reines Acetylen verhältnismäßig günstiger ist als bei den Konstruktionen mit Luftzuführung. Wesentlich wirtschaftlicher im praktischen Gebrauche sind aber diese, weil sie, wie wiederholt betont wurde, von weit größerer Haltbarkeit sind.

Eine Betrachtung der in der Praxis zur Verwendung gelangenden Brenner (7 bis 13) zeigt, daß die Lichtstärke bei gleichem Gasverbrauch bei allen Brennern nahezu die gleiche ist. Weiter weisen die Brenner mit sehr kleinem Verbrauch (unter 12 l) eine viel ungünstigere Lichtausbeute auf, als die Brenner mit höherem Verbrauch. Endlich lassen die Messungen bei 90[2], 100 und 120 mm Druck erkennen, daß der Gasverbrauch und die Lichtstärke der einzelnen Brenner ungefähr proportional gestiegen sind. Die Nutzwirkung bleibt bei geändertem Gasdruck ungefähr dieselbe.

Auf Grund umfangreicher Untersuchungen über die Lichtausbeute der verschiedenen Brenner hat *Caro*[3] bestimmte Regeln für die Ausführung von Acetylenbrennern mit offener Flamme aufgestellt, aus denen hier auszugsweise das Wichtigste wiedergegeben sei.

Bei allen Brennerarten wächst die Wirtschaftlichkeit mit dem Gasverbrauch, d. h. Brenner mit hohem Verbrauch weisen eine wesentlich vorteilhaftere Lichtausbeute auf, als solche mit geringem Verbrauch. Brenner mit kleinem Verbrauch, welche die verhältnismäßig günstigste Wirkung als Einlochbrenner ergeben, brennen nur bis zu einem bestimmten Druck (80 mm) gut.

[1] Für weiteres ausführliches Zahlenmaterial sei nochmals verwiesen auf die Mitteilungen von *Caro:* Handb. f. Acetylen 1904, 390 und die Untersuchungen der Physikalisch-technischen Reichsanstalt, Zeitschr. f. Calciumcarbid u. Acetylen 1908, 87.

[2] Die Resultate der von der Physikalisch-technischen Reichsanstalt angestellten Untersuchungen bei 90 mm Druck wurden in der vorstehenden Tabelle nicht wiedergegeben.

[3] Handb. f. Acetylen 1904, 415.

Nr.	Brennersorte	Fabrikat	Gasdruck mm	Gasverbrauch für die Stunde in Litern	Mittlere horizontale Lichtstärke in Hefnerkerzen		Mittlerer Gasverbrauch für die HK Stunde
					parallel	senkrecht	
1	Schnittbrenner[1] mit Luftzuführung	Allgemeine Carbid- u. Acetylen-Gesellschaft	80	43,5	69,5		0,626
2	Schnittbrenner[2] n/Bullier	aus Wien	100	20,0	22		0,900
			120	21,0	27		0,770
			140	22,0	31		0,700
			160	25,0	34		0,730
3	Kästnerbrenner[2]	aus Halle	80	10,0	15,36	15,80	0,632
			100	10,5	16,93	16,31	0,622
			120	11,2	19,02	18,63	0,598
4	Billwillerbrenner[3]	*J. v. Schwarz*					
	Nr. 3	Nürnberg	80	20	30		0,660
	Nr. 5	„	80	30	55		0,545
	Nr. 8	„	100	51,61	65,3	53,10	0,880
	Nr. 10	„	100	75,41	100,8	86,20	0,768
5	Schülkebrenner[4]	*Hera-Prometheus* Berlin	90	20	35		0,62
			130	26	40		0,65
6	Dolan-Strahlen-brenner[5] 10 l	*Stadelmann & Co.* Nürnberg	80	10	11,36		0,88
			100	12	12,96		0,94
			120	13,50	14,56		0,92
			Die etwa 20 cm lange Flamme zeigt rußende Spitzen				
7	Dolan-Doppel-brenner[6]	*Stadelmann & Co.*					
	10 l	Nürnberg	80	11,5	8,64	7,52	1,42
			100	12,75	9,26	8,48	1,43
			120	13,00	10,56	9,36	1,32
	20 l		80	19,50	25,92	20,80	0,83
			100	22,50	26,24	23,20	0,92
			120	24,50	28,48	24,80	0,99
	30 l		80	26,60	45,20	38,00	0,60
			100	30,50	48,00	42,40	0,67
			120	33,00	49,20	44,80	0,70
					Flamme rauscht		
8	Schnittbrenner nach v. Schwarz	*J. v. Schwarz* Nürnberg	100	57,85	63,5	58,4	0,950

[1] *Wolff:* Zeitschr. f. Beleuchtungswesen 1898, 42.
[2] *Caro:* Handbuch für Acetylen 1904, 393.
[3] *Caro:* das. 1904, 394.
[4] *Bunte:* Zeitschr. f. Beleuchtungswesen 1898, 407.
[5] *Caro:* Handbuch für Acetylen 1904, 401.
[6] *Caro:* das. 1904, 403.

Nr.	Brennersorte	Fabrikat	Gas-druck	Gasverbrauch für die Stunde in Litern	Mittlere horizontale Lichtstärke in Hefnerkerzen	Mittlerer Gasverbrauch für HK und Stunde
9	Lutabrenner[1] 10¹/₂ l	*Bray & Co. Ltd.* Leeds	80	11,9	10,4	1,1
			100	14,1	11,4	1,2
			120	15,9	12,2	1,3
	21 l	„	80	20,0	23,1	0,9
			100	22,6	25,6	0,9
			120	25,1	27,3	0,9
	35 l	„	80	40,2	57,7	0,7
			100	46,2	70,8	0,7
			120	50,2	74,4	0,7
10	Eltabrenner[1] 10¹/₂ l	„	80	11,1	8,9	1,2
			100	13,5	11,1	1,2
			120	15,1	12,2	1,2
	28 l	„	80	25,8	35,3	0,7
			100	29,2	41,2	0,7
			120	33,3	45,0	0,7
	35 l	„	80	34,7	45,1	0,8
			100	38,6	56,1	0,7
			120	43,3	61,6	0,7
11	Astralbrenner[1] 10 l	*J. v. Schwarz* Nürnberg	80	9,8	7,6	1,3
			100	11,7	9,0	1,3
			120	13,1	10,2	1,3
	20 l	„	80	21,3	27,6	0,8
			100	24,7	30,3	0,8
			120	28,2	31,9	0,9
	30 l	„	80	32,3	45,4	0,7
			100	34,7	53,8	0,6
			120	40,9	58,9	0,7
12	J. v. S.[1]	*J. v. Schwarz*	80	22,7	30,9	0,7
	D. R. G. M. 86505	Nürnberg	100	26,3	34,6	0,8
	21		120	28,8	36,9	0,8
13	Helabrenner[1] 10 Liter	*J. v. Schwarz* Nürnberg	80	10,9	10,1	1,1
			100	12,6	10,9	1,2
			120	14,2	11,3	1,3
	20 Liter	*Jean Stadelmann & Co.*	80	27,4	36,5	0,8
			100	31,7	38,1	0,8
		Nürnberg	120	35,0	40,1	0,9
	25 Liter	*J. v. Schwarz*	80	28,7	41,6	0,7
		Nürnberg	100	34,1	46,6	0,7
			120	36,7	50,4	0,7

[1] Untersuchungen der Physikalisch-technischen Reichsanstalt, Zeitschr. für Calciumcarbid und Acetylen. 1908, 88.

Auch bei Brennern mit Luftzuführung und bei völlig gleicher Anordnung des Brennerköpfchens zeigen Strahlenbrenner bei niedrigem Verbrauch erheblich geringere Verbrauchszahlen als Doppelbrenner.

Für Brenner mit hohem Verbrauch empfiehlt sich die Anordnung der Einstrahlenbrenner nicht, wie überhaupt die Vereinigung mehrerer Brenner zwecks Erzielung einer großen Lichtwirkung nicht vorteilhaft ist. Dagegen bewähren sich Gruppenstrahlenbrenner.

Für Brenner mittlerer Verbrauchsstärke sind die vorteilhaftesten Ausführungsarten diejenigen mit Luftzuführung nach *Billwiller* und *Dolan*.

Die größte Wirkung wird erreicht, wenn die Luftansaugung so erfolgt, daß die austretenden Gasstrahlen keine Ablenkung erfahren. Die höchste Lichtwirkung zeigen die Brenner für reines Acetylen bei wesentlich niedrigeren Drucken als die Brenner mit Luftzuführung. Für die Dauer der Verwendbarkeit ist neben der Konstruktion der einzelnen Brenner die Reinheit des Acetylens maßgebend.

Interessante Prüfungen über die Funktion und Lebensdauer offener Acetylenbrenner (Einlochbrenner) mit sehr geringem Gasverbrauch, die unter Umständen für Bergwerkslampen verwendet werden sollten, um diese handlicher gestalten zu können, wurden in der Untersuchungs- und Prüfstelle des Deutschen Acetylenvereins ausgeführt[1]. Die Brenner hatte die Firma *J. von Schwarz*-Nürnberg zur Verfügung gestellt; aus der nachstehenden Aufstellung gehen die grundsätzlichen Unterschiede in der Konstruktion der einzelnen Brenner hervor:

I. Ia. II. Bezeichnung der Fabrik: „N. 180. 2 Liter." Dieselben hatten 4 Zuglöcher.
III. Bezeichnung der Fabrik: „Gewöhnliche Vorkammer, ohne Zuglöcher."
IV. Bezeichnung der Fabrik: „Gewöhnliche Vorkammer mit zwei kleinen Zuglöchern".
V. Bezeichnung der Fabrik: „Kleine Vorkammer ohne Zuglöcher."
VI. Bezeichnung der Fabrik: „Kleine Vorkammer mit zwei kleinen Zuglöchern."
VII. Bezeichnung der Fabrik: „Große Vorkammer ohne Zugloch."

Der Stundenverbrauch der einzelnen Brenner war bei verschiedenen Drucken folgender:

Druck in mm	Brenner I	Brenner Ia	Brenner II	Gasverbrauch im Mittel
80/85	1,60 l	1,77 l	1,79 l	1,72 l
98/100	2,07 „	2,13 „	2,03 „	2,08 „
120	2,10 „	2,13 „	2,24 „	2,16 „

Brenner Nr.	Druck 90 mm	Druck 110 mm	Druck 120 mm
III	2,00 l	2,30 l	2,41 l
IV.	2,09 „	2,35 „	2,53 „
V.	2,38 „	2,61 „	2,95 „
VI.	2,48 „	2,86 „	2,90 „
VII.	2,31 „	2,57 „	2,59 „

[1] Carbid u. Acetylen 1913, Nr. 19, S. 217 bis 219.

Die Dauerprüfung ergab zusammengefaßt folgendes:

1. Die Brenner ohne Zuglöcher leuchten zwar am besten, werden aber nach verhältnismäßig kurzer Zeit unbrauchbar, im ungünstigsten Falle nach 81 Stunden (Brenner III), im günstigsten nach 814 Stunden (Brenner VII).
2. Die Brenner mit 4 Zuglöchern haben eine sehr lange Brenndauer, im günstigsten Falle 3761, im ungünstigsten 1473 Stunden, leuchten aber nicht besonders.
3. Die Brenner mit 2 kleinen Zuglöchern haben neben genügender Leuchtkraft auch gute Ausdauer, im ungünstigsten Falle 1505 Stunden (Brenner IV), im günstigsten 2042 Stunden (Brenner VI) und neigen nicht zum Verrußen.

Glühlichtbrenner.

Stehendes Acetylen-Glühlicht.

Die hohe Temperatur der Acetylenflamme macht diese auch in ganz besonderem Maße für die Verwendung zur Glühlichtbeleuchtung geeignet.

Trotzdem war die Einführung des Acetylenglühlichtes in die Praxis lange Zeit unmöglich, weil die Vorbedingung, eine bei verhältnismäßig niedrigem Druck stetig brennende, entleuchtete und der Form des Glühkörpers angepaßte Flamme praktisch unerreichbar blieb. Für diese Erscheinung sind zwei Gründe anzuführen, nämlich der explosive Charakter der Acetylenluftgemische, wie sie für das Glühlicht eben in Betracht kommen, und die leichte Zersetzbarkeit des Acetylens bei hohen Temperaturen. Eine geeignete Flammenform ist nur erreichbar, wenn die Ausströmungsgeschwindigkeit des Gases größer ist als die Fortpflanzung der Explosion. Andernfalls tritt ein Zurückschlagen der Flamme ein. Ein sehr hoher Druck, wie er beispielsweise für die ersten Konstruktionen nötig war (500 mm) zerstört den Glühkörper und ist überdies praktisch mit den üblichen Acetylenapparaten schwer erreichbar.

Die zahlreichen Versuche, geeignete Brennerkonstruktionen für normalen Druck zu finden, stützen sich auf die Beobachtungen von *Le Chatellier*[1] und *Eitner*[2], daß die Ausdehnung des Explosionsbereiches von Acetylenluftgemischen mit der Verkleinerung des Durchmessers des Gefäßes, in dem sich das Gemisch befindet, sinkt. Es ist also möglich, bei entsprechend engen Brennerröhren bestimmte Acetylenluftgemische zu verbrennen, ohne daß ein Rückschlagen der Flamme und eine Fortpflanzung der Explosion erfolgt.

Nach dieser Erkenntnis blieb das für eine tadellose Konstruktion schwer zu lösende Problem die Erzielung eines konstanten Gasluftgemisches. Konstante Gasgemische sind unbedingt notwendig, damit der Explosionsbereich für das zur Anwendung gelangende Brennerrohr aufgehoben bzw. so beeinflußt wird, daß der Gasdruck imstande ist, die Fortpflanzung der Explosion zu überwinden.

Ein anderer Punkt, der bei der Konstruktion der Glühlichtbrenner zu beachten ist, ist die Kühlung des Brenners. Durch eine weitgehende Erwärmung des Brennerrohres wird nämlich die Bildung teerartiger Kondensations-

---

[1] Compt. rend. de l'Acad. des Sc. **121**, 144.

[2] Journ. f. Gasbel. **45** (1902), 1.

produkte (vgl. S. 40) und dadurch die Erweiterung der Explosionsgrenzen[1] begünstigt. Es ist eine öfters zu beobachtende Tatsache, daß die Flamme eines Steinkohlengas-Bunsenbrenners nach längerer Zeit zurückschlägt, wenn z. B. beim starken Erhitzen oder Glühen eines Gefäßes oder ähnlichem der Brenner durch die strahlende Wärme zu stark erhitzt wird.

Praktisch ist das *Le Chatellier*sche Prinzip erfolgreich zuerst im Jahre 1900 bei den Glühlichtbrennern der Allgemeinen Carbid- und Acetylengesellschaft zur Anwendung gebracht, die eine Nachbildung des Bunsenbrenners darstellen. Das Zurückschlagen ist vermieden durch Höherlegung der Ausströmungsöffnung für Acetylen und durch Einengung der Brennermündung.

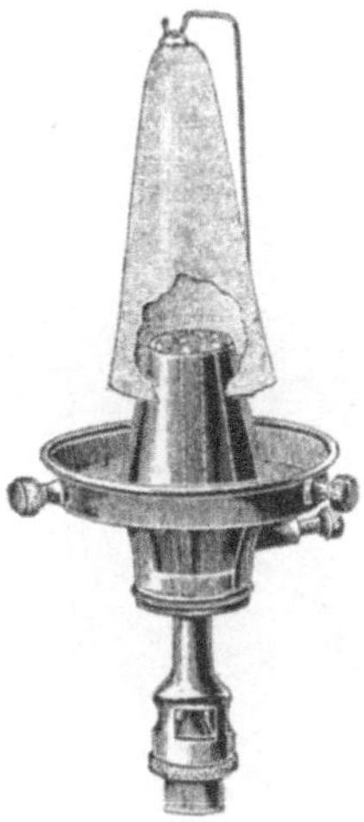

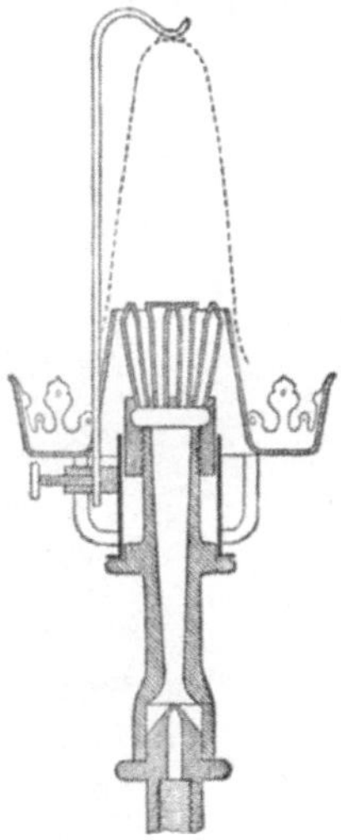

Fig. 97. Fig. 98. Fig. 99. (*Schimek.*)
Compagnie Française de l'Acétylène dissous.

Die Brenner gestatten ziemlich weitgehende Druckschwankungen (60 bis 120 mm) und erhitzen sich wenig. Ähnliche auf demselben Prinzip beruhende Konstruktionen sind auch von anderen Firmen ausgeführt worden.

Die Lichtergiebigkeit dieser Konstruktionen ist sehr gut. Ihr Nachteil liegt darin, daß sie beim Anzünden und Auslöschen wegen mangelnden Zuges für das betreffende Brennerrohr explosive Gemische bilden, infolgedessen knallen und dadurch wieder für den Glühkörper sehr schädliche Erschütterungen hervorrufen.

Bei späteren Konstruktionen wurde erfolgreich versucht, diesen Nachteil zu beseitigen. Die *Compagnie Française de l'Acétylène dissous*-Paris verwertete das Prinzip der Petroleumblaubrenner. In dem Brennerrohre wird ein luftarmes Gasgemisch erzeugt, das durch eine Anzahl oben stark verengter Röhrchen austritt und hier erst die notwendige Luft zugeführt erhält (vgl. Fig. 97 u. 98). Das „Knallen" ist hier beseitigt. Die Brenner erfordern

[1] *Eitner:* Journ. f. Gasbel. **45** (1902), 64.

aber sehr hohen Druck (über 120 mm) und lassen leicht eine leuchtende, stark rußende Flamme zu.

Ein anderes Prinzip liegt den Glühlichtbrennern von *Güntner-Schimek*-Wien zugrunde (Fig. 99). Hier wird durch seitlich angebrachte Schlitze die Luftzuführung so geregelt, daß die Mischung mit dem Gase erst oberhalb der Brennerdüse erfolgt. Auch hier ist das „Knallen" vermieden, aber das Verrußen des Brenners wegen unvollständiger Mischung in ihrer ursprünglichen Form immer noch nicht ganz ausgeschlossen. Durch die Einfügung eines Siebes wurde hier jedoch Abhilfe geschaffen.

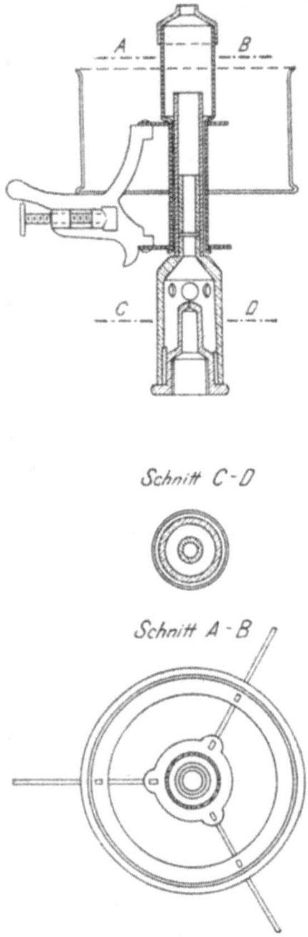

Fig. 100. (*Schichtmeyer.*)

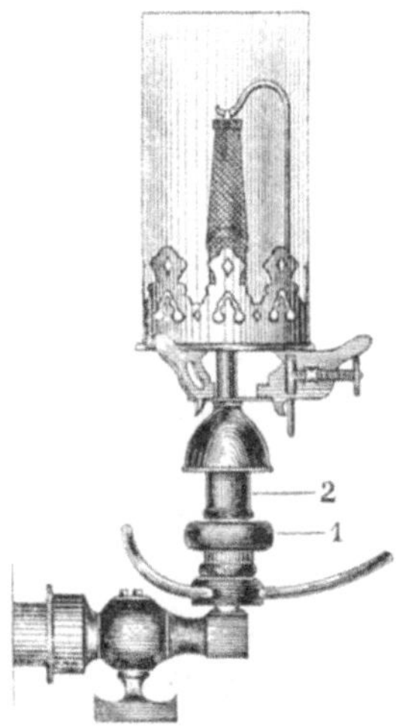

Fig. 101. (*Keller & Knappich.*)

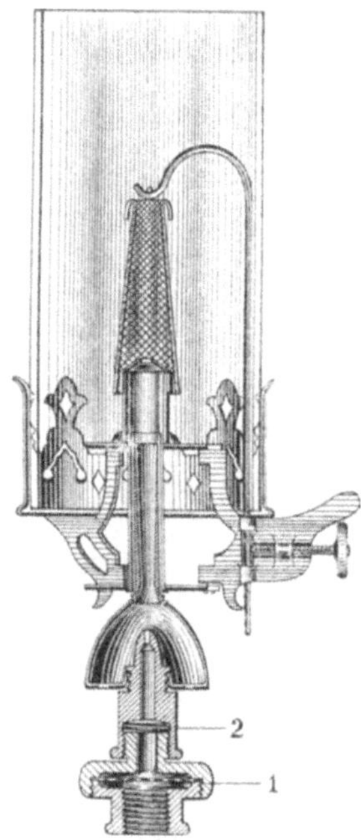

Fig. 102. (*Keller & Knappich.*)

Den auch bei den *Güntner*schen Brennern anfänglich auftretenden Mangel einer genügenden Durchmischung des Gases mit Luft hat man bei einer anderen Ausführungsart zu beseitigen vermocht, indem das Brennerrohr an seinem oberen Ende zu einer Mischkammer erweitert wurde. Die dadurch verursachte Geschwindigkeitsveränderung der ausströmenden Gase bewirkt eine gute Durchmischung. Gleichzeitig wird durch eine Einschnürung am unteren Ende der Mischkammer, dem *Le Chatelier*schen Prinzip entsprechend, ein Zurückschlagen vermieden. Demselben Zweck dient auch die schon erwähnte Einfügung von Sieben. Diese Konstruktion wird von der Firma *Schichtmeyer*-Charlottenburg (Fig. 100) auf den Markt gebracht. Die Ursache des Verrußens ist auch oft darin begründet, daß sich im Gasstrom trotz sorgfältigster Gasreinigung noch immer Staubteilchen befinden, die die winzig kleinen Düsenöffnungen ganz oder teilweise verstopfen. *Keller & Knappich* verhindern bei ihrer Konstruktion ein Verstopfen der Düsenlöcher und damit ein Verrußen der Brenner dadurch, daß sie vor der Brennerdüse *2* ein Flammenfilter *1*, das aus einem gasdurchlässigen, aber Staubteilchen zuverlässig aufhaltenden Materiale besteht, einschalten (Fig. 101, 102).

Das Acetylenglühlicht ähnelt mehr dem Steinkohlengasglühlicht als der offenen Acetylenflamme und ist ihr, wie aus der folgenden Tabelle hervorgeht, an Lichtausbeute überlegen, jedoch besitzt die offene Flamme infolge ihrer Ähnlichkeit mit dem Sonnenlicht Eigenschaften, die sie für spektrische Zwecke viel geeigneter macht. Wo es sich also darum handelt, Farben genau zu unterscheiden, wo farbige Gläser verwandt werden müssen (Signaldienst) oder der unsichtbare Teil des Spektrums wirken muß (Photographie), ist die offene Flamme stets vorzuziehen.

In weitaus den meisten Fällen kommt aber lediglich die Lichtergiebigkeit in Frage, und hier verdient das Acetylenglühlicht unbedingt den Vorzug.

Einer umfassenden alleinigen Anwendung des Acetylenglühlichtes steht jedoch noch ein technischer Nachteil entgegen. Die Acetylenglühlichtbeleuchtung ist nur da verwendbar, wo ein gutgereinigtes Gas zur Verbrennung gelangt. Die Beimengungen des ungereinigten Acetylens, insbesondere Phosphor- und Siliciumverbindungen gehen mit dem Material des Glühkörpers leicht schmelzbare Verbindungen ein, wodurch der Körper in sehr kurzer Zeit zerstört wird.

In größeren Anlagen, insbesondere in Ortszentralen, hat die Glühlichtbeleuchtung allgemein Eingang gefunden und die offene Flamme fast ganz verdrängt. In den kleinen Einzelanlagen wird dagegen auch heute noch der offenen Acetylenflamme durchweg der Vorzug gegeben, da sowohl die Installation wie die Instandhaltung der Glühlichtbrenner große Sorgfalt neben der bereits erwähnten Bedingung erfordert. Bei der Installation der Glühlichtbrenner ist zunächst festzustellen, ob der Brenner an sich richtig funktioniert, d. h. dauernd eine blaue Flamme mit grünlichem Flammenkegel liefert. Alsdann wird der Gühkörper mit dem Aufhänger in entsprechender Höhe nach Vorschrift der Gebrauchsanweisung senkrecht eingestellt und bei geschlossenem Gashahn abgebrannt.

Bei Inbetriebnahme des Brenners ist darauf zu achten, daß das Gas nicht in dem Moment entzündet wird, in dem der Hahn geöffnet wurde, da sonst ein Durchschlagen der Flamme stattfinden kann.

Verzieht sich während der Benutzung der Glühkörper, so ist das ein Zeichen schlechter, d. h. nicht senkrechter Aufhängung. In diesem Falle ist der Körper außer Betrieb zu setzen und der Halter entsprechend einzustellen.

Rußt die Flamme, was sich durch eine Abnahme der Leuchtkraft bemerkbar macht, so ist der Körper ebenfalls außer Betrieb zu setzen, der

Glühkörper von dem eigentlichen Brenner abzuheben und dieser sowie die Brennerdüse zu reinigen. Brennt die Flamme aber auch dann nicht rein blau, sondern weiß weiter, so ist dies ein Zeichen dafür, daß entweder die Reinigungsmasse aufgebraucht ist oder daß Rußabscheidungen im Brennersieb stattgefunden haben. Ist dieses der Fall, so ist am besten ein Installateur zu Rate zu ziehen.

Auf Veranlassung des Deutschen Acetylenvereins hat die Physikalisch-technische Reichsanstalt verschiedene in Deutschland besonders gebräuchliche Acetylenglühlichtbrenner einer Dauerprüfung unterworfen.

Es handelte sich in allen Fällen um Brenner mit einem Stundenverbrauch von 15 l mit seitlich angebrachten Glühkörperträgern. Von diesen entstammten die Brenner 1, 2 und 3 der Firma *Keller & Knappich* G. m. b. H. zu Augsburg (vgl. Fig. 101, 102), die Brenner 4, 5 und 6 der Firma *Ernst Schichtmeyer* zu Charlottenburg (vgl. Fig. 100) und die Brenner 7, 8 und 9 der Firma *W. Güntner* zu Wien (vgl. Fig. 99). Die Glühkörper waren in transportfähigem Zustande mit geliefert worden, und zwar waren den Brennern der Firma *Güntner* zwei mit I und II bezeichnete Sorten, den Brennern der beiden anderen Firmen nur je eine Sorte von Glühkörpern beigegeben. Nach Angabe der Firma *Güntner* sollen die Glühkörper der Sorte I lichtstärker sein als die der Sorte II, welche die Firma unter der Bezeichnung „Dauerglühkörper“ führt.

Die Brenner 1, 2, 3 wurden bei einem Drucke von 115 mm Wasser, die übrigen bei einem Drucke von 100 mm Wasser in eine kurze Dauerprüfung genommen. Falls ein Glühkörper vor Ablauf von 50 Brennstunden einen Defekt zeigte, wurde der Brenner gründlich gereinigt und mit einem Ersatzglühkörper einer neuen Dauerprüfung unterzogen. Das benutzte Acetylengas wurde mittels einer 5 proz. Silbernitratlösung von Zeit zu Zeit auf Reinheit untersucht.

Zur Entwicklung des Acetylens wurde ein Einwurfapparat nach System *Pictet* (S. 115), zur Reinigung wurde Acagin (S. 79) benutzt. Der Gasverbrauch wurde mittels Kubizierapparates bestimmt. Das Acetylen gelangte vom Entwickler zunächst in die Gasbehälterglocke; es durchströmte dann den Reiniger und wurde hierauf den Brennern zugeführt. Durch Heben oder Senken der Glühkörperträger wurden die Glühkörper so hoch aufgehängt, daß sie voll glühten. Vor jeder photometrischen Messung wurde eine Reinigung der Zylinder und Düsen vorgenommen und eine Untersuchung des benutzten Gases auf Reinheit ausgeführt. Das auf der Rampe verbrauchte Gas wurde täglich mindestens einmal auf Reinheit geprüft. In allen Fällen wurde keine oder eine nur sehr schwache Bräunung des mit Silbernitratlösung getränkten Filtrierpapieres festgestellt (vgl. S. 91).

Nachstehende Tabelle enthält das Ergebnis der Dauerprüfung bis zu 150 Brennstunden.

Brenner der Firma	Gasdruck in mm Wasser etwa	Mittlere horizontale Lichtstärke in HK	Stündlicher Gasverbrauch in Liter im ganzen	Stündlicher Gasverbrauch in Liter auf 1 HK mittlere horizontale Lichtstärke	Brennstunden in der Reichsanstalt etwa	Bemerkungen
Keller & Knappich Nr. 1	115	74	15,6	0,21	1	Nach 33 Brennstunden verrußt und gereinigt; nach 51 Brennstunden desgl., Glühkörper hierbei unten eingerissen, nach 70 Brennstunden unten stark eingerissen, nach 142 Brennstunden unten abgerissen.
		74	15,4	0,21	25	
		69	15,2	0,22	50	
		67	15,3	0,23	75	
		69	15,4	0,22	100	
Nr. 2	115	67	15,4	0,23	1	Nach 30 Brennstunden wegen Neigung zum Rußen gereinigt, nach 53 Brennstunden verrußt und gereinigt, nach 64 Brennstunden unten eingerissen. Dauerprüfung nach 150 Brennstunden abgebrochen.
		67	15,2	0,23	25	
		64	15,6	0,24	50	
		66	15,5	0,23	75	
		70	16,3	0,23	100	
		68	16,9	0,23	150	
Nr. 3	115	71	15,2	0,21	1	Nach 54 Brennstunden verrußt und gereinigt, nach 140 Brennstunden wegen Neigung zum Rußen gereinigt. Nach Neufüllung des Reinigers, und zwar nach 146 Brennstunden und 147 Brennstunden verrußt und gereinigt, nach 149 Brennstunden verrußt, wobei Glühkörper in die Höhe geschleudert und zertrümmert wurden.
		72	15,5	0,22	25	
		88	15,5	0,23	50	
		67	15,5	0,24	75	
		69	16,1	0,23	100	
Schichtmeyer Nr. 4	100	72	16,7	0,23	1	Nach Neufüllung des Reinigers, und zwar nach 146 Brennstunden verrußt, gereinigt. Glühkörper inmitten eingerissen, nach 150 Brennstunden in der Mitte abgerissen.
		73	16,5	0,23	25	
		73	16,7	0,23	50	
		74	16,6	0,22	75	
		76	16,9	0,22	100	
Nr. 5	100	78	17,7	0,23	1	Nach 14 Brennstunden verrußt und gereinigt, nach 27 Brennstunden mehrmals durchgeschlagen. Glühkörper oben ein Loch, nach 88 Brennstunden oben abgerissen.
		71	16,4	0,23	25	
		85	16,8	0,20	50	
		77	17,1	0,22	75	
Nr. 6	100	75	17,8	0,24	1	Nach 27 Brennstunden die Neigung zum Rußen. Düse gereinigt. Dauerprüfung nach 150 Brennstunden abgebrochen.
		72	17,5	0,24	25	
		73	17,3	0,24	50	
		71	16,9	0,24	75	
		77	17,7	0,23	100	
		66	16,3	0,25	150	
Güntner Nr. 7 Sorte I	100	74	18,1	0,24	1	Glühkörper nach 24 Brennstunden am Kopf eingerissen, nach 25 Brennstunden am Kopf abgerissen.
		63	17,1	0,27	25	
Sorte II	100	74	16,9	0,23	1	Glühkörper nach 7 Brennstunden oben ein Loch. Dauerprüfung nach 150 Brennstunden abgebrochen.
		78	17,2	0,22	25	
		81	17,2	0,21	50	
		83	17,6	0,21	75	
		65	15,5	0,24	100	
		71	15,9	0,22	150	

Brenner der Firma	Gasdruck in mm Wasser etwa	Mittlere horizontale Lichtstärke in HK	Stündlicher Gasverbrauch in Liter		Brennstunden in der Reichsanstalt etwa	Bemerkungen
			im ganzen	auf 1 HK mittlere horizontale Lichtstärke		
Nr. 8 Sorte I	100	77	19,2	0,25	1	Glühkörper nach 21 Brennstunden am Kopf abgerissen.
Sorte II	100	70	18,5	0,26	1	Nach 145 Brennstunden Düse etwas verstopft, deshalb gereinigt. Nach 149 Brennstunden wegen leichter Verrußung gereinigt. Dauerprüfung nach 150 Brennstunden abgebrochen
		80	19,0	0,24	25	
		75	17,8	0,24	50	
		80	19,3	0,24	75	
		76	18,4	0,24	100	
		90	19,8	0,22	150	
Güntner Nr. 9 Sorte I	100	82	18,2	0,22	1	Glühkörper nach 17 Brennstunden am Kopf abgerissen.
Sorte II	100	87	18,5	0,21	1	Glühkörper nach 62 Brennstunden unten eingerissen. Dauerprüfung nach 150 Brennstunden abgebrochen.
		85	18,2	0,21	25	
		88	18,5	0,21	50	
		90	18,7	0,21	75	
		86	18,4	0,21	100	
		90	18,5	0,21	150	

Die Tabelle ist in ihrem Werte leider etwas beschränkt dadurch, daß die einzelnen Brenner stets nur bei gleichem Druck geprüft wurden. Die früher gemachten Beobachtungen, daß die Lichtwirkung stetig mit zunehmendem Gasverbrauch und Druck steigt, bleiben daher bislang ohne Bestätigung. Die Tabelle zeigt, welchen großen Einfluß gerade die Sauberhaltung der Brenner auf die allgemeine Beständigkeit ihrer Lichtwirkung besitzt. Bei den einzelnen Brennern bleibt diese entweder ganz konstant, oder sie steigt oder fällt etwas. Weitere genaue Untersuchungen dieser Erscheinungen dürften noch manches interessante Ergebnis liefern.

Ein Vergleich der für die Glühlichtbeleuchtung gegebenen Zahlen mit den Zahlen für die offenen Brenner zeigt die große Überlegenheit der ersteren. Die Erzeugung von etwa 70 HK erfordert bei Glühlichtbeleuchtung für 1 HK einen stündlichen Gasverbrauch von etwa 0,20 bis 0,25 l gegenüber 0,7 l bei den besten Brennern für Acetylenluftgemische (Braybrenner), d. h. also dieselbe Gasmenge liefert im Acetylenglühlichtbrenner die dreifache Lichtausbeute des offenen Brenners. Teilweise stellt sich das Verhältnis noch günstiger.

Hängendes Acetylen-Glühlicht.

Die Erfolge des hängenden Steinkohlengas-Glühlichtes haben die Anregung dazu gegeben, daß auch Versuche, das Acetylen für hängendes Glühlicht zu verwenden, angestellt wurden, denn es steht unzweifelhaft fest, daß eine schattenlose Lichtquelle die beste Wirkung ergibt.

Obgleich durch die Konstruktion der stehenden Acetylenglühlichtbrenner bereits die Bedingungen für ein einwandfreies Brennen festgestellt waren, die ohne weiteres auch auf die Konstruktion der Brenner für hängendes Glühlicht übertragen werden konnten, so waren doch bis zur Erzielung vollkommen sicherer Brenner große Schwierigkeiten zu überwinden, die ihre Ursache ebenfalls in der Eigenart des Acetylens hatten. Die hohe Temperatur der Acetylenflamme und ihrer Verbrennungsgase, die das Acetylen für das stehende Glühlicht besonders geeignet macht, bewirkt bei den Hängebrennern schon nach kurzer Zeit eine Polymerisation des Gases im Brennerrohr.

Die Wärmekonzentration um die Brennermündung wird im Vergleich zu anderen Gasarten so groß, daß das vorgeheizte Gas auf die Zersetzungstemperatur des Acetylens gebracht wird. Es ist deshalb Sorge zu tragen, daß das Brennerrohr durch einen schlechten Wärmeleiter gut isoliert wird, und daß eine konstante Temperatur eingehalten wird, die unter dem Zersetzungspunkt des Acetylens bleibt. Die Verbrennungsgase müssen so abgeleitet werden, daß sie die Wirkung des Brenners nicht beeinträchtigen und sich auch nicht mit der Verbrennungsluft mischen können.

Die abwärts brennende Flamme, die dem natürlichen Auftrieb entgegengesetzt ausströmt, unterscheidet sich kaum von der aufrechten Bunsenflamme; der innere lichtgrüne Kegel ist fast unverändert, während der äußere Mantel, dem Auftrieb folgend, einen größeren Durchmesser und eine etwas kürzere Form annimmt. Dieser Flammenform ist nun auch der Glühkörper anzupassen, wobei zu beachten ist, daß nur dessen Innenseite von dem verbrennenden Gasgemisch berührt werden soll. Der Druck des Gases ist demnach so zu regeln, daß ein Durchschlagen des Brenners sowohl in das Brennerrohr als auch durch den Glühkörper hindurch vermieden wird.

Von größter Wichtigkeit für das gute Funktionieren eines Hängebrenners ist jedoch vor allem die Form und die Abmessung der Mischkammer bzw. der Austrittsdüse des Gases. Die Durchströmungsgeschwindigkeit des Gases durch die Mischkammer muß den auftretenden Verhältnissen genau angepaßt sein. Sie darf einerseits nicht zu klein sein, da sonst ein Durchschlagen der Flamme eintreten kann, andererseits soll sie wieder nicht zu groß sein, da sonst keine gleichförmige innige Mischung erreicht wird. Es brennt dann die Flamme unruhig, während auch gleichzeitig bei dem starken Auftrieb der Flamme unverbranntes bzw. nur teilweise verbranntes Gas entweichen kann. Der Druck des Acetylens, bei dem schon ein gutes Brennen des Hängelichtes gewährleistet wird, kann 120 mm betragen.

Messungen von *Kuchel*[1] haben ergeben, daß die günstigste Wirkung des vorgeheizten Gasluftgemisches in ziemlicher Nähe der Zersetzungstemperatur des Gases liegt. Für das dauernde gute Funktionieren eines solchen Brenners ist es deshalb erforderlich, daß diese Temperatur auch konstant erhalten wird. Es darf deshalb für die Austrittsdüse kein Speckstein, Magnesit oder ein ähnliches, die Wärme schlecht leitendes Material verwendet

---

[1] Carbid u. Acetylen 1909, Nr. 5, S. 54.

werden, da dieses nach einiger Zeit so viel Wärme aufgespeichert hat, daß eine Zersetzung des Gases im Augenblick des Austrittes erfolgen kann.

Eine nach diesen Gesichtspunkten konstruierte Acetylenhängelampe (System *Kuchel*) wird von der *Berlin-Anhaltischen Maschinenbau-A.-G.* für Eisenbahnbeleuchtung gebaut. Diese Lampe (Fig. 103 u. 104) verbraucht die Stunde 9 l Acetylengas bei einem Druck von 250 mm. Es ist daher zweckmäßig, zu ihrer Speisung gelöstes Acetylen zu verwenden, da man hierbei den verlangten Druck ohne weiteres erhalten kann. Die Lampe ist so konstruiert, daß durch Umklappen des Hebels *c* sich das Brennerrohr *d* mit Düse *e*, Mundstück *i*, Glühkörper *h* und Schutzkorb *f* herausnehmen läßt. Die Düse *e* ist in das Brennerrohr *d* so eingeschraubt, daß sie vollkommen zentrisch zum

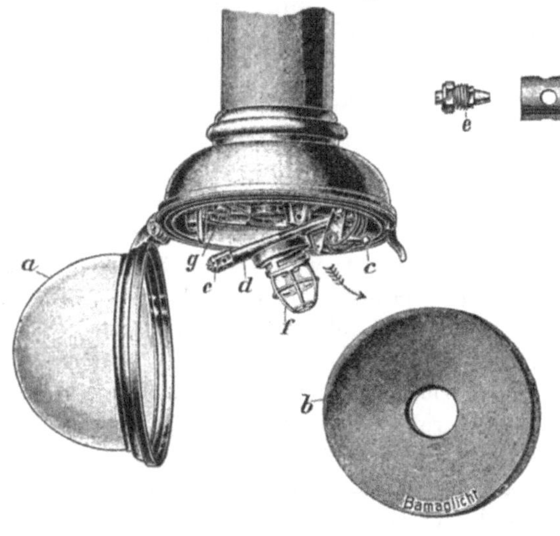

Fig. 103. (*Berlin-Anhaltische Maschinenbau-A.-G.*)

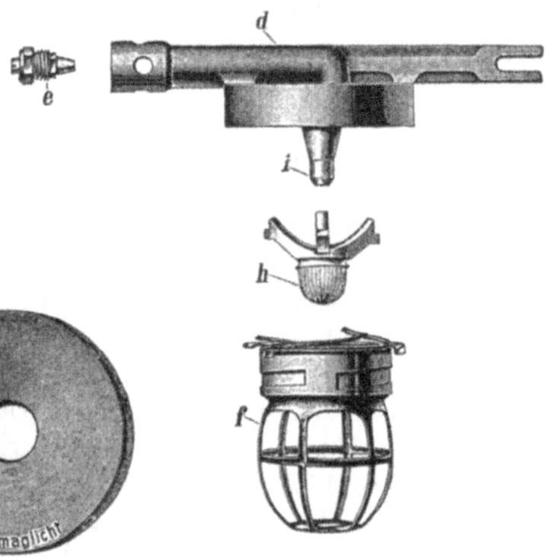

Fig. 104. (*Berlin-Anhaltische Maschinenbau-A.G.*)

Mischrohr steht, während sie auf der entgegengesetzten Seite eine aus besonderem Material angefertigte Dichtungsscheibe trägt, mit der sie durch einen starken Federdruck gegen den Sitz gasdicht angepreßt wird.

Durch diese Anordnung wird erreicht, daß die Düse einerseits jederzeit herausgenommen werden kann, und daß andererseits durch das genau zentrische Einströmen des Gases ein Rußen der Flamme vermieden wird. Der Glühkörper wird in der gewöhnlichen Weise festgeklemmt und der Schutzkorb am Mischrohr befestigt. Bei einem Gasdruck von etwa 250 mm, wobei 50 mm Über- oder Unterschreitungen keine Rolle spielen, ist es unmöglich, den Brenner zum Zurückschlagen zu bringen, wie Versuche von *Steil*[1] ergeben haben und wie Verf. wiederholt selbst beobachten konnte.

Die Firma *Güntner & Schimek*-Wien bringt ebenfalls einen Acetyleninvertbrenner in den Handel, der bei jedem Gasdruck von 50 mm aufwärts,

[1] Carbid u. Acetylen 1910, Nr. 1, S. 1.

am besten aber bei einem solchen von etwa 130 mm brennen soll, wobei trotzdem eine tadellose geruch- und geräuschlose intensive Beleuchtung erzielt wird.

Die Düse *a* des Brenners (Fig. 105) wird oben in das Brennerrohr *b* eingeschraubt. Das Ansaugen der Verbrennungsluft geschieht durch Bohrungen in der kegelförmigen Erweiterung des Brennerrohres. Die Verbrennungsgase werden durch eine das Brennerrohr fest umschließende Platte *d* gezwungen, durch die Öffnungen *c* abzuziehen, so daß eine zu starke Erwärmung des Brennerrohres verhindert wird. In der Brennermündung ist ebenso wie bei dem vorbeschriebenen Hängebrenner ein Drahtsieb angebracht. Die Befestigung des Glühkörpers geschieht durch den üblichen Bajonettverschluß an einer Aufhängevorrichtung aus Magnesia.

Nach Angabe des Konstrukteurs ist ein Durchschlagen der Flamme ausgeschlossen, selbst bei Knallgas soll sie ohne jeden Rückschlag erlöschen. Ein weiterer Vorteil soll darin bestehen, daß infolge der Dauerhaftigkeit der Spezialglühkörper „Schimeklicht" jeder Zylinder wegfallen kann.

Bei einem Stundenverbrauch von 15 l Gas erzeugt nach Prospekten der Firma eine solche Lampe 75 Kerzen, so daß sich eine Gasersparnis von 75% gegen offene Brenner ergeben soll. Für Eisenbahnbeleuchtung bringt die Firma schon Lampen mit 3 l Stundenverbrauch auf den Markt.

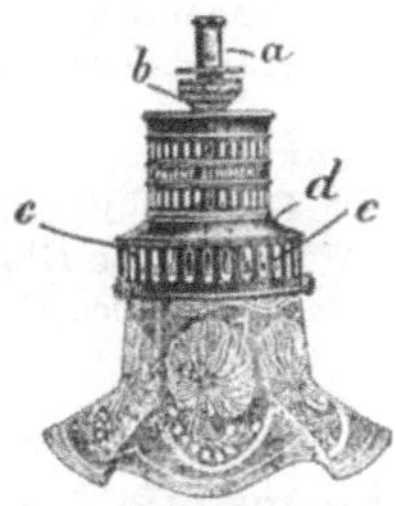

Fig. 105. Brenner für hängendes Acetylenglühlicht nach *Schimek.*

Nach *Kuchel* ist die Haltbarkeit der Glühkörper bei Acetylenhängebrennern infolge der kleineren Abmessungen und der dadurch bedingten größeren Festigkeit unter Umständen besser als bei Ölgasbrennern.

Gegenüber stehendem Acetylenglühlicht, bei dem nur äußerst reines Gas zur Anwendung gelangen muß, wenn nicht eine vorzeitige Zerstörung der Glühkörper eintreten soll, ist eine so weitgehende Reinigung für hängendes Glühlicht nicht durchaus erforderlich. Die Glühkörper haben eine bedeutend längere Lebensdauer, was allem Anschein nach darauf zurückzuführen ist, daß bei der Invertflamme die auf den Glühkörper einwirkenden Verunreinigungen des Gases das Gewebe des Glühkörpers nicht so intensiv berühren, wie beim stehenden Gasglühlicht, bei dem der Gasstrom das Gewebe vollkommen durchstreicht. Trotzdem wird man auch beim Hängelicht auf eine gute chemische Reinigung schon deshalb nicht verzichten können, da durch die Verbrennungsprodukte der Verunreinigungen eine Zerstörung der Metallteile des Brenners sowie eine starke Verschlechterung der Zimmerluft eintritt. Wohl aber ist es von Wichtigkeit, daß gut getrocknetes Gas zur Anwendung gelangt.

Über ein neues System der Hängeglühlichtbeleuchtung, bei dem das unter höherem Druck stehende Acetylen in einem besonderen Mischapparat sich mit Luft mischt und erst dann den Brennern zugeleitet wird, dem sog. Dalénsystem, wurde auf S. 197 berichtet.

In der folgenden Tabelle ist der Heizwert und der spezifische Gasverbrauch für die verschiedenen Gasbeleuchtungsarten mit und ohne Glühkörper, wie sie bei der Eisenbahnbeleuchtung in Betracht kommen, nach Angaben von *Steil*[1] aufgeführt:

	Heizwert	Spezif. Gasverbrauch für 1 HK
Ölgas:		
Offener Brenner	9420	4,95
Stehendes Glühlicht	9420	0,43
Hängendes Glühlicht	9420	0,42
Mischgas (75% Ölgas, 25% Acetylen):		
Offener Brenner	10 450	2,03
Stehendes Glühlicht	10 450	0,34
Hängendes Glühlicht	10 450	0,344
Acetylen:		
Offener Brenner	14 000	0,7 bis 0,8
Stehendes Glühlicht	14 000	0,25
Hängendes Glühlicht	14 000	0,17 bis 0,2

In der nachstehenden Aufstellung[2] sind die Preise der verschiedenen Brennstoffe, die für Beleuchtungszwecke in Frage kommen, der mittlere Brennstoffverbrauch für eine Hefnerkerze in der Stunde und die Kosten für 100 HK nach dem Stande vom März 1921 angegeben.

Einzelpreise der verschiedenen Brennstoffe in Pfennigen.

1 l Petroleum: Spez.Gewicht 15°: 0,805. Kleinverkaufspreis	700—750
1 l Spiritus: (94 Gew.-Proz.)	665
1 kg Carbid: 4/7 mm bis 25/35 mm	375[3]
1 „ „ 25/50 u. gröber u. 1/4 mm	350[3]
1 „ „ Kleinverkaufspreis	450
1 cbm Acetylen: Zentrale	2000[4]
1 „ Steinkohlengas: Zentrale	150
1 Hektowatt: Zentrale	25[5] bis 35[6] bis 45[7]

[1] Carbid u. Acetylen 1910, Nr. 1. S. 5.

[2] Carbid u. Acetylen 1921, Nr. 6, S. 22.

[3] Großhandelspreis: bei Wagenladungen frachtfrei Verbrauchsstation; bei kleineren Mengen bis 100 kg ab Lager.

[4] Früher rechnete man für Zentralengas etwa das Doppelte der Einzelanlage; wollte man das auch jetzt tun, so würde der Preis für Zentralengas etwa 24 bis 25 Mk. für 1 cbm betragen.

[5] Preis vom Überlandkraftwerk.

[6] Preis eines städtischen Elektrizitätswerkes (40 000 Einwohner).

[7] Preis noch kleinerer Werke.

Beleuchtungsart	Mittlerer Brennstoffverbrauch für 1 HK in der Stunde	Kosten für 100 HK in Pf.
Petroleumlicht	rd. 3,5 g = rd. 4 ccm [1]	280 bis 300
Petroleumglühlicht	1 ccm	70 bis 75
Spiritusglühlicht	1,2 ccm	79,8
Acetylen offene Flamme (Lampe, Einzelanlage)	2,5 g Carbid = 0,7 l Gas	87,5, 93,75, 112,5
(Zentrale)	0,7 l Gas	140
Acetylenglühlicht (Einzelanlage)	1,0 g Carbid = 0,28 l Gas	35,0, 37,5, 45,0
(Zentrale)	0,25 l Gas	50
Steinkohlengas, steh. Glühlicht	1,5 l Gas	22,5
Steinkohlengas, häng. Glühlicht	1,0 l Gas	15,0
Elektrische Kohlenfadenlampe	3,5 W	87,5, 122,5, 157,5
„ Metallfadenlampe	1,0 W	25,0, 35,0, 45,0
„ gasgefüllte Lampe	0,6 W	15,0, 21,0, 27,0

Aus dieser Zusammenstellung geht hervor, daß das Acetylen, soweit die Brennstoffkosten in Frage kommen, in der jetzigen Zeit das Petroleum an Billigkeit weit übertrifft, selbst wenn das Acetylen im offenen Brenner und aus einer Zentrale stammend, verbrannt wird [2]. In einer Einzelanlage kann das Acetylen im Glühlicht als Wettbewerber mit kleinen Elektrizitätswerken auftreten und kommt auch als Zentralengas im Glühlicht ihnen nahe.

Verwendung der Acetylenbeleuchtung.

Eingang hat sich die Acetylenbeleuchtung wohl auf allen in Frage kommenden Gebieten geschafft. Wenngleich sich die Hoffnungen, die man auf das Acetylen als zentrales Beleuchtungsmittel [3] anfangs setzte, nicht in dem Maße erfüllt haben, wie man erwartete, so sind trotz Überlandkraftwerken und Ferngasanstalten in Deutschland zur Zeit noch 130 Acetylenzentralen [4] vorhanden. Bei den verhältnismäßig geringen Kosten einer solchen Zentrale gegenüber der Neuanlage von Steinkohlengasanstalten oder elektrischen Kraftwerken wäre auch jetzt die Errichtung von Acetylengasanstalten dort, wo ein unbedingtes Bedürfnis vorliegt, durchaus wirtschaftlich möglich. An Acetyleneinzelanlagen für Beleuchtungszwecke waren im Jahre 1914 etwa 20 000 im Betrieb [5].

Das Hauptgebiet aber, das sich die Acetylenbeleuchtung erobert hat, ist die sog. Kleinbeleuchtung. Besonders während des Krieges hat infolge des Mangels an anderen Brennstoffen die Acetylenbeleuchtung einen bedeutenden Aufschwung genommen, den zu wahren und weiter auszubauen die vornehmste Aufgabe der beteiligten Industrien ist.

---

[1] Durchschnittswert verschiedener Petroleumsorten nach Post. Chem. techn. Analyse.

[2] Vgl. Carbid u. Acetylen 1921, Nr. 3, S. 9; Nr. 6, S. 21; Nr. 9, S. 37 bis 39.

[3] *Knappich:* Das Acetylen als zentrales Beleuchtungsmittel für kleine Städte und Gemeinden. Vortrag. VI. internationaler Kongreß für Carbid u. Acetylen. Wien 1911; s. a. Carbid u. Acetylen 1911, Nr. 12, S. 136 bis 141.

[4] Carbid u. Acetylen 1921, Nr. 9, S. 37.

[5] Carbid u. Acetylen 1914, Nr. 23, S. 202.

Wenn die gesamte Kleinbeleuchtung, für die bisher Petroleum in Frage kam[1], durch Carbid bestritten würde und jede Einfuhr von Petroleum wegfiele, so würde man nach vorliegenden neueren fachmännischen Schätzungen[2] für Beleuchtungszwecke einen Verbrauch von etwa 250 000 t Carbid im Jahre erzielen können, von dem mindestens die Hälfte die deutschen Carbidwerke[3] decken könnten. Das wäre nicht nur für die deutsche Carbidindustrie, sondern auch für die deutsche Volkswirtschaft von außerordentlicher Bedeutung.

Besonders weite Verbreitung hat infolge des Petroleums- und Rübölmangels während des Krieges die Acetylen- oder Carbidtischlampe und die Eisenbahneracetylenlaterne, die vor dem Kriege nur bestimmten Beamten vorbehalten war[4], gefunden, während die Fahrradlaterne und der Automobilscheinwerfer schon vorher weit verbreitet waren. Ferner wird das Acetylen teils als Apparategas, teils als gelöstes Acetylen verwendet zur Beleuchtung von Bauplätzen (Sturmfackeln), für Leuchtfeuer[5], Lokomotiv- und Signalbeleuchtung[6], für Eisenbahnwagenbeleuchtung; insbesondere eignet sich für Kleinbahnbeleuchtung das in besonderen Acetylenapparaten entwickelte Acetylen[7], während für Hauptstrecken mit großen Wagen vielfach gelöstes Acetylen verwendet wird[8]. In der Schweiz[9] hat man auch versucht, Mischungen

[1] Die Petroleumeinfuhr betrug im Jahre 1911 925 000 t, im Jahre 1913 745 000 t. Monatsblätter d. Berliner Bezirksvereins Deutscher Ing. 1919, Nr. 7.

[2] Carbid u. Acetylen 1919, Nr. 1, S. 1.

[3] Die Gesamterzeugung der deutschen Carbidwerke ist bedeutend höher; sie betrug im Anfang des Jahres 1919 etwa 575000 t; s. Carbid und Acetylen 1919, Nr. 1, S. 1.

[4] Carbid u. Acetylen 1913, Nr. 10, S. 120; Nr. 11, S. 127.

[5] Carbid u. Acetylen 1910, Nr. 6, S. 61; 1911, Nr. 17, S. 203; Nr. 18, S. 209; 1912, Nr. 16, S. 189; 1914, Nr. 5, S. 43; Nr. 8, S. 92; Nr. 10, S. 118; 1915, Nr. 1, S. 7.

[6] Carbid u. Acetylen 1912, Nr. 16, S. 194; 1913, Nr. 17, S. 190; Nr. 12, S. 141; Nr. 15, S. 171 bis 172; 1920, Nr. 24, S. 100.

[7] Mitteilungen des Vereins Deutscher Straßenbahn- und Kleinbahnverwaltungen. 18. Jahrgang; s. a. Carbid u. Acetylen 1913, Nr. 7, S. 73.

[8] Carbid u. Acetylen 1913, Nr. 15, S. 170. Die Verwendung des Acetylens zur Herstellung des Mischgases scheint mit Einführung des Hängeglühlichts für Öl- oder Steinkohlengas ganz aufgehört zu haben. Über die Zahl der am 31. März 1914 im Betrieb der preußisch-hessischen Staatseisenbahnen vorhandenen Gasanstalten und die erzeugte Gasmenge gibt die nachstehende, dem Journ. f. Gasbel. 1915, Nr. 13, S. 158 entnommene Aufstellung Auskunft.

Anstalt zur Herstellung von	Anzahl	erzeugte Gasmenge cbm
Steinkohlengas	9	7 014 707
Fettgas	59	15 147 933
Wassergas	6	3 770 444
Acetylen	9	19 031
Gasolingas	2	25 038
Aerogengas	8	100 310
Benoidgas	11	178 512
		26 255 975

Für Betriebszwecke wurden davon gebraucht 25 349 548 cbm; davon wieder 13 542 270 cbm für Beleuchtung von Lokomotiven und Wagen.

[9] Mitteilungen des Schweizerischen Acetylenvereins 1917, Nr. 4.

von Acetylen und Steinkohlengas im Verhältnis 1 : 1 zur Beleuchtung von Eisenbahnwagen bei Beibehaltung der bisher üblichen Mischgasbrenner zu verwenden. Es wurde dabei festgestellt, daß man bei gleichem Gasverbrauch die gleiche Lichtausbeute erhielt, wie bei dem bisher verwendeten Mischgas. In der Bergwerkslampe[1] hat sich die Acetylenbeleuchtung in den Gruben Eingang verschafft. Hier wird ihr besonders nachgerühmt, daß sie auf das Augenzittern der Bergleute von wohltuendem Einfluß ist[2].

In Berichten der preußischen Berginspektionen an das preußische Handelsministerium[3] werden als Vorteile der Acetylengrubenlampen genannt:

Die bessere Leuchtkraft, welche zur besseren Überwachung der Gruben und Vermeidung von Kohlen- und Steinfallgefahr erheblich beiträgt und dem Bergmann sorgfältigeres Arbeiten gestattet und größere Sicherheit verleiht.

Die Windsicherheit. Die Acetylenlampen verlöschen in starken Wetterströmen nicht so leicht wie Öllampen.

Die Nachteile der Acetylengrubenlampen, die sich jedoch mehr auf die Bauart, weniger auf die Acetylenflamme beziehen, sind nach den dem preußischen Handelsministerium gewordenen Auskünften folgende:

Die Acetylenlampen brennen auch in matten, d. h. sauerstoffarmen Wettern, ohne in der Leuchtkraft nachzulassen. Die Arbeiter können bei Acetylenlampen nicht mehr erkennen, wenn die Luft schlecht geworden ist, und arbeiten selbst in schlechten Wettern zum Schaden ihrer Gesundheit weiter[4]. Die Rüböllampen brennen in sauerstoffarmen Wettern außerordentlich schlecht, so daß die Arbeit rechtzeitig unterbrochen werden kann, wenn die Wetterverhältnisse schlecht geworden sind.

Die Acetylenlampen sind empfindlich gegen stoßweise Erhöhung des Luftdrucks, so daß beim Abtun von Sprengschüssen auf Entfernungen bis zu 500 m die Flammen verlöschen.

Ein Wassertropfen, der auf den Brenner fällt, bewirkt das Verlöschen der Flamme.

Leichte Zerbrechlichkeit der Brenner. Der große Brennerverbrauch wirkt ungünstig auf die Wirtschaftlichkeit ein.

Weiter sind Verbesserungen in folgenden Richtungen erwünscht:

Die Wasserregulierung ist besser auszugestalten.

An den bisherigen Modellen ist der Wasserzufluß zum Carbid manchmal unregelmäßig, wodurch gleichfalls die Gasentwicklung unregelmäßig wird. Infolge der dadurch bedingten Druckschwankungen wird das Licht ungleichmäßig und das Verrußen des Brenners erleichtert.

Die Lampe ist in ihrer konstruktiven Durchbildung haltbarer auszugestalten, ohne daß das Gewicht der Lampe erhöht wird. Insbesondere rostet

---

[1] Carbid u. Acetylen 1910, Nr. 3, S. 30; Nr. 16, S. 181 bis 190; 1911, Nr. 19, S. 227 bis 230; 1912, Nr. 24, S. 286.

[2] Siehe S. 55.

[3] Carbid u. Acetylen 1912, Nr. 12, S. 157 bis 163.

[4] Vgl. die Versuche von Beyling „Glückauf". Berg- und Hüttenmännische Zeitschrift 1910, Nr. 7; s. a. Carbid u. Acetylen 1910, Nr. 16, S. 181 bis 190.

bei eisernen Lampen der Boden leicht durch, während Messinglampen gegen Verbeulungen usw. weniger widerstandsfähig sind. Die Verschlußkonstruktionen und der Brennertragbügel sind kräftiger und haltbarer auszuführen.

Das Gewicht der Lampen ist nach Möglichkeit weiter zu erniedrigen, damit die Lampen auch an der Kopfbedeckung befestigt werden können.

Der Preis der Lampe ist nach Möglichkeit zu erniedrigen, damit eine allgemeine Einführung durchführbar wird.

In zwei Preisausschreiben[1] des infolge des Krieges aufgelösten internationalen Sekretariats für Calciumcarbid in Genf wurde zu Verbesserungen der Acetylengrubenlampen und Sicherheitslampen angeregt. Die ausgesetzten Preise sollten den Lampen zuerkannt werden, welche am vollkommensten den nachstehend aufgeführten Eigenschaften entsprechen:

Einfachheit und regelmäßige Leistung,

Billigkeit,

Haltbarkeit und Leichtigkeit,

Leichte Bedienung, bequeme Füllung und Reinigung,

Stabilität gegen Umwerfen,

Handlichkeit, sowohl beim Tragen als auch beim Anhaken,

Material: fest, leicht und haltbar, unempfindlich gegen Feuchtigkeit und Zersetzungsprodukte des Calciumcarbids,

Brenner: widerstandsfähig, haltbar und so angeordnet oder konstruiert, daß die Flamme weder durch fallende Wassertropfen noch durch das Abtun von Sprengschüssen erlöschen kann,

Gasentwicklung: gleichmäßig.

Darstellung: rationell, sowohl was Reinheit des Gases, als auch Ausbeute des Calciumcarbids anbetrifft,

Benötigtes Carbid: von marktgängiger Körnung,

Leuchtkraft: 5 bis 10 HK (Hefnerkerzen), soweit wie möglich,

Brenndauer: so lange wie möglich.

Für eine Handlampe war eine Brenndauer von 8 bis 12 Stunden, für eine Kopflampe von sehr leichter Bauart mindestens 4 bis 5 Stunden gefordert. Bezüglich der Lichtaureolen bei Sicherheitslampen, durch welche durch eine um die brennende Flamme sich bildende schwach leuchtende Hülle die Anwesenheit von schlagenden Wettern (Sumpfgas, Methan) angezeigt wird, glaubte man, daß bei Verwendung von dem so leuchtkräftigen und glänzenden Acetylenlicht diese Erscheinung schlecht bemerkbar wäre. Das ist aber nach Untersuchungen einer spanischen Steigerkommission[2] dann nicht der Fall, wenn die Flamme so klein gestellt wird, daß nur ein Lichtpunkt übrigbleibt.

Bei vergleichenden Versuchen zwischen einer Benzin- und einer Acetylensicherheitslampe, bei der die Flamme bis zum Leuchtpunkt zurückgedreht war, ergaben sich folgende Werte:

---

[1] Carbid u. Acetylen 1912, Nr. 10, S. 114; Nr. 21, S. 253; 1914, Nr. 5, S. 44.

[2] Carbid u. Acetylen 1912, Nr. 12, S. 161.

Gehalt an Methan (Sumpfgas)	Höhe der Lichtaureolen der Lampen bei Acetylen	bei Benzin.
0,81%	—[1]	—[1]
1,62%	5 mm	10 mm
2,35%	6 „	15 „
3,16%	12 „	30 „
4,14%	45 „	60 bis 70 „

Es geht aber aus diesen Untersuchungen doch hervor, daß die Benzinlampe die Schlagwetter zuverlässiger anzeigt. Benzol- oder Alkohollampen zeigen schon $^1/_4$% Methan an, während die Acetylenflamme erst einen Methangehalt von 1% erkennen läßt[2].

Für optische Signalvorrichtungen, für Projektionszwecke u. ä. werden auch Acetylenstarklichtbrenner angefertigt, bei denen eine Acetylensauerstoffflamme einen Glühkörper zum Glühen bringt[3].

Die große Nachfrage nach Acetylenlampen hat es mit sich gebracht, daß Lampen höchst bedenklicher Konstruktion auf den Markt gekommen sind. Derartige Machwerke sind aber nicht nur geeignet, die ernste Industrie in Verruf zu bringen, sondern setzen auch die Benutzer solcher Lampen erheblichen Gefahren aus. Um zu verhüten, daß die Behörden[4] aus sicherheitspolizeilichen Gründen mit einschränkenden Verordnungen eingreifen, hat der Deutsche Acetylenverein von sich aus Normen für Acetylenlampen geschaffen, nach denen Acetylenlampen gebaut und geprüft werden, um auf diese Weise unzulässige Konstruktionen soweit als möglich aus der Welt zu schaffen. Der Wortlaut dieser Normen ist unter dem Abschnitt Technische Vorschriften des Deutschen Acetylenvereins zum Abdruck gebracht.

In manchen Kreisen besteht vielfach noch eine Abneigung gegen die Acetylenlampe aus dem Grunde, weil ihre Reinigung und Unterhaltung mit Schmutzerei und vielen Umständen verknüpft sei. Diese sind jedoch, wenn man von vornherein die Lampe immer in Ordnung hält, nicht größer als bei einer Petroleumlampe. Beachten sollte man bei der Bedienung und der Unterhaltung der Acetylenlampe folgende Gesichtspunkte[5]:

Nach jedem Ausbrennen der vorhanden gewesenen Carbidfüllung soll der Carbidbehälter von den Kalkrückständen entleert, gründlich gespült und ausgetrocknet werden. Das gilt auch für etwa vorhandene Wasserverteilungstrichter usw. Das Ausklopfen an einem harten Gegenstand ist zu vermeiden, um nicht Einbeulungen und Verbiegungen herbeizuführen.

---

[1] Man sieht nur die Basis der Aureole, schwierig bei Acetylen, leichter bei Benzin.

[2] Carbid u. Acetylen 1912, Nr. 10, S. 115.

[3] Carbid u. Acetylen 1912, Nr. 21, S. 255; Mitt. d. Schweiz. Acetylenvereins 1919, Nr. 2; s. a. Carbid u. Acetylen 1919, Nr. 20, S. 79; 1922, Nr. 3, S. 16; Nr. 8, S. 35; Nr. 11, S. 47.

[4] In Schweden, Norwegen und Dänemark dürfen nur solche Acetylenlampen zum Verkauf gestellt werden, die von einer staatlichen Behörde besonders zugelassen sind. In der Schweiz wird die Prüfung von Acetylenlampen und -laternen ebenfalls durch den dortigen Acetylenverein vorgenommen. Mitt. d. Schweiz. Acetylenvereins 1920, Nr. 6. Vgl. Carbid u. Acetylen 1917, Nr. 22, S. 95; 1918, Nr. 3, S. 12.

[5] Vgl. auch Mitt. d. Schweiz. Acetylenvereins 1918, Nr. 1, S. 23.

Das Filzfilter unterhalb des Brenners soll öfter nachgesehen werden. Ist es durch Kalkschlamm verschmutzt, so soll es durch ein neues ersetzt oder zum mindesten ausgewaschen und getrocknet werden.

Die Brenneröffnung ist nie mit Stecknadeln oder ähnlichen Gegenständen, sondern mit einer sog. Brennernadel, einem ganz weichen, feinen Draht zu reinigen.

Um die Lebensdauer des Brenners möglichst lange zu erhalten und um sein Verrußen möglichst zu vermeiden, soll man beim Abstellen der Wasserzufuhr die Lampe niemals ausbrennen lassen, sondern die Flamme ausblasen.

Als Entwicklerwasser soll möglichst reines Wasser verwendet werden, damit nicht die Wasserzuführung zum Carbid (Ventilnadel o. ä.) verstopft wird. Der Wasserbehälter soll immer mit Wasser vollgefüllt werden, damit eine Kühlung des entwickelten Acetylens erreicht wird, während man den Carbidbehälter nur den jeweiligen Bedürfnissen entsprechend mit Carbid zu beschicken braucht; jedoch fülle man nie mehr ein, als etwa der Hälfte des Fassungsraumes des Carbidbehälters entspricht.

Der entstehende Kalkschlamm, der bekanntlich ungefähr das Doppelte der Carbidfüllung an Raum beansprucht, hat dann Gelegenheit, sich auszudehnen und erleichtert dadurch den Zutritt des Wassers zum unverbrauchten Carbid. Bei normaler Behandlung soll er von grauweißer Farbe sein; enthält er gelbe oder braune Stellen oder besteht er aus einem gelbbraunen, eigenartig scharf riechendem Pulver, so ist die Acetylenentwicklung ohne genügende Wasserzufuhr vor sich gegangen.

Beim Anstellen der Lampe öffne man die Wasserzufuhr langsam, damit die Gasentwicklung nicht plötzlich und stürmisch eintritt. Bevor man den Brenner anzündet, lasse man das erste Gasluftgemisch kurze Zeit aus dem Brenner austreten. Während des Brennens regele man die Wasserzufuhr so, daß das Acetylen mit gleichmäßig weißer Flamme[1] und ohne Zischen verbrennt.

Vorhandene Gewinde, die z. B. zur Verbindung des Carbidbehälters mit dem Wasserbehälter dienen, und das Wasserzulaufventil fette man von Zeit zu Zeit ein wenig mit Öl ein, damit sie sich weniger abnutzen und nicht festsetzen. Vorhandene Dichtungen prüfe man von Zeit zu Zeit darauf, ob sie noch genügende Weichheit und Elastizität besitzen; hart gewordene Dichtungen dichten nicht mehr genügend ab und geben schließlich zu Überdrehung der Gewinde Anlaß; sie sind durch neue zu ersetzen.

Werden diese Gesichtspunkte, die auf den ersten Augenblick die Bedienung und Unterhaltung der Acetylenlampe etwas umständlich erscheinen lassen, von Anfang an beachtet, so ist der Betrieb einer solchen Lampe einfach und lohnt die aufgewandte Mühe durch gutes Brennen und lange Lebensdauer reichlich.

Im Betrieb selbst ist eine Acetylenlampe gefahrloser als eine Petroleumlampe, da sie weniger zerbrechliche Teile besitzt als diese und auch beim versehentlichen Umfallen viel weniger zu Unglücksfällen Anlaß gibt, als eine Petroleumlampe[2].

---

[1] Vgl. S. 204.

[2] Vgl. Carbid u. Acetylen 1917, Nr. 13, S. 57 bis 59.

Verwendung des Acetylens in der autogenen Metallbearbeitung.

Das autogene Schweißen.

Unter autogener Schweißung versteht man ein Verfahren, mittels einer Stichflamme aus Sauerstoff und einem brennbaren Gas Metallstücke an ihren Kanten durch Zusammenschmelzen zu vereinigen. Anfangs glaubte man, solche Verbindungen könnten durch einfaches Zusammenschmelzen der Metallstücke erreicht werden, etwa wie beim Bleilöten mit Hilfe der Wasserstoffflamme die Enden der Bleiplatten ohne Zuhilfenahme von Flußmitteln oder Lot ineinander überfließen. Aber bald stellte sich heraus, daß bei fast allen Metallen bzw. Metallegierungen zur Herstellung dauerhafter Verbindungen geeignete Zusatzmaterialien und Flußmittel erforderlich sind.

Die ersten erfolgreichen Schweißversuche wurden mit Wasserstoffsauerstofflammen erzielt, und es wurden dazu von dem belgischen Ingenieur *Felix Jottrand* konstruierte Brenner benutzt. Versuche, den Wasserstoff durch Acetylen zu ersetzen, gelangen zunächst nur mit komprimiertem Acetylen. Alle Bemühungen, das in den üblichen Acetylenerzeugern mit einem Druck von nur etwa 100 mm Wassersäule hergestellte Acetylen in solchen Brennern zu verwenden, scheiterten; es war nicht möglich, ein genügend inniges Sauerstoffacetylengemisch mit hinreichend großer Ausströmungsgeschwindigkeit zu erreichen, um Rückschläge des sehr explosiven Gasgemisches zu verhindern. Den ersten brauchbaren Acetylensauerstoffbrenner unter Verwendung von Niederdruckacetylen, in dem durch den hochgespannten Sauerstoff mittels injektorartiger Düse das Acetylen angesaugt wurde, stellte der französische Ingenieur *Edmond Fouché* her.

Bei Benutzung guter Brenner und sorgsamer Arbeit werden zum Schweißen auf 1 cbm Sauerstoff rund 0,7 bis 0,8 cbm Acetylen verbraucht. Es wird also für die Schweißarbeit eine ausgesprochene Reduktionsflamme benutzt. Zum vollständigen Verbrennen von 1 cbm Acetylen sind theoretisch nach der Gleichung

$$1)\quad 2\,C_2H_2 + 5\,O_2 = 4\,CO_2 + 2\,H_2O$$

2,5 cbm Sauerstoff oder für 1 cbm Sauerstoff nur 0,4 cbm Acetylen erforderlich, während mindestens 0,7 verbraucht werden. Man nimmt an[1], daß zunächst gleiche Volumen der beiden Gase unter Bildung von Kohlenoxyd und Wasserstoff zur Verbrennung gelangen, gemäß der Gleichung

$$2)\quad 2\,C_2H_2 + 2\,O_2 = 4\,CO + 2\,H_2$$

während die weitere Verbrennung des Kohlenoxyds und des Wasserstoffs zu

[1] Auf diese Art der Verbrennung des Acetylens für Schmelzzwecke machte bereits *Le Châtelier* im Jahre 1895 aufmerksam (Compt. rend. de l'Acad. des Sc. 30. Dez. 1899).

Kohlensäure und Wasserdampf unter Einwirkung des Luftsauerstoffs nach folgender Gleichung vor sich geht:

$$3)\quad 4\,CO + 2\,H_2 + 3\,O_2 = 4\,CO_2 + 2\,H_2O\,.$$

Der zur vollständigen Verbrennung des Acetylens nötige Sauerstoff (siehe Gleichung 1) würde danach also zu $^3/_5$ aus der Luft und nur zu $^2/_5$ aus der Sauerstofflasche entnommen. Es würde also — abgesehen von der Oxydation des Metalls, die durch überschüssigen Sauerstoff bei Glühhitze eintreten kann — einen direkten Verlust an Sauerstoff bedeuten, wenn Schweißbrenner zur Verwendung gelangen, bei denen das Verhältnis zwischen Acetylen und Sauerstoff bedeutend größer als 1 : 1 ist.

Ein Bild der Verbrennung gibt die Fig. 106. Die Mischgase treten durch die leuchtende Hülle in die Schweißzone, in der sich CO und H bildet und in der deshalb die Schweißung vorgenommen werden muß. Die vollkommene Verbrennung zu CO_2 und H_2O vollzieht sich erst in dem äußeren violett gefärbten Teil unter Hinzutritt des Sauerstoffs der umgebenden Luft.

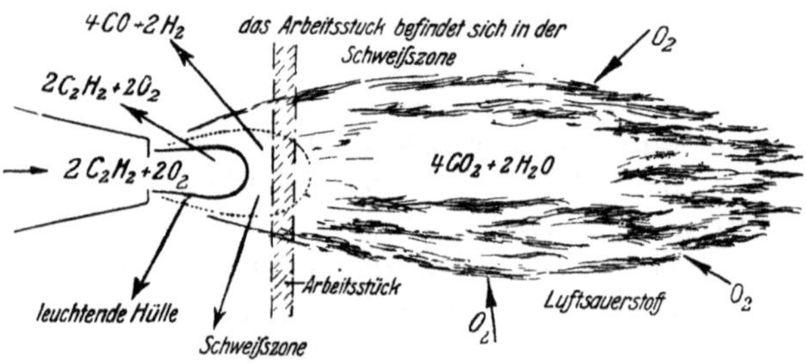

Fig. 106. Normale Schweißflamme.

Über die Temperatur der zum Schweißen benutzten Acetylen-Sauerstofflamme sind hinreichend zuverlässige Messungen noch nicht vorgenommen. Die Temperatur an der Spitze des inneren Kegels soll nach den meisten Angaben, die in der Fachliteratur darüber zu finden sind, 3000 bis 4000° betragen[1], während *Wiß*[2] für ein Gemisch von 0,6 Raumteilen Acetylen auf einen Raumteil Sauerstoff im heißesten Teil der Flamme nur 2340° gefunden haben will. Diese Angabe erscheint auffallend niedrig. In Wirklichkeit dürfte eine Temperatur von 3000° wohl erreicht werden. 1 cbm Acetylen ergibt etwa 13 000 WE.

Die Überlegenheit der Acetylen-Sauerstofflamme für die autogene Schweißung im Vergleich zu anderen Brenngasen, z. B. Wasserstoff oder Steinkohlengas, geht daraus hervor, daß 1 cbm Brenngas mit Wasserstoff nur etwa 2600 WE, mit Steinkohlengas etwa 4500 WE liefert. Die Steinkohlengas-Sauerstoffmischung hat nach *Fèry* eine Temperatur von etwa 2200° und die Wasserstoff-Sauerstoffmischung eine solche von 2420°.

Über die zur autogenen Schweißung mittels der Acetylen-Sauerstofflamme benötigten Gase ist folgendes zu sagen:

---

[1] Vgl. *Schaars* Gaskalender 1910, 184; Zeitschr. f. Calciumcarbid u. Acetylen 1906, 167; 1907, 9; s. auch physik. Eigenschaften des Acetylens.

[2] Zeitschr. d. Bayer. Revisionsvereins 1909, 30; Carbid u. Acetylen 1909, 58.

Acetylen.

Im allgemeinen sind an das zum Schweißen zu benutzende Acetylen genau dieselben Anforderungen zu stellen, wie an dasjenige für Beleuchtungszwecke. Nur scheint es, als ob der Beseitigung der sog. chemischen Verunreinigungen (S. 70: Phosphorwasserstoff, Ammoniak, Schwefelwasserstoff usw.) eine besondere Bedeutung nicht beizumessen ist. Alle Erfahrungen der Praxis zeigen, daß man mit nichtgereinigtem bzw. mit nur mangelhaft gereinigtem Acetylen tadellose Schweißarbeiten herstellen kann, sofern nur die sonstigen Vorbedingungen erfüllt werden, und die Arbeit von einem erfahrenen Schweißer ausgeführt wird. Vergleichende wissenschaftliche Untersuchungen über den Einfluß dieser Verunreinigungen auf die Beschaffenheit des Schweißgutes liegen allerdings noch nicht vor. Auf Grund theoretischer Erwägungen, die sich mit allen bisherigen Erfahrungen der Praxis zu decken scheinen, kann darüber gesagt werden, daß trotz des ausgesprochenen Charakters der Schweißflamme als Reduktionsflamme in der äußeren Zone doch eine vollständige Verbrennung des Phosphors, Schwefels, Stickstoffs usw. zu Säuren erfolgt, die aber zum Teil wenigstens sofort wieder dissoziiert werden dürften, ehe sie mittel- oder unmittelbar die zu schweißenden Metalle angreifen können[1]. Dazu kommt, daß es sich an derselben Schweißstelle infolge der kurzen Einwirkungsdauer der Flamme stets nur um äußerst geringe Mengen von Verunreinigungen handeln könnte.

Besonderes Gewicht ist auf die Beseitigung der mechanisch beigemengten Verunreinigungen zu legen. Wird, wie das aus Gründen der Sicherheit unbedingt erforderlich ist (vgl. S. 249), vor jedem Schweißbrenner eine Wasservorlage eingeschaltet und stets ordnungsmäßig mit Wasser gefüllt gehalten, so werden in dieser die mechanisch beigemengten Verunreinigungen zurückgehalten. Es ist dann nur noch nötig, den Verbindungsschlauch zwischen Wasservorlage und Brenner, sowie diesen selbst stets sorgsam rein zu halten.

Im übrigen soll das Acetylen stets in gleichmäßigem Strome und in genügender Menge zur Verfügung stehen, eine Forderung, die bei Benutzung eines jeden richtig gebauten und ordnungsmäßig bedienten Acetylenapparates ohne weiteres zu erfüllen ist, solange die Leistungsfähigkeit des Apparates im richtigen Verhältnis zum Stundenverbrauch steht. Angesichts der in Fachblättern und sonstigen Druckschriften immer wieder anzutreffenden Erklärung, daß an die Konstruktion der für Schweißzwecke benutzten Acetylenentwickler ganz eigenartige Forderungen zu stellen seien, kann diese Tatsache nicht energisch genug zum Ausdruck gebracht werden.

Weit bequemer ist es natürlich, mit gelöstem Acetylen (S. 176) zu arbeiten, doch stellt sich dann der Preis erheblich höher. Trotzdem wird man in einer ganzen Reihe von Fällen (vgl. S. 196) zum gelösten Acetylen greifen, weil unter Umständen die höheren Kosten durch die größere Bequemlichkeit aufgewogen werden oder auch der Aufstellung eines besonderen Acetylenapparates Schwierigkeiten im Wege stehen, so daß schon deshalb nur das

[1] Vgl. oben S. 76, sowie ferner Carbid u. Acetylen 1909, Nr. 22, S. 260. Z. f. Sauerstoff- und Stickstoff-Industrie 1910, 225.

gelöste Acetylen benutzt werden kann. Das wird z. B. meist der Fall sein bei Ausbesserung von Schiffskesseln, wo es vielfach nur auf rasche und ununterbrochene Durchführung der Schweißarbeit ankommt. Auch zur Montage auf der Straße und zum Schweißen von Schienenköpfen wird man sich bei Arbeiten geringeren Umfanges trotz des höheren Preises nicht selten mit Vorteil des gelösten Acetylens zum Schweißen bedienen können. In Deutschland gibt es viele Niederlagen für gelöstes Acetylen, von welchen der Verbraucher gegen Rückgabe der leeren Flaschen gefüllte entnehmen kann. Die Flaschen, in welchen das gelöste Acetylen zu Schweißzwecken geliefert wird, haben einen Rauminhalt von rund 40 l. Sie stehen unter einem Druck von 15 Atm und enthalten mithin (vgl. S. 196) etwa 5 bis 6 cbm Acetylen, das sie bei Druckentlastung in Gasform zum größten Teil wieder abgeben[1].

Sauerstoff[2].

Der Sauerstoff, welcher für die autogene Metallbearbeitung benutzt wird, besitzt einen Reinheitsgrad von 94 bis 99%. Die nahtlosen Stahlzylinder, die hierfür meist Anwendung finden, können bis etwa 7,5 cbm verdichteten Sauerstoff aufnehmen. Sie sind behördlich geprüft auf einen Druck von 225 Atm und sind mit dem zulässigen Druck von 150 Atm beladen. Für bewegliche Schweißanlagen finden auch kleine Zylinder mit einem Inhalt von rund 1,6 cbm Anwendung. Fig. 107 gibt eine vergleichende Darstellung der für die verschiedensten Zwecke gebräuchlichsten Stahlflaschen. Größe 00 enthält etwa 6,3 cbm Sauerstoff.

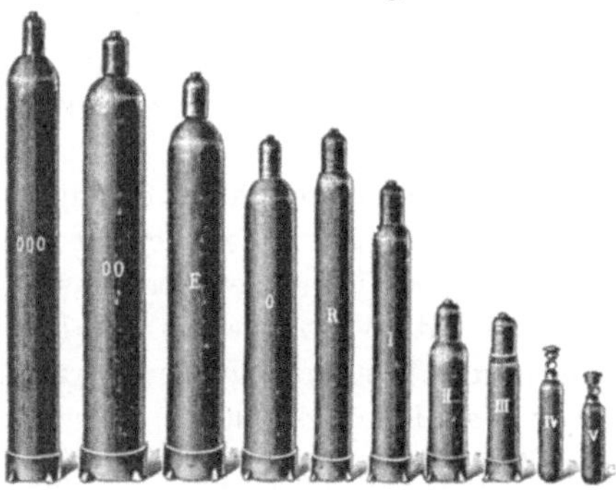

Fig. 107. Sauerstofflaschen.

Der Zylinder hat ein Gewicht von rund 73 kg, mit Kappe eine Höhe von 1850 mm, einen Durchmesser von etwa 210 mm und einen Rauminhalt von 42 l. Größe I hat ein Gewicht von 20 kg, einen Durchmesser von 140 mm und eine Höhe von 1050 mm. Der Rauminhalt beträgt 10 bis 11 l[3].

Flaschen, die eine Höhe von mehr als 2 m und mehr als 21 cm inneren Durchmesser haben, dürfen nicht verwandt werden. Der Inhalt einer Flasche an Sauerstoff wird festgestellt durch Multiplikation des Inhaltes der Flasche mit dem in der Flasche befindlichen Druck. Es enthält also z. B. ein Zylinder von 42 l Rauminhalt, der mit 150 Atm Druck beladen ist, 42×150 l Sauerstoff

[1] S. S. 193.

[2] Bestimmung der Reinheit des Sauerstoffes siehe Die Schmelzschweißung 1. 7. 1922, Nr. 13.

[3] Siehe Polizeiverordnung betreffend den Verkehr mit verflüssigten und verdichteten Gasen nach Erlaß vom 2. Juli 1914 und Veränderungen vom 4. Dez. 1920 mit Gültigkeit vom 1. Okt. 1921. S. S. 236.

= 6300 l. Ein Zylinder von 11 l Rauminhalt, mit 125 Atm Druck beladen, enthält 11 × 125 = 1375 l. Der Druck in der Flasche wird mit geeigneten Hochdruckmessern festgestellt, die gleichzeitig in Verbindung mit den Druckminderventilen stehen. Die Stahlflaschen sind verschlossen mit geeigneten Niederschraubventilen. Fig. 108 zeigt ein Flachenventil mit Stopfbüchse und Fig. 108a ein stopfbüchsenloses Ventil. Den Sauerstoffabriken ist es zur peinlichen Pflicht gemacht, Flaschenventile für Sauerstoff nicht zu ölen und zu fetten, da Öl oder Fett mit Sauerstoff unter Druck leicht Zündungen und Explosionen im Innern der Ventile veranlassen können. Die Flaschenventile müssen daher unter Ausschluß von Öl oder Fett gearbeitet sein.

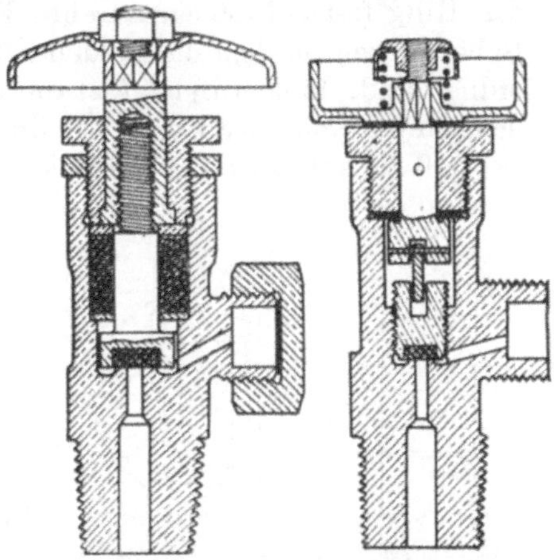

Fig. 108. Fig. 108a.
Flaschenventile.

Es ist ferner bei Flaschenventilen, die für Sauerstoff Verwendung finden, darauf zu achten, daß sich im Innern keine Eisenteile befinden. Infolge der Einwirkung des Sauerstoffes bildet sich nämlich leicht Eisenoxyd, und dieses kann unter bestimmten Verhältnissen bei der Berührung mit Sauerstoff unter Druck ebenfalls Zündungen verursachen.

Druckminderventil.

Druckminderventile regeln die Gaszufuhr nach den Brennern und vermindern den hohen Druck, der in der Flasche herrscht, auf den niedrigen konstanten Gebrauchsdruck, der für die Schweißflamme erforderlich ist.

Fig. 109 zeigt das Druckminderventil „Triumph“ der Sauerstoffabrik Berlin. *A* stellt den Längsschnitt mit den Manometeransichten dar, *B* den Querschnitt *a—b*, *C* zeigt die Bohrung des Niederdruckabsperrventiles „*p*“, *D* zeigt die Vorderansicht und in *E* ist die Hebelanordnung dargestellt. Der hochgespannte Sauerstoff tritt bei *a* ein. Mittels der Sechskantmutter *b* wird das Druckminderventil direkt mit dem Hochdruck-Absperrventil (Flaschenventil) verbunden. Durch den Stutzen *c*, auf welchen das Hochdruckmanometer *m* aufgeschraubt ist, gelangt der Sauerstoff unter den Absperrkegel *d* und von hier aus in das Innere des Ventilgehäuses. Der Kegel wird durch eine schwache Feder *fI* in unbelastetem Zustande stets an die Sitzfläche gedrückt.

Die Belastung der Membrane *e* wird durch die Feder *f* bewirkt, welche durch die Handschraube *g* jede geeignete Spannung erhält. Rechtsdrehung belastet die Feder, Linksdrehung entlastet sie. Die Platte *h*, welche zugleich Federlagerung ist, dient dazu, den Druck, welchen die gespannte Feder ausübt, auf die möglichst große Membranfläche zu übertragen.

Die Membrane drückt auf den Kegel *k*, welcher in der Platte *i* zentrisch geführt wird. Diese Platte ist so in das Gehäuse eingepaßt, daß der äußere Rand mit der Dichtungsfläche des Gehäuses genau abschneidet. Die Membrane dichtet also zu gleicher Zeit das Gehäuse nach außen ab und preßt den Ring fest auf die eingedrehte Fläche. An der Platte *i* befindet sich ein Gabelstutzen, in dem die beiden Übertragungshebel *l* und *lI* drehbar angeordnet sind. In dem Hebel *l* ist die Regulierschraube *n* angebracht. Zwischen dem Hebel *l* und der Platte *i* befindet sich die Feder *o*, welche so berechnet ist, daß sie auf den Hebel *l* drückt und bei ungespannter Feder *f* den Kegel *d*

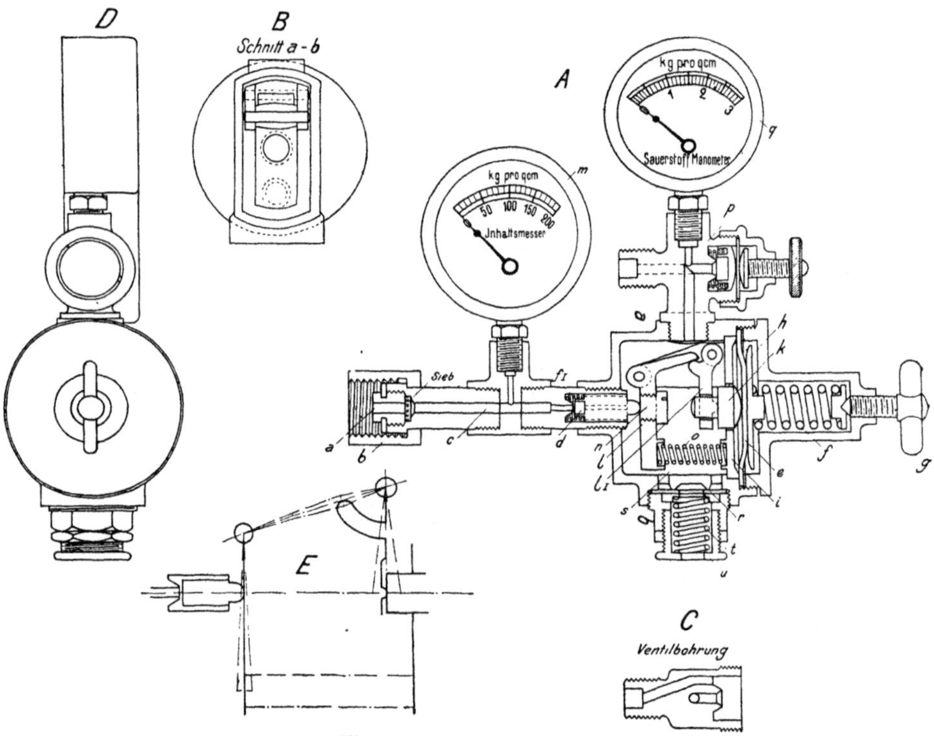

Fig. 109. Druckminderventil.

vollständig dicht gegen den Höchstdruck abschließt. Mit dem Ventilgehäuse ist das Absperrventil *p* verbunden, welches zum Absperren einen losen, durch eine schwache Feder abgedrückten Gummikegel besitzt, außerdem, um jede Undichtigkeit zu vermeiden, nach außen eine Membranabdichtung hat. Auf dem Absperrventil ist das Niederdruckmanometer *q* aufgeschraubt, von dessen Skala sowohl die Atmosphärenzahl, als auch der für jede Brennergröße notwendige Druck unmittelbar abgelesen werden kann. Die Brenner werden nach der Skala eingeteilt.

Im ungespannten Zustande der Feder *f* ist das Ventil *d* geschlossen. Wird die Feder durch Drehung der Handschraube gespannt, so werden die

Membrane und der Kegel *k* nach innen gedrückt. Dadurch wird der Hebel l_1 in derselben Richtung gedreht, was zur Folge hat, daß auch der Hebel *l* in entgegengesetztem Sinne gedreht wird, wodurch wiederum die Feder *o* zusammengedrückt wird. Die weitere Folge der Bewegung ist, daß sich der Kegel *d* vom Sitz abhebt, der Sauerstoff in das Gehäuse strömt und in dem Gehäuse ein bestimmter Druck entsteht. Dieser Druck wirkt auf die volle Membrane und hat das Bestreben, die Feder *f* zusammenzudrücken. Wird der Druck im Gehäuse größer als der Druck, welcher von der Feder auf die Außenseite der Membrane ausgeübt wird, so wird der umgekehrte Vorgang erfolgen — die Feder *o* wird mittels des Hebels das Absperrventil schließen.

Bei Entnahme des Sauerstoffes tritt ein bestimmter Ruhezustand ein, der Kegel ist so weit geöffnet, daß eine bestimmte Menge gleichmäßig ausströmt, solange eben der Gasdruck auf die Membrane gleich dem Federdruck ist. Entsteht in dem Gehäuse bei geschlossenem Absperrventil ein Überdruck, so tritt das Sicherheitsventil in Funktion, durch welches das Gas entweichen kann. Die Konstruktion des Sicherheitsventiles ist folgende: Der Abschluß erfolgt durch die Membrane, welche durch die Feder *t* belastet ist. Die verstellbare Schraube *u* dient zum Einstellen der Feder. Wird der Gasdruck höher als der Federdruck, so wird die Membrane von dem ringförmigen Sitze abgedrückt, und das Gas kann durch die mittleren Öffnungen ins Freie entweichen. Wird das Ventil geschlossen, so schließt sich fast zu derselben Zeit der Absperrkegel *d*. Durch entsprechende Drehung der Schraube *g* kann jeder auf dem Manometer angegebene Druck erzielt werden.

Der Schluß des Ventiles wird dadurch hergestellt, daß in dem Augenblick des Schließens ein geringer Überdruck entsteht, wodurch die Feder *f* so weit zusammengedrückt wird, daß die Feder *o* den Kegel sicher abschließt.

Auf dem Bild (Fig. 109, *E*) ist die Wirkung der Hebel ersichtlich, ebenso das richtige Arbeiten des Ventiles. Die Vorteile, welche das Ventil bietet, sind folgende: Das Gehäuse ist durch die Membrane vollständig geschlossen, es sind keine Nebenbohrungen vorhanden. Nach Abschrauben des Ventiles können ohne weiteres die sämtlichen inneren Teile zwecks Untersuchung usw. herausgenommen werden. Die Hebelanordnung ist günstig, um gutes Arbeiten zu erreichen.

Sämtliche Innenteile müssen unter Ausschluß von Öl und Fett gearbeitet sein, ebenso ist jede Spur von Grat zu entfernen. Ein Ausbrennen des Druckminderventiles, wie dies bei minderwertigen Fabrikaten vorkommt, ist zu verwerfen. In der Einströmung befinden sich Siebpfropfen, welche mitgerissene Schmutzteilchen zurückhalten.

Fig. 110 und 110a zeigen Druckminderventile, die durch Anordnung der Hebel und Befestigung des Hartgummistöpsels von dem vorstehend beschriebenen abweichen. Ein Ventil besonderer Art verbildlicht Fig. 110b. Bei diesem wird der Sauerstoff durch ein elastisches Rohr *9* nach der Austrittsöffnung *3* geleitet, die im Ruhezustand durch einen am Gehäuse festeingestellten Hartgummikegel *10* verschlossen ist. Soll Sauerstoff ausströmen, so wird die Regelschraube *5* rechts herumgedreht, damit die Feder *7* einen

Druck auf das Rohr überträgt und es so biegt, daß die Öffnung *3* freigelegt wird. Der Sauerstoff tritt dann in das Ventilgehäuse, drückt aber auf die Gummimembrane *8* und beeinflußt die Feder *7* und das Rohr *9*, bis durch

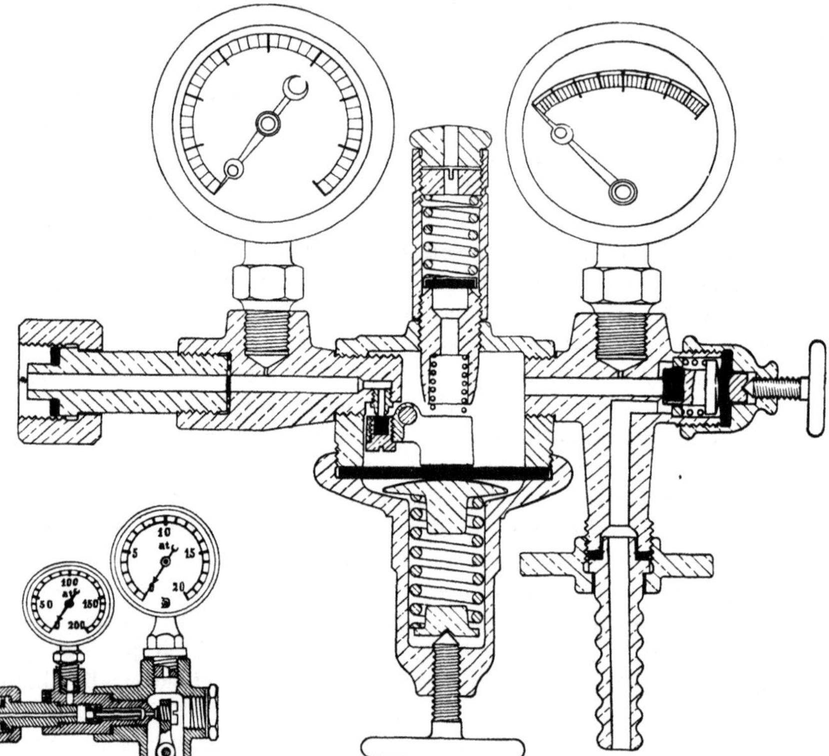

Fig. 110. Druckminderventil.

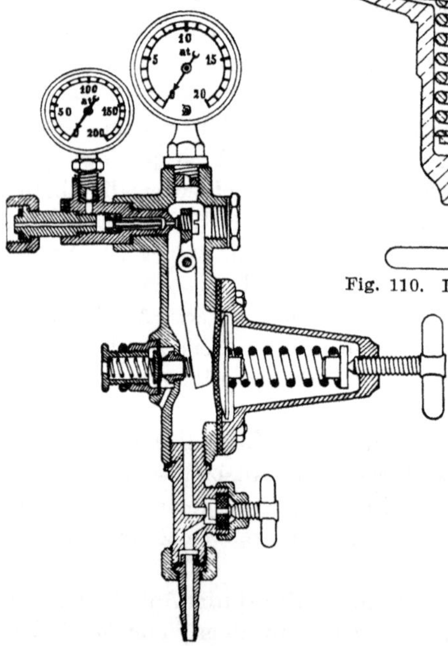

Fig. 110a. Druckminderventil.

genaue Einstellung, die für den gebrauchten Arbeitsdruck notwendige Öffnung vorhanden ist. Bei hohem Flaschendruck entsteht nur eine feine Öffnung, die sich bei abfallendem Flaschendruck infolge der sich gleichbleibenden Belastung durch die Regulierfeder *7* so vergrößert, daß immer die gleiche Menge Sauerstoff zum Brenner strömen kann. Ein solches Ventil ist von Bedeutung beim Verbrauch großer Mengen Sauerstoff, wie es das Schneiden dicker Platten und das Unterwasserschneiden verlangt. Hervorzuheben ist noch, daß Ventil Fig. 110a und 110b mit Ausbrennschutz versehen sind[1].

[1] Über die Konstruktion von Druckminderventilen s. a. Carbid Acetylen 1911 Nr. 1, S. 1—11.

Es ist häufig bei Druckminderventilen mit Hartgummikegeln vorgekommen, daß dieser Dichtungskegel sich entzündet und eine gefahrbringende Zerstörung am Ventil verursacht hat[1].

Die Entstehung der Entflammung ist folgendermaßen zu erklären: Wenn das Flaschenventil sehr schnell geöffnet wird, strömt der hochgespannte Sauerstoff aus der Flasche mit großer Wucht in den Verbindungskanal zwischen Flaschen- und Druckminderventil. Wie ein Kolben trifft er auf die dort befindlichen niedrig gespannten Gase und komprimiert dieselben so schnell, daß die entstehende Kompressionswärme nur zum Teil abgeleitet werden kann. Die komprimierten Gase werden dadurch so stark erhitzt, daß eine Entzündung des Hartgummiventiles erfolgen kann, was besonders dann zu befürchten ist, wenn die Hartgummioberfläche im Gebrauch rauh geworden ist oder sich auf ihr kleine abgelöste Hartgummiteilchen festgesetzt haben. Durch Rechnung läßt sich leicht nachprüfen, daß bei adiabatischer Kompression Temperaturen von über 1000° an der Hartgummifläche auftreten würden, so daß eine Entflammung des Hartgummis stets eintreten würde, wenn in der Flasche ein hoher Druck herrscht und ihr Ventil plötzlich geöffnet wird. In Wirklichkeit erfolgt aber die Kompression nicht adiabatisch, so daß weniger hohe Temperaturen entstehen, die aber doch manchmal die verhältnismäßig niedrige Entzündungstemperatur des Hartgummis von etwa 160 bis 270° erreichen. Die Gefahr ist dagegen gering, wenn der Druck in der Flasche bis auf 100 Atm oder weniger gesunken ist oder der Zuströmungskanal unter 1 mm Durchmesser hat. Endlich ist eine Entflammung unmöglich, wenn am Hartgummiverschluß eine kleine Undichtigkeit vorhanden ist. Aus diesem Grunde empfiehlt es sich, vor dem Öffnen des Flaschenventils

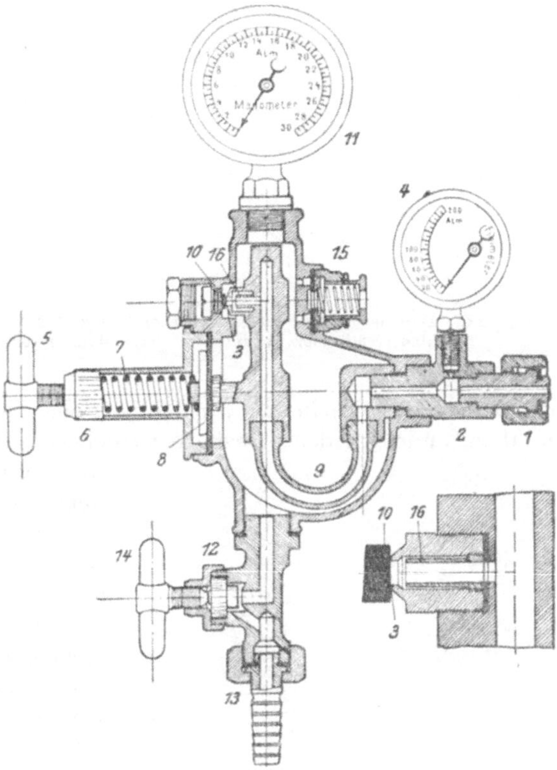

Fig. 110b. Druckminderventil mit Rohrfeder.

[1] Carbid und Acetylen 1911, Nr. 23, S. 277; 1912, Nr. 18, S. 206.

die Regelschraube des Druckminderventils etwas anzuziehen, damit ein geringer Spalt für den Austritt des Sauerstoffes vorhanden ist und das Auftreten von Kompressionswärme vermieden wird. Ein zu starkes Anziehen der Regelschraube ist allerdings schädlich, weil durch zuviel herausschießenden Sauerstoff das Arbeitsmanometer leicht beschädigt werden kann. Auch wenn leicht wärmeleitende oder schwer entzündbare Dichtungskörper aus Metall, Elfenbein oder Knochen verwendet werden, ist eine Entzündung durch Kompressionswärme meines Erachtens ausgeschlossen. Bis jetzt ist aber

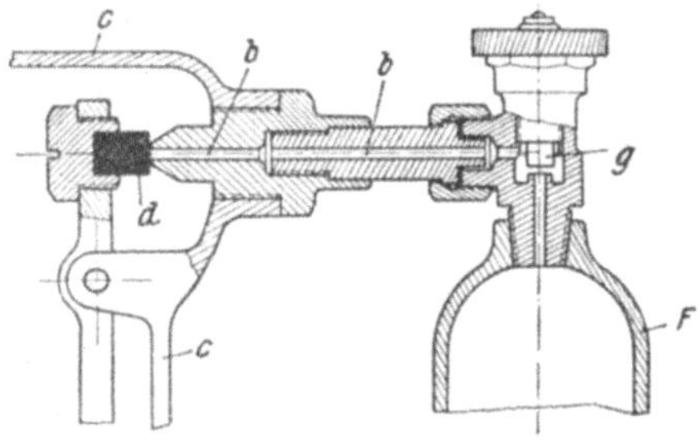

Fig. 111. Anordnung im gewöhnlichen Druckminderventil, ohne Schutz.

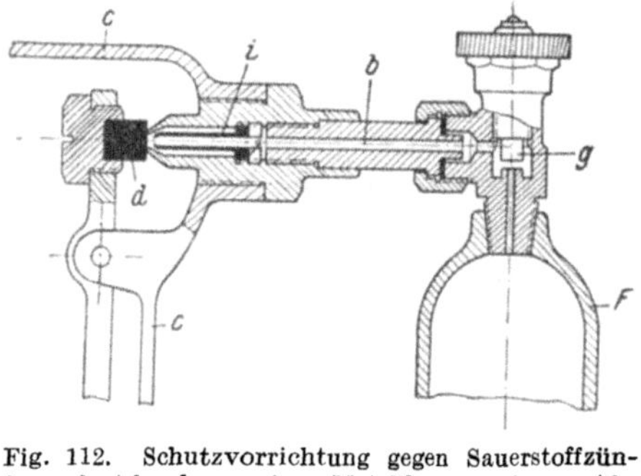

Fig. 112. Schutzvorrichtung gegen Sauerstoffzündung, bestehend aus einer Metallkammer *i* zum Ableiten des erhitzten Gases.

eine Masse, die sich für die Dichtungen ebensogut wie Hartgummi bewährt, nicht gefunden worden. Deshalb ist der sicherste Schutz gegen Ausbrennen eine Schutzvorrichtung, die darin besteht, daß die etwa auftretende Kompressionswärme nicht in der Nähe des Hartgummis entsteht. Das geschieht z. B. durch Sicherheitsvorrichtungen des Drägerwerks, die in Fig. 112 und 113 wiedergegeben sind. Die bekannteste Anordnung ist in Fig. 112 gezeigt, bei der ein Rohrstück *i* so eingebaut ist, daß der aus der Flasche herausschießende Sauerstoff vor der Hartgummidichtung in den um *i* entstehenden Ringraum umgeleitet wird. In dieser Ringkammer werden dann die Gase zusammengedrängt und die entstehende Kompressionswärme an die große Metalloberfläche abgeführt, der sie nicht schädlich werden kann. Bei den anderen Ausführungen wird die entstehende schädliche Wärme durch eingebaute Metallkörper aufgezehrt. Nach neuesten Versuchen der Hamburger Forschungsgemeinschaft für Schmelzschweißung bietet der Einbau des Rohrstückes *i* auch Schutz bei Knallgasgemischen, so daß selbst, wenn in der Flasche gefährliche Gasmischungen vorhanden sind, durch Kompressionswärme kaum ein Unfall herbeigeführt werden kann. In den folgenden Punkten sind die wichtigsten

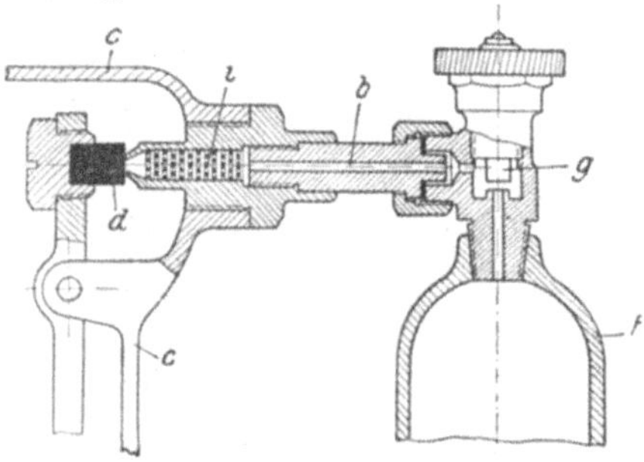

Fig. 113. Schutzvorrichtung gegen Sauerstoffzündung, bestehend aus vorgelagerten Metallscheiben zum Aufsaugen der Wärme des erhitzten Gases.

Vorsichtsmaßregeln, die bei der Arbeit mit Sauerstofflaschen zu beachten sind, zusammengestellt zu einer Gebrauchsanweisung für Sauerstofflaschen in Betrieben der autogenen Metallbearbeitung.

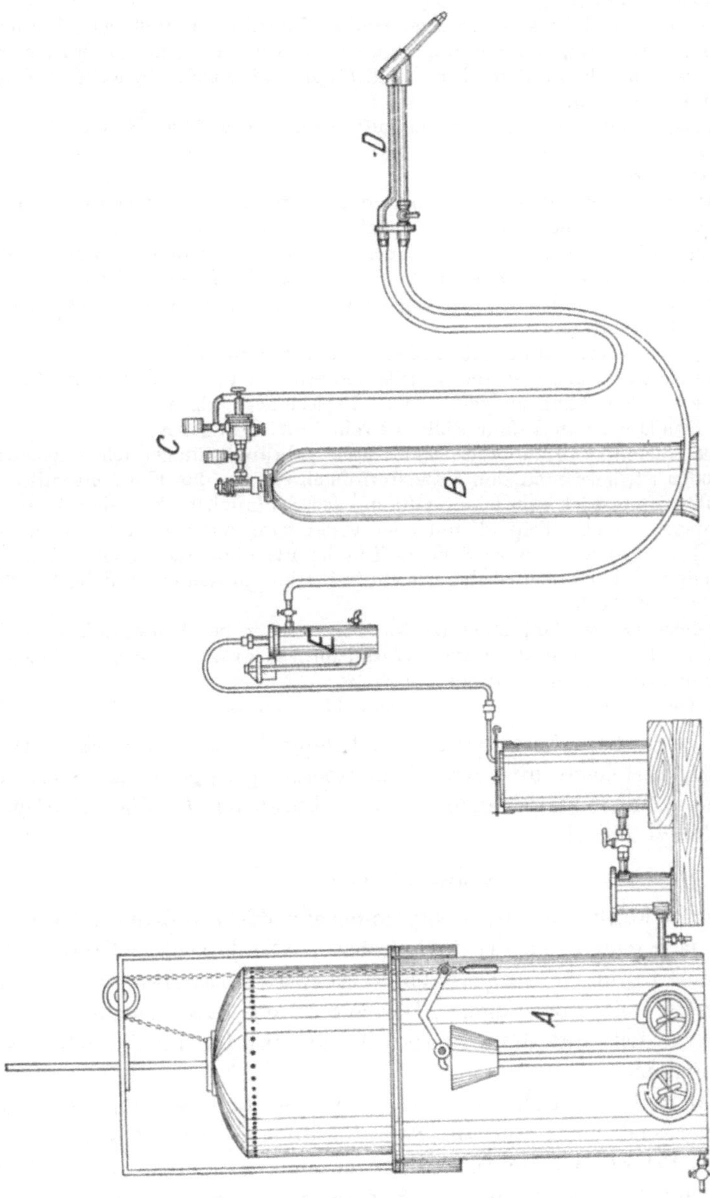

Fig. 114. Sauerstoff-Acetylen-Schweißanlage; sie besteht aus: *A* Acetylentwickler, *B* Sauerstofflasche, *C* Druckminderventil, *D* Schweißbrenner, *E* Wasservorlage und Verbindungsschlauch.

1. Gefüllte Sauerstofflaschen dürfen nicht in Nähe von Feuerstellen aufgestellt werden; sie sind auch vor Sonnenstrahlen zu schützen.

2. Aufrechtstehende Sauerstofflaschen müssen so befestigt sein, daß ein Umfallen unmöglich ist.
3. Nach Entfernen der Schutzkappe und seitlichen Verschlußmutter (Kapselmutter) öffne man ganz kurze Zeit das Flaschenventil, damit anhaftende Schmutzteile ausgeblasen werden.
4. Schutzkappen und Verschlußmutter sind an bestimmter Stelle aufzubewahren.
5. Ist der Dichtungsring am Stutzen in gutem Zustande, so kann das Druckminderventil angeschraubt werden. Eine Undichtigkeit ist durch Abpinseln mit Seifenwasser festzustellen.
6. Das Flaschenventil ist langsam zu öffnen und darauf die Regelschraube am Druckminderventil langsam auf den erforderlichen Druck bei geöffnetem Brennerhahn einzustellen.
7. Bei Druckminderventilen ohne Ausbrennschutz wird ein Ausbrennen vermieden, wenn vor dem Öffnen des Flaschenventils, die Regelschraube so schwach angezogen wird, daß man den Gegendruck der Spannfeder fühlt; dadurch entsteht eine feine Öffnung für den austretenden Sauerstoff; Kompressionswärme kann sich nicht bilden und ebenso wenig wird ein zu hoher Druck Beschädigungen im Ventil hervorrufen.
8. Eingefrorene Ventile sind mit heißem Wasser aufzutauen.
9. Öl oder Fett darf nicht an die Ventile und Stutzen kommen. Sauerstoff in Berührung mit Fett kann zu gefahrvollen Explosionen führen.
10. Leere Leihflaschen sind dem Füllwerk sofort zurückzugeben.
11. Um zu erkennen, ob in einer Stahlflasche gebrauchsfähiger reiner Sauerstoff vorhanden ist, lasse man den Sauerstoff durch ein an das Flaschenventil angeschraubtes Rohrstück mit feiner Öffnung und Schlauchstück in eine Schale mit Seifenwasser treten. Explodieren oder verbrennen die Gase der Blasen beim Anzünden, so ist kein reiner Sauerstoff in der Flasche, sondern ein gefährliches Gasgemisch. Die Flasche ist daher nicht in Betrieb zu nehmen und der Flascheninhalt zu untersuchen.
12. Die gleiche Art der Untersuchung kann man auch bei Wasserstoff anwenden. Enthalten die Seifenblasen reinen Wasserstoff, so entsteht beim Anzünden die bekannte blaue Flamme mit gelber Spitze.

Vorsichtig mit dem Feuer umgehen und nur kleine Flammen oder Zündhölzer verwenden.

Fig. 114 zeigt die schematische Darstellung einer Sauerstoff-Acetylenschweißanlage, bestehend aus Acetylenentwicklungsapparat *A*, Sauerstoffflasche *B* mit Druckreduzierventil *C*, Schweißbrenner *D*, Wasservorlage *E* und Verbindungsschlauch.

Schweißbrenner.

Die Brenner, welche für die Acetylen-Sauerstoffschweißung Verwendung finden, sind nach dem Injektorprinzip gebaut. Die lebendige Kraft, welche in dem Sauerstoffzylinder aufgespeichert ist, wird dazu benutzt, das Acetylen gleichzeitig mit anzusaugen. Das angesaugte Acetylengas vermischt sich vor dem Austritt mit dem Sauerstoff und gibt die für die Schweißung notwendige Flamme.

Die Bestandteile der Schweißbrenner, auf die bei dem Bau die größte Sorgfalt zu verwenden ist, sind die Sauerstoffdüse und die Mischdüse. Ein sehr wichtiges Erfordernis bei Injektoren im allgemeinen ist, daß die Düsen genau zentrisch gelagert sein müssen. Ebenso genau und nach ganz bestimmten Gesetzen müssen die Mischdüsen gearbeitet werden. Ferner ist es notwendig, daß Druckdüse und Mischdüse je nach der Leistung des Brenners einen genau bestimmten Abstand voneinander haben. $^1/_{10}$ mm Differenzen ergeben in bezug auf die Wirkung der Flamme bereits sehr große Unterschiede, so daß bei nicht genau gearbeiteten Brennern entweder keine geeignete Schweißflamme mehr zu erzielen ist, oder bei der Arbeit nach ganz kurzer Zeit ein Zurückschlagen erfolgt. Einige Brennerkonstruktionen beruhen darauf, daß die Saug- und Mischdüsen je nach der Leistung des Brenners ausgetauscht werden. Derartige Brenner können jedoch nur dann richtig funktionieren, wenn die wesentlichen Bestandteile des Brenners — Druckdüse und Mischdüse — in einem nach bestimmten Gesetzen zu ermittelnden Verhältnis zueinander stehen.

Eine wesentliche Rolle für das richtige Funktionieren des Brenners spielt das Mundstück. Auch die Mundstücke müssen in einem ganz genauen Verhältnis zur Leistung des Brenners gebohrt sein. Ebenso ist streng darauf zu achten, daß die Bohrungen genau zentrisch ausgeführt werden.

Bei vielen Brennern mit niederem Druck (vgl. S. 247) wird das richtige Gasverhältnis nicht erzielt, weil einerseits der Injektor falsch konstruiert ist, andererseits die zur Anwendung gelangenden Mischkammern zu kurz und nicht richtig gebaut sind, so daß eine innige Mischung der Gase nicht stattfindet. Es kann dann vorkommen, daß eine Flamme entsteht, die im Innern eine sauerstoffreiche Ader enthält, mithin oxydierend wirkt. Weiter ist bei der Konstruktion der Schweißbrenner darauf zu achten, daß eine Erhitzung des Brenners nach Möglichkeit vermieden wird. Sonst kann eine Entmischung der Gase oder ein anderes Mischungsverhältnis, als der Brenner es benötigt, eintreten. Deswegen soll Material mit hohem Wärmeleitungsvermögen bei der Anfertigung der Brenner nicht zur Anwendung gelangen. Eine Ausnahme bildet das Mundstück, das aus Kupfer sein muß.

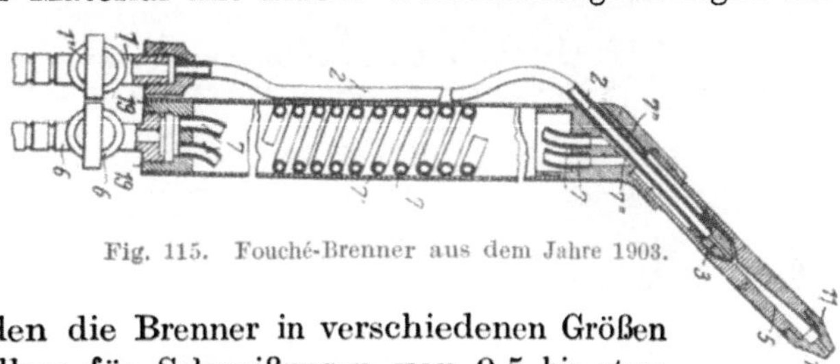

Fig. 115. Fouché-Brenner aus dem Jahre 1903.

Dem Verwendungszweck entsprechend werden die Brenner in verschiedenen Größen ausgeführt, so daß dieselben für Schweißungen von 0,5 bis etwa 40 mm Materialstärke verwendet werden können. Theoretisch könnte mit derartigen Brennern jede Materialstärke geschweißt werden, und es dürfte nur eine Frage der Zeit sein, daß die Industrie Brenner auch bis zu den höchsten Leistungen schafft.

Fig. 115[1] zeigt die der Patentschrift Nr. 164 180, Klasse 49f entnommene Zeichnung des Schweißbrenners, der *Edmond Fouché* als Lötrohr zum Löten und Schweißen im Deutschen Reich vom 21. März 1903 ab patentiert wurde. Der Patentanspruch lautet:

[1] Entwicklung der Fouché-Brennerkonstruktionen siehe „Autogene Metallbearbeitung", 1921, Heft 15, ferner über Acetylen-Sauerstoff-Schweißbrenner, Carbid und Acetylen 1911 Nr. 22, S. 261; außerdem Zur Entwicklung des Acetylen-Schweißbrenners siehe die Schmelzschweißung, Heft 10, 15. Mai 1922.

„Lötrohr, welches mit Sauerstoff (Luft) und irgendeinem brennbaren Gase (Acetylen u. dgl.) gespeist wird, dadurch gekennzeichnet, daß der Sauerstoff durch eine mittlere Düse (3) einer Mischkammer (5) unter Druck zuströmt und hierbei das brennbare, unter keinem oder nur sehr geringem Drucke stehende Gas aus einem viele Windungen besitzenden schrauben- oder zickzackförmigem Rohr (7) von erheblicher Länge mitreißt."

Fig. 115a zeigt eine neuere Form dieser *Fouché*konstruktion. Die wesentlichsten Bestandteile des *Fouché*-Brenners sind folgende: Das mit *l* bezeichnete

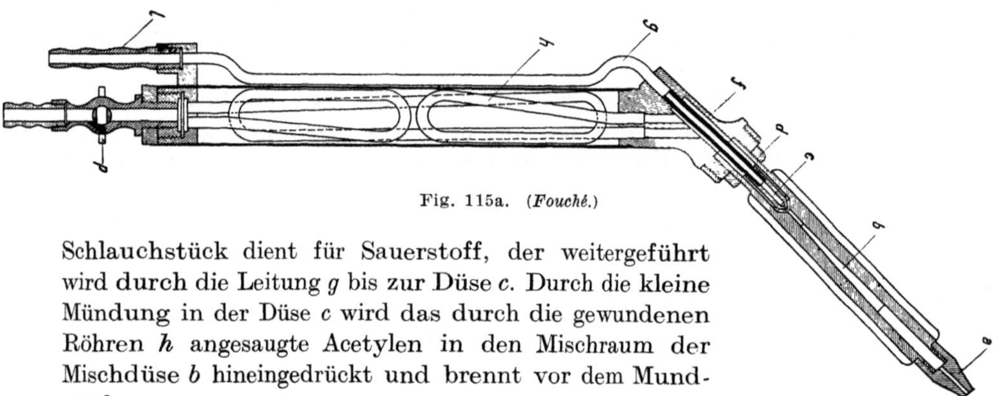

Fig. 115a. (*Fouché*.)

Schlauchstück dient für Sauerstoff, der weitergeführt wird durch die Leitung *g* bis zur Düse *c*. Durch die kleine Mündung in der Düse *c* wird das durch die gewundenen Röhren *h* angesaugte Acetylen in den Mischraum der Mischdüse *b* hineingedrückt und brennt vor dem Mundstück *a*.

Die Regulierung des Brenners geschieht derartig, daß der Sauerstoff nur im Druckminderventil der Sauerstofflasche eingestellt wird, während das

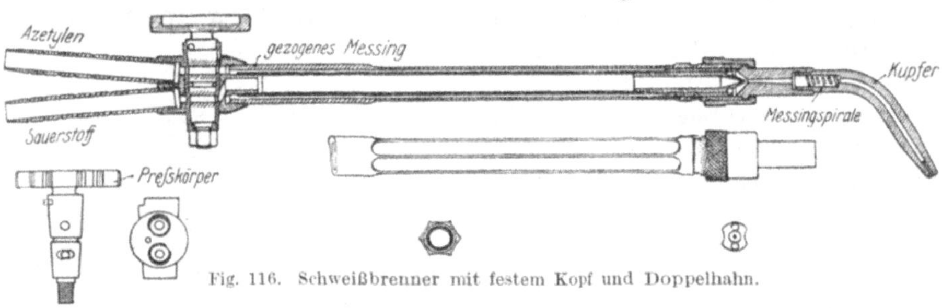

Fig. 116. Schweißbrenner mit festem Kopf und Doppelhahn.

Acetylen noch durch den Hahn *p* gedrosselt werden kann, so daß eine genaue Einregulierung der notwendigen Stichflamme leicht ermöglicht ist. Zur genauen Einregulierung der Durchgangsmengen ist die Sauerstoffdüse *c* bei der Verlängerung des Rohres *g* verstellbar, wogegen die Mischdüse *b* fest gegen den Grund des Brennerkopfes *f* angeschlossen und durch die Mutter *d* festgestellt wird. Je nach der Größe des Brenners sind mehr oder weniger Acetylenschlangen notwendig.

Von den vielen auf dem Markt befindlichen Schweißbrennern sind in Fig. 116 bis 126 eine Anzahl voneinander abweichende Konstruktionen dargestellt, die sich alle als zweckmäßig erwiesen haben. In Betrieben, wo viel Arbeitsstücke von gleicher Materialstärke geschweißt werden, z. B. bei Massenartikeln in Blechbearbeitungswerkstätten, sind vielfach Brenner mit

Fig. 117. Schweißbrenner mit festem Kopf und Doppelhahn.

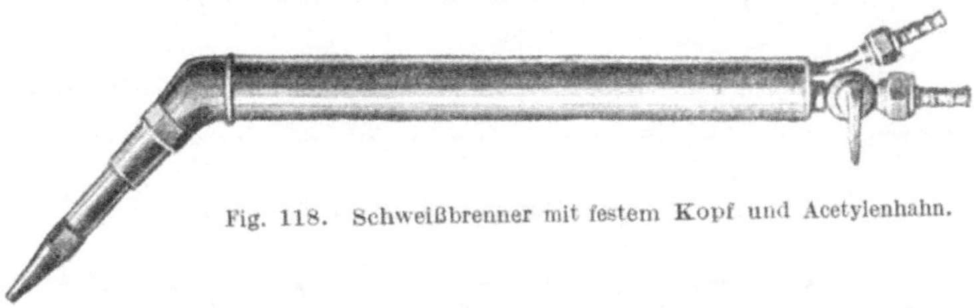

Fig. 118. Schweißbrenner mit festem Kopf und Acetylenhahn.

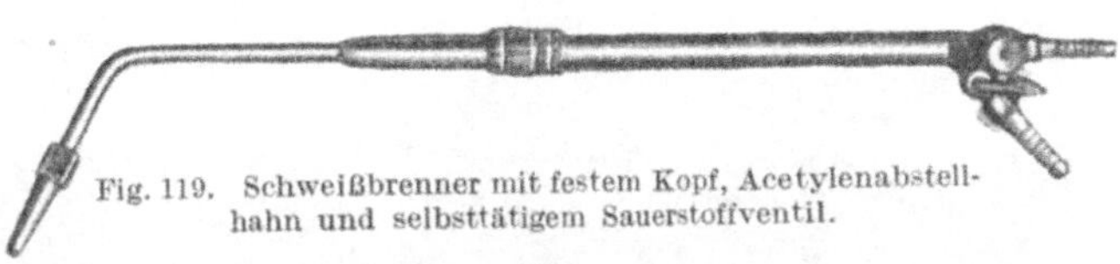

Fig. 119. Schweißbrenner mit festem Kopf, Acetylenabstellhahn und selbsttätigem Sauerstoffventil.

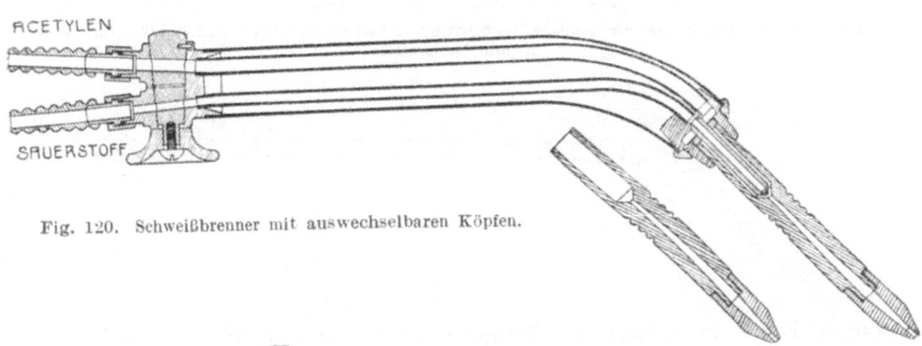

Fig. 120. Schweißbrenner mit auswechselbaren Köpfen.

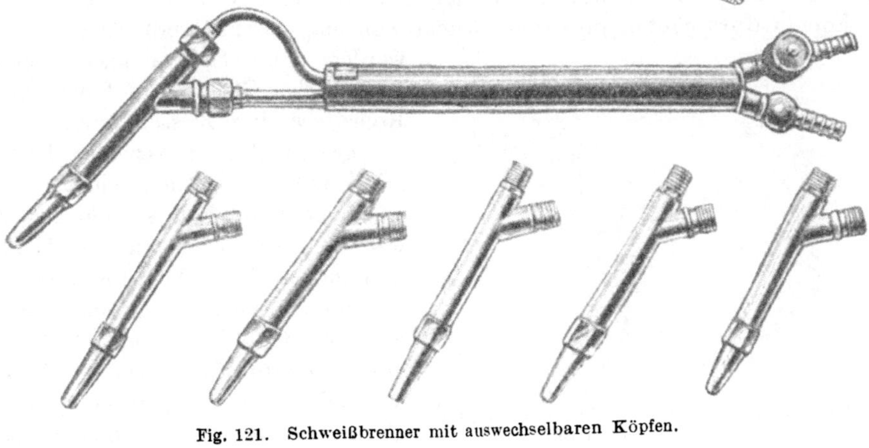

Fig. 121. Schweißbrenner mit auswechselbaren Köpfen.

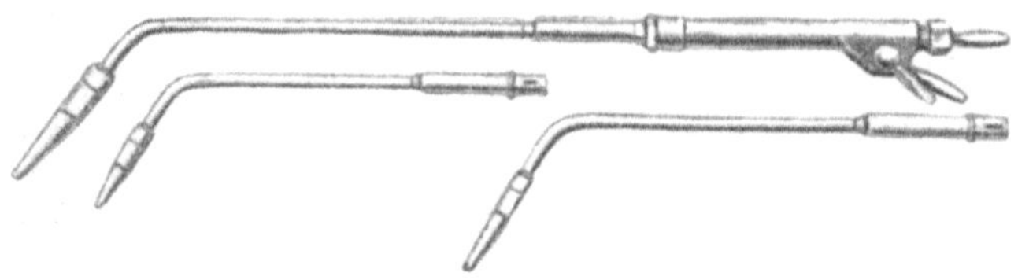

Fig. 122. Schweißbrenner mit auswechselbaren Köpfen.

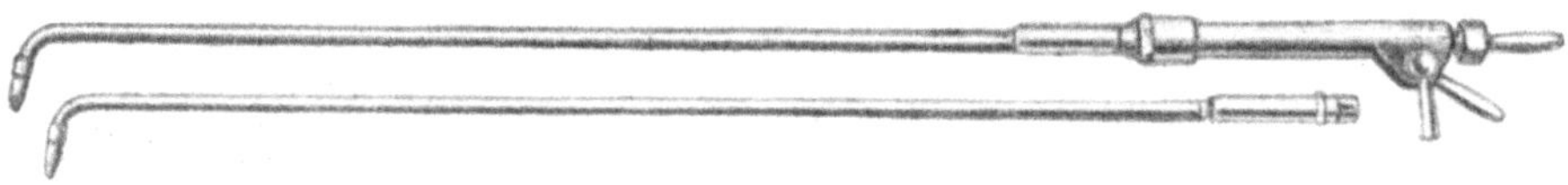

Fig. 123. Schweißbrenner mit langem Kopfstück.

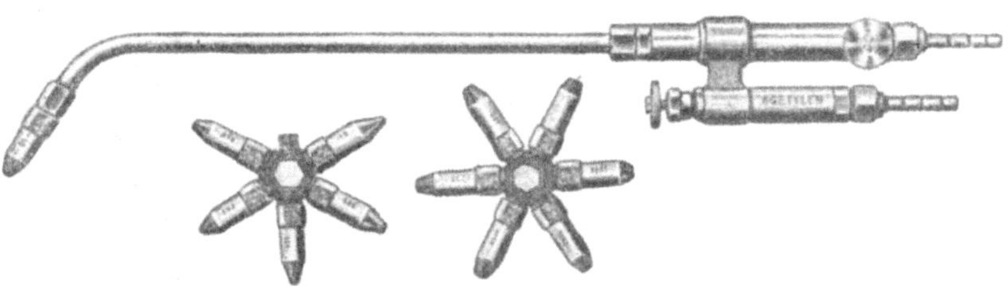

Fig. 124. Schweißbrenner für gelöstes Acetylen und 12 auswechselbaren Mundstücken für 1/2 bis 30 mm Materialstärke.

Fig. 125. Wassergekühlter Brenner für schwere Arbeiten.

festem Kopf in Gebrauch. Dagegen sind Brenner mit auswechselbaren Köpfen dort häufig, wo Arbeitsstücke von ungleicher Wanddicke geschweißt werden. Für Schweißungen schwer zugänglicher Stellen im Innern enger Rohre, zwischen Kesselwandungen und bei großen Gußstücken sind Brenner mit langem Kopfstück beliebt.

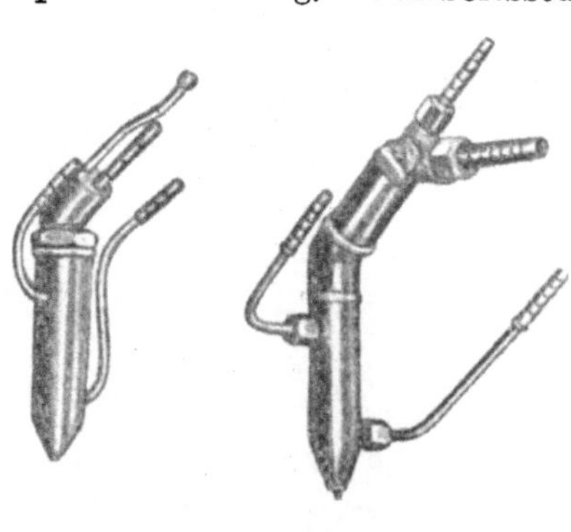

Fig. 126. Schweißbrenner mit Wasserkühlung für Rohrschweißmaschinen.

Brenner für ganz schwere Arbeiten werden auch vereinzelt mit Wasserkühlung versehen. Bei Schweißbrennern für automatische Schweißmaschinen, die hauptsächlich zum Schweißen von Schlitzrohren dienen, ist ebenfalls Wasserkühlung vorgesehen und ihre Form der Bauart der Maschine angepaßt.

Die Wasservorlage.

Eine Wasservorlage in ihrer ursprünglichen Form ähnelt im allgemeinen einer Gaswaschflasche, die aber außer dem Gaseinleitungs- und Gasabgangsrohr noch ein sog. Steig- oder Sicherheitsrohr besitzt, welches ebenso wie das Gaszuleitungsrohr unter Wasser mündet.

Der Zweck der Wasservorlage ist folgender: Sie soll erstens verhindern, daß beim Verstopfen der Mündung des Schweißbrenners der unter hohem Druck ausströmende Sauerstoff durch die Acetylenleitung bis in den Gaserzeugungsapparat gelangen und auf dem Wege bis dahin ein explosives Gasgemisch bilden kann. Ferner soll sie imstande sein, eine Rückzündung aufzuhalten, die durch die Anwesenheit des explosiven Gemisches in der Acetylenleitung beim Wiederentzünden des Brenners eintreten kann. Wenn das Acetylen geringe Mengen Sauerstoff enthält, so ist eine gute Vorlage imstande, die Explosionen aufzuhalten. Bei stark sauerstoffhaltigen Mischungen versagt auch eine richtig gebaute Vorlage. Beim Fehlen einer solchen Sicherheitsvorrichtung kann sich der Rückschlag unter Umständen bis zum Acetylenapparat fortpflanzen und dort eine Explosion auslösen[1].

Damit nun die Wasservorlage diesen Zweck erfüllen kann, muß sie richtig konstruiert sein. Sie muß in erster Linie dem zurücktretenden Sauerstoff gestatten, ins Freie zu gelangen, ehe das Gaszuführungsrohr der Wasservorlage, durch welches der Vorlage das Gas vom Acetylenapparat zugeführt wird, freigelegt ist. Dies wird nun bei den meist üblichen Wasservorlagen dadurch erreicht, daß das Sicherheitsrohr der Vorlage, das gleichzeitig als Füllrohr für das Wasser dient, etwas oberhalb der Mündung des Gaszuleitungsrohres im Wasser endigt. Beim Rücktritt des Sauerstoffes wird dann das Wasser der Vorlage in beiden Rohren, dem Gaszuleitungsrohr und dem Sicherheitsrohr, in die Höhe getrieben und dadurch der Wasserstand in der Vorlage selbst so lange vermindert, bis die Mündung des Sicherheitsrohres freigelegt ist. Der Sauerstoff kann nun ungehindert ins Freie gelangen, ohne in die Gaszuführung einzudringen. Um aber diese Wirkung vollständig zu erreichen, ist es wünschenswert, daß die Durchmesser und die Länge des Gaszuführungs- und des Sicherheitsrohres verschieden sind. Der Durchmesser des Gaszuführungsrohres soll bedeutend kleiner sein als derjenige des Sicherheitsrohres, der ein Mehrfaches des ersteren betragen muß. Umgekehrt muß aber die Länge des Gaszuführungsrohres bedeutend größer sein als die des Sicherheitsrohres. Die Gründe dafür sind folgende: Wie bei der in der Untersuchungs- und Prüfstelle des Deutschen Acetylenvereins vorgenommenen Prüfung der verschiedensten Wasservorlagen festgestellt werden konnte, erfolgt der Rücktritt des Sauerstoffs so energisch, daß das Wasser

---

[1] Über die zweckmäßigste Bauart einer Wasservorlage u. ä. ist in dei Fachliteratur viel geschrieben worden. Es sei hier verwiesen auf die Veröffentlichungen in „Carbid u. Acetylen" 1910, S. 13, 49, 107, 276; 1911, S. 109, 289; 1912, S. 7, 27, 52, 90; 1913, S. 34, 65, 79, 89, 249, 255; 1914, S. 19, 53, 54, 93, 96, 100, 109, 112, 165, 189, 210; 1915, S. 41, 73, 116; 1916, S. 5, 45, 112; 1917, S. 7, 55; 1918, S. 9, 13, 17; 1919, S. 8, 13, 90; 1920, S. 83; 1922. S. 61.

der Vorlage in beiden Rohren mit solcher Wucht in die Höhe geschleudert wurde, daß bei manchen Vorlagen zeitweise auch das Gaszuführungsrohr freigelegt wurde, wodurch auch in dieses Rohr ein Gas-Sauerstoffgemisch gelangen konnte. Ist nun das Zuführungsrohr lang und besitzt es einen verhältnismäßig geringen Durchmesser, so bildet sich in ihm ein langer Wasserstopfen, den zu durchdringen für die hineingelangten Gasblasen als auch für eine Explosionswelle bedeutend schwieriger ist, als den kurzen, breiten Stopfen des Sicherheitsrohres. Durch diese Anordnung aber wird bei den meisten der bis jetzt üblichen Wasservorlagen ein gewisser Nachteil herbeigeführt, das ist das Luftansaugen der Wasservorlage durch Brenner mit großem Verbrauch bei normalem Betriebe. Infolgedessen ist meist ein ruhiges Brennen der Schweißbrenner ausgeschlossen. Es ist aber leicht möglich, die Konstruktion mit den oben aufgestellten Forderungen in Einklang zu bringen, ohne sie durch allzu große Abmessungen unhandlich zu machen.

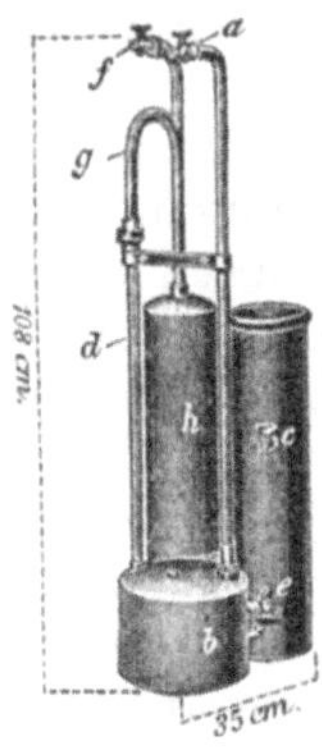

Fig. 127. Duplex-Sicherheitstopf.

Diesem Luftansaugen durch das Sicherheitsrohr ist es wohl mit zuzuschreiben, daß einige Vorlagen, in dem guten Glauben, das Ansaugen zu vermeiden, falsch konstruiert sind, indem das Sicherheitsrohr tiefer unter dem Wasserspiegel mündet als das Gaszuführungsrohr.

Im folgenden seien zwei Wasservorlagen, die richtig konstruiert sind und demnach auch ihren Zweck in jeder Weise erfüllen, beschrieben:

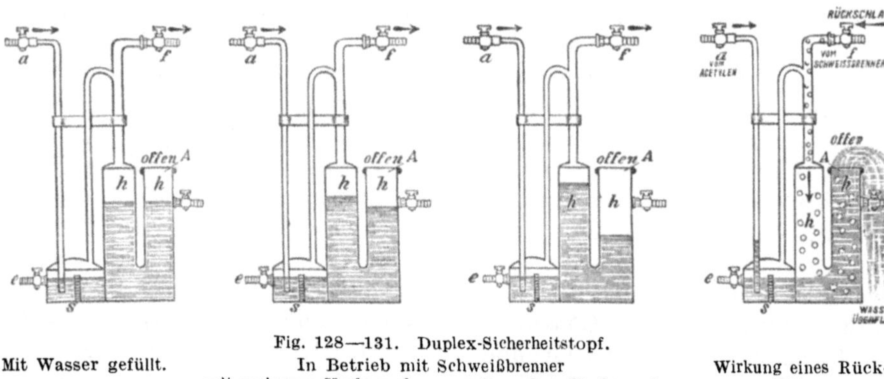

Fig. 128—131. Duplex-Sicherheitstopf.

Mit Wasser gefüllt. In Betrieb mit Schweißbrenner mit geringem Verbrauch mit großem Verbrauch. Wirkung eines Rücktrittes

Duplex-Sicherheitstopf der Firma *Heime & Hans Herzfeld*, Halle a. S., Fig. 127 bis 131. Der Duplex-Sicherheitstopf besteht aus der Wasservorlage *b* und der kommunizierenden Röhre *h* mit großem Austrittsquerschnitt. Der Wasserstand in *b* bleibt nahezu stets gleich, sowohl wenn Überdruck über dem Wasserspiegel in *b* ist, als auch wenn sich durch die saugende Wirkung der Schweißbrenner ein Vakuum bildet. In der kommunizierenden Röhre hingegen ist der Wasserstand veränderlich und wechselt bei dem geringsten

Druckunterschied. Beide Schenkel *h* haben gleichen Querschnitt. Auf die Wasserflächen wirken drei Kräfte: der Atmosphärendruck, der Acetylendruck entsprechend dem Gewicht der Gasbehälterglocke, und die saugende Wirkung des Schweißbrenners, welche je nach Größe und Konstruktion des Schweißbrenners verschieden groß ist. Im Falle eines Rückschlages kehrt sich die saugende Wirkung in Druck um. Die Arbeitsweise des Apparates ist ohne weiteres aus den vorstehenden Figuren ersichtlich.

Wasservorlage der Firma *Keller & Knappich*, Augsburg. In Fig. 132 ist die vorschriftsmäßig gefüllte Wasservorlage, bestehend in der Hauptsache aus drei ineinander geschobenen Zylindern dargestellt. Zwischen dem 2. und 3. Zylinder hängt ein trichterförmiges Rohr, welches in das Absperrwasser eintaucht und als Gaszuführungsrohr dient. Der pyramidenförmige Aufbau des äußeren Zylinders trägt eine Signalpfeife, welche sowohl vorwärts als rückwärts pfeift und dadurch Warnungssignale von sich gibt, sobald an der Vorlage oder in der Gaszuführung etwas nicht in Ordnung ist.

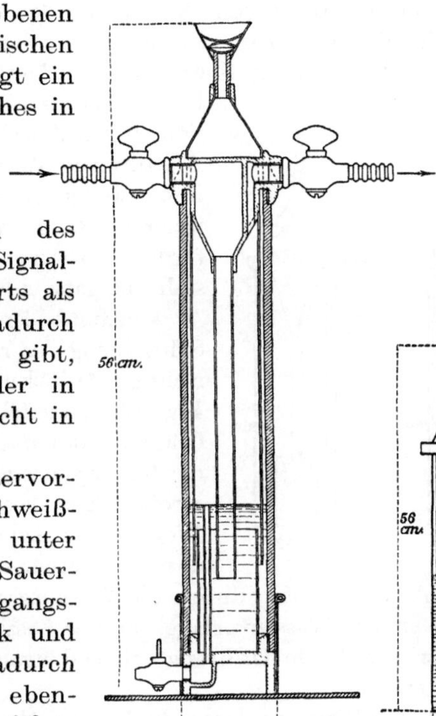

Fig. 132. Wasservorlage mit Signalpfeife.

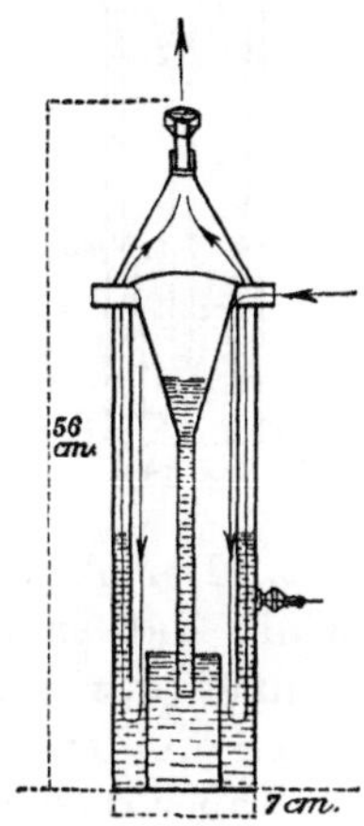

Fig. 133.

Fig. 133 zeigt die Wasservorlage beim Eintreten einer Schweißbrennerverstopfung. Der unter höherem Druck stehende Sauerstoff drängt das Gas vom Abgangsrohr in die Vorlage zurück und gelangt selbst in dieselbe. Dadurch entsteht im inneren Raum ebenfalls ein höherer Druck. Infolgedessen wird das Wasser bis zur Unterkante des zweiten Zylinders verdrängt, ohne daß dabei die Wassersäule ihren Stand besonders verändert, nämlich nur entsprechend dem im Raum des zweiten Zylinders herrschenden Druck. Hierdurch wird das noch genügend eintauchende Gaszuführungsrohr zum großen Teil durch die Wassersäule gefüllt und infolge der niedrigen Wassersäule im äußeren Ringraum ein Rücktritt des Sauerstoffes in die Gaszuleitung unmöglich gemacht. Der in den Ringraum der Vorlage eingetretene Sauerstoff und das etwa eingeströmte Acetylen müssen vielmehr ihren Weg durch die Signalpfeife ins Freie nehmen. Sobald dies geschieht, ertönt aber ein Pfeifensignal, durch das der Arbeiter gewarnt wird.

Die konische Erweiterung des in das Wasser der Vorlage eintauchenden Gaszuführungsrohres dient zur Aufnahme des durch den Sauerstoff in das Tauchrohr eingedrungenen Wassers. Sie bietet so viel Raum, daß das Wasser nicht in die Gaszuführungsleitung eindringen kann. Die konisch ausgebildete Haube der Signalpfeife hat den Zweck, etwa hochgeworfenes Wasser wieder zurückfallen zu lassen. Bei einer etwaigen Störung in der Gaserzeugung oder bei versehentlich geschlossenen oder bei nicht geöffneten Gashähnen saugt die Wasservorlage nach Öffnung des Sauerstoffventils Luft an (Fig. 134), wobei ebenfalls sofort das Signal ertönt.

Durch eine entsprechende Abmessung des zweiten Zylinders wird ein Absaugen des Vorlagenwassers in die Leitung zwischen Vorlage und Schweißbrenner unmöglich gemacht, denn der Querschnitt dieses Zylinders ist wesentlich größer als der Raum zwischen diesem und dem ersten Zylinder. Würde also z. B. durch Absaugen der Wassersäule zwischen dem ersten und zweiten Zylinder das Wasser in den inneren Raum des zweiten Zylinders befördert, so würde der Wasserstand in diesem sich nur ganz unbedeutend erhöhen.

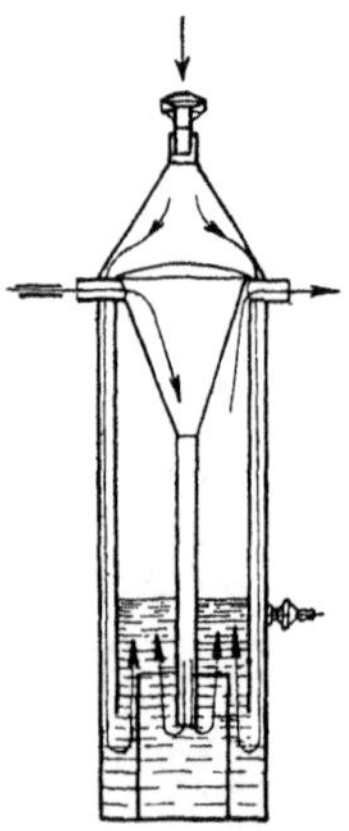

Fig. 134.

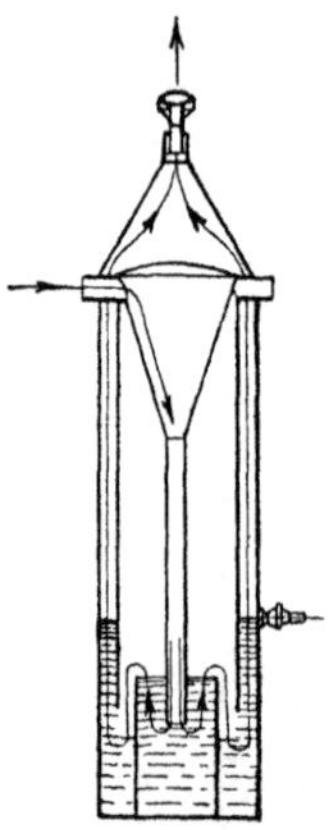

Fig. 135.

Versäumt der Arbeiter vor Beginn der Schweißung das rechtzeitige Nachfüllen oder richtige Auffüllen der Wasservorlage, wie in Fig. 135 dargestellt, so genügt schon die Verdrängung des Wassers nach der Oberkante des dritten Zylinders bis zur Unterkante des zweiten Zylinders, um dem Acetylen seinen Weg zu der Signalpfeife zu bahnen, die alsdann wiederum ihr Warnungszeichen ertönen läßt. Der Arbeiter erhält durch die Warnungssignale augenblicklich einen Wink, daß in der Wasservorlage, in der Gaszuführung oder im Schweißbrenner etwas nicht in Ordnung ist und irgendein Fehler ungesäumt behoben werden muß.

Außer diesen Wasservorlagen und vielen ähnlichen, deren Funktionieren nur auf richtiger Abmessung beruht und deren Ventile, wenn man so sagen darf, nur durch Wasser gebildet werden, kommen noch andere Vorlagen auf den Markt, die durch mechanische Absperrventile die Gaszuführung der Vorlage im Augenblick des Rücktrittes von Sauerstoff schließen, andererseits das Gaszuführungsrohr erst freigeben, wenn die Wasservorlage vorschriftsmäßig mit Wasser gefüllt ist.

Weiter haben andere das Ansaugen von Luft durch das Sicherheitsrohr der Vorlage bei normalem Betriebe mit Schweißbrennern mit großem Stundenverbrauch dadurch zu umgehen versucht, daß sie Vorlagen konstruierten, bei denen das Sicherheitsrohr durch ein Ventil geschlossen ist, das sich nach außen öffnet, sobald ein Rücktritt von Sauerstoff eintritt. Bei einer solchen Vorlage jedoch tritt ein anderer Übelstand ein, nämlich das Aussaugen von

Luft durch das Sperrwasser des Gaserzeugers, bei aufsitzender Gasglocke oder bei ungenügender Gasentwicklung, so daß unter besonderen Bedingungen neue Gefahrenquellen geschaffen werden können[1].

Über die Zweckmäßigkeit von Schau- oder Wasserstandsgläsern an der Vorlage sind die Meinungen der Fachleute geteilt[2]. Einerseits läßt sich durch ein Schauglas der Wasserstand der Vorlage schnell kontrollieren, andererseits aber ist die Möglichkeit einer Verschmutzung oder gar einer Zertrümmerung nicht von der Hand zu weisen, so daß, wenn nur eine Vorlage vorhanden sein sollte, der Betrieb unterbrochen werden muß. Es ist dann aber auch die Möglichkeit vorhanden, daß bei dringenden Arbeiten der Ersatz des Schauglases durch andere Mittel bewirkt wird, wodurch natürlich der Zweck des Schauglases vollkommen verloren geht.

Auch über das Anbringen von Ventilen gehen die Meinungen noch auseinander[3]. Verf. ist der Ansicht, daß Wasservorlagen, die nur mit Wasserverschlüssen eine gute Sicherheit gewährleisten, solchen mit Absperrventilen vorzuziehen sind. Wenn auch die Ventile funktionieren mögen, solange die Vorlagen wenig gebraucht werden, so ist doch in der Praxis damit zu rechnen, daß nach längerem Gebrauch, wenn die Vorlagen nicht peinlich sauber gehalten werden, eine Verschmutzung der Ventile eintreten kann. Ein tadelloses Schließen ist dann aber wohl ausgeschlossen.

Ein anderer nicht unwesentlicher Punkt für die Sicherheit ist, daß die Wasservorlage möglichst nahe der Schweißstelle aufgestellt wird[4]. Läßt es sich nicht vermeiden, daß die Vorlage an dem Gaserzeuger angebracht wird, so ist mindestens dafür Sorge zu tragen, daß sie am tiefsten Punkt desselben angebracht wird, damit beim Eintreten eines luftverdünnten Raumes im Acetylenapparat das Wasser der Vorlage durch das Gaszuführungsrohr nicht abgesaugt werden kann, wie dies bei einigen Konstruktionen von Acetylenapparaten und jetzt noch gebräuchlichen Wasservorlagen möglich ist.

Es hat dies ferner den Vorteil, daß das Gaszuführungsrohr zur Vorlage genügend lang gemacht werden kann.

Die Ausführung der Schweißarbeit.

Das autogene Schweißen ist eine Kunst, die nicht von heute auf morgen erlernt werden kann. Dem Außerachtlassen dieses Umstandes ist es zuzuschreiben, daß das autogene Schweißen mit Acetylen und Sauerstoff in manchen Betrieben bald wieder aufgegeben wurde. Ein tüchtiger Schweißer muß neben einer gewissen Kunstfertigkeit, die nur durch längere Übung und nur von Leuten mit ruhiger Hand zu erreichen ist, nicht nur die zum Schweißen erforderliche Apparatur genau kennen, sondern auch theoretisch so weit geschult sein, daß er sie richtig zu handhaben versteht. Er soll beurteilen können, ob die Flamme so eingestellt ist, daß das richtige Mischungsverhältnis zwischen

[1] Carbid u. Acetylen 1910, Nr. 9, S. 107.
[2] Carbid u. Acetylen 1910, Nr. 5, S. 52. 1914, Nr. 9, S. 92, 1922, Nr. 15, S. 61.
[3] Carbid u. Acetylen 1910, Nr. 5, S. 52, 1922, Nr. 15, S. 61.
[4] Carbid u. Acetylen 1919, Nr. 3, S. 9, Nr. 4, S. 13.

Acetylen und Sauerstoff innegehalten wird, er soll die verschiedenen Flammenzonen und ihre Eigenschaften kennen und wissen, wie er sie auf das zu schweißende Metall einwirken lassen muß, um ein Verbrennen der Schweißnaht zu vermeiden usw. Wichtig ist weiter, daß er für größere Abweichungen in der Materialstärke der zu schweißenden Gegenstände den richtigen Schweißbrenner verwendet. Er muß darauf achten, daß die Schweißflamme nicht zu stark bläst, damit das geschmolzene Material nicht treibt. (Die Strömungsgeschwindigkeit soll nicht über 250 m in der Sekunde hinausgehen[1]). Er soll ferner imstande sein, die Beschaffenheit des zu verschweißenden Metalles, die Güte des Zusatzmaterials sowie der Flußmittel zu beurteilen und wissen, wie er das zu schweißende Stück vorzuarbeiten hat. Er soll insbesondere auch befähigt sein, aus einigen Vorversuchen selbständig zu erkennen, ob sich das ihm zur Verarbeitung übergebene Material überhaupt ordnungsmäßig schweißen läßt und jeden Versuch, die Arbeit durchzuführen, aufgeben, sobald er bemerkt hat, daß das nicht der Fall ist. Das gilt z. B. ganz besonders für Ausbesserungen an Dampfkesseln. Hierbei ist als besonders wichtig hervorzuheben, daß diejenigen Firmen, die solche Ausbesserungen ausführen, nicht nur über tadellos ausgebildete Schweißer verfügen müssen, sondern daß ihnen auch Ingenieure zu Gebote stehen, die eine große Sachkenntnis und Erfahrung auf dem Gebiete des Dampfkesselbaues und der Dampfkesselpflege besitzen. Es ist meist unmöglich, daß der Schweißer allein beurteilen kann, ob die vorzunehmende Reparatur wirklich gut ausgeführt werden kann, und wenn auch schließlich dies der Fall ist, ob sie zuverlässig vollendet wurde. In den meisten Fällen wird nur der Ingenieur imstande sein, festzustellen, welche Teile eines Kessels sich durch die autogene Schweißung zuverlässig ohne später etwa auftretende Nachteile ausbessern lassen, da er weiß, welche Teile eines Kessels nur auf Druck oder auf Zug beansprucht werden. Nach *Jäger*[2] sind Reparaturschweißungen an Dampfkesseln im allgemeinen nur überall da zulässig, wo Teile auf Druck beansprucht werden, ferner da, wo auf Zug beanspruchte Teile durch Verankerung (durch Nietnähte, Stehbolzen, Rohre) gehalten werden, schließlich, wo es sich um die Erneuerung von Stemmkanten oder die Ausfüllung von Korrosionen handelt. Hingegen soll das Verschweißen von Rissen und Mantelnähten bei Kesseln und Druckgefäßen möglichst nicht vorgenommen werden. Auf alle Fälle sollen Aufträge für Schweißungen an Kesseln, die aus harten Blechen (das sind solche mit einer Festigkeit über 45 kg) angefertigt sind, zurückgewiesen werden. Die Eignung der Kesselbleche wird nach *Jäger* nach folgenden Erfahrungen geprüft:

Ein Material, das weich, also im allgemeinen kohlenstoffarm ist, zeigt in der Schweißhitze eine glänzend helle, leicht fließende Schmelze. Ein Material, das zwar weich, aber stark mit Schwefel, Phosphor, Silicium usw. verunreinigt ist, erscheint an der Oberfläche getrübt durch die Verunreinigungen, die in der Schmelzhitze an die Oberfläche kommen. Im übrigen ist

[1] Zeitschr. f. Sauerstoff- u. Stickstoff-Industrie 1910, 198.
[2] Carbid u. Acetylen 1909, Nr. 22, S. 257.

die Schmelze noch leicht flüssig. Ein Material, das jedoch hart und außerdem mit Verunreinigungen behaftet ist, gibt unter Umständen gar keinen Schmelzfluß mehr, sondern es bilden sich krümlige, zähe fließende Schmelzkörner. An Hand dieser und weitergehender praktischer Kenntnis des Schmelzflusses sollen die Arbeiter in jedem einzelnen Falle, bevor sie schweißen, die Art des Materials prüfen, um danach ihre Maßnahmen zu treffen.

Eine weitere Methode zur Prüfung des Materials schließt sich an Erscheinungen an, die beim Schleifen von Flußeisen und Stahl an Schmirgelscheiben beobachtet werden. Es sind das die Erscheinungen des Funkensprühens d. h. Verbrennungserscheinungen der beim Schleifen losgelösten, hocherhitzten Metallteilchen. Auch bei der Verbrennung des Eisens in der Sauerstofflamme beobachtet man eine Funkengarbenbildung, die bei hartem Material ährenartig erscheint, während beim weichen Material bei der Verbrennung ein Funken entsteht, der sich wie ein verlängerter Tropfen ausbildet. Bei der ährenartigen Ausbildung des Funkens scheint es, als ob von dem Kern nach allen Seiten Funken heraussprühen. Dieses Erkennungszeichen ist für hartes Material ebenso wie dasjenige für weiches Material durchaus charakteristisch. Mittelhartes Blechmaterial gibt bei der Verbrennung Funken, die kreuzförmig aussehen.

Von den Metallen, die zur Zeit hauptsächlich für die autogene Schweißung in Betracht kommen, seien in folgender Tabelle die Schmelzpunkte[1] sowie die mittleren linearen Ausdehnungskoeffizienten[2] angeführt.

Gußeisen weiß	1135°	0,00001061 bis 0,00001322
„ grau	1220°	
Flußeisen	1350 bis 1450°	
Schweißeisen	1500°	
Stahl	1300 bis 1400°	
Nickel	1490°	0,00001279
Kupfer	1060°	0,00001678
Messing	1015°	0,00001859
Bronze	900°	0,00001782
Deltametall	950°	—
Aluminium	600 bis 650°	0,00002313
Zink	412°	0,00002918
Blei	330°	0,00002924
Zinn	230°	0,00002234

Die Schmelz-(Zersetzungs-)punkte der entsprechenden Oxydverbindungen betragen ungefähr:

Eisenoxyduloxyd	1350°
Kupferoxyd	1025°
Aluminiumoxyd	2000 bis 3000°

[1] *De Syo:* Autogenes Schweißen, Löten, Nieten (Uhlands techn. Verlag, 1910).
[2] Chem.-Kalender.

Schweißen von Schmiedeeisen.

Das Schweißen von Schmiedeeisen ist von allen Metallen am leichtesten zu bewerkstelligen. Es beruht dies darauf, daß das sich bildende Eisenoxyduloxyd bei einer Temperatur von etwa 1000° dissoziiert. Bei dieser Temperatur aber ist das Metall selbst noch nicht auf seinen Schmelzpunkt erhitzt. Infolgedessen ist das schmelzende Metall nicht mit Oxydklümpchen durchsetzt und es tritt daher eine Verbindung der einzelnen Teile ohne weiteres ein. Die Schweißnaht beim Schmiedeeisen bleibt ebenso weich wie das Material selbst, so daß ein Bearbeiten der Schweißstellen nicht die geringsten Schwierigkeiten macht. Als Zugabematerial benutzt man möglichst kohlenstoffarmen Schweißdraht; es gelangt hierbei häufig schwedisches Material zur Anwendung, doch ist auch deutscher Schweißdraht in gleicher Güte zu haben.

Flußeisen nach dem Bessemer- oder Siemens-Martin-Verfahren hergestellt, läßt sich leicht schweißen. Ebenso verhält es sich mit Materialien, die mit einem geringen Zusatz von Chrom oder Nickel hergestellt sind, zumal wenn man als Zugabematerial die gleichen Stoffe verwendet, aus denen das Schweißstück besteht[1].

Manganstahl kann man am besten schweißen, wenn man für die Schweißung Manganeisen verwendet, welches reduzierend auf die Oxyde des Eisens einwirkt. Es erfüllt hierbei der Mangangehalt einen doppelten Zweck, indem der Zusatz als Desoxydationsmittel und gleichzeitig als Ergänzung des Metalls dient. Ähnlich wirkt Ferrosilicium.

Für harte Stahlsorten werden Magnesium und Aluminium als Desoxydationsmittel verwendet, die gleichzeitig zur Erhöhung der Festigkeit des Metalles beitragen. Ein Material mit Zusatz von Wolfram läßt sich fast gar nicht schweißen und bindet weder miteinander, noch mit dem Zusatzmaterial.

Schweißen von Gußeisen.

Das Schweißen von Gußeisen, besonders von großen Arbeitsstücken, ist bedeutend schwieriger als das von Schmiedeeisen. Dies beruht einerseits darauf, daß das Gußeisen spröde ist und demnach den beim Erhitzen auftretenden Spannungen nur geringen Widerstand entgegensetzt. Andererseits liegt der Schmelzpunkt des Oxydes höher als der des Metalls. Es bedeckt sich daher die Oberfläche des geschmolzenen Metalls mit einer Oxydschicht, die eine Vereinigung der einzelnen Teile sehr erschwert.

Für eine gute Schweißung ist es daher unbedingt erforderlich, das ganze Stück gleichmäßig und sorgfältig auf eine Temperatur von 700 bis 800° (Rotglut) vorzuwärmen. Die Dehnung bei weiterer Erhitzung bis auf den Schmelzpunkt ist dann nur noch gering. Man verwendet zum Vorwärmen oft einen Glühofen (Muffelofen), während man bei kleineren Stücken schon mit einem offenen oder geschlossenen Holzkohlen- oder Koksfeuer

---

[1] Nach anderen Angaben soll sich dagegen Nickel- und Chromnickelstahl nicht schweißen lassen. Vgl. *Bauschlicher,* Zeitschr. f. Sauerstoff- u. Stickstoff-Industrie 1910, Nr. 9, S. 199.

auskommen kann. Auch führt ein Einpacken in heißen Formsand, bei dem nur die zu schweißende Stelle freiliegt, oft zum Ziel. Schließlich kann man für kleine Stücke ein Bleibad benutzen. Nach Angaben von *Rosa*[1] kann man beim Schweißen von Gußeisen von mehr als 5 mm Stärke ohne Schweißpulver auskommen, wenn man das Schweißstäbchen in den geschmolzenen Teil des Gußmaterials einführt und so von einer Seite der zu verschweißenden Rißwandung zur anderen bewegt, daß das Oxydhäutchen zerstört wird und das geschmolzene Material glatt ineinander fließt. Bei dünneren Stücken hingegen ist dieser Kunstgriff schwer anzuwenden, da leicht Durchlochungen des Materials eintreten.

Als Vorbereitung für das Schweißen empfiehlt es sich, die Bruchstellen von Schmutz und Rost zu befreien und so nachzuarbeiten, daß ein dreieckiges Schweißbett entsteht, wobei das alte Material möglichst durch Auskreuzen oder durch Ausschmelzen entfernt wird. Die Zusammensetzung der Schweißpulver für Gußeisen ist meist Fabrikationsgeheimnis; es lassen sich nach *Schoop*[2] dieselben Schweißpulver, die für Aluminiumschweißung verwendet werden, auch für Gußeisen anwenden. Sie bestehen aus Alkalichloriden und Fluoriden. Von der Verwendung von Borax ist abzuraten, da hierdurch die Schweißung hart und spröde wird. Die meisten Gußeisenschweißpulver bestehen hauptsächlich aus Glas und Soda.

Nach D. R. P. Nr. 222 690 soll man der geschmolzenen Schweißstelle Ferrosilicium und Graphit oder Gußeisen mit höherem Silicium- und Kohlenstoffgehalt und eine Mischung von bekannten Flußmitteln (Borax, Wasserglas) mit Sauerstoff abgebenden Salzen (Alkalichlorat) zusetzen, um eine homogene, feilenweiche Schweißstelle zu erhalten. Das Sauerstoff abgebende Salz soll den etwaigen Überschuß an Silicium oder Kohlenstoff während des Schweißens entfernen.

Nach der Schweißung muß das Arbeitsstück in einem Glühofen oder im Holzkohlenfeuer wiederum langsam abkühlen.

Bei der Schweißung ist es ferner empfehlenswert, nicht wie beim Schmiedeeisen punktweise vorzugehen, sondern besser größere Stellen zu erhitzen. Wenn dann in der flüssigen Stelle mit dem Schweißstab herumgerührt wird, kann eine Bildung von Blasen oder porösen Stellen vermieden werden.

Als Zugabematerial für Graugußschweißungen kommen 4 bis 5% Silicium enthaltende Gußstäbe in Betracht. Bei Verwendung dieses Zugabematerials und eines guten Schweißpulvers ist ein Hartwerden der Schweißstelle nicht zu befürchten.

Temperguß[3] gibt einen guten Schweißfluß, sofern als Rohmaterial weißes Eisen verwendet wurde. Als Zusatzmaterial nimmt man weichen Eisendraht. Getempertes Gußeisen ist dagegen schwieriger zu schweißen, weil es Eigenschaften von Grauguß zeigt. Es ist unlauter, getempertes Gußeisen als Temperguß zu bezeichnen.

---

1 Autogene Metallbearbeitung 1909, 46.
2 Autogene Metallbearbeitung 1909, 111.
3 Carbid u. Acetylen 1910, Nr. 13, S. 145.

Beim Schweißen von Stahlguß[1], das sich im allgemeinen gut ausführen läßt, ist darauf Rücksicht zu nehmen, daß in der Regel die Stärke des Stückes nur im Verhältnis der Beanspruchung hergestellt wird; es ist also besonders darauf zu achten, daß an der Schweißstelle keine wesentliche Festigkeitsverminderung eintritt. Man soll daher als Zusatzmaterial einen solchen Stahl verwenden, dessen Festigkeit nach dem Schmelzen größer bleibt als die des zu schweißenden Materials, wobei natürlich für eine innige Mischung des ursprünglichen Materials mit dem Zusatzmaterial Sorge zu tragen ist.

Schweißen von Kupfer und Kupferlegierungen[2].

Das Schweißen von Kupfer ist deswegen mit Schwierigkeiten verbunden, weil durch die große Wärmeleitung des Metalles die Hitze an der Schweißstelle trotz des verhältnismäßig niederen Schmelzpunktes schwer konzentriert werden kann. Es ist deshalb erforderlich, den ganzen Körper so vorzuwärmen, daß an der Schweißstelle nur noch ein geringer Überschuß an Wärme zum Schmelzen notwendig ist. Wie die Erwärmung vorgenommen wird, ist an und für sich gleichgültig. Man kann den ganzen Körper in ein die Wärme schlecht leitendes Material, z. B. Sand, so einbetten, daß nur die Schweißstelle herausragt. Das Ausstrahlen der Wärme wird dadurch wesentlich verringert. Auch kann man, zumal bei Blechen, die Schweißnaht während des Schweißens von der anderen Seite her durch einen Preßgasbrenner dauernd anwärmen. Hinsichtlich der Materialstärke, die noch ein gutes Schweißen zuläßt, steht das Kupfer dem Schmiedeeisen nach. Außerdem müssen bei der Kupferschweißung größere Brenner zur Anwendung gelangen, da durch die strahlende Wärme eben ein großer Teil der durch den Schweißbrenner erzeugten Hitze verloren geht. Beim Schweißen von Kupfer soll stets die Schweißstelle im Fluß gehalten und das Material völlig flüssig aufgetropft werden, sonst entstehen Hohlräume oder Einschlüsse und nicht durchgeflossene Stellen in der Naht. Auch ist es zweckmäßig, die Naht nicht horizontal, sondern etwas bergan zu schweißen. Dünne Bleche von 0,8 bis 2,5 mm können stumpf zusammengeschweißt werden, doch ist ein Blechabstand von 0,3 bis 2 mm praktisch. Bleche über 3 mm Stärke sind unter 45° abzuschrägen und dürfen nicht zusammenstoßen.

Der Brenner muß beim Schweißen etwas schräg nach vorn gerichtet sein, und der große Flammenkegel darf das Schmelzbad nicht berühren, sondern muß einen Abstand von etwa 4 bis 6 mm haben. Zum Unterschiede von der Eisenschweißung, bei der man den Schweißstab in den Schmelzfluß eintauchen läßt und das abgeschmolzene Metall einrührt, muß bei der Kupferschweißung das Zusatzmaterial über den Schmelzfluß gehalten werden und in die erhitzte Fuge abtropfen.

---

[1] Zeitschr. des V. d. Ing. 1921, Nr. 43.

[2] Vgl. über Kupferschweißung: Autogene Metallbearbeitung 1910, 39; Carbid u. Acetylen 1909, Nr. 11, S. 126; 1910, Nr. 13, S. 146; Handb. f. autogene Schweißung; Zeitschr. f. prakt. Maschinenbau 1913, 1087; Der Betrieb 1921, 689.

Hoch erhitztes oder geschmolzenes Kupfer nimmt gern Sauerstoff auf und bildet mit ihm Kupferoxydul, das sich mit dem Kupfer legiert. Solch oxydhaltiges Kupfer spritzt beim Schmelzen und verursacht kleine Bläschen im festen Material. Die Bruchfläche erscheint bräunlichrot und dunkler als reines Kupfer. Die Festigkeit hat gelitten, weil die Oxyde den Zusammenhang der reinen Krystalle gestört haben. Daher ist es vorteilhaft, das zu schweißende Material und den Zusatzstab mit einem Flußmittel zu bestreichen, das die Oxyde auflöst und eine Schutzhaut bildet, die das Eindringen von Sauerstoff in das hocherhitzte Kupfer verhindert. Wie beim Hartlöten kann man auch hier Borax verwenden, damit sich beim Erkalten die überschüssige Borsäure mit dem Kupferoxyd zu leichtflüssigem borsaurem Kupferoxyd verbindet, und die erhitzten Flächen mit einer schützenden Schicht von borsaurem Kupferoxydnatrium überzieht. Jedoch empfiehlt es sich Borax allein beim Schweißen nicht zu verwenden, da er zu dünnflüssig wird und vor der blasenden Flamme wegtreibt. Man mischt ihn deshalb mit Lithiumsalzen und Wasser und streicht diese Mischung als Paste auf die inneren und äußeren Ränder der zu schweißenden Kanten .Eine zähflüssige Paste und Zusatzmaterial aus Elektrolytkupfer mit etwa 1% Silber und etwa 0,05% Phosphor, mit dem sich gute Nähte herstellen lassen, bringt die Firma *Carl Canzler* in Düren auf den Markt.

Nach der Schweißung ist die Naht abzuschrecken, damit die Oxyde abspringen, dann zu befeilen und abzuschmirgeln und zuletzt mit kleinen balligen Hämmern zu bearbeiten.

Von den Kupferlegierungen lassen sich die Kupferzinnlegierungen (Rotguß, Bronze) am besten schweißen. Dies beruht darauf, daß das Zinn in der Legierung auch bei sehr hoher Temperatur unverändert bleibt, und infolgedessen die Legierung selbst ihre Struktur beibehält. Als Zusatzmittel kann man deswegen das gleiche Material verwenden. Anders verhalten sich dagegen die Kupferzinklegierungen (Messing: 65 bis 80% Cu, 35 bis 20% Zn; Deltametall: 58% Cu, 37% Zn, 4% Mn, 1% Fe u. a.). Beim Schweißen kann man beobachten, wie hierbei das Zink sich verflüchtigt. Man soll daher Schweißstäbe verwenden, die einen höheren Zinkgehalt haben als die zu schweißende Legierung. Da aber im seltensten Fall die Schweißstäbe zur Hand sein werden, die der zu schweißenden Legierung entsprechen, muß man sich mit Kupfer- oder Messingdraht behelfen. Für Bronze oder Rotguß verwendet man daher reinen Kupferdraht, für Zinklegierungen Messingdraht unter Zusatz des üblichen Kupferschweißpulvers. Nach *Rosa* kann man sich auch dadurch helfen, daß man Messingdraht verwendet, den man vor dem Abschmelzen in ein Zinkbad taucht, während bei Schweißungen von Bronze das Zink durch aluminiumreiche Bronze ersetzt wird. Vorteilhaft ist es dann, durch einen Vorversuch festzustellen, welches Material sich am besten als Zusatzmittel eignet. Für Stücke, welche großer Beanspruchung ausgesetzt sind, für Gußstücke sowie für Schweißungen, die nicht gehämmert werden können und doch eine hohe Festigkeit haben sollen, ist ein Zusatz von 1 bis 2% Aluminium von großem Vorteil[1].

[1] Autogene Metallbearbeitung 1910, 80.

Bei gegossenen Stücken ist auf eintretende Spannungen Rücksicht zu nehmen. Man verfährt deshalb hier ebenso wie beim Gußeisen oder schützt das Material gegen Verziehen durch geeignete Spannvorrichtungen.

Schweißen von Aluminium und Aluminiumlegierungen.

Das Schweißen von Aluminium ist deshalb besonders wichtig, weil durch Löten des Aluminiums die Festigkeit der Lötstellen durch chemische und physikalische Einflüsse sehr verringert wird. Der Schweißung stellten sich indessen große Schwierigkeiten in den Weg, die einerseits auf dem ziemlich hohen Ausdehnungskoeffizienten, andererseits auf der großen Verwandtschaft des Aluminiums zum Sauerstoff beruhen. Infolgedessen überzieht sich das Metall an einer frischen Bruchfläche sofort mit einem Oxydhäutchen, das, da es aus Tonerde besteht, bedeutend schwerer schmelzbar (3000°) ist als das Aluminium (657°) selbst. Dieses Oxydhäutchen kann aber durch geeignete Schweißpulver reduziert werden, so daß die Schwierigkeiten beim Schweißen als überwunden gelten können. Verschiedene Aluminiumschweißpulver genießen zur Zeit noch Patentschutz. Sie bestehen in der Hauptsache aus Alkalichloriden, besonders Lithiumchlorid und Alkalifluoriden. Die *Schoop*sche Reduzierpasta[1], durch die Patente Nr. 222 960 und Nr. 224 284 geschützt, besteht aus Alkalichloriden und Fluoriden. Auch ist ein Aluminiumlötstab im Handel, der in seinem Innern gleichzeitig das Flußmittel birgt.

Ein für die Aluminiumschweißung brauchbares Schweißpulver muß vor allem folgende Bedingungen erfüllen:

1. Es muß leichter schmelzbar sein als Aluminium;

2. es muß, einmal geschmolzen, einen genügenden Flüssigkeitsgrad und ein verhältnismäßig geringes spez. Gewicht besitzen, damit jede Gefahr des Eindringens in das geschmolzene Metall vermieden wird;

3. es muß jedoch wieder so zähflüssig sein, daß es von der Schweißlinie nicht wegläuft; es muß weiter an der Oberfläche des geschmolzenen Metalles eine ununterbrochene Schutzschicht bilden, damit nicht wieder Oxydation des Metalles eintreten kann;

4. es muß eine völlige Zerstörung der auf der Oberfläche sich bildenden Tonerdeschicht gewährleisten.

Die Entfernung dieser Tonerdeschicht kann auf zweierlei Weise erfolgen, nämlich entweder durch einfache Auflösung des Oxydes, oder durch Zerstörung desselben unter gleichzeitiger Bildung einer neuen Verbindung.

Amédéo[2] hält Schweißpulver, die neben Alkalichloriden Alkalisilikate enthalten, nicht für empfehlenswert, da Aluminiumgefäße mit Hilfe solcher Schweißpulver geschweißt, chemischen Einflüssen wenig Widerstand entgegensetzen. Er führt die eingetretene Zerstörung der Schweißnaht auf Bildung galvanischer Ketten zwischen Aluminium und Verunreinigungen, die bei dem Schweißen in das Metall gelangen, zurück. Alkalibisulfate sollen

[1] Autogene Metallbearbeitung 1909, 144.
[2] Revue de la Soudure autogène 1910, 173.

diese Übelstände nicht zeigen, vielmehr zerlegen sie unter Einfluß der Wärme die Chloride und Fluoride unter Entwicklung von Salz- oder Flußsäure, die die Tonerde unter Bildung von flüchtigem Aluminiumchlorid oder -fluorid sehr stark angreifen. Die dabei auftretenden Reaktionen sind folgende:

$$NaHSO_4 + NaCl = HCl + Na_2SO_4,$$
$$NaHSO_4 + KCl = HCl + NaKSO_4,$$
$$NaHSO_4 + LiCl = HCl + NaLiSO_4,$$
$$NaHSO_4 + KF = HF + NaKSO_4,$$
$$Al_2O_3 + 6\ HCl = Al_2Cl_6 + 3\ H_2O,$$
$$Al_2O_3 + 6\ HF = Al_2F_6 + 3\ H_2O.$$

Die Untersuchung eines *Schoop*schen Pulvers, mit dem sich vorzügliche Schweißungen herstellen ließen, ergab folgende Zusammensetzung:

Natriumchlorid	30 g
Kaliumchlorid	45 „
Lithiumchlorid	15 „
Fluorkalium	7 „
Natriumbisulfat	3 „
	100 g

Ein anderes von *Amédéo* zusammengestelltes Schweißpulver enthält als reinigendes und die Tonerde zerstörendes Mittel Fluorwasserstoffkaliumfluorid[2]

Bei der Schweißung des Aluminiums ist darauf zu achten, daß die zu schweißenden Teile aufs höchste sauber gehalten werden. Das Flußmittel wird dann in Form einer wässerigen Paste oder auch als Pulver auf die Schweißstelle aufgetragen, worauf man das Metall mit dem Schweißbrenner bis zum Schmelzen erhitzt. Als Zugabematerial verwendet man möglichst reinen Aluminiumdraht, bei Aluminiumlegierungen am besten Stäbe aus Abfallmaterial anderer sorgsam gereinigter entsprechender Stücke. Automobilkastengestelle, bei denen häufig Schweißungen vorgenommen werden, haben nach Analysen, die in dem Laboratorium der *Union de la Soudure Autogène* vorgenommen wurden, etwa folgende mittlere Zusammensetzung:

Aluminium	85 bis 90%
Zink	15 „ 10%
Kupfer	0,5 „ 1%
Silicium	Spuren.

Eine im Handel befindliche Legierung, die sich dieser Zusammensetzung nähert und bei deren Anwendung als Zusatzmetall gute Erfolge erzielt wurden, gab bei der Analyse folgende Werte:

Aluminium	90,4%
Zink	4,2%
Kupfer	2,7%
Eisen	2,2%
Silicium	0,3%

Während bei Blechen die Anwendung eines Schweißpulvers unbedingt erforderlich ist, kann sie bei stärkerem Material entbehrt werden. Das Schwei-

[1] Revue de la Soudure autogène 1910, 178.

ßen erfordert dann eben eine noch größere Geschicklichkeit und Aufmerksamkeit, als sie bei der Aluminiumschweißung überhaupt schon erforderlich ist. Das Schweißen selbst führt man beim Aluminium nicht mit dem heißesten Teil der Flamme, welcher unmittelbar vor dem inneren leuchtenden Kegel liegt, sondern mit dem entleuchteten Teil, der den Kegel umgibt, aus. Bei dem verhältnismäßig niederen Schmelzpunkt des Aluminiums kann man außer der Acetylengebläseflamme auch jede andere Sauerstoffgebläseflamme anwenden.

Bei gegossenen Teilen, die meist aus Legierungen bestehen, wird vorteilhaft folgende Methode angewandt. Man reinigt die Schweißstelle gründlich und kratzt nach genügender Anwärmung erst das alte Material aus. Dann schmilzt man unter Zugabe von Schweißpulver Aluminiumdraht oder eine dem Stück entsprechende Legierung in die gebildete Schweißfuge. Zum Schluß erhitzt man nochmals die ganze Schweißstelle, wobei man das Material mit einem Stäbchen umrührt.

Um bei gegossenem Material der Bildung von Rissen vorzubeugen, ist ein vorsichtiges Anwärmen des ganzen Materials und dann ein langsames Abkühlen in Holzkohle oder Asche erforderlich. Man erhält dann eine einwandfreie Arbeit.

Bei der Schweißung dünner Bleche empfiehlt es sich, das Blech zu börteln oder zu falzen, ehe man mit der Schweißung beginnt.

Die Schweißstellen von gewalztem Aluminium lassen sich mit dem Hammer sehr gut bearbeiten. Um dem Metall seine ursprüngliche Zähigkeit, die es durch das Ausglühen verliert, wiederzugeben, muß man nach dem Schweißen die Schweißnaht und besonders die dieser benachbarten Teile längere Zeit hämmern.

Schweißen von Nickel.

Für das Schweißen von Nickel ist bis jetzt noch keine einwandfreie Methode bekannt geworden. Die Schweißungen zeigen starke Porenbildungen, auch reißen die Nähte, selbst wenn das Material im Holzkohlenfeuer erkaltet, meist wieder auf. Jedoch will *Baendel*, Berlin[1], eine gut haltbare Schweißnaht, bei der auch die Porenbildung vermieden wird, erhalten haben. Mit reinem Nickel als Zusatzmaterial zu schweißen, ist allerdings auch ihm bis jetzt noch nicht gelungen, so daß es sich also nicht um eine eigentliche Schweißung, sondern mehr um ein Löten handelt, wenngleich als Zusatzmaterial ein dem Nickel ähnliches Metall benutzt wurde, nämlich eine Eisennickellegierung. Auch mit einer besonderen Eisensorte, die er vorher erwärmte, will er eine nach dem Ausglühen gute Schweißnaht bekommen haben.

Schweißen von Blei.

Zum Schweißen von Blei, das gewöhnlich auch als Bleilöten bezeichnet wird, verwendet man meist eine Wasserstofflamme oder das Knallgasgebläse. Soll die Schweißarbeit mittels eines Acetylenschweißbrenners ausgeführt

[1] Mündliche Mitteilung vom 11. Juli 1910.

werden, so ist bei der höheren Temperatur der Acetylenschweißflamme große Vorsicht geboten. Das Bleilöten erfordert bei der niederen Schmelztemperatur des Metalls ebenfalls eine große Übung und eine ruhige Hand. Auch bei der Bleischweißung ist eine vorherige Reinigung der Schweißstelle erforderlich, was meist durch einfaches Abschaben zu erreichen ist. Als Zusatzmaterial darf nur reiner Bleidraht verwendet werden.

Kosten der autogenen Schweißung.

Die Kosten der autogenen Schweißung mittels der verschiedenen dazu verwendeten Gasarten können im allgemeinen nur nach in der Praxis ermittelten Durchschnittszahlen annähernd angegeben werden, da die Leistungen, die mit der einen oder anderen Gasart erzielt werden, im hohen Maße abhängig sind von der Geschicklichkeit und Übung der Arbeiter. Infolgedessen gehen auch die verschiedenen Angaben über die Kosten der Schweißung in der Literatur etwas auseinander.

In der folgenden Tabelle[1] sind vergleichsweise die Verbrauchszahlen für Eisenblechschweißung mit Acetylensauerstoff und Wasserstoffsauerstoff angeführt[2]. Mit Hilfe dieser Zahlen lassen sich die Kosten der Naht berechnen; doch ist auch auf die Zurichtungsarbeiten Rücksicht zu nehmen.

Blechstärke	Acetylen mit Sauerstoff			Wasserstoff mit Sauerstoff		
	Leistung die Std.	Sauerstoffverbrauch in 1 Stunde	Acetylenverbrauch in 1 Stunde	Leistung die Std.	Sauerstoffverbrauch in 1 Stunde	Wasserstoffverbrauch in 1 Stunde
mm	m	l	l	m	l	l
1	12	100	80	10	80	350
2	8	200	160	6	130	600
3	6	300	240	4,3	200	800
4	5	400	320	3,3	400	1800
5	4,5	500	400	3	500	2200
6	4	600	480	2,5	550	2400
7	3,5	700	500	2,2	700	3000
8	3	800	640	2	800	3600
9	2,5	900	720	1,7	1000	4000
10	1,8	1000	800	1,5	1100	4400

Die Schweißung mit Steinkohlengas-Sauerstoff kommt nicht für Eisenblech in Betracht; dagegen ist sie für Aluminiumbleche sehr geeignet.

Die Kosten der autogenen Schweißung in Mark anzugeben, ist bei den heutigen schwankenden Preisverhältnissen unzweckmäßig. Ebenso ist für einen Vergleich zwischen den Kosten der autogenen Schweißung einerseits und den älteren Zusammenfügungsmethoden heutzutage keine allgemein-

[1] *Bauschlicher:* Zeitschr. f. Sauerstoff- und Stickstoff-Industrie 1910, XI, 254.

[2] Ausführlich sind die Kosten der Acetylen-Sauerstoffschweißung im Vergleich zur Nietung behandelt in De Syo, Autogenes Schweißen, Löten, Nieten usw., Uhlands techn. Verlag. — Der Betrieb 1921, 620.

gültige Basis zu finden. Man kann jedoch behaupten, daß die autogene Schweißung sich soweit entwickelt hat, daß sie mit allen älteren Methoden in aussichtsreichem Wettbewerb steht[1].

Das Schneiden.

Die Acetylen-Sauerstofflamme wird nicht nur zum Verbinden der Metalle gebraucht, sondern auch zum Trennen (Zerschneiden) derselben. Bis jetzt ist es allerdings nur gelungen, Eisen autogen zu schneiden. Das zu durchschneidende Eisen wird zunächst mittels der Acetylen-Sauerstofflamme unter schwachem Druck vorgewärmt. Sobald das Eisen dann auf seine Entzündungstemperatur gebracht ist, wird aus einem besonderen Rohre Sauerstoff im großen Überschuß unter starkem Drucke auf die erglühte Masse geleitet, so daß sofort eine lebhafte Verbrennung beginnt, die unter Verstärkung der freiwerdenden Verbrennungswärme des Eisens das Arbeitsstück durchlocht und trennt. Dabei werden die verbrannten und geschmolzenen Massen in Richtung des Sauerstoffstromes fortgeschleudert. Die Verbrennung und Fortblasung der verbrannten Eisenteile geschieht so schnell, daß eine Wärmeableitung auf das der Schnittfuge benachbarte Eisen zwar stattfindet, diese aber nicht genügt, um es zu schmelzen, so daß bei entsprechender Führung und Form des Sauerstoffzuführungsrohres ein beliebiger Schnitt von 2 bis 6 mm Breite entstehen kann. Die dabei auftretenden Wärmemengen ergeben sich annähernd aus Folgendem:

1 kg Eisen entwickelt bei der Verbrennung etwa 1650 WE,
1 l dann etwa $7{,}8 \times 1650 = 12\,870$ WE,
1 kg Acetylen entwickelt bei der Verbrennung rund 12000 WE,
1 l „ „ „ „ „ „ 14 „

Die Werte zeigen gleichzeitig, daß auch die heißeste Brenngasflamme allein keine genügende Wärme für den Oxydationsprozeß liefern würde. Danach sollte man sogar annehmen, daß, wenn einmal die Verbrennung eingeleitet sei, es keiner weiteren Brenngaszufuhr bedürfe, das gelingt auch; wenn man aber saubere Schnitte erzielen will, ist eine ständige Brenngasflamme, wie sie bei den verschiedenen Schneidbrennern auch angewendet wird, nötig. Besonders bei Materialstärken über 300 mm und gewissen Eisensorten ist eine große Heizflamme wichtig, weil dann an Schneidsauerstoff gespart werden kann.

Einen nach diesem Prinzip arbeitenden Brenner benutzte zum erstenmal der Chemiker Dr. *Menne* in Kreuzthal zum Aufschmelzen erstarrter Eisenmassen versetzter Hochofenstichlöcher. Als Brenngas wurde Wasserstoff verwendet. Auf Grund dieser Vorarbeiten wurde das erste Deutsche Reichspatent auf ein Verfahren, Eisenteile zu durchtrennen, dem *Cöln-Müsener Bergwerks-A. V.* in Kreuzthal unter der Nr. 137 588 erteilt und später von der *Chemischen Fabrik Griesheim-Elektron* in Griesheim angekauft. Dieses Patent führt den Titel: „Verfahren zum Beseitigen von Ofenansätzen u. dgl.

[1] Über Rohrschweißmaschinen s. Carbid u. Acetylen **1913**, Nr. 1, S. 2—12.

an Hochöfen und anderen Öfen oder zum Durchschmelzen hinderlicher Metallmassen vermittels eines Gebläses.“ Nach Anspruch 1 ist das Verfahren dadurch gekennzeichnet, „daß nach dem Erglühen der fortzuschmelzenden Masse der Stichflamme ein solcher Druck verliehen wird, daß die geschmolzenen Massen beseitigt werden“.

Nach Anspruch 2 wird eine „Ausführungsform des Verfahrens nach Anspruch 1 geschützt, dadurch gekennzeichnet, daß durch einen Überschuß von Sauerstoff ein Verbrennen der verbrennbaren Stoffe stattfindet“.

Das Zusatzpatent 143 640 ergänzt das Hauptpatent in Anspruch 1: „Verfahren zum schnellen Beseitigen, Bohren, Trennen, Demontieren usw. von Metallen, gekennzeichnet durch die Benutzung des Verfahrens gemäß Patent 137 588.“

Das Patent 137 588 war am 25. Mai 1901 angemeldet worden und ist samt allen seinen Zusatzpatenten am 26. Mai 1916 abgelaufen.

Ein weiteres Patent wurde der *Deutschen Oxhydric-A.-G.* unter der Nr. 216 963 erteilt. Es erlosch am 19. März 1920, ist aber durch die verlängerte Schutzdauer vom Reichspatentamt um 5 Jahre verlängert worden. Nach diesem Patent sind Brenner geschützt, bei denen das Brenngas mit dem Sauerstoff im Brenner vermischt wird, also beide als Mischgas austreten. Das Heizgasgemisch zum Erhitzen des Eisens und der Sauerstoff zum Verbrennen und Fortblasen der verbrannten oder geschmolzenen Eisenteilchen entströmen getrennten Rohren. Zur Zeit sind die nach diesem Prinzip gebauten Schneidbrenner die leistungsfähigsten.

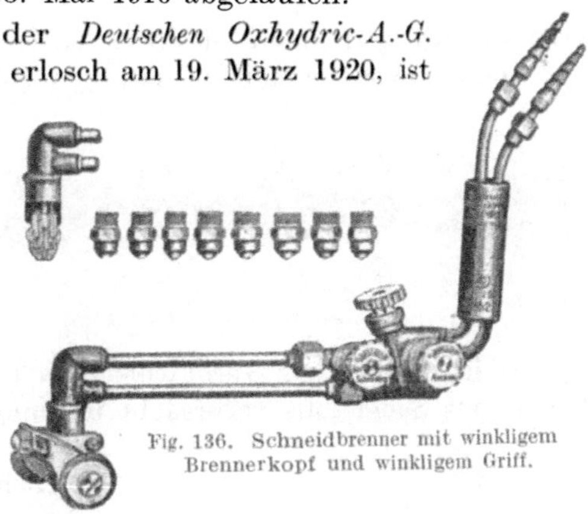

Fig. 136. Schneidbrenner mit winkligem Brennerkopf und winkligem Griff.

Die Schneidbrenner sind entweder so konstruiert, daß eine kreisrunde, zum Vorwärmen benutzte Acetylen-Sauerstofflamme einen unter hohem Druck stehenden Sauerstoffstrahl umschließt, oder indem zwei Ausströmrohre hintereinander bzw. nebeneinander geschaltet sind, von denen das eine für die Zuleitung des Gasgemisches, das andere für diejenige des Sauerstoffes benutzt wird.

Die Schneidbrenner mit Ringheizflamme, also zentraler Düse, sind im allgemeinen den Brennern mit getrennten Düsen vorzuziehen, denn mit diesen letzteren kann nur rückwärts und seitlich geschnitten werden. Sie eignen sich hauptsächlich für Bleche geringer Dicke oder zu Sonderzwecken, z. B. als Nietkopfabschneider (Fig. 139). Sie geben einen sehr sauberen scharfen Schnitt. Für große Wandstärken und zum Zerschneiden von Blöcken kommen fast nur Brenner mit zentraler Düse in Betracht. Je nach dem Verwendungszweck werden diese Brenner in verschiedenen Formen geliefert. Die Schneiddüse und Außendüse (Kappe) sind auswechselbar, damit das gleiche Gerät zum Schneiden für verschiedene Materialstärken Verwendung finden kann.

Fig. 136 und 137 zeigen solche Brenner, die den Forderungen der Praxis sehr gut angepaßt sind. Bei diesen Brennern ist, wie auch aus Fig. 136 hervorgeht, Außen- und Innendüse zu einem Mundstück vereinigt. Dadurch ist die Gewähr gegeben, daß beide Düsen in richtiger Lage befestigt werden, was besonders bei Abrüstungsarbeiten und bei Arbeiten außerhalb der Werkstatt von Wert ist. Die Konstruktion einer anderen Firma ist in Fig. 138 dargestellt. Es kann sowohl Acetylen vom Entwickler als auch besonders für Montagearbeiten gelöstes Acetylen verwendet werden.

Fig. 137. Schneidbrenner mit gestrecktem Brennerkopf und gestrecktem Griff.

Fig. 139 zeigt einen Brenner mit getrennten Düsen, auch Zweistrahlbrenner genannt, der zum Abschneiden von Nietköpfen benützt wird und hierzu wegen seiner schlanken Kopfform besonders geeignet ist.

Fig. 138. Schneidbrenner mit winkligem Brennerkopf und gestrecktem Griff.

Um den günstigsten Verbrauch an Gasen beim Schneiden zu erzielen, müssen Gasdruck und Schneidegeschwindigkeit in bestimmtem Verhältnis zueinander gewählt werden. Zu geringer Druck des Sauerstoffs verursacht ungenügende Verbrennung des Eisens, zu hoher Druck starke Entspannung und folglich starke Abkühlung, die die Oxydierung ungünstig beeinflußt. Auch die Witterungsverhältnisse üben beim Schneiden im Freien einen großen Einfluß aus. Besonders aber spielt die Reinheit des Sauerstoffs und die Geschicklichkeit und Achtsamkeit des Autogenschneiders eine große Rolle. Mittelwerte über Druck und Gasverbrauch gibt die Tabelle auf S. 267, dabei ist die Reinheit des Sauerstoffs mit etwa 98% angenommen.

Fig. 139. Zweistrahlbrenner zum Abtrennen von Nietköpfen.

Das autogene Schneiden ist wirtschaftlich von weittragendster Bedeutung. Man kann damit in sehr kurzer Zeit starke Eisenblöcke von 500 mm Stärke und mehr zerschneiden, während dazu früher oft tagelange mühevolle Arbeit mit Werkzeugen erforderlich war. Dabei kann man jede Schnittarbeit ohne jede Vorbereitung in genau vorher zu bestimmender Weise ausführen. Besonders wertvoll hat es sich erwiesen in Hüttenbetrieben zum Entfernen erstarrter Eisenmassen an den Stichlöchern von Hochöfen, Martinöfen und an Gußpfannen.

Materialstärke mm	Sauerstoffdruck Atm.	Sauerstoff Liter in 1 Minute	Acetylen Liter in 1 Minute	Schneidzeit für 1 m Minuten
5	2,3	17	7	4
10	3	21	9	4
15	3	41	9	4
20	3,3	52	9,5	5
25	3,6	57	11	5
30	4	62	12	6
40	5	95	13	6
50	5,5	100	14	7
60	6	108	15	7
80	6,5	180	16	8
100	7	195	17	8
200	10	430	28	11
300	12	700	35	15

Ferner ersetzt es in vielen Fällen das Bohren, Abkreuzen, Absägen, Ausschneiden, Fräsen im Maschinenbau, Schiffsbau, in der Kesselschmiede, in Eisenkonstruktionswerkstätten, Stahlgießereien, bei Abrüstungsarbeiten, Brücken, Altmaterial usw. Häufig wiederkehrende Schneidarbeiten, besonders wenn gerade regelmäßige Kreis- oder Kurvenschnitte benutzt werden, führt man vorteilhaft mit Schneidmaschinen, wie sie z. B. von der Firma *Griesheim-Elektron* in mannigfaltigen Formen ausgeführt werden, aus, weil bei diesen die Brennerführung sicherer und gleichmäßiger ist, so daß die Schnittflächen glatter ausfallen als mit dem Handschneideapparat hergestellte Arbeiten. Längsschneidemaschinen für Schnittlängen von $1/2$ bis 4 m sind heute im Lokomotiv- und Wagenbau, auf Schiffswerften usw. unentbehrlich geworden. Ebenso gehören Kreisschneidemaschinen, Lochschneidemaschinen für kreisrunde Löcher, besonders im Schiffsbau zu den unentbehrlichsten Spezialmaschinen für die Bearbeitung von Platten. Von den weiteren Maschinen seien hier noch die Profileisenschneidemaschinen, die sich sowohl für gerade als auch für Gehrungsschnitte eignen, und ferner die vielverwendeten Siederohrschneidemaschinen im Dampfkesselbau genannt.

Autogenes Schneiden unter Wasser.

Die ersten erfolgreichen Versuche, unter Wasser autogen zu schneiden, wurden im Jahre 1909 gemacht. Es lag in der Natur der Sache, daß man auf diesen Gedanken zuerst an der Wasserkante kam, denn man hoffte von dieser neuen Schneidmethode Erleichterungen bei Aufräumungsarbeiten unter Wasser, beim Bergen gesunkener Eisenschiffe, beim Beseitigen verschlungener Trossen aus den Schiffsschrauben und dem Ruder usw. Folgende grundlegende Patente wurden erteilt:

Nr. 235 510, *Bollweg* in Wismar, 1909.
„ 252 219, *Andreas* in Kiel, 1912.
„ 283 126, *Kongsbak* in Lübeck, 1912.
„ 301 373, *Heckt* in Kiel, 1914.

Die Dortmunder Union, die die bekannten Larsseneisen zur Herstellung von Spundwänden in ihren Walzwerken erzeugt, erkannte die Bedeutung dieses noch in den Kinderschuhen steckenden Verfahrens für das Beseitigen der eisernen Spundbohlen nach Beendigung der Bauarbeiten, kaufte die Patente an und bildete nach mühevoller Arbeit und kostspieligen Versuchen, die zum Teil in einem besonderen, mit Glaswänden versehenen Versuchsbehälter angestellt wurden, eine Einrichtung aus, die sich als ein vielseitig verwendbares Trennwerkzeug für Arbeiten unter Wasser bewährt hat.

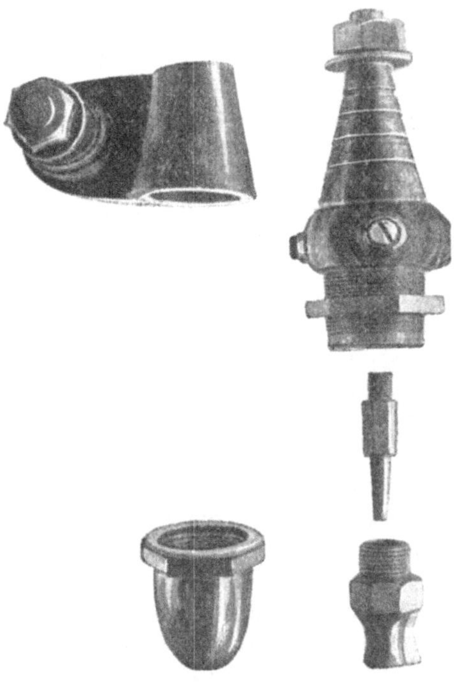

Fig. 140. Auseinandergenommener Brennerkopf.

Die planmäßig durchgeführten Versuche zeitigten eine große Reihe von Patenten, von denen hier einige grundlegende, die sich auf die Brennerkonstruktion beziehen, genannt seien:

Nr. 299 672 (Stützung der Flamme durch Preßluftstrahl.)
„ 301 272 (Sauerstoffmantelanordnung statt Preßluft).
„ 299 612 (beweglicher Brennerkopf).

Das Schneiden unter Wasser erfolgt nach dem gleichen Prinzip wie beim normalen Schneidbrenner, wo das Eisen zunächst durch die Brennerflamme vorgewärmt wird, um darauf durch Einwirkung eines Sauerstoffstrahles teils verbrannt, teils geschmolzen und fortgeschleudert zu werden. Zudem muß aber der Unterwasserschneidbrenner eine Einrichtung besitzen, die das Wasser von der Schneidestelle fernhält. Dies geschieht bei dem Brenner der Dortmunder Union durch aus dem Brenner ringförmig austretende Preßluft, die den Flammenkegel rings umgibt. Es ist noch hervorzuheben, daß die Mischung von Brenngas und Sauerstoff erst kurz vor der Mündung erfolgt, wodurch ein Zurückschlagen der Flamme unmöglich gemacht wird und Verbrennungen im Innern des Brenners vermieden werden. Man hat zu einem derartigen

Fig. 141. Unterwasser-Schneidbrenner.

Brenner nach dem Gesagten vier Zuleitungen (Fig. 141) nötig, eine zur Herstellung des Preßluftmantels, je eine für Gas und Sauerstoff für die Brennerflamme sowie eine für den Schneidsauerstoff.

Die getrennte Zugführung der Gase ist an dem auseinandergenommenen Brennerkopf Fig. 140 ersichtlich. Im oberen konischen Teil des Kopfes geschieht die Zuführung durch 4 Rillen mit entsprechenden Bohrungen. Durch Vergleich mit der Ansicht des Brenners Fig. 141 ist zu erkennen, wie die auseinanderliegenden Teile bei Fig. 140 über- und nacheinander im Kopf verschraubt werden müssen. Der Schneidsauerstoff tritt durch die obere Rille und weiter durch die mittlere Düse. Durch die 2 folgenden Rillen werden Brenngas und Vorwärmsauerstoff nach der mittleren Ringdüse geleitet, während die Preßluft im äußeren Ring, der etwa 2 mm vorspringt, austreten muß. Als Brenngas kann Wasserstoff oder gelöstes Acetylen Verwendung finden.

Das Kopfstück ist beweglich angeordnet, damit größte Zugänglichkeit zum Schneidgegenstand erreicht wird. Die Preßluft läßt man bei größeren Arbeiten durch einen fahrbaren Kompressor mit Motor von etwa 3 PS herstellen; bei kleineren Arbeiten ist es oft zweckmäßig, statt der Preßluft Sauerstoff zu verwenden, der unter Zwischenschaltung von Reduzierventilen mit dem erforderlichen Druck einer Batterie von Sauerstoffflaschen entnommen wird, wodurch gleichzeitig eine Ersparnis an Schneidsauerstoff erzielt wird. Eine vollständige Apparatur zum Unterwasserschneiden besteht demnach aus dem Brenner mit Zuleitung und Zündvorrichtung einerseits und aus den die nötigen Gase liefernden Flaschenbatterien mit Armaturen bzw. dem Kompressor anderseits (Fig. 142).

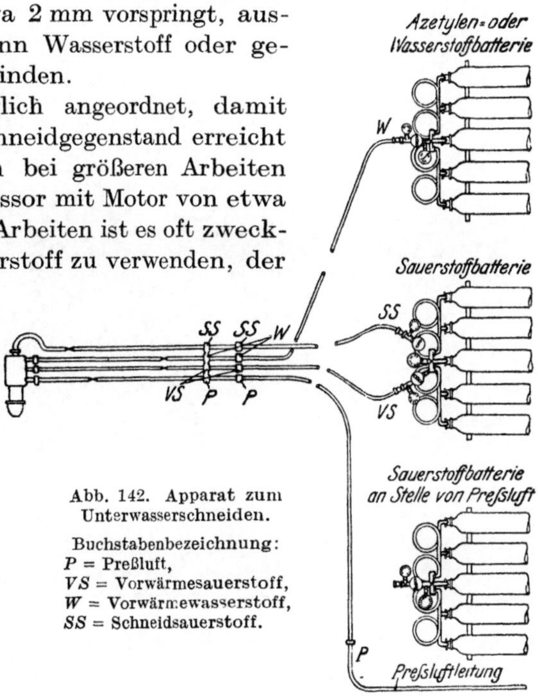

Abb. 142. Apparat zum Unterwasserschneiden.

Buchstabenbezeichnung:
P = Preßluft,
VS = Vorwärmesauerstoff,
W = Vorwärmewasserstoff,
SS = Schneidsauerstoff.

Außerdem sind besondere Schutzvorrichtungen gegen Einfrieren der Ventile und eine besondere Dampferzeugungsanlage vorgesehen. Ferner gehört selbstverständlich eine Taucherausrüstung mit Telephon, Unterwasserlampe usw. zur vollständigen Einrichtung.

Das Entzünden der Brennerflamme erfolgt jetzt durch eine elektrische Zündvorrichtung von besonderer Konstruktion, die gleichzeitig als Brustbeschwerung des Tauchers dient. Dadurch ist die etwas umständliche und gefährliche Einführung des über Wasser entzündeten Brenners an die unter Wasser gelegenen Schneidstellen vermieden und eine für den Taucher bequeme und nicht versagende Zündung geschaffen.

Für die verschiedenen Materialstärken werden die Brenner in zwei verschiedenen Größen hergestellt, und zwar die eine für Stärken bis 100 mm, die andere bis 150 mm. Es ist mit diesen Brennern auch möglich, mehrere aufeinanderliegende Platten, selbst wenn kleine Zwischenräume zwischen ihnen bestehen, zu durchschneiden, eine Eigenschaft, die auch beim Durchtrennen der Trossen wertvoll ist.

Fig. 143. Unter Wasser abgeschnittene Larsseneisen.

Der stündliche Gasverbrauch bei ununterbrochenem Betrieb zum Zerschneiden einer 50 mm dicken Eisenplatte beträgt an Wasserstoff etwa 5 cbm, Sauerstoff etwa 8,5 cbm und Preßluft etwa 5,5 cbm. Diese Werte sind durch Versuche festgestellt worden. Da aber Gegenstände von gleichmäßiger Dicke selten geschnitten werden, und vor allem die Wasserverhältnisse, das sind Strömung, Druck, Sichtigkeit, Lage und Form des Gegenstandes usw. eine große Rolle spielen und ferner die Geschicklichkeit des arbeitenden Tauchers von großem Einfluß auf den Gasverbrauch ist, so wird man Schneidleistungen schwer vor Beginn feststellen können.

Die benötigten Gasdrücke für Materialstärken bis 50 mm sind aus der Tabelle auf S. 271 zu ersehen.

Bei Materialstärken über 50 mm ist der Schneidsauerstoffdruck zu erhöhen. Wird Sauerstoff statt Preßluft verwendet, so können die angegebenen Drücke um etwa 1 Atm. verringert werden.

In allen Wassertiefen und bei allen Wasserverhältnissen, wo Taucherarbeiten möglich sind, können Eisenteile bis 150 mm Dicke durchtrennt werden. Solche Arbeiten sind z. B. bei Eckernförde bis auf 40 m Wassertiefe durch das U-Boot-Hebeschiff erfolgreich durchgeführt worden.

Wassertiefe	Preßluft	Vorwärm- Wasserstoff	Vorwärm- Sauerstoff	Schneidsauerstoff
m	Atm.	Atm.	Atm.	Atm.
1 bis 5	2 bis 3	2,5	3,5	5
5 „ 10	3 „ 3,5	2,5	3,5	5
10 „ 15	3,5 „ 4	3 bis 3,5	4	5,5
15 „ 20	4	3,5 „ 4	5	5,5
20 „ 25	4,5	4 „ 4,5	6	6
25 „ 30	4,5 bis 5	5 „ 5,5	6,5	6

Im Kriege hat das Schneiden unter Wasser unschätzbare Dienste beim Beseitigen gesprengter Brücken, beim Räumen gesperrter Hafeneinfahrten, beim Bergen havarierter Kriegs- und Handelsschiffe geleistet.

Wirtschaftlich am bedeutendsten für die Friedenstechnik ist das Verfahren bisher geworden bei der Anwendung zu dem Zweck, für den es eigentlich ausgebildet wurde, nämlich zum Abschneiden von Spundwandeisen unter Wasser. Es sei hier nur an die bekannten großen Arbeiten am Bau des Spreetunnels für die Berliner Schnellbahn erinnert, wo 360 laufende Meter Larssenspundwand abzuschneiden waren, eine Arbeit, für die ein anderes Verfahren überhaupt nicht in Frage kam. Eine zweite bedeutsame Arbeit dieser Art wurde in der Nähe von Berlin beim Bau eines Nadelwehres in Niederfinow ausgeführt, wo statt des sonst üblichen hölzernen, aus zwei mit Letten ausgefüllten Spundwänden bestehenden Fangdammes ein solcher aus einer einzelnen Reihe von Larsseneisen ausgeführt wurde, der nach Fertigstellung der Bauarbeiten autogen unter Wasser beseitigt wurde, und zwar bei starkem Eisgang (Fig. 143).

Verwendung des Acetylens zum Löten.

Infolge der hohen Temperatur (2000° gegen 1700° beim Steinkohlengas) eignet sich die entleuchtete Acetylenflamme besonders vorteilhaft zum Löten, da durch die erhöhte Temperatur der Lötvorgang naturgemäß beschleunigt wird.

Durch Löten lassen sich sämtliche Metalle und Legierungen miteinander verbinden. Die Vereinigung mit dem Lot tritt ein, wenn dieses zum Schmelzen gebracht und das Arbeitsstück an den Verbindungsstellen auf die Temperatur des geschmolzenen Lotes erhitzt ist.

Fig. 144.

Fig. 145.

Fig. 146.

Fig. 147.

Fig. 148. (*Schimek*)

Fig. 149.

Für die Technik des Lötens ist es vorteilhaft, Flammen von kleinerem Umfang, aber größerer Hitze zu verwenden, da hierdurch Beschädigungen des Arbeitsstückes, die sein Aussehen beeinträchtigen könnten, leichter und besser vermieden werden. Diesen Anforderungen entspricht die entleuchtete Acetylenflamme ganz besonders. *Hans Herzfeld*-Halle hat zuerst Lötkolben und Lötbrenner in den verschiedensten Größen mit oder ohne Preßluft für Acetylen ausgebildet, die sich vielfach in der Praxis bewährt haben.

Die vorstehend abgebildeten Lötbrenner (Fig. 144 bis 149) sind nach dem Bunsenprinzip gebaut, d. h. sie saugen sich die zum Brennen nötige Luft selbst an (Fig. 144 bis 147 u. 149 sind von *Hans Herzfeld*, Fig. 148 von *Güntner & Schimek*). Sie eignen sich sowohl für Weichlötungen als auch für Blei- und kleinere Hartlötungen.

In Anbetracht des hohen Kohlenstoffgehaltes des Acetylens und bei Verwendung von Niederdruckacetylen macht es einige Schwierigkeiten, dem Gas so viel Luft beizumischen, daß eine rein blaue Flamme von höchster Heizwirkung entsteht, und gleichzeitig ein Zurückschlagen der Flamme vermieden wird.

In neuerer Zeit ist dieser Übelstand dadurch behoben, daß man statt der Acetylenapparate mit schwimmender Glocke, die meistens nur einen Druck von etwa 100 mm WS erzeugen, Apparate mit fester Glocke benutzt, die einen Druck bis etwa 500 mm WS und mehr erzeugen können. Acetylen unter diesem Druck saugt die Luft so kräftig an, daß ein vorteilhaftes Acetylenluftgemisch von hoher Heizwirkung entsteht und ein Zurückschlagen der Flamme ausgeschlossen wird. Besonders in kleinen und mittleren Betrieben mit Löteinrichtungen kann durch diese Umstellung eine Vereinfachung und ein großer wirtschaftlicher Vorteil erzielt werden, weil die ganzen Einrichtungen zur Erzeugung und Fortleitung von Druckluft fortfallen.

Wo nur Niederdruckacetylen zur Verfügung steht, ist die Verwendung von Preßluft für Lötflammen erwünscht, damit die Ausströmungsgeschwindigkeit größer ist und durch die ansaugende Wirkung der Preßluft in der Zeiteinheit bei gleicher Flammengröße eine größere Menge Acetylen zur Verbrennung gelangt, mithin die Temperatur der Heizflamme erhöht wird (Fig. 150 bis 152).

Fig. 153.

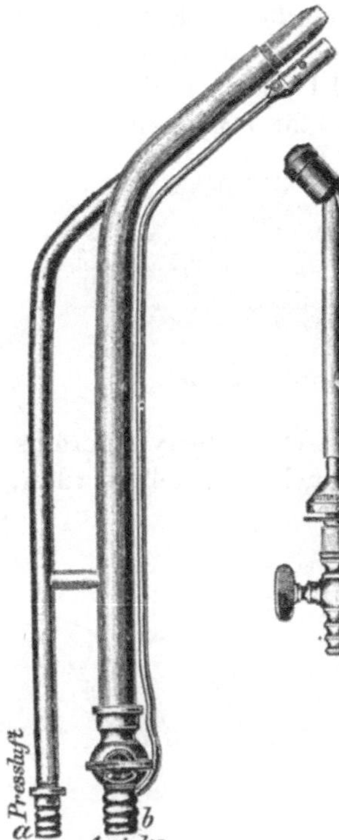

Fig. 150. (*Herzfeld.*)

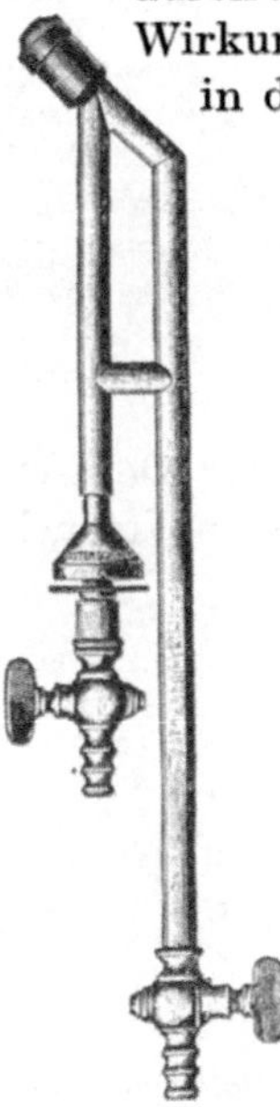
Fig. 151. (*Schimek.*)

Fig. 152.

Fig. 154.

Für die Preßlufterzeugung kann man sich bei kleinen Brennern (Pistolen) eines Wasserstrahlgebläses oder eines Ventilators für Wasserantrieb (Fig. 153) bedienen, während für größere Brenner (*Herzfeld* stellt solche mit etwa 0,60 m langer Flamme und einem Stundenverbrauch von ungefähr 2,5 cbm Gas her) ein Ventilatorgebläse zur Anwendung gelangen muß (Fig. 154). Diese Acetylenpreßluftbrenner sind besonders für Hartlötungen, z. B. zum Hartauflöten von Kupferkesseln, Glasieren von Gefäßen, Aufschmelzen von Emaille u. ä. geeignet.

Verwendung des Acetylens als Koch- und Heizgas.

Infolge seines großen Heizwertes (der untere Heizwert, der für technische Zwecke nur in Betracht kommt, beträgt 12161 WE) müßte man annehmen, daß mit dem Acetylen als Kochgas besonders günstige wirtschaftliche Ergebnisse zu erzielen wären. In der Praxis hat sich jedoch diese Folgerung nicht im vollen Umfange als zutreffend erwiesen. Die einzige in der Literatur aufgefundene Angabe[1] besagt, daß bis zum Sieden von 1 l Wasser 10 l Gas erforderlich sind und daß die Dauer bis zum Sieden ungefähr 7 Minuten beträgt.

Fig. 155. (*Schimek.*)

Fig. 156. (*Lünnerhütte.*)

In der Untersuchungs- und Prüfstelle des Deutschen Acetylenvereins sind mit den verschiedensten Acetylengaskochern Versuche angestellt worden, aus denen hervorgeht, daß die obige Angabe ziemlich der Wirklichkeit entspricht.

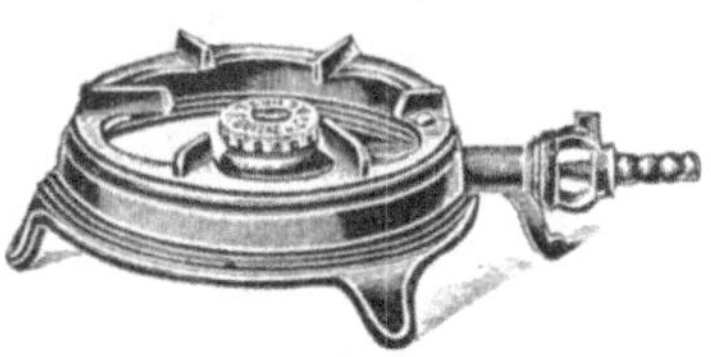

Fig. 157. (*Butzke.*)

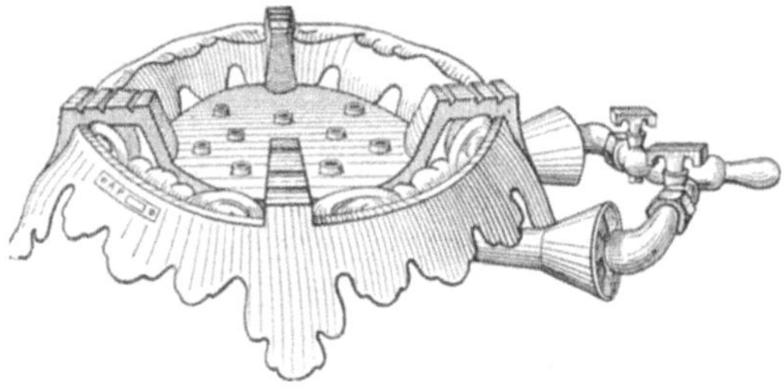

Fig. 158. (*Falk, Stadelmann & Co.*)

Die der Prüfung unterzogenen Kocher lassen sich in drei Gruppen einteilen:

2. Kocher mit Rundbrennern, ähnlich den Steinkohlengaskochern (vgl. Fig. 155 bis 157);
2. Kocher mit Rundbrennern, bei denen die einzelnen Flammen weit auseinanderstehen (Fig. 158);
3. Kocher mit Schlitzbrennern (Fig. 159 bis 164).

Die Versuche wurden bei einem Druck von 100/110 mm in der Weise ausgeführt, daß Wasser von einer bestimmten Anfangstemperatur in emaillierten Töpfen von $1^1/_2$ l und 3 l Fassungsraum zum Sieden gebracht wurde, und zwar einmal in bedecktem, das andere Mal in offenem Topfe.

[1] Schaars Gaskalender 1910.

Der Emailtopf von $1^1/_2$ l Fassungsraum besaß eine Höhe von 12 cm und einen Durchmesser von 14 cm; der mit 3 l Fassungsraum war ebenfalls 12 cm hoch bei einem Durchmesser von 22 cm. Die gleichen Versuche wurden auch mit Steinkohlengaskochern ausgeführt.

Vorweg sei erwähnt, daß die Kocher der Gruppe 1 in bezug auf das Kochen die besten Resultate ergaben, während einige der Gruppe 2 und 3 im allgemeinen zu wünschen übrig ließen. Hingegen ließen sich die Schlitzbrenner besser klein stellen, wobei ein Leuchten der kleingestellten Flammen weniger auftrat als bei den Rundbrennern.

Eine für den Haushalt unangenehme Seite zeigen fast alle Acetylenkocher, besonders aber die der Gruppe 2, indem erst einige Zeit Gas ausströmen muß, ehe ein ordentliches Brennen der Kocher eintritt. Wird der Kocher zu zeitig angezündet, also bevor alle Luft aus dem Brenner verdrängt ist, so erfolgt ein Durchschlagen der Flamme, was bei den Brennern der Gruppe 2 von lautem Knall begleitet ist. Auch beim Abstellen des Gases erfolgt bei einigen Kochern das Erlöschen unter lautem Knall.

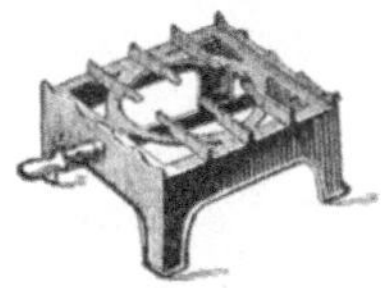

Fig. 159

Fig. 160 (System J. V. L.)

Zur Gruppe 1 (Rundbrenner) gehören die Kocher der Firmen *Schimek*-Wien, *Lünerhütte*-Lünen und *Butzke*-Berlin (Fig. 155 bis 157). Sie ähneln in ihrer Konstruktion den gewöhnlichen Steinkohlengaskochern und sind wie diese nach dem Bunsenprinzip gebaut. Der Brennerkopf ist mehr oder weniger dicht mit Bohrungen versehen, aus denen das Gas in einzelnen Strahlen heraustritt, so daß eine sternförmige Flamme zustande kommt. Der Durchmesser des Brennerkopfes ist je nach der Größe des Kochers kleiner oder größer. Bis zu einem gewissen Grade ist bei diesen Brennern ein Kleinstellen der Flamme möglich, meist tritt jedoch ein Leuchten der Flamme hierbei ein. Die Kocher der Lünerhütte sind nach Angabe der Firma auf 80 mm Druck eingerichtet, lassen sich jedoch ohne weiteres auch bei einem Druck von 100 mm verwenden.

Fig. 161.

(System G. A. B.) Fig. 162.

Die Gruppe 2 bilden die Kocher der Firma *Falk, Stadelmann & Co.*, London (Fig. 158). Auch bei diesen Brennern saugt der aus einer Düse austretende Gasstrom die Luft selbsttätig an. Das Mischrohr, in dem sich das Acetylenluftgemisch bildet, ist sehr weit gehalten. Der Brennerkopf besitzt bei dem einfachen Kocher einen Durchmesser von 8,5 cm. Das Gasluftgemisch strömt aus sechs Öffnungen, die sich in 3 cm Entfernung voneinander befinden, senkrecht zum Brennerkopf aus. Der Brennerkopf des Doppelbrenners besitzt einen Durchmesser von 13 cm. Der Kocher besteht gleichsam aus zwei einfachen Brennern, die, voneinander unabhängig, je eine Gaszuführung und ein Mischrohr besitzen. Die Brenneröffnungen bilden einen inneren und einen äußeren Ring von je sechs Einzelflammen. Auf diese Weise ist es möglich, je nachdem das Gas aus dem inneren oder dem äußeren Ringe oder aus beiden ausströmt und zur Entzündung gebracht wird, eine kleinere oder größere Heizwirkung zu erzielen. Wird bei diesen Kochern nicht lange genug mit dem Ausströmen des Gasluftgemisches gewartet, so tritt beim Entzünden

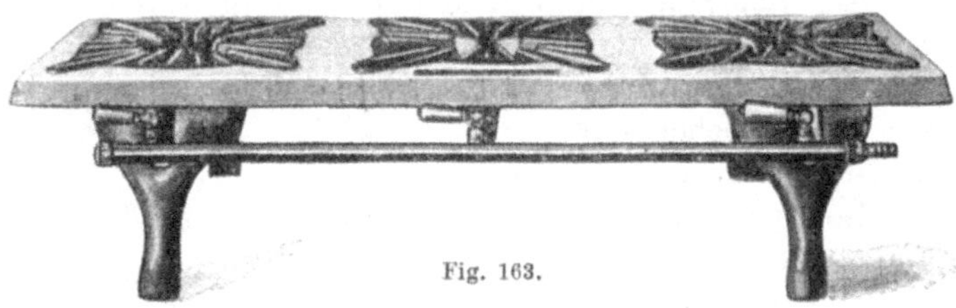

Fig. 163.

ein Durchschlagen der Flamme mit lautem Knall ein. Ein Kleinstellen der Flamme ließ sich bei diesen Brennern nicht erreichen, jedesmal schlug die Flamme durch.

Gruppe 3. Zu den Kochern dieser Gruppe gehören diejenigen, die mit System G. A. B. und J. V. L. bezeichnet waren, geliefert von *Schneider*-

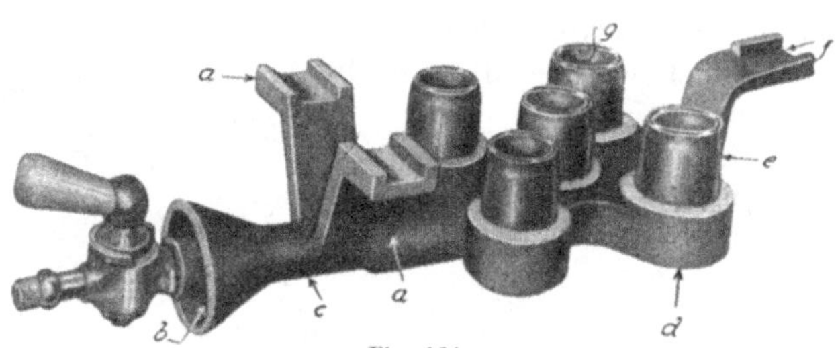

Fig. 164.

Chemnitz und *Keller & Knappich*-Augsburg, und derjenige, der von der *J. B. Colt Company*-Neuyork zur Verfügung gestellt worden war. Bei zweien dieser Kocher (Fig. 159 u. 160), bei denen das Ansaugen von Luft ebenfalls durch den Gasstrom geschieht, tritt das Gas durch einen langen Schlitz aus dem Brennerrohr, das prismatische Gestalt hat, aus. Der eine der Kocher besitzt drei voneinander unabhängige, durch Hahn abstellbare Brenner, so daß nach Bedarf der Heizwirkung vermehrt oder vermindert werden kann. Bei dem anderen Brenner (Fig. 161 u. 162) sind die Einzelflammen kranzförmig um den Brennerkopf angeordnet. Die Ausströmöffnungen sind ebenfalls Schlitze von etwa 1 cm Länge (sie ähneln den Aufsätzen, die auf Bunsenbrennern aufgesteckt werden können, wenn man eine breite Flamme zum Biegen von Glasröhren erzielen will). Das Kleinstellen der Flamme ließ sich bei diesen Brennern, besonders bei dem Schlitzrundbrenner, sehr gut bewirken; ein Leuchten der Flamme trat hierbei seltener ein als bei den Brennern der Gruppe 1.

Der Kocher der *J. B. Colt Company* ist folgendermaßen gebaut: An der Vorderseite des Kochers (Fig. 163) ist ein vernickeltes Verteilungsrohr angeordnet, in welches die drei absperrbaren Abzweige zu den drei Heizaggregaten eingebaut sind. Zwei von diesen bestehen aus 5 einzelnen, das dritte aus 7 Brennern. Die zur Entleuchtung der Flammen nötige Luft wird in der üblichen Weise vermittelst Düsen angesaugt und das Gasluftgemisch den sternförmigen gußeisernen Verteilungskörpern zugeführt. In diese Verteilungskörper sind 5 bzw. 7 doppelwandige Stahlblechzylinder von 26 mm äußerem und 17 mm innerem Durchmesser eingesetzt (Fig. 164), in welche oben je 4 Bogenschlitze von 0,5 mm Breite und 10 mm Länge eingefräßt sind. Ein Aggregat zu 5 Brennern besteht demnach aus 20, das Aggregat zu 7 Brennern aus 28 einzelnen kleinen Schlitzen. Ein besonderer Vorzug dieser Kocher ist es, daß

Zahlentafel 1. Acetylengaskocher.

$1^1/_2$ l Wasser von 13° Anfangstemperatur wurden in einem bedeckten Emailletopf (h = 12, ∅ = 14 cm) bis zum Sieden erhitzt. Gasdruck 100 bis 110 mm WS.

1	2	3	4	5	6	7
System der Gaskocher	Dauer bis zum Sieden Min.	Gasverbrauch l	Stundenverbrauch l	Auf 1 l Wasser berechnet: Gasverbrauch l	Auf 1 l Wasser berechnet: Dauer bis zum Sieden Min.	Produkt aus Spalte 5 und 6
Schimek (18 flammig) . .	11	18,5	100	12,3	7,3	90
Lünerhütte (22 flammig)	15	17,5	70	11,7	10,0	117
Desgl. (24 flammig) . .	15	17,5	70	11,7	10,0	117
Butzke & Co. (12 flammig, 40 mm)	19	17,0	53,7	11,3	12,7	144
Desgl. (12 flammig, 50 mm)	16	19,0	71,3	12,6	10,7	135
Desgl. (18 flammig, 70 mm)	16	21,0	78,8	14,0	10,7	150
Falk, Stadelmann & Co. (einf. Brenner, 6 fl.) .	26	17,0	39,2	11,3	17,3	196
Desgl. (Doppelbrenner, 12 flammig)	15	21,0	84,0	14,0	10,0	140
G. A. B. (Rundbrenner, 10 flammig)	23	20,0	52,1	13,3	15,3	204
J. V. L. (Schlitzbrenner, einflammig)	19	18,0	56,8	12,0	12,7	153
J. V.L. (Schlitzbrenner, 3 flammig)	26	24,5	56,5	16,3	17,3	282
Colt-Company (5-Brenner, 20 fl.) . .	15	20,0	80,0	13,3	10,0	133
Desgl. (7-Brenner, 28 fl.)	12	21,5	107,5	14,3	8,0	114

eine verhältnismäßig große Anzahl Schlitze gleichmäßig über die Heizfläche eines Topfes verteilt ist.

Bei einem Druck von 100 mm ergeben sich etwa 12 mm hohe schmale, vollkommen entleuchtete Flammen. Die Flammen können kleingestellt werden, ohne daß Zurückschlagen eintritt. Selbst bei weitgehendem Kleinstellen werden die Flammen nicht leuchtend. Sowohl beim Anzünden als auch beim Auslöschen konnte niemals ein Zurückschlagen der Flammen beobachtet werden.

Ausführlich wurde über die mit diesen Gaskochern angestellten Versuche in der 1. Auflage dieses Buches und in der Zeitschrift „Carbid und Acetylen" berichtet[1]. Vor- und nachstehend sind nur einige Versuche, die die verschiedene Brauchbarkeit und Wirtschaftlichkeit der einzelnen Kochersysteme erkennen lassen, gleichartigen Versuchen mit Steinkohlengaskochern gegenübergestellt.

Zahlentafel 2. Acetylengaskocher.

3 l Wasser von 13° Anfangstemperatur wurden in einem bedeckten Emailletopf (h = 12, ∅ = 22 cm) bis zum Sieden erhitzt. Gasdruck 100 bis 110 mm WS.

1	2	3	4	5	6	7
System der Gaskocher	Dauer bis zum Sieden Min.	Gasverbrauch l	Stundenverbrauch l	Auf 1 l Wasser berechnet Gasverbrauch l	Auf 1 l Wasser berechnet Dauer bis zum Sieden Min.	Produkt aus Spalte 5 und 6
Schimek (18flammig) .	21	36	102,8	12,0	7,0	84
Lünerhütte (22flammig)	30	34	68,0	11,3	10,0	113
Desgl. (24flammig) . .	32	34	63,8	11,3	10,7	121
Butzke & Co. (12flammig, 40 mm)	37	32,5	52,7	10,8	12,3	133
Desgl. (12flammig, 50 mm)	30	33,5	67,0	11,2	10,0	112
Desgl. (18flammig, 70 mm)	30	38	76,0	12,6	10,0	126
Falk, Stadelmann & Co. einf. Brenner, (6fl.) .	52	34	39,2	11,3	17,3	195
Desgl. Doppelbrenner, (12flammig)	23	33	86,1	11,0	7,7	85
G. A. B. (Rundbrenner, 10flammig)	42	37	52,6	12,3	14,0	172
J. V. L. (Schlitzbrenner, einflammig)	40	36	54,0	12,0	13,3	160
J. V. L. (Schlitzbrenner, dreiflammig)	60	54	54,0	18,0	20,0	360
Colt-Company (5-Brenner, 20fl.) . .	26	35	81,0	11,7	8,7	102
Desgl. (7-Brenner, 28flammig)	20	37	111,0	12,3	6,7	82

[1] Carbid u. Acetylen 1911, Nr. 7, S. 76.

Zahlentafel 3. Steinkohlengaskocher.

$1^1/_2$ l Wasser von 13° Anfangstemperatur wurden in einem bedeckten Emailletopf (h = 12, ∅ 14 cm) bis zum Sieden erhitzt. Gasdruck 60 mm WS.

1	2	3	4	5	6	7
System der Gaskocher	Dauer bis zum Sieden Min.	Gas-verbrauch l	Stunden-verbrauch l	Auf 1 l Wasser berechnet: Gas-verbrauch l	Auf 1 l Wasser berechnet: Dauer bis zum Sieden Min.	Produkt aus Spalte 5 u. 6
Butzke (Nr. 10)	11	57	310	38,0	7,3	277
Desgl. (Nr. 11)	9,5	68	430	45,3	6,3	285
Desgl. (Nr. 12)	10,0	90	540	60,0	6,7	402
Desgl. (Nr. 13)	6,5	80	739	53,3	4,3	229
3 l Wasser von 13° Anfangstemperatur wurden in einem bedeckten Emailletopf (h = 12, ∅ = 22 cm) bis zum Sieden erhitzt. Gasdruck 60 mm WS.						
Butzke (Nr. 10)	18,6	93	300	31	6,2	192
Desgl. (Nr. 11)	13,0	103	475	34	4,3	146
Desgl. (Nr. 12)	12,5	110	528	37	4,2	155
Desgl. (Nr. 13)	10,7	119	667	39	3,6	140

Aus allen diesen Zahlen würde sich ergeben, daß derjenige Kocher in wirtschaftlicher Hinsicht den Vorzug verdient, bei dem es gelingt, in möglichst kurzer Zeit mit dem geringsten Gasverbrauch Wasser zum Sieden zu bringen, bei dem also das Produkt aus Gasverbrauch und Dauer bis zum Sieden bezogen auf 1 l Wasser am kleinsten ist. (Spalte 7 der Zahlentafeln.) Andererseits lassen die Zahlen erkennen, daß bei einem kleineren Topf in den meisten Fällen die Kocher unwirtschaftlicher sind als bei der Verwendung größerer Töpfe. Unzweifelhaft hängt dies damit zusammen, daß bei Töpfen mit größerer Bodenfläche die Verbrennungsgase den Topf mehr umspülen und daher eine bessere Ausnutzung der Wärme eintritt.

Dies zeigt auch der folgende Versuch, bei dem in einem bedeckten Emailletopf von 9,5 cm Höhe und 10 cm Durchmesser 0,6 l Wasser auf den Kochern der *Colt-Company* unter sonst gleichen Bedingungen wie vorher zum Sieden gebracht wurde.

1	2	3	4	5	6	7
System des Kochers	Dauer bis zum Sieden Min.	Gas-verbrauch l	Stunden-verbrauch l	Auf 1 l Wasser berechnet: Gas-verbrauch l	Auf 1 l Wasser berechnet: Dauer bis zum Sieden Min.	Produkt aus Spalte 5 und 6
Colt-Company (5-Brenner)	7	9	77	15,0	11,7	175
Desgl. (7-Brenner) . .	5,2	9,7	112	16,2	8,7	141

Bei Verwendung des *Colt-Company*-Kochers erhält man bei einem Vergleich der Topfdurchmesser und des auf 1 l Wasser berechneten Gasverbrauchs folgendes Verhältnis:

5-Brenner: 22: 14: 10 cm ∅ = 11,7: 13,3: 15 l
7-Brenner: 22: 14: 10 cm ∅ = 12,3: 14,3: 16,2 l

Weitere Versuche[1] haben ergeben, daß man die Wirtschaftlichkeit der Kocher dadurch erhöhen kann, daß man den Topfboden bei kleineren Töpfen den Flammen näher bringt, also die Wärmeübertragung verbessert[2]. Wurden nämlich von dem *Colt-Company*-Kocher die gußeisernen Roste, durch die der Topfboden von den Austrittdüsen der Brenner 19 mm entfernt war, abgenommen und durch solche ersetzt, daß die Entfernung nur 8 mm betrug, so wurden bei Verwendung eines bedeckten Emailletopfes von 12 cm Höhe und 14 cm Durchmesser sowie $1^1/_2$ l Wasser von 13° C folgende Zahlen erhalten:

1	2	3	4	5	6	7
System des Kochers	Dauer bis zum Sieden Min.	Gasverbrauch l	Stundenverbrauch l	Auf 1 l Wasser berechnet: Gasverbrauch l	Dauer bis zum Sieden Min.	Produkt aus Spalte 5 und 6
Colt-Company (5-Brenner)	12	16,5	82,5	11	8	88
Desgl. (7-Brenner) . .	9	16,5	110	11	6	66

Der entsprechende Versuch mit einer Rostentfernung von 19 mm befindet sich auf Zahlentafel 1. Zum Vergleich seien die auf 1 l Wasser bezogenen Werte hier noch einmal gegenübergestellt.

Rostentfernung 19 mm: Gasverbrauch l	Dauer bis zum Sieden Min.	Produkt	Rostentfernung 8 mm: Gasverbrauch l	Dauer bis zum Sieden Min.	Produkt
13,3	10	133	11	8	88
14,3	8	114	11	6	66

Selbstverständlich haben diese Zahlen nur einen bedingten Wert; die Verringerung der Rosthöhe ist überdies nur für kleine Topfdurchmesser zweckmäßig, da bei größeren Durchmessern infolge der möglichen gehinderten Ausbreitung der Flamme leicht ein Anrußen der Bodenfläche und Geruchsbelästigungen eintreten könnten.

Rechnet man den Preis für 1 cbm Acetylen aus einer Zentrale zu 20 Mk., aus einer Einzelanlage zu 12 Mk., und den Preis eines Kubikmeter Steinkohlengases zu 1,50 Mk. (nach dem Stande vom März 1921), so ergeben sich für die einzelnen Kocher ungefähr folgende Kosten für den stündlichen Gasverbrauch:

[1] Carbid u. Acetylen 1911, Nr. 7, S. 78.
[2] Siehe auch Journ. f. Gasbel. **63** (1920), Nr. 44, S. 715, in dem auf den Stufenring einer nicht genannten Firma verwiesen wird. Eine Gasersparnis soll dabei allerdings nach der genannten Zeitschrift nicht erzielt werden; immerhin sei er Gußeiseneinsätzen vorzuziehen. Nach *Bertelsmann* (Chem.-Ztg. 1921, Nr. 33, S. 266) soll er jedoch seinen Zweck erfüllen.

Gaskocher	Mittlerer Stundenverbrauch (abgerundet)	Kosten für 1 Stunde in Pfg. Einzelanlage	Zentrale
Schimek	105	126	210
Lünerhütte	70	84	140
Butzke & Co. (40 mm)	50	60	100
Ders. (50 mm)	70	84	140
Ders. (70 mm)	80	96	160
Falk, Stadelmann & Co. (Einfacher Brenner)	40	48	80
Desgl. (Doppelbrenner)	80	96	160
G. A. B. (Rundbrenner)	50	60	100
J. V. L. (Schlitzbrenner)	55	66	110
Colt-Company (5-Brenner)	80	96	160
Desgl. (7-Brenner)	110	132	220
Steinkohlengaskocher (Nr. 10)	300	—	45
Desgl. (Nr. 11)	450	—	68
Desgl. (Nr. 12)	550	—	83
Desgl. (Nr. 13)	700	—	105

Die Kosten, um 1 l Wasser in einem bedeckten Topf zum Sieden zu bringen, betragen nach den oben angegebenen Preisen für Acetylen und Steinkohlengas:

Gaskocher	Durchschnittlicher Gasverbrauch in Litern für 1 l Wasser	Einzelanlage Pfg.	Zentrale Pfg.
Schimek	12,15	14,58	24,3
Lünerhütte	11,5	13,80	23,0
Butzke & Co. (40 mm)	11,05	13,26	22,1
Desgl. (50 mm)	11,9	14,28	23,8
Desgl. (70 mm)	13,3	15,96	26,6
Falk, Stadelmann & Co. (Einfacher Brenner)	11,3	13,56	22,6
Desgl. (Doppelbrenner)	12,5	15,00	25,0
G. A. B. (Rundbrenner)	12,8	15,36	25,6
J. V. L. (Schlitzbrenner)	14,6	17,52	29,2
Colt-Company (5-Brenner)	12,5	15,00	25,0
Desgl. (7-Brenner)	13,3	15,96	26,6
Steinkohlengaskocher (Nr. 10)	34,5	—	5,18
Desgl. (Nr. 11)	39,6	—	5,94
Desgl. (Nr. 12)	48,5	—	7,28
Desgl. (Nr. 13)	46,1	—	6,92

Wie man nun aus Zahlentafel 3 und vorstehender Aufstellung entnehmen kann, wird mit Steinkohlengas 1 l Wasser durchschnittlich in 5,4 Minuten zum Sieden gebracht, wobei etwa 42 l Gas verbraucht werden, die rund 6,2 Pfg. kosten. Nimmt man zum Vergleich den günstigsten Acetylenkocher, der in 6,7 Minuten bei 12,3 l Gasverbrauch (Kocher der *Colt-Company* 7-Brenner) die gleiche Menge zum Sieden bringt, so ergibt sich, daß Kochen mit Acetylen durchschnittlich um das 2,5fache bei einer Einzelanlage und um etwa das 4fache bei einer Zentrale teurer ist, als das Kochen mit Steinkohlengas.

Obgleich, wie schon früher erwähnt, die Acetylenbunsenflamme einen höheren Heizwert besitzt als die Steinkohlengasflamme, mithin eine Überlegenheit dieser gegenüber bei Kochapparaten zu erwarten wäre, so scheinen doch die Acetylengaskocher konstruktiv noch nicht so durchgebildet zu sein, um erfolgreich mit dem Steinkohlengas in Wettbewerb treten zu können. Während bei den Steinkohlengaskochern die Flamme sternförmig den Boden gleichmäßig in großem Umfange bestrahlt, ist die Flamme bei den Acetylenkochern verhältnismäßig kurz, so daß nur eine kleine Fläche in Berührung mit den heißen Brenngasen kommt.

Immerhin mag es in Ländern, die den Vorzug billigeren, weil mit Hülfe von Wasserkraft erzeugten, Calciumcarbides genießen, möglich sein, daß dort das Acetylen mit dem Steinkohlengas oder anderen Brennstoffen in schärferen Wettbewerb treten kann.

Zu berücksichtigen ist dabei, daß der Heizwert des Steinkohlengases augenblicklich vielfach nicht die Höhe besitzt wie vor dem Kriege, er ist ungefähr von 5500 auf 4500 WE heruntergegangen. Andererseits wird es möglich sein, das Acetylen unter einem höheren Druck von etwa 180 mm WS gegen gewöhnlich 100 bis 120 mm WS den Kochern zuzuführen[1] und dadurch eine größere Flamme zu erzielen; allerdings wird diese Druckerhöhung ohne weiteres nur da möglich sein, wo für Koch- und Heizzwecke ein besonderer Acetylenapparat zur Verfügung steht. Bei einem Anschluß an eine Zentrale oder bei einer Einzelanlage wird sich eine solche Druckerhöhung deshalb nicht allgemein durchführen lassen, weil dabei Rücksicht auf die angeschlossenen Brenner zu nehmen ist, die auf einen Druck des Gases von etwa 80 bis 100 mm eingestellt sind.

In den Mitteilungen des Schweizerischen Acetylenvereins[2] wird daher bei der Verwendung des Acetylens für technische Heizzwecke, etwa für Schmelztiegel für Letternmetall bei Setzmaschinen in Buchdruckereien, in Schuhfabriken, Glasfabriken usw., die Aufstellung einer besonderen Acetylenanlage, die Verwendung gelösten Acetylens oder die Aufstellung verschiedener kleiner Acetylenentwickler am Orte ihres jeweiligen Gebrauches empfohlen.

Über die Möglichkeit der Zentralheizung und Kesselfeuerung mit Acetylen sind in der Schweiz praktische Versuche angestellt worden[3]. Danach hatte ein Häuserblock von fünf Gebäuden bei — 10° C einen Heizungseffekt von 400 000 WE nötig, wofür täglich 800 kg Kohle erforderlich waren. Bei

[1] Vgl. Mitt. d. Schweiz. Acetylenvereins 1917, H. 8, S. 189; s. a. Carbid u. Acetylen 1920, Nr. 3, S. 14.

[2] 1917, H. 8, S. 191.

[3] Mitt. des Schweiz. Acetylenvereins 1920, H. 2.

mildem Winterwetter konnte die Beheizung der Gebäude mit täglich 100 bis 120 kg Carbid aufrecht erhalten werden. Das Acetylen wurde in einem ortsfesten Apparat erzeugt, und verbrannte mit Luft gemischt in einem Rohrschlangensystem. Innerhalb von 20 Minuten konnte das ganze Zirkulationswasser auf 70 bis 80° C erwärmt werden, wobei ein Wirkungsgrad von 95% erreicht wurde gegen 33% bei einer Kohle von etwa 4500 WE. Auch die Kesselfeuerung mit Acetylen soll bereits in die Wege geleitet sein. Der Einwand, daß zur Carbiderzeugung auch Kohle verbraucht werde, mithin die Verwendung des Acetylens einen Umweg bedeute, wird dadurch entkräftet, daß für die Kohle der Weg durch den Carbidofen eine Veredelung bedeute, da das Acetylen im Mittel mit einem wenigstens dreimal höheren Wirkungsgrad verbrenne. Eine Feuerung von Dampfkesseln, Lokomotivkesseln, Zentralheizungskesseln lohne sich, wenn 100 kg mittelmäßige Kohlen 25 bis 30 Fr. und die gleiche Menge Carbid 50 bis 60 Fr. kosten[1].

Diese Angabe mag wohl zutreffen, wenn man nur die aus beiden Brennstoffen erhaltenen Wärmemengen und ihren Wirkungsgrad miteinander vergleicht. Zweifelhaft aber wird es sein, ob sich die Verwendung des Acetylens auch dann noch lohnt, wenn die Anschaffungskosten einschließlich Abnutzungs- und Tilgungskosten für die Acetylenanlage — es sind hierfür große Apparate

Tabelle I.

Menge	Heizmaterial	Heizwert in WE	Heizsystem	Praktisch erreichb. Heizwert in WE ca.	Ungefährer Verlust in %	Preis d. Heizmaterials in Pfg.[2]	1000 WE d. Heizmaterials kosten Pfg.	Tatsächlich erreichte 1000 WE kosten i. d. Praxis Pfg.
1 kg	Steinkohle	6880	Gewöhnlicher Sparherd	251	96,4	38,7	5,62	154,2
1 kg	Steinkohle	6880	Spezial Sparherd bewährter Konstruktion	575	91,6	38,7	5,62	67,3
1 cbm	Leuchtgas[3]	5000	Gaskocher 300 Lit./Std.	3000	40,0	115,0	23,0	38,3
1 kg	Calcium-Carbid[4]	3240	Gaskocher 40 Lit./Std.	1822	43,8	350,0	108,0	192,1
1 KW St	Elektrischer Strom	860	Elektrischer Kochtopf	164	81,0	210,0	243,1	1280,5
1 kg	Steinkohle	6500	Dampfheizungsanlage	2800	56,9	38,7	5,95	13,8
1 kg	Koks	7250	„	3600	50,3	48,0	6,62	13,3

[1] Vgl. Carbid u. Acetylen 1920, Nr. 15, S. 61.

[2] Preise in Berlin, Dezember 1920. (Kohlen- und Carbidpreise ausschließlich Anfuhrkosten.)

[3] Entspricht einer Kohlenmenge von etwa 3,12 kg, aus der außer 1 cbm Leuchtgas noch rund 2 kg Koks gewonnen werden.

[4] Entspricht 72,51 proz. Calciumcarbid = 270 l Acetylen bei 15° und 760 mm Druck.

notwendig — und die Kosten für den Umbau der Feuerungen, der sich auf alle Fälle nötig macht, berücksichtigt werden.

Bei neuen Anlagen, die von vornherein auf Gasfeuerung eingerichtet werden, mögen die Verhältnisse etwas günstiger liegen.

Auf Grund von praktischen Versuchen mit den verschiedenen Brennstoffen, deren Ergebnisse in der vorstehenden Tabelle I für im Dezember 1920 in Deutschland, in Tabelle II für in Schweden obwaltende Verhältnisse zusammengestellt sind, kommt *W. von Amann*[1] zu dem Schluß, daß in Deutschland die aus Carbid tatsächlich nutzbar gewonnene Wärmemenge erst dann billiger zu stehen kommen würde als die aus Kohle im gewöhnlichem Küchenherde tatsächlich erreichte Wärmemenge, wenn es gelänge, den Wirkungsgrad der Acetylenkochapparate um etwa 14% zu verbessern.

Tabelle II.

Menge	Heizmaterial	Heizwert in WE	Heizsystem	Praktisch erreichb. Heizwert in WE ca.	Ungefährer Verlust in %	Preise d. Heizmaterials in Oere[2]	1000 WE d. Heizmaterials kosten Oere	Tatsächlich erreichte 1000 WE kosten i. d. Praxis Oer.
1 kg	Steinkohle	6880	Gewöhnlicher Sparherd	251	96,4	13,5	1,962	53,78
1 cbm	Leuchtgas	5000	Gaskocher 300 Lit./Std.	3000	40,0	30,0	6,0	10,0
1 kg	Calcium-Carbid	3240	Gaskocher 40 Lit./Std.	1822	43,8	37,5	11,57	20,58
1 kg	Steinkohle	6500	Dampfheizungsanlage	2800	56,9	13,5	2,077	4,82

Zu bemerken ist zu diesen Aufstellungen, daß bei den Versuchen festgestellt wurde, wieviel Heizmaterial, und zwar unabhängig von der Zeitdauer erforderlich war, um Wasser von Zimmertemperatur zum Sieden zu bringen.

[1] Carbid u. Acetylen 1921, H. 8, S. 33.

[2] Preise in Stockholm, Dezember 1920.

Verwendung des Acetylens zum Betrieb von Motoren.

Die Anwendung des Acetylens für den Betrieb von Motoren kann in zweierlei Weise in Betracht kommen. Man kann das Acetylen dazu verwenden, um Automobilmotore, die mit den gewöhnlichen Betriebsstoffen, Benzin und Benzol, betrieben werden, anzulassen, d. h. den Motor vom Sitz des Führers aus anspringen zu lassen, so daß das lästige Ankurbeln in Wegfall kommt. Es kann ferner das Acetylen als Betriebsstoff selbst dienen.

Versuche, Acetylen als Betriebsstoff für Motore zu verwenden, sind schon vorgenommen worden, solange man das Acetylen technisch in großen Mengen herzustellen weiß. In der Hauptsache handelte es sich dabei um den Betrieb von feststehenden Motoren, während erst während der Kriegszeit das Acetylen als Betriebsstoff für Automobilmotore in größerem Umfang zur Anwendung gelangte.

Die Versuche, Acetylen zum Anlassen von Motoren, besonders Automobilmotoren zu verwenden, wurden, soweit bekannt, zuerst in Amerika vorgenommen, woher auch die beiden im nachstehenden Abschnitt näher besprochenen Anlaßvorrichtungen, die mit gelöstem Acetylen betrieben werden, stammen.

Anlaßvorrichtungen für Explosionsmotore.

Das Ankurbeln der Explosionsmotore, welche in ihrer Gestalt als Automobil-, Boots- und Flugzeugmotore in unserem Verkehrsleben eine wichtige Rolle spielen, ist eine mißliche Sache, besonders dann, wenn der Motor schwer anspringt.

Hier tritt nun der Acetylenanlasser in Tätigkeit. Vermittels einer kleinen, am Spritzbrett des Automobils befestigten Vorrichtung wird eine abgemessene Menge Acetylen aus der Flasche mit gelöstem Acetylen entnommen und in die einzelnen Motorenzylinder eingelassen, wo sie sich mit Luft mischt. Durch Einschaltung der Zündung wird das Acetylenluftgemisch zur Explosion gebracht, wodurch der Motor anspringt.

Nachstehend seien zwei Systeme dieser Anlaßvorrichtungen näher beschrieben[1]:

Der Disko-Starter (Fig. 165—169). In einer Stahlflasche *a* ist das Acetylen in der Form des gelösten Acetylens enthalten, aus der es durch ein Gasentnahmeventil *b*, das aber kein Druckminderventil darstellt, entnommen wird. Es kann also durch dieses Ventil der Druck nicht vermehrt oder vermindert, sondern nur der Gasdurchgang vergrößert oder verringert werden.

---

[1] Vgl. Carbid und Acetylen 1912, Nr. 23, S. 269.

Auf den Ventilkörper *b* ist das Verteilungsstück *c* aufgesetzt (Fig. 166), welches zwei Anschlüsse besitzt, deren einer das Gas für die Anlaßvorrichtung, deren anderer das Gas für die Beleuchtungseinrichtung des Automobils abgibt.

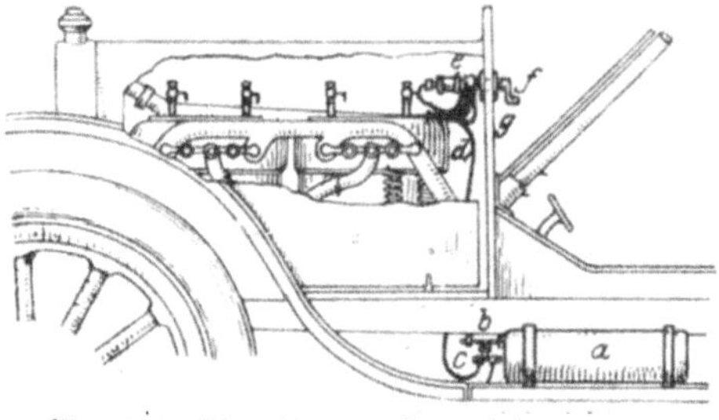

Fig. 165. Disco-Starter. Gesamteinrichtung.

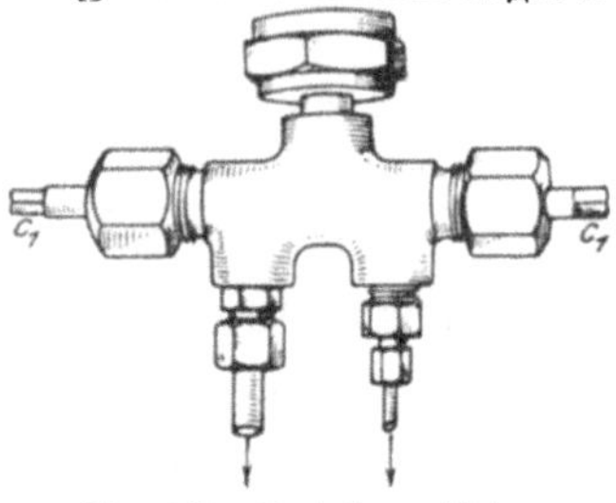

Fig. 166. Verteilungsstücke.

Beide Anschlüsse sind jeder für sich unabhängig von dem anderen vermittels einer Spindel c_1 absperrbar.

Das Acetylen fließt in einer Leitung *d* dem Verteiler *e* (Fig. 167) zu, welcher an dem Ölbrett des Automobils befestigt ist und für jeden Zylinder des Motors je einen Anschluß *g* besitzt (Fig. 165 und 167). Durch Drehen an einer Kurbel *f* des Verteilers wird nacheinander die Verbindung der Zutrittsleitung *d* mit den einzelnen Anschlüssen nach den Zylindern herbeigeführt, wobei infolge des Überdruckes das Acetylen durch entsprechende Leitungen *i*, die mit den Einlaßventilen *k* (Fig. 169) in Verbindung stehen, in die Motorzylinder gelangt. Um in alle Motorenzylinder Acetylen zutreten zu lassen, ist es erforder-

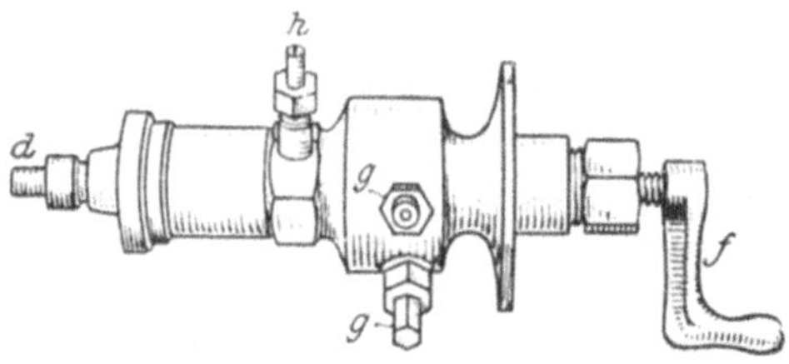

Fig. 167. Verteiler (*e*) mit Ausschlüssen *d* und *g*, Kurbel *f* und Nadelventil *h*.

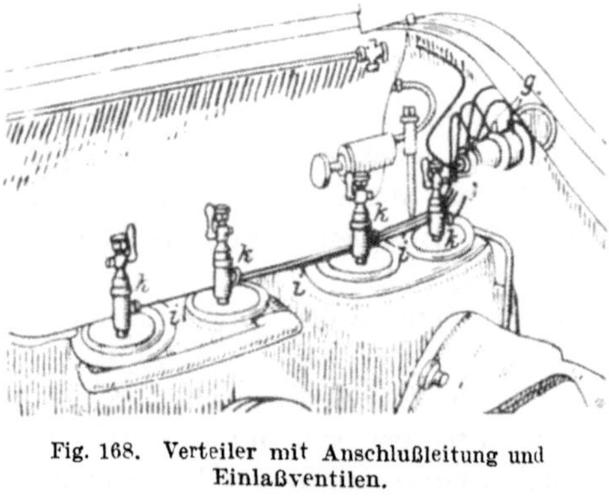

Fig. 168. Verteiler mit Anschlußleitung und Einlaßventilen.

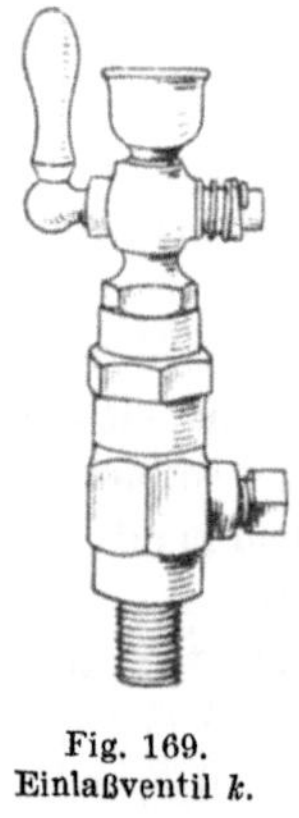

Fig. 169. Einlaßventil *k*.

lich, die obenerwähnte Kurbel *f* vollständig einmal herumzudrehen. Am Verteilungskörper *e* ist weiterhin noch ein Nadelventil *h* angebracht, um eine nochmalige Regulierung der eintretenden Acetylenmenge ermöglichen zu können.

Die Zündung des in die Motorenzylinder eingetretenen Acetylens erfolgt durch Einschalten der Batteriezündung in bekannter Weise.

Der Presto-O-Starter (Fig. 170 bis 172). Das Acetylen wird dem Behälter *a* (Fig. 169) durch das Gasentnahmeventil *b* entnommen. Auf das Ventil *b* ist ein

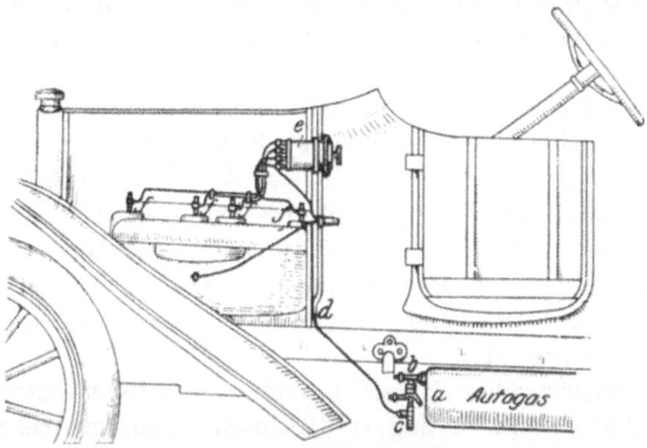

Fig. 170. Gesamteinrichtung.

automatisches Druckminderventil *c* aufgesetzt, welches das Acetylen nur unter einem reduzierten und (innerhalb geringer Grenzen) immer gleichbleibenden Druck, z. B. 100 mm WS abgibt. An das Druckminderventil schließt sich die Leitung *d* an, welche das Acetylen dem Verteiler *e*, der hier als Kolbenpumpe (Fig. 171) ausgebildet ist, zuführt.

Die Pumpe *e* besitzt je nach Anzahl der Motorenzylinder 3 oder 5 Zylinder, einen zentral angeordneten Saugzylinder, welcher das Acetylen der Leitung *d* entnimmt, und bei einem Vierzylindermotor, z. B. 4 konzentrisch um den Saugzylinder angeordnete Preßzylinder. Die in den 5 Zylindern gleitenden Kolben sind

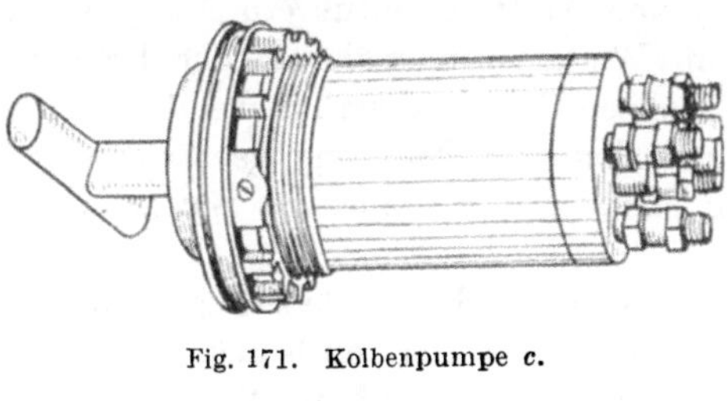

Fig. 171. Kolbenpumpe *c*.

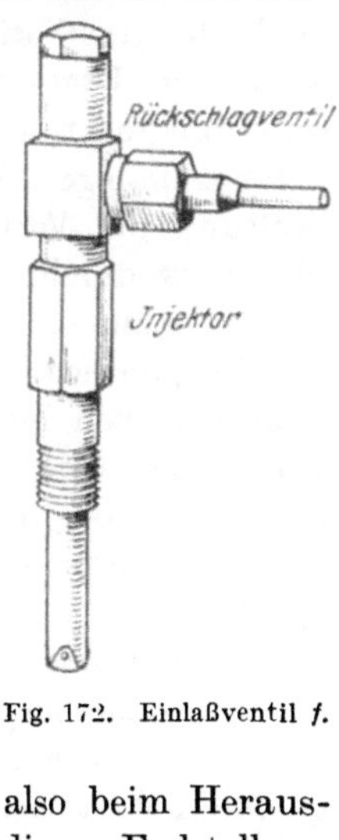

Fig. 172. Einlaßventil *f*.

fest mit dem Handgriff der Pumpe verbunden, werden also beim Herausziehen des Handgriffes gleichzeitig herausgezogen. In dieser Endstellung gibt der zentral angeordnete Saugkolben die in der Wandung des Saugzylinders angeordneten Verbindungen mit den 4 Preßzylindern frei. Jeder

der 4 Preßzylinder ist durch eine Rohrleitung mit einem der Einlaßventile *f* (Fig. 172) auf den Motorenzylindern verbunden. Diese Eintrittsventile *f* öffnen sich nur nach innen, so daß bei dem vorhergehend geschilderten Herausziehen des Handgriffes der Pumpe *e* in den Preßzylindern sich ein Unterdruck gebildet hat. Beim völligen Herausziehen des Handgriffes können sich also die Preßzylinder durch die bereits beschriebenen Verbindungen mit dem Saugzylinder mit Acetylen füllen. Selbstverständlich kann der Druck des Acetylens in der ganzen Apparatur nicht höher als der Einstellungsdruck des Druckminderventils sein.

Beim Hineinschieben des Handgriffes der Pumpe *e* schließt zunächst der Saugkolben die Verbindungen des Saugzylinders mit den Preßzylindern ab, und von diesem Augenblick an erhöht sich der Druck des Acetylens in den Preßzylindern, die Ventile *f* auf den Motorenzylindern öffnen sich nach innen und lassen das Acetylen in die Motorenzylinder eintreten.

Durch Einschalten der Batteriezündung wird das Acetylenluftgemisch des in Zündstellung befindlichen Zylinders zur Explosion gebracht und die Maschine in Gang gesetzt.

In sicherheitstechnischer Hinsicht dürften Anlaßvorrichtungen nach Art des Presto-O-Starters den Vorzug verdienen, da in ihnen Acetylendrucke, die zu Bedenken Anlaß geben können, nicht auftreten. In den Motorzylindern kann beim Einlassen das Acetylen nur unter dem Druck stehen, der am Druckminderventil eingestellt wurde.

Bei Anlaßvorrichtungen nach Art der Diskostarter hingegen ist das Auftreten höherer Drucke bis zum Flaschendruck, also bis zu 15 Atm möglich, da, wie schon oben erwähnt, ein Druckminderventil nicht vorhanden ist und auch das am Verteiler angebrachte Drosselventil *h* den nach und nach eintretenden Druckausgleich nicht verhindern kann. Da weiterhin keine Anschlagbegrenzung an der Kurbel *f* angebracht ist, so kann man dieselbe in jeder beliebigen Stellung stehen lassen. Es ist dann möglich, daß in dieser Stellung die Verbindung eines Zylinders mit der Druckleitung hergestellt bleibt, wodurch sich der Motorenzylinder mit Acetylen unter hohem Druck füllen kann.

Gelegentlich ist wohl schon öfter von Kraftwagenführern Acetylen zum Anlassen von Motoren besonders im Winter und während der Kriegszeit verwendet worden, indem Acetylen aus den Entwicklern für die Beleuchtung in die Motorzylinder eingelassen und dort zur Zündung gebracht wurde. Auch bei feststehenden Motoren soll Acetylen zum Anlassen benutzt worden sein[1].

Möglich wäre vielleicht auch die Verwendung des Acetylens zum Anlassen der Dieselmotore, wobei man durchaus nicht, wie aus den beiden angeführten Konstruktionen vielleicht gefolgert werden könnte, auf die Verwendung des gelösten Acetylens angewiesen wäre. Ebenso gut kann das Acetylen aus geeigneten Acetylenapparaten verwendet werden.

[1] Mitt. d. Schweiz. Acetylenvereins 1919. Nr. 11.

Acetylen als Betriebsstoff für Motore.

Der Acetylenmotor hat sich, nachdem die Schwierigkeiten in der Konstruktion überwunden sind, wenn auch in immerhin beschränktem Umfange Eingang in die Praxis verschafft. Der einzige Nachteil, der vor dem Kriege der ausgedehnteren Verwendung im Wege stand, war der ziemlich teure Betrieb im Verhältnis zu den mit Petroleum, Benzin und ähnlichen Stoffen betriebenen Explosionskraftmaschinen. In der Hauptsache handelte es sich hierbei um feststehende Motore für gewerbliche Betriebe.

So stellte die Gasmotorenfabrik *Moritz Hille* 1898 in Berlin einen Acetylenmotor aus, der 180 l Acetylen für PS und Stunde verbrauchte. Ingenieur *H. Cuinat* konstruierte im Jahre 1900 einen Acetylenmotor von 6 PS und erzielte die effektive PS-Stunde mit 175 l Acetylen.

Pinkert in Hamburg baute einen $2^1/_2$ PS-Motor, der 300 l Acetylen in der Stunde verbrauchte und 35% der Wärmeenergie in mechanische Energie verwandelt haben soll.

Die Gasmotoren-Fabrik Deutz erzeugte die PS-Stunde mit 215 l Acetylen.

Lothar Meyer glaubte, daß man bei 8 bis 10-PS-Motoren die effektive PS-Stunde mit 160 l Acetylen gut erreichen könne.

Es wurde ferner vorgeschlagen, Acetylen mit Benzin anzureichern oder Lösungen von Acetylen mit Spiritus zu verwenden[1].

Alle diese Versuche liegen 15 bis 20 Jahre zurück Soweit sich aus der Praxis ergeben hat, waren die Besitzer von Acetylenmotoren mit dem Betriebe und der Brauchbarkeit, die sich kaum von den gewöhnlichen Gasmotoren unterscheiden, sehr zufrieden. Vor allem wurde hervorgehoben, daß wesentliche Betriebsstörungen nicht eingetreten sind, sowie daß der Betrieb sauberer sei als bei Petroleum- oder Benzinmotoren.

Immerhin scheint es, daß sich der feststehende Acetylenmotor wenig eingebürgert hat. Das ist an sich nicht verwunderlich, da andere Betriebsstoffe vor dem Kriege billiger zur Verfügung standen und durch die zunehmende Elektrisierung der Länder im Elektromotor ein großer Wettbewerber erstand.

Diese Verhältnisse haben sich aber während und nach dem Kriege von Grund auf geändert. Die verschiedenen Betriebsstoffe, z. B. Benzin, Benzol, Petroleum waren während des Krieges sehr selten geworden und wenn sie zu haben waren, im Preise dermaßen gestiegen, daß in verschiedenen Ländern, denen kaum Kohlen und daher kein Benzol oder andere ähnliche Betriebsstoffe zur Verfügung standen, dazu übergegangen wurde, das Acetylen als Antriebsmittel, diesmal aber hauptsächlich für den Automobil- oder Motorbootbetrieb zu verwenden.

Besonders in der Schweiz, der infolge billiger Wasserkräfte Carbid verhältnismäßig billig zur Verfügung stand, sind während des Krieges umfangreiche Versuche mit Acetylen als Antriebsstoff für Automobil-

[1] Vgl. Carbid u. Acetylen 1914, Nr. 5, S. 50.

motore angestellt worden, über deren Ergebnisse *Keel* ausführlich berichtet[1].

Ehe auf die verschiedenen Bauarten, die sich mehr auf die Anordnung der Acetylenentwickler und die Mischventile als auf die der Motore beziehen, etwas näher eingegangen wird, sollen erst allgemeinere Angaben über die Verwendungsmöglichkeit das Acetylen als Motorbetriebsstoff gebracht werden.

Ein besonderer Unterschied, der für die Konstruktion der Acetylenmotore maßgebend ist, liegt im Vergleich zu einem mit einem anderen Gas betriebenen darin, daß bei der Explosion des Acetylens zwei physikalisch verschiedene Komponenten auftreten können, nämlich Wasserstoff (Gas) und Kohlenstoff (fest), während im anderen Falle Wasser bzw. Wasserdampf und Kohlensäure die Endprodukte der Explosion darstellen.

Die Gleichung, nach der die Verbrennung des Acetylens vor sich gehen soll, lautet:

$$2\,C_2H_2 + 5\,O_2 = 4\,CO_2 + 2\,H_2O\,.$$

Es verbraucht also 1 g Acetylen 3,08 g Sauerstoff oder 13,4 g Luft oder in Volumeneinheiten ausgedrückt: 0,858 g Acetylen verbrauchen 10,36 l Luft oder 1 l Acetylen verbraucht 12,07 l Luft unter der Annahme, daß bei 0° C und 760 mm 1 l Acetylen 1,165 g und 1 l Luft 1,293 g wiegt.

Zur vollständigen Verbrennung des Acetylens werden also nach der Theorie auf 1 Vol. Acetylen 12,07 Vol. Luft gebraucht. Man wird daher schon aus rein wirtschaftlichen Gründen im Motor kein an Acetylen reicheres Gemisch verbrennen. Hierzu kommt noch, daß bei einem höheren Gehalt an Acetylen die Verbrennung des Gasgemisches unter Rußabscheidung erfolgen kann[2] Ein bis zu einem gewissen Grade an Acetylen ärmeres Gasgemisch wird dagegen durch den vorhandenen Überschuß an Sauerstoff vollständig zur Verbrennung gelangen. Ein Acetylenluftgemisch von gewöhnlicher Temperatur ist zündfähig in den Grenzen von 2,8 bis 65% Acetylen. Bei höherer Temperatur beginnt die Zündfähigkeit schon bei 1,5 bis 1,7%. Praktisch kommen nach *Keel*[3] die Gemische von 1,5 bis 8%-Acetylengehalt in Frage, während *Haber*[4] bei eingehenden Untersuchungen über die Verwendbarkeit des Acetylens als Motorbetriebsstoff gefunden hat, daß die untere Grenze oberhalb 3%, die obere bei rund 5% Acetylen für die normale Betriebsweise liegt.

Die Luftmenge kann nach *Keel* vom 12- bis 50fachen geändert werden, worauf sich eine Regulierung der Motoren aufbauen läßt.

Das Zündungsbereich und die Zündungsgrenzen der für Explosionsmotore zur Verwendung gelangenden Brennstoffe sind folgende:

---

[1] Prof. *C. F. Keel:* Das Acetylen im Motorbetrieb. Verlag von Rascher & Co. Zürich 1919.

[2] Vgl. den Abschnitt über physikalische Eigenschaften des Acetylens S. 8.

[3] A. a. O.

[4] Vgl. Chem.-Ztg. **44** (1920), Nr. 54.

Gas	Verbrauch von Sauerstoff auf 1 Vol. Gas	In 100 Teilen Luftknallgas sind enthalten	Explosionsgrenzen im 19-mm-Rohr		
			untere	obere	Explosionsbereich
Kohlenoxyd	0,5	29,6	16,5	74,95	58,4
Wasserstoff	0,5	29,6	9,45	66,40	57,0
Wassergas	0,5	29,6	12,4	66,75	54,3
Steinkohlengas . . .	1,2	14,9	7,9	19,10	11,2
Methan	2,0	9,5	6,1	12,8	6,7
Acetylen	2,5	7,7	3,35	52,3	49,0
Äther	6,0	3,4	2,75	7,7	5,0
Benzol	7,5	2,7	2,65	6,5	3,9
Benzin	8,0	2,6	2,40	4,9	2,5

Während man früher der Meinung war, daß für den Acetylenbetrieb grundsätzlich neue Motorkonstruktionen erforderlich seien[1], hat die Erfahrung gelehrt, daß dies durchaus nicht der Fall sein muß. Das Acetylen kann vielmehr grundsätzlich in jedem Motorsystem verwendet werden. Am weitesten verbreitet ist der sog. Viertaktmotor, der sich verhältnismäßig gut und einfach für den Acetylenbetrieb verwenden läßt. Es ist nur erforderlich, an Stelle des Benzin- oder Benzolvergasers ein Acetylenmischventil oder eine Mischdrossel anzubringen.

Natürlich wird man bei Neukonstruktionen von feststehenden und Automobilmotoren, denen Acetylen als Antriebsstoff dienen soll, auf die besonderen Eigenschaften des Acetylens Rücksicht nehmen.

Durch Untersuchungen von *Berthelot*, *Vieille*[2], *Le Chatelier*[3] und *Fenn*[4] ist festgestellt, daß die Geschwindigkeit der Zündungsfortpflanzung bei reichen und armen Acetylenluftgemischen hinreicht, um in Gasmotoren Verwendung zu finden.

Nach Untersuchungen von *Ubbelohde* und *Hofsäss*[5] liegt der Höchstwert der Entzündungsgeschwindigkeit eines Acetylenluftgemisches bei 113,5 cm/sek und liegt bei 8,7% Acetylen, während sie für andere Gase und Dämpfe[6] nachstehende Werte fanden:

Höchstwert der Entzündungsgeschwindigkeit reiner Gase in Mischung mit Luft in cm/sek.

Kohlenoxyd	Wasserstoff	Methan	Aetylen	Acetylen
31,5	200	27,5	50,5	113,5

[1] Vgl. Carbid u. Acetylen 1914, Nr. 5, S. 50; 1918, Nr. 20, S. 82.
[2] Annales de Chim. et de Phys. 1900.
[3] Compt. rend. de l'Acad. des Sc. **130**, 1755.
[4] Progr. Agc. 1900.
[5] Journ. f. Gasbel. **56** (1913), Nr. 50 und 51.
[6] Journ. f. Gasbel. **58** (1915), Nr. 7, S. 73 bis 75.

Gasart	Höchstwert der Entzündungsgeschwindigkeit in cm/sek.	Siedepunkt °C	Dampfdruck bei 10 ° C mm Hg	Explosionsgrenzen
Pentan	57	35 bis 40	424	2,4 bis 4,9
Hexan	54	65 „ 70	124	—
Benzol	32	80 „ 85	75	2,65 bis 6,5
Gasolin	68	30 „ 35	—	—
Benzin	31	90 „ 110	—	2,1 bis 4,9

Sie stellten ferner fest, daß inerte Gase die Entzündungsgeschwindigkeit erniedrigen, das Explosionsbereich verengen, und daß Vorwärmung der Gase eine Erhöhung der Entzündungsgeschwindigkeit, eine Erweiterung des Explosionsbereiches und Verringerung des zur Erzielung des Höchstwertes der Entzündungsgeschwindigkeit erforderlichen Luftbedarfs bedingen.

Anfangs machte sich beim Acetylenbetrieb der Motore der Umstand störend bemerkbar, daß das Acetylenluftgemisch sich schon bei 380 bis 400° von selbst entzündet; man konnte daher in den Motorenzylindern nicht mit demselben Verdichtungsdrucke wie bei Benzin (etwa 3 bis 6 Atm) arbeiten, und die Folge davon war, daß die Motorenleistung um etwa 25% zurückging. Praktisch würde man daher bei einer Verdichtung von etwa 2 bis 3 Atm bleiben müssen. Nach Untersuchungen von *Fiesel*[1] hängt der Entflammungspunkt des Acetylens von verschiedenen äußeren Umständen ab und zwar: Mischungsverhältnis der Gase, Druck und Raumverhältnisse (d. h. Größe und Materialbeschaffenheit der das Gas umgebenden Wände). Ein Einfluß der Zylinderwände bei den gebräuchlichen Motoren kann, da er sehr gering ist, außer acht gelassen werden. Nur Zylinderwände oder Kolben aus Aluminium könnten den Entflammungspunkt nach oben verschieben, was in Hinsicht einer zu vermeidenden Vorzündung nur vorteilhaft sein dürfte. Der niedrigste Entflammungspunkt wurde bei 386° gefunden; oberhalb 393° C explodierten die Gase immer. Neben dieser reinen Entflammung kommt noch eine Entflammung in Betracht, die durch Katalyse, meistens der Zylinderwände oder besonders heißer Teile wie Zündkerzen usw. eingeleitet wird. Die untere Grenze dieser katalytisch eingeleiteten Entflammungen liegt bei 365° C, hängt aber anscheinend von der Art der Wände usw. ab. Ferner wäre nach *Fiesel* die Polymerisationstemperatur zu berücksichtigen. Auch hier wäre zwischen reiner und einer unteren Grenze katalytisch eingeleiteter Polymerisationstemperatur zu unterscheiden. Die erste liegt weit oberhalb der Entflammungstemperaturen und tritt praktisch bei den Motoren nicht in Erscheinung. Die katalytisch eingeleitete beginnt dagegen schon bei 400°, hängt aber von der Art der das Gas umschließenden Wände ab.

Der oben erwähnte Nachteil konnte dadurch behoben werden, daß man dem Acetylen etwas Benzin, Petroleum zusetzte. Noch einfacher war es aber, das Acetylen mit etwas Wasserdampf zu beladen, wodurch eine Kühlung und

[1] Neue physikalische und chemische Untersuchungen von Acetylen. Carbid u. Acetylen 1920, Nr. 24, S. 97.

Verdünnung des Acetylenluftgemisches während der Verdichtung und Verbrennung bewirkt wird. Nach *Haber*[1] ist die Herabsetzung der Zündfähigkeit durch Beimischung brennbarer Stoffe wie Alkohol vorteilhafter.

Der Explosionsdruck eines reinen Acetylensauerstoffgemisches von 1 Teil Acetylen und 2,5 Teilen Sauerstoff beträgt, wenn im Motor vorkomprimiert, rechnungsmäßig 50 Atm; bei Gegenwart des in der Luft mit Sauerstoff eingeführten Stickstoffs, welcher mit erwärmt werden muß, sinkt dieser Druck unter Berücksichtigung des üblichen Luftüberschusses und der Wärmeableitung durch die Zylinderwände auf etwa 25 bis 30 Atm. Durch Wasser-, Benzinzusatz o. dgl. kann er beliebig herabgesetzt werden, so daß er dann nicht höher ist als bei dem Benzinbetrieb. Der mittlere Kolbendruck der Acetylenmotore beträgt wie bei Benzin etwa 4 bis 5 Atm[2].

Die Regulierung der Acetylenmotore kann dadurch vorgenommen werden, daß man entweder das Gasgemisch als solches oder aber das Acetylen drosselt. Nach *Keel*[3] sind Acetylenluftmischungen zwischen 1,5 und 8% Acetylen für den Motorbetrieb benutzbar, während nach *Haber*[4] für normale Betriebsweise 3 bis 5% Acetylen in Frage kommen. Gehe man mit dem Acetylengehalt weiter herunter, so sei die Verbrennungsdauer zu lang, und es erfolgen Rückschläge in die Ansaugleitung, der Motor knallt. Sei der Acetylengehalt höher, so treten Vorzündungen ein; der Motor klopft.

Die Vorzündungen stammen von der Berührung mit dem heißen Kopf der Zündkerze. Je besser die Wärmeableitung des in den Explosionsraum ragenden Teiles der Zündkerze ist, um so acetylenreicher darf das Gemisch sein. Es ist daher nach *Haber* zweckmäßig, eine Quantitititätsregulierung auszubilden, bei der die Speisung des Motors bei wechselnder Belastung stets mit demselben Acetylenluftgemisch erfolgt. Diese Aufgabe soll durch die *Kerschbaum*sche Mischdrossel erreicht werden.

Das zum Motorbetrieb nötige Acetylen kann für den Automobilbetrieb auf zweierlei Weise mitgeführt bzw. gewonnen werden, nämlich in Form des gelösten Acetylens oder durch Entwicklung aus Carbid in besonders geeigneten Apparaten. Das gelöste Acetylen hat den Vorzug größter Sauberkeit und Einfachheit im Betrieb, dem aber der große Nachteil des großen toten Gewichtes, das in Form der Flasche mitgeführt werden muß — auf 1 cbm Gas etwa 15 kg Flaschengewicht — die schwierigere Ersatzbeschaffung und der höhere Preis gegenübersteht.

Die Acetylenentwicklungsapparate sind dem besonderen Zwecke, dem sie dienen sollen, besonders in ihren Größenverhältnissen angepaßt worden. Die Entwicklung geschieht nach den üblichen Methoden, in dem entweder das Wasser dem Carbid oder das Carbid dem Wasser zugeführt wird. Im ersten Falle kann man grobkörniges, im zweiten Falle nur feinkörniges Carbid verwenden, das durch Schieber, Kolben, Förderschnecken dem Wasser zugeführt

[1] A. a. O.
[2] *Keel:* a. a. O.
[3] Siehe S. 290.
[4] Siehe S. 290.

wird. Den Apparaten haften natürlich mehr oder weniger dieselben Nachteile an, wie anderen Apparaten gleichen Systems.

Besonders läßt sich bei Apparaten „Wasser zum Carbid" nicht die Nachvergasung völlig aufheben bzw. aufspeichern, da das Mitführen von Gasbehältern natürlich nicht möglich ist.

Selbstverständlich ist die Verwendung des in Apparaten entwickelten Acetylens billiger als die des gelösten Acetylens. Ein weiterer Vorteil ist, daß das im Apparat entwickelte Acetylen schon teilweise mit Wasserdampf beladen ist, also im Motor besser verbrennt, als das völlig reine und trockene gelöste Acetylen.

Wichtig ist es, daß in Apparaten entwickelte Acetylen mechanisch zu reinigen, um Kalkstaub und Kohleteilchen zurückzuhalten. Diese Reinigung erfolgt durch Waschung, wobei gleichzeitig der größte Teil des Ammoniaks und Schwefelwasserstoffs zurückgehalten wird und durch Filtration durch Filzplatten.

Eine chemische Reinigung zur Entfernung des Phosphorwasserstoffs ist nicht durchaus notwendig. Ein schädlicher Einfluß der Verbrennungsgase auf die Motorzylinder usw. ist bei den geringen Mengen Phosphorwasserstoff, die zu Phosphorsäure verbrennen, kaum zu befürchten.

Über Betriebsergebnisse[1] liegen folgende Beobachtungen vor:

Ein 4 Zylinder-30-PS-Automobilmotor ergab folgenden Acetylenverbrauch bei verschiedenen Bremsleistungen:

Bremsleistung	Gesamtgasverbrauch	Spez. Gasverbrauch
10,5 PS	3,85 cbm/St.	0,370 cbm/PS-St.
17,0 „	5,0 „	0,29 „
22,8 „	6,7 „	0,28 „
27,2 „	7,1 „	0,26 „

Der stündliche Acetylenverbrauch wurde an einer Gasuhr, die Leistung mit einer Bremsdynamo gemessen und die abgebremste elektrische Leistung rückwärts in PS umgerechnet unter Berücksichtigung des Wirkungsgrades der Dynamo. Bei allen Belastungen lief der Motor mit der gleichen Tourenzahl. Aus der Aufstellung geht hervor, daß der Motor bei Vollast mindestens 250 l Acetylen oder rund 1 kg Carbid, bei Teilbelastungen verhältnismäßig wenig mehr für die effektive Pferdekraftstunde verbraucht.

Bei Vollast wäre das ungefähr das Doppelte dessen, was für feststehende Acetylenmotore bisher angenommen wurde. Nach *Keel*[2] ist das darauf zurückzuführen, daß es sich bei den feststehenden Kleinmotoren um einzylindrige Maschinen mit günstigster Ventilanordnung handelte, während die heute in Betracht kommenden Motore mehrzylindrig seien und für den Verbrauch die ungünstigste Ventilanordnung besäßen. Die gleiche Erfahrung sei auch bei Benzinmotoren gemacht worden.

---

[1] Vgl. Mitt. d. Schweiz. Acetylenvereins 1918, Nr. 7; s. a. *Keel:* a. a. O. S. 33.

[2] A. a. O. S. 35.

Die Kosten der Kraft, mit Acetylen erzeugt, sind nach oben aufgeführten Zahlen für die Pferdekraftstunde demnach ungefähr gleich den Kosten für 1 kg Carbid.

Bezüglich der Fahrtleistungen liegen folgende Zahlen vor: Ein etwa 700 kg wiegender Fordwagen machte etwa 35 km Fahrt mit 7 kg Carbid ohne Wassereinspritzung, somit 100 km mit 20 kg, ein anderer 1200 kg wiegender Wagen mit 18 kg etwa 60 km, also 100 km mit 30 kg Carbid. Derselbe Wagen brauchte unter den gleichen Bedingungen 18 bis 20 l Benzin. Ein 1200 bis 1400 kg wiegender Personenwagen machte auf trockener, ziemlich ebener Straße 80 km und verbrauchte hierfür rund 5 cbm gelöstes Acetylen.

Die Auspuffgase der Acetylenmotore setzen sich nach einem Untersuchungsbericht der Prüfungsanstalt für Brennstoffe an der eidgenössischen technischen Hochschule in Zürich[1] folgendermaßen zusammen:

Belastung	1	2	3	4	5	6
	Vollast		Halblast		Leerlauf	
Kohlensäure CO_2 . . .	11,5%	6,8%	9,1%	8,7%	5,8%	6,5 %
Sauerstoff O_2.	6,5%	12,0%	9,8%	9,8%	12,9%	12,3%
Stickstoff N_2	82,0%	81,2%	81,1%	81,5%	81,3%	81,1%
Brennbare Bestandteile	0,0%	0,0%	0,0%	0,0%	0,0%	0,1%
	100,0%	100,0%	100,0%	100,0%	100,0%	100,0%
Verhältnis von Luft: Acetylen	18	28,8	21,6	22,8	31,2	30

Es ergibt sich daraus, daß bei allen Belastungen die Verbrennung des Acetylens vollständig war, da brennbare Bestandteile sich in den Auspuffgasen nicht finden, trotzdem der Luftüberschuß verhältnismäßig gering war.

Es hat sich ferner bei den Probefahrten gezeigt, daß eine unzulässige Erhitzung der Acetylenmotore nicht eintritt und die Zylinder und die Zündkerzen blank und sauber bleiben. Der Schmierölverbrauch ist bei Motoren ohne Wassereinspritzung verhältnismäßig hoch, bei Wassereinspritzung aber dem bei Benzinbetrieb ungefähr gleich.

Versuche haben weiter ergeben, daß die Energieausbeute[2] von Acetylen größer ist als die von Benzin, so brauchte ein Wagen für 100 km 14 kg Benzin, aber im Mischbetrieb nur 3 kg Benzin und 4 kg Acetylen, so daß diese 4 kg 11 kg Benzin ersetzen konnten oder 1 kg Acetylen rund 2,5 kg Benzin äquivalent ist.

Eine ähnliche Überlegenheit der Energieausbeute des Acetylens hat *Haber*[3] bei Vergleichsversuchen mit Benzol festgestellt. Die Ursache wurde durch gasanalytische Untersuchungen in der Tatsache gefunden, daß beim Benzolbetrieb ein bedeutender Überschuß an Benzol über das theoretische Gemisch (2,8% Benzol) erforderlich war, wenn der Motor raschen Belastungs-

[1] Mitt. d. Schweiz. Acetylenvereins 1918. Nr. 11.
[2] *Keel*, a. a. O. S. 37.
[3] A. a. O.

änderungen gut folgen sollte, während beim Acetylenbetrieb Acetylenluftgemische allen Anforderungen genügten, die weniger Acetylen als das Gemisch (7,75%) enthielten. Die Verbrennung war im ersten Fall demgemäß sehr unvollständig, im zweiten dagegen vollständig.

Von den wesentlichen in der Schweiz bekannt gewordenen verschiedenen Bauarten der Acetylenautomobile seien nachstehend zwei Vertreter im Bild wiedergegeben, aus dem die ganze Einrichtung und Anordnung der Einzelteile zu ersehen ist.

Die Acetylenausrüstung „Carba" der *Schweizerischen Kohlensäurewerke A.-G.*-Bern-Liebefeld besteht aus folgenden Apparaten (Fig. 173):

Acetylenentwickler mit Kondenswasserabscheider *A*, Gasregler mit Wäscher *B* und *C*, Gasreiniger *D*, Mischventil *E*, Manometer *F* und den zugehörigen Leitungen und Armaturen. Der Acetylenentwickler arbeitet nach

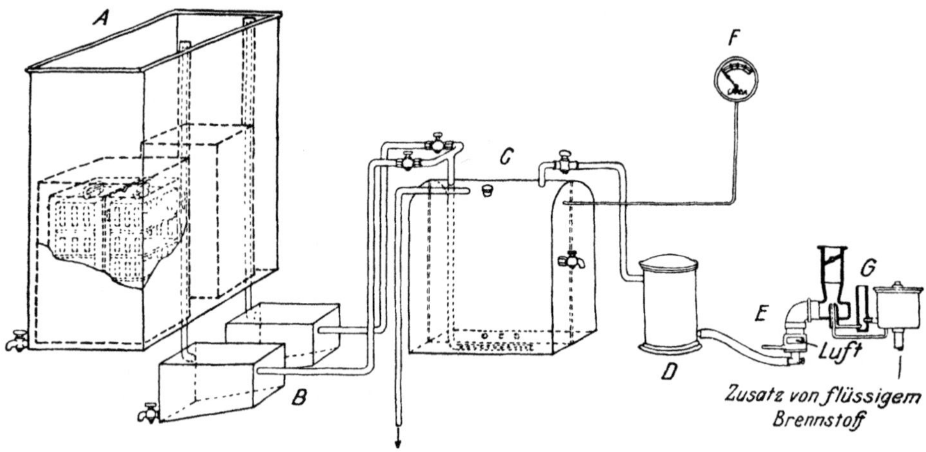

Fig. 173. „Carba"-Ausrüstung, schematisch.

dem Prinzip „Wasser zum Carbid", und zwar nach dem Spülsystem. Er enthält zwei oder mehrere vom Führersitz einschaltbare Retorten, von denen jede bis 5 kg Carbid fassen kann. Der Gasregler dient zur Regulierung der in der Zeiteinheit zu erzeugenden Gasmenge, die sich völlig automatisch dem jeweiligen Bedürfnis anpaßt. Das Mischventil ist zum schweizerischen Patent angemeldet.

Als Vertreter der Acetylenentwickler, die nach dem System „Carbid ins Wasser" arbeiten, sei der Acetylenentwickler „Ideal" (System *E. Muhl*) der *Automobil-Entwicklerwerke „Ideal"* in Zürich angeführt, dessen Konstruktion aus den Abbildungen 174 bis 176 ohne weiteres ersichtlich ist.

Der Carbidbehälter faßt je nach der Wagengröße 17 bis 25 kg Carbid 4/7 bis 8/15 mm der Wasserbehälter 110 bis 140 l, so daß das Verhältnis zwischen Carbid und Wasser sich wie rund 1 : 6 verhält. Der Gasbehälter, der auf den nachstehenden Abbildungen nicht zu sehen ist, besitzt ein Fassungsvermögen von 50 l.

Fig. 174 gibt einen Vertikalschnitt durch den Entwickler und seine Anordnung am hinteren Teil des Wagens wieder.

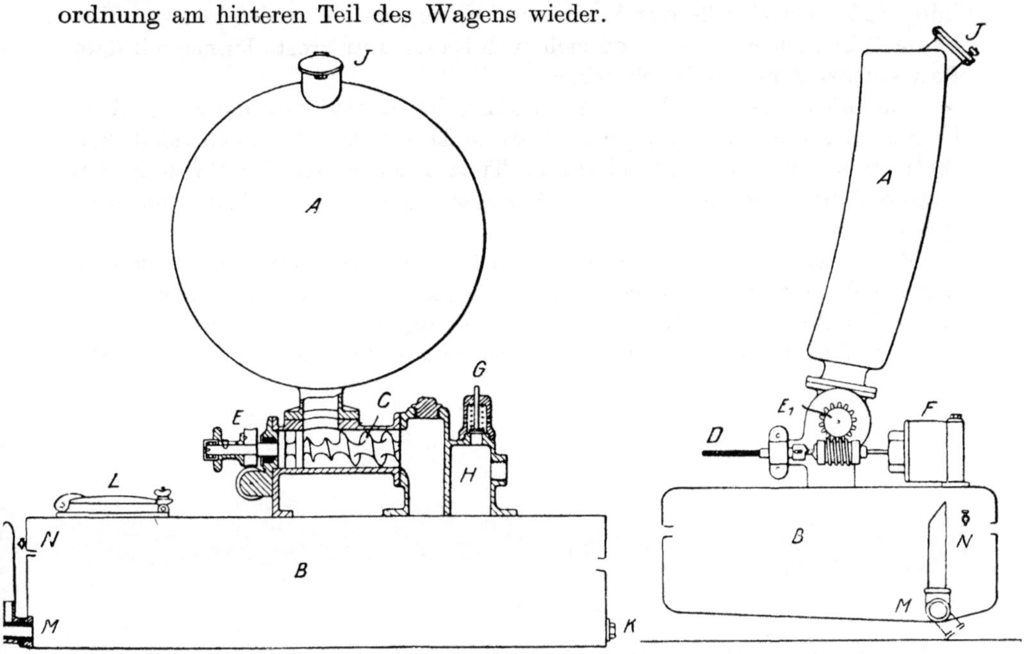

Fig. 174. Acetylenentwickler „Ideal“, System E. Muhl. — Links: Vertikalschnitt, rechts: Anordnung am Wagen. *A* Carbidbehälter mit Einfüllstutzen. *B* Entwickler. *C* Förderschnecke. *D* Vom Motor angetriebene biegsame Welle. *E* Schneckengetrieb mit ein- und ausschaltbarer Klaue. E_1 Druckempfindlicher Ein- und Ausschalter der Klauen. *F* Handcarbidbeförderung. *G* Überdruckventil. *H* Gasentnahme. *I* Putzloch am Carbideinwurf. *K* Putzloch am Entwickler. *L* Wassereinfüll- und Putzdeckel. *M* Schlammentleerungshahn. *N* Wasserüberlauf.

Aus Fig. 175 ist die Bauart des Druckreglers, aus Fig. 176 diejenige des Mischventils ersichtlich.

Von der Züricher Automobil-Kontrolle wurde diese Bauart als die beste ihrer Art bezeichnet[1].

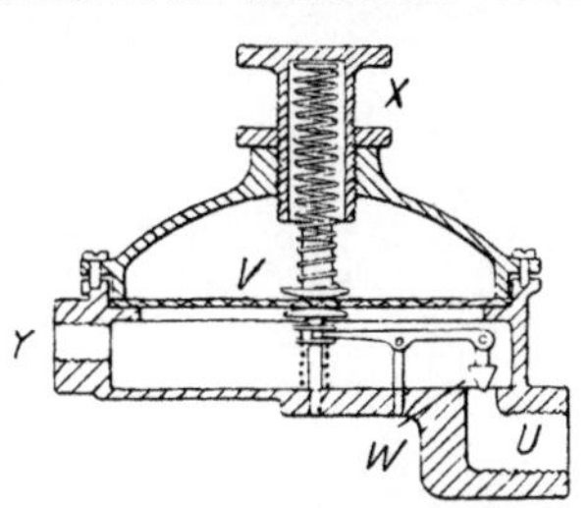

Fig. 175. Druckregler.

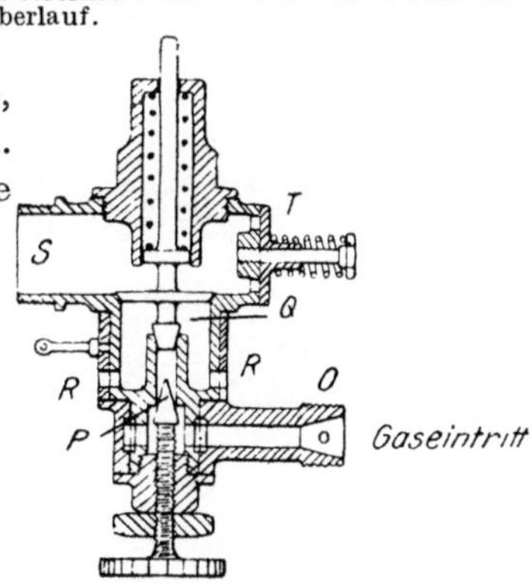

Fig 176. Mischventil.

Druckregler und Mischventil zum „Ideal“ Entwickler.
O Gaseintritt. *P* Durchlaßdüse. *Q* Automatisches Ansaugventil. *R* Verstellbarer Luftschieber. *S* Gasaustritt zum Vergaser. *T* Rückschlagventil. *U* Gaseintritt. *V* Gummimembrane. *W* Reguliervorrichtung. *X* Regulierschraube. *Y* Gasaustritt zum Mischventil.

Daß der Verwendung des Acetylens für den Antrieb von Automobilmotoren in sicherheitstechnischer Hinsicht keine Bedenken entgegenstehen, ist wohl für den Fachmann selbstverständlich. Voraussetzung ist hierfür, wie für alle Gebiete, auf denen Acetylen verwendet wird, daß die ganze Einrichtung,

[1] *Keel*, a. a. O. S. 58.

besonders aber die Acetylenentwickler so dauerhaft und einwandfrei gebaut sind, daß Unglücksfälle durch sie nicht hervorgerufen werden können. Das ist natürlich nur möglich, wenn sich auch bei uns nur ernste Firmen mit dem Bau solcher Apparate beschäftigen.

Die Möglichkeit der Weiterentwicklung der Acetylenmotore sowie überhaupt der ganzen Anordnung der Apparate für den Automobil- und ähnlichen -betrieb ist noch nicht abgeschlossen. Trotz bedeutender Fortschritte in den letzten Jahren kann noch viel zur Verbesserung und Vervollkommnung beigetragen werden.

Wenn auch bei uns zur Zeit die Betriebsstoffnot besonders für Automobile nicht mehr so groß ist, wie sie zeitweise war, so wäre es dennoch zu begrüßen, wenn das Acetylen als Betriebsstoff mit herangezogen würde, weil dadurch den einheimischen Carbidfabriken ein weiteres Absatzgebiet erschlossen würde.

Verwendung des Acetylens als Ausgangsmaterial für Produkte der chemischen Industrie.

Acetylentetrachlorid (Tetrachloräthan) und seine Abkömmlinge.

Die ersten Versuche zur Herstellung des Acetylentetrachlorides (sym. Tetrachloräthan ($C_2H_2Cl_4$) stammen aus dem Jahre 1869 von *Berthelot* und *Jungfleisch*[1]. Diese fanden, daß sich Acetylen mit Antimonpentachlorid zu einer Doppelverbindung $SbCl_5C_2H_2$ vereinigt, welche mit Antimonpentachlorid erhitzt, unter starker Wärmeentwicklung in Acetylentetrachlorid und Antimonchlorür nach der Gleichung

$$SbCl_5C_2H_2 + SbCl_5 = C_2H_2Cl_4 + 2\ SbCl_3$$

zerfällt. Die Reaktion wurde in einer Destillationsapparatur vorgenommen, so daß sich das Acetylentetrachlorid mit Antimonpentachlorid verunreinigt in einer Vorlage kondensierte. Als *Berthelot* und *Jungfleisch* die genannte Doppelverbindung des Acetylens und Antimonpentachlorids für sich allein erhitzten, destillierte Acetylendichlorid (sym. Dichloräthylen $C_2H_2Cl_2$) ab.

Alle Versuche, Acetylen und Chlor direkt miteinander zur Vereinigung zu bringen, scheiterten an der noch heute nicht völlig aufgeklärten Tatsache, daß beim Zusammenbringen der beiden Gase Explosion eintritt, welche anscheinend durch eine schwer entfernbare Verunreinigung des Acetylens bei gleichzeitiger Anwesenheit von Luft verursacht wird. Vollkommen reines Acetylen soll sich nach *Römer*[2] im Licht ruhig mit Chlor vereinigen.

Erst im Jahre 1898 gelang es *Mouneyrat*[3], etwas größere Mengen Acetylentetrachlorid nach folgendem Verfahren darzustellen. Er erhitzte Äthylenchlorid, welches mit Aluminiumchlorid versetzt war, auf 70 bis 75° und leitete Chlor und Acetylen in die Flüssigkeit ein. Die Gase vereinigten sich, wenn jede Spur Luft ausgeschlossen war, zu Acetylentetrachlorid, wobei gleichzeitig auch Hexachloräthan infolge Chlorierung des primär gebildeten Acetylentetrachlorides entstand.

Diese Gewinnungsweisen gestatten teils wegen der Kostspieligkeit, teils wegen der nie ganz zu vermeidenden Explosionsgefahr nicht die technische Darstellung des Acetylentetrachlorides. Diese wurde zuerst durch das Verfahren des *Consortiums für elektrochemische Industrie* in München (D. R. P. Nr. 154 657 vom 29. Juli 1903) ermöglicht, nach welchem heute das Produkt in großem Maßstabe an mehreren Orten hergestellt wird. Bei diesem Verfahren wird Acetylen und Chlor abwechselnd oder gleichzeitig, aber an ver-

---

[1] Liebigs Annalen Suppl. **7**, 252.
[2] Liebigs Annalen **233**, 183.
[3] Bulletin de la Soc. chim. (3) **19**, 447, 452, 454.

schiedenen Stellen, so daß die Gase nicht in direkte Berührung miteinander kommen können, in Antimonpentachlorid eingeleitet, wobei mit guten Ausbeuten Vereinigung der beiden Gase zu Acetylentetrachlorid stattfindet. Es bildet sich hierbei beim Einleiten von Acetylen im Antimonpentachlorid die von *Berthelot* bereits beschriebene Doppelverbindung $SbCl_5C_2H_2$ und auch die Doppelverbindung $SbCl_5\,2\,C_2H_2$, welche mit Chlor unter Bildung von Acetylentetrachlorid und Rückbildung von Antimonpentachlorid reagieren. Das Antimonpentachlorid reagiert aufs neue mit Acetylen usf. Es wird also bei dieser Reaktion nicht verbraucht, sondern wirkt als Katalysator, und es liegt hier der immerhin seltene Fall vor, daß der Mechanismus einer Katalyse völlig klar ist, da die Zwischenstufen genau festgestellt werden

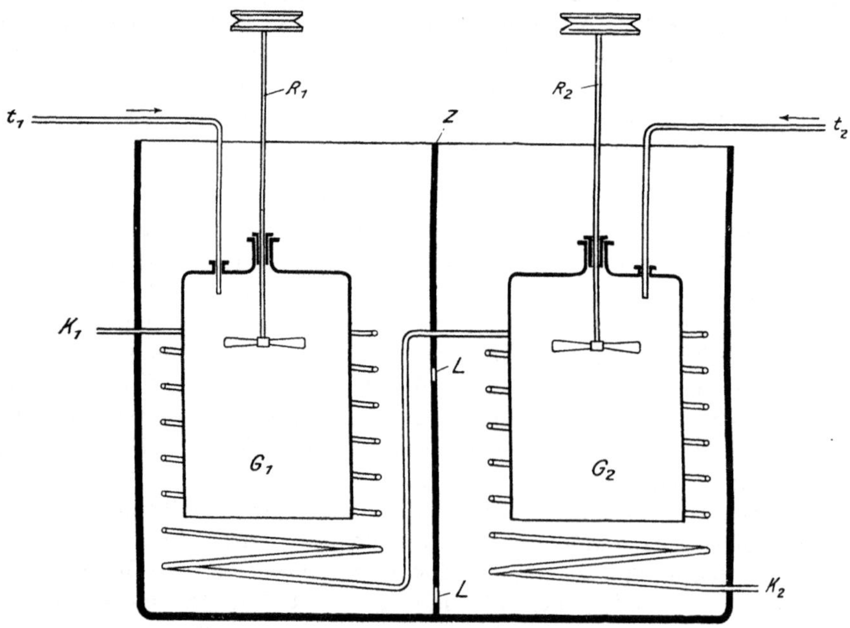

Fig. 177.

können. Die Apparatur wird schematisch durch Fig. 177 wiedergegeben. Die Gase treten in die mit Rührer R_1 und R_2 versehenen Glocken G_1 und G_2 ein, die Flüssigkeit zirkuliert durch die Wirkung der Rührer durch kleine Öffnungen L der Scheidewände Z, so daß also die mit dem einen Gas zur Reaktion gekommene Flüssigkeit stets alsbald mit dem anderen Gas in Kontakt gebracht wird. Es wird mit konzentriertem Katalysator und niedrigem Flüssigkeitsstand begonnen. Durch die Acetylentetrachloridbildung füllt sich der Apparat mit Flüssigkeit an. Aus dem Reaktionsprodukt wird durch fraktionierte Destillation das Acetylentetrachlorid abgetrennt, was in weitgehendem Maße gelingt, da während der Destillation das bei 157° siedende Antimonpentachlorid sich unter gleichzeitiger Chlorierung geringer Mengen Acetylentetrachlorid, welche dabei in Pentachloräthan und Hexachloräthan übergehen, in das bei

213° siedende Antimonchlorür umwandelt, während Acetylentetrachlorid bei 144° siedet. Das in der Destillationsblase zurückgebliebene Antimonchlorür wird nach Überführung in Antimonchlorid wieder für eine neue Operation verwandt.

Auf die Darstellung von Acetylentetrachlorid wurden weiterhin eine Reihe Patente von verschiedenen Seiten genommen. Das Verfahren des *Salzbergwerkes Neustaßfurt* (D. R. P. Nr. 174 068 vom 28. Juni 1904) verwendet als Katalysator Schwefelchlorür in Verbindung mit einer geeigneten Kontaktsubstanz, z. B. Eisen oder Eisenverbindungen. Schwefelchlorür allein bildet mit Acetylen keine Doppelverbindung, während es unter Zusatz von wenig Eisen das Gas absorbiert. Auch die so entstandene Verbindung läßt sich durch Chlor zersetzen, wobei bei niedrigerer Temperatur Acetylentetrachlorid, in der Nähe des Siedepunktes der Flüssigkeit Hexachloräthan entsteht. Auch bei diesem Verfahren wird als wichtig bezeichnet, daß die Gase nicht miteinander in Berührung kommen. Will man Acetylentetrachlorid herstellen, so sättigt man zweckmäßig das Reaktionsgemisch nach wiederholter Behandlung mit Acetylen und Chlor zuletzt mit Acetylen und destilliert das gebildete Tetrachloräthan entweder für sich ab oder treibt es mit Wasserdampf über, wobei Schwefel zurückbleibt, der in bekannter Weise in Schwefelchlorür übergeführt wird und als solches in den Prozeß zurückkehrt. Zwecks Darstellung von Hexachloräthan sättigt man zweckmäßig das Schwefelchlorür zuletzt bei Siedehitze mit Chlor. Aus der so erhaltenen Flüssigkeit scheiden sich beim Erkalten Krystalle von Hexachloräthan ab, welche durch Abpressen und Sublimieren oder Destillieren mit Wasserdampf oder Umkrystallisieren mit einem geeigneten Lösungsmittel weitergereinigt werden.

Harry Kneebone Tompkins (D. R. P. Nr. 196 324 vom 9. September 1905) stellte fest, daß das leicht dissoziierende Antimonpentachlorid einen gewissen Chlordruck hat, infolgedessen beim Einleiten von Acetylen Explosionen entstehen können. Die Herunterdrückung dieser Chlorkonzentration durch Hinzufügung von Antimonchlorür ist Gegenstand seines Patentes. *Tompkins* verfährt nach einem bereits von *Berthelot* geäußerten Gedanken so, daß er Acetylen in ein aus Antimonpentachlorid und Trichlorid bestehendes Gemisch einleitet, welches auf eine so hohe Temperatur erhitzt ist, daß die zunächst entstehende Verbindung ($SbCl_5C_2H_2$) alsbald nach ihrer Bildung mit dem überschüssigen Pentachlorid unter Bildung von Acetylentetrachlorid reagiert, welches dabei abdestilliert. Der Rückstand, im wesentlichen Antimonchlorür, wird durch Einleiten von Chlor in Antimonpentachlorid übergeführt. Dieses Verfahren dürfte wegen seiner Umständlichkeit kaum technisch ausgeführt werden.

Nach D. R. P. Nr. 201 705 vom 28. September 1905 und Nr. 204 516 vom 11. Juli 1906 von *Lidholm* wird die Vereinigung von Acetylen und Chlor zu Acetylentetrachlorid und Acetylendichlorid durch Belichten des Gasgemisches mit Radium- oder Röntgenstrahlen oder mit anderen chemisch wirksamen Strahlen bewirkt, wobei Explosion dadurch verhütet werden soll, daß das Acetylen durch indifferente Gase, z. B. 10% Kohlensäure, verdünnt wird. Das Verdünnungsmittel kann nach *Lidholm* erspart werden, wenn die Intensität der Belichtung so abgemessen wird, daß Explosionen vermieden werden. Auch dieses Patent dürfte kaum technisch verwirklicht werden.

Die *Chemische Fabrik Griesheim-Elektron* (D. R. P. Nr. 204 883 vom 17. Juli 1906) bringt Acetylen und Chlor in der Weise zur gefahrlosen Vereinigung, daß Chlor einerseits und Acetylen andererseits vor ihrer chemischen Vereinigung mit einem „Verdünnungsmittel fester Natur" (z. B. Sand) gemischt werden und sodann mit Hilfe einer Kontaktsubstanz oder durch Einwirkung chemisch wirksamer Strahlen zur Reaktion gebracht werden, wobei man vorteilhaft die Verdünnung der beiden Komponenten auch während des Vereinigungsprozesses aufrecht erhält. Nach der Griesheimer Patentschrift hat die Gasmischung in der Verdünnung mit Sand nicht mehr die Eigenschaft zu explodieren. Die Korn- bzw. Porengröße ergibt die Praxis von selbst. Im Maximum darf sie nicht so groß sein, daß eine Entzündung der Gase möglich ist, im Minimum darf sie den zuströmenden Gasen keinen zu großen Widerstand entgegensetzen. Den von der *Chemischen Fabrik Griesheim-Elektron* verwandten Apparat zeigt Fig. 178. Ein Rohr mit passender Kühlung wird in seinem unteren Teil *a* mit gröberen Kieskörnern, in dem mittleren Teil *b*, welcher mit einem Kühlmantel umgeben ist, mit einer Mischung aus feinerem Sand und Eisenstückchen oder -pulver und im oberen Teil einschließlich der beiden Gaszuleitungsstutzen c^1 und c^2 bis dicht zu dem Stopfen *d* mit reinem Sand angefüllt. Die beiden Gase Acetylen und Chlor werden getrennt durch die beiden Zuleitungsröhren c^1 und c^2 eingeführt und gelangen in der oberen Sandschicht zur Mischung. Sobald das Gasgemisch bis zu der die Kontaktsubstanz enthaltenden Schicht anlangt, tritt eine Reaktion ein, indem sich das Chlor an das Acetylen anlagert, wobei je nach der Schnelligkeit der Gaszuführung eine Temperaturerhöhung bis zu 200° eintreten kann, weshalb für Kühlung Sorge zu tragen ist. Das bei der Vereinigung der beiden Gase entstehende Acetylentetrachlorid sickert nach unten durch und sammelt sich schließlich in der Vorlage an. Durch Waschen mit Wasser und einmaliges Umdestillieren wird das Rohprodukt in wasserhelles Acetylentetrachlorid übergeführt.

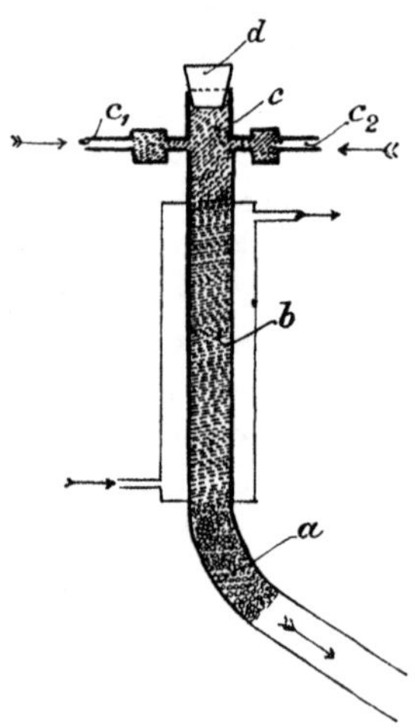

Fig. 178.

Nach Angabe des *Salzbergwerkes Neustaßfurt* rührt die früher bisweilen beobachtete, unter Abspaltung von Salzsäure verlaufende Selbstzersetzung des Acetylentetrachlorids bei der Aufbewahrung von der Anwesenheit geringer Spuren von Verunreinigungen und dadurch katalytisch beschleunigter Zersetzungsprozesse her. Völlig reines Acetylentetrachlorid, wie es das

Consortium für elektrochemische Industrie und das *Salzbergwerk Neustaßfurt* in den Handel bringen, ist unbegrenzt haltbar[1].

Die genauen physikalischen Konstanten des Acetylentetrachlorides werden weiter unten zusammen mit denen der „Acetylentetrachlorid-Derivate" gegeben werden. Acetylentetrachlorid ist eine leichtbewegliche, wasserklare Flüssigkeit von an Chloroform und Tetrachlorkohlenstoff erinnerndem Geruch. Es ist, wie seine noch zu besprechenden Abkömmlinge, unentzündlich; die Flüssigkeit, auf einen Brandherd gegossen, bringt diesen vielmehr zum Erlöschen.

Acetylentetrachlorid besitzt ein sehr hohes Lösungsvermögen für organische Stoffe aller Art, insbesondere Fette, Öle, Harz und teerähnliche Stoffe. Leinöl und Paraffin werden stark gelöst. Das Lösungsmittel selbst ist mit Wasserdampf leicht und fast quantitativ aus der Lösung destillierbar. Bei der trockenen Destillation in gleichzeitiger Gegenwart von Wasser und Metall erleidet es jedoch eine spurenweise Zersetzung, indem sich ein wenig Salzsäure abspaltet, was bei der Anwendung zu berücksichtigen ist. Acetylentetrachlorid löst Phosphor, Jod, Brom, Chlor (etwa das 30fache Volumen). Geschmolzener Schwefel ist oberhalb 120° in jedem Verhältnis mit Acetylentetrachlorid mischbar, während die gesättigte Lösung bei gewöhnlicher Temperatur nur etwa 1% Schwefel enthält. Acetylentetrachlorid ist also zur Extraktion und zum Umkrystallisieren von Schwefel sehr geeignet. Für die technische Verwendung des Acetylentetrachlorides ist in Berücksichtigung zu ziehen, daß die Verbindung wie alle Chlorpräparate narkotische Wirkungen besitzt. Diese treten indessen nicht so leicht auf wie bei Chloroform und Tetrachlorkohlenstoff, da die Flüchtigkeit des Präparates erheblich geringer ist wie die der letzten beiden.

Acetylentetrachlorid ist gegen Säuren, selbst gegen starke Salpetersäure, ziemlich unempfindlich. Hochkonzentrierte Salpetersäure ist in dem Präparat löslich und wird durch Zusatz einer Spur Wasser aus der Lösung wieder ausgefällt. Gegen Alkalien ist es unbeständig und geht unter Salzsäureabspaltung in Trichloräthylen über. Beim Erhitzen des Acetylentetrachlorides im Einschmelzrohr auf 300° entstehen nach *Berthelot* und *Jungfleisch* (a. a. O.) unter Salzsäureabspaltung Trichloräthylen, bei höherer Temperatur Hexachlorbenzol; letzteres jedenfalls in der Weise, daß sich zunächst aus dem Trichloräthylen unter weiterer Salzsäureabspaltung Dichloracetylen und aus diesem durch Polymerisation Hexachlorbenzol bildet. Acetylentetrachlorid ist gegen Metalle in trockenem Zustande so gut wie indifferent. Insbesondere ist es für die Technik von Wichtigkeit, daß trockenes Acetylentetrachlorid Schmiedeeisen, Gußeisen, verzinntes und verbleites Eisen, Kupfer und Messing nicht angreift. Bei Gegenwart von Feuchtigkeit greift es dagegen obige Metalle in der Wärme in ähnlichem Maße an wie Tetrachlorkohlenstoff[2]. Verbleite Apparate oder solche aus Kupfer, Messing und Nickel zeigen sich

---

[1] Chem.-Ztg. **32** (1908), **529**; Mitteil. von *Precht*-Neustaßfurt.

[2] Vgl. a. Zeitschr. f. angew. Chemie **29** (1916) Nr. 40 II, S. 246, Nr. 88 II, S. 466. J. Soc. chem. Ind. 1916, S. 94/95, 450 bis 452.

auch gegen heißes Acetylentetrachlorid bei Gegenwart von Wasser sehr widerstandsfähig. Durch die Einwirkung von Zink, Aluminium und Eisen in feinverteilter Form bei Gegenwart von Feuchtigkeit entsteht unter Chlorabspaltung sym. Dichloräthylen (vgl. S. 308). Gegen Chlor ist Acetylentetrachlorid im Dunkeln und in der Kälte beständig; in der Wärme und im Sonnenlicht, namentlich bei Gegenwart von Chlorüberträgern, wie Aluminiumchlorid, Antimonpentachlorid, Chlorschwefel usw. wird es leicht in Penta- und Hexachloräthan übergeführt.

Acetylentetrachlorid hat wegen seiner Nichtbrennbarkeit und seiner hervorragenden lösenden Eigenschaften verschiedentlich Anwendung in der Technik gefunden. Es wird als Lösungsmittel für Lacke, besonders für Celluloseacetat, welches in der Kunstseidenindustrie eine zunehmende Bedeutung erlangt, benutzt. Die Herstellung von Celluloseacetatlösungen sowie von Lösungen anderer Lackbestandteile ist durch D. R. P. Nr. 175 379 (*Lederer*, Sulzbach) geschützt. Es findet auch zum Entfernen alter Farbanstriche, zum Entfetten sowie zur Schwefelextraktion Verwendung. Auch in der Industrie chemischer und pharmazeutischer Präparate ist es als Lösungs- und Krystallisationsmittel vielfach im Gebrauch.

Das Acetylentetrachlorid bildet die Muttersubstanz für eine Reihe anderer organischer Chlorverbindungen, welche gleichzeitig mit dem Acetylentetrachlorid durch die Dr. *Alexander Wacker-Gesellschaft* in München auf den Markt gebracht werden, und von denen einige in erheblichem Umfange Eingang in die Technik gefunden haben. Diese Verbindungen nebst ihren wesentlichen physikalischen Konstanten finden sich in nachfolgender Tabelle verzeichnet.

	Formel	Mol. Gewicht	Spez. Gewicht 15°	Siedepunkt korr. bei 738,5 mm °	Dampfdruck bei 20° mm Hg	Spez. Wärme bei 18°	Verdampf. Wärme Cal.	Gefrierpunkt °
Sym. Dichloräthylen .	$C_2H_2Cl_2$	96,9	1,278	52	205	0,270	41	—
Trichloräthylen	$C_2 \cdot H \cdot Cl_3$	131,4	1,471	85	56	0,233	57,8	—70
Perchloräthylen . . .	C_2Cl_4	165,8	1,628	119	17	0,208	50	—
Sym. Tetrachloräthan .	$C_2H_2Cl_4$	167,8	1,600	144	11	0,227	52,8	—30
Pentachloräthan . . .	C_2HCl_5	202,3	1,685	159	7	0,207	45	—
Hexachloräthan fest. .	C_2Cl_6	236,7	ca. 2	185 subl.	3	0,178	—	—

Trichloräthylen (C_2HCl_3) ist das für die Technik interessanteste und wichtigste der Acetylentetrachloridderivate. Die Verbindung ist von *Berthelot* und *Jungfleisch* durch Erhitzen von Acetylentetrachlorid im Einschmelzrohr auf 300° unter Salzsäureabspaltung erhalten worden. Es wird heute nach D. R. P. Nr. 171 900 vom 27. Mai 1905 des *Consortiums für elektrochemische Industrie* durch Kochen von Acetylentetrachlorid mit wäßrigen Alkalien, insbesondere Kalk (nach dem Zusatzpatent Nr. 208 854 Kalk auch in fester Form), gewonnen. Nach dem englischen Patent Nr. 23 780, 1906, und dem deutschen Patent Nr. 222 622 vom 23. Oktober 1907, beide von *Tompkins*, wird die S. 304 erwähnte Reaktion von *Berthelot* und *Jungfleisch* in der Weise ausgeführt, daß man Acetylentetrachlorid durch ein glühendes Rohr leitet, wobei neben Salzsäuregas und unverändertem Acetylentetrachlorid, je nach der Höhe der angewandten Temperatur, Trichloräthylen oder dieses im Gemisch mit Hexachlorbenzol übergeht.

Trichloräthylen bildet eine chloroformähnlich riechende Flüssigkeit vom Siedep. 85°. Gegen verdünnte Alkalien und Kalk ist Trichloräthylen beständig. Mit starken Alkalilösungen gekocht, bildet es spurenweise Dichloracetylen (C_2Cl_2), welches selbstentzündlich ist. Bei längerem Erhitzen im Rohr auf 300° geht Trichloräthylen, offenbar unter intermediärer Bildung von Dichloracetylen in dessen Polymerisationsprodukt Hexachlorbenzol über, wie bereits oben erwähnt wurde. Es hat vor dem Acetylentetrachlorid sowie vor dem Tetrachlorkohlenstoff den für die Technik wichtigen Vorzug, Metalle, insbesondere Eisen und Blei, auch bei Gegenwart von Wasser in der Hitze nicht anzugreifen, so daß es als vollwertiger Ersatz für das entzündliche Benzin in der Extraktionstechnik bereits vielfach verwandt wird. Der Siedepunkt liegt für die meisten Zwecke der Extraktionstechnik sehr günstig. Die Extraktion mit demselben braucht im gleichen Apparat erheblich kürzere Zeit als die Benzinextraktion. Es rührt dies zum Teil von seiner geringen Verdampfungswärme her, zum Teil daher, daß es als einheitliche Verbindung durchweg den gleichen Flüchtigkeitsgrad besitzt, während die letzten Reste Benzin sehr langsam aus dem Öl zu entfernen sind. Die narkotischen Wirkungen des Trichloräthylen sind nicht stärker[1], sondern eher geringer als die des Tetrachlorkohlenstoffes. Trichloräthylen ist ähnlich dem Acetylentetrachlorid ein gutes Schwefellösungsmittel und wird auch für Aufbereitung der Gasreinigungsmasse empfohlen. Auch in der Wasch- und Detachiertechnik findet es für sich und in Verbindung mit Seifenlösungen (z. B. „Triol") oder in Emulsion mit sulfonierten Fetten und Ölen, sulfonierten Fett- und Ölsäuren, insbesondere mit Türkischrotölen[2] Verwendung. Bedenken gegen die Anwendung von Trichloräthylen in eisernen Apparaten liegen kaum vor, wenn auch zu empfehlen ist, bei der Herstellung der Apparate die Materialstärken etwas kräftiger zu wählen, zumal dort, wo das Eisen mit Trichloräthylendämpfen in Berührung kommt[3]. Wenngleich die narkotischen Eigenschaften des Trichloräthylens nicht stärker sind als die von Benzin, so wurde es dennoch z. B. bei der Metallentfettung erst dann mit Erfolg angewandt, als man dazu überging, die Entfettung in geschlossenen Behältern vorzunehmen. Ein solcher Apparat wird z. B. gebaut von der Firma *Max Keller*, Berlin NW. Das Trichloräthylen löst nicht nur das Fett der metallischen Gegenstände, sondern entfernt auch den Schmutz, der in den Vertiefungen sitzt, ohne mechanische Hilfsmittel[4], so daß die Metallgegenstände vollkommen fettfrei und

[1] Chem.-Ztg. **32** (1908), 529.
[2] *Stockhausen & Co.*, D. R. P. 304909.
[3] *Voigt:* Chem. Apparatur **1917**, 177 bis 180, 187 bis 189.
[4] Zeitschr. f. Gewerbehygiene, Unfallverhütung u. Arbeiter-Wohlfahrtseinrichtungen. Wien **1917**; s. a. Zeitschr. d. Österr. Acetylenvereins **1917**, Nr. 7.

blank den Apparat verlassen[1]. Zum Entfetten von Abwässerschlamm wird ebenfalls Trichloräthylen verwendet. Ein solcher von der Maschinenfabrik *Wilhelm Wurl*-Berlin-Weißensee gebauter Extraktionsapparat ist in der Dresdner Abwässerbeseitigungsanlage aufgestellt. Trichloräthylen findet ferner Anwendung als Lösungsmittel für Harze, Lacke, Celluloseacetat, für Gewinnung von Harz und Terpentinöl aus Schnittholz, Holzabfällen usw., für Extraktion von Knochen, bituminösen Bodenprodukten und den verschiedensten Rückständen der öl- und fettverarbeitenden Industrien, wie Kadavermehl, Fischabfälle, Leimrückstände, Lederabfälle, Abfälle aus der Woll- und Baumwollindustrie, Putzwolle, Walk- und Wollfettkuchen usw.[2]. Auch bei dem Verfahren zur Holzschnellreifung der Firma *Benno Schilde G. m b. H.* Hersfeld, nach dem es gelingt, aus waldfrischem, eben gesägtem Holz in drei Tagen ein für jede Verarbeitung reifes Holz unter Gewinnung der Extraktionsharze usw. herzustellen, wird Trichloräthylen verwendet[3]. Auch zur Filmreinigung soll Trichloräthylen mit bestem Erfolge verwendet werden[4]. Schließlich wird es auch in der Sprengstoffindustrie als Ersatz für Alkohol zum Umkrystallisieren von Trinitrophenol benutzt[5].

Die Einführung des Trichloräthylens in die Extraktionstechnik wurde dadurch erschwert, daß fast jedes Extraktionsgut seinen Eigenschaften entsprechend behandelt werden muß, und demnach sehr oft eine besondere Apparatur erfordert, wenngleich das Bestreben der Industrie dahin geht, einen Extraktionsapparat zu schaffen, der womöglich für alle vorkommenden Fälle verwendbar ist. Bei jedem neuen Material bedarf es einer Reihe unentbehrlicher Vorarbeiten, die naturgemäß sich über einen langen Zeitraum erstrecken müssen. Da infolge der größeren Lösungsfähigkeit des Trichloräthylens, z. B. für Pflanzenharze mitunter anders gefärbte Produkte erzielt werden, wie bei der Extraktion mit Benzin oder einem anderen Lösungsmittel, so ergibt sich daraus von selbst, daß dann bezüglich der Raffination der gewonnenen Öle und Fette auch andere Methoden eingeschlagen werden müssen.

So hat sich das Trichloräthylen, wie aus den oben gemachten Angaben hervorgeht, wenn auch langsam, in der Extraktionstechnik seinen Weg gebahnt, und es dürfte in Zukunft dieses Anwendungsgebiet sich noch vergrößern, denn die Technik besitzt in ihm ein gleichzeitig unentzündliches und gegen Metalle unempfindliches Lösungsmittel von mäßigem Preise; außerdem dürfte das bisher wohl am meisten verwendete Benzin, insbesondere infolge der starken Nachfrage als Automobilbetriebsstoff für Extraktionszwecke weniger

---

[1] Jahresbericht der preußischen Reg.- und Gewerberäte 1913; Zentralblatt für Gewerbehygiene 1915, Nr. 1, S. 21; vgl. auch Carbid und Acetylen 1915, Nr. 5, S. 23, Nr. 15, S. 67.

[2] *Merz:* Zeitschr. d. Österr. Acetylenvereins 1911, Nr. 7; s. auch Carbid und Acetylen 1911, Nr. 17, S. 199 bis 202.

[3] *Voigt* a. a. O.; vgl. a. Carbid und Acetylen 1919, Nr. 7, S. 27.

[4] Bericht der österr. Gewerbeinspektoren; Zeitschr. d. österreich. Acetylenvereins 1917, Nr. 16; vgl. auch Carbid und Acetylen 1918, Nr. 14, S. 56.

[5] Chem.-Ztg. **34** (1910), Nr. 153, S. 967.

zur Verfügung stehen. Es ist ferner zu berücksichtigen, daß Trichloräthylen im Inlande hergestellt wird, und somit der deutschen Volkswirtschaft große Summen erhalten bleiben können.

Auch in die Laboratoriumspraxis hat sich das Trichloräthylen als Extraktionsmittel u. a. für quantitative Fettbestimmungen Eingang verschafft. Die mit ihm erhaltenen Werte weichen nur innerhalb der Fehlergrenzen von den z. B. mit Äther erhaltenen ab, wie aus nachfolgender Aufstellung hervor geht[1]:

Futtermittel	mit Äther extrahiert			mit Trichloräthylen extrahiert		
	Fettgehalt			Fettgehalt		
	I %	II %	Mittel %	I %	II %	Mittel %
Reisfuttermehl	12,03	12,02	12,03	11,80 11,79	11,82 11,74	11,79
Leinkuchenmehl	8,2	8,07 8,01	8,09	7,82 7,73	7,83 7,75	7,78
Baumwollsamenmehl	9,03	8,98	9,01	8,95	9,02	8,99
Palmkuchenmehl	6,55	6,55	6,55	6,30	6,34	6,32
Gerstenschrot	2,40	2,40	2,40	2,24	2,26	2,25
Cocoskuchen	11,28	11,23	11,26	10,97 11,02	10,96 11,02	10,99
Erdnußkuchen	7,05	6,87	6,96	6,57 6,74	6,57 6,69	6,64
Sonnenblumenkuchen	9,54	9,44	9,49	9,38	9,38	9,38
Maisschlempe	8,40	8,39	8,40	8,09	8,04	8,07
Biertreber	7,02	7,02	7,02	6,82	6,75	6,79
Maisölkuchenmehl	10,24	10,27	10,26	10,36	10,58	10,47
Sojabohnenmehl	6,15	6,19	6,17	6,20	6,18	6,19

Eine sehr interessante Verwendungsmöglichkeit des Trichloräthylens ist die für eine Synthese des Indigos. Trichloräthylen bildet, mit Ätznatron, Kalk und Alkohol erhitzt, Dichlorvinyläther, welcher mit Wasser erhitzt unter Salzsäureabspaltung in Chloressigester übergeht. Die Gleichungen sind die folgenden:

$$C_2HCl_3 + NaOC_2H_5 = NaCl + C_2HCl_2OC_2H_5$$
$$C_2HCl_2OC_2H_5 + H_2O = HCl + CH_2ClCOOC_2H_5 .$$

Chloressigester gibt mit Anilin Phenylglycinester, welcher zu Phenylglycinkalium verseift werden kann (Patente *Imbert* und *Consortium für elektrochemische Industrie* Nr. 216 940, 209 268, 194 884). Das Phenylglycinkalium kann auf bekannte Weise durch Schmelzen mit Alkali in Indoxyl und Indigo übergeführt werden. Bisher wurde bekanntlich die Chloressigsäure, welche die *Farbwerke vorm. Meister, Lucius & Brüning* und die *Badische Anilin- und Soda-Fabrik* zur Indigosynthese verwenden, aus Essigsäure hergestellt,

[1] *Neumann:* Chem.-Ztg. **35** (1911), Nr. 112, S. 1025; vgl. auch Carbid und Acetylen 1912, Nr. 3, S. 32.

die bei der Holzdestillation gewonnen wurde. Da neuerdings Essigsäure ebenfalls aus Acetylen gewonnen werden kann (vgl. S. 331), so sind jetzt zwei Möglichkeiten gegeben, um vom Acetylen zum Indigo zu gelangen.

Nach dem engl. Patent 173 540 vom 2. Juli 1920 soll es möglich sein, Phenylglycin und dessen Derivate in einem einzigen Arbeitsgang aus Trichloräthylen oder Tetrachloräthan und Anilin herzustellen[1].

Trichloräthylen soll sich ferner durch Behandeln mit Schwefelsäure bestimmter Konzentration kontinuierlich in Chloressigsäure überführen lassen[2].

Dichloräthylen ($C_2H_2Cl_2$) wurde bereits von *Berthelot* und *Jungfleisch* durch Erhitzen der Acetylen-Antimonchloridverbindung gewonnen nach der Gleichung:

$$SbCl_5 \cdot C_2H_2 = SbCl_3 + C_2H_2Cl_2 .$$

Die technische Darstellung wurde indessen erst ermöglicht, als Acetylentetrachlorid leicht erhältlich war. Durch Behandeln mit Zink, Eisen oder Aluminium in fein verteilter Substanz bei gleichzeitiger Anwesenheit von Wasser geht Acetylentetrachlorid nämlich in symmetrisches Dichloräthylen (Siedep. 52°) über (D.-R. P. Nr. 216 070 des *Consortiums für elektrochemische Industrie* vom 10. August 1907, Zusatzpatent Nr. 217 554). Die Reaktion mit Zinkstaub und Aluminium geht unter gewöhnlichem Druck im Rührapparat stürmisch vonstatten, bei Anwendung von Eisen ist Erhitzen auf hohe Temperatur in Druckgefäßen erforderlich. Das Dichloräthylen steht in seinen chemischen und physikalischen Eigenschaften dem Trichloräthylen nahe. Es ist besonders ausgezeichnet durch ein hohes Lösungsvermögen gegenüber Kautschuk (*Fischer*, D. R. P. Nr. 211 186 vom 20. Januar 1907).

Das technische Dichloräthylen[3] ist ein Gemisch der beiden Stereoisomeren. Es siedet zwischen 50 und 60° C und hat das spez. Gewicht 1,28. In seinem Lösungsvermögen entspricht es etwa dem Äther, so daß es vorteilhaft an dessen Stelle verwendet werden kann. Da es im Gegensatz zu diesem nicht explosionsgefährlich ist — die Flamme, welche beim Anzünden von Dichloräthylen entsteht, löscht sich sogleich selbst aus — kann es unbedenklich auf dem Arbeitstisch des Laboratoriums in der Nähe der Flamme für Krystallisations- und Lösungszwecke gebraucht werden. Ein weiterer Vorteil ist das geringe gegenseitige Lösungsvermögen von Dichloräthylen und Wasser: Wasser löst nur 0,5% Dichloräthylen. Es werden hierdurch einerseits die Lösungsmittelverluste verringert, andererseits nimmt das Dichloräthylen gegenüber Äther ganz unbedeutende Mengen Wasser aus den zu extrahierenden Lösungen heraus. Das beim Arbeiten mit Äther notwendige Trocknen der Lösung mit Chlorcalcium oder Natriumsulfat und die damit verbundenen Verluste fallen also weg. Beim Gebrauch ist auf das spez. Gewicht insofern Rücksicht zu nehmen, als beim Ausschütteln von Salzlösungen naturgemäß

[1] British Dyestuffs Corp. London, Levinstein und Imbert-Blackley Manchester. E. P. 173 540 vom 2. Juli 1920. Fr. Pat. 527 554 vom 23. November 1920. Schweiz. Pat. 93576 vom 16. November 1920. Chem. Zentralblatt 1922. IV No. 13, S. 760.

[2] Soc. des Produits Chimiques d'Alais et de la Camargue. Franz. Pat. 497 378 vom 4. Dezember 1919, Chem.-Ztg. **45** (1921), Nr. 68/70, S. 135.

[3] Chem.-Ztg. **45** (1921), Nr. 33, S. 266.

jene Konzentrationen der Salze vermieden werden müssen, bei denen die Lösung und das Dichloräthylen ein gleiches spez. Gewicht haben. Die Entfernung des Lösungsmittels muß bei einer etwas höheren Temperatur als beim Äther erfolgen. Vergleichsweise Versuche mit Äther und Dichloräthylen zum Zwecke der Feststellung der Verwendbarkeit bei der Herstellung verschiedener organischer Präparate haben keine nennenswerten Unterschiede in der Ausbeute und der Beschaffenheit jener Stoffe ergeben. Dichloräthylen dürfte daher in vielen Fällen des präparativen und analytischen Arbeitens im Laboratorium als Ersatz für Äther geeignet sein[1].

Perchloräthylen (C_2Cl_4) wird durch Kochen von Pentachloräthan mit Kalk hergestellt, in ähnlicher Weise wie das Trichloräthylen aus Acetylentetrachlorid gewonnen wird. Es stellt eine relativ schwachriechende Flüssigkeit vom Siedep. 119° dar, deren chemische und physikalische Eigenschaften denen des Dichloräthylens und Trichloräthylens ähneln. Es findet wegen seines relativ schwachen Geruches vorzugsweise als Detachiermittel Anwendung, und es dürfte seine Verwendung überhaupt überall da in Frage kommen, wo ein geringerer Flüchtigkeitsgrad als der des Tri- und Dichloräthylens und dabei Indifferenz gegenüber Metallen gewünscht wird. Mit Vorliebe wird es als Schwefellösungsmittel verwendet[2].

Pentachloräthan (C_2HCl_5) wird durch Chlorieren des Trichloräthylens dargestellt. Es steht im Siedepunkt (159°) und auch in seinen sonstigen Eigenschaften dem Tetrachloräthan sehr nahe. Wie dieses ist es gegen Alkalien empfindlich und geht mit diesen erhitzt in Perchloräthylen über. Metalle greift es in feuchtem Zustande, besonders in der Hitze, in ähnlichem Maße an wie Acetylentetrachlorid, während es in trockenem Zustande gegen Metalle indifferent ist. Es besitzt im reinen Zustande noch schwächeren Geruch als Perchloräthylen und ist auch noch weniger flüchtig. Pentachloräthan wird in verhältnismäßig geringen Mengen hergestellt und dient in der Metallwarenfabrikation zum Entfetten von Metallteilen vor der Galvanisation[2].

Hexachloräthan (C_2Cl_6) entsteht nach *Mouneyrat* (a. a. O.) bei erschöpfender Chlorierung von Acetylentetrachlorid mit Aluminiumchlorid als Katalysator. Nach D. R. P. Nr. 174 068 vom 28. Juni 1904 des *Salzbergwerkes Neustaßfurt* entsteht diese Verbindung auch, wenn man Acetylentetrachlorid und Chlor auf ein Gemisch von Schwefelchlorür mit einer geeigneten Kontaktsubstanz (Eisenpulver) bei hoher Temperatur wirken läßt. Technisch wird es nach einer bereits von *Faraday* ausgeführten Reaktion durch Chlorieren von Perchloräthylen hergestellt. Hexachloräthan ist ein fester, kampferähnlich riechender Körper, welcher bei etwa 185°, ohne zu schmelzen, sublimiert. Es ist gegen Alkalien auch bei hoher Temperatur völlig beständig, gegen Metalle dagegen in der Hitze bei Gegenwart von Feuchtigkeit empfindlich und geht unter der Einwirkung von Zink und Wasser unter Chlorabspaltung in Perchloräthylen über. Die Verbindung findet als Ersatz für Kampfer da

[1] J. Soc. Chem. Ind. 1916, S. 450 bis 452; Zeitschr. f. angew. Chemie 29 (1916), Nr. 88, II, S. 466.

[2] Carbid und Acetylen 1912, Nr. 20, S. 225.

Verwendung, wo hauptsächlich der Geruch des Kampfers in Frage kommt. Es soll ferner in der Sprengstoffindustrie wahrscheinlich als Kühl- und Verdünnungsmittel Verwendung finden[1].

Hexachloräthan soll nach einem Vorschlag von *Lépine*[2] in Neuschatel in Mischung mit Pentachloräthan und einer anderen organischen, Kautschuk und Harz nicht lösenden und Metalle nicht angreifenden Chlorverbindung, z. B. Äthylenchlorid, Pentachlorbenzol usw. vorteilhaft als unverbrennliches und elektrisch isolierendes Schalter- und Transformatorenölersatzmittel Verwendung finden. *Großmann*[3] (Ober-Urdorf-Schweiz) stellt eine isolierende Füllflüssigkeit für Transformatoren und Schalter dadurch her, daß er organische Chlorverbindungen wie Tetrachlorkohlenstoff, Tetrachloräthan, Epichlorhydrin mit Transformatorenöl und einer organischen Base, wie Anilin, die zum Neutralisieren dienen soll, mischt.

Hergestellt werden die Chlorabkömmlinge[4] des Acetylens in Deutschland vornehmlich von der Dr. *Alexander Wacker-Gesellschaft für elektrochemische Industrie* in Burghausen; in Schweden hat die *Stockholms Superfosfatfabriks A. B.* die Herstellung von Tetrachloräthan und Trichloräthylen aufgenommen, in England werden diese Körper von *R. W. Greef & Co.* in London unter dem Namen Westron (Tetrachloräthan) und Westrosol (Trichloräthylen) in den Handel gebracht; in den Vereinigten Staaten liefert sie u. a. die *Dow Chemikal Co.*

Zum Schluß seien die Reaktionen der wechselnden Salzsäure bzw. Chlorabspaltungen durch Kalk und Additionen von Chlor zusammengestellt, durch welche Acetylentetrachlorid und seine 5 Abkömmlinge dargestellt werden:

1. $C_2H_2 + 2\,Cl_2 = C_2H_2Cl_4$ . . . . Acetylentetrachlorid.
2. $2\,C_2H_2Cl_4 + Ca(OH)_2 = 2\,C_2HCl_3 + CaCl_2 + 2\,H_2O$ . . . Trichloräthylen.
3. $C_2HCl_3 + Cl_2 = C_2HCl_5$ . . . . Pentachloräthan.
4. $2\,C_2HCl_5 + Ca(OH)_2 = 2\,C_2Cl_4 + CaCl_2 + 2\,H_2O$ . . . Perchloräthylen.
5. $C_2Cl_4 + Cl_2 = C_2Cl_6$ . . . . Hexachloräthan.
6. $C_2H_2Cl_4 + Zn = C_2H_2Cl_2 + ZnCl_2$ . . . . Dichloräthylen.

Herstellung von Ruß, Graphit und Wasserstoff.

Der hohe Gehalt des Acetylens an Kohlenstoff hat frühzeitig dazu geführt, dieses zur Rußgewinnung zu benutzen, und zwar zunächst durch Oxydation nach dem Anblakeverfahren. Schon vom Jahre 1896 an hat die Firma *Berger & Wirth*[5] in Leipzig-Schönefeld auf diese Weise Ruß in allerdings nur beschränktem Umfange aus Acetylen gewonnen. Letzteres wurde in gewöhnlichen Brennern mit Luftzuführung verbrannt, und dabei der größte Teil des Kohlenstoffes durch Anblaken kalter, rotierender Flächen niedergeschlagen. Der intensiv leuchtenden Acetylenflamme entsteigt dabei der Ruß als dünner, leicht anhaftender Rauch und verdichtet sich an den

[1] Carbid und Acetylen 1912, Nr. 20, S. 225.
[2] D. R. P. Nr. 296 652 vom 24. März 1914.
[3] D. R. P. Nr. 315 402 vom 17. Februar 1914.
[4] Chem. Ztg. 44 (1920), Nr. 153, S. 967.
[5] D. R. P. Nr. 92 801 vom 25. Oktober 1896; verfallen wegen Nichtzahlung der 7. Jahrestaxe; vgl. ferner englisches Patent Nr. 23 957 vom Jahre 1897.

Wandungen der Auffanggefäße zu äußerst leichten Flocken. Nach Untersuchungen von *A. Ludwig* (*Levy*)[1] stellte der so erhaltene Ruß ein besonders wertvolles Produkt dar von außerordentlicher Schwärze, Reinheit und Feinheit, das sich gut mit Wasser, Öl, Leimlösung und Firnissen mischte, große Verteilungsfähigkeit besaß, sich vorzüglich verreiben ließ und frei war von jeder teerartigen Beimischung. Das Verfahren mußte nach einigen Jahren wieder aufgegeben werden, weil sich der Ruß, namentlich mit Rücksicht auf die damaligen hohen Carbidpreise und weil dabei ein Teil des Kohlenstoffes verbrennt, so teuer stellte, daß er den Wettbewerb mit den gleichartigen amerikanischen Rußsorten nicht aufnehmen konnte. Nach den Angaben von *Berger & Wirth* soll sich das Acetylen in Gemisch mit anderen Gasen (z. B. Ölgas) besonders vorteilhaft nach dem Anblakeverfahren auf Ruß verarbeiten lassen. Auf diese Weise soll es gelingen, auch minderwertige Gase durch Anreicherung mit Acetylen für die Rußbereitung verwendbar zu machen. Von einer praktischen Verwertung dieses Verfahrens ist indessen nichts bekannt geworden.

Von größerer Bedeutung für die Praxis der Rußgewinnung ist die Zersetzung des Acetylens ohne Oxydation, wobei als Nebenprodukt Wasserstoff abfällt. Bekanntlich breitet sich die an einem Punkte eingeleitete Zersetzung des Acetylens sofort durch die ganze Masse aus, sobald das Acetylen unter mehr als 2 Atm Druck steht (vgl. S. 4). Bei dieser Zersetzung entstehen Kohlenstoff und Wasserstoff, und zwar ohne Zwischenbildung irgendwelcher Polymerisationsprodukte. Diese Eigenschaft des Acetylens benutzte zuerst *Hubou* zur Rußgewinnung[2]. Er zersetzte Acetylen in geschlossenen Behältern unter Abschluß von Luft und in Gegenwart von Wasserstoff. Nachdem diese beiden Gase unter bestimmtem Druck komprimiert waren, wurde die Zersetzung des Acetylens mittels elektrischen Funkens bewerkstelligt. Durch die Anwesenheit von Wasserstoff, der sich natürlich auch bei der Explosion bildete, wurde der doppelte Zweck verfolgt, die Luft zu verdrängen und die Explosion zu verlangsamen. Nach der Zersetzung wurde zunächst gewartet, bis die Apparate sich abgekühlt hatten und der Druck des Wasserstoffs, der infolge der Explosion bis auf 40 Atm stieg, auf den ursprünglichen Druck zurückgegangen war. Dann wurde der Wasserstoff durch Öffnung eines Hahnes einem besonderen Gasbehälter zugeführt und hierauf der Explosionsbehälter geöffnet, um den Kohlenstoff herauszunehmen. Der Behälter wurde alsdann wieder geschlossen, mit dem gewonnenen Wasserstoff die beim Öffnen eingedrungene Luft verdrängt und hierauf wieder Acetylen eingepreßt.

Das Verfahren ist einige Zeit in einem Schweizer Carbidwerk betrieben, dann aber hauptsächlich infolge einiger Unfälle wieder verlassen worden. Letztere sollen jedesmal bei zu frühzeitigem Öffnen des noch nicht hinreichend abgekühlten Behälters und dem damit verbundenen Eintritt von Luftsauerstoff erfolgt sein.

[1] Zeitschr. f. Calciumcarbid u. Acetylen 1899, 57.

[2] D. R. P. Nr. 103 862 vom Jahre 1898; verfallen wegen Nichtzahlung der 9. Jahrestaxe.

Eine eigenartige und sinnreiche Kombination des Oxydations- und Zersetzungsverfahrens hat *Adolph Frank* in Gemeinschaft mit *N. Caro* und *A. R. Frank* ausgearbeitet[1]. Diese erzielen eine teilweise Oxydation des Acetylens durch Anwendung von Kohlenoxyd oder Kohlensäure. Hierbei wird nicht nur der Kohlenstoff des Acetylens abgeschieden, sondern auch der Kohlenstoff des angewendeten Oxydationsmittels, was eine Vergrößerung der Ausbeute zur Folge hat.

Die Zersetzung von Acetylen oder acetylenhaltigen Gemischen unter Abscheidung von Kohlenstoff findet statt, wenn man sie mit Kohlensäure, Kohlenoxyd oder diese Verbindungen enthaltenden Gasen mischt und dieses Gemisch durch erhitzte Röhren leitet oder unter Druck der Einwirkung des elektrischen Funkens unterwirft. Unter diesen Umständen reagieren die Gase aufeinander nach den folgenden Gleichungen:

$$C_2H_2 + CO = H_2O + 3\,C$$
$$2\,C_2H_2 + CO_2 = 2\,H_2O + 5\,C$$
$$C_2H_2 + 3\,CO = H_2O + CO_2 + 4\,C$$
$$C_2H_2 + CO_2 = H_2O + CO + 2\,C\,.$$

Anstatt Acetylen kann man auch dessen Metallverbindungen, besonders die der alkalischen Erden oder andere Carbide, z. B. Aluminiumcarbid oder diese Verbindungen enthaltende Gemische verwenden. Leitet man z. B. über Calciumcarbid bei erhöhter Temperatur Kohlenoxyd, Kohlensäure oder diese Verbindungen enthaltende Gase, so tritt Kohlenstoffabscheidung ein, und zwar hauptsächlich nach den Reaktionen:

$$CaC_2 + CO = CaO + 3\,C$$
$$CaC_2 + 3\,CO = CaCO_3 + 4\,C$$
$$2\,CaC_2 + CO_2 = 2\,CaO + 5\,C$$
$$2\,CaC_2 + 3\,CO_2 = 2\,CaCO_3 + 5\,C\,.$$

Der Kohlenstoff scheidet sich hierbei je nach der angewendeten Temperatur und der Dauer der Einwirkung in mehr oder minder feiner Verteilung oder krystallartig ab.

Die Herstellung von feinstverteiltem Kohlenstoff aus Calciumcarbid gestaltet sich nach diesem Verfahren folgendermaßen: In einer Retorte oder Röhre wird fein zerkleinertes Calciumcarbid auf 200 bis 250° erhitzt und der Einwirkung von Kohlenoxyd so lange unterworfen, bis keine Absorption mehr eintritt. Die erhaltene Reaktionsmasse wird sehr fein gemahlen, mit Wasser geschlämmt und der abgeschlämmte Teil nötigenfalls noch durch Behandlung mit geeigneten Lösungsmitteln vom anhaftenden Kalk befreit. Das so erhaltene Kohlenstoffpulver ist frei von allen teerigen Bestandteilen und in so feiner Verteilung, daß es mit Vorteil zur Fabrikation bester Druckerschwärze und als Ersatz für chinesische Tusche verwendet werden kann.

---

[1] D. R. P. Nr. 112416 vom Jahre 1899; verfallen wegen Nichtzahlung der 12. Jahrestaxe.

Leitet man Kohlenoxyd, Kohlensäure oder diese Gase enthaltenden Gemische bei hoher Temperatur oder unter Druck ein, so scheidet sich Kohlenstoff in graphitischer Form ab. Der auf diese Weise erhaltene Graphit ersetzt den natürlichen Graphit in allen seinen Verwendungsarten.

Die Abscheidung des Kohlenstoffes aus Carbiden bzw. Acetylen durch Kohlensäure, Kohlenoxyd oder diese Verbindungen enthaltende Gase kann mit Vorteil dort benutzt werden, wo es darauf ankommt, feinverteilten Kohlenstoff für chemische Zwecke anzuwenden. Hierbei werden zweckmäßig beide Prozesse, nämlich der Prozeß der Kohlenstoffabscheidung und Kohlenstoffbindung vereinigt. So z. B. findet dieser Prozeß bei Kohlung von Metallen vorteilhafte Anwendung. Beim Zementieren von Eisen z. B. bringt man das zu zementierende Metall in geeigneter Weise mit den Carbiden in Berührung und leitet bei hoher Temperatur z. B. Kohlensäure oder diese Verbindung enthaltende Gemische mit oder ohne Zusatz von Acetylen darüber. Bei Anwendung von Acetylen kann natürlich die Anwesenheit von Carbiden fortfallen[1].

Eine andere Verwendungsart dieser Kategorie ist das sog. Oxydieren des Silbers. Silberne Gegenstände werden mit Carbidpulver belegt und bei 150 bis 200° der Einwirkung von Kohlenoxyd unterworfen. Der sich hierbei abscheidende Kohlenstoff brennt sich ein und verleiht dabei dem Silber das beliebte oxydische Aussehen.

Später fanden *Frank* und seine Mitarbeiter, daß auch bei Einwirkung noch anderer Stoffe als Kohlenoxyd und Kohlensäure auf Carbid, welche unter Abscheidung von Kohlenstoff auf Carbid reagieren, dieser Kohlenstoff sich in Graphitform abscheidet, wenn man diese Stoffe bei höherer als der Reaktionstemperatur einwirken läßt[2]. Diese höhere Temperatur kann auf verschiedene Weise erzielt werden, so z. B. dadurch, daß man die zur Reaktion gelangenden Stoffe auf höhere Anfangstemperatur erhitzt, als zur Herbeiführung der Reaktion erforderlich ist, oder daß man die Reaktionsintensität steigert, indem man die zur Reaktion gelangenden Stoffe unter Druck oder in großen Massen und in inniger Berührung aufeinander einwirken läßt.

Man erhält auf diese Weise Graphit, wenn man auf Carbide der Alkalien, Erdalkalien oder Erden, welche rein oder miteinander gemischt oder im Gemisch mit anderen inerten oder die Reaktion fördernden Stoffen sich befinden, Chlor, Brom, Jod, Stickstoff, Phosphor, Arsen, Halogenwasserstoff, Schwefelwasserstoff, Ammoniak, Phosphorwasserstoff, Arsenwasserstoff, organische Halogen-, Schwefel- oder Stickstoffverbindungen oder reduzierbare Verbindungen der Alkalien, Erdalkalien und Erden in der erwähnten Weise einwirken läßt.

---

[1] Die Anreicherung von Kohlenstoff im Eisen durch Acetylen ist nach Untersuchungen *Langenbergs* (J. Iron Steel Jnst. Mai 1917; Zeitschr. f. angew. Chemie **32** (1919), II, S. 57), eine Funktion der Temperatur. Zwischen 890 und 900° zeigt sich eine merkliche Erhöhung der Kohlenstoffaufnahme.

[2] D. R. P. Nr. 174 846 vom 3. November 1904, Zusatz zum D. R. P. Nr. 112 416; verfallen zusammen mit dem Hauptpatent.

Die hierbei anzuwendenden Temperaturen liegen bei den Halogenen und den Halogenwasserstoffverbindungen bei etwa 200 bis 300°, bei Schwefelwasserstoff, Phosphorwasserstoff und Arsenwasserstoff über etwa 300°, bei Stickstoff in freiem oder gebundenem Zustande bei Dunkelrotglut übersteigender Temperatur, ebenso bei Anwendung der Verbindungen der Alkalien, Erdalkalien usw.

Diese Stoffe können rein oder im Gemisch mit anderen inerten oder reaktionsbefördernden Stoffen, ferner feucht oder trocken in freiem oder derart gebundenem Zustande, daß sie bei der Reaktion frei werden, zur Verwendung kommen.

Als Beispiel sei die Einwirkung von Chlor auf Carbid beschrieben. Bei einer Temperatur von 240 bis 245° wirkt Chlor derart auf Calciumcarbid ein, daß Chlorcalcium und Kohle entstehen[1]. Leitet man die Reaktion derart, daß die Reaktionstemperatur die Anfangstemperatur von 240 bis 245° nicht oder nicht wesentlich übersteigt, so scheidet sich der Kohlenstoff als Ruß ab[2]. Erhitzt man dagegen das Carbid auf eine höhere Temperatur bzw. erzielt man eine höhere Reaktionstemperatur dadurch, daß man die Reaktion selbst ohne Abkühlung vor sich gehen läßt, so scheidet sich der bei der Reaktion entstehende Kohlenstoff in Form reinen Graphites ab. Die gesamte Masse des abgeschiedenen Kohlenstoffes kann nämlich im letzteren Falle durch Oxydation in Graphitsäure übergeführt werden.

Leitet man organische Stickstoffverbindungen, z. B. Methylamin enthaltende Abgase von der Verarbeitung von Schlempe über Carbid bei etwas Dunkelrotglut, so erfolgt Aufnahme des gebundenen Stickstoffes unter Abscheidung von Kohlenstoff in Form der Cyanamidsalze, wobei die Hälfte des Carbidkohlenstoffes als Kohlenstoff abgeschieden wird. Wird hierbei äußere Abkühlung vermieden, so steigt die Reaktionstemperatur über die Anfangstemperatur um 100 und mehr Grad, und es erfolgt Cyanamidbildung, jedoch unter Abscheidung des Kohlenstoffes in Form von Graphit. Die Graphitbildungsfähigkeit steigt, wenn man das Carbid von vornherein auf höhere Temperatur bringt. Versuche der *Chemischen Fabrik Griesheim-Elektron*[3] sollen ergeben haben, daß die im Kalkstickstoff enthaltene Kohle sich zur Herstellung stromleitender Teile an galvanischen Elementen, besonders von Trockenelementen, gut eignet. Sie soll in ihrer Ergiebigkeit sowohl die natürlichen Graphite als auch den besten künstlichen Graphit übertreffen.

Beim Schmelzen von Carbid mit Alkalien oder einer Mischung von Alkali mit Alkalisuperoxyd erfolgt Abscheidung von Kohlenstoff. Wird die Reaktion so geleitet, daß durch äußere Abkühlung oder Regulierung der Flamme die Masse in ruhigem Fluß bleibt, so scheidet sich der Kohlenstoff in einer spezifisch schweren, aber nicht graphitischen Modifikation ab. Werden solche Maßregeln nicht angewendet, so erfolgt eine starke Reaktion unter meßbar

---

[1] Vgl. Handb. f. Acetylen 1904, 18.

[2] Vgl. hierzu weiter unten das Verfahren nach D. R. P. Nr. 132 836.

[3] D. R. P. Nr. 297 412 vom 25. September 1915.

starker Temperatursteigerung und hierbei erfolgt die Abscheidung des Kohlenstoffes in nachweisbar graphitischer Form.

Nach einem im Prinzip ähnlichen Verfahren will die *Electricitäts-Actiengesellschaft vormals Schuckert & Co.* Ruß[1] gewinnen. Sie leitet Halogensubstitutionsprodukte der Kohlenwasserstoffe, z. B. Tetrachlorkohlenstoffdämpfe, im Gemenge mit Acetylen durch glühende Röhren oder über erhitztes Carbid. In beiden Fällen wird Kohlenstoff als Ruß abgeschieden. Die Reaktionen verlaufen wie folgt:

$$2\,C_2H_2 + CCl_4 = 5\,C + 4\,HCl\,,$$
$$2\,CaC_2 + CCl_4 = 5\,C + 2\,CaCl_2\,.$$

Nimmt man Chloroform statt des Tetrachlorkohlenstoffes, so verlaufen die Umsetzungen folgendermaßen:

$$C_2H_2 + CHCl_3 = 3\,C + 3\,HCl\,,$$
$$3\,CaC_2 + 2\,CHCl_3 = 8\,C + 3\,CaCl_2 + 2\,H\,.$$

Statt der Chlorverbindungen können z. B. auch diejenigen des Broms benutzt werden.

Der Vorteil dieses Verfahrens gegenüber demjenigen von *Frank* soll darin bestehen, daß man nicht unter Druck zu arbeiten braucht, da die Reaktionen unter gewöhnlichem Druck außer durch den elektrischen Funken auch schon beim Durchleiten durch glühende Röhren bei einer Temperatur von 350° eintreten.

Nach dem schon von *Hubou* angewandten Prinzip hat *F. Morani* ein Verfahren[2] ausgearbeitet, das insofern einen Fortschritt bedeutete, als dabei das von ersterem für erforderlich gehaltene Verdrängen von Luft aus dem Zersetzungsbehälter in Fortfall kam. *Morani* fand nämlich, daß letzteres bei Anwendung eines entsprechenden Druckes unterbleiben kann, da der Sauerstoff der Luft dann keinerlei oxydierende Wirkung auf das Acetylen oder dessen Zersetzungsprodukte ausübt und somit die Luft keine Änderung in dem nach der Gleichung: $C_2H_2 = 2\,C + 2\,H$ verlaufenden einfachen Spaltungsprozeß zu bewirken vermag. Die beigemengte Luft wirkt vielmehr wie ein indifferentes Gas, so daß sie die von *Berthelot* und *Vieille* bei der Explosion von Gemischen des Acetylens mit indifferenten Gasen beobachteten Erscheinungen, bestehend in der Verminderung der Explosionstemperatur und des auftretenden Druckes, hervorruft. Temperatur und Druck sind aber von wesentlicher Bedeutung für die physikalischen Eigenschaften des auf diese Weise zu gewinnenden Rußes, da mit Erhöhung dieser beiden die Beimengung von graphitischem Kohlenstoff wächst. Letzterer ist aber als die schädlichste Beimengung zum Acetylenruß anzusehen. Die Erkenntnis dieser Tatsache veranlaßte *Morani*, dem zu zersetzenden Acetylen einen gasförmigen exo-

[1] D. R. P. Nr. 132 836 vom 7. März 1901; verfallen wegen Nichtzahlung der 3. Jahrestaxe.

[2] D. R. P. Nr. 141 884 vom 12. September 1901; verfallen wegen Nichtzahlung der 5. Jahrestaxe.

thermischen Kohlenwasserstoff oder eine Mischung solcher Gase zuzusetzen, welche ohne irgendwelche Beeinflussung des vor sich gehenden chemischen Zersetzungsprozesses einen Teil der dabei frei werdenden Energie aufnehmen, indem sie dabei ebenfalls in Kohlenstoff und Wasserstoff zerfallen (z. B. Methan, Äthan, Steinkohlengas). Er erreichte auf diese Weise nicht nur eine Verringerung des Explosionsdruckes und eine Herabsetzung der Temperatur, sondern auch eine erhöhte Ausbeute an Ruß von größerer Homogenität und demgemäß besserer Qualität. Es gelang ihm auf diese Weise, den Explosionsdruck bis auf 12 Atm herabzumindern.

Von keinem der bis jetzt beschriebenen Verfahren ist — abgesehen von dem nach dem Anblakesystem arbeitenden Verfahren von *Berger & Wirth* — bekannt geworden, daß es dauernd im Großbetriebe zur Anwendung gekommen sei. Allerdings ist von der *Carbonium G. m. b. H.* in Offenbach a. M. nach dem von *Machtholf* modifizierten und verbesserten *Hubou-Moran*ischen Prinzip in Friedrichshafen am Bodensee eine große Fabrik erbaut worden, in welcher vom Juni 1910 an Acetylen im großen Umfange unter Druck auf Ruß und Wasserstoff verarbeitet wurde. Der letztere wurde an die Zeppelingesellschaft zur Füllung von Luftschiffen abgegeben, während der Ruß in großen Mengen auf den Markt gelangte. Das wichtigste an dem *Machtholf*schem Verfahren[1] besteht darin, daß der zur Zerlegung des Acetylens dienende Spaltapparat nicht jedesmal nach der Explosion geöffnet zu werden braucht, vielmehr der abgeschiedene Ruß in einfachster Weise und ohne Eindringen von Luft aus dem Spaltapparat direkt in das zur Verpackung dienende Gefäß befördert wird. Der Spaltapparat kann deshalb kontinuierlich benutzt werden.

Die Anlagen wurden 1911 infolge großer Nachlässigkeit durch eine Explosion zerstört. Widrige äußere Verhältnisse und Geldmangel bedingten darauf die Einstellung des an sich tadellos arbeitenden Verfahrens.

Der nach diesem Verfahren gewonnene Acetylenruß ist als nahezu chemisch rein zu bezeichnen, was insofern besonders wichtig ist, als er deshalb unbedenklich zur Herstellung schwarzer Farben in der Nahrungsmittelindustrie Verwendung finden kann. *Dr. Uhl*-Offenbach untersuchte im Januar 1910 mehrere Proben von Acetylenruß, die nach dem Verfahren der *Carboniumgesellschaft* hergestellt waren. Die Proben reagierten in wässeriger Aufschwemmung neutral und waren frei von schwefliger Säure, Arsenwasserstoff und Phosphorwasserstoff. Dagegen waren Spuren von Acetylen nachweisbar. Bei der Verbrennung im Sauerstoffstrome hinterblieb ein so geringer Rückstand, daß er kaum wägbar war. Nach einem Verfahren von *Thieme*[2] soll Ruß dadurch gewonnen werden können, daß man gleichzeitig flüssige und gasförmige Kohlenwasserstoffe mittels eines elektrischen Lichtbogens von weniger als 1000 Volt Spannung zersetzt. Die Rußgewinnung soll folgendermaßen vor sich gehen. Ein Kessel von etwa 2 cbm Inhalt wird zu $^1/_3$ mit schwer- oder leichtflüssigen Kohlenwasserstoffen, z. B. Braunkohlenteerölen,

[1] D. R. P. Nr. 194301 vom 14. März 1905, 194939 vom 14. März 1905, 207520 vom 9. November 1907.

[2] D. R. P. Nr. 297266 Kl. 22f. vom 21. November 1914.

und zu $^1/_3$ mit gasförmigen Kohlenwasserstoffen, z. B. Acetylen gefüllt und in dem Kohlenwasserstoffgemisch ein Lichtbogen hervorgerufen, wodurch die Spaltung eintritt. Die *Berlin-Anhaltische Maschinenbau-A.-G.*[1] will die Gewinnung der bei niedriger Temperatur sich absetzenden wertvolleren Ruße und deren Trennung von den bei höherer Temperatur sich abscheidenden graphitischen Kohlenstoffen dadurch erreichen, daß die Spaltung der Kohlenwasserstoffe in mehreren Retorten, Röhren oder Kammern vorgenommen wird, die in Hintereinanderschaltung stufenweise höher beheizt werden. Das Gas tritt seitlich in die oberen Enden der erhitzten Retorten ein, durchströmt sie von oben nach unten und wird teilweise in Ruß und Wasserstoff gespalten.

Der Acetylenruß kann bezüglich seiner Eigenschaften mit den feinsten amerikanischen Rußsorten erfolgreich in Wettbewerb treten, da er den Hauptanforderungen, die man an einen erstklassigen Ruß stellen muß, gute Deckkraft, tiefe Schwärze und dabei große Ausgiebigkeit, gerecht wird. Er ist jedoch feinkörniger und deshalb spezifisch schwerer (spez. Gew. = 1,93 bis 2,0 gegen 1,7 für gewöhnlichen Lampenruß[2]) als dieser und saugt infolgedessen mehr Firnis auf, was bei seiner Verarbeitung zu beachten ist. Die Folge davon ist, daß die aus ihm hergestellte Farbe matter wird. Ein solcher matter Glanz wird vielfach für Kunstdruck besonders geschätzt.

Die besseren Sorten von amerikanischem Ruß haben einen besonderen Glanz, der dem Acetylenruß aus dem angegebenen Grunde fehlt. Dort, wo es auf solchen Glanz ankommt, kann man die teuren amerikanischen Rußsorten bis zu 50% mit dem Acetylenruß mischen, ohne daß deshalb erfahrungsgemäß der Glanz erheblich abnimmt. Weiter wird der Acetylenruß mit besonderem Vorteil durch Vermischung zur Aufbesserung mancher billigeren deutschen Rußsorten benutzt.

Acetylenruß findet in der Farben-, namentlich in der Buchdruck- und Lithographenfarbenindustrie Verwendung, ferner in Lack-, Gummi- und Goldleistenfabriken, sowie schließlich auch auf verschiedenen Gebieten der Elektrizitätsindustrie, wo es sich um besonders reinen Ruß handelt. Von Bedeutung ist dabei, daß man für Acetylenruß in Deutschland in der Vorkriegszeit nur etwa 50% des Preises der besseren amerikanischen Rußsorten anzulegen brauchte.

W. G. Mixter[3] fand das spez. Gewicht des Acetylenrußes bei gewöhnlicher Temperatur zu 1,919 und seine Verbrennungswärme bei konstantem Druck und Volumen bei 20° für 1 g = 7894 Cal., für 12 g = 94 726 Cal. Danach wäre also die Verbrennungswärme nahezu dieselbe wie diejenige des Graphits, doch konnte *Mixter* feststellen, daß der von ihm untersuchte Acetylenruß keinen Graphit enthielt. Er hält denselben für eine bis dahin unbekannte, allotrope Modifikation des amorphen Kohlenstoffs.

Der Acetylenruß ist ein guter Wärme- und Elektrizitätsleiter.

---

[1] D. R. P. Nr. 312 546 Kl. 22f. vom 2. Juni 1917.

[2] *Hippolyt Köhler:* Die Fabrikation des Rußes und der Schwärze (Braunschweig 1906), S. 125.

[3] Amer. Journ. Science Silliman 1905, 434; Chem. Centralbl. 1905 (2) 98.

Herstellung von Acetaldehyd, Essigsäure Aceton, Alkohol und deren Abkömmlinge.

Herstellung von Acetaldehyd.

Essigsäure und Aceton werden seit Ende des Jahres 1916 im großen Maßstabe technisch aus Acetylen über Acetaldehyd hergestellt. Es bedeutet dies wieder einen wichtigen Fortschritt, durch den chemische Produkte, die bisher aus natürlichen Grundstoffen genommen wurden auf dem Wege der organischen Synthese erzeugt werden.

Bisher wurden z. B. Aceton und Essigsäure zum weitaus größten Teil aus Graukalk gewonnen, von dem im Jahre 1913 20 922 t (hiervon 97% allein aus Amerika) eingeführt wurden. Andererseits wurden im Jahre 1912/13 162 000 hl Spiritus auf Essigsäure und essigsaure Salze verarbeitet.

In volkswirtschaftlicher Hinsicht würde es also eine bedeutende Ersparnis bedeuten, wenn einerseits die Einfuhr aus dem Auslande wegfie e und andererseits die erzeugten Mengen Spiritus für andere Zwecke erhalten blieben.

Daß man aus Acetylen bei Gegenwart von Quecksilbersa zen Acetaldehyd erhält, ist zuerst von *Kutscherow*[1] festgestellt worden. Später haben *Erdmann* und *Köthner* auf dieselbe Reaktion hingewiesen; sie erhielten Acetaldehyd u. a. dann, wenn Acetylen in kochende verdünnte Schwefelsäure (3 Teile konzentrierte Säure, 7 Teile Wasser) bei Gegenwart von Quecksilberoxyd eingeleitet wurde[2], in einer Ausbeute von etwa 5%. Nach *Eltekow*[3] erfolgt die Einwirkung von Wasser auf Acetylen unter Bildung von Acetaldehyd dadurch, daß sich zuerst Vinylalkohol bildet, der durch weitere Anlagerung von Wasser in Glykol übergeht; dieses endlich gibt unter Wasserabspaltung Acetaldehyd.

$$CH \equiv CH + HOH = CH_2CHOH$$

$$CH_2 \cdot CH \cdot OH + HOH = CH_3CH\langle{}^{OH}_{OH}$$

$$CH_3CH\langle{}^{OH}_{OH} = CH_3CHO + H_2O$$

Diese Bildung des Acetaldehyds beruht darauf, daß die Atomgruppierung $C = CHOH$ meist unbeständig ist und in die beständige $CH - CHO$ übergeht, was durch die Annahme einer Anlagerung und Wiederabspaltung von Wasser erklärt werden kann.

Die Anlagerung von Wasser an Acetylen verläuft aber nach *K. A. Hofmann*[4] nur in Gegenwart von Quecksilbersalzen in saurer Lösung genügend

---

[1] Siehe S. 25 u. 34.

[2] Siehe S. 26 u. 34.

[3] Journ. d. russ. phys.-chem. Ges. **9**, 235. Siehe a. S. 34.

[4] Lehrbuch der anorganischen Experimentalchemie, Braunschweig 1918, 346 bis 347 (vgl. a. S. 26).

rasch und vollständig. Leitet man nämlich Acetylen durch eine siedende Lösung von 3 Vol. Schwefelsäure und 7 Vol. Wasser unter Zusatz von mehreren Prozenten Quecksilbersulfat, so bildet sich kontinuierlich Acetaldehyd. Das Mercurisulfat wie auch das Mercurinitrat oder auch das Quecksilberchlorid liefern zunächst in mäßig saurer Lösung mit dem Acetylen weiße Niederschläge von Trimercurialdehyd[1], z. B. $NO_3Hg(OHg_2)\equiv C - C\Big<{}^{H}_{O}$, oder $(ClHg)_3 \equiv C - C\Big<{}^{H}_{O}$, die durch stärkere Säuren in der Hitze in Mercurisalz und Acetaldehyd gespalten werden.

Chapman und *Jenkins*[2] soll es gelungen sein, eine Verbindung der Zusammensetzung $HgCl_2C_2H_2$ zu isolieren, welche in organischen Lösungsmitteln löslich ist, einen Schmelzpunkt von 113° besitzt und vermutlich die Konstitution $ClHg \cdot CH = CHCl$ aufweist. Es wird angenommen, daß diese Verbindung als erstes Zwischenprodukt bei der Synthese des Acetaldehyds aus Acetylen und Quecksilberchlorid auftritt.

Die ersten Patentanmeldungen über die Gewinnung von Acetaldehyd aus Acetylen unter Verwendung von Quecksilbersalz in saurer Lösung erfolgten im Jahre 1907 durch Dr. *A. Wunderlich*[3]. Die beiden Anmeldungen (W. 27 177 und W. 29 233) lauteten:

1. Verfahren zur Darstellung von Acetaldehyd aus Acetylen durch Einwirkung von Mercurisalzen und wäßriger Schwefelsäure, darin bestehend, daß man Acetylen auf Mercurisalze bei Gegenwart von wässriger Schwefelsäure unterhalb ihrer Siedetemperatur zweckmäßig bei niedrigen Temperaturen einwirken läßt.

2. Abänderung des durch Anmeldung W 27 177 geschützten Verfahrens zur Darstellung von Acetaldehyd aus Acetylen durch Einwirkung von Mercurisalzen in Gegenwart von wäßriger Schwefelsäure, darin bestehend, daß man an Stelle von Schwefelsäure hier andere anorganische sowie organische Säuren einwirken läßt.

Nachdem diese Patentanmeldungen allen Versuchen, sie zu vernichten, standgehalten hatten, fielen sie in letzter Instanz unerwartet und zufällig durch Beschwerde der *Höchster Farbwerke*, als versucht wurde, den Gültigkeitsbereich bis unter 100°, wenn auch nicht bis unter Siedetemperatur durchzudrücken[4].

Das erste Patent auf die Herstellung von Acetaldehyd aus Acetylen wurde *Nathan Grünstein*-Frankfurt a. M. im Jahre 1910 (D. R. P. 250 356, Kl. 12o, Gr. 7 vom 16. Februar 1910) erteilt.

Die Patentansprüche lauten:

1. Verfahren zur Darstellung von Aldehyd und dessen Kondensations- und Polymerisationsprodukten aus Acetylen durch Behandeln mit einer Lösung von Quecksilbersalz in Schwefelsäure, dadurch gekennzeichnet, daß man die Reaktion bei niederer Temperatur, am besten bei 15 bis 25°, jedoch nicht über 50°, vornimmt.

2. Abänderung des Verfahrens nach Anspruch 1. dadurch gekennzeichnet, daß man an Stelle von Schwefelsäure eine andere Säure zum Lösen des Quecksilbersalzes benutzt,

---

[1] *Biltz* u. *Mumm:* Berichte d. Deutsch. chem. Ges. **37**, 4417; **38**, 133.

[2] Journ. Sc. Chem. Ind. **1919**, 17/655; vgl. Carbid und Acetylen 1920, Nr. 18, S. 76.

[3] Zeitschr. f. angew. Chemie **31**, I. 148, 180 (1918). **32**, I. 32, 132 (1919).

[4] a. a. O. 1918, 180; **1919**, 132.

mit der Maßgabe jedoch, daß man Acetylen bei niederer Temperatur einleitet, die Einleitung zeitweise unterbricht oder vermindert, die Lösung auf hohe Temperatur bringt, dann wieder unter Abkühlung Acetylen einleitet und abwechselnd weiter verfährt.

3. Verfahren nach den Ansprüchen 1 und 2, dadurch gekennzeichnet, daß man der Quecksilbersalzlösung ein indifferentes Salz zusetzt, das imstande ist, den Aldehyd auszusalzen, in welchem Falle bei dem Verfahren nach Anspruch 2 unter Umständen die abwechselnde Erhöhung und Erniedrigung der Temperatur wegfallen kann.

4. Verfahren nach Anspruch 1 dadurch gekennzeichnet, daß man die Quecksilbersalzlösung in Gegenwart eines in der reagierenden Salzlösung unlöslichen flüssigen Stoffes wirken läßt, der auf den entstehenden Aldehyd reichlich lösend wirkt und sich mit ihm aus der wässrigen Schicht anreichert.

In den in der Patentschrift angeführten Beispielen wird u. a. angeführt, daß bei Temperaturen über 30° sich bereits mehr Crotonaldehyd und höhere Kondensationsprodukte auf Kosten des Acetaldehyds bilden. Wird die Temperatur auf 50 bis 60° gesteigert, so nimmt nach einiger Zeit die Absorption des Acetylens bedeutend ab; es bilden sich hochmolekulare Kondensationskörper, die Lösung wird dunkel gefärbt, wobei sich harzige Produkte ausscheiden. Während also die Schwefelsäure (45 proz.) schon bei gewöhnlicher Temperatur, besonders aber bei höherer Temperatur stark kondensierend auf den primär gebildeten Aldehyd einwirkt, so daß es unmöglich ist, bei höherer Temperatur mit guter Ausbeute zu arbeiten, ist das Verhalten der meisten übrigen verdünnten anorganischen und organischen Säuren, wie Phosphorsäure, Essigsäure usw. wesentlich anders. Man kann die verdünnte phosphorsaure oder essigsaure Quecksilberoxydlösung z. B. bis auf 100° C bringen, ohne merkliche Kondensation des Aldehyds hervorzurufen. Die Anlagerung des Acetylens an das Quecksilbersalz soll zwar auch bei diesen Säuren bei gewöhnlicher Temperatur annähernd so gut vor sich gehen wie in der schwefelsauren Lösung, jedoch erfolgt die Abspaltung des Aldehyds und die Regeneration des Quecksilberphosphats oder -acetats bei gewöhnlicher Temperatur langsamer als in schwefelsaurer Lösung. Es ist also nötig, die Abspaltung bei höherer Temperatur vorzunehmen. *Grünstein* fand nun, daß man mit Phosphorsaure, Essigsäure usw. auch ohne Anwendung des alternierenden Verfahrens mit Erfolg arbeiten kann, wenn man die Konzentration der Säure entsprechend höher nimmt und das Acetylen bei entsprechend niederer Temperatur einleitet. Der Patentanspruch dieses Zusatzpatentes (D. R. P. 253 707 Kl. 12o, Gr. 7 vom 10. März 1910) lautet:

„Abänderung des durch Patent 250 356 geschützten Verfahrens zur Darstellung von Acetaldehyd und seinen Kondensations- und Polymerisationsprodukten aus Acetylen, dadurch gekennzeichnet, daß andere Säuren als Schwefelsäure und Halogenwasserstoff in hoher Konzentration angewendet werden, um das Arbeiten unterhalb 50° nach dem Patentanspruch 1 des Hauptpatentes auch hier möglich zu machen."

In einem weiteren Zusatzpatent (D. R. P. 253 708 Kl. 12o, Gr. 7 vom 28. Januar 1911) zu dem Hauptpatent 250 356 wird der Zusatz eines in der reagierenden Salzlösung unlöslichen flüssigen Stoffes auch für andere anorganische oder organische Säuren angewendet. Als solche Stoffe werden Äther, Solventnaphtha usw. empfohlen, die Aldehyd stark lösen, in Wasser aber schwer bzw. unlöslich sind. Leitet man Acetylen z. B. in eine Lösung von Quecksilbersalz in Phosphorsäure bei Gegenwart von Solventnaphtha, so bleibt die Säure auch nach mehrmaligem Einleiten des Acetylens beinahe farblos; denn die entstehenden Aldehyde werden fortwährend aus der Lösung extrahiert und der kondensierenden Einwirkung der Säure entzogen. Außerdem soll man beim einfachen Abdestillieren des Aldehyds aus der Solventnaphtha ein reines, beinahe wasserfreies Produkt erhalten. Der Patentanspruch lautet:

„Verfahren zur Darstellung von Acetaldehyd und seinen Kondensations- und Polymerisationsprodukten aus Acetylen, dadurch gekennzeichnet, daß man gemäß dem Anspruch 4 des Patentes 250 356 Acetylen auf die Quecksilbersalzlösung in Gegenwart eines in der reagierenden Salzlösung unlöslichen, flüssigen Stoffes wirken läßt, der auf den entstehenden Aldehyd reichlich lösend wirkt und sich mit ihm aus der wässrigen Schicht anreichert, wobei an Stelle von Schwefelsäure andere anorganische und organische Säuren gebraucht werden."

Bei der weiteren Ausbildung des Verfahrens der Aldehydgewinnung ergaben Versuche, daß bei der Absorption des Acetylens die Gegenwart der Luft ungünstig einwirkt und daß es für die Absorptionsgeschwindigkeit von größter Bedeutung ist, daß man unter möglichstem Luftabschluß arbeitet, was z. B. dadurch geschehen kann, daß man durch Durchleiten eines kräftigen Acetylenstromes die Luft durch das nicht absorbierte Acetylen verdrängt.

Die Absorptionsgeschwindigkeit ist von großer technischer Bedeutung. Einerseits ist der Kraftverbrauch beim Umrühren oder Schütteln wesentlich für die Möglichkeit und Wirtschaftlichkeit des Verfahrens; andererseits ist es auch wichtig, in kürzester Zeit viel Acetylen einzuleiten.

Wird das Gas nur langsam absorbiert, so wird die Kondensation und Verharzung der gebildeten Produkte so stark, daß unter Umständen die technische Verwertung des Verfahrens in Frage gestellt werden kann. Die Beschleunigung der Absorption ist daher als ein wichtiger technischer Fortschritt zu betrachten. Der Anspruch dieses Zusatzpatentes (D. R. P. 267 260, Kl. 12o, Gr. 7 vom 10. März 1910) lautet:

„Weitere Ausbildung des durch die Patente 250 356 und 253 707 geschützten Verfahrens zur Darstellung von Acetaldehyd und seinen Kondensations- und Polymerisationsprodukten aus Acetylen, dadurch gekennzeichnet, daß man die Absorption des Acetylens vom ersten Stadium des Prozesses an in einer Acetylenatmosphäre vornimmt."

Nach dem Zusatzpatent 270 049 (Kl. 12o, Gr. 7 vom 18. Oktober 1910) soll schließlich das in die saure Quecksilbersalzlösung eingeleitete Acetylen nahezu quantitativ in 90 bis 95 proz. Acetaldehyd übergeführt werden können, wenn man das Abdestillieren der erhaltenen Produkte im Vakuum vornimmt, so daß auch während des Destillationsprozesses die Temperatur niedrig gehalten werden kann. Zweckmäßig soll dabei in der Weise gearbeitet werden, daß man kurze Zeit Acetylen einleitet und dann sofort im Vakuum abdestilliert, damit der gebildete Acetaldehyd nur kurze Zeit der kondensierenden Einwirkung der Säure ausgesetzt wird. Durch das Abdestillieren im Vakuum wird die saure Quecksilbersalzlösung so wenig verändert, daß sie wiederholt zu neuen Ansätzen benutzt werden kann, wenn die anfängliche Säurekonzentration wieder hergestellt und das zum kleinen Teil als metallisches Quecksilber ausgeschiedene Salz durch Quecksilbersulfat ersetzt wird. Der Patentanspruch dieses Zusatzpatentes lautet:

„Weitere Ausbildung des durch Patent 250 356 und dessen Zusatzpatente 253 707 und 267 260 geschützten Verfahrens zur Darstellung von Acetaldehyd und seinen Kondensations- und Polymerisationsprodukten aus Acetylen, dadurch weiter gekennzeichnet, daß die Isolierung der Aldehyde durch Abdestillieren im Vakuum erfolgt."

Unabhängig von *Grünstein* hat sich auch das *Consortium für elektrochemische Industrie G. m. b. H.* in Nürnberg[1] mit der technischen Synthese des Acetaldehyds beschäftigt. Die österreichische Patentschrift Nr. 80 901 vom 15. August 1916 (Priorität vom 27. Juli 1912 und 27. März 1913) beschreibt ein kontinuierliches Verfahren zur Darstellung des Acetaldehyds, bei welchem periodische Veränderung der Temperatur und des Drucks vermieden wird. Es wird in Gegenwart von Quecksilberverbindungen mit heißer Säurelösung am besten bei 60 bis 80° und mit einer Säurekonzentration, die zwischen 6 und 35% liegt, gearbeitet. Je höher die Temperatur und je stärker die Säure um so rascher verläuft die Acetaldehydbildung. Gleichzeitig wird aber unter diesen Bedingungen die Bildung von Kondensationsprodukten des Acetaldehyds gefördert. Die Erfindung vermeidet dies dadurch, daß das Acetylen in kontinuierlichem Strome und starkem Überschuß durch die Reaktionsmischung geleitet wird, worauf der den Reaktionsraum verlassende Acetylenstrom durch einen Apparat zur Kondensation oder Absorption des in ihm enthaltenen Aldehyds geleitet und das so von Acetaldehyd befreite Gas im Kreisstrom wieder in den Reaktionsraum zurückgeführt wird. Dadurch wird der Acetaldehydgehalt im Reaktionsgefäß dauernd so niedrig — weit unter 1% — gehalten, daß die Bildung unerwünschter Nebenprodukte verschwindet. Infolgedessen scheidet sich auch das Quecksilber, das bei dem Prozeß durch Reduktion des Quecksilbersalzes entsteht, als reiner Metallregulus ab und kann von Zeit zu Zeit abgezogen werden. Es wird durch periodische Zugabe von Quecksilberoxyd ersetzt. Die Anwendung des kreisenden Acetylenüberschusses ermöglicht überdies nach der Patentschrift überhaupt erst eine geschwinde Acetylenabsorption, da ohne diesen Kunstgriff sich alsbald so viel Aldehyddampf im Reaktionsapparat ansammelt, daß der Partialdruck des reagierenden Acetylens zu weit verringert wird. Es kann somit reiner Acetaldehyd im kontinuierlichen Prozeß und ununterbrochenem Dauerbetriebe gewonnen werden, wobei lediglich von Zeit zu Zeit das am Boden liegende Quecksilber abgelassen und dafür Quecksilberoxyd nachgegeben und das durch die Reaktion verbrauchte Wasser ersetzt wird. Die Patentansprüche lauten:

1. Verfahren zur Darstellung von Acetaldehyd durch Einwirkung von Acetylen auf heiße Säurelösungen in Gegenwart von Quecksilberverbindungen, dadurch gekennzeichnet, daß zwecks Verdrängung des gebildeten Aldehyds ein kontinuierlicher Strom überschüssigen Acetylens in ständigem Kreislauf durch das Reaktionsgefäß und die Absorptions- oder Kondensationsapparate für den Aldehyd getrieben und das vom Aldehyd so befreite Acetylen in den Reaktionsapparat zurückgeführt wird.

2. Verfahren nach Anspruch 1, dadurch gekennzeichnet, daß die Säurelösung dauernd auf einer Temperatur zwischen 60 und 80° erhalten wird.

[1] Zeitschr. f. angew. Chemie **31**, I. 148 (1918).

3. Verfahren nach den Ansprüchen 1 und 2, dadurch gekennzeichnet, daß eine wässerige Schwefelsäurelösung von 6% und darüber mit dem ständig kreisenden Acetylenstrom behandelt wird.

Nach dem Schweizer Patent Nr. 71 990 vom 14. Juli 1914 (Priorität 21. Juli 1913[1]) wird die Schwierigkeit, welche in der Abführung der Wärme bei der stark exothermen Reaktion — auf 1 kg Acetaldehyd werden ungefähr 1000 Cal. frei — liegt, dadurch behoben, daß der Überschuß von Acetylen und die Geschwindigkeit des Durchleitens so bemessen werden, daß sich eine Temperatur von 80° ohne Anwendung eines Kühlers aufrecht erhält. Bei genügend starker Zirkulation wird nämlich durch Verdampfung des Wassers aus der heißen Lösung so viel Wärme gebunden wie die Reaktion erzeugt. Ohne diese Maßnahme würde die Abführung der Wärme große Schwierigkeiten bereiten, da für die quecksilberhaltige Säurelösung nur keramisches Material verwendet werden kann. Die Patentansprüche lauten:

Verfahren zur Darstellung von Acetaldehyd durch Einleiten von Acetylen in Lösungen von Quecksilbersalz enthaltenden Säuren nach Patentanspruch des Patentes Nr. 65 921, dadurch gekennzeichnet, daß dauernd ein solcher Überschuß von Acetylen in einen mit Schwefelsäure von 6 bis 35% Gehalt und einem Quecksilbersalz beschickten Reaktionsapparat und einen Apparat zur Abscheidung des im Acetylen enthaltenen Aldehyds mit solcher Geschwindigkeit geleitet wird, daß die Temperatur der im Reaktionsapparat befindlichen Schwefelsäure ihren Siedepunkt nicht übersteigt und eine besondere Kühlung hierbei nicht erforderlich ist.

Unteranspruch:

Verfahren gemäß Patentanspruch, dadurch gekennzeichnet, daß der Überschuß von Acetylen und die Geschwindigkeit des Durchleitens so groß wird, daß im Reaktionsapparat dauernd eine Temperatur von etwa 80° aufrecht erhalten wird.

Nach dem D. R. P. 291 794, (Kl. 12o, Gr. 7 vom 16. März 1913) der Farbenfabriken vorm. *Friedrich Bayer & Co.* in Leverkusen bei Köln a. Rh. werden an Stelle der Schwefelsäure organische Sulfosäuren oder die Quecksilbersalze organischer Sulfosäuren verwendet. Das Hydratationsvermögen dieser Sulfosäuren soll noch in Lösungen geringer Acidität dem der Mineralsäuren gleichen Acidität weit überlegen sein. Dies hat den Vorteil, daß man verhältnismäßig schwach saure Lösungen benutzen kann, die weder während der Darstellung des Acetaldehyds noch bei längerem Stehen des Reaktionsgemenges polymerisierend bzw. kondensierend auf den gebildeten Aldehyd einwirken. An Stelle der reinen Sulfosäuren kann man auch Sulfierungsgemische, z. B. ein mit Wasser verdünntes Gemisch von Benzolsulfosäure und Schwefelsäure, wie es bei der Sulfierung von Benzol erhalten wird, verwenden.

Der Patentanspruch lautet:

Verfahren zur Darstellung von Acetaldehyd aus Acetylen, darin bestehend, daß man als Katalysatoren organische Sulfosäuren unter Zusatz einer Quecksilberverbindung oder die Quecksilbersalze organischer Sulfosäuren verwendet.

Bei allen diesen Verfahren wird das Quecksilber infolge der Aldehydbildung und Nebenreaktionen mehr oder weniger schnell aus der Lösung in metallischer Form abgeschieden. Infolgedessen nimmt die Acetylenabsorption mit fort-

[1] Siehe englisches Patent Nr. 16 957.

schreitender Abscheidung des Metalles ab und kommt, wenn nicht frisches Quecksilbersalz bzw. -oxyd zugeführt wird, völlig zum Stillstand. Das ab geschiedene metallische Quecksilber muß dann abgezogen und für sich wieder in Quecksilbersalz übergeführt werden.

Nach dem D. R. P. 292 818 (Kl. 12o, Gr. 7 vom 15. Januar 1914) der *Farbwerke vorm. Meister Lucius & Brüning*, Höchst a. M. soll sich dieser Übelstand dadurch vermeiden lassen, daß man der Reaktionsflüssigkeit von Anfang an oder während des Prozesses solche Oxydationsmittel zusetzt, welche einerseits der Quecksilberabscheidung entgegen wirken, andererseits weder das Acetylen noch die zwischengebildeten Acetylenquecksilberverbindungen noch den Aldehyd unter den gewählten Arbeitsbedingungen in erheblichem Maße zu oxydieren vermögen. Solche Oxydationsmittel sind z. B. Ferrisalze, Manganisalze bzw. Mangansesquioxyd, Manganoxyduloxyd, Braunstein. Durch den Zusatz dieser Oxydationsmittel soll die Abscheidung des metallischen Quecksilbers entweder völlig verhindert oder sehr verlangsamt werden, indem sie das sich abscheidende äußerst fein verteilte Metall im Entstehungszustande wieder in wirksames Metallsalz zurückverwandeln. Vorteilhaft kann man z. B. so arbeiten, daß man nur zu Beginn der Reaktion eine geringe Menge Ferrisulfat zugibt, und dann weiter ein Oxydationsmittel zufügt, das das entstehende Ferrosulfat in Ferrisulfat zurückverwandelt, wozu sich z. B. Braunstein, Wasserstoffsuperoxyd oder Bleisuperoxyd eignen.

Der Patentanspruch lautet:

Verfahren zur Darstellung von Acetaldehyd aus Acetylen in Gegenwart von Quecksilberverbindungen, dadurch gekennzeichnet, daß man der Reaktionsflüssigkeit schwache Oxydationsmittel zusetzt.

Nach dem Zusatzpatent Nr. 293 070 (Kl. 12 o Gruppe 7, vom 24. April 1914) hat es sich weiter als vorteilhaft erwiesen, an Stelle der Quecksilbersalze metallisches Quecksilber zu verwenden, dem man in saurer Aufschlemmung die im Hauptpatent angeführten Oxydationsmittel zufügt. Leitet man in eine solche Acetylen ein, so beginnt die Bildung von Quecksilbersalz und von Acetaldehyd, sobald die der angewandten Säurekonzentration entsprechende Zersetzungstemperatur des Acetylenquecksilberniederschlags erreicht ist. Die Aldehydbildung bleibt im Gang solange, als eine genügende Menge des Oxydationsmittels vorhanden ist. Bei Verwendung von Eisensalzen als Oxydationsmittel kann von dem anfänglichen Zusatz von freier Säure auch abgesehen werden, da die Lösungen von selbst sofort sauer werden.

Der Patentanspruch lautet:

Weitere Ausbildung des durch Patent 292 818 geschützten Verfahrens zur Darstellung von Acetaldehyd aus Acetylen, dadurch gekennzeichnet, daß an Stelle der in dem Hauptpatent verwendeten Quecksilbersalze hier metallisches Quecksilber in Gegenwart verdünnter Säuren Verwendung findet.

Nach dem Zusatzpatent Nr. 299 466 (Kl. 12 o, Gruppe 7, vom 26. April 1914 ab) wird die Regeneration des Quecksilbersalzes nicht während der Aldehydbildung, sondern nach der Abscheidung des metallischen Quecksilbers vorgenommen, wobei als besonders großer technischer Vorteil hervorgehoben wird, daß bei der Regenerierung mit Ferrisalzen weder die ursprüngliche Reaktionsflüssigkeit von Quecksilberschlamm oder Quecksilbertropfen abgetrennt, noch das bei der Regenerierung entstandene Quecksilbersalz von der erhaltenen Lauge abfiltriert werden muß, da Eisensalze indifferent sind gegen die in Betracht kommenden organischen Verbindungen wie Acetylen, Aldehyd und Spuren Essigsäure. Das Einleiten des Acetylens im Überschuß geschieht bei 60° in 10proz. Schwefelsäure.

Der Patentanspruch lautet:

Weitere Ausbildung des Verfahrens des Patentes 292 818 dadurch gekennzeichnet, daß die Einwirkung der in dem Hauptpatent als Oxydationsmittel genannten Ferrisalze auf das gebildete Quecksilber nicht während der Aldehydbildung, sondern nach Abscheidung des metallischen Quecksilbers vorgenommen wird.

In weiterer Ausbildung der oben erwähnten Verfahren wurde gefunden, daß man zu diesem Zwecke auch starke Oxydationsmittel, wie Chromsäure bzw. chromsaure Salze, Wasserstoffsuperoxyd, Persulfat u. dgl. verwenden kann, sofern dafür Sorge getragen wird, daß der sich bildende Aldehyd der mit dem Oxydationsmittel versetzten Absorptionslösung dauernd rasch entzogen wird. Das kann in einfachster Weise dadurch geschehen, daß man bei Temperaturen, die über dem Siedepunkt des Acetaldehyds liegen, z. B. 75°, arbeitet und einen Strom von überschüssigem Acetylen durch das Absorptionsgefäß durchschickt, und das Oxydationsmittel zur Vermeidung unmittelbarer Essigsäurebildung der Absorptionslösung allmählich und nur in der Menge zugibt, daß die die Aldehydbildung beeinträchtigende Abscheidung des metallischen Quecksilbers aufgehoben wird.

Der Patentanspruch dieses Zusatzpatentes Nr. 299 467 (Kl. 12 o, Gruppe 7, vom 10. Mai 1914 ab) lautet:

Weitere Ausbildung des in dem Patent 292 818 beschriebenen Verfahrens zur Darstellung von Acetaldehyd aus Acetylen, dadurch gekennzeichnet, daß man die Absorption des Acetylens bei Gegenwart von starken Oxydationsmitteln vornimmt und den gebildeten Acetaldehyd der Absorptionslösung dauernd entzieht.

Während also nach den oben erwähnten Verfahren die Regeneration des ausgeschiedenen Quecksilbers innerhalb der Reaktionsflüssigkeit vorgenommen werden kann, sind noch andere Verfahren patentiert worden, bei denen das Quecksilber bzw. der Quecksilberschlamm aus der Reaktionsflüssigkeit entfernt und für sich regeneriert wird.

Die *Chemische Fabrik Griesheim-Elektron und Nathan Grünstein* haben unter D. R. P. Nr. 307 518 (Kl. 12 n, Gruppe 8, vom 26. August 1913) folgendes Verfahren geschützt erhalten:

„Verfahren zur Regenerierung von Quecksilberverbindungen aus dem bei katalytischen Prozessen entstehenden Quecksilberschlamm, dadurch gekennzeichnet, daß dieser bis zur Verkohlung der beigemischten organischen Substanzen erhitzt wird, und daß dann das metallisch abgeschiedene Quecksilber in üblicher Weise in die geeigneten Quecksilberverbindungen übergeführt wird."

Das *Elektrizitätswerk Lonza* führt nach D. R. P. Nr. 310 994[1] das Quecksilber mit Hilfe von Stickstofftetroxyd (N_2O_4) zunächst in Nitrat über nach

[1] Patentschrift beim Patentamt vergriffen. Die oben stehenden Ausführungen wurden der Chem.-Ztg. **44** (1920) Nr. 155, S. 982 entnommen.

der Gleichung $2\,Hg + N_2O_4 + 2\,O = Hg_2(NO_3)_2$ und zersetzt dieses durch weiteres Erhitzen in Quecksilberoxyd (HgO) und Stickstoffdioxyd (NO_2).

$$Hg_2(NO_3)_2 = 2\,HgO + 2\,NO_2.$$

Das Verfahren kann auf zweierlei Weise durchgeführt werden. Das Quecksilber wird in einen mit Rückflußkühler versehenen, mit flüssigem Stickstofftetroxyd gefüllten eisernen Kessel eintropfen gelassen, wobei gleichzeitig Sauerstoff oder Luft eingeleitet wird; das überschüssige, freie Stickstofftetroxyd kann in einen zweiten Kessel übergeleitet werden und durch Erwärmen des ersten auch das gebundene Stickstoffdioxyd übergetrieben werden, wo nun wieder Quecksilber aufgelöst wird usf.

Das Stickstofftetroxyd wird nicht verbraucht, sondern spielt nur die Rolle eines Sauerstoffüberträgers. Die zweite Art der Ausführung besteht darin, daß man den ganzen Prozeß in einem Kessel mit sehr kleinen Mengen Stickstofftetroxyd vor sich gehen läßt. Bei richtiger Wahl der Temperatur entstehen durch bloßes Zuleiten von Quecksilber und Sauerstoff in Gegenwart von Stickoxyd oder Stickstoffdioxyd beliebige Mengen Quecksilberoxyd, ohne daß die Bildung von Quecksilbernitrat beobachtet wird.

Heinrich Danneel und das *Elektrizitätswerk Lonza* erreichen die Bildung eines reinen und flockigen Quecksilberoxydes, das als Überträger bei Acetylenreaktionen besonders vorteilhaft ist, dadurch, daß sie nach D. R. P. Nr. 311 173 (Kl. 12 n, Gruppe 8, vom 11. Januar 1918) das Quecksilber in alkalischer Lösung unter Verwendung einer Quecksilberanode der Elektrolyse unterwerfen.

Die Patentansprüche lauten:

1. Verfahren zur Herstellung von lockerem Quecksilberoxyd mit möglichst geringen Metalleinschlüssen durch Elektrolyse alkalischer Lösungen mittels Quecksilberanode, dadurch gekennzeichnet, daß man die Quecksilberanode dauernd mit einer ungestörten Lage von Quecksilberoxyd in der Weise bedeckt hält, daß das Oxyd ohne mechanische Nachhilfe ständig abrieselt.
2. Verfahren zur Herstellung von Quecksilberoxyd mit geringen Metalleinschlüssen nach Anspruch 1, dadurch gekennzeichnet, daß man die Beimengungen von Metall durch Schlämmen des nach Anspruch 1 hergestellten Oxydes erniedrigt.
3. Apparat zur Herstellung von lockerem Quecksilberoxyd mit geringen Metalleinschlüssen nach Anspruch 1, gekennzeichnet durch eine Unterteilung der Anodenfläche.
4. Apparat nach Anspruch 3, dadurch gekennzeichnet, daß man die Quecksilberzufuhr gleichzeitig als Stromzuleitung benutzt.

Das *Consortium für elektrochemische Industrie* in München setzt der sodaalkalischen Lösung, in welcher das Quecksilber durch Elektrolyse in Quecksilberoxyd übergeführt werden soll, solche Substanzen in Mengen von $^1/_{100}$ bis $^2/_{100}\%$ zu, die den Charakter eines Schutzkolloids besitzen. Es soll auf diese Weise die Stromausbeute von etwa 80 bis 85% bis auf nahe zur theoretischen erhöht werden. Weiter soll dabei der Vorteil erreicht werden, daß ein langsam absitzendes Quecksilberoxyd erzeugt wird, das sich besonders leicht durch Sedimentieren von dem bei der elektrolytischen Darstellung stets mitgerissenen metallischen Quecksilber trennen läßt, so daß es möglich ist, ein hochprozentiges Quecksilberoxyd zu erzeugen. Als solche Substanzen kommen insbesondere Phenole, Saponin, Leim, gebrauchte Zellstofflauge, Holzabkochungen, Zuckercouleur, Stärke, Dextrin und ähnliches in Frage.

Der Patentanspruch dieses D. R. P. Nr. 315 656 (Kl. 12 n, Gruppe 8, vom 31. März 1918) lautet:

Verfahren zur elektrolytischen Darstellung von Quecksilberoxyd aus Quecksilber in sodaalkalischer Lösung, dadurch gekennzeichnet, daß man dem Elektrolyten organische Substanzen, insbesondere solche, die den Charakter eines Schutzkolloids besitzen, wie Leim, Stärke, Holzabkochungen, gebrauchte Zellstofflauge, Zuckercouleur, Dextrin und ähnliches zusetzt.

Die Quecksilberschlämme, die bei der Darstellung des Acetaldehyds anfallen, besitzen in der Regel einen geringen Gehalt an Quecksilbersalzen, die verhindern, daß sich das als Schlamm abgeschiedene Metall zu einem Regulus vereinigt. Um die Überführung in regulinisches Metall zu bewirken, behandelt das *Consortium für elektrochemische Industrie*-München nach D. R. P. Nr. 317 703 (Kl. 12 n, Gruppe 8, vom 12. September 1918) den Schlamm mit Lösungen solcher Stoffe, die Quecksilbersalze in komplexe oder unlösliche Form überführen, wie Lösungen der Cyanide, Rhodanide, Jodide, Sulfide oder Polysulfide oder der entsprechenden Säuren:

Der Patentanspruch lautet:

Verfahren zur Überführung von bei katalytischen Prozessen anfallenden Quecksilberschlämmen in regulinisches Metall, dadurch gekennzeichnet, daß man die Schlämme mit Lösungen solcher Stoffe behandelt, die Quecksilbersalze in komplexe oder unlösliche Form überführen, wie Cyanide, Rhodanide, Jodide, Sulfide und Polysulfide oder die entsprechenden Säuren.

Um das Anfallen von Quecksilberschlämmen in der Reaktionsflüssigkeit möglichst ganz zu vermeiden oder aber den Schlamm in regulinisches Metall überführen zu können, was auch insofern von Bedeutung ist, als sich das metallische Quecksilber aus den Reaktionsgefäßen besser ablassen läßt, als der sonst entstehende Schlamm, bringt dieselbe Firma nach dem D. R. P. Nr. 319 476 (Kl. 12 n, Gruppe 8, vom 14. Mai 1918) den Quecksilberschlamm unter sauren Flüssigkeiten mit Wasserstoff entwickelnden Metallen in Berührung. Diese Metalle, z. B. Zink, Zinn oder Eisen bewirken bei Zusatz ganz geringer Mengen in verschiedener Form (als Pulver, Feil-, Drehspäne, Schrot) unter bestimmten, leicht einzuhaltenden Bedingungen nach kurzem Rühren ein vollständiges Zusammenlaufen des Quecksilberschlammes zu metallischem Quecksilber in solchen Fällen, wo aus irgendwelchen Gründen ein Zusammenlaufen sonst nicht stattfindet.

Die Patentansprüche lauten:

1. Verfahren zur Überführung der bei katalytischen Prozessen anfallenden Quecksilberschlämme in Quecksilberregulus, dadurch gekennzeichnet, daß dem Quecksilberschlamm bei guter Rührung unter sauren Flüssigkeiten geringe Mengen Wasserstoff entwickelnder Metalle zugesetzt werden.

2. Verfahren nach Anspruch 1, dadurch gekennzeichnet, daß die Zusätze der wasserstoffentwickelnden Metalle, insbesondere Eisen oder Zink, unter Rührung in der sauren Reaktionsflüssigkeit selbst erfolgen.

Laboratoriumsversuche über die Überführung von Acetylen in Acetaldehyd und Essigsäure haben in neuester Zeit *Neumann* und *H. Schneider*[1] beschrieben. Da über die Apparatur und die wirkliche Arbeitsweise, wie sie in der Großindustrie benutzt wird, wenig bekannt ist, sind nachstehend die Apparatur und die Bedingungen beschrieben, wie sie *Neumann* und *H. Schneider* bei ihren Versuchen verwendeten. Das Acetylen wurde einer Bombe entnommen; das Abmessen des Gases und das Überführen in gleichmäßigem Strom in das Reaktionsgefäß geschah in bequemer Weise mit Hilfe eines besonderen Apparates[2]. Das Reaktionsgefäß bestand aus einem dicken zylindrischen, unten rund abgeschmolzenen Glasrohr von 5 cm lichter Weite und 20 cm Höhe[3]. Der paraffinierte Korkstopfen hatte in der Mitte eine größere Durchbohrung, durch welche ein gasdichter Rührer, dessen Wasserabschluß besonders weit konstruiert war, hindurchging. Durch den Stopfen ging außerdem noch das zu einer feinen Spitze ausgezogene Gaseinleitungsrohr, welches bis unmittelbar über die Flügel des Rührers reichte und ein Thermometer. Das Reaktionsgefäß stand in einem Wasserbade, welches die Reaktionsflüssigkeit auf bestimmte Temperaturen zu halten gestattete. Zwischen Gasmeßvorrichtung und dem Reaktionsgefäß war noch ein kleines Präparatengläschen mit doppelt durchbohrtem Stopfen als Waschflasche und Blasenzähler eingeschaltet, dessen Gaseintrittsrohr oben einen T-förmigen Ansatz hatte, um nach Belieben Acetylen oder Sauerstoff zuleiten zu können.

In dieser Apparatur wurden nun verschiedene Versuche zur Gewinnung von Acetaldehyd angestellt; dabei wurde einmal in schwefelsaurer, bei anderen Versuchsreihen in essigsaurer Lösung gearbeitet. Bei den Versuchen in schwefelsaurer Lösung wurden in einer Schwefelsäure mit 524 g H_2SO_4 im Liter 2 g Quecksilberoxyd gelöst und die erkaltete Lösung in das Reaktionsgefäß eingeführt. In stärkerer Schwefelsäure traten die Kondensationserscheinungen stärker hervor, schwächere Schwefelsäure absorbierte schlechter. Beim Einleiten des Acetylens bildete sich zunächst an der Oberfläche ein weißer Schleim, dann trat eine starke Trübung und schließlich ein Niederschlag von Quecksilberaldehyd auf, der sich später durch Ausscheidung von metallischem Quecksilber grau färbte. Mit dem Erscheinen des Niederschlags setzte meist eine stärkere Absorption des Acetylens ein. Bei diesen Versuchen wurde nun öfter die auffällige Erscheinung beobachtet, daß ohne Änderung irgendeiner Bedingung sich ganz plötzlich ohne erkennbare Ursache die Absorptionsgeschwindigkeit änderte und zwar in verstärktem, aber auch in geschwächtem Maße.

Verlief die Reaktion regelmäßig, so ergaben sich folgende Absorptionszahlen:

[1] Zeitschr. f. angew. Chemie **33**, 189 (1920).
[2] Zeitschr. f. angew. Chemie **33**, 128.
[3] Abbildung in Zeitschr. f. angew. Chemie a. a. O.

Reaktions-Temperatur	ccm C_2H_2 auf 0° und 760 mm umgerechnet			
	1. halbe Stunde	2. halbe Stunde	3. halbe Stunde	zusammen
25°	836	777	512	2125
30°	968	876	550	2394
40°	454	264	72	790
50°	207	163	90	460

Die Zahlen zeigen, daß die Acetylenaufnahme mit der Zeit und mit erhöhter Temperatur geringer wird. Bei unregelmäßiger Reaktion wurden folgende Zahlen erhalten:

Reaktions-temperatur	ccm C_2H_2 auf 0° und 760 mm umgerechnet			
	1. halbe Stunde	2. halbe Stunde	3. halbe Stunde	zusammen
20°	720	180	3000	3900
25°	894	1805	333	3032
35°	5120	—	—	5120
50°	265	1293	796	2354

Trotzdem bei diesen „wilden" Reaktionen die aufgenommene Acetylenmenge bedeutend größer war, war die Ausbeute an Acetaldehyd bedeutend geringer geworden, wie ein Vergleich der beiden nachstehenden Zahlenreihen ergibt:

Regelmäßige Absorption:

Temperatur	Aufgenommene Acetylenmenge ccm	Acetaldehyd ber. g	Acetaldehyd gef. g	Ausbeute %
25°	2125	4,175	3,135	75,1
30°	2394	4,745	3,395	71,5
40°	790	1,544	1,012	65,5
50°	460	0,902	0,456	50,6

Unregelmäßige Absorption:

Temperatur	Aufgenommene Acetylenmenge ccm	Acetaldehyd ber. g	Acetaldehyd gef. g	Ausbeute %
20°	3900	7,65	4,15	54,0
25°	3032	5,95	3,57	60,0
35°	5120	10,06	3,86	36,6
50°	2354	4,59	2,07	45,0

Die Ausbeutezahlen bei regelmäßiger Absorption zeigen, daß die beste Umsetzung zwischen 25 und 30° erreicht wird. Bei höherer Temperatur gehen die Ausbeuten an Acetaldehyd herunter. Bei den unregelmäßigen

Absorptionen sind die Ausbeuten an Acetaldehyd immer wesentlich schlechter. Bei jeder Temperatur wird also in der Zeiteinheit nur eine bestimmte Menge Acetylen in Acetaldehyd übergeführt. Eine größere Acetylenaufnahme ist also immer ein Zeichen dafür, daß in zunehmender Menge Produkte entstehen, die sich nicht in Essigsäure[1] überführen lassen. Bei höheren Temperaturen als 30° traten Verharzungen ein, was rein äußerlich schon an der schwachen Bräunung der Lösung zu erkennen war. Die Lösungen der unregelmäßigen Absorptionen wiesen stets einen mehr oder weniger starken esterartigen Geruch auf; für diese Erscheinungen dürfte nach *Neumann* und *Schneider* wohl die verwendete Schwefelsäure mit verantwortlich sein.

Wurden die Versuche in essigsaurer Lösung durchgeführt, so wurde der Absorptionsgang bedeutend gleichmäßiger und die Ausbeuten wesentlich besser, wie aus den nachstehenden Zahlen hervorgeht. Als Reaktionsflüssigkeit dienten 100 ccm 96 proz. Essigsäure, in der 3 g Mercurisulfat gelöst waren; Quecksilberacetat erwies sich als wenig geeignet.

Reaktionstemperatur	ccm C_2H_2 auf 0° und 760 mm umgerechnet			
	1. halbe Stunde	2. halbe Stunde	3. halbe Stunde	Zusammen
20°	269	195	144	608
30°	650	464	445	1559
40°	937	587	455	1979
50°	1067	1110	—	2177
60°	257	867	1093	2217

Reaktionstemperatur	Aufgenommene Acetylenmenge ccm	Aldehyd ber. g	Aldehyd gef. g	Ausbeute %
20°	608	1,414	0,900	63,7
30°	1559	3,063	2,597	89,8
40°	1979	3,885	3,272	84,3
50°	2177	4,255	2,863	67,3
60°	2217	4,355	2,130	47,5

Die besten Aldehydausbeuten in essigsaurer Lösung wurden bei 30° erhalten, wobei fast 90% des eingeleiteten Acetylens in Acetaldehyd umge-

[1] Für die Bestimmung des Acetaldehyds eigeneten sich, wie *Neumann* und *H. Schneider* festgestellt haben, die in der Literatur angegebenen Methoden von *Roques, Rieter, Paul, Bourcart, Brochet* und *Cambier, Baum, Romijn* nicht (vgl. dagegen über den Wert der Methode von *Brochet* und *Cambier* bzw. *Baum, R. Sieber:* Chem.-Ztg. **45** [1921,] 349). Sie verfuhren deshalb so, daß sie den Aldehyd mit Chromschwefelsäure zu Essigsäure oxydierten und diese mit Wasserdampf innerhalb einiger Stunden abdestillierten; im Destillat wurde die gebildete Säure mit Natronlauge titriert. Zur Oxydation durfte nur eine der Formel $K_2Cr_2O_7 + 4\ H_2SO_4$ entsprechende Schwefelsäuremenge verwendet werden; es mußte ferner durch die Verwendung eines besonders konstruierten Tropfenfängers dafür gesorgt werden, daß bei der Destillation keine Schwefelsäure mit in das Destillat übergerissen wurde. Diese Methode ergab richtige Werte, z. B. wurden bei reinem Aldehyd 100,05 bis 100,2% wiedergefunden.

wandelt wurden. Bei 50 und 60° traten wieder Umwandlungen in der Lösung ein, welche die Ausbeuten an Aldehyd verringerten.

Nach Patentanmeldung W 53920 vom 24. November 1919[1] tritt bei Gegenwart von Wasserdampf und Anwendung vanadinsaurer Metallsalze bei Temperaturen von etwa 360 bis 400 Grad C eine allmählich verlaufende Umsetzung des Acetylens ein, und zwar nebeneinander Oxydation und Hydration. Als unmittelbare Oxydationsprodukte entstehen mit vanadinsaurem Silber einige Prozente Formaldehyd neben 9% der Theorie an Essigsäure und 44% an Kohlensäure. Vanadinsaures Kupfer führt einen erheblichen Teil des Acetaldehyds in Essigsäure über; es wurden so 21% Essigsäure auf eingeleitetes Acetylen erhalten neben Spuren von Formaldehyd.

Die Oxydationsvorgänge treten aber fast vollständig zurück bei Anwendung eines basischen Zinkvanadats, das auf Bimsstein als Träger verteilt ist. Dabei können bei 380 Grad C 75 bis 80% des eingeleiteten Acetylens in Aldehyd übergeführt werden; daneben entstehen etwa 5% Essigsäure und 2% Kohlensäure. Bei Versuchen in größerem Maßstabe ließ sich eine konstante Umsetzung des eingeleiteten Acetylens zu 65% in Aldehyd bei einer Materialausbeute von 97 bis 98% errechnen. Um den gebildeten Aldehyd vor weiteren Umsetzungen zu schützen, mußte mit sehr großem Überschuß an Wasserdampf gearbeitet werden.

Herstellung von Essigsäure.

Acetaldehyd läßt sich bekanntlich durch Oxydation in Essigsäure überführen gemäß folgender Gleichung:

$$2\,CH_3CHO + O_2 = 2\,CH_3COOH$$

Nach dem Verfahren der *Chemischen Fabrik Griesheim-Elektron* und *N. Grünstein* (D. R. P. Nr. 261 589, Kl. 12o, Gr. 12, vom 25. März 1911) läßt sich die Oxydation des Acetaldehyds äußerst schnell und bequem mit Hilfe von Sauerstoff oder Luft durchführen, wenn man von Anfang an bei der Oxydation des Aldehyds diesem Eisessig, seine Chlorderivate, Essigsäureanhydrid, ihre Homologen oder ein Gemisch derselben zusetzt. Der Prozeß wird vorteilhaft unter lebhaftem Umrühren bei Temperaturen zwischen 70 und 100° ausgeführt. Die in geringer Menge gebildete Kohlensäure wird von Zeit zu Zeit fortgelassen. Die Reaktion wird durch Katalysatoren, besonders Vanadinpentoxyd, Uranoxyd, geglühtes Eisenoxyduloxyd sehr beschleunigt, so daß sie dann schneller und bei niedrigerer Temperatur, nämlich 30 bis 80° vor sich geht.

Die Patentansprüche lauten:

1. Verfahren zur Darstellung von Essigsäure aus Aldehyden mittels Sauerstoff, sauerstoffreicher oder atmosphärischer Luft, dadurch gekennzeichnet, daß man bei der Oxydation des Aldehyds von Anfang an Essigsäure, ihre Chlorderivate, Essigsäureanhydrid, ihre Homologen oder Gemische derselben dem Aldehyd zusetzt.

---

[1] *Wohl*-Danzig. Chem. Ztg. **46** (1922) Nr. 115, S. 864.

2. Das Verfahren nach Anspruch 1, dadurch weiter ausgebildet, daß man die Oxydation unter Zusatz von Katalysatoren durchführt.

Nach dem D. R. P. Nr. 305 550 des *Consortiums für elektrochemische Industrie G. m. b. H.* in München vom 18. Januar 1914 (Kl. 12 o, Gruppe 12, Priorität vom 25. Juli 1913)[1] findet die Oxydation des Acetaldehyds in 2 Phasen statt, indem sich zunächst nach der Gleichung

$$2\,CH_3CHO + 2\,O_2 = 2\,CH_3CO_3H\,.$$

Acetpersäure bildet, die sich in erheblicher Menge in der Reaktionsflüssigkeit vorfindet[2], und zwar dann, wenn man als Katalysatoren Chromoxyd, Kobaltacetat, Eisenoxyd oder Braunstein anwendet. Die Acetpersäure reagiert nach einiger Zeit unter starker Wärmetönung nach der Gleichung:

$$CH_3CO_3H + CH_3CHO = 2\,CH_3CO_2H\,.$$

Diese Reaktion ist so stürmisch, daß Explosionen schwer zu vermeiden sind. Nach dem Patent soll sich indessen eine glatte und gefahrlose Überführung von Acetaldehyd in Essigsäure mit Hilfe von Sauerstoff dadurch ermöglichen lassen, daß man Sauerstoff auf Acetaldehyd einwirken läßt, der eine Manganverbindung in echter oder kolloidaler Lösung enthält.

Als Manganverbindungen kommen z. B. folgende in Betracht: Manganacetat, Manganformiat, Manganbutyrat, Manganbenzoat, Manganlaktat. Diese Mangansalze läßt man auf den Aldehyd unter Rühren bei Gegenwart von Sauerstoff einwirken, wobei eine braune Lösung einer aktiven Manganverbindung in Acetaldehyd sich bildet. Diese Lösung nimmt dann Sauerstoff auf unter glatter Bildung von Essigsäure. Eine andere Art der Herstellung der aktiven Manganlösung besteht darin, daß man Permanganate oder Manganate, z. B. Kalium- oder Calciumpermanganat auf den Aldehyd einwirken läßt. Die Menge der zur Herstellung der aktiven Manganlösung notwendigen Manganverbindung braucht nur etwa $^1/_{10}\%$ vom Gewicht des Acetaldehyds zu betragen. Die Überführung des Acetaldehyds in Essigsäure ist nach 10 bis 20 Stunden beendet und man erhält eine hochprozentige Essigsäure, die man durch Destillation von den geringen Resten unveränderten Acetaldehyds und der gelösten Manganverbindung befreit. An Stelle des Sauerstoffs kann man auch sauerstoffhaltige Gase, z. B. Luft, verwenden, doch muß man dann dafür sorgen, daß man den durch den nicht absorbierbaren Gasrest mitgeführten Aldehyd zurückgewinnt. Die Reaktion kann noch beschleunigt werden, wenn man den Sauerstoff oder die sauerstoffhaltigen Gase unter höherem Druck einwirken läßt.

Der Patentanspruch lautet:

Verfahren zur Erzeugung von Essigsäure aus Acetaldehyd und Sauerstoff oder sauerstoffhaltigen Gasen, dadurch gekennzeichnet, daß man als Katalysator eine Manganverbindung verwendet, welche mit Acetaldehyd eine echte oder kolloidale Lösung bildet,

[1] Vgl. auch das Schweizer Patent Nr. 66 322 Kl. 360 vom 17. Juli 1913.

[2] Nach den D. R. P. 269 937, 272 738 der gleichen Firma läßt sich die Acetpersäure darstellen, wenn man reinen Acetaldehyd bei Abwesenheit schädlicher Verunreinigungen in der Kälte mit Sauerstoff behandelt. Diese Reaktion kann durch Katalysatoren, besonders Kobaltverbindungen und durch Bestrahlung beschleunigt werden.

wie sie beispielsweise durch Einwirkung von Acetaldehyd auf Mangansalze bei Gegenwart von Sauerstoff oder von Acetaldehyd auf Salze der Übermangansäure erhalten werden kann.

Nach dem Verfahren der *Badischen Anilin- und Soda-Fabrik* in Ludwigshafen (D. R. P. Nr. 294 724, Kl. 12 o, Gruppe 12, vom 11. Februar 1914 und dem Zusatzpatent D. R. P. Nr. 296 282, Kl. 12 o, Gruppe 12, vom 17. Februar 1914) läßt man die Oxydation bei gleichzeitiger Gegenwart von Eisenverbindungen und organischen Salzen von Alkalien und Erdalkalien einschließlich des Magnesiums und Aluminiums (z. B. Natriumacetat, Natriumformiat, Salze der Chloressigsäure, Phthalsäure, Benzoesäure usw.) vor sich gehen, ohne daß eine Anhäufung von Acetpersäure eintritt. An Stelle der Eisenverbindung kann man auch andere Katalysatoren verwenden, welche für sich die Sauerstoffaufnahme befördern, die Zersetzung der Acetpersäure dagegen nicht oder in ungenügendem Maße bewirken, wie Nickel, Chrom, Vanadin oder deren Verbindungen, ferner poröse Körper, wie Kohle u. dgl.

Der Patentanspruch des Hauptpatentes lautet:

Verfahren zur Darstellung von Essigsäure aus Acetaldehyd durch Oxydation mit Sauerstoff oder Luft, dadurch gekennzeichnet, daß man die Oxydation in gleichzeitiger Gegenwart von Eisenverbindungen und organischen Salzen von Alkalien oder Erdalkalien einschließlich des Magnesiums oder Aluminiums ausführt.

Der Anspruch des Zusatzpatentes hat folgenden Wortlaut:

Abänderung des durch Patent Nr. 294 724 geschützten Verfahrens zur Darstellung von Essigsäure aus Acetaldehyd, dadurch gekennzeichnet, daß man neben den organischen Salzen an Stelle der Eisenverbindungen andere Katalysatoren, welche für sich hauptsächlich nur die Sauerstoffaufnahme befördern, die Zersetzung der Acetpersäure dagegen nicht oder nur in ungenügendem Maße bewirken, anwendet.

Während man bei den bisher besprochenen Verfahren den Acetaldehyd für sich gewann und in einem besonderen Arbeitsgang erst zu Essigsäure oxydierte, soll es nach den folgenden Verfahren möglich sein, Acetylen unmittelbar in Essigsäure überzuführen.

Nach D. R. P. Nr. 293 011 (Kl. 12 o. vom 28. März 1913) der *Farbenfabriken vorm. Friedrich Bayer & Co.* gelingt es, Acetylen in größeren Mengen und mit nahezu völliger Strom- und Materialausnutzung in Essigsäure überzuführen, wenn man das Acetylen in schwefelsaurer Lösung mit oder ohne Diaphragma der anodischen Oxydation unterwirft.

Der Patentanspruch lautet:

Verfahren zur Darstellung von Essigsäure aus Acetylen durch Elektrolyse, dadurch gekennzeichnet, daß man Acetylen unter Verwendung eines quecksilberhaltigen sauren Elektrolyten der anodischen Oxydation unterwirft.

Nach D. R. P. Nr. 297 442 (Kl. 12 o, vom 22. Februar 1913) der gleichen Firma soll man Essigsäure aus Acetylen dadurch gewinnen können, daß man Acetylen in Lösungen von Wasserstoffsuperoxyd, Überschwefelsäure oder Sulfomonopersäure einleitet. Man kann so das Acetylen in einer Operation mit quantitativer Ausbeute in Essigsäure überführen. Zum Beispiel verfährt man so, daß man in ein Gemisch von etwa 250 Teilen Schwefelsäure von 20 bis 30%, 100 Teilen Ammoniumpersulfat von 95% und 5 bis 10 Teilen Quecksilberoxyd 10,8 Teile Acetylen unter Rühren einleitet. Die Temperatur der Reaktionsmischung wird durch Kühlen gemäßigt und auf 30 bis 40° gehalten. Nach Beendigung des Einleitens lassen sich 24 bis 25 Teile Essigsäure von großer Reinheit aus der Reaktionsflüssigkeit gewinnen.

Bei diesem Verfahren bildet offenbar das Wasserstoffsuperoxyd oder das Persulfat das Oxydationsmittel für den entstehenden Acetaldehyd. Es würde daher nur soviel Essigsäure gebildet werden können, als sich vorher Acetaldehyd gebildet hat.

Der Patentanspruch lautet:

Verfahren zur Darstellung von Essigsäure aus Acetylen, dadurch gekennzeichnet, daß man Acetylen mit Lösungen von Wasserstoffsuperoxyd, Überschwefelsäure oder Sulfomonopersäure oder Lösungen und Suspensionen der Salze dieser Säuren in Gegenwart von Quecksilber oder Quecksilberverbindungen behandelt.

Nach einem Verfahren der *Chemischen Fabrik Griesheim-Elektron* und *Nathan Grünsteins* (D. R. P. Nr. 305 997, Kl. 12 o, Gruppe 12, vom 19. Mai 1914) soll man die unmittelbare Überführung von Acetylen in Essigsäure dadurch erreichen, daß man Acetylen und Sauerstoff in Essigsäure oder einer anderen geeigneten organischen Säure in Gegenwart von Quecksilberverbindungen mit oder ohne Zusatz von geeigneten Kontaktsubstanzen, wie Eisenoxyde, Vanadinpentoxyd usw. und der zur Reaktion erforderlichen Wassermenge zur Reaktion bringt. An Stelle der genannten Kontaktsubstanzen oder neben ihnen können vorteilhaft auch noch andere Beschleunigungsmittel, z. B. Phosphorsäure, Schwefelsäure, Bisulfat o. dgl. zugesetzt werden. Die Essigsäure kann in verschiedenen Konzentrationen verwendet werden. Als Ersatzmittel kommen solche organischen Säuren in Betracht, welche sich von der gebildeten Essigsäure durch Fraktionierung leicht trennen lassen, wie Chloressigsäure, Milchsäure usw.

Das Verfahren soll so durchgeführt werden, daß man abwechselnd die für die Bildung von Essigsäure notwendige Menge Acetylen und Sauerstoff in möglichst hochkonzentrierte Essigsäure einleitet, welche mit Quecksilberverbindungen versetzt ist und mindestens die theoretisch erforderliche Menge Wasser enthält. Zweckmäßig leitet man aber geringe Mengen von Acetylen ein, damit der Acetaldehydgehalt der Essigsäure nicht unnötig hoch wird, worauf man sofort den gebildeten Aldehyd mit der erforderlichen Menge Sauerstoff oxydiert.

Mit weniger gutem Erfolg kann man auch Acetylen und Sauerstoff gleichzeitig einleiten. Nachdem sich genügend Essigsäure gebildet hat, trennt man die Lösung von den ausgeschiedenen Quecksilberverbindungen. Man erhält hierbei unmittelbar eine hochprozentige, dem überschüssigen Wasser entsprechende Essigsäure, welche durch Abdestillieren oder auf einem anderen Wege noch weiter gereinigt werden kann. Ein besonderer Vorteil des Verfahrens soll noch darin liegen, daß der Verbrauch an Quecksilbersalzen außerordentlich gering ist. Durchgeführt wird der Prozeß bei einer Temperatur von etwa 80° C.

Die Patentansprüche lauten:

1. Verfahren zur Darstellung von Essigsäure aus Acetylen, dadurch gekennzeichnet, daß man Acetylen, Wasser und Sauerstoff in Essigsäure in Gegenwart von Quecksilberverbindungen mit oder ohne Zusatz von anderen geeigneten Beschleunigungsmitteln, z. B. Phosphorsäure, Schwefelsäure, Bisulfat o. dgl. aufeinander zur Einwirkung bringt.

2. Ausführungsform des Verfahrens nach Patentanspruch 1, dadurch gekennzeichnet, daß man die Essigsäure in konzentrierter Form, gegebenenfalls als Eisessig anwendet mit der Maßgabe, daß für Anwensenheit der theoretisch erforderlichen Wassermenge gesorgt und das in die Reaktion eintretende Wasser entsprechend dem Verbrauch ersetzt wird.

3. Verfahren nach Patentansprüchen 1 und 2, dadurch gekennzeichnet, daß man durch Einleiten von Acetylen in Lösungsgemische der vorbezeichneten Art, vorzugsweise solche von geringem Wassergehalt, Acetaldehyd darstellt und diesen in der gleichen Lösung durch darauffolgendes Einleiten von Sauerstoff zu Essigsäure oxydiert.

4. Abänderung des Verfahrens nach Patentansprüchen 1 bis 3, dadurch gekennzeichnet, daß an Stelle von Essigsäure als Ausgangsflüssigkeit andere geeignete organische Säuren, wie z. B. Chloressigsäure, Milchsäure usw. verwendet werden.

5. Ausführungsform des Verfahrens nach Patentansprüchen 1 bis 4, dadurch gekennzeichnet, daß man den Quecksilberverbindungen andere geeignete Kontaktsubstanzen, wie z. B. Eisenoxyde, Vanadinpentoxyd usw. hinzufügt.

Neumann und *Schneider*[1] haben außer den bereits erwähnten Versuchen zur Darstellung von Acetaldehyd auch solche über die unmittelbare Gewinnung von Essigsäure aus Acetylen angestellt. Sie verwendeten eine 96 proz. Essigsäure, die in 100 ccm 3 g Quecksilberoxyd gelöst enthielt. In dieser Lösung wurde der Gehalt an Essigsäure titrimetrisch bestimmt. 75 ccm dieser Lösung wurden in das oben beschriebene Reaktionsgefäß gebracht, bei 40° $1^1/_2$ Stunde lang unter kräftigem Umrühren Acetylen eingeleitet und dann ebensolange Sauerstoff. Nach dem Versuche wurden 25 ccm der Lösung herausgenommen, auf 250 ccm aufgefüllt und davon ein entsprechender Teil mit Natronlauge titriert.

Kürzerer Wechsel von Acetylen und Sauerstoff gaben keine besseren Ergebnisse; in 40 proz. Schwefelsäure war eine unmittelbare Oxydation zu Essigsäure nicht zu erreichen.

Die nachstehende Aufstellung gibt die Ergebnisse einer Anzahl der Versuche der unmittelbaren Acetylenoxydation in essigsaurer Lösung wieder, wobei verschiedene Kontaktsubstanzen, wie sie in den verschiedenen Patenten vorgeschlagen wurden, zugesetzt waren.

Diese Übersicht zeigt, daß die Ausbeute an Essigsäure wesentlich von der Natur des zugesetzten Sauerstoffüberträgers abhängig ist. Ohne irgendeinen Zusatz können nur etwa 20% des Acetylens in Essigsäure übergeführt werden, auch Eisensalze sind nach diesen Versuchen wenig wirksam; dagegen erwies sich das von *Grünstein* u. a. mit vorgeschlagene Vanadiumpentoxyd als ein sehr wirksamer Katalysator, mit dem rund 83% des Acetylens in Essigsäure übergeführt werden konnten. Auch Holzkohle, Bleisuperoxyd, Chromsäure und Kupfersulfat wirkten sehr günstig, da mit ihnen 68 bis 72% des Acetylens in Essigsäure übergeführt werden konnten. Die günstige Wirkung der Holz-

[1] a. a. O. S. 191.

Kontaktsubstanz	Temperatur °C	Zeit: Min.	Acetylenmenge normal ccm	Essigsäureüberschuß ber. g	Essigsäureüberschuß gef. g	Ausbeute %
Keine	40	90	721	1,940	0,385	19,8
Keine	40	90	1634	4,375	0,945	21,6
Ferroacetat u. Natriumacetat	40	90	309	0,828	0,144	17,3
Eisenchlorid ($FeCl_3$)	40	80	502	1,344	0,240	17,9
Holzkohle	40	90	1260	3,111	2,245	72,2
Vanadiumpentoxyd (V_2O_5)	40	165	3712	9,950	8,170	82,8
V_2O_5 und Holzkohle	40	90	1072	2,870	2,245	78,2
Uranoxydul (UO_2)	40	60	832	2,227	1,042	46,8
Cerdioxyd (CeO_2)	40	60	858	2,298	1,168	50,9
Bleisuperoxyd (PbO_2)	40	90	1950	5,225	3,765	72,1
Mangansuperoxyd (MnO_2)	40	60	296	0,792	0,240	30,3
Chromsäure (CrO_3)	40	60	2720	7,260	4,950	68,2
Kupfersulfat ($CuSO_4$)	40	60	1858	4,976	3,356	67,5

kohle wird darauf beruhen, daß dieselbe stark Sauerstoff aufnimmt, der auf den im Entstehen begriffenen Acetaldehyd dann kräftig einwirkt.

Herstellung von Alkohol, Äther, Essigsäureäthylester und anderen Verbindungen aus Acetaldehyd.

Die Gewinnung des Alkohols erfolgt nach der bekannten, von *Sabatier* und *Senderens* stammenden Methode[1] durch Reduktion des Acetaldehyds mit Wasserstoff bei Gegenwart eines Katalysators gemäß folgender Gleichung:

$$CH_3CHO + H_2 = CH_3CH_2OH$$

Die Reduktion ist vollständig, d. h. der gebildete Alkohol ist nahezu aldehydfrei, wenn nach dem Verfahren des *Elektrizitätswerks Lonza*[2] (Schweiz. Pat. 74 129) ein mehr als vierfacher Überschuß von Wasserstoff angewendet wird, der nach dem Ausfrieren des gebildeten Alkohols wieder in den Prozeß zurückkehrt. Der Überschuß wird nach dem Schweizer Patent Nr. 77 471 derselben Firma so groß gemacht, daß durch den strömenden Wasserstoff die gesamte Reaktionswärme der mit Wärmeabgabe verlaufenden Reaktion abgeführt wird[3]. Nach der Deutschen Patentanmeldung M 66 358[4] kommt man mit einem 30- bis 40fachen Wasserstoffüberschuß aus, der jedoch auch kleiner sein kann, wenn andere Möglichkeiten für Wärmeabfuhr bestehen. Die Anwesenheit größerer Mengen Sauerstoff bei der Reduktion muß vermieden werden, da die dadurch bedingte Entstehung von Essigsäure nach dem Schweizer Patent 78 109 nachteilig für den Katalysator, als welcher meist Nickel benutzt wird, ist.

Nach D. R. P. Nr. 317 589 haben sich auch Platin, Eisen und andere Eisen- und Platinmetalle als Kontaktkörper bewährt. Die Metalle müssen,

[1] Annales de Chimie et de Physique (8) 4. 396.
[2] Deutsches Patent 348 146.
[3] Vgl. *Meingast:* Chem.-Ztg. **44** (1920) Nr. 155, 982.
[4] Siehe weiter unten.

wie bei katalytischen Prozessen meist üblich, in möglichst fein verteilter Form zugegen sein. Man erreicht dies dadurch, daß man sie in Form ihrer Salze oder Oxyde auf Kontaktträger, wie Bimsstein, Chamotte, Infusorienerde, Ton o. dgl. niederschlägt und vor dem Gebrauch reduziert.

Während, wie schon oben erwähnt, größere Mengen Sauerstoff wegen eintretender Essigsäurebildung bei der Reduktion des Aldehyds vermieden werden müssen, ist andererseits[1] Sauerstoff in sehr geringen Mengen vorteilhaft, wenn man einen Alkohol erhalten will, der nur wenig Aldehyd und Äther enthält. Ohne Sauerstoff wird der Katalyt schnell unwirksam und die Umsetzung zu Alkohol geht zurück, die Ätherbildung steigt. Aus dem nun mit viel Aldehyddampf beladenen Alkoholdampf läßt sich technisch aldehydfreier Alkohol nicht mit einfachen Mitteln kondensieren.

Man hat es aber in der Hand, den Alkohol reich an Äther zu gewinnen, wenn man den Sauerstoff vollständig fern hält (D. R. P. Nr. 317 589, Kl. 12 o, Gruppe 5, vom 29. Oktober 1918) und andere Maßnahmen trifft, das Unwirksamwerden des Katalyten zu verhindern. Man kann so Alkoholäthermischungen bis zu 15% Äther herstellen. Die Arbeitsweise ist im übrigen dieselbe, wie bei der Herstellung von ätherarmem Alkohol; Temperaturen zwischen 90 und 170°, Wasserstoffüberschuß und Rückführung desselben usw. Die Trennung des Äthers von Alkohol geschieht wie üblich durch fraktionierte Destillation.

Die hierher gehörenden Patente des *Elektrizitätswerks Lonza* haben folgende Patentansprüche:

D. R. P. 348 146: Verfahren zur Herstellung von Äthylalkohol aus Acetaldehyd durch Reduktion mittels Wasserstoffs in Gegenwart eines Katalysators und bei hoher Temperatur, dadurch gekennzeichnet, daß der gegebenenfalls im Kreislauf geführte Wasserstoff in einem so großen Überschuß verwendet wird, daß bei der Kondensation aus den Reaktionsgasen der gebildete Alkohol sich praktisch aldehydfrei abscheidet.

D. R. P. Anmeld. M 66 358: Weitere Ausbildung des durch die Hauptanmeldung E 22 860 (D. R. P. 348 146) geschützten Verfahrens zur Herstellung von Äthylalkohol aus Acetaldehyd durch Reduktion mittels Wasserstoffs bei Gegenwart eines Katalysators, gekennzeichnet durch die Verwendung des Wasserstoffs in so großem Überschuß, daß zwecks Aufrechterhaltung möglichst gleichbleibender Temperatur im Katalyten, die Reaktionswärme ständig durch den Gasstrom abgeführt wird.

D. R. P. 317 589: Verfahren zur Herstellung von Äthyläther, dadurch gekennzeichnet, daß man Acetaldehyddampf und Wasserstoff unter Ausschluß von Sauerstoff über Kontaktkörper leitet.

D. R. P. 372 241: 1. Verfahren zur Herstellung von praktisch ätherfreiem Äthylalkohol aus sauerstoffreien Gemischen von Acetaldehyddampf und Wasserstoff in der Wärme, dadurch gekennzeichnet, daß man den Reaktionsgasen vor dem Überleiten über Kontaktkörper Sauerstoff hinzufügt. 2. Ausführungsform des Verfahrens nach Anspruch 1, dadurch gekennzeichnet, daß man den Wasserstoff im Überschuß und zwar in so großem Überschuß verwendet, daß er die Reaktionswärme so weit abführt, daß die Arbeitstemperatur auf der gleichen und einer für die Durchführung der Reaktion günstigen Höhe bleibt.

Nach dem englischen Patent Nr. 198 506 vom 9. Februar 1921 (Priorität vom 9. Februar 1920) der *Badischen Anilin- und Soda-Fabrik* wird Äthyl-

[1] Patente Deutschland 327 241, Schweiz 85 092 u. a.

alkohol durch Überleiten von Acetaldehyddämpfen und Wasserstoff über fein verteiltes Kupfer dargestellt, das durch Reduktion gefällter Kupferverbindungen vorzugsweise bei niedrigen Temperaturen dargestellt wird. Der Kupferkatalysator wird z. B. durch Fällung einer heißen Kupfersalzlösung mit kaustischem Alkali, Mischen des Niederschlags mit Bimsstein und Reduktion des Cuprihydrates mit Wasserstoff bei 200° dargestellt.

Ein Verfahren aliphatische Aldehyde in die entsprechenden Fettsäureester überzuführen, besteht darin, auf Acetaldehyd Aluminiumalkoholat einwirken zu lassen. Diese Reaktion ist von *Tischtschenko*[1] näher untersucht worden. Er kam dabei zu dem Ergebnis, daß Essigester nur bis zu einer Höchstausbeute von rund 69% Ester, die durch Anwendung von 15% Aluminiumäthylat erreicht wird, erhalten werden kann. Dies ist aber auch nur dann der Fall, wenn die Einwirkung des Alkoholats in Stücken und tagelang stattfindet. Bei Verminderung des Alkoholatzusatzes geht die Ausbeute an Essigester so weit zurück, daß die Bildung anderer Nebenprodukte überwiegt.

Die Reaktion beruht anscheinend darauf, daß sich zwischenzeitlich das Aluminiumalkoholat an den Acetaldehyd anlagert und nun mit einem zweiten Molekül Acetaldehyd unter Abspaltung von Aluminiumalkoholat und Bildung von Essigester gemäß nachstehenden Gleichungen reagiert:

$$CH_3C\genfrac{}{}{0pt}{}{\diagup O}{\diagdown H} + MeOCH_2CH_3 \rightarrow$$

$$CH_3C\genfrac{}{}{0pt}{}{\diagup OMe}{\genfrac{}{}{0pt}{}{-H}{\diagdown OCH_2 \cdot CH_3}} + CH_3C\genfrac{}{}{0pt}{}{\diagup O}{\diagdown H} \rightarrow$$

$$CH_3COOCH_2 \cdot CH_3 + CH_3CH_2OMe$$

Nach dem durch D. R. P. Nr. 277 111 (Kl. 12 o, Gruppe 12, vom 28. November 1912) geschützten Verfahren des *Consortiums für elektrochemische Industrie* lassen sich indessen die Anwendung unverhältnismäßig großer Alkoholatmengen, lange Arbeitsdauer, unvollkommene Esterbildung und erhebliche Bildung von Nebenprodukten vollständig vermeiden und sogar mit geringen Alkoholatmengen (etwa 5%) in kurzer Zeit fast quantitative Ausbeuten erhalten, wenn das Aluminiumalkoholat mit gewissen Zusätzen versetzt wird, die für sich allein die Essigesterbildung nicht zu bewirken vermögen. Als solche Katalysatoren haben sich verschiedenartige Verbindungen, vor allen Halogenide und halogenhaltige Verbindungen von Quecksilber, Kupfer, Zinn, Aluminium, Silicium bewährt, die am zweckmäßigsten mit dem Aluminiumalkoholat im Vakuum zusammengeschmolzen werden und in Pulverform bei der Reaktion zur Anwendung kommen. So konnte unter Anwendung von Aluminiumäthylat, das mit 10% Zinnchloräthylat verschmolzen war, aus dem Acetaldehyd Essigester in einer Ausbeute von 96%, bei Zusatz von 10% Aluminiumchlorid von 93% erhalten werden.

[1] Journ. russ. phys.-chem. Ges. 38, S. 398 bis 418. Chem. Centralblatt **1906**, II, 1309 und 1552.

Der Patentanspruch lautet:

Verfahren zur Darstellung von Essigsäureäthylester aus Acetaldehyd mit Hilfe von Aluminiumäthylat, dadurch gekennzeichnet, daß man die katalytische Wirkung des Aluminiumalkoholates durch Zusatz von halogenhaltigen Stoffen erhöht, die an sich nicht Essigester aus Acetaldehyd zu erzeugen vermögen.

Durch D. R. P. Nr. 277 187 (Kl. 12 o, Gruppe 12) wird der gleichen Firma ein Verfahren geschützt, wonach man als Kondensationsmittel nicht das gewöhnliche Aluminiumalkoholat, sondern ein Reaktionsprodukt desselben mit Wasser bzw. wasserenthaltenden Metallsalzen zur Anwendung bringt. Beide Patente sind identisch mit dem Schweizer Patent Nr. 68 192 (Kl. 36 o, vom 21. November 1913).

Es hat sich ferner bei Versuchen derselben Firma ergeben, daß die Steigerung der katalytischen Wirkung des Aluminiumalkoholates bei der Essigesterkondensation durch solche Stoffe erzielt werden kann, die für sich allein auf Acetaldehyd polymerisierend wirken. Solche Stoffe sind sauer wirkende Verbindungen, wie Kupfersulfat, Benzolsulfosäure oder basisch wirkende, wie Alkalihydroxyde, Carbonate, Alkoholate, Cyanide usw. Wie diese Stoffe, dem Aluminiumalkoholat zugesetzt, die Ausbeute an Essigester erhöhen, ergibt die folgende Aufstellung:

Art des Zusatzes in Gewichtsprozenten von Alkoholat	Esterausbeute %
ohne Zusatz	15
2 % Aluminiumchlorid	80
1 % Benzolsulfosäure	61
1,5% Siliciumtetrachlorid	63
40 % Kupfersulfat (entwässert)	50
0,4% Ätznatron	56
0,4% Calciumhydroxyd	55
0,1% Natriumacetat	47
0,2% Natriumalkoholat	46
0,4% Cyannatrium	77

Die Patentansprüche dieses unter D. R. P. Nr. 314 210 (Kl. 12 o, Gruppe 12, vom 27. Oktober 1914) geschützten Verfahrens lauten:

1. Verfahren zur Darstellung von Essigsäureäthylester aus Acetaldehyd mittels Aluminiumalkoholates, dadurch gekennzeichnet, daß man die katalytische Wirkung des Aluminiumalkoholates anstatt durch die in den Patentschriften 277 111 und 277 187 angeführten Zusatzstoffe durch geringe Mengen solcher anderer Stoffe erhöht, die für sich allein Acetaldehyd in Paraldehyd oder in Aldol überführen.

2. Verfahren nach Anspruch 1, dadurch gekennzeichnet, daß man den Katalysator in Form seiner Lösung, vorteilhaft in Essigester, zur Anwendung bringt.

Die Patentansprüche eines weiteren Verfahrens derselben Firma, das unter D. R. P. Nr. 318 898 (Kl. 12 o, Gruppe 12, vom 31. März 1914) geschützt wurde, lauten:

Verfahren zur Darstellung von Essigsäureäthylester aus Acetaldeyd mittels Aluminiumalkoholat als Katalysator, dadurch gekennzeichnet, daß man zwecks Erhöhung der Wirkung des Katalysators diesen in unterkühlter Form anwendet, wie man sie erhält, wenn man geschmolzenes Aluminiumalkoholat einer raschen Abkühlung unterwirft oder in geschmolzenem Aluminiumalkoholat andere, die Wirkung des Katalysators nicht zerstörende Stoffe löst, ausgenommen die gemäß den Patenten 277 111, 277 187, 277 188 und 308 043 verwendeten Zusätze.

2. Ausführungsform des Verfahrens nach Anspruch 1, dadurch gekennzeichnet, daß man geschmolzenes Alkoholat mit Essigsäureäthylester mischt und diese Mischung auf Acetaldehyd wirken läßt.

3. Ausführungsform des Verfahrens nach Anspruch 1, dadurch gekennzeichnet, daß man das zuvor unterkühlte Alkoholat in Essigester gelöst anwendet.

Als Zusatzstoffe nach Anspruch 1, welche die Wirkung des Katalysators nicht zerstören, werden genannt: entwässerter Kalialaun, entwässertes Kupfersulfat, Campfer.

Nach dem D. R. P. Nr. 308 043 (Kl. 12 o, Gruppe 12, vom 3. Februar 1914) der *Farbwerke vorm. Meister Lucius & Brüning* werden die nach ihren Versuchen günstig wirkenden Bedingungen zur Herstellung von Essigester aus Acetaldehyd mittels Aluminiumäthylats, nämlich möglichst feine Verteilung und größte Reinheit des Äthylats und günstigste Reaktionstemperatur, 0 bis + 15°, dadurch erzielt, daß man das gewöhnliche rohe Aluminiumäthylat in hochsiedenden organischen Lösungsmitteln, wie Nitrobenzol, Xylol oder Solventnaphtha usw. löst und durch Filtrieren von den geringen, aber die Reaktion störenden Verunreinigungen befreit. Durch die Verwendung solcher Lösungen, die eine genaue Einhaltung der günstigsten Reaktionstemperatur gestattet, erreicht man eine Ausbeute von mehr als 85% der Theorie an fast reinem Essigester, während gleichzeitig die Reaktionsdauer wesentlich gekürzt und der Aluminiumäthylatverbrauch auf 3 bis 5% herabgesetzt wird.

Der Patentanspruch lautet:

Verfahren zur Darstellung von Essigester aus Acetaldehyd mittels Aluminiumäthylat, darin bestehend, daß man in Essigester schwer lösliches, normales Aluminiumäthylat von der Zusammensetzung Al $(OC_2H_5)_3$, welches keine Halogenverbindungen oder nur Spuren davon enthält, in höher siedenden organischen Lösungsmitteln gelöst zur Anwendung bringt.

Die Reindarstellung des zur Durchführung des eben genannten Verfahrens benötigten Aluminiumäthylates ist der gleichen Firma duıch D R. P.Nr.289157 (Kl. 12 o, Gruppe 5, vom 22. Februar 1914) geschützt. Der Anspruch lautet:

„Verfahren zur Destillation von Aluminiumäthylat, darin bestehend, daß man bei Atmosphärendruck die sich bildenden Dämpfe, z. B. durch Anwendung eines niederen Destillationsgefäßes, schnell abführt und ihre Kondensation im oberen Teile des Destillationsgefäßes vermeidet."

Andernfalls zerfällt das Aluminiumäthylat völlig in Äthylen, Alkohol, Äther und Aldehyd einerseits und Aluminiumoxyd andererseits.

Ein weiteres Verfahren derselben Firma, das allgemein die Darstellung von Fettsäureestern gestattet, besteht darin, daß das Acetylen als wasserabspaltendes und wasseraufnehmendes Mittel gebraucht wird. Es wurde nämlich beobachtet, daß eine quantitative Esterifizierung erfolgt, wenn Acetylen auf ein molekulares Gemisch von Alkohol und Fettsäure in Gegenwart von Quecksilbersalzen und bei erhöhter Temperatur einwirkt. So gelingt die Herstellung von Essigsäureäthylester mit einer Ausbeute von 90 bis 100%, wenn in Eisessig eine geringe Menge Quecksilberoxyd bei 30 bis 40° gelöst durch Zusatz von Schwefelsäure in Mercurisulfat übergeführt, mit Äthylalkohol am Rückflußkühler auf 70° erwärmt und Acetylen eingeleitet wird, bis keine Gasaufnahme mehr stattfindet. Der als Nebenprodukt auftretende Acetaldehyd kann durch fraktionierte Destillation von dem gebildeten Essigester getrennt werden.

Wird an Stelle von Eisessig Ameisensäure verwendet, so erhält man Ameisensäureäthylester vom Siedepunkt 54°. Unter den gleichen Bedingungen kann man aus Propionsäure und Methylalkohol Propionsäuremethylester vom Siedepunkt 79,5° erhalten.

Der Patentanspruch dieses D. R. P. Nr. 315 021 (Kl. 12 o, Gruppe 11, vom 19. September 1915) lautet:

Verfahren zur Darstellung von Fettsäureestern, dadurch gekennzeichnet, daß man auf ein äquimolekulares Gemisch von Fettsäure und Alkohol bei Gegenwart mineralsaurer Quecksilbersalze und zweckmäßig bei erhöhter Temperatur Acetylen einwirken läßt.

Weitere chemische Verbindungen, die sich aus Acetaldehyd herstellen lassen, sind das Chloroform (Trichlormethan) und das Aldol.

Die Herstellung des Chloroforms erfolgte bisher hauptsächlich durch Erwärmen von Alkohol oder Aceton mit Chlorkalk und Wasser. Nach dem D. R. P. Nr. 339 914, Kl. 12 o, Gruppe 2, vom 14. Dezember 1913 und dem Schweizer Patent Nr. 69 481 (Kl. 36 o, vom 25. November 1914) des *Consortiums für elektrochemische Industrie* kann die Gewinnung von Chloroform auch dadurch erfolgen, daß man eine wäßrige Lösung oder eine Suspension eines unterchlorigsauren Salzes mit einer wäßrigen Lösung von Acetaldehyd vermischt. Die Reaktion soll sich sehr schnell vollziehen, vor allem dann, wenn man sie bei gelinder Wärme — 40 bis 50° — ausführt. Es soll durch Destillation ein Chloroform in vorzüglicher Reinheit erhalten werden.

Der Deutsche Patentanspruch lautet:

Verfahren zur Erzeugung von Chloroform, dadurch gekennzeichnet, daß man auf Acetaldehyd unterchlorigsaure Salze zweckmäßig in wäßriger Lösung oder Suspension einwirken läßt.

Aldol entsteht dadurch, daß zwei Moleküle Acetaldehyd unter Herstellung einer neuen Kohlenstoffbindung zu einem Körper mit doppelt so großer Kohlenstoffatomzahl zusammentreten, wobei ein Wasserstoffatom des einen Moleküls sich mit dem Sauerstoff des anderen zu einer Hydroxylgruppe vereinigt.

$$CH_3CHO + CH_2H - CHO = CH_3CH \cdot OH - CH_2CHO\,.$$

Bisher wurde Aldol in der Weise hergestellt, daß man auf Acetaldehyd längere Zeit verdünnte Salzsäure oder Sodalösung einwirken ließ oder daß man nach *Claisen*[1] eine wässrige Lösung von Acetaldehyd auf — 12° abkühlte und unter Umrühren eine 25 proz. Lösung von Cyankalium zugab, wobei die Temperatur nicht über — 8° steigen durfte. Nach 30 stündigem Stehen bei niederer Temperatur wurde das Reaktionsprodukt ausgeäthert und das gebildete Aldol nach dem Abdestillieren des Äthers im Vakuum destilliert.

[1] Annalen der Chemie **306**, 323.

Durch ein dem *Consortium für elektrochemische Industrie* durch D. R. P. Nr. 269 996 (Kl. 12 o, Gruppe 7, vom 4. September 1912) geschütztes Verfahren ist es nun möglich geworden, Acetaldehyd unter Ausschluß von Wasser bereits durch sehr geringe Mengen von Alkali- oder Erdalkalimetall bzw. ihren Amalgamen oder Legierungen in Aldol überzuführen, wobei die Menge des Kondensationsmittels soweit eingeschränkt werden kann, daß aus dem wasserhellen, zähflüssigem Reaktionsprodukt das gebildete Aldol durch Vakuumdestillation unmittelbar isoliert werden kann. Die Reaktion verläuft unter Wärmeentwicklung und Auflösung einer anfänglich sich ausscheidenden Verbindung des Metalls mit dem Acetaldehyd, welche die Aldolkondensation zu bewirken scheint.

Der Patentanspruch lautet:

„Verfahren zur Darstellung von Aldol aus Acetaldehyd, dadurch gekennzeichnet, daß man auf Acetaldehyd unter Ausschluß von Wasser Alkali- oder Erdalkalimetalle bzw. deren in Aldehyd lösliche Verbindungen zur Einwirkung bringt und zweckmäßig das gebildete Aldol im Vakuum abdestilliert."

Das Aldol geht leicht unter Wasserabspaltung in Crotonaldehyd über.

$$CH_3 \cdot CH(OH) - CH_2 - CHO = CH_3 \cdot CH = CH - CHO + H_2O$$

so daß man nach dem oben angegebenen Verfahren unmittelbar Crotonaldehyd gewinnen kann, wenn man z. B. das Reaktionsprodukt bei gewöhnlichem Druck langsam destilliert.

Aceton bildet sich bei der Destillation von essigsaurem Kalk oder essigsaurem Barium nach der Gleichung:

$$\begin{matrix} CH_3COO \\ CH_3COO \end{matrix}\!\!>\!Ca = \begin{matrix} CH_3 \\ CH_3 \end{matrix}\!\!>\!CO + CaCO_3$$

Nach einem Verfahren, bei dem eine dauernde Zwischenbildung von Calcium-, Barium-, Magnesium- oder Strontiumacetat angenommen werden kann, arbeiten die *Farbenfabriken vorm. Friedrich Bayer & Co.*, Leverkusen (D. R. P. Nr. 298 851, Kl. 12 o, vom 8. März 1916). Die Überführung der Essigsäure in Aceton findet unter Benutzung von Bariumacetat bei einer Temperatur von 320° statt. Bei Druckverminderung kann auch niedrigere Temperatur angewendet werden. An Stelle des Bariumacetats können auch Strontiumcarbonat, Kalk (CaO) und Magnesia und die entsprechenden Acetate benutzt werden. Die Ausbeute soll quantitativ sein.

Der Patentanspruch lautet:

Verfahren zur Darstellung von Aceton aus Essigsäure, dadurch gekennzeichnet, daß man Dämpfe von Essigsäure über erhitztes Acetat oder eine Base leitet.

Ob noch andere Verfahren geschützt sind, die gestatten, Aceton etwa aus Acetaldehyd unmittelbar oder auf einem anderen Wege aus Essigsäure zu gewinnen, kann bis jetzt auf Grund der vorliegenden Patentschriften oder sonstigen Veröffentlichungen nicht gesagt werden.

Einen neuen Weg, das Acetylen für Koch- und Heizzwecke nutzbar zu machen, schlägt das *Elektrizitätswerk Lonza* ein[1]. Der aus Acetylen gewonnene

[1] S. Carbid u. Acetylen, 1922, Nr. 3, S. 14.

Acetaldehyd wird nämlich durch einen Polymerisationsprozeß in Metaldehyd umgewandelt (D. R. P. Nr. 325151), der gepreßt einen festen, handlichen, sauberen und explosionssicheren Brennstoff für Koch- und Heizzwecke darstellt. Er verbrennt ohne Geruch und Ruß aschefrei, ohne zu schmelzen oder Flüssigkeit auszuschwitzen, ist unempfindlich gegen Feuchtigkeit und Luft, und kann daher offen aufbewahrt werden. Mit diesem Brennstoff hat man das Ziel erreicht, das man beim Hartspiritus erreichen wollte, jedoch nicht vollkommen erreichen konnte; er kommt seit einigen Monaten zusammen mit handlichen, seinen Eigenschaften angepaßten Apparaten in den Handel.

Die hier angeführten Verfahren können keinen Anspruch darauf erheben, vollzählig zu sein. Über die Gewinnung von Acetaldehyd und Essigsäure sowie über die daraus herstellbaren chemischen Körper ist u. a. auch im Auslande vielfach gearbeitet worden[1].

Es wurden daher in der Hauptsache nur deutsche Firmen und in Deutschland bzw. der Schweiz patentierte Verfahren angeführt und beschrieben. Im allgemeinen dürften wohl alle Verfahren, soweit sie den Grundgedanken betreffen, nicht allzu sehr voneinander abweichen.

Hingewiesen sei noch auf einen Prioritätsstreit zwischen dem *Consortium für elektrochemische Industrie* und *Nathan Grünstein,* bei dem es sich darum handelt, wer von beiden den bei der Acetaldehydherstellung notwendigen Acetylenüberschuß als erster angegeben hat[2].

Mit der fabrikmäßigen Herstellung von Acetaldehyd, Essigsäure, Aceton und Essigester haben sich, soviel bekannt geworden ist, bis jetzt in Deutschland folgende Firmen beschäftigt: Die *Dr. Alexander Wacker-Gesellschaft für elektrochemische Industrie*-München[3] und die *Farbwerke vorm. Meister Lucius & Brüning*, Höchst a. M. und *Knapsack*[4], während die *Chemische Fabrik Griesheim-Elektron,* auf welche die Patente *Grünsteins* übertragen wurden, anscheinend noch im Versuchsbetriebe arbeitet, dabei aber auch schon größere Mengen Acetaldehyd und Essigsäure hergestellt hat[5].

Die *Dr. Alexander Wacker Gesellschaft für elektrochemische Industrie* arbeitet als Lizenznehmerin nach dem Verfahren des *Consortiums für elektrochemische Industrie*[6], während die *Höchster Farbwerke* ihre eigenen Verfahren benutzen[7].

Eine Versuchsanlage zur Herstellung von Alkohol ist in Burghausen (Oberbayern) im Bau begriffen. Nach der Fertigstellung werden dort jährlich etwa 10000 hl Carbidspiritus erzeugt werden können[8], wobei zur Erzeugung

---

[1] Siehe Carbid und Acetylen 1919 Nr. 12, S. 48; Nr. 15, S. 60; Nr. 16, S. 64.

[2] Vgl. Zeitschr. f. angew. Chemie **31**, I, 148, 180, 220 (1918). **32**, I. 31, 32, 104, 132, 224, 335, 336, 396 (1919); **33**, I. 72 (1920).

[3] Zeitschr. f. angew. Chemie **31**, I, 148 (1918).

[4] a. a. O. S. 148.

[5] Zeitschr. f. angew. Chemie, **32**, 104, 224 (1919).

[6] Zeitschr. f. angew. Chemie **31**, 148 (1918).

[7] a. a. O. S. 148.

[8] Die Erzeugung von technischen Spiritus (Anlage zum Gesetzentwurf über das Branntweinmonopol); Chem. Ind. 1921, Nr. 32, S. 311.

von 100 l Weingeist etwa 200 kg Carbid und 60 cbm Wasserstoff erforderlich sind.

Fabrikmäßig ist Carbidspiritus in Deutschland bisher nur von der *Badischen Anilin- und Soda-Fabrik* in Ludwigshafen a. Rh. hergestellt worden. Die Genehmigung dazu wurde Ende 1920 vom Reichsmonopolamt für Branntwein zu dem Zwecke erteilt, dieser Firma und den mit ihr zusammengeschlossenen Firmen der Teerfarbenindustrie die Möglichkeit zu schaffen, die durch den Friedensvertrag geforderten Farbstoffmengen herzustellen, da aus den verfügbaren Beständen der Monopolverwaltung dafür keine Lieferung erfolgen konnte. Bis Ende März 1921 waren in der Anlage zu Ludwigshafen bereits 1000 hl Spiritus erzeugt worden. Die jährliche Leistungsfähigkeit der Anlage kann auf 15 000 bis 30 000 hl gesteigert werden[1].

Das neue Branntweinmonopolgesetz hat für Carbidspiritus eine Mindestmenge von 40 000 hl jährlich vorgesehen, um der Monopolverwaltung eine Grundlage für Vertragsabschlüsse zu geben[2].

In der Schweiz wurde im Jahre 1917 vom Bundesrat dem *Elektrizitätswerk Lonza* eine 20jährige Konzession für die Herstellung von Alkohol aus Carbid erteilt[3]. Nach Angaben des *Elektrizitätswerks Lonza*[4] braucht man praktisch zur Herstellung einer Tonne Alkohol etwa 2 t Calciumcarbid und 500 cbm Wasserstoff. 2 t Calciumcarbid beanspruchen durchschnittlich an elektrischer Energie 8000 kW-St. Bei elektrolytischer Erzeugung beanspruchen 500 cbm Wasserstoff 3000 kW-St.; insgesamt also beansprucht eine Tonne Alkohol 11 000 kW-St. Außer elektrischer Energie sind für eine Tonne Alkohol erforderlich etwa 2,5 t Kohle und 4 t Kalkstein. Die gesamte Alkoholeinfuhr in der Schweiz betrug in den letzten 10 Jahren durchschnittlich etwa 10 000 t jährlich.

Auf Grund dieser Konzession wollte das *Elektrizitätswerk Lonza* in Visp eine Fabrik zur Erzeugung von jährlich 7500 t Alkohol errichten, deren Erweiterung auf 10 000 t vorgesehen war, so daß damit der gesamte jährliche Alkoholbedarf der Schweiz hätte gedeckt werden können. Unter dieser Voraussetzung hätten nicht weniger als 100 Millionen kW-St. elektrischer Energie für die Alkoholerzeugung verwendet werden können, wobei vom Ausland lediglich etwa 20 000 t Kohle bezogen worden wären.

Bis zum Jahre 1917 hätte die Schweiz unter Zugrundelegen der vor dem Krieg gültigen Alkoholpreise etwa für 4 Millionen Franken Alkohol einführen müssen; nach Errichtung der Alkoholfabrik hätten nur für etwa 700 000 Franken Kohle jährlich eingeführt werden müssen, so daß etwa 3,3 Millionen Franken der schweizer Volkswirtschaft erhalten geblieben wären.

Diese Annahmen haben sich leider — d. h leider im Interesse der schweizer Volkswirtschaft — nicht erfüllt. Wohl hatte die Herstellung von Alkohol in

---

[1] a. a. O.

[2] a. a. O. Nr. 31, S. 299.

[3] Carbid und Acetylen 1917, Nr. 4, S. 19; Nr. 7, S. 33 (s. auch Chem.-Ztg. **41** (1917,) 272; **44** (1920), S. 983.

[4] Berner Bund vom 22. März 1917 (s. auch oben unter 3).

technischer Hinsicht vollen Erfolg. Wenn sie in wirtschaftlicher Hinsicht nicht bestehen konnte, so lag dies nicht an dem Verfahren, das, wie schon oben erwähnt, neuerdings in Deutschland ausgenutzt wird, sondern an den ausländischen Valuten und der Kohlenfrage. Es ist zu berücksichtigen, daß die Schweiz zur Zeit wegen ihrer, von ihr selbst so unangenehm empfundenen hohen Valuta sich oft Rohstoffe verhältnismäßig teurer beschaffen muß, als die daraus hergestellten Erzeugnisse[1].

Zu der Wirtschaftlichkeit der Herstellung von Carbidspiritus in Deutschland haben sich besonders seit der Programmrede des Reichsfinanzministers in der Nationalversammlung vom 3. Dezember 1919 vornehmlich in der Zeitschrift für Spiritusindustrie und in verwandten Zeitschriften Fachmänner der Gärungsindustrie geäußert, die natürlich für den Gärungsalkohol eine Lanze brechen, während andererseits Fachmänner und Volkswirtschaftler ihrer Meinung dahin Ausdruck geben, daß es ein Mißgriff sei, die Gärungsindustrie vor einer im Entstehen begriffenen Industrie, die es ermöglicht, die bisher für die Brennerei notwendigen Rohstoffe, vornehmlich die Kartoffel, teilweise für die Ernährung freizumachen, zu bevorzugen[2]. Es ist eine alte Erfahrung, daß das Neue auf Widerstände stößt, ja sie sogar hervorruft.

In Wirklichkeit dürften augenblicklich die Verhältnisse so liegen, daß sich Landwirtschaft und Carbidindustrie einander ergänzen und aushelfen. Die Carbidindustrie[3], der die Landwirtschaft in den ersten Kriegsjahren ihre Hauptversorgung mit Stickstoff zu danken hat, beabsichtigt keineswegs, den gesamten Spiritusbedarf, vor dem Kriege etwa $3^1/_2$ Millionen hl[4], zu decken. Dazu wären rund 600 000 t Carbid erforderlich, die sich für diesen Zweck allein nicht freimachen ließen. Die Aufgabe der Carbid- bzw der Carbidspiritusindustrie ergibt sich auf andere Weise. Der Friedensvertrag hat die deutsche Anbaufläche für Kartoffeln um 35% vermindert. Ein großer Teil der im Osten liegenden Brennereien gehört nicht mehr zum deutschen Gebiet; dadurch entsteht für Deutschland ein jährlicher Ausfall von etwa 1 000 000 hl Spiritus, der ebenso wie der der fehlenden Kartoffelmenge auf andere Weise aufgebracht werden muß. Die Kartoffelerträge lassen sich vielleicht bei ausreichender Grunddüngung mit Kalisalzen unter Mitbenutzung starker Stickstoffdüngung dort erhöhen, wo der Boden zur Aufnahme gesteigerter Stickstoffmengen geeignet ist. Das trifft für die Gegenden mit armen Sandböden, die bis her 80% der Kartoffelspiritusmengen geliefert haben, jedoch nicht in ausschlaggebender Weise zu. Bei diesen Böden kann der Kartoffelbau im bisherigen Umfange nur durch starke Stallmist- oder Gründüngung unter Zufuhr größerer Mengen Kali und Phosphorsäure durchgeführt werden, weil sonst dem Boden die bindende Kraft fehlt. Können also im Osten

[1] Carbid und Acetylen 1920, Nr. 19, S. 78.

[2] Vgl. Carbid und Acetylen 1918, Nr. 10, S. 40; Nr. 11, S. 43; Nr. 17, S. 67 bis 69; Nr. 18, S. 71 bis 73; Nr. 19, S. 75. 1920, Nr. 8, S. 33; Nr. 19, S. 77.

[3] Vgl. die Ausführungen von *J. Heß*, München. Carbid und Acetylen 1920, Nr. 19, S. 77.

[4] Wozu etwa 3,5 Millionen Tonnen Kartoffeln nötig wären. 1 t Carbid = 625 l Spiritus; 125 Ztr. Kartoffeln = 625 l Spiritus (s. Carbid und Acetylen, 1918, Nr. 17).

keine größeren Kartoffelerträgnisse erzielt werden, so werden die in den übrigen Teilen erzielten Mehrerträge an Kartoffeln zweifellos besser für Speisezwecke verwendet. Die unvermeidlich entstehende Fehlmenge an Alkohol könnte nun durch die Carbidspiritusindustrie gedeckt werden.

Dem Carbidspiritus wird, wie *Heß*[1] weiter schreibt, zum Vorwurf gemacht, daß er sehr viel Kohle verbraucht[2]. Dies trifft nur auf Werke zu, die ihr Carbid mittels Dampfkraft erzeugen. Eine künftige Carbidspiritusherstellung wird sich auf Wasserkraftcarbid stützen, dessen Umwandlung in Alkohol weniger Kohle erfordert, als die Verarbeitung der Kartoffel auf Spiritus. Neue Fortschritte haben sogar einen Weg gezeigt, die Umarbeitung ganz ohne Kohle durchführen zu können. Es bleibt dann nur noch die Menge Kohle in Vergleich zu setzen, die zum Kalkbrennen und in Form von Koks zur Carbiderzeugung notwendig ist. Die zum Kalkbrennen erforderliche Kohle fällt außer Betracht, weil der bei der Vergasung des Carbides anfallende Kalk quantitativ an Stelle des bisher verwendeten Stückkalkes im Baugewerbe, zum Teil auch in der Landwirtschaft, verwendet wird[3]. Die hierzu verwendete Kohle wird also für die Herstellung von Baukalk vollkommen eingespart[4]. Der dann noch als Rohstoff verbleibende Koks muß der Kartoffel als Rohstoff gegenübergestellt werden und dürfte wohl als das weniger wertvolle Ausgangsprodukt zu bezeichnen sein.

Bei einem wirtschaftlichen Vergleich der beiden Erzeugungsmethoden ist zu berücksichtigen, daß zur Herstellung von 1 hl Alkohol auf der einen Seite 18 Zentner Kartoffeln und 32 Pfund Gerstenmalz, auf der andern Seite 3 Zentner Koks erforderlich sind. Bei der Carbidspirituserzeugung fällt Baukalk als Nebenprodukt an, der die Kalkausgabe deckt, bei der Kartoffelspiritusherstellung fällt Schlempe an, die die Eiweißstoffe nutzbringend verwerten läßt. Die Umarbeitung von Koks auf Alkohol ist naturgemäß, da umständlicher, teurer, besonders auch mit Rücksicht darauf, daß die Industrie wesentlich höhere Löhne bezahlen muß als die Landwirtschaft. Die notwendige Steigerung der Kartoffelerzeugung wird sich ohne Preiserhöhung wohl nicht durchführen lassen, so daß darin ein Preisausgleich gegeben ist.

Über den Fabrikationsgang bei der Gewinnung des Acetaldehyds und des Alkohols im großen liegen nur wenig Angaben vor. *Duparc*, welcher Gelegen-

---

[1] a. a. O. S. 78.

[2] Nach Angaben von *Janke:* Zur Technologie des Äthylalkohols beträgt der Verbrauch an Wärmeeinheiten für 1 hl Alkohol:

bei der Kartoffelbrennerei	680 000	WE.
„ „ Sulfitspriterzeugung	1,1 Mill.	„
„ „ Holzspriterzeugung	0,5 „	„
„ „ Carbidspriterzeugung ohne Wasserkraft	4,58 „	„
„ „ Carbidspriterzeugung mit Wasserkraft	1,40 „	„

(vgl. Zeitschr. f. angew. Chemie **32** (1919), III, S. 274; Carbid und Acetylen 1919, Nr. 16, S. 64.

[3] Siehe S. 365.

[4] Diese Tatsache wird auch in der oben erwähnten Anlage zum Gesetzentwurf über das Branntweinmonopol besonders hervorgehoben.

heit hatte, die Anlagen des *Elektrizitätswerks Lonza* zu besichtigen, gibt darüber folgende Schilderung[1].

Für die Fabrikation von Alkohol leitet man Acetylen in ein 2000 l fassendes Gefäß, welches mit rasch laufendem Rührwerk versehen ist. Diese Apparate sind in Batterien angeordnet und in weitläufigen Hallen untergebracht. Sie enthalten ungefähr 800 l Wasser, welches durch Schwefelsäure angesäuert ist und zu welchem man Quecksilberoxyd als Katalysator hinzugegeben hat. Bei einer genügend hohen Temperatur reagiert das Acetylen mit Wasser in Gegenwart von Quecksilberoxyd, um den Aldehyd zu bilden, der verdampft und vom überschüssigen Acetylen, welches nicht reagiert hat, aus dem Apparat weggeführt wird. Das Gemisch passiert dann Kühler und der Aldehyd kondensiert sich darin, während der Acetylenüberschuß in den Gasbehälter zurückkehrt. Der so erhaltene Aldehyd wird wie folgt in Alkohol verwandelt:

Aldehyddämpfe, die mit einem großen Überschuß an Wasserstoff gemischt sind, werden durch einen eisernen Apparat, der den zur Bindung des Wasserstoffs notwendigen Katalyten enthält, geführt. Dieser besteht aus Nickel, welches auf der Oberfläche eines porösen, granulierten Körpers niedergeschlagen ist; die mit Wasserstoff gemischten Aldehyddämpfe strömen über diesen Katalysator. Die Temperatur steigt, und die Bindung des Wasserstoffs vervollständigt sich. Der nicht in Reaktion getretene Wasserstoff verläßt den Apparat gemischt mit den gebildeten Alkoholdämpfen. Das Ganze durchströmt Kühler, deren Temperatur man vermittelst Eismaschinen zwischen 0 und minus 10° hält. Der Alkohol kondensiert sich, während der Überschuß an Wasserstoff in den Gasbehälter zurückkehrt. Der so erhaltene Alkohol ist unrein; er enthält etwas Aldehyd, des weiteren ein wenig Äther, welcher nebenher gebildet wird. Man reinigt ihn durch Destillation in einem Kolonnenapparat.

Zur Essigsäurefabrikation verwendet man den gleichen Aldehyd, welchen man indessen in Gegenwart von Sauerstoff und einer katalysierenden Substanz in einem Reaktionsapparat behandelt. Es bildet sich direkt Essigsäure, von welcher ein Teil durch den nicht reagierten Sauerstoff weggeführt, indessen durch Kondensation wieder gewonnen wird. Der Sauerstoff, welcher nicht aufgenommen wurde, geht in den Gasbehälter zurück.

Die Apparate werden von Zeit zu Zeit geleert, alsdann wird die so erhaltene unreine Essigsäure einem neuen Destillationsprozeß unterworfen, um sie in ganz reiner Form zu gewinnen. Sie wird in Steinzeug- oder Aluminiumgefäßen aufbewahrt.

Der für die Fabrikation von Alkohol in Visp erforderliche Wasserstoff wird aus Wassergas gewonnen. Dieses wird über erhitztes Eisenoxyd geleitet, welches zu Metallschwamm reduziert wird, der die Eigenschaft besitzt, Wasserdampf unter Rückbildung von Eisenoxyd und Bildung von sehr reinem Wasserstoff zu zersetzen. Der Sauerstoff wird durch Luftverflüssigung erhalten.

---

[1] Mitt. d. Schweiz. Acetylenvereins 1919, Nr. 11 (nach einem Bericht im Journal de Genève).

Für die Darstellung von 100 kg Essigsäure sind etwa 225 kg Calciumcarbid und 20 cbm Sauerstoff nötig[1]. Die aus Branntwein im Jahre 1913 in 680 Gärungsessigbetrieben hergestellte Essigsäure betrug etwa 12 000 t, die aus essigsaurem Kalk und Holzessig hergestellte wasserfreie Essigsäure etwa 23 000 t[2], wovon etwa 10 000 t aus dem eingeführten Graukalk (essigsaurem Kalk) gewonnen wurden[3].

Die während des Krieges entstandenen Carbidessigsäurefabriken können bei voller Ausnutzung etwa 25 000 t Essigsäure herstellen[4], so daß sie imstande wären, die aus essigsaurem Kalk und Holzessig hergestellten Mengen Essigsäure zu ersetzen; zum mindesten würde dadurch die Einfuhr von Graukalk unnötig. Gegenüber der Herstellung der Essigsäure aus diesem Kalk besitzt die Herstellung der Carbidessigsäure noch den Vorteil, daß die Verwendung von Schwefelsäure, die zur Entbindung der Essigsäure nötig ist, wegfällt.

Bis zur Zeit vor dem Kriege wurden jährlich rund 170 000 t Kartoffeln auf Gärungsessig verarbeitet, die ebenfalls der Ernährung erhalten bleiben könnten.

Von ausländischen Betrieben, die die Herstellung von Acetaldehyd, Essigsäure usw. aufgenommen haben, scheinen, außer den Lonzawerken in der Schweiz, bisher nur zwei bekannt geworden zu sein, nämlich die *Organo-Kemisk-Industrie A.-S.* in Fredrikstad in Norwegen und eine Fabrik an den Shawinigan-Fällen in Quebec-Kanada[5].

Herstellung von künstlichem Kautschuk.

Die in Deutschland während des Krieges erbauten Anlagen zur Darstellung von Acetaldehyd, Essigsäure und Aceton erzeugten im Jahre 1918 monatlich mehr als 600 t Aceton[6], die größtenteils für die Herstellung von künstlichem Kautschuk verwendet wurden.

Bekanntlich lassen sich die Kohlenwasserstoffe Jsopren (C_5H_8), Butadien (C_4H_6) und Methylisopren (C_6H_{10}) durch Polymerisation in kautschukähnliche Produkte überführen[7].

Die Erkenntnisse über die Art der Verarbeitung dieser Kohlenwasserstoffe waren bereits vor dem Kriege besonders in den *Farbenfabriken vorm. Friedrich Bayer* in Leverkusen gewonnen, mußten jedoch weiter ausgebaut und vervollkommnet werden. Der erste künstliche Kautschuk, der der Gummiindustrie in größeren Mengen angeboten wurde, war aus Aceton als Ausgangsstoff gewonnen worden. Aceton wurde mittels Aluminium zu Pinakon redu-

---

[1] Chem. Ind. 1921, Nr. 32, S. 312.

[2] Carbid und Acetylen 1918, Nr. 11, S. 44.

[3] Chem.-Ztg. 44 (1920), Nr. 155, S. 983.

[4] Carbid und Acetylen a. a. O.

[5] Chem.-Ztg. 44 (1920), Nr. 155, S. 983 (s. auch Chem. Industrie 1919, S. 54 bis 56.

[6] *Wuest:* Schweiz. Chem.-Ztg. 1919, Heft 14/15 (s. auch Carbid und Acetylen 1920, Nr. 18, S. 75).

[7] *Duisberg:* Vortrag, gehalten auf der 24. Hauptversammlung der deutschen Bunsengesellschaft f. angew. phys. Chemie, Berlin, 9. bis 10. April 1918; Zeitschr. f. angew. Chemie 31, III. 241 (1918).

ziert und dieses in Dimethylbutadien übergeführt. Diesem „Methylkautschuk“ wurde jedoch anfangs großes Mißtrauen entgegengebracht, trotzdem er von der Gummiindustrie gemischt mit natürlichem Kautschuk zur Herstellung von Gummireifen und anderen Waren verwendet wurde. Die Herstellung lohnte sich, solange der Preis für 1 kg des natürlichen Kautschuks 30 Mk. betrug; als jedoch der Preis auf 4 Mk. sank, erlahmte das Interesse der Gummiindustrie an dem synthetischen Produkt. Die Verhältnisse änderten sich aber, als im Krieg nach und nach ein Mangel an Kautschuk einsetzte, dessen Weltbedarf vor dem Kriege jährlich etwa 145 000 t, im Kriege bei Ausschaltung der Zentralmächte 220 000 t betrug.

Man kam auf den künstlichen Kautschuk, dessen Herstellung man in Leverkusen bereits eingestellt hatte, zurück, mußte aber feststellen, daß die beiden dazu nötigen Rohstoffe, Aceton und Aluminium, für diese Zwecke nicht mehr zur Verfügung standen. Von Aceton war gerade soviel vorhanden, daß der Bedarf für die Herstellung von Nitroglycerinpulver gedeckt werden konnte. Die Hälfte des Graukalkes, aus dem das Aceton gewonnen wurde[1], war früher aus Amerika bezogen worden. Man war daher gezwungen, Aceton auf andere Weise herzustellen. Die Gewinnung von Aceton über Gärungsspiritus und -essigsäure, also auf biologischem Wege, wurde zwar vervollkommnet, ebenso ein neues Verfahren im Institut für Gärungsindustrie, Berlin, ausgearbeitet, um aus der Kartoffel mit Hilfe des Bacillus macerans der faulenden Kartoffel Aceton zu gewinnen; es bildeten sich nämlich bei dieser Gärung $^2/_3$ Alkohol und $^1/_3$ Aceton. Beide Verfahren konnten aber, mit Rücksicht darauf, daß die Kartoffel als Nahrungsmittel und auch der Alkohol für die Pulverindustrie notwendig gebraucht wurden und der Bacillus macerans sehr empfindlich war, nur in beschränktem Umfange ausgeführt werden.

Man griff daher auf das bereits vor dem Kriege bekannte, aber im großen noch nicht durchgeführte Verfahren der Gewinnung von Aceton aus Acetylen zurück[2], wodurch man endlich in der Lage war, dieses eine Ausgangsprodukt für den synthetischen Kautschuk unabhängig vom Ausland in den erforderlichen Mengen herzustellen.

Durch die Herstellung von Aluminium aus einheimischer Tonerde wurde man auch für das zweite Ausgangsprodukt vom Ausland unabhängig. Es gelang schließlich, im Jahre 1918 monatlich 150 t Methylkautschuk herzustellen, der zwar anfangs von der Gummiindustrie wiederum mit Mißtrauen aufgenommen wurde, der sich aber doch als Hartgummi, z. B. für Akkumulatorenkästen, sehr gut verwenden ließ und aus dem schließlich nach Zumengen anderer Stoffe auch Vollreifen, Kabel und Gummistoffe sich herstellen ließen. Es wurde in Leverkusen eine Fabrik großen Umfangs errichtet, in der jährlich 2000 t dargestellt werden können; das wäre, da Deutschland jährlich etwa 16 000 t verbrauchte, $^1/_8$ des Friedensbedarfs.

Da das Produkt aus dem Dimethylbutadien aber noch in seinen Eigenschaften Schwierigkeiten bietet, soll an die Herstellung des Isoprens gegangen

[1] Siehe S. 318.
[2] Siehe S. 342.

werden. Dr. *Merling* ist es nämlich gelungen, Acetylen und Aceton in Gegenwart von Alkaliamid oder Alkalialkoholaten aneinander zu lagern, so daß man auf diese Weise billig Isopren darstellen kann. Die Polymerisation im großen bietet allerdings noch Schwierigkeiten, doch dürften auch diese überwunden werden.

Die Reaktion geht nach folgenden Gleichungen[1] vor sich:

$$\mathrm{CH_2 = \overset{\displaystyle CH_3}{\overset{|}{\underset{\underset{\displaystyle ONa}{|}}{C}}}} \quad + \mathrm{CH \equiv CH} \rightarrow$$

$$\mathrm{CH_3 - \overset{\displaystyle CH_3}{\overset{|}{\underset{\underset{\displaystyle ONa}{|}}{C}}} - C \equiv CH} \rightarrow \mathrm{CH_3 - \overset{\displaystyle CH_3}{\overset{|}{\underset{\underset{\displaystyle OH}{|}}{C}}} - C \equiv CH} \rightarrow$$

$$\mathrm{CH_3 - \overset{\displaystyle CH_3}{\overset{|}{\underset{\underset{\displaystyle OH}{|}}{C}}} - CH = CH_2} \rightarrow \mathrm{CH_3 - \underset{\underset{\displaystyle CH_2}{\|}}{C} - CH = CH_2}$$

Wie die Verhältnisse augenblicklich liegen, ist nicht bekannt; der Marktpreis für natürlichen Kautschuk soll zurzeit erheblich gesunken sein, da ein Überangebot besteht und die kautschukerzeugenden Länder keinen Absatz für das Naturprodukt haben. Auf der anderen Seite ist zu berücksichtigen, daß infolge der schlechten Geldwertverhältnisse Deutschland schwer in der Lage ist, als Käufer im Auslande aufzutreten.

Es wäre für Deutschland unzweifelhaft von großer wirtschaftlicher Bedeutung, wenn es gelingt, die Synthese des Kautschuks im großen unter Benützung der im Inland in beliebigen Mengen herstellbaren Ausgangsmaterialien so durchzuführen, daß der synthetische Gummi mit dem natürlichen nicht nur in seinen Eigenschaften, sondern auch im Preise in Wettbewerb treten könnte.

Die für die oben angeführten Synthesen in Frage kommenden Patente der *Farbenfabriken vorm. Friedrich Bayer & Co.*, Leverkusen, deren einzelne Wiedergabe hier zu weit führen würde, sind folgende:

Verfahren zur elektrolytischen Behandlung organischer Körper D. R. P. Nr. 252 759 (Kl. 12 o, Gruppe 27 vom 25. Juni 1911).

Verfahren zur Darstellung von Pinakon D. R. P. Nr. 306 304 (Kl. 12 o, Gruppe 5 vom 6. Mai 1917).

Verfahren zur Herstellung von Pinakon D. R. P. Nr. 306 523 (Kl. 12 o, Gruppe 5 vom 4. Februar 1917, Zusatz zum Patent 252 759).

Verfahren zur Darstellung der Oxyisopropylderivate von Kohlenwasserstoffen und deren Abkömmlingen D. R. P. Nr. 280 226 (Kl. 12 o, Gruppe 5 vom 9. September 1913),

---

[1] *Harries:* Untersuchungen über die natürlichen und künstlichen Kautschukarten, Berlin 1919, S. 159, s. *Kötschau,* Zeitschr. f. angew. Chemie **34**, Nr. 61, S. 403 (1921).

D. R. P. Nr. 284 764 (Kl. 12 o, Gruppe 5 vom 29. November 1913; Zusatz zum Patent 280 226).

Verfahren zur Darstellung der Oxyisopropylderivate von Kohlenwasserstoffen D. R. P. 286 920 (Kl. 12 o, Gruppe 5 vom 29. November 1913, Zusatz zum Patent 280 226).

Verfahren zur Darstellung der Oxyalkylderivate von Kohlenwasserstoffen. D. R. P. 289 800 (Kl. 12 o Gruppe 5 vom 30. November 1913. Zusatz zum Patent 280 226.

Verfahren zur Darstellung von Isopropenylacetylen D. R. P. Nr. 290 558 (Kl. 12 o, Gruppe 19 vom 29. Januar 1914).

Verfahren zur Darstellung von 3-Methylbutinol, seinen Homologen und Analogen D. R. P. Nr. 291 185 (Kl. 12 o, Gruppe 19 vom 24. März 1914, Zusatz zum Patent 280 226).

Wie aus den in diesem Abschnitt geschilderten Verfahren hervorgeht, ist das Acetylen wie kein anderer Kohlenwasserstoff in der Zukunft dazu berufen, auf dem Gebiete der organischen Großindustrie eine ausschlaggebende Rolle zu spielen. Der unermüdlichen Forscherarbeit wird es gelingen, Hindernisse. die sich der Anwendung des Acetylens als einem Ausgangsmaterial für die chemische Großindustrie noch in den Weg stellen, siegreich zu überwinden und auch noch weitere neue Anwendungsgebiete zu erschließen. Erwähnt sei noch, daß es mit Hilfe des Acetylens auch möglich ist, Massen herzustellen, die als Ersatz für Celluloid, als Lacke usw. Verwendung finden können. Der *Chemischen Fabrik Griesheim-Elektron* ist es gelungen, durch Einwirkung von Acetylen auf Körper mit einer Hydrol- oder Carboxylgruppe, z. B. Essigsäure, bei Gegenwart von Quecksilbersalzen Ester und Äther des Äthylidenglycols, daneben auch solche des Vinylalkohols herzustellen. Diese Ester oder deren Polymerisationsprodukte können als Lacke oder als Ersatz für Celluoid, für Platten, Films, zur Herstellung für Knöpfe usw. verwendet werden.

Die betreffenden Patente der *Chemischen Fabrik Griesheim-Elektron* sind folgende:

D. R. P. 281 373 (Kl. 22 h, Gruppe 4 vom 26. November 1912), Verfahren zur Darstellung von Lacken aus Celluloseestern.

D. R. P. 281 687 (Kl. 39 b, Gruppe 8 vom 4. Juli 1913), Verfahren zur Herstellung technisch wertvoller Produkte aus organischen Vinylestern.

D. R. P. 290 544 (Kl. 22 h, Gruppe 3 vom 13. November 1913), Lack aus Polymerisationsprodukten organischer Vinylester.

Verwendung des Acetylens im chemischen Laboratorium.

Das Acetylen ist für Laboratorien nicht nur als Brenngas geeignet, sondern es besitzt infolge seiner Reaktionsfähigkeit Eigenschaften, die es auch für analytische Arbeiten brauchbar machen.

Acetylen als Brenngas.

Bei Benutzung gut durchkonstruierter Bunsenbrenner ist das Acetylen dem Steinkohlengas in vielem überlegen. Von einem guten Acetylenbunsenbrenner wird verlangt, daß er auch unter Druckschwankungen gleichmäßig blau brennt, daß er sich entzünden läßt, ohne durchzuschlagen, und während des Brennens keinen Ruß abscheidet. Solche Brenner, die diese Forderungen mehr oder weniger vollständig erfüllen, sind in neuerer Zeit von verschiedenen Seiten in den Handel gebracht (vgl. Fig. 179).

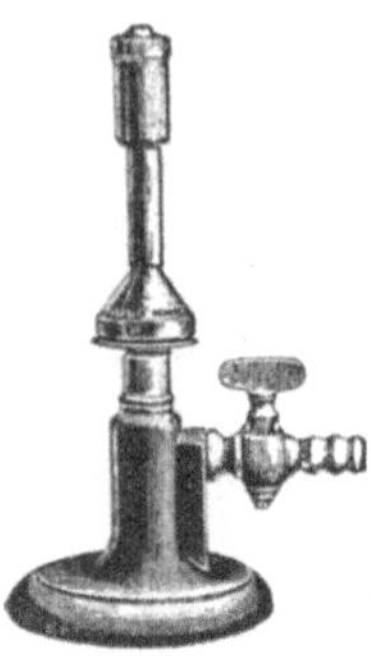

Fig. 179.

Von großer Wichtigkeit ist ferner, daß nur sehr gut gereinigtes Acetylen zur Anwendung gelangt, was ohne weiteres der Fall ist, wenn als Gasquelle gelöstes Acetylen verwendet wird. Dient als Gasquelle ein Acetylenapparat, so ist für besonders gute Reinigung durch Verwendung möglichst großer Reiniger Sorge zu tragen. Geschieht dieses, so ist eine Verunreinigung der Luft, wie sie bei der Verwendung von Steinkohlengas oder Generatorgas, das in Fabriken auf dem Lande jetzt vielfach benutzt wird, oft zu beobachten ist, nicht zu befürchten. Die Verbrennungsprodukte des Acetylens sind in der Hauptsache nur Kohlensäure und Wasser, während beim Steinkohlengas oder Generatorgas schwefelige Säure oft in größeren Mengen vorhanden ist, was schon vielfach bei feineren chemischen Arbeiten, besonders bei genauen Gewichtsanalysen und Alkalinitätsbestimmungen von Aschen, störend empfunden worden ist.

Als normaler Druck sollte für Acetylenbunsenbrenner ein solcher von mindestens 150 mm WS verwendet werden, da ein Brenner mit solchem Druck sich besser regulieren läßt als ein solcher, der mit nur 80 mm WS Druck brennt, aber eher zurückschlägt.

Wie schon erwähnt, ist eine gründliche Reinigung des Acetylens unbedingt erforderlich. Ist Phosphorwasserstoff im Gas vorhanden, so werden die Platintiegel stark angegriffen. Das Platin nimmt eine krystallinische Struktur an und wird brüchig; ja es kann sogar vorkommen, daß es durchbrennt. Dies scheint besonders dann der Fall zu sein, wenn die Acetylenflamme rußte und der auf dem Tiegel niedergeschlagene Ruß weggebrannt wurde. Genügend gereinigtes Acetylen verbrennt im Bunsenbrenner mit rein blauer Flamme, während bei ungenügend gereinigtem Gas die Flamme rötlichblau oder auch fahl gelblich wird.

Da die Acetylenblauflamme eine Temperatur von ungefähr 2000° besitzt, können mit ihr vielfach die Arbeiten vorgenommen werden, bei denen sonst eine Steinkohlengasgebläseflamme zur Anwendung gelangen muß. So können z. B. Niederschläge von oxalsaurem Kalk über der Acetylenbunsenflamme ohne weiteres bis zur Gewichtskonstanz geglüht werden. Auch Aufschließungen von Silikaten und Erzen lassen sich leicht damit durchführen. Für die Beheizung von Muffel- und Schmelzöfen sind Acetylenbunsenbrenner besonderer Bauart in Verwendung, mit denen man leicht Temperaturen von 1300 bis 1600° erzielen kann[1] (Fig. 180).

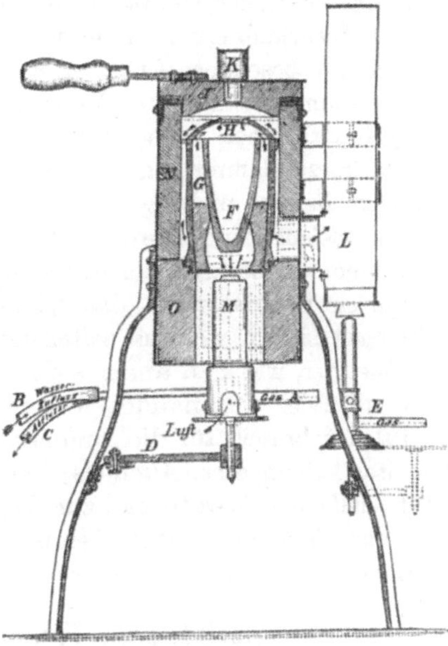

Fig. 180.
(*Deutsche Gold- und Silber-Scheide-Anstalt.*)

Andererseits kann die hohe Temperatur der Acetylenflamme insofern nachteilig sein, als durch sie z. B. die Aschenmengen von veraschten Substanzen infolge Verdampfung von Aschenbestandteilen niedriger ausfallen können als bei Benutzung von Steinkohlen- oder Ölgas[2]. Besonders ist dies der Fall, wenn gelöstes Acetylen als Gasquelle benutzt wird, weniger dann, wenn Apparategas verwendet wird. Man kann nun die Temperatur der Acetylenflamme dadurch etwas heruntersetzen, daß man das Gas vor Eintritt in die Bunsenbrenner mit Wasserdampf anreichert. Bei Apparategas ist dies zumeist nicht notwendig, weil dieses Gas, sofern es nicht durch einen Trockner geleitet wurde, schon reichlich mit Wasserdampf beladen ist. Trocknes, besonders also Flaschenacetylen ist erst mit Wasserdampf anzureichern, was sich dadurch erreichen läßt, daß man das Gas, ehe es zu den Brennern gelangt, durch eine Wasservorlage durchtreten läßt[3]. Infolge der dabei aber auftretenden dauernden Druckschwankungen erscheint es zweckmäßiger, wenn man das Acetylen in einen allseitig geschlossenen Kasten eintreten läßt, in dem in verschiedenen Rahmen Gewebe aufgespannt sind, die mit ihrem unteren Ende in Wasser tauchen und so dauernd feucht gehalten werden. Streicht das Gas durch diese Gewebe hindurch, so wird es die nötige Menge Wasserdampf mitnehmen, ohne daß

[1] Acetylen in Wissenschaft u. Industrie 1901, 228.
[2] Carbid u. Acetylen 1920, Nr. 13, S. 53.
[3] Mitt. d. Schweiz. Acetylenvereins 1920, Nr. 8.

irgendwelche Druckschwankungen auftreten[1]. Bei anderen Gasen, z. B. bei der Carburierung von Generatorgas, hat sich diese Anordnung als sehr zweckmäßig erwiesen.

Messing-, Kupfer- oder einfache Eisendrahtnetze sind nicht verwendbar, da sie beim Erhitzen durchschmelzen, jedoch haben sich solche mit Asbest- und Kaolineinlagen gut bewährt. Kupferne Trockenschränke od. dgl. dürfen nicht mit der Acetylenflamme direkt geheizt werden, da die Böden sehr leicht durchschmelzen. Man schützt die Böden am besten dadurch, daß man sie auf eine etwa 2 mm starke Eisenplatte stellt. Eine Explosion bei Verwendung kupferner Gefäße u. ä. ist keineswegs zu befürchten.

Als Acetylenbrenner kommen solche mit 25, 30 und 50 l Stundenverbrauch, für besondere Arbeiten solche mit 120 und 200 l Stundenverbrauch (Mehrflammenbrenner) zur Verwendung. Einen Nachteil besitzen die meisten der gebräuchlichen Acetylenbunsenbrenner allerdings insofern, als sie meist eine zu kurze Flamme ergeben, so daß oft ein Tiegel oder ein anderer Apparat von der Flamme nicht genügend umspült wird.

Zur Beleuchtung eignet sich das Acetylenlicht infolge seiner Helligkeit in Räumen, in denen kolorimetrische Untersuchungen ausgeführt werden.

Für ein Laboratorium, das sich auf dem Lande befindet, für das also Steinkohlengas in den weitaus seltensten Fällen zur Verfügung steht, ist daher das Acetylen wie kein anderes Gas als Brenngas geeignet, zumal die Kosten nicht allzuviel voneinander abweichen, wenn man berücksichtigt, daß der Acetylenverbrauch für die Brenner ungefähr 5 bis 6 mal geringer ist als der des Steinkohlengases. Auch da, wo auf dem Lande in chemischen Fabriken jetzt vielfach Generatorgas zur Verfügung steht, bedient man sich besonders zur Erzielung hoher Temperaturen gern des Acetylens. Auch in den zahnärztlichen Laboratorien wird Acetylen angewandt[2].

Acetylen als Fällungsmittel in der Analyse.

Wie schon bei den chemischen Eigenschaften des Acetylens (vgl. S. 20) erwähnt wurde, erfolgt das Ausfällen einer Kupferverbindung als Acetylenkupfer quantitativ. Da nun das Acetylen mit Salzen vieler anderer Metalle nicht reagiert, ausgenommen Silber, Quecksilber, Gold, Osmium und Palladium, so kann das Ausfällen des Kupfers zum Trennen von anderen Metallen angewendet werden.

Fällung des Kupfers mit Acetylen.

Schon *Söderbaum*[3] hatte diese Reaktion als quantitativ erkannt und darauf hingewiesen, daß sie in gewisser Hinsicht diejenige mit Schwefelwasserstoff sogar übertrifft. Im Vergleich mit der Ausfällung des Kupfers mit Schwefelwasserstoff besitzt die Acetylenmethode den Vorzug, daß sich der Niederschlag äußerst schnell und leicht auswaschen läßt, weshalb Fehler-

---

[1] Carbid u. Acetylen 1920, Nr. 20, S. 83.

[2] Zeitschr. f. angew. Chemie **33** (1920) I, S. 148.

[3] Berichte d. Deutsch. chem. Ges. **30**, 902.

quellen, wie sie bei der Oxydation des Kupfersulfürs stattfinden, vermieden werden. Auch ist vor allem das Arbeiten mit Acetylen nicht mit den Geruchsbelästigungen verbunden, die beim Schwefelwasserstoff auftreten.

Söderbaum verfuhr bei der Bestimmung des Kupfers folgendermaßen: Das zu analysierende Salz wurde in der 100- bis 200fachen Menge Wasser gelöst, mit einigen Kubikzentimetern Ammoniak versetzt und kurze Zeit auf dem Wasserbade erwärmt. In die am zweckmäßigsten in einem Erlenmeyerkölbchen befindliche Lösung wurde dann Acetylen bis zur Sättigung eingeleitet. Die Erwärmung ist nicht unbedingt nötig, da auch in der Kälte die Fällung quantitativ erfolgt, jedoch verläuft die Reaktion in der Wärme schneller und der Niederschlag scheidet sich direkt flockig am Boden des Kolbens ab. Nach dem Abfiltrieren und Auswaschen wird das Acetylid durch halbstündiges Digerieren mit heißer verdünnter Salpetersäure zersetzt, der hinterbleibende kohlige Rückstand aufs Filter gebracht und das zur Trockne eingedampfte Filtrat durch vorsichtiges Glühen in Kupferoxyd übergeführt, welches schließlich mit der dem Filter samt dem kohligen Rückstand entstammenden Asche vereinigt wird. Es ist vorteilhaft, den anorganischen und den organischen Teil getrennt zu veraschen, da sonst durch Verpuffung Substanz verloren gehen kann.

Die Methode ist auch bei Gegenwart von Alkalisalzen anwendbar. Durch Anwesenheit von viel Ammoniumsalzen wird sie dagegen verzögert.

Da das Acetylid die im ursprünglichen Kupfersalz vorhandene Säure nicht verändert, kann diese in dem Filtrat für sich bestimmt werden.

Die Form, in der *Söderbaum* das Kupfer zur Abscheidung brachte, ist, da er die Fällung in Lösungen von Cupriverbindungen vornimmt, die des Kupferacetylids $12\,CuC_2 + H_2O$. *Söderbaum* benutzte die Fällung des Kupfers durch Acetylen weiter zur Trennung desselben von Zink, Cadmium und Arsen.

Erdmann und *Makowka*[1] verwenden zum Fällen des Kupfers als Kupferacetylür ein durch stark basischen Chlorkalk und Bleiacetat gereinigtes Acetylen. Für analytische Arbeiten in Räumen, in denen keine Acetylenleitung vorhanden ist, benutzen sie eine Lösung von Acetylen in Aceton. Von dieser entspricht 1 ccm = 0,1 g CuO. Davon genügen für eine quantitative Analyse ungefähr 5 ccm. Die Firma *Kahlbaum* in Berlin hält solche Acetylenlösung vorrätig.

Soll in einer Cupriverbindung das Kupfer bestimmt werden, so ist diese erst in ammoniakalischer Lösung mit einer 10proz. Hydroxylaminchlorhydratlösung zu reduzieren; wird dann Acetylen eingeleitet, so fällt ein rotbrauner Niederschlag von Cuproacetylen (Kupferacetylür) aus. Dieses ist in Alkalien und schwachen Säuren unlöslich, daher auch aus essigsaurer oder weinsaurer Lösung fällbar, löslich dagegen in Cyankalium, so daß diese Lösung für die elektrolytische Kupferbestimmung noch besonders analytisch wertvoll ist[2].

[1] Zeitschr. f. analyt. Chemie **46**, 128.
[2] *Makowka:* Berichte d. Deutsch. chem. Ges. **41**, 824.

Nach der Arbeitsmethode von *A. Fischer*[1] konnte die Elektrolyse von 100 ccm, die 0,3 g Cu bzw. 0,4 g Cuproacetylen, 2 bis 3 g Cyankalium und 1 g Ätzkali enthielten, bei einer Stromstärke von 1,1 Amp. und 3,5 bis 4,7 Volt und einer Temperatur von 60 bis 70° in etwa $2^1/_2$ Stunden glatt ausgeführt werden.

Dies sind besondere Vorzüge des Acetylürs vor dem Acetylid *Söderbaums*, das in allen gewöhnlichen Lösungsmitteln unlöslich ist. Das Cuproacetylen ist an der Luft beständiger als Schwefelkupfer und hält sich in einer mit Acetylen gesättigten Lösung unverändert. Nach mehrstündigem Stehen an der Luft beginnt es sich unter Bildung löslicher Salze zu oxydieren; in Gemeinschaft mit dem ammoniakalischen Filtrat beginnt bei Luftzutritt bald eine Umsetzung und Wiederauflösung, die sich durch die blaue Farbe des Cupriammoniumsalzes kenntlich macht. Das Durchleiten von etwas Acetylen genügt aber, um die Fällung wieder vollständig zu machen.

Beispiel. 1,3140 g $CuSO_4 \cdot 5\,H_2O$, gelöst in 100 ccm Wasser, werden versetzt mit 10 ccm Ammoniak (spez. Gewicht 0,96) und 5 ccm einer 10 proz. Lösung von Hydroxylaminchlorhydrat, worauf Entfärbung der blauen Lösung eintritt, und darauf im Erlenmeyerkölbchen etwa 15 bis 20 Minuten mit Acetylengas behandelt. Der leicht zusammenballende Niederschlag wird dann abgesaugt und mit warmem und kaltem Wasser gewaschen, dem zweckmäßig etwas Acetylenwasser zugefügt ist. Der ausgewaschene, noch feuchte Niederschlag wird samt Filter quantitativ in einen Porzellantiegel gebracht und mit 10 bis 15 ccm verdünnter Salpetersäure (spez. Gewicht 1,15) übergossen, auf dem Wasserbade erwärmt, wobei eine langsame Zersetzung eintritt. Sobald die anfängliche Gasentwicklung nachgelassen hat, werden noch 5 bis 10 Tropfen konz. Salpetersäure (spez. Gewicht 1,52) zugesetzt und der Tiegelinhalt zur Trockne eingedampft. Dieser grüne Eindampfrückstand wird unter Zusatz von etwas Oxalsäure zur Beseitigung der nitrierten Filterrückstände, die beim Glühen leicht durch Verpuffen Anlaß zu Verlusten geben können, geglüht und das zurückbleibende Kupferoxyd bestimmt. Die Zersetzung des noch feuchten Acetylenkupfers ist deshalb wichtig, weil das trockene Acetylür beim Erhitzen explodieren kann.

1,3140 g gaben 0,4175 g CuO = 0,3346 g Cu.

Berechnet für $CuSO_4 \cdot 5\,H_2O$ = 25,46 Cu. Gefunden = 25,38.

Erdmann und *Makowka* haben als Ersatz für Hydroxylamin noch anorganische Reagenzien, wie Jodkalium, arsenige und schweflige Säure, in Betracht gezogen, sie empfehlen aber als bestes Reduktionsmittel Hydroxylaminchlorhydrat.

Scheiber[2] bestimmt das durch Acetylen ausgeschiedene Kupfer nicht als Oxyd, sondern verwandelt das Acetylenkupfer in Kupferrhodanür $(CuCNS)_2$, Kupfersulfür (Cu_2S), oder in das Carbür Cu_2C_2.

Die Umwandlung des Kupferacetylürs geschieht durch Oxydation mit Permanganat in saurer Lösung auf dem Wasserbad. Das Mangan scheidet sich dabei zum großen Teil als Braunstein ab, dessen Reduktion mit schwefliger Säure keine Schwierigkeiten bereitet. Nach dem Filtrieren neutralisiert man zweckmäßig die klare, schwach blaue Lösung mit Ammoniak und säuert dann mit Salzsäure wieder schwach an. Durch Zusatz von Rhodanammonium-

[1] Zeitschr. f. angew. Chemie **20**, 136 (1907).
[2] Zeitschr. f. analyt. Chemie **48**, 529.

lösung wird sofort das Kupfer als Rhodanür abgeschieden, das nach dem Absitzen auf einem gewogenen Goochtiegel gesammelt und nach dem Trocknen bei 120 bis 130° gewogen wird. Die auf diese Weise ermittelten Werte von Kupfer sind etwas niedriger als die berechneten.

$CuSO_4 + 5\,H_2O$	gefunden $(CuCNS)_2$	gefunden Cu	berechnet Cu
0,3927	0,1904	25,34%	25,47
0,3927	0,1898	25,26%	

Zur Überführung in Kupfersulfür bringt man das Acetylür auf einen trockenen Goochtiegel und wäscht es mit heißem Wasser aus. Alsdann stellt man die Saugpumpe ab und füllt den Tiegel mit kalter, höchstens 3 proz., fast farbloser Schwefelammonlösung. Die Umsetzung beginnt sofort. Nach einiger Zeit saugt man ab und wiederholt die Operation einige Male. An Stelle von Schwefelammonium kann auch Schwefelnatrium verwendet werden. Das erhaltene Produkt wird dann mit Alkohol und Äther behandelt, mit gepulvertem Schwefel bedeckt und im Wasserstoffstrom erhitzt. Die Genauigkeit dieses Verfahrens ist besonders groß, wie die Beleganalysen ergeben.

Die Überführung des feuchten Kupferacetylürs in das Carbür C_2Cu_2 nimmt *Scheiber* vor, indem er das Acetylür nach dem Waschen mit Wasser mit einem breiten Glasstab gleichmäßig in einem Goochtiegel verteilt und zusammenpreßt. Hierauf wird das Waschen fortgesetzt und mit Alkohol und Äther vorgetrocknet. Das Trocknen geschieht im Luftbad über Chlorcalcium im Kohlensäurestrom bei 100° und ist nach 2 bis $2^1/_2$ Stunden vollendet. Man wägt dann vorsichtig als C_2Cu_2.

Trennung des Kupfers von anderen Metallen.

Die Methode der Fällung des Kupfers durch Acetylen ist in Gegenwart aller durch Acetylen nicht fällbaren Metalle möglich. Diese üben keinen Einfluß auf die Fällung aus, während die Fällung des Kupferacetylids nach *Söderbaum* durch größere Mengen Ammoniak beeinträchtigt wird. Nach *Erdmann* und *Makowka* ist auch der für diesen Fall von *Söderbaum* gemachte Zusatz von schwefliger Säure unvorteilhaft, da wechselnde Mengen Schwefel im Niederschlag zurückgehalten werden.

Die beiden mit Acetylen ebenfalls fällbaren Metalle, Silber und Quecksilber, müssen vor der Fällung des Kupfers entfernt werden. Dies geschieht am besten beim Silber mit Salzsäure, beim Quecksilber mit phosphoriger Säure. Zur Abscheidung des Quecksilbers werden 0,6 bis 0,7 g der Substanz in 50 ccm Wasser gelöst und mit etwa 1 g phosphoriger Säure zum Kochen erhitzt, worauf sich das Quecksilber als Chlorür ausscheidet. Der Niederschlag wird filtriert, mit kaltem Wasser ausgewaschen, auf gewogenem Filter bei 100° getrocknet und gewogen. Das Filtrat wird mit 10 ccm Ammoniak und 1 ccm 10 proz. Hydroxylaminchlorhydratlösung versetzt, worauf sich die blaue Lösung entfärbt und dann mit Acetylen die vollständige Ausfällung des Cuproacetylens bewirkt wird. Der Niederschlag wird dann weiter wie vorher angegeben behandelt.

Die Gegenwart von Alkalien ist im allgemeinen ohne Einfluß auf die Kupferfällung, nur in Gegenwart von freiem Alkali erfolgt in einer alkalisch weinsauren Kupferlösung bereits mit Hydroxylamin die Ausfällung von Kupfer.

Die Trennung von den alkalischen Erden und von Magnesium wird am zweckmäßigsten in schwach essigsaurer Lösung vorgenommen, da in der ammoniakalischen Flüssigkeit leicht Carbonatbildung auftritt. Hat man aus ammoniakalischer Lösung gefällt, so muß der Kupferniederschlag mit verdünnter Essigsäure ausgewaschen werden. Die Bestimmung der Erdalkalien und der Magnesia werden dann in der üblichen Weise ausgeführt.

Die Trennung des Kupfers von Cadmium und Zink geschieht wie bei den Erdalkalien. Das Auswaschen des Niederschlags geschieht ebenfalls mit schwach essigsäurehaltigem Wasser. Beim Trennen von Kupfer und Zink ist dieses Waschen des Kupferniederschlags nicht erforderlich.

Im Filtrat wird das Cadmium mit überschüssigem kohlensauren Kalium als Carbonat gefällt und als Oxyd bestimmt. Bei dem Zinkfiltrat wird mit Natronlauge bis zum Verschwinden des Ammoniaks gekocht und durch Einleiten von Kohlensäure das Zink als Carbonat gefällt.

Die Anwesenheit der durch Ammoniak fällbaren Metalle macht in der ammoniakalischen Lösung einen Zusatz von Wein- oder Zitronensäure nötig. Es werden dadurch komplexe Salze gebildet, die sich nicht ausscheiden. Man kann aber auch die Fällung des Kupfers in essigsaurer Lösung ausführen, wobei vorher die Reduktion des Kupfersalzes in ammoniakalischer Lösung vorgenommen wird. Hat man in ammoniakalisch weinsaurer Lösung gefällt, so wird das Filtrat eingedampft und die Weinsäure durch Glühen mit Soda und Salpeter zerstört. Nach dem Aufnehmen mit Salzsäure fällt man dann die Metalle in der üblichen Weise.

Hat man in einer Eisen-Kupferlösung das Kupfer aus schwach essigsaurer Lösung gefällt, so kann man im Filtrat das Eisen durch Erhitzen mit Wasserstoffsuperoxyd als basisches Acetat fällen und als Oxyd bestimmen.

In der neutralen oder ammoniakalischen Lösung der Permanganate erfolgt die Fällung des Mangans durch Acetylen als Superoxydhydrat quantitativ. Der Niederschlag wird durch Glühen in Manganoxyduloxyd übergeführt und kann als solches bestimmt werden. Die Gegenwart von Phosphorsäure ist ohne Einfluß auf diese Fällung.

Auf Zusatz von Hydroxylaminchlorhydrat zu einer Permanganatlösung wird eine farblose Lösung von Manganoxydulsalzen erhalten, in der eine Trennung von Kupfer und Mangan in der üblichen Weise erfolgt. Zwecks Trennung der beiden Metalle ist ein Zusatz von Weinsäure zweckmäßig, da überdies das Mangan aus weinsaurer Lösung mittels Wasserstoffsuperoxyd als Oxyduloxyd[1] bestimmbar ist.

Die Trennung von Kupfer und Nickel kann nach Zusatz von Hydroxylaminchlorhydrat direkt in der ammoniakalischen Lösung vorgenommen

---

[1] *Jannasch:* Berichte d. Deutsch. chem. Ges. **24**, 3204, 3945 (1891).

werden. Im Filtrat wird durch Kochen mit Natronlauge das Ammoniak verjagt und dann das Nickel unter Zusatz von Bromwasser oder Wasserstoffsuperoxyd als Oxydhydrat gefällt. In dem ammoniakfreien alkalischen Filtrat kann man Nickel mit Hydroxylaminchlorhydrat ebenfalls fällen[1].

Aus einer Kupfer-Kobaltlösung erfolgt die Fällung des Kupfers in essigsaurer oder ammoniakalischer weinsaurer Lösung. Im stark essigsauren Filtrat erfolgt die Fällung des Kobalts nach *Ilinski* und *von Knorre* mittels Nitroso-β-naphtols, die Bestimmung durch Glühen als Metall[2].

Die Trennung von Blei erfolgt in essigsaurer Lösung. Im Filtrat wird das Blei als Chromat bestimmt; Kupfer und Wismut werden in ammoniakalischer, weinsäurehaltiger Lösung geschieden. Im Filtrat bestimmt man Wismut nach Zerstörung der Weinsäure durch Eindampfen mit Salpetersäure und Glühen.

Antimon- und Zinnverbindungen werden in ammoniakalischer weinsaurer Lösung vom Kupfer getrennt, wenn die Abscheidung des Zinns als Zinndioxyd vorher nicht zweckmäßiger ist. Das Antimon wird im Filtrat durch Eindampfen mit Salpetersäure und Glühen als Tetroxyd bestimmt, ebenso kann das Zinn in Meta-Zinnsäure übergeführt werden. Arsen und Kupfer trennt man in ammoniakalischer Lösung mit Acetylen. Ist genügend Arsensesquioxyd zugegen, so ist Zusatz von Hydroxylaminchlorhydrat nicht erforderlich.

Fällung und Trennung verschiedener Edelmetalle mittels Acetylens[3].

Von den Edelmetallen ist hauptsächlich das Palladium für die Fällung mit Acetylen geeignet, während die Abscheidung von Gold und Osmium weniger in Betracht kommt, da es einerseits für die Fällung von Gold und Osmium gute Methoden gibt und andererseits Gold und Osmium durch Acetylen als Metalle ausgeschieden werden.

Das Palladium wird in saurer Lösung von Acetylen als rostbrauner flokkiger Niederschlag gefällt, der leicht filtrierbar und auswaschbar ist. Der Niederschlag ist in Ammoniak, Cyankalium und Bisulfitlösung löslich; durch Säurezusatz tritt wieder Fällung ein. Er hinterläßt beim Verbrennen ohne Explosion eine niedere Sauerstoffverbindung des Metalls, die im Wasserstoffstrom leicht zu dem Metall reduziert werden kann. Der Niederschlag hat jedenfalls die Zusammensetzung:

$$Pd\begin{cases} C \equiv CH \\ C \equiv CH \end{cases}$$

Zur Trennung des Palladiums vom Kupfer wird die Lösung beider Metalle (etwa 35 ccm) mit 25 bis 30 ccm Wasser verdünnt und mit 5 ccm Salzsäure (spez. Gew. 1,05) angesäuert. Nun wird etwa 25 Minuten Acetylen eingeleitet, wodurch die Fällung des Palladiums vor sich geht. Der rotbraune

---

[1] *Jannasch:* Berichte d. Deutsch. chem. Ges. **26**, 2334.

[2] Berichte d. Deutsch. chem. Ges. **18**, 699; Zeitschr. f. angew. Chemie **6** (1893), 264 bis 269; Zeitschr. f. analyt. Chemie **24**, 595.

[3] Vgl. *Makowka:* Berichte d. Deutsch. chem. Ges. **41**, 824, 943.

Niederschlag wird durch ein Asbest- oder Papierfilter filtriert und mit heißem und kaltem Wasser ausgewaschen. Dann wird er direkt über freier Flamme unter Zusatz von etwas Ammoniumnitrat erst vorsichtig, dann nach dem Entweichen der Wasserdämpfe stärker erhitzt, wobei eine ruhige Zersetzung unter Bildung von Suboxyd eintritt. Es hinterbleibt schließlich das Metall, das zur vollständigen Reduktion im Wasserstoffstrom geglüht und als Metall gewogen wird.

Das Filtrat wird ammoniakalisch gemacht, mit 1 ccm Hydroxylaminchlorhydrat versetzt und nun das Kupfer als Cuproacetylen gefällt und wie früher beschrieben weiter behandelt. Der Palladiumniederschlag ist frei von Kupfer und umgekehrt der Kupferniederschlag frei von Palladium, ein Vorteil, der sich nach anderen Bestimmungsmethoden nicht vollständig erreichen läßt. Die Fällung des Palladiums läßt sich auch mit Acetylen-Acetonlösung ausführen.

Die Trennung des Palladiums vom Platin und Iridium begegnet keinen Schwierigkeiten, da diese beiden Metalle die Fällung des Palladiums mit Acetylen in keiner Weise beeinflussen. Auch der bei der Fällung des Palladiums stets auftretende Aldehyd (Butyrylaldehyd)[1] wirkt nicht störend auf diese ein.

Bei der Fällung des Osmiums durch Acetylen schied sich nach *Makowka*[2] bei einer Lösung, die in 100 ccm 0,3 bis 0,5 g Überosmiumsäure (OsO_4, Osmiumtetroxyd) enthielt, erst zum Teil nach stundenlangem Einleiten von Acetylen ein tiefblauschwarzer Niederschlag von metallischem Osmium ab, während *Philipps*[3] angibt, daß diese Fällung sofort eintritt. Diese Fällung ist nicht vollständig quantitativ, da sich noch Osmium durch Schwefelwasserstoff im Filtrat nachweisen läßt. Wird eine Acetylen-Acetonlösung zur Anwendung gebracht, so tritt in der Metallösung sofort eine Schwarzfärbung durch Bildung von colloidal gelöstem Osmium ein, aus der auch durch Elektrolyse das Metall nicht abgeschieden werden kann.

Wird dagegen die Lösung im geschlossenen Rohr während $^1/_2$ bis 1 Stunde auf 100 bis 110° erhitzt, so gelangt das Osmium quantitativ zur Abscheidung. Diese beginnt bei 55° und ist bei 85° beendet. Der Rückstand besteht aus metallischem Osmium, er ist leicht filtrierbar und bei Gegenwart von Acetylenwasser unveränderlich.

Eine Trennung des Palladiums vom Osmium[4] läßt sich nur so ausführen, daß der durch Acetylen erhaltene Niederschlag beider Metalle filtriert, mit Acetylenwasser gewaschen und im Wasserstoffstrom geglüht wird. Nach Bestimmung des Gesamtgewichtes wird nun das Osmium im Sauerstoffstrom oder mittels Salpetersäure abdestilliert, in Kalilauge aufgefangen und das zurückbleibende Palladium wieder reduziert und gewogen. Das Osmium wird entweder aus der Differenz oder aus der Kalilauge bestimmt. Leitet

[1] Berichte d. Deutsch. chem. Ges. **41** 824.
[2] Berichte d. Deutsch. chem. Ges. **41**, 943.
[3] Zeitschr. f. anorgan. Chemie **6**, 229.
[4] *Makowka:* Zeitschr. f. analyt. Chemie **46**, 148.

man nämlich in eine Auflösung der Osmiumsäure oder des Osmiumtrioxyds in Kalilauge etwa 20 bis 30 Minuten Acetylen ein, so tritt vollständige Reaktion unter Ausscheidung des Metalls ein.

Gold wird durch Acetylen nur in saurer Lösung als Metall ausgeschieden. Will man eine Fällung des Goldes und eine Trennung desselben vom Palladium mit der Acetylenmethode ausführen, so fällt man in der schwach salzsauren Lösung beide Metalle, wäscht nach dem Filtrieren mit heißem und kaltem Wasser aus, trocknet mit Alkohol und Äther und reduziert im Wasserstoffstrom durch mäßiges Erhitzen. Das metallische Palladium wird sodann mit warmer Salpetersäure ausgewaschen und durch Differenzwägung bestimmt.

Andere Verwendungsarten des Acetylens.

Außer zu den Verwendungsarten, die in den vorhergehenden Abschnitten besprochen wurden, ist die Verwendung des Acetylens für andere Zwecke vorgeschlagen worden, die sich teils auf seine physikalischen bzw. chemischen Eigenschaften, teils auf seine starke Leuchtkraft, teils im Verein mit dem Sauerstoff auf seine hohe Flammentemperatur gründen.

So hat man versucht, das Acetylen als solches als Sprengstoff zu verwenden, indem man in geeigneten Behältern Acetylenluftmischungen zur Explosion bringen wollte[1]. Die Wirkung dieses Sprengstoffs soll sich dadurch auszeichnen, daß weniger eine Abtrennung und ein Herausschleudern der Sprengstücke als vielmehr eine weitgehende Zertrümmerung erfolgt.

Das Cupren, ein Polymerisationsprodukt des Acetylens (vergl. S. 43) ist ebenfalls in die Sprengstofftechnik eingeführt worden[2]. Während z. B. im Dynamit auf ein Teil Kieselgur 3 Teile Nitroglycerin kommen, kann ein Gewichtsteil Cupren mit 11 Teilen Nitroglycerin zu einer vollkommen trocken erscheinenden Masse vereinigt werden. Diese Sprengstoffmischung zeichnet sich gegenüber dem Dynamit nicht nur durch den bedeutend höheren Nitroglyceringehalt aus, sondern bietet den Vorteil, daß der Träger verbrennlich ist und somit, statt als inerte Masse Wärme zu verschlucken, den Sauerstoffüberschuß des Nitroglycerins aufnimmt[3].

Die bisher wichtigste Anwendung des Cuprens als Sprengstoffkomponente ist seine Benutzung als Patronenfüllung[4] für das Sprengen mit flüssigem Sauerstoff. Wegen der grossen Oberflächenentwicklung wird der flüssige Sauerstoff nicht nur in weitaus grösseren Mengen aufgesaugt, sondern auch viel langsamer abgegeben als durch sonstige Kohlenstoffträger. Dementsprechend kann man so Patronen herstellen von größerer Lebensdauer und wegen der großen Verbrennungswärme und leichten Verbrennlichkeit des Cuprens auch von hoher Brisanz.

Das Verfahren ist in ausgedehnten praktischen Versuchen der Sprengluft-Gesellschaft Berlin durchgeführt worden und soll sich dabei bestens bewährt haben.

Die Explosionsfähigkeit der Acetylenluftmischungen will man auch für die Abgabe von Knallsignalen (Acetylenkanone) bei der Schiffahrt benutzen[5].

---

[1] Carbid und Acetylen 1913, Nr. 14, S. 162.
[2] *Wohl*-Danzig. Chem.-Ztg. **46** (1922) No. 115, S. 864.
[3] D. R. P. 352838 und 352 839.
[4] Pat. Anm. W. 54414, Kl. 78c vom 10. Januar 1920.
[5] Carbid und Acetylen 1916, Nr. 13, S. 62.

Über ein neues Verfahren, Pflanzen zu treiben, berichtet *Friedrich Weber*[1]. Danach wird durch längeren, meist 48stündigen Aufenthalt in mit Acetylen stark verunreinigter Luft bei Zweigen von Flieder (Syringe) und Roßkastanie (Aesculus) und ebenso bei Topfpflanzen von Linden (Tilia) die Ruheperiode wesentlich abgekürzt. Dieses neue Verfahren soll sich infolge seiner ausgezeichneten Wirksamkeit und Einfachheit zur Verwendung in der Praxis eignen. Die frühtreibende Wirkung wird darauf zurückgeführt, daß Acetylen ebenso wie andere Narkotica die Sauerstoffatmung der Pflanzen verhindert.

Die Leuchtkraft des Acetylens benutzt man bei der Vernichtung von Insekten, z. B. des Sauerwurms der Reben und der Maikäfer. Versuche dieser Art wurden seinerzeit auf Anregung des Schweizerischen Acetylenvereins vorgenommen, wobei man einfache Acetylenlampen mit offenem Specksteinbrenner, die mit einem Auffangeteller versehen waren, verwendete[2].

Mehr als Kuriosum sei angeführt, daß das Acetylenlicht auch zur Beleuchtung von Hühnerställen vorgeschlagen wurde, um die Hühner zum fleißigen Eierlegen anzuregen[3].

Die Acetylensauerstoff-Flamme hat man ebenfalls für verschiedene Verwendungszwecke vorgeschlagen.

So ist durch D. R. P. Nr. 197 440 (Kl. 13 c, Gruppe 7, vom 13. April 1907) ein Verfahren zum Entfernen von Kesselstein geschützt, das dadurch gekennzeichnet ist, daß der Kesselstein selbst mittels einer hochtemperierten Stichflamme (Knallgasflamme od. dgl.) bis zum Abspringen erhitzt wird[4].

Dieses Verfahren der Sauerstoff-Fabrik Berlin ist teils günstig, teils ungünstig von den Dampfkessel-Überwachungsvereinen beurteilt worden. Während es von einem Gutachter des Dampfkessel-Revisionsvereins Berlin als auch von einem solchen der Technischen Hochschule Berlin bei sachgemäßer Ausübung als unbedenklich für die Kesselbleche angesehen wird[5], lehnt es ein Gutachter des Bayerischen Revisionsvereins wegen des möglichen ungünstigen Einflusses auf die Kesselbleche ab[6]. Ob das Verfahren überhaupt in der Praxis dauernd Eingang gefunden hat, ist nicht bekannt geworden.

Auch zum Aufschmelzen von Glasuren ist die Acetylensauerstoff-Flamme empfohlen worden. So hat *A. Schulze* vorgeschlagen, mit Hilfe der Acetylensauerstoff-Flamme Glasuren auf Zementkörper aufzuschmelzen, um Gegenstände aus Zement, z. B. Zementrohre, vor chemischen Angriffen zu schützen[7].

---

[1] Sitzung der Akademie der Wissenschaften, Wien, Januar 1916 (vgl. Chem.-Ztg. 40 (1916), Nr. 30, S. 213.

[2] Mitt. d. Schweiz. Acetylenvereins 1918; Heft 1, S. 19, Heft 2, S. 47.

[3] *J. Rice*, Prof. a. d. Cornell-Universität V. St. A.: J. of Acetylene. Chikago, März 1919.

[4] Carbid und Acetylen 1913, Nr. 23, S. 267; 1914, Nr. 8, S. 89.

[5] Carbid und Acetylen 1914, Nr. 8, S. 90; Nr. 23, S. 205.

[6] Carbid und Acetylen 1914, Nr. 7, S. 67; Nr. 23, S. 203.

[7] Deutsche Patentanmeldung Sch. 44 913 vom 24. September 1913.

Das *Schopp*sche Metall- und Emailspritzverfahren bediente sich ursprünglich ebenfalls der Acetylensauerstoff-Flamme, ebenso kommt sie bei dem *Meuer*schen Emailspritzverfahren zur Anwendung[1].

Auch ist die Acetylensauerstoff-Flamme zum Schneiden von Beton vorgeschlagen worden[2], und es ist auch tatsächlich möglich, Beton- oder Zementkörper zum Schmelzen bzw. Sintern zu bringen und auf diese Weise zu zerstören.

Das Härten von Eisen kann ebenfalls mit der Acetylen- bzw. Acetylensauerstoff-Flamme ausgeführt werden. So ist es z. B. möglich, mit einer reinen Acetylenflamme vorgewärmte Maschinenteile aus weichem Stahl innerhalb von 2 Minuten auf etwa 0,2 mm Tiefe zu verstählen. Mit einer Acetylensauerstoff-Flamme mit Acetylenüberschuß kann eine noch viel stärkere Zementierung erreicht werden. Innerhalb von 5 bis 10 Minuten soll es gelingen, eine sehr regelmäßig zementierte Schicht von 2 bis 3 mm Dicke zu erzeugen[3].

Ein anderes Verfahren ist in Sheffield in England von der Firma *Vickers* ausgebildet worden und soll zu sehr guten Erfolgen geführt haben[4]. Das Verfahren kommt besonders in Betracht zum Härten von Oberflächen von Getriebezähnen, der Arbeitsflächen von Lehren und überhaupt für die örtliche Härtung einzelner kleiner Flächen an großen Gegenständen, wo der gewöhnliche Härtungsprozeß Deformationen hervorrufen würde. Das Verfahren besteht im wesentlichen nur darin, daß eine intensiv heiße Flamme, wie die Acetylensauerstoff-Flamme, über die zu härtende Oberfläche schnell herübergeführt wird, so daß diese Oberfläche in einer fortlaufenden Welle auf die Härtungstemperatur gebracht und, sobald die Flamme vorüber ist, sofort durch die Temperatur der übrigen Metallmasse wieder gekühlt wird. Das an bestimmter Stelle zu härtende Stück wird in einen Wasserbehälter gelegt, dessen Wasserspiegel eingestellt werden kann, derart daß, während der zu härtende Teil der Oberfläche schnell auf die erforderliche Temperatur erhitzt wird, der ganze übrige Körper im Wasser so kühl als möglich gehalten wird. Soweit das Eintauchen nicht möglich ist, muß der nicht zu härtende Teil des Stückes durch Berieselung mit Wasser kühl gehalten werden. Die Flamme soll erst wie beim Schmelzen eingestellt sein, dann soll der Sauerstoffdruck etwas verstärkt werden, so daß die Flamme ihre Farbe und ihr Aussehen ändert, indem sie aus einem weißen Kegel in eine bläuliche, langgestreckte Zunge übergeht. Das Wesentlichste für den Erfolg dieses Verfahrens ist die Schnelligkeit der Erhitzung. Die Prüfung einer Anzahl von Härtungen ergab in keinem einzigen Falle irgendeine Trennung zwischen dem gehärteten und ungehärteten Teile des Stückes. Auch Gußeisen und schmiedbarer Guß kann durch Härten mittels Sauerstoffacetylen auf die angegebene Weise mit einer glasharten Oberfläche versehen werden.

[1] Zeitschr. für Sauerstoff- und Stickstoff-Industrie 1921, Heft 7 bis 10. Gewerbefleiß 1921, Heft 8 bis 10.

[2] Carbid und Acetylen 1914, Nr. 24, S. 215.

[3] Mitt. d. Schweiz. Acetylenvereins 1917, Heft 5, S. 106.

[4] Carbid und Acetylen 1914, Nr. 11, S. 129.

Nach dem gleichen Verfahren soll es möglich sein, schon verlegte Schienen, z. B. Straßenbahnschienen, an der Fahrseite zu härten[1], so daß die Abnutzung verlangsamt wird.

Verwertung der Kalkrückstände von der Acetylenherstellung.

Die Beseitigung und die Verwertung der bei der Acetylenherstellung anfallenden Kalkmengen hat bei großen Werken mit großen Acetylenanlagen eine besondere Bedeutung erlangt. Die zurückbleibenden Mengen des Kalkschlammes häufen sich mit der Zeit immer mehr an und verunstalten oft die Umgebung der Acetylenanlagen. Man hat sich früher damit begnügt, den Kalkschlamm in großen Gruben absitzen zu lassen, das überstehende Wasser abzulassen oder abzupumpen und den stichfesten Schlamm wegzufahren, da man nicht wußte, was man mit dem vielen Schlamm anfangen sollte, trotzdem der Kalk fast reines Calciumhydroxyd darstellt. In neuerer Zeit hat man der Verwertung des Kalkschlammes jedoch erhöhte Aufmerksamkeit zugewendet.

Bei der Zersetzung des reinen Calciumcarbides bilden sich nach der Umsetzungsgleichung

$$CaC_2 + 2\,H_2O = C_2H_2 + Ca(OH)_2$$

aus 64 g Calciumcarbid 74 g Calciumhydroxyd oder aus 100 g rund 115 g.

Da die Zersetzung des Carbids in der Praxis wegen der dabei auftretenden Temperaturerhöhungen nicht mit der theoretischen Menge Wasser, sondern mit einem mehr oder weniger großen Überschuß an Wasser durchgeführt wird, enthält der Kalkschlamm einen höheren oder niedrigeren Wassergehalt.

Bei Apparaten nach dem Tropf- oder Senksystem, also bei geringem Wasserüberschuß, wird als Rückstand ein dicker Kalkbrei, bei Apparaten nach dem Einwurfsystem, also bei Gegenwart von viel Wasser, eine dünne Kalkmilch erhalten, aus der man erst durch Absetzenlassen oder Versickern des überschüssigen Wassers einen dicken, aber noch stark wasserhaltigen Kalkschlamm gewinnt. Durch Nachtrocknen an der Luft erhält man schließlich einen stichfesten Rückstand, dessen ungefähre Zusammensetzung sich aus folgenden Analysen ergibt[2]:

	Probe 1 %	Probe 2 %	Probe 3 %	Probe 4 %
Feuchtigkeit	44,79	45,99	68,10	49,52
Freier Kalk (CaO)	37,68	38,66	26,20	30,79
Kohlensauer Kalk ($CaCO_3$)	0,96	1,43	0,98	7,33
Gips, wasserfrei ($CaSO_4$)	0,41	0,39	—	—
Calciumsulfid (CaS)	0,48	0,32	Spuren	—
Eisenoxyd, Tonerde (Fe_2O_3; Al_2O_3)	—	—	0,78	—
Sand	—	—	0,37	0,43
Kieselsaurer Kalk ($CaSiO_3$)	—	—	1,23	—

[1] Carbid und Acetylen, 1919, Nr. 12 S. 48.
[2] Handbuch f. Acetylen 1904, Seite 834.

Aus diesen Untersuchungen berechnet sich folgender Gehalt an Gesamtkalk:

Probe I:	38,77%	Gesamtkalk bei	55,21%	Trockengehalt
„ II:	39,79%	„ „	54,01%	„
„ III:	28,40%	„ „	31,90%	„
„ IV:	34,89%	„ „	50,48%	„

In völlig trockenem Zustande würden diese Proben also an Gesamtkalk enthalten haben: 70,04% bzw. 73,67% bzw. 91,29% bzw. 69,11%. Probe III ist offenbar einerseits außergewöhnlich kalkreich, andererseits noch sehr wasserreich gewesen. Aus den Analysen geht hervor, daß anfangs im Kalkschlamm fast sämtlicher Kalk in freiem Zustande als Ätzkalk bzw. als Calciumhydroxyd vorhanden ist. Je länger er an der Luft lagert, desto mehr wird er Kohlensäure aus dieser anziehen und sich in kohlensauren Kalk verwandeln, wie oben schon die Probe 4 und nachstehende Analyse[1] zeigt.

Gesamt-Calciumoxyd	38,91%		
hiervon an Kohlensäure (CO_2) gebunden	14,40	$= CaCO_3$	25,71%
an Schwefel (S) gebunden	0,20	$= CaS$	0,36%
freies Calciumoxyd	24,31	$= CaO$	24,31%
Kohlensäure (Co_2)	11,31%		
Schwefelsäure (SO_3)	0,03	$= SO_3$	0,03%
Schwefel (S)	0,16%		
Chlor (Cl)	0,01	$= Cl$	0,01%
Eisenoxyd und Tonerde	0,88	$= Fe_2O_3 + Al_2O_3$	0,88%
Kieselsäure (SiO_2)	1,29	$= SiO_2$	1,29%
Wasser	46,40	$= H_2O$	46,40%
Kohlenstoff (C)	0,08	$= C$	0,08%
Phosphorige Säure	0,06	$= P_2O_3$	0,06%
			99,13%

Der Rest dürfte aus Alkalien und Magnesia bestehen. Schwefelsäure dürfte im Schlamm als Gips ($CaSO_4$) und Kieselsäure zum Teil als kieselsaurer Kalk vorhanden sein. Daß nur sehr wenig phosphorige Säure gefunden wurde, liegt daran, daß zur Calciumcarbidherstellung nur sehr reiner Kalkstein, der nur Spuren phosphorsauren Kalkes enthalten darf, verwendet wird. Andererseits sind etwa vorhandene Phosphorverbindungen, die im Calciumcarbid noch vorhanden sein können, bei der Gasbereitung teilweise mit dem Acetylen fortgeführt worden.

Zum Vergleich mit diesen Analysen von Kalkschlammproben sei nachstehend eine Analyse eines Kalksteines angeführt, wie er für die Carbidherstellung verwendet wird.

Kalk (CaO)	55,500 %
Magnesia (MgO)	0,340 %
Eisenoxyd, Tonerde (Fe_2O_3; Al_2O_3)	0,044 %
Kohlensäure (CO_2)	43,995 %
Phosphorsäure (P_2O_5)	0,0088%
Schwefelsäure (SO_3)	0,000 %
Kieselsäure (SiO_2) in Salzsäure löslich	0,010 %
„ „ „ „ unlöslich	0,0296%
Feuchtigkeit	0,040 %
	99,9674%

[1] Chem.-Ztg. 39 (1915), Nr. 7/8.

Zu Verbindungen geordnet ergeben sich für die hauptsächlichsten Bestandteile folgende Werte:

Kohlensaurer Kalk ($CaCO_3$)	98,990 %
Kohlensaure Magnesia ($MgCO_3$)	0,712 %
Phosphorsaurer Kalk ($Ca_3PO_4)_2$)	0,019 %
	99,721 %

Andere Kalksteinproben ergaben folgende Werte für den Gehalt an Phosphorsäure[1]:

Nr.	% P_2O_5	Nr.	% P_2O_5	Nr.	% P_2O_5	Nr.	% P_2O_5
1	0,0155	6	0,0098	11	0,0155	15	0,0138
2	0,0375	7	0,0051	12	0,0106	16	0,0207
3	0,0176	8	0,0159	13	0,0130	17	0,0167
4	0,0475	9	0,0082	14	0,0029		
5	0,0162	10	0,0244				

Im Mittel enthielten diese Proben also 0,0171% Phosphorsäure.

Aus sämtlichen hier angeführten Analysen geht hervor, daß der Kalkschlamm entsprechend seiner Herkunft keine Stoffe enthalten kann, die in irgendeiner Weise nachteilig oder besonders vorteilhaft wirken können. Sein Wert darf lediglich nach dem Gehalt an Kalk beurteilt werden.

Die vom wirtschaftlichen und volkswirtschaftlichen Standpunkte besonders unter den jetzigen Verhältnissen allein zu empfehlende Verwertung des Carbidschlammes besteht in seiner Benutzung zur Mörtelbereitung. In der Praxis hat sich gezeigt, daß der Kalk des Carbidschlammes ebenso gut bindet, wie irgend ein Kalkmörtel bester Beschaffenheit. Es ist auch nicht einzusehen, weshalb dies nicht der Fall sein sollte, da im Carbidschlamm, wie schon oben erwähnt, durchaus nichts enthalten ist, was irgendwie nachteilig bei der Mörtelbereitung wirken könnte. Da er im stichfesten Zustande bei einem Gehalt von 44 bis 46% Wasser 36 bis 40% Kalk (Calciumoxyd) zu enthalten pflegt, so ist 1 cbm, enthaltend rund 380 kg Kalk (auf wasserfreien Kalk bezogen) theoretisch etwa 400 kg bestem Ätzkalk gleichwertig. Natürlich darf in der Praxis der Wert des Kalkschlammes nicht auf solcher Grundlage berechnet werden. Es darf z. B. bei der Bewertung nicht außer acht gelassen werden, daß die gleiche und gleichwertige Kalkmenge im gebrannten Stückkalk wesentlich billiger zu verfrachten ist als im Kalkschlamm der Acetylenbereitung, der auch im stichfesten Zustande, wie aus den oben angeführten Analysen sich ergibt, immer noch nennenswerte Wassermengen enthält, die beim Transport die gleichen Kosten verursachen wie der Stückkalk. Der Fachmann weiß das natürlich und wird sich an Hand der oben gegebenen Zahlen hinreichend genau berechnen können, welchen Wert der Kalkschlamm für ihn an der Baustelle hat[2].

Schon früher ist auf die Verwendung des Kalkschlammes zur Mörtelbereitung hingewiesen worden; doch ist es bekanntlich schwer, Handwerker

[1] Carbid und Acetylen 1915, Nr. 21, S. 100.
[2] Vgl. Carbid und Acetylen 1921, Nr. 1, S. 2.

von ihrer vorgefaßten Meinung, daß irgendein Stoff, den sie nicht kennen oder noch nicht verwendet haben, nichts tauge, abzubringen. So stützt sich das Urteil der Maurer, daß der Kalkschlamm von der Acetylenherstellung nichts tauge, nicht etwa auf Erfahrung, sondern ist lediglich auf die Abneigung zurückzuführen, etwas anderes als den gewohnten Stückkalk zu verwenden.

Schumann[1] hat festgestellt, daß Kalkschlamm mit 40% Bausand vermischt nach 24 Stunden die benutzten Mauersteine vollständig fest aneinander hielt, der Mörtel hatte gebunden und gab in keinerlei Weise dem aus frischem Ätzkalk und Bausand bereiteten Mörtel etwas nach.

Andere Werke haben versucht, ihn unter Zusatz von Kesselasche und einer geringen Menge Zement als Beton für Fundierungen zu verwenden. Eine Reihe von Hüttenwerken benutzten ihn zur Herstellung von feuerfestem Material zur Auskleidung von Schmelzlöfen[2].

Von anderer Seite[3] wird berichtet, daß Kalkschlamm mit 40% Flußsand oder mit 50 bis 60% Schlackensand vermischt, einen gut bindenden, schnell erhärtenden Mörtel liefert, der dem gewöhnlich benutzten Kalkmörtel an Wert nicht nachsteht.

Neuerdings scheint sich die *Deutsche Kalk-Handelsgesellschaft m. b. H.* in Berlin-Friedenau mit Erfolg zu bemühen, Kalkschlamm von der Acetylenherstellung für Bauzwecke abzusetzen. Sie hat dem Deutschen Acetylenverein ein an sie gerichtetes Schreiben der *Hebezeugfabrik F. Piechatzek*-Berlin-N 65 vom 6. August 1920 zur Verfügung gestellt, das folgendermaßen lautet[4]:

„Ich bin im Besitz ihres Schreibens vom 27. v. M. und nehme gern Gelegenheit, Ihnen zu bestätigen, daß sowohl mein dreischiffiges Hallenbauwerk als auch das Werkstatt- und Verwaltungsgebäude auf meinem Fabrikgrundstück in Borsigwalde mit Carbidkalk hochgemauert worden sind. Der Carbidkalk hat sich hierbei sehr gut bewährt. Die Bindekraft des Carbidkalkes ist höher als die des hydraulischen Kalkes, so daß die Festigkeit des Mauerwerkes größer ist als die eines solchen, das mit gewöhnlichem Kalk hochgemauert wurde. Dies hat sich jetzt insbesondere bei dem Abbruch der Hallenkonstruktion gezeigt. Es machte Schwierigkeiten, die mit Carbidkalk hochgemauerten Mauern abzubrechen. Ich kann nur nochmals den Carbidkalk als durchaus vollwertigen Ersatz gewöhnlichen Kalkes bestens empfehlen und stelle Ihnen anheim, von meinem Zeugnis jeden Gebrauch zu machen. Selbstverständlich ist meine Auskunft ohne jede Verbindlichkeit für mich gegeben.“

Dieses Schreiben ist besonders deshalb wertvoll, weil es ein Urteil aus der Praxis darstellt.

Im gleichen Sinne spricht sich ein Erlaß[5] des Ministers für Volkswohlfahrt an die ihm nachgeordneten Behörden vom 1. September 1920 (II. 12. Nr. 736) aus, welcher folgenden Wortlaut hat:

„Bei den von mir unterstützten Lehr- und Versuchsstellen für Naturbauweisen, Sorau, N.-L. und Zepernick bei Berlin, ist zur Ersparnis von Kohlen statt Kalk zur Mörtelbereitung sogenannter Carbidschlamm, das ist ein Abfallstoff der Acetylenerzeugung,

[1] Chem.-Ztg. **39** (1915), Nr. 7/8.
[2] Carbid und Acetylen 1917, Nr. 11, S. 51.
[3] Carbid und Acetylen 1920, Nr. 9, S. 39.
[4] Carbid und Acetylen 1921, Nr. 1, S. 2.
[5] Vgl. Carbid u. Acetylen 1921, Nr. 1, ferner Beilage zum Chemikalienmarkt 1920, Nr. 113, S. 459.

mit gutem Erfolg verwendet worden. Das Staatliche Materialprüfungsamt in Berlin-Dahlem hat mit diesem Material wissenschaftliche Versuche angestellt und schreibt darüber in seinen Mitteilungen vom Jahre 1919:

Das Material ergab in der Mischung 1 : 3 mit Kalknormensand nach 28 und 56 Tagen Lufterhärtung 2,7 bzw. 3,3 kg/qcm Zugfestigkeit und 10,5 bzw. 13,3 kg/qcm Druckfestigkeit. Die „Leitsätze für einheitliche Prüfung von Kalk" fordern von Luftkalk in der gleichen Mischung 2 bzw. 3 kg/qcm Zugfestigkeit und 6 bzw. 8 kg/qcm Druckfestigkeit. Hiernach genügte also der Carbidschlamm den Vorschriften der genannten Leitsätze hinsichtlich der Festigkeit, trotzdem er 14,3% kohlensauren Kalk enthielt.

Danach steht der weitesten Verbreitung dieses Mörtelbildners als eines guten Sparbaustoffes nichts im Wege; Voraussetzung ist nur, daß die Schlemme keine vorherige Austrocknung erfährt.

Ich ersuche, durch Bekanntgabe in den Baufachkreisen des dortigen Bezirkes für eine Verbreitung dieses kohlensparenden Baustoffes Sorge zu tragen.

gez.: Conze."

Das Gutachten[1], auf das sich der vorstehende Erlaß des Ministers für Volkswohlfahrt bezieht, wurde vom Materialprüfungsamt auf Antrag der *Vereinigten Berliner Mörtelwerke*, ob der Carbidschlamm hinsichtlich seiner Bindekraft den „Leitsätzen für einheitliche Prüfung von Kalk" entspricht, am 4. Dezember 1919 — Aktenzeichen A Nr. 82 591 Abt. 2 Nr. 18 441 — erstattet. Als Material wurde von den Antragstellern Carbidschlamm und Berliner Mauersand eingeliefert, wogegen der zu Vergleichsversuchen erforderliche Kalknormensand vom Materialprüfungsamt selbst beschafft wurde. Die verschiedenen Mörtel wurden aus folgenden Mischungen hergestellt:

a) 1 Gewichtsteil Carbidschlamm[2] u. 3 Gewichtsteile Kalknormensand[3]
b) 1 Raumteil „ „ 4 Raumteile Berliner Mauersand[4]
c) 1 „ „ „ 5 „ „ „

und nach 28 und 56 Tagen Lagerung an der Luft (im Zimmer) auf Zug- und Druckfestigkeit geprüft. Das Material wurde gut durchgearbeitet. Carbidschlamm und Kalknormensand bzw. Berliner Mauersand wurden zunächst in einer Schüssel von Hand und dann im Mischer Bauart *Hilden*[5] mit 25 Umdrehungen der Schüssel gemischt.

Der Wassergehalt, durch Abdampfen bestimmt, betrug für Mischung

a) 10,49%,
b) 10,60%,
c) 8,84%.

Der Mörtel wurde in den normalen Zug- und Druckformen unter Anwendung von 150 Schlägen mit dem Hammerapparat eingeschlagen. Die Proben erhärteten im Zimmer an der Luft. Bei der Herstellung der Probekörper betrug

[1] Ein Abdruck dieses Gutachtens wurde von der Deutschen Kalkhandelsgesellschaft zur Verfügung gestellt.

[2] 1 l eingefüllt wog 1,430 kg mit 43,40% Wassergehalt
[3] „ „ „ 1,456 „
[4] „ „ „ 1,289 „ mit 1,4 % Wassergehalt
} im 10 l-Gefäß ermittelt.

[5] Das Mischen in diesem Mörtelmischer statt wie sonst üblich in dem Mischer Bauart *Steinbrück-Schmelzer*, erfolgte zu dem Zweck, um eine genügende Zerkleinerung der in dem Material enthaltenen mehr oder weniger harten Stücke herbeizuführen.

im Durchschnitt die Wärme der Luft 22,5° C, die Luftfeuchtigkeit 76%. Die Ergebnisse der Prüfung auf Zug- und Druckfestigkeit waren folgende:

Mischungs-verhältnis	Ver-such Nr.	Zugproben (Normenform) Zerreißquerschnitt = 5 qcm Zugfestigkeit in kg/qcm 28 Tage alt	 56 Tage alt	Druckproben: (Würfel) Gedrückte Fläche = 50 qcm Druckfestigkeit in kg/qcm 28 Tage alt	 56 Tage alt	Verhältnis Zug/Druck für 28 Tage	56 Tage
Gewtl.		Mittleres Raumgewicht am 3. Tage nach dem Einschlagen					
		r = 2,000 g/ccm		r = 2,031 g/ccm			
	1	2,3	3,0	7,4	10,4		
	2	1,9	2,4	9,2	11,4		
	3	2,2	2,6	9,7	12,7		
1 : 3	4	1,9	2,8	10,7	11,6		
Mischung	5	2,4	3,2	8,3	10,6		
a	6	1,8	3,1	8,1	12,2		
	7	2,5	3,3	9,3	12,3		
	8	2,3	3,9	9,6	11,9		
	9	2,3	2,6	8,9	11,6		
	10	1,9	2,7	7,0	11,0		
	Mittel	2,2	3,0	8,8	11,6	1/4,0	1/3,9
Rtl.		Mittleres Raumgewicht am 3. Tage nach dem Einschlagen					
		r = 2,100 g/ccm		r = 2,124 g/ccm			
	1	3,1	3,0	10,4	14,8		
	2	3,4	3,9	11,7	14,4		
	3	2,9	3,8	10,9	16,0		
1 : 4	4	4,0	3,6	10,7	14,3		
Mischung	5	3,3	3,8	13,0	14,9		
b	6	3,0	3,4	10,5	15,7		
	7	3,4	3,2	10,2	16,1		
	8	3,3	4,3	12,4	12,4		
	9	3,1	3,5	12,3	14,9		
	10	2,9	4,2	11,5	16,4		
	Mittel	3,2	3,7	11,4	15,0	1/3,6	1/4,1
		Mittleres Raumgewicht am 3. Tage nach dem Einschlagen					
		r = 2,029 g/ccm		r = 2,025 g/ccm			
	1	2,9	3,0	8,7	11,7		
	2	2,7	3,3	8,4	10,6		
	3	3,0	3,8	10,4	13,1		
1 : 5	4	2,7	2,9	10,5	14,6		
Mischung	5	2,9	2,8	10,2	15,7		
c	6	2,7	3,0	10,5	11,5		
	7	3,1	3,1	10,2	11,8		
	8	3,0	4,0	11,3	13,1		
	9	3,1	3,2	9,6	13,5		
	10	2,9	3,4	10,9	13,3		
	Mittel	2,9	3,3	10,1	12,9	1/3,5	1/3,9

Auf Grund der vorstehenden Versuchsergebnisse gab das Materialprüfungsamt folgendes Gutachten ab:

„Die vom Verein deutscher Kalkwerke E. V. aufgestellten Leitsätze für einheitliche Prüfung von Kalk vom Februar 1911 fordern als Mindestfestigkeiten für Luftkalke in der Mischung 1 Gewtl. Kalk + 3 Gewtl. Kalknormensand nach 28 Tagen Luftlagerung 2 kg/qcm Zugfestigkeit und 6 kg/qcm Druckfestigkeit und nach 56 Tagen Luftlagerung 3 kg/qcm Zugfestigkeit und 8 kg/qcm Druckfestigkeit.

Der geprüfte Carbidschlamm ergab in der Normensandmischung nach 28 Tagen 2,2, nach 56 Tagen 3 kg/qcm Zugfestigkeit und nach 28 Tagen 8,8, nach 56 Tagen 11,6 kg/qcm Druckfestigkeit, hat also die Bedingungen der Leitsätze erfüllt.

Die Mischungen b und c mit Berliner Mauersand haben noch bessere Ergebnisse geliefert, die etwa den mit Berliner Kalkmörteln erzielten Festigkeiten entsprechen. Der Carbidschlamm ist also für Bauten an der Luft verwendbar."

Berücksichtigt man, daß die Preise für gebrannten Stückkalk augenblicklich sehr hoch sind, daß er ferner teilweise schwer zu erhalten ist und zu seiner Herstellung Kohlen verbraucht werden, die anderen Industrien, wenigstens teilweise überwiesen werden können, so muß man nach den vorliegenden Erfahrungen zu dem Schluß kommen, daß der Kalkschlamm der Acetylenbereitung einen vollwertigen Ersatz für Stückenkalk darstellt, und daß es nur einer entsprechenden Aufklärung bedarf, um den Absatz aller größeren Mengen dieses Kalkschlammes zur Mörtelbereitung zu fördern und zu erreichen.

Jedenfalls ist im volkswirtschaftlichen Interesse diese Verwendungsart jeder anderen vorzuziehen. Das gilt insbesondere auch von der Verwendung als Dünger, für den man vielfach den Kalkschlamm versucht und empfohlen hat.

Der Kalk gehört nicht nur selbst zu den unbedingt notwendigen Pflanzennährstoffen, sondern er fördert auch wesentlich die Verwitterungs- und Verwesungsvorgänge im Boden, wodurch der Pflanze die in ihm eingeschlossenen übrigen Nährstoffe schneller zugeführt werden. Kalk entsäuert den Boden, macht ihn mürbe und krümelig. Er bewahrt die Phosphorsäure vor dem Versickern in tiefe Bodenschichten, hilft bei der Umwandlung der stickstoffhaltigen Stoffe zu Salpeter und schützt dabei vor größeren Stickstoffverlusten. Die dem Pflanzenleben schädlichen Eisenoxydulverbindungen führt er in das unschädliche Eisenoxyd über und bindet die bei der Zersetzung des Schwefeleisens freiwerdende Schwefelsäure, die dadurch unschädlich gemacht wird. Alle diese günstigen Einflüsse des Kalkes neben seiner unmittelbaren düngenden Wirkung, auf die man bisher einen viel zu geringen Wert gelegt hat[1], lassen es geboten erscheinen, ihm die größte Beachtung beizulegen.

Selbstverständlich muß der Kalkgehalt im Boden im richtigen Verhältnis zu den anderen Pflanzennährstoffen stehen, andernfalls läßt bei zu hohem Kalkgehalt der Ertrag bald wesentlich nach, da die leichtlöslichen Nährstoffe durch die Einwirkung des Kalkes bald aufgebraucht sind.

Die Kalkarmut des Bodens verrät sich gewöhnlich durch das häufige Auftreten gewisser Unkräuter, wie Sauerampfer, Wucherblume, Spärgel,

[1] Vgl. Hessische Landwirtschaftliche Zeitschrift 1917, Nr. 25; 1918, Nr. 6.

Ackerschachtelhalm, die sich auf saurem und wenig tätigem Boden zahlreich finden, während wildwachsende Kleepflanzen, Huflattich, Brombeere, Wacholder auf reichlichen Kalkgehalt des Bodens schließen lassen. Wo der Boden steif ist und zur Krustenbildung neigt, wo er braunes humushaltiges Wasser oder rötlichen Eisenocker ausscheidet oder wo unter der Ackerkrume Raseneisenstein oder Brauneisenstein sich finden, da ist sicher mit Kalkmangel im Boden zu rechnen.

Für eine Kalkdüngung sind insbesondere alle Schmetterlingsblütler, Bohne, Erbsen, Wicken, Klee, Luzerne usw., sowie Gräser und Getreidearten sehr dankbar. Auch alle anderen Pflanzen entwickeln sich bei genügendem Kalkvorrat gesund und kräftig. Die Kalkdüngung zerstört die Brutstätten verschiedener tierischer Pflanzenschädlinge und richtet schädliche Pilzkeime zugrunde, die oft den Pflanzenbestand ganzer Felder vernichten oder gefährden können, wie die Kohlhernie.

Ebenso wie man für Düngezwecke Ätzkalk, kohlensauren Kalk oder Kalkmergel verwendet, kann man stark kalkhaltige Abfälle, wie Gaskalk, Scheide- und Teichschlamm, Gerbereikalk, Carbidrückstände (Kalkschlamm) usw. dafür benutzen. Jedoch müssen diese Rückstände, da sie oft das Pflanzenwachstum schädlich beeinflussende Stoffe, wie schweflige Säure, verschiedene Eisenverbindungen usw. enthalten, gut durchlüftet sein. Am besten kompostiert man sie, damit sie durchfrieren und zerfallen[1], wobei die schädlichen Stoffe oxydiert werden. Würde man sie direkt aufs Feld oder in den Garten bringen, so ließen sie sich nicht fein genug verteilen. Sie würden in Klumpen untergebracht werden müssen und in diesem Zustande wahrscheinlich stellenweise schädlich wirken. Jedenfalls wächst an den Stellen, wo solche Klumpen liegen, Jahre hindurch keine Pflanze. Sie müssen deshalb soweit abgetrocknet sein, daß sie, wenn auch nicht zu Pulver, so doch zu kleinen Stückchen, bis etwa höchstens zu Haselnußgröße, zerstoßen werden können. Erst nachdem sie soweit zerkleinert sind, dürfen sie als Dünger benutzt werden. Noch besser ist es allerdings, wenn es gelingt, ihn völlig zu Staub zu zermalmen. Die Trocknung darf jedoch keine Kosten, von gelegentlichem Umschaufeln usw. abgesehen, verursachen. Steht irgendeine Wärmequelle hierzu kostenfrei zur Verfügung, so empfiehlt es sich allerdings, dieselbe auszunutzen. Eine besondere künstliche Trocknung ist jedoch nicht zu empfehlen. Die dadurch entstehenden Kosten sind höher als der ganze Düngerwert des Kalkschlammes. Seine düngende Wirkung wird um so mehr hervortreten, je leichter und sandiger der betreffende Boden ist. Der Düngerwert beruht aber lediglich auf dem Kalkgehalt und darf frei Feld im abgetrockneten Zustande nur nach diesem berechnet werden. Die Transportkosten dürfen also nicht zu hoch sein.

Andere chemische Verbindungen, die eine besondere Düngewirkung ausüben könnten, sind, wie sich auch aus der auf S. 366 angeführten Analyse, die zu diesem Zwecke ausgeführt wurde, ergibt, in diesen Kalkrückständen nicht vorhanden.

---

[1] Hessische Landwirtzeitschrift 1918, Nr. 6.

Zur Vorbereitung verfährt man mit diesen Rückständen zweckmäßig folgendermaßen[1]:

Man setzt sie in 1 m Breite und 1 m Höhe beliebig lang und oben spitz geformt auf Anwände oder Randbeete. Nachdem die Haufen vollständig angefahren sind, werden sie nach 2 bis 3 Wochen sorgfältig umgestochen, wie ein Komposthaufen. Dabei ist darauf zu achten, daß die untere Schicht sehr gut weggearbeitet wird. Nach einem gleichen Zeitraume ist das Umstechen zu wiederholen; später sind alle 1 bis 2 m in die Haufen Einschnitte von Spatenbreite bis zur Sohle anzubringen. Der Auswurf wird auf den davor liegenden Haufen festgeschlagen. Dergestalt bearbeitete Rückstände zerfallen, nachdem sie während des Winters gelegen haben und dann im Frühjahr gebreitet werden, wie Pulver. Nach dem Breiten müssen sie sehr sorgsam, wie Ätzkalk, in die Ackerkrume gebracht werden. Nur dann steht eine möglichst schnelle und ergiebige Wirkung in Aussicht.

Von den gelagerten Mengen verwendet man je nach der Bodenart 100 bis höchstens 200 dz für 1 ha. Sobald im Februar oder März Tauwetter eingetreten ist, kann die Verteilung der Rückstände vorgenommen werden. Auf der Wiese ist damit die Arbeit erledigt. Auf Ackerland sind die Rückstände gleich nach dem Breiten möglichst flach unterzupflügen. Will man außerdem noch mit Stallmist düngen, so wartet man damit zweckmäßig 2 bis 3 Wochen nach dem Unterpflügen. Auf diese Weise werden die Rückstände nicht nur vermöge ihres Kalkgehaltes direkt günstig wirken, sie werden auch die so sehr wünschenswerte Nitrifikation des Stallmiststickstoffes beschleunigen und so eine bessere Ausnutzung desselben herbeiführen helfen. Vorteilhaft verwendet man die Rückstände zu Rüben oder Leguminosen (ausgenommen Lupinen, für die sie schädlich wirken). Unter den Halmfrüchten wird der Hafer seine Verwendung am besten lohnen. Wo Brache gehalten wird, empfiehlt es sich am meisten, den Carbidschlamm zu dieser zu geben. Es ist jedoch zu beachten, daß frische und stärkere Düngungen mit Kalkschlamm schädlich auf die Entwicklung einiger Pflanzen einwirken können, so der Zuckerrüben und Möhren. Zu diesen Pflanzen soll man den Kalkschlamm deshalb stets einige Monate vor der Saat geben. Auch zu Kartoffeln erscheint eine Düngung damit unmittelbar vor dem Legen nicht unbedenklich, da das zur Schorfbildung Veranlassung geben könnte. Diese ungünstige Wirkung ist nur auf den Gehalt an freiem Ätzkalk zurückzuführen, da sie in gleicher Weise von letzterem unter den nämlichen Umständen ausgeübt wird. Zu Hafer und anderen Halmfrüchten, wie auch zu Senf und Buchweizen, kann man die Rückstände auch unbedenklich noch unmittelbar vor der Saat geben, da diese Pflanzen gegen frische Kalkdüngung unempfindlich sind.

Nach den Mitteilungen des Schweizerischen Acetylenvereins[2] gibt es ein weiteres, sehr einfaches Mittel, um die Kalkrückstände in denjenigen feinkörnigen Zustand zu versetzen, wie dies zum Düngen nötig ist. Es besteht dies darin, daß man den Kalkschlamm in nicht zu starken Lagen in einem

[1] Vgl. auch Handbuch für Acetylen 1904.
[2] 1914. Nr. 1.

Trog aufbewahrt und einige Zeit dem Frost aussetzt. Durch das Gefrieren wird die zum Ausstreuen erforderliche feinkörnige Beschaffenheit erreicht.

Wie die *Eidg. Agrikultur-Chemische Anstalt* in Bern-Liebefeld dem Schweizerischen Acetylenverein mitteilt, steht der Verwendung des Kalkschlammes zum Düngen nichts entgegen, jedoch ist es notwendig, ihn einige Zeit lang der Luft auszusetzen, wodurch verschiedene schädliche Beimengungen entfernt werden.

Durch weitere Rundfragen hat der erwähnte Verein in Erfahrung gebracht, daß bereits in vielen Gegenden Deutschlands, Österreichs, Schwedens usw. mit getrocknetem und gefrorenem Kalkschlamm gedüngt wird. Wie die Moorversuchsstation Bremen und der Verein zur Förderung der Moorkultur im Deutschen Reiche mitteilen, werden besonders in Norddeutschland mit dem Abfallkalk des Acetylens große Moorflächen und angemoorter Boden seit Jahren mit Erfolg gedüngt.

In ähnlicher Weise sucht das *Elektrizitätswerk Lonza* den täglich in Mengen von 10 bis 20 cbm anfallenden Kalkschlamm zu verwerten[1]. Er wird in ziemlich verdünntem Zustande etwa 5 km weit auf ein ehemals leicht sumpfiges Gelände gepumpt, das auf diese Weise mit einer Kalkschicht bedeckt wird. Man hofft, nach einigen Jahren durch Umpflügen und Vermengen des Bodens mit dem Kalkschlamm einen für die Landwirtschaft günstigen Ackerboden zu schaffen. Da zum Aufbringen einer 10 cm hohen Kalkschicht auf ein Hektar bereits 1000 cbm Kalkschlamm nötig seien, so dürfte das Verfahren für Jahrzehnte genügen, um den Kalkschlamm wegzuschaffen und gleichzeitig für spätere Zeiten nutzbringend zu verwerten.

Die Düngewirkung der Acetylenkalkrückstände[2] wurde durch Professor Dr. *Schulze*-Breslau bei Hafer und Erbsen geprüft. Der Ertrag war bei beiden Früchten fast derselbe wie bei der Anwendung des kohlensauren Kalkes. Irgendwelche für das Pflanzenwachstum schädliche Bestandteile sind nach *Schulze* in den Rückständen nicht vorhanden. Sie stellen nach seinen Untersuchungen ein Gemisch von Ätzkalk und kohlensaurem Kalk dar und ähneln dem Scheideschlamm.

Auch *Schulze* gibt an, daß man sie ihrer Feuchtigkeit wegen solange lagern lassen muß, bis sie genügend abgetrocknet sind, daß ihre gleichmäßige Verteilung auf dem Felde möglich ist. Sie lassen sich nach *Schulze* ohne Bedenken für alle Früchte anwenden.

Der einzige Bestandteil des Kalkschlammes der Acetylenbereitung, der schädlich wirken könnte, ist das Calciumsulfid. Indessen haben *Schulze*-Breslau und *Gerlach*-Posen bei Vegetationsversuchen eine schädliche Wirkung nicht feststellen können, was auf die geringe Menge zurückgeführt wird, in der Calciumsulfid in den Kalkrückständen vorhanden ist. Beim längeren Lagern geht überdies Calciumsulfid in Calciumsulfat (Gips) über, der, wie bekannt, direkt von Nutzen ist.

---

[1] Mitt. d. Schweiz. Acetylenvereins 1917, Nr. 4.

[2] Carbid und Acetylen 1913, Nr. 4.

Gelegentlich benutzt man Kalkschlamm auch zum Kalken der Obstbäume gegen Ungeziefer und zum Winterschutz. Unzweifelhaft eignet er sich dazu gerade so gut wie jede andere Kalkmilch. Man wird ihn zu diesem Zwecke noch wieder mit Wasser zu einer gleichmäßig dickflüssigen Kalkmilch zu vermischen haben. Es ist nur darauf zu achten, daß der Anstrich weiß getönt bleibt, damit die Sonnenstrahlen zurückgeworfen werden, wodurch die gefährlichen, die Frostschäden erzeugenden schroffen Wärmeumschläge verhindert werden. Möglicherweise wird Kalkschlamm hierbei noch bessere Dienste leisten als jede andere Kalkmilch, da ihm stets Spuren des Acetylengeruches anhaften werden, von denen anzunehmen ist, daß er den Insekten usw. unangenehm sein wird. Dasselbe gilt auch von seiner Benutzung zur Herstellung von sog. Bordelaiser Brühe, einem Gemenge von Kalkmilch und aufgelöstem Kupfervitriol, welches im Wein- und Obstbau sowie bei Feldfrüchten mit Erfolg zur Bekämpfung des Ungeziefers Verwendung findet.

Desgleichen kann er mit Vorteil zum Weißen besonders von Ställen und Kellerräumen verwendet werden; auch hier wird der ihm anhaftende Geruch die Insekten verjagen, ohne dem Vieh oder den in den Kellern aufbewahrten Genußmitteln zu schaden. Als einziger Nachteil oder vielmehr als Schönheitsfehler ist es dabei anzusehen, daß die mit diesem Kalkschlamm getünchten Wände keine rein weiße, sondern gelbliche oder graue Farbe annehmen.

Ganz allgemein kann der Kalkschlamm der Acetylenbereitung zu wohl den meisten Zwecken verwendet werden, zu denen man für gewöhnlich Kalkmilch verwendet; so auch für die Anwendung zu Reinigungs- und Desinfektionszwecken.

In der Schweiz wurde der Kalkschlamm in größeren Mengen während der Kriegszeit zur Reinigung des Holzgases, das an die Stelle des Steinkohlengases treten mußte, angewandt, und zwar diente er dazu, um die im Holzgas bis zu 25 Volumenprozent auftretende Kohlensäure zu absorbieren[1].

Die zuletzt angeführten Verwendungsarten mögen wohl geringe Mengen des Kalkschlammes verwerten, jedoch wird es sich hierbei mehr um solchen Kalkschlamm handeln, der bei kleineren Acetylenanlagen für Beleuchtungs- oder Schweißzwecke in einem eng begrenzten Bezirk anfällt. Selbstverständlich wird man diesen Schlamm auch als Mörtelkalk und zu Düngezwecken verwenden, aber auch hier wird sich die Anwendung nur in der nächsten Umgebung der betreffenden Anlagen lohnen. Ein Einsammeln dieser verhältnismäßig geringen Mengen für eine Hauptverwertungsstelle dürfte wohl kaum in Frage kommen, weil das Einsammeln vermutlich mehr kosten würde, als der Wert des Kalkschlammes beträgt. Anders ist es bei solchen Anlagen, bei denen täglich Hunderte von Kilogramm anfallen. Hier wird sich eine systematische, wenn auch möglichst billige Aufbereitung immer lohnen können.

Große chemische Werke dürften jedenfalls in ihrem eignen Betriebe den Kalkschlamm außer für Mörtel und Düngezwecke zu anderen chemischen Zwecken sehr wohl verwenden können, etwa zur Überführung bestimmter

[1] Mitt. d. Schweiz. Acetylenvereins 1917, Nr. 7 (s. auch Carbid und Acetylen 1919, Nr. 11).

Säuren in Kalksalze behufs Reinigung der Säuren, zur Erzielung anderer chemischer Produkte, z. B. Aceton aus essigsaurem Kalk oder zur Absorption von Gasen.

Jedenfalls empfiehlt sich, wie schon auf S. 367 erwähnt, gerade in jetziger Zeit, abgesehen von besonderen Fällen, die Nutzbarmachung des Kalkschlammes für Bauzwecke besonders.

Vom rein geschäftlichen Standpunkte verkehrt ist es daher, den Kalkschlamm, wie es zuweilen geschieht, einfach in dem verdünnten Zustande, wie er den Apparat verläßt, einem öffentlichen Wasserlauf zuzuleiten, abgesehen davon, daß dies auch verboten und in den meisten Fällen bedenklich ist.

Kalkmilch ist bekanntlich ein ausgesprochenes Fischgift. Schon 20 mg Kalk (Kalkhydrat) in 1 l Wasser rufen bei Fischen Krankheitserscheinungen hervor. Die drei- bis vierfache Menge tötet Forellen und Schleie schon innerhalb $^1/_4$ Stunde. Eine längere Einwirkung von 30 mg kann ebenfalls schon Fischsterben veranlassen. Dazu kommt, daß das Wasser der Kalkrückstände Acetylen gelöst enthält, das auf Fische vermutlich ebenfalls giftig wirken wird.

Der Einfluß der in öffentliche Gewässer eingeleiteten Rückstände muß sich mit der Zeit auf weite Strecken bemerkbar machen. Die Hauptmasse des Kalkes wird sich alsbald nach der Einleitung am Rande oder Boden des Gewässers absetzen. Nur der im Wasser gelöste Teil wird auf weitere Strecken mit fortgeführt und ganz allmählich in einfach kohlensauren Kalk umgewandelt werden, der sich dann ebenfalls in unlöslicher Form ausscheidet, und zwar teils durch den in öffentlichen Gewässern fast stets vorhandenen doppeltkohlensauren Kalk, teils durch direkte Einwirkung der Kohlensäure der Luft.

Neben der giftigen Wirkung auf die Fische wird sich also eine Verschlammung des fraglichen Wasserlaufs sehr bald bemerkbar machen, die mit der Zeit eine große Ausdehnung annehmen kann.

Möglich wäre auch die Wiedergewinnung von reinem Ätzkalk durch Brennen der getrockneten Kalkrückstände unter Umständen unter Anwendung der Brikettierung oder Agglomerierung[1] in derselben Weise, wie man das vielfach in der Industrie zur Wiedergewinnung von Ätzkalk aus kohlensauren Kalkrückständen versucht hat[2]. So wurde der Firma *G. Polysius* unter D. R. P. Nr. 313 595 ein Verfahren zur Behandlung von Kalkschlamm patentiert, dessen Anspruch folgendermaßen lautet:

„Verfahren zur Behandlung von Kalkschlamm in Brenntrommeln, dadurch gekennzeichnet, daß dem Schlamm Stoffe, wie beispielsweise Kalium und Natriumchlorid oder -carbonat, Kaliumglimmer u. dgl. beigemengt werden, die bewirken, daß der der Trommel entfallende Kalk nicht staubförmig, sondern zu Stücken geballt austritt."

Die Beimengung dieser Materialien kann entweder in Mischtrommeln erfolgen, die vor den Drehtrommeln aufgestellt werden, oder es können die Materialien in die Drehtrommel unmittelbar eingeschleudert oder eingeblasen werden.

Ebenso könnte an eine Verwendung der Rückstände bei der Portlandzementfabrikation und der Herstellung von Kalksandsteinen gedacht werden.

---

[1] Gewerbefleiß **101** (1921), 91.

[2] Chem. Ztg. **45** (1921), Nr. 57, S. 455.

Für den Kalkschlamm, der bei der Gewinnung von Ammoniak aus Kalkstickstoff als kohlensaurer Kalk anfällt, hat dies bereits *Baumann* vorgeschlagen[1].

Dieser Kalkschlamm hat ähnliche Eigenschaften wie der Kalkschlamm, der bei der Acetylengewinnung abfällt. Es seien hier auch über ihn einige Angaben gebracht, da es wohl möglich ist, daß er besonders für Düngezwecke mit dem Kalkschlamm der Acetylengewinnung verwechselt wird.

Über die Eigenschaften jenes Kalkschlammes hat Prof. Dr. *Müller* von der agrikulturchemischen Kontrollstation in Halle a. S. berichtet[2]. Der bei den Kalkstickstoffabriken frisch anfallende nutschenfeuchte Kalk besitzt einen Wassergehalt von 37,4 bis 37,95%, in dem von den Werken als halbtrocken bezeichneten Material 25,74%, in dem als abgelagerten bezeichneten 1%. Im Handel befindlicher Kalkschlamm dieser Werke enthielt 8,76 bis 27,3% Wasser. Der Gehalt an Gesamtkalk schwankte zwischen 32,7 und 48,2%, er betrug im Mittel 40,88%. Der Gehalt an Gesamtstickstoff schwankte zwischen 0,14 und 0,84%, er betrug im Mittel 0,422%. Der Gehalt an Rhodan betrug bei 4 Proben 0,53, 1,24 und 1,45%; zwei Proben enthielten nur Spuren und eine Probe war frei von Rhodan. Auch dieser Kalkschlamm muß am Orte des Anfalls längere Zeit gelagert werden, damit der hohe Wassergehalt wegen der Frachtkosten eine Erniedrigung erfährt. Da Stickstoff und Ätzkali in mäßiger, sehr wechselnder Menge vorhanden sind, können sie bei der Preisfestsetzung nicht berücksichtigt werden, sondern es kommt auch hier nur der Kalkgehalt, bei einem mittleren Gehalt an kohlensaurem Kalk von 40% in Frage. Wegen des Vorkommens von Rhodan sei Vorsicht bei der Anwendung geboten; sie sollte nur im Herbst auf Acker oder Wiese erfolgen.

Im allgemeinen dürfte der geringe Gehalt an Rhodanverbindungen, die nicht allzu beständig sind, auch diesen Kalkschlamm für Düngezwecke nicht ungeeignet erscheinen lassen.

Baumann[3] hat vorgeschlagen, den bei der Zersetzung des Kalkstickstoffs im Autoklaven nach der Gleichung

$$CaCN_2 + 3\,H_2O = CaCO_3 + 2\,NH_3$$

sich bildenden schwarzen, schlammigen Rückstand als Rohmaterial für die Zementfabrikation zu verwenden, da er den kohlensauren Kalk in so feiner Verteilung enthielte, daß eine beim gewöhnlichen Kalkstein sonst übliche Naßmahlung umgangen werden könne. Ein bei 100° getrocknetes Muster dieses Schlammes ergab folgende Werte:

Kieselsäure	3,55%
Schwefelsäure	0,98%
Eisenoxyd, Tonerde	2,05%
Calciumoxyd	43,85%
Magnesiumoxyd	Spuren
Freier Kohlenstoff	15,00%
Glühverlust	34,67%

[1] Vgl. Anmerkung 3.
[2] Chem. Industrie 1917, Nr. 21/22 (vgl. auch Carbid und Acetylen 1918, Nr. 14).
[3] Chem.-Ztg. 44 (1920), Nr. 91, S. 562; 1921, Nr. 57, S. 455 (Österr. Patent 78 662).

Gesetzliche Verordnungen.

Die Polizeiverordnung, betreffend die Herstellung, Aufbewahrung und Verwendung von Acetylen sowie die Lagerung von Calciumcarbid.

Die in der ersten Auflage veröffentlichte Acetylenverordnung mit ihren ergänzenden Ministerialerlassen wurde im Jahre 1913 durch eine neue Verordnung, die fast gleichlautend, in allen Bundesstaaten Gültigkeit besaß und die auch jetzt noch in Kraft ist, ersetzt. Seit 3 Jahren ist jedoch eine neue Verordnung in Vorbereitung. Der fertige Entwurf, wie er von den Sachverständigen der deutschen Regierungen (Staaten) unter Mitwirkung des Verfassers aufgestellt ist, liegt vor. Die Schlußberatungen im Reichsministerium des Innern sollen in Kürze stattfinden. Dort wird der endgültige Wortlaut festgesetzt werden. Die Verordnung soll in allen deutschen Staaten wieder den gleichen Wortlaut erhalten, wird aber in jedem Staat gesondert erlassen.

Es ist damit zu rechnen, daß die neue Verordnung, welche für die Acetylenindustrie wesentliche Vereinfachungen und Erleichterungen bringen dürfte, spätestens im Herbst 1923 in Kraft treten wird.

Unfallverhütungvorschriften der Berufsgenossenschaft der Gas- und Wasserwerke.

I. Vorschriften für Betriebsunternehmer.

(Arbeitgeber.)

1. Die Unfallverhütungsvorschriften für Kohlengaswerke unter I — Vorschriften für Betriebsunternehmer —, genehmigt vom Reichsversicherungsamt am 21. März 1908, finden auch auf die Acetylengasfabriken[1] sinngemäße Anwendung.

2. Für etwaige Nebenbetriebe zur Verflüssigung von Acetylen sowie bei Verwendung flüssigen Acetylens finden die Unfallverhütungsvorschriften der Berufsgenossenschaft der chemischen Industrie Anwendung.

3. Das Carbid darf nur über Erde in trockenen, hellen, genügend gelüfteten Räumen gelagert werden, die von anderen Räumen durch massive, mindestens 30 ccm überragende Brandmauern oder massive öffnungslose Gewölbe getrennt sind.

Die Brandmauer darf durch feuerfeste Türen durchbrochen und durch eine Wellblechwand ersetzt werden, wenn der Abstand bis zum nächsten Gebäude mindestens 5 m beträgt. Eine Brandmauer ist nicht erforderlich, wenn der Abstand mindestens 10 m beträgt.

Die Türen müssen feuersicher sein und nach außen aufschlagen. Sie müssen von außen nur mittelst Schlüssels, von innen aber ohne Schlüssel zu öffnen sein. Die Mitlagerung leicht brennbarer oder explosiver Gegenstände ist verboten.

---

[1] Unter Acetylengasfabriken sind nur solche zu verstehen, welche das Acetylengas käuflich abgeben.

4. Die Lagerung von Carbid im Freien ist in den in Punkt 5 vorgeschriebenen, wasserdicht verschlossenen Gefäßen in einer Entfernung von mindestens 10 m von Gebäuden gestattet. Die Lagerstätte ist auf allen Seiten in einem Abstande von mindestens 4 m mit einem Zaune oder Drahtgitter zu versehen. Der Raum zwischen Lager und Umwehrung ist von brennbaren Gegenständen frei zu halten.

Das Carbid ist auf einer Bühne zu lagern, von deren Unterkante bis zum Erdboden ein freier Zwischenraum von mindestens 20 cm vorhanden ist.

Das Carbid ist durch ein Schutzdach oder durch wasserdichte Planen zu schützen.

Der Lagerplatz muß an jedem Zugange mit einer leicht sichtbaren Warnungstafel versehen sein, welche die Aufschrift trägt: „Carbid, gefährlich, wenn nicht trocken gehalten."

5. Das Carbid ist zum Schutz gegen Feuchtigkeit in wasserdicht verschlossenen, ausreichend feuersicheren Metallgefäßen aufzubewahren. Ein Verpackungsgefäß darf immer erst dann geöffnet werden, wenn der Inhalt des vorher benutzten mindestens bis auf etwa ein Drittel aufgebraucht ist.

Geöffnete Carbidgefäße sind mit wasserdicht schließenden oder übergreifenden, feuersicheren und wasserundurchlässigen Deckeln verdeckt zu halten.

Die Anwendung von Entlötungsapparaten zum Öffnen verlöteter Büchsen ist verboten.

6. Die Gefäße zur Aufbewahrung von Carbid müssen die Aufschrift tragen: „Carbid, gefährlich, wenn nicht trocken gehalten."

7. Die Vorschriften über die Lagerung von Carbid sind in den Lagerräumen sichtbar anzubringen.

8. Im Apparatraum selbst dürfen nicht mehr als 500 kg Carbid aufbewahrt werden.

Eine etwaige Heizung darf nur durch Einrichtungen geschehen, bei denen auch im Falle der Beschädigung der Eintritt von Wasser in den Lagerraum und der Zutritt etwa entwickelten Acetylens zu offenem Feuer oder hocherhitzten Gegenständen ausgeschlossen ist.

Die Vorschriften der Punkte 16 und 17 finden auch auf Carbidlager entsprechende Anwendung.

9. Die Zerkleinerung des Carbids muß mit möglichster Vermeidung von Staubentwicklung erfolgen.

Die Arbeiter sind während dieser Beschäftigung mit Respiratoren und Schutzbrillen zu versehen.

Personen, von denen dem Arbeitgeber bekannt ist, daß sie herz- oder lungenkrank sind, dürfen bei diesen Arbeiten nicht beschäftigt werden.

10. Je eine genaue Beschreibung und Schnittzeichnung der Apparate und je eine Anweisung über ihre Behandlung sind im Apparatraum an einer in die Augen fallenden Stelle anzuschlagen. Das gleiche gilt von einer wesentlichen Veränderung der Apparate und ihrer Behandlung.

11. Die Herstellung und Aufbewahrung von Acetylengas darf nicht in oder unter Räumen erfolgen, die zum Aufenthalt von Menschen bestimmt sind. Die Gasentwickler und Gasbehälter dürfen nur in Räumen aufgestellt werden, welche mit leichter Bedachung versehen und von Wohnräumen, von Scheunen oder von Ställen durch eine Brandmauer (öffnungslose massive Mauer) oder einen Abstand von wenigstens 5 m getrennt sind. Die Einziehung einer leichten, mit Hilfe schlechter Wärmeleiter hergestellten Zwischendecke ist gestattet.

12. Im Freien aufgestellte Apparate und Gasbehälter müssen wenigstens 5 m von Baulichkeiten jeder Art und von Grundstücksgrenzen entfernt sein.

13. Feststehende Entwicklungsapparate dürfen nicht im Freien aufgestellt werden, sofern sie nicht nur für den Sommerbetrieb dienen.

14. Die Apparaträume müssen nach außen aufschlagende, feuersichere Türen besitzen, welche entweder unmittelbar ins Freie oder in solche Räume führen, in denen sich kein offenes Feuer befindet und die nicht mit Licht betreten werden, sie müssen hell, geräumig und gut gelüftet sein.

15. Es sind Vorkehrungen zu treffen, daß die Apparaträume und der Gasbehälter frostfrei bleiben.

Heizung darf nur durch Wasser oder Dampf oder durch andere Einrichtungen geschehen, bei denen auch im Falle der Beschädigung die Bildung von Funken oder das Glühendwerden sowie der Zutritt von Acetylen zu offenem Feuer oder hocherhitzten Gegenständen ausgeschlossen ist.

Von der Feuerstätte für die Heizung müssen die Apparaträume durch Brandmauern getrennt sein.

16. Die künstliche Beleuchtung der Apparaträume darf nur von außen erfolgen. Sie ist vor einem dicht schließenden Fenster, das nicht geöffnet werden kann, wenn möglich in einer türfreien Wand anzubringen. Befindet sich in derselben Wand mit diesem Fenster eine Tür oder ein zu öffnendes Fenster, so ist elektrisches Glühlicht in doppelten, durch ein Drahtnetz geschützten Birnen mit Außenschaltung und guter Isolierung der Leitung anzuwenden. Wird zur Beleuchtung Acetylen verwendet, so muß daneben eine andere, den vorstehenden Bestimmungen entsprechende Beleuchtung betriebsbereit vorhanden sein.

17. Die Apparaträume dürfen für andere Zwecke nicht verwendet und von Unbefugten nicht betreten werden. Das Betreten dieser Räume mit Licht, sowie das Rauchen in ihnen ist verboten. Diese Verbote sind an den Türen deutlich sichtbar zu machen. Die Verwendung der *Davy*schen Sicherheitslampen ist hier verboten. Die Verwendung elektrischer Sicherheitslampen ist zulässig, sofern diese außerhalb der Räume der Anstalt eingeschaltet werden.

18. Die Entlüftung der Apparaträume hat durch genügend weite, im höchsten Punkte dieser Räume aufzusetzende Rohre zu geschehen. Die Entlüftungsrohre der Räume sind bis über das Dach derart ins Freie zu führen, daß die abziehenden Gase und Dünste weder in geschlossene Räume, noch in Kamine gelangen können.

In allen Räumen, in denen die selbsttätige Lüftung nicht ausreicht, um reine Luft zu erhalten, muß die Lüftung durch mechanische Vorrichtungen bewirkt werden. Diese sind so einzurichten, daß sie von außen gehandhabt werden können.

19. Bei der Herstellung von Acetylengas muß das Wasser stets in reichlichem Überschuß vorhanden sein.

20. Die Apparate müssen in allen Teilen so hergestellt sein, daß sie gegen Formenveränderung und Durchrosten widerstandsfähig sind und dauernd gasdicht bleiben.

21. In den Apparaten und Gasleitungen dürfen keine aus Kupfer bestehenden Teile angebracht sein. Die Verwendung von Messing ist zulässig.

22. Die Apparate müssen so eingerichtet sein, daß sie entweder eine vollständige Entlüftung gestatten oder das Entweichen des Gasluftgemisches in ausreichendem Maße ermöglichen. Sie müssen ferner so eingerichtet sein, daß ein Überdruck von mehr als $^1/_2$ Atm. und im Entwickler eine Erhitzung über 100° C ausgeschlossen bleibt. Ferner müssen Vorrichtungen zur Entfernung von Verunreinigungen (Phosphorwasserstoff, Ammoniak u. dgl.) vorhanden sein.

23. Das Zurücktreten von Gas aus dem Gasbehälter in den Entwickler muß durch einen Wasserabschluß verhindert sein.

24. Die Leitungen müssen bis zu einem Überdruck von $^1/_{10}$ Atm. vollkommen dicht und im übrigen unter Beobachtung derselben Vorsichtsmaßregeln wie die Steinkohlengasleitungen gelegt sein.

25. Der Gasbehälter muß mit einem Abzugsrohre versehen sein, welches das Abströmen des sich nachentwickelnden Gases gestattet, sobald der Gasbehälter nicht mehr aufnahmefähig ist.

Dieses Abzugsrohr muß von mindestens gleicher Weite wie das Gaszuführungsrohr sein und ist bis über das Dach derart ins Freie zu führen, daß die abziehenden Gase und Dünste weder in geschlossene Räume, noch in Kamine gelangen können.

26. In Verbindung mit dem Gasbehälter ist ein Druckmesser anzubringen, an welchem der in dem Behälter vorhandene Druck jederzeit ersichtlich ist.

27. Die Überwachung und Bedienung der Apparate darf nur durch zuverlässige, mit der Einrichtung und dem Betriebe vertraute Personen erfolgen.

28. Die Ableitung des Kalkschlamms aus den Entwicklern ist durch geschlossene Leitungen oder durch einen Kanal mit dichter Abdeckung derart zu bewirken, daß ein Rücktreten von Acetylengas in die Betriebsräume ausgeschlossen ist.

Die Kalkschlammgruben sind sicher abzudecken.

29. Das Grundstück der Acetylengasfabrik ist mit einer Einfriedigung zu umgeben, die das Eintreten unbefugter Personen verhindert.

Gesetz, betreffend die Kosten der Prüfung überwachungsbedürftiger Anlagen vom 8. Juli 1905.

Wir Wilhelm, von Gottes Gnaden König von Preußen usw., verordnen mit Zustimmung beider Häuser des Landtags der Monarchie, was folgt:

§ 1.

Soweit durch Polizeiverordnung des Oberpräsidenten, des Regierungspräsidenten (in Berlin des Polizeipräsidenten) oder des Oberbergamts angeordnet wird, daß

1. Aufzüge,
2. Kraftfahrzeuge,
3. Dampffässer,
4. Gefäße für verdichtete und verflüssigte Gase,
5. Mineralwasserapparate,
6. Acetylenanlagen,
7. Elektrizitätsanlagen

durch Sachverständige vor der Inbetriebsetzung oder wiederholt während des Betriebs geprüft werden, kann in diesen Verordnungen den Besitzern die Verpflichtung auferlegt werden, die hierzu nötigen Arbeitskräfte und Verrichtungen bereitzustellen und die Kosten der Prüfungen zu tragen.

§ 2.

Über Art und Umfang der in die Polizeiverordnung aufzunehmenden Anlagen, sowie über die bei Prüfung dieser Anlagen anzuwendenden Grundsätze erläßt der zuständige Minister allgemeine Anweisungen.

§ 3.

Mitglieder von Vereinen zur Überwachung der im § 1 bezeichneten Anlagen, die den Nachweis führen, daß sie die Prüfungen mindestens in dem behördlich vorgeschriebenen Umfange durch anerkannte Sachverständige sorgfältig ausführen lassen, können durch den Minister für Handel und Gewerbe von den amtlichen Prüfungen ihrer Anlagen widerruflich befreit werden.

Die gleiche Vergünstigung kann einzelnen Besitzern derartiger Anlagen für deren Umfang gewährt werden, auch wenn sie einem Überwachungsvereine nicht angehören.

§ 4.

Die Kosten der Prüfungen können nach Tarifen berechnet werden, deren Festsetzung oder Genehmigung (§ 3 Abs. 1) den zuständigen Ministern vorbehalten bleibt.

§ 5.

Die Beitreibung der gemäß § 4 amtlich festgesetzten Kosten der Prüfungen erfolgt im Verwaltungszwangsverfahren.

§ 6.

Dieses Gesetz findet keine Anwendung auf solche Anlagen, die der staatlichen Aufsicht nach dem Gesetz über die Eisenbahnunternehmungen vom 3. November 1838 (Gesetz-Samml. S. 505) oder nach dem Gesetz über Kleinbahnen und Privatanschlußbahnen vom 28. Juli 1892 (Gesetz-Samml. S. 225) unterliegen.

§ 7.

Die zuständigen Minister sind mit der Ausführung dieses Gesetzes beauftragt.

Urkundlich unter Unserer Höchsteigenhändigen Unterschrift und beigedrucktem Königlichen Insiegel.

Gegeben Flensburger Föhrde, den 8. Juli 1905.

(L. S.) *Wilhelm.*

Fürst v. Bülow. Schönstedt. Graf v. Posadowsky. Studt. Frhr. v. Rheinbaben. Möller. v. Budde. v. Einem. Frhr. v. Richthofen. v. Bethmann Hollweg.

Polizeiverordnung betreffend den Verkehr mit verflüssigten und verdichteten Gasen[1].

§ 1.

Geltungsbereich der Polizeiverordnung.

Diese Polizeiverordnung erstreckt sich auf den Verkehr mit allen verflüssigten und verdichteten Gasen in geschlossenen Behältern. Soweit solche Gase als Sprengstoffe anzusehen sind (z. B. verflüssigtes Acetylen), sind sie daneben den besonderen Bestimmungen über den Verkehr mit Sprengstoffen unterworfen.

Auf kleine Mengen verflüssigter oder verdichteter Gase bis zu 100 ccm einschließlich finden die Bestimmungen dieser Polizeiverordnung bei sachgemäßer Verpackung keine Anwendung.

§ 2.

Zulässiger Baustoff der Behälter für verflüssigte und verdichtete Gase.

Verflüssigte oder verdichtete Gase müssen in der Regel in Behältern aus Schweißeisen, Flußeisen (Flußstahl) oder Formflußeisen (Stahlformguß oder Gußstahl) befördert und aufbewahrt werden.

Abweichend hiervon dürfen kupferne Behälter verwendet werden für die verflüssigten Gase: Chlorkohlenoxyd, Chlormethyl, Chloräthyl, Methyläther und schweflige Säure, ferner für alle verdichteten Gase, deren Druck 20 Atm. nicht übersteigt, mit Ausnahme des Acetylens.

§ 3.

Anforderungen an die Beschaffenheit des Baustoffs und an die Wandstärke der Behälter.

Jeder neue, für verflüssigte oder verdichtete Gase bestimmte geschlossene Behälter ist, bevor er in den Verkehr gebracht werden darf, von einem Sachverständigen (§ 12) auf die Beschaffenheit seines Baustoffs und auf seine Wandstärke nach folgenden Bestimmungen zu prüfen:

a) Genietete oder geschweißte eiserne Behälter:

Für genietete oder geschweißte neue eiserne Behälter darf nur Flußeisen, welches im ausgeglühten Zustande die Festigkeit von 34 bis 41 kg/qmm bei mindestens 25% Dehnung in beiden Faserrichtungen oder Schweißeisen, welches im ausgeglühten Zustande die Festigkeit von mindestens 33 kg/qmm in der Querfaser bei 12% Dehnung und 35 kg/qmm in der Langfaser bei 15% Dehnung gezeigt hat, verwendet werden. Die Ermittlung der Festigkeit und Dehnung erfolgt an Probestreifen von 200 mm Zerreißlänge.

Die Wandstärken neuer genieteter oder geschweißter eiserner Behälter müssen so bemessen werden, daß die schwächste Stelle von Behältern für verflüssigte Gase beim höchsten Arbeitsdruck (§ 7) nicht höher als mit $^1/_5$, für verdichtete Gase beim Probe-

[1] Nach dem von dem preußischen Minister für Handel und Gewerbe aufgestellten Normalentwurf vom 2. Juli 1914 unter Berücksichtigung der durch den Erlaß desselben Ministers vom 4. Dezember 1920 vorzunehmenden Änderungen.

druck nicht höher als mit $^1/_4$ ihrer Bruchfestigkeit beansprucht wird. Wandungen unter 3 mm sind nicht zulässig. Schweißungen dürfen nur überlappt und im Feuer ausgeführt werden.

Die Ermittlung der Wandstärke, Festigkeit und Dehnung erfolgt an Proben aus den fertigen Behältern. Aus je einer Gruppe von 200 oder weniger zur Abnahme gestellten Behältern ist von den Sachverständigen (§ 12) ein Behälter für die Prüfungen auszuwählen. An Stelle der Prüfung fertiger Behälter können mit Ermächtigung des Regierungspräsidenten (im Landespolizeibezirk Berlin des Polizeipräsidenten in Berlin) Blechprüfungsbescheinigungen amtlich anerkannter Sachverständiger als Ausweis für die Festigkeit und Dehnung sowie für die Wandstärken anerkannt werden.

b) Nahtlose eiserne Behälter:

Für „Flaschen“ (nahtlose eiserne Behälter von höchstens 21 cm innerem Durchmesser und höchstens 2 m Länge) darf Baustoff von höherer Festigkeit als 41 kg/qmm verwendet werden. Baustoff, dessen Streckgrenze höher als 45 kg/qmm oder dessen Dehnung in einer der Faserrichtungen geringer als 12 mm bei 100 mm Zerreißlänge liegt, ist jedoch nicht zulässig. Als Streckgrenze gilt diejenige Spannung, welche an der Maschine durch Beobachtung klar erkannt wird, im Zweifelsfalle diejenige Spannung, welche eine bleibende Längenänderung des Probestreifens über 0,002 der ursprünglichen Meßlänge hervorruft.

Die Wandstärken neuer Flaschen dieser Art müssen so bemessen werden, daß ihre schwächste Stelle bei dem Probedruck (§ 7) nicht über 30 kg/qmm beansprucht wird. Außerdem muß die aus der schwächsten Stelle der Wandungen und dem Probedruck zu berechnende Beanspruchung mindestens um $^1/_3$ unter der Spannung an der Streckgrenze liegen. Die Wandstärken von Flaschen für Acetylen oder Acetylenlösungen sind so zu bemessen, daß ihre schwächste Stelle beim Probedruck (§ 7) nicht über 8 kg/qmm beansprucht wird.

Vorstehende Bestimmungen können auf nahtlose eiserne Behälter mit größeren Abmessungen (jedoch höchstens bis 40 cm innerem Durchmesser) angewendet werden, wenn diese auf Fahrzeugen befördert und mit ihnen auch während der Füllung und Entleerung fest verbunden bleiben. Auf nahtlose eiserne Behälter über 21 cm innerem Durchmesser, die nicht in dieser Weise befördert werden, sowie auf nahtlose eiserne Behälter über 40 cm innerem Durchmesser finden die Baustoff- und Festigkeitsvorschriften unter a Absatz 1 und 2 Anwendung mit der Maßgabe, daß bei Behältern für Acetylen und Acetylenlösungen die zulässige Beanspruchung bei dem Probedruck in keinem Falle über das im vorhergehenden Absatz angegebene Maß hinausgehen darf.

Die Wandstärke nahtloser eiserner Behälter muß mindestens 3 mm betragen und möglichst gleichmäßig sein. Neue Behälter dieser Art müssen vor ihrer Prüfung durch den Sachverständigen (§ 12) sorgfältig ausgeglüht werden. Zu diesem Zwecke müssen die Flaschen in gasgeheizten Herd- oder in Muffelöfen langsam angewärmt und zwischen 720 und 780° C bei der an Kerbschlagproben festzustellenden, für das Material geeignetsten Höchsttemperatur etwa eine halbe Stunde lang unter sorgfältiger Beobachtung der Temperatur an zuverlässigen, selbstschreibenden Meßvorrichtungen geglüht, dann in denselben Öfen oder daran angeschlossenen Kühlöfen langsam unter Abschluß der Luft bis auf mindestens 600° C abgekühlt werden. Die weitere Abkühlung muß, sofern sie nicht in dem gleichen Ofen erfolgt, mindestens bis 150° C auf Warmbetten in besonderen Kühlräumen erfolgen, die vor Zugluft geschützt sind. — Die Bedingungen, unter denen die Kerbschlagproben vorzunehmen sind, setzt die Zentralbehörde fest. Der Abnahmebeamte (§ 12) hat das Recht und die Pflicht, in die Ergebnisse der jeweils auszuführenden Kerbschlagproben und die Anschreibungen der Meßvorrichtungen an den Glühöfen Einsicht zu nehmen. Der für das Glühen verantwortliche Werksbeamte hat die Flaschen nach erfolgter vorschriftsmäßiger Glühung mit einem Stempel zu versehen, der dem Abnahmebeamten bei der ersten Prüfung der Flaschen nachzuweisen ist.

Die Prüfungen der Flaschen bei der Abnahme erfolgen an Proben aus den fertigen, geglühten Flaschen, die nach Schmelzungsnummern gesondert bis zu 200 Stück zur Abnahme zu stellen sind. Aus Restgruppen können neue Hauptgruppen bis zu 100 Stück gebildet werden. Aus jeder Gruppe von 200 oder weniger zur Abnahme gestellten Behältern ist von dem Sachverständigen (§ 12) ein Behälter für die Prüfungen auszuwählen. Diese bestehen in der Ermittlung der geringsten Wandstärke durch Herstellung von Querschnitten in drei zur Längsrichtung des Behälters senkrechten Ebenen, in einer Zerreißprobe und in Biegeproben.

Das Abtrennen der Probestreifen muß auf kaltem Wege durch schneidende Werkzeuge geschehen. Die Probestreifen sind auf kaltem Wege vorsichtig gerade zu richten und an den Kanten sauber zu bearbeiten. Biegeproben dürfen an den Kanten etwas abgerundet werden. Aus jeder geprüften Flasche sind eine Querfaser-Zerreißprobe und 3 Querfaser-Biegeproben zu entnehmen. Von letzteren sind zunächst zwei um einen Dorn von der dreifachen normalen Wandstärke der Flaschen kalt um 180° zu biegen, sie sollen hierbei nicht brechen. An der äußeren Seite der Biegungsstelle dürfen sich höchstens Anfänge von Rissen zeigen. Genügt eine der Proben nicht, so muß sich die dritte Querfaser-Biegeprobe wenigstens um einen Dorn von der sechsfachen Wandstärke biegen lassen, ohne zu brechen oder Anrisse zu zeigen. Jedoch muß in solchem Fall eine Längsfaser-Biegeprobe sich um den dreifachen Dorn anstandslos um 180° biegen lassen.

Genügen die Festigkeits- oder Zähigkeitsproben nicht, erfolgt insbesondere das Zerreißen einer Probe außerhalb des mittleren Drittels der Zerreißlänge, ohne die vorgeschriebene Dehnung zu erreichen, so hat der Prüfende zunächst eine Gegenprobe aus demselben Behälter zu entnehmen. Im Zweifelsfall ist er befugt, einen zweiten Behälter aus derselben Gruppe für zu wiederholende Prüfungen auszuwählen. Das letztere Verfahren ist stets anzuwenden, wenn etwa die Ungleichmäßigkeit der Wandstärke in einem der Querschnitte das zulässige Maß überschreitet. Größere Abweichungen als 20% der Stärke an der schwächsten Stelle sind nicht zuzulassen. Genügen auch die Gegenproben nicht, so ist die Gruppe zurückzuweisen. Erfolgt die Zurückweisung wegen ungleicher Wandstärke, so bleibt dem Lieferer der Nachweis überlassen, daß etwa noch einzelne Flaschen abnahmefähig sind.

Die abzunehmenden Behälter müssen frei von erheblichen Walz- oder Ziehriefen sowie von fehlerhaften Stellen sein. Insbesondere dürfen die aus dem warmen Block gepreßten und gezogenen Flaschen keine erheblichen Zunderlöcher und erhöhte oder vertiefte Stellen im Boden, von dem Ausstoßstempel herrührend, aufweisen. Bei eingehalsten Böden müssen die strahlenförmigen Faltungen, die sich beim Einziehen des Bodens im Innern der Gefäße bilden, nach beendeter Formgebung des Bodens und erneuter Erwärmung auf Schweißwärme durch mechanische Hämmer sorgfältig ausgeschmiedet werden.

c) Kupferne Behälter:

Soweit bei neuen kupfernen Behältern Längs- oder Quernähte vorhanden sind, dürfen diese nicht ausschließlich durch Lötung hergestellt werden. Die Zugfestigkeit des Kupfers darf nur mit 22 kg in Rechnung gestellt werden, wenn nicht durch Sachverständigen-Bescheinigungen (§ 12) höhere Festigkeit nachgewiesen wird. Die Wandungen der Behälter dürfen beim Probedruck (§ 7) nur mit $^1/_5$ dieser Festigkeit beansprucht werden.

§ 4.

Ausrüstung und Größe der Behälter.

Auf jedem Behälter muß

1. ein Absperrventil und eine fest aufgeschraubte eiserne Schutzkappe für das Ventil angebracht werden. Die Kappen sind mit einer oder mehreren Öffnungen zu versehen, deren Gesamtquerschnitt mindestens 75 mm² betragen muß. Bei Chlorkohlenoxyd, Chloräthyl, Fett- und Mischgas sind statt der Ventile eingeschraubte Stopfen ohne Schutzkappe, bei kupfernen Versandgefäßen auch kupferne Schutzkappen zulässig. Die Stopfen müssen so dicht schließen, daß sich der Inhalt des Behälters nicht durch Geruch bemerkbar macht. — An Behältern für Ammoniak dürfen andere Ventile als solche aus Schmiedeeisen oder Stahl, an Behältern für Acetylen und Acetylenlösungen da, wo eine Berührung mit Acetylen in Frage kommt, Kupfer und kupferhaltige

Legierungen nicht verwendet werden. — An den Armaturen (Druckverminderungsventile eingeschlossen) der Behälter für Sauerstoff und andere oxydierende Gase dürfen fett- und ölhaltige Dichtungs- und Schmiermaterialien nicht verwendet werden, verbrennliche Dichtungsstoffe sollen nach Möglichkeit vermieden werden. Bei den im Rettungswesen benutzten tragbaren Sauerstoff-Flaschen ist die Anbringung der Schutzkappe nicht erforderlich;

2. in dauerhafter und leicht sichtbarer Weise vermerkt sein:
die Firma oder der Name des Eigentümers,
die laufende Nummer des Behälters,
die Bezeichnung des einzufüllenden verdichteten oder verflüssigten Gases,
das Gewicht des leeren Behälters (einschließl. Ventil, Schutzkappe, Stopfen u. dgl.),
der Tag der letzten Prüfung (§ 7) und der Stempel des Sachverständigen (§ 12),
ferner
bei verdichteten Gasen der Fassungsraum des Behälters und die Höhe des zulässigen höchsten Füllungsdrucks,
bei verflüssigten Gasen das zulässige Höchstgewicht der Füllung (§ 6),
sowie
bei neuen Behältern für Acetylenlösungen die Firma, welche die poröse Masse hergestellt und eingefüllt hat, sowie ein daneben einzuschlagender besonderer Stempel des Sachverständigen (§ 12) zum Zeichen, daß die Masse behördlich zugelassen worden ist (letzter Absatz dieses Paragraphen).

Die Bezeichnungen dürfen bei neuen Behältern nur auf einem zu verstärkenden Teil, bei Flaschen insbesondere nur in solcher Größe eingeschlagen werden, daß sie auf dem durch den Herstellungsvorgang verstärkten Flaschenhals Platz finden. Erhalten die Flaschen besondere Halsringe, so können Bezeichnungen, die bei den zu wiederholenden Prüfungen nicht erneuert zu werden brauchen, auf diesen angebracht werden.

Die Bezeichnung des einzufüllenden Gases darf nicht ausschließlich durch chemische Formeln erfolgen.

Die Bezeichnung und Benutzung von Behältern für verschiedene Gase ist bei genügender Wandstärke zulässig, soweit es sich um solche handelt, für welche nach § 5 dasselbe Anschlußgewinde gestattet ist. Hiervon sind jedoch Sauerstoffbehälter ausgenommen. Sauerstoff darf nur in Behälter mit der entsprechenden Bezeichnung eingefüllt werden, auch dürfen Manometer und Druckverminderungsventile für Sauerstoff nicht für andere Gase verwendet werden (vgl. Ziffer 1 vorletzter Satz).

Die Entfernung nicht mehr gültiger, auf den Behältern eingeschlagener Bezeichnungen durch Feilen, Hämmern oder auf andere Weise darf nicht erfolgen, wenn dadurch eine Verschwächung unter das rechnungsmäßig zulässige oder festgesetzte geringste Maß der Wandstärke herbeigeführt werden kann. Die Entfernung von Bezeichnungen und deren Veränderung darf nur an ungefüllten Behältern und nicht ohne Benachrichtigung des Sachverständigen (§ 12) erfolgen. Nach einer solchen Veränderung hat vor der Benutzung eine erneute Druckprobe (§ 7) und die Ausstellung einer Bescheinigung gemäß § 8 Absatz 2 zu erfolgen.

Die Behälter müssen

3. mit einer das Rollen verhindernden Vorrichtung, die nicht mit der Kappe verbunden sein darf, versehen werden (Fußkranz). Von dieser Vorschrift sind ausgenommen Flaschen und Behälter, die in Kisten verpackt versendet und bei ihrer Benutzung gegen Umfallen gesichert werden, ferner die während ihrer Benutzung fest mit Fuhrwerken verbundenen Flaschen und Behälter und die im Rettungswesen benutzten tragbaren Sauerstoff-Flaschen.

Behälter mit größeren Abmessungen als 21 cm innerem Durchmesser oder 2 m Länge dürfen nur ausnahmsweise (§ 13), solche über 26 cm innerem Durchmesser und 2 m Länge nur dann in den Verkehr gebracht werden, wenn sie auf Fuhrwerken befördert und mit diesen auch während der Füllung und Entleerung fest verbunden bleiben.

Die Angaben über das Leergewicht, den Fassungsraum oder das zulässige Höchstgewicht der Füllung sind bei der ersten Druckprobe (§ 7) neuer Behälter von dem Sachverständigen (§ 12) bei jedem einzelnen durch Verwiegung festzustellen, bei den wiederholten Prüfungen durch herausgreifende Verwiegung bis zu 10% der geprüften Behälter. Bei Behältern für Acetylenlösungen gilt als Leergewicht das Gewicht der mit den porösen Massen und mit dem Lösungsmittel (Aceton) gefüllten Flaschen.

Neue Behälter für Acetylenlösungen dürfen erst dann in den Verkehr gebracht werden, wenn die Beschaffenheit der porösen Masse als zuverlässig anerkannt worden ist. Zu diesem Zweck ist durch das Zeugnis einer anerkannten wissenschaftlichen Prüfstelle nachzuweisen:

daß die poröse Masse die eisernen Behälter nicht angreift und weder mit dem Lösungsmittel für Acetylen noch mit diesem schädliche Verbindungen eingeht,

daß die mit dem Lösungsmittel getränkte poröse Masse bei Erschütterungen auch in längerem Gebrauch nicht zusammensinkt oder gefährliche Hohlräume enthält,

daß die poröse Masse mit Sicherheit verhindert, daß explosionsähnliche Zersetzungen des Acetylens selbst bei hohen Temperaturen und heftigen Stößen der Flasche eintreten oder sich durch die Masse fortpflanzen.

Die allgemeine Anerkennung der Zuverlässigkeit von Massen erfolgt auf Antrag durch den Minister für Handel und Gewerbe.

§ 5.

Anschlußgewinde und Anstrich der Behälter.

Die Anschlußstutzen an den Absperrventilen zum Füllen und Entleeren der Behälter sowie die Füll- und Abfüllvorrichtungen in den Verbrauchsstätten und in den Fabriken zur Herstellung verflüssigter oder verdichteter Gase müssen mit Normalgewinde versehen sein, welches so beschaffen ist, daß Verwechslungen der Flaschen bei der Füllung und Benutzung tunlichst ausgeschlossen werden. Bügelanschlüsse sind in den Füllfabriken gestattet, wenn sie die Möglichkeit der Verwechslung ausschließen.

Das Anschluß- und das Flaschengewinde müssen den Vereinbarungen des Normenausschusses der deutschen Industrie, mit der Maßgabe entsprechen, daß für alle brennbaren Gase — mit Ausnahme des Acetylens — Linksgewinde, für alle übrigen Gase Rechtsgewinde anzuwenden ist, und daß — soweit für einzelne Gase keine besonderen Gewindevorschriften bestehen — die Abmessungen des Kohlensäureanschlußgewindes gewählt werden können. Acetylenflaschen sind für Bügelanschluß einzurichten.

Werden Behälter für verdichtete oder verflüssigte Gase mit einem Farbanstrich zwecks äußerer Kennzeichnung ihres Inhalts versehen, so sind die Farben Blau für Sauerstoff, Rot für Wasserstoff, Grün für Stickstoff, Weiß für Acetylen zu wählen. Der Anstrich muß sich auf die ganze Oberfläche des Behälters erstrecken, jedoch so ausgeführt werden, daß dadurch die auf dem Flaschenhals befindliche Stempelung nicht unkenntlich wird. Die Stempelung ist jeweils in einer anderen Farbe als der Flaschenanstrich auszureiben. Flaschen für die vorbezeichneten Gase, die mit anderen Farbanstrichen versehen sind, dürfen von den Füllwerken nicht in den Verkehr gelassen werden. — Werden Flaschen für andere als die vorbezeichneten Gase mit einem Farbanstrich versehen, so ist dafür ein grauer Anstrich zu wählen.

§ 6.

Zulässige Füllung der Behälter.

Die zulässige höchste Füllung der Behälter beträgt für verflüssigte Gase:

für Kohlensäure und Stickoxydul 1 kg Flüssigkeit für je 1,34 l Fassungsraum des Behälters,

für verflüssigtes Ölgas (§ 7 Abs. 2) 1 kg Flüssigkeit für je 2,5 l Fassungsraum des Behälters,

für Ammoniak 1 kg Flüssigkeit für je 1,86 l Fassungsraum des Behälters,

für Chlor und Stickstofftetroxyd 1 kg Flüssigkeit für je 0,8 l Fassungsraum des Behälters,

für schweflige Säure und Chlorkohlenoxyd 1 kg Flüssigkeit für je 0,8 l Fassungsraum des Behälters, für Methyläther 1 kg Flüssigkeit für je 1,65 l Fassungsraum des Behälters,

für Methyl- und Äthylamin 1 kg Flüssigkeit für je 1,7 l Fassungsraum des Behälters,

für Chlormethyl und Chloräthyl 1 kg Flüssigkeit für je 1,25 l Fassungsraum des Behälters,

für Äthan 1 kg Flüssigkeit für je 3,3 l Fassungsraum des Behälters,

für alle übrigen nicht genannten verflüssigten Gase 1 kg Flüssigkeit für je 5,0 l Fassungsraum des Behälters.

Der zulässige höchste Druck, mit dem Behälter für verdichtete Gase in den Verkehr gebracht werden dürfen, beträgt bei 15,0° C:

für gasförmige Kohlensäure	20	Atm	Überdruck
für gelöstes und in porösen Massen aufgesaugtes Acetylen	15	„	„
für verdichtetes Acetylen	2	„	„
für Mischgas von Acetylen und Fettgas	10	„	„
für Fettgas	125	„	„
für Sauerstoff, Wasserstoff (auch mit Methan gemischt als Vulkangas), die sog. Edelgase (Argon, Metargon, Xenon, Krypton, Neon, Helium), rein oder in Mischungen unter sich sowie mit Sauerstoff oder Stickstoff, ferner Grubengas, Leuchtgas, Kohlenoxyd, Wassergas, Stickstoff und Preßluft	200	„	„
für alle anderen Gase	1	„	„

Vor jeder Neufüllung von Behältern für verdichtete Gase sind Gasreste auszublasen. Ein Werksbeamter hat vor der Neufüllung von Flaschen verantwortlich festzustellen, daß alle Flaschenventile geöffnet sind. Vor jeder Wiederholung der amtlichen Prüfung ist das Leergewicht aller Behälter für verflüssigte und verdichtete Gase nach gründlicher Reinigung der Flaschen durch die Fabrik, in der die amtliche Prüfung erfolgt, festzustellen. Von vorstehenden Forderungen sind Flaschen für gelöstes Acetylen ausgenommen. Werden zwischen dem ursprünglichen und den neu ermittelten Leergewichten bemerkenswerte Unterschiede festgestellt, so hat der Sachverständige zu entscheiden, ob die Flasche im Verkehr belassen werden kann, erforderlichenfalls nach Vornahme einer Wasserdruckprobe mit erhöhtem Druck, wobei jedoch nicht über eine Beanspruchung über 30 kg/qmm bei Flußeisen hinauszugehen ist. Bleibende Dehnungen dürfen bei dieser Beanspruchung noch nicht eintreten. Übersteigt die Abnutzung bei normalen 40 l-Flaschen den Betrag von 2 kg, so ist die Entscheidung der Zentralbehörde herbeizuführen. Eine gründliche Reinigung des Inneren der Flasche ist von den Füllwerken auch dann stets vorzunehmen, wenn sich beim Schütteln der leeren Behälter die Anwesenheit von festen Bestandteilen bemerkbar macht, namentlich bei Flaschen für brennbare und oxydierende Gase.

Behälter für Acetylenlösungen müssen mit feinporiger, gleichmäßig verteilter Masse ganz ausgefüllt sein. Es darf nur soviel von dem Lösungsmittel (z. B. Aceton) eingefüllt werden, daß sich die durch Aufnahme des Acetylens und durch Steigerung der Außentemperatur auf 40° C eintretende Volumenvergrößerung gefahrlos vollziehen kann. Hierbei darf der innere Überdruck 25 Atm nicht überschreiten.

Flaschen für verflüssigte Gase sind während ihrer Füllung zu verwiegen und zur Feststellung etwaiger Überfüllungen einer nachfolgenden Kontrollwägung zu unterziehen.

§ 7.

Erste und wiederholte Druckproben der Behälter.

Jeder neue, für verflüssigte oder verdichtete Gase bestimmte, geschlossene Behälter ist, bevor er in den Verkehr gebracht werden darf, von einem Sachverständigen (§ 12) einer Prüfung mit Wasserdruck zu unterwerfen.

Bei verflüssigten Gasen muß, soweit ihr höchster Arbeitsdruck nicht höher als bei 15 Atm Überdruck liegt, als Probedruck der doppelte Betrag des höchsten Arbeitsdrucks, in allen anderen Fällen eine um 15 Atm höhere Pressung als der höchste Arbeitsdruck angewendet werden. Als höchster Arbeitsdruck wird bei verflüssigten Gasen derjenige bezeichnet, welcher sich für eine Temperatur von 40° C bei einer Überfüllung des Behälters von 5% gegenüber der zulässigen Höchstfüllung (§ 6) berechnet. Hiernach beträgt z. B. der Probedruck für Kohlensäure und Ölgas, dessen Druck bei Temperaturen bis zu 40° C den Druck der verflüssigten Kohlensäure nicht übersteigt (z. B. Blaugas) . . . 190 Atm Überdruck

Stickoxydul	180	„ „
Äthan	95	„ „
Ammoniak	30	„ „
Chlorkohlenoxyd	22	„ „
Chlor und Stickstofftetroxyd	22	„ „
Chlormethyl, Methylamin und Methyläther	16	„ „
Schweflige Säure, Chloräthyl und Äthylamin	12	„ „

Bei verdichteten Gasen muß der Probedruck in der Regel um 50% höher sein als der Füllungsdruck, diesen aber mindestens um 5 Atm übersteigen.

Abweichend hiervon sind Behälter für Acetylenlösungen mit einem um 166,6%, für stark gepreßtes Fettgas (zwischen 10 und 125 Atm) mit einem um 60% höheren Druck als dem Füllungsdruck zu prüfen.

Die Behälter müssen dem Probedruck widerstehen, ohne bleibende Veränderung der Form und Undichtigkeiten zu zeigen. Die Feststellung der Formveränderungen hat bei sog. Flaschen an einem mit der Druckvorrichtung zu verbindenden Meßrohr zu erfolgen. Der Probedruck muß durch Einrichtungen hergestellt werden, die eine stoßfreie Steigerung des Druckes ermöglichen.

Die Wasserdruckprobe aller im Verkehr befindlichen geschlossenen Behälter für verflüssigte und verdichtete Gase ist von einem zuständigen Sachverständigen in regelmäßigen Fristen zu wiederholen. Behälter für Chlor, Stickstofftetroxyd, schweflige Säure, Chlorkohlenoxyd, Chlormethyl und Chloräthyl, Methyläther, Methylamin und Äthylamin dürfen nicht gefüllt werden, wenn seit dem Tage der letzten Druckprobe mehr als zwei Jahre, Behälter für die übrigen verflüssigten oder verdichteten Gase, wenn seit dem Tage der letzten Druckprobe mehr als fünf Jahre verflossen sind. Die Wiederholung in kürzeren Fristen ist zulässig. Für die Höhe des Probedrucks bei den regelmäßigen Druckproben sind dieselben Bestimmungen wie für erste Druckproben maßgebend. Bei den wiederholten Prüfungen ist es nicht erforderlich, die Behälter auszuglühen.

Bei der Wiederholung der Druckprobe der Behälter für Acetylenlösungen ist zur Herstellung des Drucks das Lösungsmittel selbst oder ein für die Lösung indifferentes Gas anzuwenden, oder die mit dem Lösungsmittel in normaler Weise gefüllte Flasche ist im Wasserbade soweit zu erwärmen, daß der vorgeschriebene Probedruck erreicht wird.

§ 8.

Stempelung und Bescheinigungen.

Jeder neue, für verflüssigte oder verdichtete Gase bestimmte geschlossene Behälter ist, bevor er in den Verkehr gebracht werden darf, von einem Sachverständigen (§ 12) mit einem in das Metall neben dem Tage der Prüfung einzuschlagenden, deutlichen Prüfungsstempel zu versehen. Der Stempel darf erst angebracht werden, nachdem festgestellt worden ist, daß die Bestimmungen der §§ 3, 4 und 7 dieser Polizeiverordnung erfüllt werden.

Über den Befund der ersten Prüfung der Behälter ist von dem Sachverständigen eine Bescheinigung nach dem anliegenden Muster auszustellen [Anlagen II und III[1])]. Diese ist von dem Eigentümer des Behälters aufzubewahren und den zuständigen Behörden auf Verlangen vorzulegen.

Bei den wiederholten Prüfungen sind die Behälter erneut zu stempeln. Die Stempelung darf erst erfolgen, nachdem festgestellt worden ist, daß die Bestimmungen der §§ 4, 5 und 7 dieser Polizeiverordnung erfüllt werden. Der Ausstellung von Bescheinigungen bedarf es bei den wiederholten Prüfungen nicht, vielmehr gilt der neben dem

[1]) Die Anlagen sind hier nicht mit zum Abdruck gelangt.

Tage der letzten Prüfung eingeschlagene Stempel des zuständigen Sachverständigen als ausreichender Prüfungsnachweis.

§ 9.

Besondere Vorschriften für verdichtete Gase.

Behälter zur Aufnahme gasförmiger Kohlensäure bis zu einem Füllungsdruck von 20 Atm Überdruck bei 15° C müssen mit einer Öffnung, welche die Besichtigung der Innenwandung gestattet, einem Sicherheitsventil, Wasserablaßhahn, einem Füll- bzw. Ablaßventil sowie mit Manometer versehen sein.

Bei der Beförderung verdichteter Gase muß der Absender auf Verlangen der zuständigen Behörde den in den Behältern vorhandenen Druck durch ein richtig zeigendes Manometer nachweisen.

Behälter für Acetylen und Acetylenlösungen, für Leucht-, Fett- und Grubengas von mehr als 20 Atm Füllungsdruck, für Sauerstoff, Wasserstoff, Vulkangas, die sog. Edelgase und deren Mischungen, ferner Kohlenoxyd, Wassergas, Stickstoff und Preßluft müssen nahtlos sein.

Verdichteter Sauerstoff darf höchstens mit vier Volumenprozenten Wasserstoff, verdichteter Wasserstoff mit höchstens zwei Volumenprozenten Sauerstoff verunreinigt in den Verkehr gebracht werden. Sauerstoff, der für Atmungs- oder Rettungszwecke abgegeben wird, darf höchstens mit zwei Volumenprozenten an Verunreinigungen insgesamt in den Verkehr gebracht werden. Der Nachweis der geforderten Reinheitsgrade ist in den Füllwerken durch regelmäßige Analysen unter entsprechender Aufsicht zu führen. Bei elektrolytischer Gewinnung von Sauerstoff und Wasserstoff aus Wasser muß von jeder Rampenfüllung mindestens eine Flasche auf ihren Reinheitsgrad durch einen Sachverständigen der Fabrik, unabhängig von den laufenden Analysen hinter dem Elektrolyseur, geprüft werden. Die Befunde hierüber sind nachzuweisen.

Werden mit Wasserstoff, Acetylen oder anderen brennbaren Gasen und mit Sauerstoff gefüllte Behälter zwecks Verwendung der Gase in Heizbrennern durch Leitungen miteinander verbunden, so sind zur Vermeidung des unter geeigneten Verhältnissen möglichen Überströmens von brennbaren Gasen in die Sauerstoffbehälter oder von Sauerstoff in die Behälter für brennbare Gase, Brenner, welche die Absperrung der Gase hinter der Mischstelle gestatten, unzulässig und gemeinsame Hähne zur Absperrung beider Gase nur dann gestattet, wenn das Hahngehäuse eine durchgehende Trennungsstelle zwischen den Anschlußstellen der beiden Leitungen hat.

Wenn Behälter mit verdichtetem Sauerstoff, Wasserstoff oder Leuchtgas in Kisten befördert oder aufbewahrt werden, so müssen diese die deutliche Aufschrift „verdichteter Sauerstoff“ usw. tragen.

§ 10.

Behandlung gefüllter Behälter.

Die mit verflüssigten oder verdichteten Gasen gefüllten Behälter dürfen nicht geworfen oder der unmittelbaren Einwirkung der Sonnenstrahlen ausgesetzt werden. Der Einwirkung anderer Wärmequellen (Heizkörper, Öfen usw.) sind sie durch hinreichende Entfernung oder Schutzwände zu entziehen. Das Lagern gefüllter Behälter auf Plätzen, an denen Menschen verkehren, ist nur statthaft, wenn die Behälter zeltartig mit einer Decke von Segeltuch oder mit einem hölzernen Kasten überdeckt werden. Gefüllte Behälter dürfen in Werkstätten oder an Verkehrsplätzen nicht aufgestellt werden, ohne gegen Umstürzen in geeigneter Weise gesichert zu sein.

Das Umfüllen von verflüssigten oder verdichteten Gasen in andere Behälter darf nicht durch unmittelbare Erwärmung mittels offenen Feuers oder Gasflammen, sondern nur durch Erwärmen mittels feuchter, heißer Tücher oder im Wasser- oder Luftbade erfolgen, wenn Vorsorge getroffen ist, daß die Temperatur des Bades nicht über 40° C, für Chloräthyl nicht über 60° steigen kann.

Werden verflüssigte oder verdichtete Gase aus Versandbehältern in geschlossene Gefäße übergeleitet, die nicht für den gleichen Druck gebaut sind wie die Versandbehälter, so sind entweder Reduzierventile zu verwenden oder die Gefäße sind mit einem zuverlässigen Sicherheitsventil und Manometer zu versehen.

§ 11.

Beförderung gefüllter Behälter auf Fuhrwerken.

Bei der Beförderung gefüllter Behälter auf Fuhrwerken sind die Behälter zeltartig mit einer Decke aus Segeltuch oder mit einem hölzernen Kasten gegen die Einwirkung der Sonnenbestrahlung zu schützen.

Die Beförderung der mit verflüssigten oder verdichteten Gasen gefüllten Behälter auf Fuhrwerken, die gleichzeitig zur Beförderung unbeteiligter Personen benutzt werden, ist verboten; ausgenommen von diesem Verbote sind

Kohlensäureflaschen mit nicht von außen zu betätigenden Sicherheitsvorrichtungen (Bruchplatten oder -kapseln),

Flaschen mit gelöstem Acetylen, das zur Beleuchtung oder bei Kraftwagen auch zum Anlassen der Fahrzeuge benutzt wird, sowie

Flaschen für verdichtete Luft und Stickstoff zu Betriebszwecken von Kraftwagen.

Behälter mit Sauerstoff dürfen auf Verkehrsmitteln, die gleichzeitig zur Beförderung unbeteiligter Personen benutzt werden, befördert werden, wenn ihre Wandungen so bemessen sind, daß sie bei dem Füllungsdruck nicht über 7,5 kg auf das Quadratmillimeter beansprucht werden. Jede zu solchen Zwecken benutzte Sauerstoff-Flasche muß mit einer Angabe ihrer Wandstärke und des zulässigen Füllungsdrucks versehen sein. Die Sendung darf nur zuverlässigen Personen anvertraut werden.

Bestehende polizeiliche Vorschriften für die Beförderung der Behälter auf Eisenbahnen, die dem öffentlichen Verkehr dienen, werden hierdurch nicht berührt.

Fuhrwerke und Fahrzeuge, mit welchen gefüllte Behälter befördert werden, dürfen, abgesehen von der zur Ablieferung von Behältern an die Besteller erforderlichen Zeit, auf Straßen, Plätzen und Wegen nicht ohne Aufsicht gelassen werden.

§ 12.

Ernennung des Sachverständigen.

Die zur Vornahme der in den §§ 3, 4, 5, 6 vorgeschriebenen Prüfungen und zur Ausstellung von Bescheinigungen nach § 8 zuständigen Sachverständigen ernennt der Regierungspräsident. Derselbe bestimmt auch die Stempel, deren sich die Sachverständigen zu bedienen haben.

Die Bescheinigungen der in den übrigen Regierungsbezirken zugelassenen Sachverständigen werden ohne weiteres anerkannt. Das gleiche gilt hinsichtlich der in anderen Bundesstaaten zur amtlichen Prüfung im Sinne des Abschnitts I d der Anlage C[1]) zur Eisenbahn-Verkehrsordnung zugelassenen Sachverständigen. Sachverständige des Auslandes bedürfen der Anerkennung des Ministers für Handel und Gewerbe.

§ 13.

Ausnahmen und Übergangsbestimmungen.

Der Regierungspräsident kann in einzelnen Fällen Ausnahmen von den Bestimmungen dieser Polizeiverordnung gewähren, insbesondere soweit es sich um Übergangsbestimmungen handelt; allgemeine Ausnahmen sind mit Ermächtigung des Ministers für Handel und Gewerbe zulässig. Die nach §§ 4 und 5 an die Behälter zu stellenden Anforderungen müssen bei alten Flaschen spätestens bis zu ihrer nächsten Druckprobe beachtet werden, soweit nicht einzelne Bestimmungen dieser Paragraphen ausdrücklich auf neue Behälter beschränkt worden sind. Die bei Erlaß dieser Polizeiverordnung im Verkehr befindlichen Behälter bleiben unabhängig von den Anforderungen des § 3 verkehrsberechtigt. Die Bestimmungen des § 4 finden auf Flaschen für Acetylenlösungen, Luft und Stickstoff zu Betriebszwecken ausländischer Fahrzeuge, die sich vorübergehend in Preußen aufhalten, keine Anwendung. Die Flaschen der Militärverwaltung, die laut angebrachtem

---

[1]) Die Anlage ist hier nicht mit zum Abdruck gelangt.

Stempel nach den für solche Flaschen bestehenden besonderen Bestimmungen amtlich geprüft werden, sind von den Vorschriften der §§ 3 und 7 ausgenommen.

§ 14.

Gebühren.

Für die vorgeschriebenen Prüfungen können die Sachverständigen Gebühren nach Maßgabe der anliegenden, vom Minister für Handel und Gewerbe auf Grund des Gesetzes vom 8. Juli 1905 (G.-S. S. 317) genehmigten Gebührenordnung von den Besitzern der Behälter beanspruchen (Anlage I).

§ 15.

Strafbestimmungen.

Zuwiderhandlungen gegen die Vorschriften dieser Polizeiverordnung werden, sofern nicht andere Strafvorschriften Platz greifen, mit Geldstrafe bis zum Betrage von 60 Mk., an deren Stelle im Unvermögensfall entsprechende Haft tritt, bestraft.

§ 16.

Inkrafttreten der Verordnung.

Durch diese Polizeiverordnung werden alle früheren Bestimmungen über den Verkehr mit verflüssigten und verdichteten Gasen, soweit er nicht auf Eisenbahnen stattfindet, aufgehoben.

Diese Polizeiverordnung tritt am 1. Oktober 1921 in Kraft.

Technische Vorschriften des Deutschen Acetylenvereins.

Die verschiedenen „Normen", „Vorschriften", „Bestimmungen" usw. des Deutschen Acetylenvereins sind lediglich als Ratschläge anzusehen, die allerdings von der soliden Industrie im Inlande überall und in übrigens recht erheblichem Umfange auch im Auslande befolgt werden.

Vorschriften für Acetylenapparate.

a) Normen für die Herstellung der Apparate.

1. Sämtliche zur Entwicklung, Reinigung und Aufspeicherung des Acetylens dienenden Apparate dürfen nur aus Eisenblech oder Gußeisen angefertigt sein.

Gemauerte Gasbehälterbassins sind zulässig.

2. Bei Herstellung aus reinem oder verzinktem oder verbleitem Eisenblech hat die Wandstärke der Entwickler, Reiniger, Kondenstöpfe, Gasbehälterbassins und, sofern vorhanden, der Wäscher und Trockner, mindestens zu betragen:

bis zu 0,2 cbm Inhalt	1,00 mm
bei 0,2 bis 0,5 cbm Inhalt	1,25 „
„ 0,5 „ 1,5 „ „	1,50 „
über 1,5 „ „	2,00 „

Die Wandstärke der inneren Glocke des Gasbehälters hat mindestens zu betragen:

bis zu 0,2 cbm Inhalt	0,75 mm
bei 0,2 bis 0,5 cbm Inhalt	1,00 „
„ 0,5 „ 1,5 „ „	1,25 „
über 1,5 „ „	1,50 „

Böden, Deckel und Mannlochverschlüsse müssen, soweit sie nicht aus Gußeisen hergestellt sind, je 0,5 mm stärker sein.

Unter allen Umständen ist die Wandstärke bei sämtlichen Apparaten — insbesondere auch bei solchen, welche keinen kreisrunden Querschnitt haben — so zu bemessen, daß eine Formveränderung ausgeschlossen erscheint, sofern nicht durch die Konstruktion eine Sicherung in anderer Weise geboten ist.

3. Entwickler, Reinigungsapparate und Gasbehälter müssen geschweißt oder genietet oder gefalzt sein; Weichlot ist hierbei nur als Dichtung zulässig.

4. Alle Rohrleitungen und Verbindungsstücke für Acetylen sind aus Guß- oder Schmiedeeisen herzustellen. Bei Verschraubungen, Hähnen und Ventilen ist die Verwendung von Kupfer verboten, die von Messing oder Bronze gestattet.

5. Für Gußeisen gelten die Normalien der Deutschen Gas- und Wasserfachmänner.

6. Bei Apparaten, in welchen die jeweilig eingeführte Carbidmenge nicht auf einmal zur Vergasung gebracht wird, müssen Wasserzuführung und Carbidfüllung von außen ohne Unterbrechung des Betriebes in gefahrloser Weise zugänglich sein. Bei diesen Apparaten ist die Größe des Gasbehälterraumes nach der Carbidmenge zu bemessen, welche in dem Entwickler aufgespeichert werden kann. Auf je 1 kg der letzteren hat der nutzbare Gasbehälterraum mindestens zu betragen:

20 l für die ersten 50 kg Carbid,
15 l „ „ folgenden 50 kg Carbid,
10 l „ „ Carbidmenge, welche 100 kg übersteigt.

Der Entwickler muß so groß bemessen sein, daß er bei vollständiger Inanspruchnahme der vorgesehenen Normalflammen zu 10 l Stundenverbrauch mindestens 5 Stunden ausreicht, unter Zugrundelegung einer rechnerischen Gasausbeute von 300 l Rohacetylen aus 1 kg Carbid.

Die Entwickler müssen so eingerichtet sein, daß der Schlamm bei der Entleerung frei von erheblichen Mengen unvergasten Carbides ist.

Bei Apparaten, in welchen Carbid nicht zur Aufspeicherung gelangt, muß der nutzbare Gasbehälterraum so groß sein, daß er für jede Normalflamme zu 10 l Stundenverbrauch mindestens 30 l beträgt.

7. Der Gasbehälter muß mit einer Vorrichtung versehen sein, welche das Abströmen des sich nachentwickelnden Gases — besonders nach Einstellen des Betriebes — bewirkt, sobald der Gasbehälter nicht mehr aufnahmefähig ist. Diese Vorrichtung muß so weit dimensioniert sein, daß sie dem Gaszuführungsrohr an Querschnitt mindestens gleichkommt.

8. Die Acetylenanlagen müssen mit Reinigungsvorrichtungen versehen sein, welche die Aufnahme einer geeigneten Reinigungsmasse in zweckmäßiger Form gestatten.

9. Die Abmessung der Nebenapparate (Wäscher, Reiniger, Kondenstöpfe) sowie die Rohrleitungen und Hähne müssen im richtigen Verhältnis zu der Leistung der Apparate stehen.

10. Die Materialien der Reiniger und Wäscher müssen widerstandsfähig gegen die anzuwendende Reinigungsmasse sein.

11. An jedem Entwicklungsapparat muß ein Schild befestigt sein, welches den Namen der Apparate-Bauanstalt oder des Lieferanten und die Maximalzahl der Normalflammen zu 10 l enthält. Auf dem Schilde muß ferner bei Entwicklern, in welchen die jeweilig eingeführte Carbidmenge nicht auf einmal zur Vergasung gelangt, das Höchstgewicht des Carbides angegeben sein, welches im Entwickler aufzuspeichern ist. Ebenso muß der Gasbehälter ein Schild tragen, welches den Namen der Apparate-Bauanstalt oder des Lieferanten und den nutzbaren Inhalt des Gasbehälters angibt.

12. Auf tragbare Apparate bis zu 2 Flammen und auf solche tragbaren Apparate, welche im Freien zur Fahrzeug- und Streckenbeleuchtung benutzt werden, finden die Vorschriften der §§ 1 bis 11 keine Anwendung.

b) Aufstellung der Apparate.

1. Die Herstellung und Aufbewahrung von Acetylengas darf nicht in oder unter Räumen erfolgen, welche zum Aufenthalt von Menschen bestimmt sind oder häufig von Menschen betreten werden (Passagen, Lichthöfe u. dgl.). Die Gasentwickler und Gasbehälter dürfen nur in Räumen aufgestellt werden, welche mit leichter Bedachung versehen und von Wohnräumen, Scheunen oder Ställen durch eine Brandmauer oder durch einen Abstand von wenigstens 5 m getrennt sind. Unter Brandmauer ist jede öffnungslose, solide Mauer zu verstehen, auch wenn sie nach der einen Seite ganz frei ist. Die Aufstellung in Scheunen oder Stallgebäuden ist gestattet, wenn der betreffende Raum von dem angrenzenden Raume durch eine öffnungslose Wand von unverbrennlichem Material abgetrennt ist.

2. Die Türen des Apparateraumes müssen nach außen aufschlagen und dürfen nicht unmittelbar in Räume führen, welche Feuerstellen enthalten oder mit Licht betreten werden.

3. Solche Apparate, welche zur Beleuchtung von Schaubuden, Karussels, Schießbuden usw. dienen, müssen außerhalb des Zeltes aufgestellt und für das Publikum unzugänglich sein.

4. Im Freien aufgestellte, ortsfeste Apparate müssen wenigstens 5 m von bewohnten Gebäuden entfernt sein.

5. Die Entlüftung der Apparateräume hat durch genügend weite, am höchsten Punkte dieser Räume aufzusetzende Rohre zu erfolgen. Diese Entlüftungsrohre sind bis über das Dach unmittelbar ins Freie zu führen. Sie müssen derart ausmünden, daß die abziehenden Gase und Dünste weder in geschlossene Räume noch in Kamine gelangen können.

6. Der Kontakt von elektrischen Meldevorrichtungen muß außerhalb des Apparateraumes angebracht sein.

7. Die Acetylenanlagen müssen durch Aufstellung in frostfreien Räumen oder durch eine Heizanlage oder andere zweckentsprechende Vorrichtungen vor dem Einfrieren geschützt sein. Die Heizung darf nur durch Warmwasser- oder Dampfheizung geschehen. Die Feuerstätte für die Beheizung darf sich nur außerhalb derjenigen Räume, in welchen Entwickler mit Zubehör oder Gasbehälter aufgestellt sind, befinden und muß von diesen Räumen durch Brandmauer getrennt sein.

8. In der einen, tunlichst nicht mit der Tür versehenen Wand des Apparatehauses muß ein dicht schließendes, nicht zu öffnendes Fenster vorhanden sein, vor welchem eine Außenbeleuchtung anzubringen ist. Diese Außenbeleuchtung kann für gewöhnlich mit Acetylen geschehen, doch muß daneben eine mit Petroleum oder Öl versehene Lampe oder eine Kerze in Laterne für den Notfall stets betriebsbereit zur Verfügung stehen. Innenbeleuchtung ist unter allen Umständen verboten.

9. Jede Acetylenanlage ist mit einem Haupthahn zu versehen, der das sofortige Abstellen der ganzen Rohrleitung gestattet und deshalb bequem zugänglich sein muß.

10. Der Lieferant des Apparates ist verpflichtet, dem Käufer genaue Betriebsvorschriften nebst Schnittzeichnung und Beschreibung des Apparates in 2 Exemplaren zu übergeben, von denen je ein Exemplar im Apparateraum aufzuhängen ist.

c) Betrieb der Apparate.

1. Ein Öffnen des Apparates zum Zwecke des Nachfüllens von Wasser ist nur bei Tageslicht gestattet. Bei Entwicklern, in welchen die jeweilig eingeführte Carbidmenge nicht auf einmal zur Vergasung gebracht wird, ist auch eine Nachfüllung von Carbid nur bei Tageslicht gestattet.

2. Alle Arbeiten am Acetylenapparat oder Teilen desselben, sowie alle für das ordnungsmäßige Instandhalten der Acetylenanlage erforderlichen Arbeiten dürfen nur bei Tage erfolgen.

3. Alle Wasserverschlüsse müssen sorgfältig gefüllt gehalten werden.

4. Falls Acetylenanlagen oder einzelne Teile derselben oder auch ein Gasrohr, ungeachtet der unter b, 7 vorgesehenen Frostschutzvorrichtungen, einfrieren, so darf das Auftauen nur durch Auf- oder Eingießen von heißem Wasser, niemals aber durch eine Flamme, brennende Kohlen oder glühende Eisenteile geschehen.

5. Ausbesserungen an Acetylenapparaten oder Teilen derselben durch Lötungen, Nieten u. dgl., bei welchen das Arbeiten mit Feuer unumgänglich nötig ist, bzw. bei welchen durch Hammerschläge auf das Metall Funken entstehen können, dürfen nur nach Demontierung des Apparates bei Tage und im Freien vorgenommen werden. Vorher ist alles Gas aus denselben zu entfernen. Dies geschieht durch Füllen des betreffenden Apparateteils mit Wasser bis zum Überlaufen. Das Wasser muß mindestens 5 Minuten in dem Apparateteil gelassen werden, ehe es wieder entfernt wird.

6. Der Apparateraum darf für andere Zwecke nicht verwendet und zur Lagerung brennbarer Gegenstände nicht benutzt werden. Er muß ausreichend gelüftet und stets verschlossen gehalten werden. Unbefugten ist der Zutritt zu demselben nicht gestattet. Auf letzteres ist durch Anschlag an der Tür hinzuweisen.

7. Das Betreten des Apparateraumes mit einer brennenden Laterne oder Lampe, das Anzünden eines Streichholzes sowie das Rauchen in demselben sind verboten.

8. Undichte Rohrleitungen dürfen zum Aufsuchen der Undichtigkeit niemals mit Licht abgeleuchtet werden.

9. Ausbesserungen an den Rohrleitungen dürfen niemals unter Druck stattfinden und immer erst nach Abstellung des Haupthahnes.

10. Falls für die unter a, 12 vorgesehenen oder für fahrbare Apparate zur Verbindung mit den Brennern Gummischlauch benutzt wird, muß solcher außen oder innen durch Drahtspirale verstärkt sein. Dieser Spiralschlauch muß an beiden Enden mit den Hähnen fest verbunden sein, und zwar entweder durch Umwinden mit Seidenschnur bzw. weichem Kupferdraht oder durch ringförmige Schlauchklemmen.

11. Die Herstellung, Aufbewahrung und Verwendung von komprimiertem oder flüssigem Acetylen ist nicht gestattet. Unter komprimiertem Acetylen soll jedoch nur solches verstanden werden, welches auf mehr als 1 Atm Überdruck komprimiert ist. Ausgenommen hiervon ist dasjenige Acetylen, welches mit oder ohne Zuhilfenahme von Aceton in porösen Körpern komprimiert ist.

12. Bei Anlagen bis zu 50 Flammen dürfen außer der für den Gebrauch geöffneten Carbidbüchse im Apparateraum nicht mehr als 100 kg Carbid in verschlossenen Gefäßen gelagert werden.

Es darf ein Verpackungsgefäß immer erst dann geöffnet werden, wenn das vorher benutzte bis auf ein Drittel aufgebraucht ist. Geöffnete Gefäße sind mit einem übergreifenden, wasserdichten Deckel von Eisenblech verdeckt zu halten. Bei Anlagen über 500 Flammen darf nur der Bedarf eines Tages im Apparateraum aufbewahrt werden; im übrigen werden solche Anlagen hinsichtlich der Aufbewahrung von Calciumcarbid wie die Carbidlager behandelt.

13. Das Öffnen der Carbidgefäße darf niemals unter Benutzung von Feuer oder glühenden Gegenständen geschehen.

14. Die Bedienung und Überwachung von Acetylenanlagen darf nur durch zuverlässige, mit der Einrichtung und dem Betriebe vertraute Personen erfolgen.

Grundsätze für Acetylenzentralen.

Unter Acetylenzentralen sind solche ortsfeste Anlagen zu verstehen, welche Gas gewerbsmäßig abgeben, sofern die Anlage für mehr als 300 Normalflammen (3000 l Stundenverbrauch) berechnet ist.

Die Zentralen sollen den allgemeinen Vorschriften des D. A. V. für ortsfeste Anlagen und den nachfolgenden Grundsätzen entsprechen:

Entwickler.

1. Bei der Herstellung von Acetylengas soll vermieden werden, daß auf große Carbidmengen geringe Mengen Wasser ohne genügende Abkühlung des zu vergasenden Carbides einwirken.

2. Zur Verwendung kommende Bleche müssen mindestens 3 mm stark sein.

3. Es ist eine ausreichende Wasserversorgungsanlage, die bis zur Verwendungsstelle führt, vorzusehen. Falls die Wasserzuführung zum Entwickler durch eine Absperrvorrichtung erfolgt, sind nur feste Verbindungen mit dem Wasserbehälter zulässig. Es sollen Einrichtungen vorhanden sein, um jederzeit feststellen zu können, ob genügend Entwicklungswasser vorhanden ist.

4. Der Entwickler muß so beschaffen sein, daß während oder nach der Beschickung weder Gas in schädlichen Mengen in die Atmosphäre entweichen kann, noch Gas-Luft-Gemische sich in schädlichen Mengen im Entwickler bilden können.

5. Bei Apparaten mit Zuführung des Carbides in Wasser soll der Entwickler:

a) so gebaut oder mit solchen Einrichtungen versehen werden, daß keine schädliche Verschlammung eintreten kann,

b) mit einer Vorrichtung versehen werden, welche das Einkapseln des eingeführten Carbides in den Kalkschlamm verhütet,

c) mit einer Einrichtung versehen sein, welche die vollständige Entfernung des Kalkschlammes ermöglicht.

Wäscher.

6. Das entwickelte Gas muß zunächst durch einen Wäscher geschickt werden. Dieser kann zugleich als Wasserabschluß zwischen Entwickler und Gasbehälter ausgebildet sein.

7. Der Wäscher muß mit einer Vorrichtung versehen sein, welche einen zu hohen Flüssigkeitswiderstand verhütet.

Gasbehälter.

8. Für die Blechstärke bzw. Wahl des Materials der Gasbehälter und der Bassins sind die Normalbedingungen für die Lieferung von Eisenkonstruktionen, aufgestellt vom

Verein deutscher Gas- und Wasserfachmänner und dem Verbande Deutscher Gasbehälterfabriken vom Jahre 1901, maßgebend.

Reiniger.

9. Jede Zentrale ist mit mindestens 2 Reinigern zu versehen. Jeder Reiniger muß mindestens 50 kg Reinigungsmasse aufnehmen können. Auf je 1000 l Stundenverbrauch müssen jedoch insgesamt mindestens 30 kg Reinigungsmasse vorgesehen sein.

10. Zur Füllung der Reiniger darf nur eine vom D. A. V. anerkannte Reinigungsmasse verwendet werden. Im anderen Falle ist der Beweis der guten Wirksamkeit der Reinigungsmasse zu erbringen.

11. Es ist dafür Sorge zu tragen, daß das gereinigte Gas hinreichend trocken in die Leitung kommt.

Apparateräume.

12. Die Fußböden der Apparateräume müssen über der Grund- und Hochwasserhöhe liegen und aus wasserundurchlässigem Stoffe hergestellt sein.

Apparateverbindungen.

13. Die einzelnen Apparate wie Wäscher, Reinigungsanlage, Trockner, Stationsgasmesser, Druckregulator usw. müssen mit vollkommenen Umgehungsleitungen versehen sein. Sämtliche Apparate müssen samt ihren Rohrverbindungen allerseits leicht zugänglich sein.

Druckmesser.

14. Für jede Apparategruppe sowie für Gasbehälter und Rohrnetz ist ein eigener Druckmesser mit entsprechender Bezeichnung anzubringen.

Beleuchtung.

15. Jede Zentrale ist mit Vorrichtungen zur Außenbeleuchtung zu versehen. Diese darf nicht über den Kalkgruben angebracht werden.

Betrieb der Zentrale.

16. Am Schluß der gesamten Apparatur ist ein Entlüftungshahn anzubringen, durch welchen ein Gasluftgemisch in das Freie geleitet werden kann.

In jedem Apparateraume muß eine gegen Beschädigung hinreichend geschützte, mit einer deutlichen schematischen Skizze des Apparates versehene Beschreibung seiner Konstruktion, sowie einer kurzen Darstellung seiner Handhabung und Bedienung aushängen. In dieser Beschreibung müssen insbesondere auch Anhaltspunkte gegeben werden über die Entleerung des Kalkschlammes, die Erneuerung des Wassers im Entwickler sowie über die Reinigungs- bzw. Trockenmasse.

Rohrnetz.

17. Das Rohrnetz ist als genügend dicht anzusehen, wenn bei der Abnahme unter Betriebsdruck auf 1 km verlegtes Rohrnetz in 1 Stunde nicht mehr als 10 l verloren gehen.

Als „Rohrnetz" gelten für diese Berechnung alle Rohrleitungen von der Hauptgasuhr in der Zentrale ab bis zu den Haupthähnen der Gasuhren in den Häusern bzw. bis zu den Hähnen der angeschlossenen Straßenlaternen.

Die Dichtigkeitsprüfung hat zu erfolgen, indem das Rohrnetz mindestens 3 Stunden unter Betriebsdruck steht.

Hausinstallation.

18. Die Hausinstallationen sollen vor Anbringung der Beleuchtungskörper unter einem Druck von $^1/_{10}$ Atm gestellt werden und sollen hierbei dicht sein.

Kalkgruben.

19. Jede bedeckte Kalkschlammgrube ist mit einer wirksamen Entlüftungsvorrichtung zu versehen. Offene Kalkgruben sind mit Geländer zu umgeben.

Die Kalkgruben müssen außerhalb des Apparateraumes angelegt werden. Die Entleerung muß stets ohne Benutzung einer künstlichen Beleuchtung erfolgen. Über den Kalkgruben ist ein Schild mit Rauchverbot usw. anzubringen[1].

Sonstiges.

20. Die Zentrale muß gegen den Zutritt Unberufener geschützt sein, falls sich nicht alle ihre Teile in einem geschlossenen Gebäude befinden.

Vorschriften für die Aufstellung von Acetylenapparaten in Schaubuden.

(Vereinbarungen zwischen dem Deutschen Acetylenverein und dem Verbande deutscher Privat-Feuerversicherungs-Gesellschaften.)

„Außer von der Beobachtung der behördlichen Vorschriften ist für Acetylenapparate, welche zur Beleuchtung von Schaubuden, Karussels, Schießbuden usw. auf Jahrmärkten und Volksfesten bestimmt sind, die Gültigkeit der Versicherung von der Erfüllung folgender Bedingungen abhängig:

1. Wasserzuführung und Carbidfüllung müssen von außen ohne Unterbrechung des Betriebes in gefahrloser Weise zugänglich sein.

2. Die Größe des Gasbehälterraumes ist nach der Carbidmenge zu bemessen, welche in dem Entwickler aufgespeichert werden kann. Auf je 1 kg der letzteren hat der nutzbare Gasbehälterraum mindestens zu betragen:

20 l für die ersten 50 kg Carbid,
15 l „ „ folgenden 50 kg Carbid,
10 l „ „ Carbidmenge, welche 100 kg übersteigt.

3. Der Entwickler muß so groß bemessen sein, daß er bei vollständiger Inanspruchnahme der vorgesehenen Normalflammen zu 10 l Stundenverbrauch mindestens 5 Stunden ausreicht, unter Zugrundelegung einer rechnerischen Gasausbeute von 300 l Rohacetylen aus 1 kg Carbid.

4. Ein Öffnen des Apparates zum Zwecke des Nachfüllens von Wasser oder Carbid ist nur bei Tageslicht gestattet.

5. Der Apparat muß außerhalb des Zeltes in einem vollständig verschließbaren Raume (Wagen, Häuschen, dichte Einzäunung o. dgl.) aufgestellt und hierdurch für das Publikum durchaus unzugänglich sein."

Ratschläge für Feuerwehren beim Brande von Acetylenapparaten.

a) Acetylen-Apparatehäuser.

Bei Ausbruch eines Feuers ist stets vor allen Dingen dahin zu streben, die im Apparatehaus vorhandenen Carbidbüchsen aus dem Bereiche des Feuers zu bringen. Dazu wird bemerkt, daß Carbid, solange es nicht mit Wasser in Berührung kommt, weder brennen noch explodieren kann.

Wenn es gelungen ist, die Carbidbüchsen aus dem Bereich des Feuers zu bringen, steht der Anwendung von Wasser für Löschzwecke irgendwelches Bedenken nicht im Wege.

Wenn es möglich ist, empfiehlt es sich, beim Brande die Türen und Fenster des Apparatehauses vollständig zu öffnen.

Der Acetylenapparat wird am besten überhaupt nicht angerührt.

b) Mit Acetylenleitungen versehene Räume.

Räume, in welchen Acetylenleitungen liegen, werden beim Ausbruch eines Feuers genau so behandelt, wie Räume, welche mit Steinkohlengasleitungen versehen sind.

---

[1] Hierfür wird folgender Wortlaut in Vorschlag gebracht:

Vorsicht!

Beim Entleeren der Kalkgrube darf nicht geraucht und dürfen keinerlei Zündkörper in die Nähe gebracht werden!

Prüfungsordnung für Acetylenapparate.

(Systemprüfung.)

I. Allgemeine Bestimmungen.

a) Es erfolgt nur Prüfung von Apparaten, die mit Vorrichtungen zum Reinigen des Gases versehen sind.

b) Nach erfolgter Anmeldung zur Prüfung, die an die Geschäftsstelle des Vereins zu richten ist, werden dem Anmelder zunächst die Prüfungsordnung und ein Fragebogen, für jede Apparategröße in je zwei Exemplaren, zugeschickt.

Der Anmelder hat sich den Bestimmungen der Prüfungsordnung zu unterwerfen und dies durch Rückreichung eines von ihm unterzeichneten Exemplars der Prüfungsordnung zum Ausdruck zu bringen. Er hat ferner den Fragebogen auszufüllen und zu unterzeichnen und demselben eine Maßzeichnung (Blaupausen sind zulässig), eine Beschreibung des Apparates und die Betriebsvorschrift beizufügen.

Für jede Apparategröße ist ein besonderer Fragebogen auszufüllen, jedoch braucht eine Prüfung nicht für jede Größe desselben Systems stattzufinden, sondern es ist nur eine Ausführung jedes Systems zu prüfen unter der Bedingung, daß die Abmessungen der nicht geprüften Größen in allen Einzelheiten schriftlich niedergelegt sind, daß diese Abmessungen den Normen entsprechen und die einzelnen Teile im richtigen Größenverhältnis zueinander stehen. Die zu prüfende Größe wird von Fall zu Fall unter weitgehendster Berücksichtigung der Wünsche der Fabrikanten festgesetzt. Dabei wird von dem Grundsatze ausgegangen, daß nicht der kleinste Apparat geprüft werden soll, sondern ein solcher von mittlerer Größe.

Nachdem diese Bedingungen erfüllt und die unterzeichneten Papiere der Geschäftsstelle zugestellt sind, fordert der Vorstand unter Angabe von Ort und Zeit der Prüfung zur Bereitstellung des Apparates auf.

c) Die Prüfungen finden in der Regel nur am Sitze des Vereins (Berlin) statt, doch kann auch auf Antrag und Kosten des Anmelders die Prüfung an jedem anderen Orte vorgenommen werden.

d) Kosten und Risiko des Transportes nach der Prüfungsstelle, der Aufstellung und der Lagerung trägt der Anmelder.

e) Es steht dem Prüfer frei, die Prüfung eines Apparates abzulehnen, wenn dieser sich nicht in einem sauberen und prüfbaren Zustande befindet.

II. Die Prüfung.

a) Die Apparate werden daraufhin geprüft, ob sie den Normen des Vereins über die Herstellung der Acetylenapparate entsprechen.

Die Apparate sollen möglichst im rohen, unangestrichenen Zustande geprüft werden. Wenn an den Apparaten einzelne Stellen der Messung nicht zugänglich sein sollten (z. B. Boden, Deckel), so muß durch Bohrungen oder Einschnitte von hinreichender Weite dafür gesorgt werden, daß die Meßinstrumente eingeführt werden können.

b) Die Prüfung wird von einem vom Vorstande des Vereins beauftragten Sachverständigen vorgenommen, welcher dem Vorstande über das Ergebnis zu berichten hat.

Der Sachverständige verpflichtet sich, die Prüfung entsprechend den Normen nach bestem Wissen und Gewissen und unparteiisch auszuführen. Er hat über das Prüfungsergebnis Stillschweigen zu bewahren.

Der Auftrag an den Sachverständigen ist jederzeit widerruflich und kann auf einen anderen Sachverständigen übertragen werden.

c) Jeder angemeldete Apparat wird mit einer fortlaufenden Nummer versehen, welche in ein besonderes Buch einzutragen ist.

d) Das Prüfungsergebnis ist in einem vom Prüfer zu unterzeichnenden Protokoll, welches den Akten beizufügen ist, zusammenzustellen.

e) In dem Protokoll ist ausdrücklich anzugeben, ob der Apparat nach Auffassung des Prüfers den Normen des Deutschen Acetylenvereins über die Herstellung der Acetylenapparate genügte oder nicht. Im letzteren Falle ist eine Begründung beizugeben.

f) Wenn sich bei der Prüfung ergibt, daß der zu prüfende Apparat offensichtlich betriebsunsicher ist, so soll in dem Prüfungsprotokoll darüber besonders unter Angabe von Gründen berichtet werden. Auch findet in diesem Falle die Bestimmung zu III, b entsprechende Anwendung.

III. Das Prüfungsergebnis.

a) Hält der Vorstand das Prüfungsergebnis für befriedigend, so erhält der Anmelder darüber eine Bescheinigung. Diese Bescheinigung darf dem Anmelder nur gegen vorherige Ausstellung eines Verpflichtungsscheines folgenden Wortlauts ausgehändigt werden:

„Unterzeichnete ...... verpflichtet sich hiermit, unter der Bezeichnung System des Apparates: ....
Bezeichnung bzw. besondere Kennzeichnung des Apparates: ....
.... nur solche Acetylenapparate in den Handel zu bringen, die nach Konstruktion, Material und Ausführung dem von dem Deutschen Acetylenverein am ....
geprüften Apparate genau entsprechen."

Außerdem erfolgt Bekanntgabe in der Vereinszeitschrift.

Apparate, welche mit dem geprüften Apparate übereinstimmen, dürfen mit einem Schilde versehen werden, das folgende Aufschrift hat:

„Dieser Apparatetyp ist geprüft vom Deutschen Acetylenverein gemäß Bescheinigung Nr. .... vom ...."

b) In den Fällen, wo eine Beanstandung seitens des Sachverständigen erfolgt, wird der Vorstand eine Nachprüfung vornehmen lassen, ehe dem Anmelder von der Beanstandung Kenntnis gegeben wird.

c) Hat ein Apparat auch bei dieser Nachprüfung den Bedingungen nicht entsprochen, so ist hiervon dem Anmeldenden schriftlich vom Vereinsvorsitzenden Mitteilung zu machen, wobei ihm die Ablehnungsgründe bekannt zu geben sind. Der Anmelder kann in einem solchen Falle unter ausführlicher schriftlicher Begründung seiner etwaigen abweichenden Meinung nochmalige kostenfreie Nachprüfung in seiner Gegenwart verlangen. Er ist berechtigt, hierzu noch eine Person als Beistand hinzuzuziehen.

Wenn bei dieser Nachprüfung das Ergebnis abermals zuungunsten der Fabrikanten ausfällt, so kann der letztere unter nochmaliger Zahlung der vollen Prüfungsgebühren binnen 2 Monaten, vom Tage der Bekanntgabe dieses Nachprüfungsergebnisses an gerechnet, Berufung einlegen. In diesem Falle erfolgt eine Nachprüfung durch 3 von Fall zu Fall vom Vorsitzenden des Vereins zu ernennende Sachverständige, deren Urteil endgültig maßgebend ist.

Auch bei dieser Prüfung können der Anmelder und sein Beistand zugegen sein.

Über die erfolgte Ablehnung des Apparates ist seitens der Vereinsleitung Stillschweigen zu bewahren.

d) Hat ein Apparat an sich zwar den Bedingungen entsprochen, wird aber die Betriebsvorschrift nicht für hinreichend klar oder für unvollständig erachtet, so kann dem Anmeldenden das Prüfungsattest so lange vorenthalten werden, bis er eine den Anforderungen genügende Betriebsvorschrift eingereicht hat. In solchem Falle ist dem Anmeldenden möglichst detailliert anzugeben, aus welchem Grunde die Betriebsvorschrift unzureichend erachtet wurde.

e) Wenn an einem geprüften Apparate eine Änderung im Sinne der Normen vorgenommen wird oder vorgenommen werden soll, so ist hiervon dem Vorsitzenden des Vereins unter Beifügung des Prüfungsattestes, sowie einer Beschreibung und einer Maßzeichnung Anzeige zu erstatten. Der Vorsitzende stellt evtl. nach Anhörung des Prüfers oder eines anderen Sachverständigen fest, ob die geplante Änderung den Normen entspricht, und erteilt danach die Genehmigung zur weiteren Benutzung des Prüfungsattestes durch einen demselben anzufügenden entsprechenden Vermerk.

f) Den Verbänden der öffentlichen und privaten Feuerversicherungsgesellschaften, sowie sonstigen Interessenten werden auf Wunsch Listen mit den Namen der Fabriken und Firmen, deren Apparate die Prüfung bestanden haben, zur Verfügung gestellt.

Die Listen enthalten auch die zur Kennzeichnung des geprüften Apparates erforderlichen Angaben.

IV. Gebühren.

a) Die Prüfung eines Apparates kostet — Mk.[1]

Hierzu kommen noch bei beantragter Prüfung außerhalb Berlins Tagegelder mit — Mk. für jeden Prüfer und Auslagen für die Fahrt.

Nichtmitglieder des Vereins haben um die Hälfte höhere Gebühren, sowie die obigen Zuschläge für Reisen, Diäten usw. zu zahlen. Wird eine Prüfung außerhalb Berlins beantragt, so hat der Anmelder für ein geeignetes Prüfungslokal (verschließbarer, nötigenfalls zu heizender Raum) und eine geeignete Hilfskraft (Monteur, Arbeiter) Sorge zu tragen.

b) Die Gebühren für die Prüfung sowie die Kosten für frachtfreie Rücksendung sind der Anmeldung beizufügen. Diese gilt erst dann als erfolgt, wenn die Gebühren bezahlt sind.

c) Wird ein zur Prüfung eingesandter Apparat nicht längstens 3 Tage nach der festgesetzten Prüfung abgeholt, so erfolgt die Rücksendung an den Anmelder auf dessen Gefahr unter Nachnahme der etwa noch ungedeckten Kosten.

d) Die Gebühren fließen in die Kasse des Deutschen Acetylenvereins.

V. Entziehung der Prüfungsbescheinigung.

Falls ein Apparatebauer die Prüfungsbescheinigung mißbraucht oder ein Schild vorschriftswidrig benutzt, so ist der Vorstand berechtigt, ihm die Prüfungsbescheinigung zu entziehen.

Gegen die Entscheidung des Vorstandes ist binnen 1 Monat nach Bekanntgabe des betreffenden Beschlusses schriftliche Berufung an den vereinigten Vorstand und Ausschuß zulässig, welcher endgültig entscheidet. Die Berufung ist dem Vereinsvorsitzenden einzureichen.

Die erfolgte Entziehung der Prüfungsbescheinigung ist unter Bekanntgabe in der Vereinszeitschrift den Verbänden der öffentlichen und privaten Feuerversicherungsgesellschaften anzuzeigen.

Vorschriften für die Betriebsprüfung von Acetylenapparaten und Wasservorlagen.

I. Allgemeine Bestimmungen.

a) Die Prüfung erstreckt sich lediglich auf Typen von Acetylenapparaten und Wasservorlagen.

b) Sobald dem Verein ein Apparat zur Prüfung überwiesen ist, werden dem Anmelder zunächst zwei Exemplare der Prüfungsordnung und Fragebogen (für jede Apparategröße je zwei Exemplare) zugeschickt.

Der Anmelder hat sich den Bestimmungen der Prüfungsordnung zu unterwerfen und dies durch Rückreichung eines von ihm unterzeichneten Exemplars der Prüfungsordnung zum Ausdruck zu bringen. Er hat ferner die Fragebogen auszufüllen und zu unterzeichnen und denselben eine Zeichnung (Blaupausen sind zulässig), eine Beschreibung des Apparates und die Betriebsvorschrift beizufügen.

Für jede Apparategröße sind zwei besondere Fragebogen auszufüllen, von denen je ein Expemlar alsbald der Geschäftsstelle des Vereins einzureichen ist, während das zweite Exemplar in den Händen des Anmelders verbleibt. Die Antworten müssen u. a. genau erkennen lassen, ob die Blechstärken den allgemeinen Normen für die Lichtapparate entsprechen, und ob im übrigen die einzelnen Teile des Apparates im richtigen Größenverhältnis zueinander stehen.

Nachdem diese Bedingungen erfüllt sind, fordert die Geschäftsstelle zur Einsendung bzw. bei Prüfung außerhalb Berlins zur Bereitstellung des Apparates auf.

[1] Die Prüfungsgebühren und Tagegelder werden den schwankenden Geldwertverhältnissen angepaßt.

c) Die Prüfungen finden in der Regel nur in der Untersuchungs- und Prüfstelle des Vereins (Berlin) statt, doch kann eine Prüfung auf Antrag und Kosten des Anmelders auch an jedem anderen Orte vorgenommen werden, sofern das nach einer an Hand der ausgefüllten Fragebogen vorzunehmenden Vorprüfung angängig erscheint.

d) Es steht dem Prüfer frei, die Prüfung eines Apparates abzulehnen, wenn dieser sich nicht in einem sauberen und prüfbaren Zustande befindet.

e) Die Prüfung eines Apparates kostet für Mitglieder — Mk., diejenige der Wasservorlage kostet — Mk. Außerdem sind noch — Mk. nachzuzahlen, falls Kommissionsberatung nötig werden sollte.

Hierzu kommen ferner noch bei beantragter Prüfung außerhalb Berlins Tagegelder mit — Mk. für den Prüfer und die Auslagen für die Fahrt.

Nichtmitglieder des Vereins haben für jede Prüfung eines Apparates — Mk. mehr zu zahlen als Mitglieder.

Wird eine Prüfung außerhalb Berlins beantragt, so hat der Anmelder für ein geeignetes Prüfungslokal (verschließbarer, nötigenfalls zu heizender Raum) und eine geeignete Hilfskraft (Monteur, Arbeiter) Sorge zu tragen.

f) Die Gebühren für die Prüfung sowie die Kosten für frachtfreie Rücksendung sind der Anmeldung beizufügen. Letztere gilt erst dann als erfolgt, wenn die Gebühren bezahlt sind.

g) Die Gebühren fließen in die Kasse des Deutschen Acetylenvereins.

h) Wird ein zur Prüfung abgesandter Apparat vom Anmelder nicht längstens 8 Tage nach erfolgter Aufforderung dazu abgeholt, so erfolgt die Rücksendung an den Anmelder auf dessen Gefahr unter Nachnahme der etwa noch ungedeckten Kosten.

II. Die Prüfung.

a) Von jedem Typ wird in der Regel nur eine Ausführung, und zwar mittlerer Größe, im Betriebe geprüft. Von den anderen Größen, die zu demselben Typ gehören sollen, sind die Maße anzugeben. Die Prüfungsstelle ist befugt, sofern gegen die Übertragung der Prüfungsergebnisse auf bestimmte Größen des Typs Bedenken vorliegen, diese Größen auszuschließen oder ihre Einbeziehung in den Typ von einer besonderen Prüfung abhängig zu machen.

b) Die Prüfung im Betriebe hat sich auf die Perioden der Beschickung, Vergasung und Entschlammung zu erstrecken.

Die Prüfung ist so lange durchzuführen, bis alle zur Beurteilung erforderlichen Gesichtspunkte geklärt sind. Unter allen Umständen ist aber mindestens 4 Stunden im Betriebe zu prüfen, darunter die halbe Zeit mit dem $1^1/_2$fachen Betrage der auf dem Apparate anzugebenden Stundenleistung.

Wenn sich bei einem Apparate im Laufe der Betriebsprüfung ergibt, daß die Verhältnisse bezüglich der Verschlammung, der Erwärmung des Gases oder des Entwicklerwassers nicht stetig bleiben, so muß die Prüfung so lange ausgedehnt werden, bis diese Änderungen richtig beurteilt werden können.

c) Soweit Apparate im rohen (unangestrichenen) Zustande geprüft werden, ist das auf dem Apparate anzubringende Schild oder eine entsprechende Angabe dem Antrag beizufügen.

d) Während der Prüfung ist der Betrieb mehrmals plötzlich zu unterbrechen und dabei zu beobachten, ob Gasausströmungen an unzulässiger Stelle (z. B. durch das Gasbehälterwasser usw.) erfolgen. Dabei ist zugleich auf das richtige Funktionieren des etwa vorhandenen Sicherheitsrohres zu achten.

e) Während der Betriebsprüfung darf sich das im Entwickler befindliche Wasser nicht über 60° C, das entwickelte Gas, in der Mitte des Gasraumes des Entwicklers gemessen, nicht über 100° C erwärmen und das Gas in den Gasbehälter nicht mit einer 50° C übersteigenden Temperatur eintreten. Unter Wasser wird dabei in Entwicklern, in denen auf große Carbidmengen nur geringe Mengen Wasser einwirken (Tropf-, Zulauf- und ähnliche -Apparate), das Kühlwasser, mit dem der Entwickler zu umgeben ist, verstanden.

Die bei voller Belastung des Apparates im Verlaufe der Betriebsprüfung beobachtete höchste Temperatur des Wassers und des Gases ist in dem Prüfungsprotokoll unter gleichzeitiger Angabe der Zeitdauer, während welcher der Apparat im vollen Betriebe geprüft wurde, sowie der während dieser Zeit erfolgten etwaigen Neubeschickung mit Carbid und Wasser unter Namhaftmachung des Quantums anzugeben.

f) In dem Prüfungsprotokoll ist ferner genau anzugeben, ob bei der Beschickung oder Entschlammung unzulässige Mengen von Acetylen entweichen und ob sich im Schlamme Polymerisationserscheinungen erheblicher Art (starke Dunkelfärbung) gezeigt haben.

g) Die Konstruktionsteile müssen darauf geprüft werden, ob sie so funktionieren, daß die plötzliche Entwicklung einer im Verhältnis zu den Abmessungen des Apparates unzulässig großen Gasmenge wirksam verhindert wird.

h) Es ist darauf zu achten, ob der im Apparate vorhandene schädliche Luftraum auf ein Mindestmaß beschränkt ist.

i) Die Betriebsinstruktion ist darauf zu prüfen, ob sie hinreichend ausführlich und verständlich abgefaßt ist und ob in ihr auf die im Betriebe vorauszusehenden Umstände (z. B. jedesmalige Kontrolle und nötigenfalls Füllung sowie sichere Aufstellung oder sonstige Befestigung der Wasservorlage usw.) genügend Rücksicht genommen ist.

k) Bei der Prüfung ist darauf zu achten, ob der Apparat den zur Zeit in Kraft befindlichen Vorschriften der zuständigen Behördern entspricht.

l) Wenn sich während der Betriebsprüfung bei der angegebenen Höchstleistung eine unzulässige Erwärmung des Wassers oder des Gases oder Anzeichen von Betriebsunsicherheit ergeben, so ist dies dem Antragsteller unter genauer Begründung der einzelnen Anstände schriftlich mitzuteilen und ihm Gelegenheit zur Rückäußerung zu geben. Lassen sich die Abstände lediglich durch Herabsetzung der Höchstverbrauchsgrenze beheben, so kann das Prüfungsattest unter Zustimmung des Antragstellers mit entsprechender Abänderung dieser Zahl erteilt werden. Derselbe Prüfungsmodus soll auch sinngemäße Anwendung auf die Wasservorlagen finden.

III. Das Prüfungsergebnis.

a) Der Prüfer hat das Protokoll, in welchem das Ergebnis in allen Einzelheiten niedergelegt sein muß, dem Vorsitzenden der vom Gesamtvorstande des Vereins ernannten, aus 3 Mitgliedern bestehenden Prüfungskommission zu unterbreiten. In dem Protokoll muß zum Schluß eine gutachtliche Äußerung darüber niedergelegt sein, ob dem Antrage entsprochen werden kann oder nicht.

b) Schließt sich der Vorsitzende der Prüfungskommission dem Urteil des Prüfers an, so hat er dies durch Gegenzeichnung zum Ausdruck zu bringen. Alsdann ist das Protokoll dem preußischen Handelsministerium einzureichen.

c) Treten dem Prüfer Bedenken bei der Prüfung auf, nach welchen er im Zweifel ist, ob ohne weiteres Befürwortung oder Ablehnung des Antrages ausgesprochen werden kann, so ist das Prüfungsergebnis der gesamten Prüfungskommission zur mündlichen Beratung zu unterbreiten.

Ebenso muß Kommissionsberatung eintreten, wenn der Vorsitzende der Prüfungskommission Bedenken hat, sich dem Urteil des Prüfers ohne weiteres anzuschließen, oder wenn das Ministerium angesichts des Prüfungsergebnisses den Zusammentritt der Kommission fordert.

Dem Ministerium ist der Zusammentritt der Kommission jedesmal mit angemessener Frist anzuzeigen, damit sich ein Vertreter desselben an den Beratungen beteiligen kann.

d) Wenn im Falle einer Kommissionsberatung einstimmig beschlossen wird, dem Ministerium Ablehnung des Antrages zu empfehlen, so ist dieser Entscheid endgültig. Ist dagegen von der Kommission ein solcher Beschluß nicht einstimmig gefaßt, so wird die Angelegenheit dem Gesamtvorstande des Vereins unterbreitet, der dann endgültig entscheidet.

e) Prüfer und Prüfungskommission sind Unbefugten und insbesondere der Konkurrenz gegenüber zur Geheimhaltung des Akteninhaltes über die Prüfung verpflichtet.

Besondere Vorschriften für die Prüfung beweglicher Apparate zur Benutzung innerhalb geschlossener Arbeitsräume für die Zwecke der autogenen Metallbearbeitung.

a) Es ist festzustellen, ob die Größe der Gasbehälterglocke genügt, um die Gasausbeute aus der ganzen im Apparate aufgespeicherten Carbidmenge oder bei zuverlässiger Unterteilung des Vorrates die der Teilmenge entsprechende Gasausbeute aufzunehmen.

b) Über die Menge des Carbides, welches insgesamt in dem Apparate aufgespeichert werden kann, sind genaue Ermittlungen auch in dem Sinne anzustellen, daß bei Vorhandensein mehrerer Behälter zur Aufnahme des Carbides der Carbidfassungsraum für jeden dieser Behälter zu ermitteln ist.

Normen über den Carbidhandel.

(Gültig vom 1. April 1909 an.)

Preis:

Der Preis wird bestimmt für 100 kg Netto-Carbidgewicht in Gefäßen von etwa 100 kg Inhalt.

Als Gefäße mit etwa 100 kg Inhalt sind solche mit höchstens 10% Über- oder Untergewicht anzusehen.

Die Verpackung hat in gas- und wasserdicht verschlossenen Gefäßen aus Eisenblech zu geschehen von solcher Stärke, wie es die Vorschriften der Transportgesellschaften bedingen.

Preise für andere Packungen müssen besonders angegeben werden.

Erfüllungsort.

Für Exportsendungen gilt der letzte europäische Verschiffungshafen als Erfüllungsort.

Qualität.

Als Handelscarbid gilt eine Ware, welche bei der üblichen Korngröße von 15 bis 80 mm im Durchschnitt jeder Lieferung aus 1 kg mindestens 300 l Rohacetylen bei 15° C und 760 mm Druck ergibt. Als Analysenlatitude gelten 2%. Ein Carbid, welches aus einem Kilogramm weniger als 300 l ergibt, bis zu 270 l Rohacetylen herunter (mit der oben festgesetzten Analysenlatitude von 2%) muß von dem Käufer abgenommen werden. Jedoch ist derselbe berechtigt, einen prozentualen Abzug vom Preise zu machen, sowie die bis zum Bestimmungsorte, wenn derselbe beim Abschluß des Geschäftes nicht bekannt gegeben ist, bis zum Erfüllungsorte — erwachsenen Mehrkosten an Fracht in Abzug zu bringen. Carbid, welches unter 270 l Rohacetylen ergibt, braucht nicht abgenommen zu werden.

Das Carbid darf nicht über 5% Staub enthalten. Unter Staub versteht man alles, was durch ein Sieb von 1 qmm lichter Maschenweite hindurchfällt.

Feinkörniges Carbid von 4 bis 15 mm Korngröße (und Zwischengrößen) muß im Durchschnitt jeder Lieferung aus 1 kg mindestens 270 l Rohacetylen bei 15° C und 760 mm Druck ergeben. Als Analysenlatitude gelten 2%. Feinkörniges Carbid von 4 bis 15 mm Korngröße (und Zwischengrößen), welches aus einem Kilogramm weniger als 270 l ergibt, bis zu 250 l Rohacetylen herunter (mit der oben festgesetzten Analysenlatitude von 2%) muß von dem Käufer abgenommen werden. Jedoch ist derselbe berechtigt, einen prozentualen Abzug vom Preise zu machen sowie die zum Bestimmungsorte — wenn derselbe beim Abschluß des Geschäftes nicht bekannt gegeben ist, bis zum Erfüllungsorte — erwachsenen Mehrkosten an Fracht in Abzug zu bringen. Feinkörniges Carbid von 4 bis 15 mm Korngröße (und Zwischengrößen), welches unter 250 l Rohacetylen ergibt, braucht nicht abgenommen zu werden.

Ein Carbid gilt nur dann als lieferbar, wenn der Gehalt an Phosphorwasserstoff im Rohacetylen höchstens 0,04 Volumprozente beträgt. Als Analysenlatitude für Phosphorwasserstoff gelten 0,01 Volumprozente. Die gesamten im Gase enthaltenen Phosphorverbindungen sind auf Phosphorwasserstoff zu berechnen.

Reklamationsfrist.

Die Reklamationsfrist beträgt für Bezüge von 5000 kg und mehr 4 Wochen, für kleinere Bezüge 2 Wochen nach Eintreffen am Bestimmungsort.

Die Reklamation bezieht sich nur auf die zur Zeit der Probenahme noch vorhandene Menge Carbid.

Nachweis der Qualität.

1. Sofern die Parteien sich nicht darüber einigen, daß zum Nachweis der Qualität von dem Empfänger bei Sendungen unter 5000 kg eine, bei Sendungen von 5000 kg und mehr zwei uneröffnete und unversehrte Trommeln dem untersuchenden Chemiker einzusenden sind, hat die Probenahme zum Zwecke des Nachweises der Qualität wie folgt zu geschehen:

Es ist ein Muster im Gesamtgewicht von mindestens 2 kg zu entnehmen. Dieses Muster ist, wenn die zu untersuchende Lieferung aus nicht mehr als 10 Trommeln besteht, aus einer beliebig auszuwählenden uneröffneten und unversehrten Trommel zu entnehmen. Bei Lieferungen von mehr als 10 Trommeln erfolgt die Probenahme aus mindestens 10% der Partie und wird von jeder der herangezogenen uneröffneten und unversehrten Trommeln mindestens 1 kg entnommen.

Die Probenahme hat seitens einer von beiden Parteien ernannten Vertrauensperson oder durch einen der vom Deutschen Acetylenverein ein für allemal bezeichneten Sachverständigen derart zu erfolgen, daß aus jedem zur Entnahme bestimmten und vor seiner Eröffnung (behufs Vermeidung lokaler Staubansammlung) zweimal umzustürzenden Gefäß von beliebiger Stelle mit einer Schaufel (nicht mit der Hand) das erforderliche Quantum gezogen wird. Diese Proben werden sofort in ein oder mehrere gas- und wasserdicht zu verschließende Gefäße geschüttet. Der Verschluß ist durch Siegel zu sichern. Jede andere Verpackungsart, wie Kartons, Kisten usw., ist unzulässig.

Wenn eine Einigung über die Wahl einer Vertrauensperson nicht zustande kommt, hat jede der beiden Parteien das erforderliche Quantum, wie vorhin angegeben, zu entnehmen.

2. Die Ermittlung der Gasausbeute und des Gehaltes an Phosphorwasserstoff sind nach den vom Deutschen Acetylenverein vorgeschriebenen Methoden auszuführen. Liegen verschiedene nicht übereinstimmende Analysenergebnisse vor, so ist die Analyse des Deutschen Acetylenvereins einzuholen und endgültig bindend.

Ist in solchen Fällen die erste Analyse im Laboratorium des Deutschen Acetylenvereins ausgeführt worden, so ist eine evtl. Schiedsanalyse vom Österreichischen Acetylenverein einzuholen. Verhindert eine Partei das Zustandekommen der Schiedsanalyse, so ist sie damit der Analyse der anderen Partei schlechthin unterworfen.

3. Sämtliche Kosten der Probenahme und Analyse hat der unterliegende Teil zu tragen.

Normen für Acetylenlampen.

Diese Normen gelten nur für Lampen, die vorwiegend in Innenräumen (Wohnungen, Ställen, Werkstätten u. dgl.) gebraucht werden, also nicht für Fahrzeuglampen, wie Fahrrad-, Automobil-, Wagenlaternen u. dgl.

1. Die Lampe muß genügend Standfestigkeit, leichte Tragbarkeit, eine technisch einwandfreie Konstruktion und solide Ausführung besitzen. Zur Verbindung von Wasserbehältern und Carbidbehältern sind nur dauernd haltbare und in ihrer Form bei ordnungsmäßiger Beanspruchung unveränderliche Verbindungsmittel zulässig. Werden federnde Verbindungsmittel benutzt, so müssen sie eine solche Elastizität und Widerstandsfähigkeit besitzen, daß sie nach mehrmaliger, höchstzulässiger Beanspruchung keine merkbare bleibende Formveränderung zeigen.

2. Der Carbidbehälter und alle mit Acetylen oder Carbid in Berührung kommenden Teile dürfen nur aus Metall bestehen. Eisenblech muß durch einen haltbaren Anstrich oder Überzug (Verbleien oder Verzinken) gegen Rost geschützt sein. Für alle mit Acetylen bzw. Carbid in Berührung kommenden Teile ist Kupfer unzulässig; Legierungen

von Kupfer, wie Messing oder Bronze sind zulässig. Weichlot darf nur als Dichtung, nicht aber als Verbindungsmittel Verwendung finden.

3. Die Wandstärke muß in allen Teilen mindestens eine solche sein, daß eine Formveränderung ausgeschlossen erscheint, sofern nicht durch die Konstruktion eine Sicherung in anderer Weise bewirkt ist.

4. Der Wasserbehälter muß derart bemessen sein, daß zu jeder Zeit eine ausreichende Wassersperrung vorhanden ist.

5. Bei Tropflampen muß das Gewinde der Tropfventilspindel eine so geringe Steigung besitzen, daß mindestens eine volle Umdrehung erforderlich ist, um 2 Tropfen innerhalb 1 Sekunde durchtreten zu lassen.

6. Der Carbidbehälter darf zur Hälfte gefüllt nicht mehr als 1000 g Carbid fassen.

7. Die Verbindungen und Verschlüsse müssen so beschaffen sein, daß sie bequem zugänglich, jederzeit leicht zu lösen, dicht zu schließen und bequem zu reinigen sind.

8. Die Brenner müssen leicht auswechselbar sein.

9. Die Lampe muß während einer der Höchstfüllung entsprechenden Zeit mit gleichmäßiger Flamme brennen. Gasentweichungen dürfen während des Betriebes nicht vorkommen.

10. Bei höchstmöglicher Brenndauer darf die Temperatur der Außenwand und des Bodens zu keiner Zeit 50° C übersteigen.

11. Die Lampe muß eine gute Ausnutzung des Carbides erzielen. Die Rückstände dürfen nach dem Ausbrennen der Lampe keine größeren Reste von unzersetztem Carbid und keine erheblichen Beimischungen von dunkel gefärbten Zersetzungsprodukten enthalten.

Vorschriften für die Prüfung von Acetylenlampen.

Die Prüfung hat sich darauf zu erstrecken, ob die in den „Normen für Acetylenlampen“ gestellten Anforderungen erfüllt sind. Insbesondere sind folgende Prüfungen vorzunehmen.

1. Die Höhe des wirksamen Wasserstandes (Ziffer 4 der Normen) und die Aufnahmefähigkeit des Carbidbehälters an Carbid von der Korngröße 12 bis 25 mm (Ziffer 6 der Normen) sind festzustellen.

2. Die Lampe ist im Dauerbetrieb bei Höchstfüllung mit Carbid verschiedener Korngrößen mindestens während 80 Brennstunden zu beobachten (Ziffer 9 der Normen). In regelmäßigen Zwischenräumen ist die Temperatur der Außenwände und des Bodens (Ziffer 10 der Normen) zu messen. Ferner ist das Verhalten der Lampe bei plötzlichen Betriebsunterbrechungen durch Abstellung der Wasserzuführung zu untersuchen.

3. Die Prüfung des Nutzeffektes der Lampe (Ziffer 11 der Normen) geschieht in folgender Weise: Der Carbidbehälter wird mit einer gewogenen Menge eines von Fremdkörpern freien Carbides in möglichst gleichmäßigen Stücken von 15 bis 25 mm Korngröße zur Hälfte gefüllt und die Lampe in Betrieb gesetzt. Nach völligem Ausbrennen der Lampe werden die Rückstände unter Beobachtung ihrer Färbung abgesiebt und die noch vorhandenen Carbidstücke gewogen.

4. Die Haltbarkeit der Verbindungsmittel (Ziffer 1 der Normen) ist durch mindestens 50 malige Öffnung und Schließung der Verschlußmittel (Tropfventil, Federn, Hähne, Klammern, Schraubverschlüsse usw.) möglichst unter betriebsgemäßen Bedingungen zu erproben und festzustellen, ob bleibende Veränderungen ersichtlich sind.

5. Die sich im übrigen aus der Bauart der Lampe ergebende Art der sonstigen Prüfung muß der Sachkunde der Prüfstelle überlassen bleiben.

Literaturverzeichnis.

In das nachstehende Literaturverzeichnis wurden nur diejenigen wissenschaftlichen Werke aufgenommen, die sich ausschließlich oder hauptsächlich mit Acetylen befassen. Die sehr umfangreiche Zeitschriftenliteratur wurde im Text an entsprechender Stelle berücksichtigt. Soweit sie grundsätzlicher Natur ist, berichten die Fachzeitschriften darüber fortlaufend.

Altschul: Jahrbuch für Acetylen und Carbid. Bericht über die wissenschaftlichen und technischen Fortschritte, in Verbindung mit Dr. *K. Scheel* und Prof. Dr. *J. H. Vogel.* Jahrg. I, 1899; II, 1900; III, 1901. Nicht fortgesetzt. (Halle a/S.)

R. Amédéo: Das Schneiden von Eisen und Stahl mittels des Sauerstoff-Schneidbrenners, übersetzt von Prof. *C. F. Keel* (Basel 1914).

Bernat, Desiderius und *Karl Scheel,* Wegweiser für Acetylen-Techniker und Installateure. (Halle a/S. 1901.)

Capelle, E.: L'Eclairage á l'acétylène. (Paris 1898.)

Castellani, Dr. *L.:* L'Acetylene. 2. Aufl. (Mailand 1903.)

Caro, Dr. *Nic.:* Anleitung zur sicherheitstechnischen Prüfung und Begutachtung von Acetylenanlagen. (Berlin 1902.)

— Die Explosionsursachen von Acetylen. Aus „Verhandlungen des Vereins zur Beförderung des Gewerbefleißes". (Berlin 1906.)

Coutre, le Walter: Calciumcarbid und seine volkswirtschaftliche Bedeutung für Deutschland. (Berlin 1909.) (Insbesondere für wirtschaftliche Fragen des Acetylens.)

Deutscher Acetylenverein: Methoden zur Bestimmung der Gasausbeute aus Calciumcarbid. (Halle a/S. 1900.)

Dommer, F.: L'Acétylène et ses applications. (Paris ohne Jahr.)

— L'Incandescence par le gaz et le Pétrole, l'Acétylène et ses applications. (Paris 1896.)

— Calciumcarbid und Acetylen. Ihre Eigenschaften, Herstellung und Verwendung. Übersetzt von *W. Landgraf.* (München-Leipzig 1898.)

Drouin, F.: L'Acétylène. (Paris 1897.)

Fowler, Henry: Calcium Carbide and Acetylene. (London 1898.)

Frölich, Dr. *O.* und *H. Herzfeld:* Stand und Zukunft der Acetylenbeleuchtung. (Berlin 1898.)

Franke, Prof. Dr. *G.:* Über Versuche mit Acetylenbeleuchtung in Bergwerken. (Berlin 1901.)

Gastine, G.: L'Acétylène et ses applications á l'éclairage. (Marseille 1897.)

Gibbs, W. E.: Lighting by Acetylene. (New York and London 1898.)

Hammerschmidt, Dr. *Richard:* Zur Umrechnung des aus Calciumcarbid entwickelten Rohacetylens auf die für Handelsware geltenden Normalien. (Halle a/S. 1901.)

Hempel, W.: Das Acetylen, ein neues Beleuchtungsmittel. (Braunschweig 1895.)

Hilliger, Bethe, Nolte: Das Acetylen und seine technische Verwendung. — Die Acetylenanlagen und ihre Bewertung. (Berlin 1907.)

Hubert, P.: Album de l'Acétylène. (Paris 1898.)

Jäger, O.: Über autogenes Schweißen. (Berlin 1909.)

Kagerer, Felix: Das autogene Schweißen und Schneiden mit Sauerstoff. (Wien 1909.)

Kautny, Theo: Handbuch der autogenen Schweißung. (Halle a/S. 1912.) 2. Auflage.

— Leitfaden für Acetylenschweißer. (Halle a/S. 1921.) 5. Auflage.

Keel, Prof. *C. F.:* Das Acetylen im Automobilbetrieb. (Zürich 1919.)

Knappich, J.: Die Herstellung, Aufbewahrung und Verwendung von Acetylengas und Lagerung von Carbid. Erläuterungen zur Kgl. bayerischen Allerhöchsten Verordnung vom 22. Februar 1901. (Halle a/S. 1902.)

Knappich, J.: Das öffentliche zentrale Beleuchtungswesen für kleine Städte, Märkte und Gemeinden. (Augsburg 1903.)

Köthner, P.: Über Rubidium. Anhang: Einige Beobachtungen über Aycetylen. (1894.)

Kuhn: Ein Beitrag zur Geschichte der Acetylenindustrie nebst Anhang der Kgl. bayerischen Allerhöchsten Verordnung, die Herstellung, Aufbewahrung und Verwendung von Acetylengas und die Lagerung von Carbid betreffend, vom 26. Juni 1901 (München und Berlin 1901.)

Kunze, Otto: Die Begutachtung von Acetylengasanlagen vom Standpunkte der Ministerialverordnung vom 17. Februar 1905. (Wien 1905.) (Nur für Österreich.)

— Die Acetylenverordnung vom Jahre 1912. (Wien 1912). (Nur für Österreich.)

Liebetanz, F.: Calciumcarbid und Acetylen. Ihr Wesen, ihre Darstellung und Anwendung, für die Bedürfnisse der Praxis dargestellt. 3. Aufl. (1909.)

— Die Calciumcarbid-Fabrikation. 3. Aufl. (Leipzig 1909.)

— Hilfsbuch für Installationen von Acetylenbeleuchtungsanlagen. (Leipzig.)

— Die gesetzlichen Verordnungen und Vorschriften der Feuerversicherungsgesellschaften für Herstellung und Anwendung von Calciumcarbid und Acetylen nebst den berufsgenossenschaftlichen und Transportbestimmungen. (Leipzig 1899.)

— Gesetzliche Vorschriften für Herstellung und Benutzung von Acetylen. (Leipzig 1899.)

Lefèvre, J.: Eclairage aux gaz, aux huiles et aux acides grab. (Paris 1897.)

— Carbure de Calcium et Acétylène. (Paris 1898.)

Lewes, Vivian, B.: Cantor Lectures on Acetylene. (London 1899.)

— Acetylene Handbook for the student and manufacturer. (London-New York 1900.)

Ludwig, Dr. *Anton:* Taschenbuch für den Acetylentechniker. Jahrg. I, 1901; II, 1902, nicht fortgesetzt.

Marsden, F.: Zur Kenntnis des Acetylens. Dissertation. (Heidelberg 1892.)

Mathet, L.: L'Eclairage à l'Acétylène. Construction practique et installation à la portée de tous d'un appareil pour cet éclairage. (Paris 1897.)

Morel, Marie Auguste: L'Acétylène, Théorie, Applications. (Paris 1903.)

Nieuwland, Julius A. C. S. C.: Some Reactions of Acetylene. Dissertation. (Notre Dame, Indiana, 1904.)

Ortloff, W.: Über die Reibungskoeffizienten der drei Gase: Äthan, Äthylen, Acetylen. (1895.)

Pacchioni, C.: Il Carburo di Calcio e la preparazione industriale del Gas Acetilene. (1896.)

Panaotovic, J. P.: Calciumcarbid und Acetylen in Vergangenheit, Gegenwart und Zukunft. (Leipzig 1897.)

Pellissier, G.: L'Eclairage à l'Acétylène. Historique, fabrication, appareils, applications, dangers. (Paris 1897.)

Pellissier-Ludwig: Praktisches Handbuch der Acetylenbeleuchtung und Calciumcarbidfabrikation. (Berlin 1898.)

Peters, Dr. *Fr.:* Fortschritte der angewandten Elektrochemie und der Acetylenindustrie im Jahre 1898. (Stuttgart 1899.)

Perval, E. de: Le Carbure de Calcium et l'Acétylène — Les fours Electriques. Préface de M. Henri Moissan. (Paris 1897.)

Pictet, R.: L'Acétylène, son passé, son présent, son avénir. (Lyon, Basel, Genf, Paris 1896.)

Pond, George Gilbert: Calcium Carbide and Acetylene. Bulletin of the Department of Chemistry. (Pennsylvania, State College, 1908.)

Reischle, J.: Anwendung der autogenen Schweißung auf die Ausbesserung von Dampfkesseln. Sonderabdruck aus der Zeitschrift des Bayr. Revisions-Vereins Nr. 19, 21, 22, 1908.

Richter, Hermann, Prof.: Autogene Metallbearbeitung. Die Einrichtungen zum autogenen Schweißen und Schneiden und die Herstellung der Eisen-, Kupfer- sowie Aluminiumschweißungen. (Hamburg 1917.)

Syo, E. de: Autogene Schweißung. (Leipzig. Ohne Datum, wahrscheinlich 1910.)
Scholtze, Johannes: Über Acetylenbeleuchtungsanlagen. (Leipzig 1901.)
Tenner, A.: Die Fabrikation von Calciumcarbid und das Acetylen und seine Verwendbarkeit. (Berlin 1896.)
Thompson, G. F.: Acetylene Gas, its Nature, Properties and Use. (London 1898.)
— Acetylene and Calcium Carbide. (Liverpool 1898.)
Union Française des Acétylènistes: Rapport Général sur le Concours d'Appareils á l'Acétylène. (Paris 1906.)
Verein deutscher Ingenieure: Mitteilungen über Forschungsarbeiten, Heft 83 und 84. Versuche mit autogen geschweißten Blechen und Kesselteilen. (Berlin 1910.)
Vogel, Prof. Dr. *J. H.:* Acetylenzentralen. (Halle a/S. 1901.)
— Handbuch für Acetylen. In Verbindung mit *Caro* und *Ludwig* herausgegeben. (Braunschweig 1904.)
— Neue gesetzliche und technische Vorschriften betreffend Calciumcarbid und Acetylen in Deutschland, Österreich und der Schweiz. Mit Erläuterungen und mit Anweisungen zur Prüfung von Acetylenanlagen. (Braunschweig 1906.)
— Das Acetylen, seine Eigenschaften, seine Herstellung und Verwendung. 1. Aufl. (Leipzig 1911.)
Wedding, W.: Die Lichtentwicklung von Acetylen und Leuchtgas. (1895.)
Wedding, Prof. *W.:* Kostenvergleich einer Acetylengasbeleuchtung und einer Petroleumbeleuchtung. Aus „Verhandlungen des Vereins zur Beförderung des Gewerbefleißes". (Berlin 1903.)
Wolff, P.: Praktische Erfahrungen in der Acetylenindustrie. (1897.)

Periodische Schriften.

Sitzungsberichte[1] der internationalen Acetylenkongresse: Quatrième Congrès International de l'Acétylène, Paris 1905. Fifth International Acetylene Congreß, London 1908.

Deutschland.

Das Acetylen (Beilage zu Kraft und Licht). Düsseldorf. 8 Jahrgänge 1897 bis 1904.
Acetylen in Wissenschaft und Industrie, (Halle a/S. seit 1898).
Autogene Metallbearbeitung. Zentralblatt für die Interessen der autogenen Schweiß- und Schneidverfahren (Halle a./S. seit 1908).
Carbid und Acetylen, erschien bis 1908 unter dem Namen „Zeitschrift für Calciumcarbidfabrikation, Acetylen und Kleinbeleuchtung". (Berlin seit 1897.)
Die Schmelzschweißung. Zeitschrift für das gesamte Gebiet der autogenen Metallbearbeitung einschließlich der elektrischen Verfahren. (Hamburg seit 1922.)

Österreich.

Mitteilungen des österreichischen Acetylenvereins. (Wien seit 1904.) (Jetzt: Zeitschrift des österreichischen Acetylenvereins in Wien.)

Schweiz.

Mitteilungen des schweizerischen Acetylenvereins. (Basel seit 1911.) Erscheint seit Januar 1921 unter dem Titel: Acetylen und autogene Schweißung.

England.

„Acetylene". (London seit 1904.)

Frankreich.

Annuaire International de l'Acétylène. (Paris seit 1907.)
Bulletin officiel de l'Union des Propriétaires d'Appareils à Acétylène. Paris.

[1] Über die drei ersten internationalen Kongresse für Carbid und Acetylen sind Sonderberichte nicht ausgegeben worden. Einzelheiten über den Verlauf dieser Kongresse sind in den Fachzeitschriften aus damaliger Zeit niedergelegt.

Journal de l'Union des Propriétaires d'Appareils à Acétylène. (Paris seit 1904.)
Révue des Eclairages. (Paris seit 1896.)
Révue Générale de l'Acétylène. (Paris seit 1891.)
Revue de la Soudure Autogène. (Paris seit 1909.)
Révue technique et industrielle de l'Acétylène et des applications du four électrique. (Seit 1898.)
Volume annuel des Comptes Rendus du Bulletin officiel de l'Union Française des Acétylènistes. (Erscheint in einzelnen Heften seit 1896 in Paris.)

Belgien.

Revue Belge de l'Acétylène et de la Soudure autogène. (Seit 1914.)

Italien.

La Saldatura autogena. Mailand seit 1920.

Vereinigte Staaten von Amerika.

„Acetylene Journal". (Chicago seit 1899.)
Berichte über die Jahresversammlungen der „International Acetylene Association" (Amerikanischer Acetylenverein). Chicago seit 1896.

Namenverzeichnis.

Sachverzeichnis.

GPSR Compliance

The European Union's (EU) General Product Safety Regulation (GPSR) is a set of rules that requires consumer products to be safe and our obligations to ensure this.

If you have any concerns about our products, you can contact us on ProductSafety@springernature.com

In case Publisher is established outside the EU, the EU authorized representative is:

Springer Nature Customer Service Center GmbH
Europaplatz 3
69115 Heidelberg, Germany

Batch number: 10682323

Printed by Printforce, the Netherlands